电工自学成才手册

韩雪涛　主　编
吴　瑛　韩广兴　副主编

机 械 工 业 出 版 社

本书是一本为电工从业人员量身定做的技术宝典。其内容以国家电气行业的技术标准为依据，全面系统地讲述了电工从业的各项专业知识和实用技能。

针对电工领域的技术特点和岗位需求，本书对电工从业所需掌握的知识技能进行细致的整理和划分，结合电工行业的培训特色和读者学习习惯，采用20个模块化架构的全新讲解模式，主要内容包括：电工基础入门、常用器件与电子元器件、电工识图基础、常用工具和仪表的使用、电工安全与急救、电工基本焊接技能、电工基本检测技能、线路的加工与连接技能、电工基本布线和设备安装技能、照明控制电路及其检修调试、室内弱电线路布线、供配电电路及其检修调试、楼宇监控系统及其安装维护、小区广播系统及其安装维护、电梯的结构及检修、变压器和电动机的维护与检测、电动机常用控制电路及检修调试、变频器的使用与调试、PLC及其常用控制电路、机电设备综合应用控制。

本书采用微视频讲解互动的全新教学模式。在本书重要的知识点或操作技能环节附印有二维码，读者通过手机扫描书中的二维码，就可以在手机上学习相应知识点，观看技能点的视频演示，与图书中的内容形成互补，从而达到最佳的学习效果。

本书是电工上岗从业必读的教程，主要面向电工在岗从业人员及待岗求职人员，也可供职业院校、培训学校及相关培训机构的师生和广大电工电子爱好者学习使用。

图书在版编目（CIP）数据

电工自学成才手册/韩雪涛主编. —北京：机械工业出版社，2020.5

ISBN 978-7-111-65189-5

Ⅰ.①电… Ⅱ.①韩… Ⅲ.①电工-技术手册 Ⅳ.①TM-62

中国版本图书馆CIP数据核字（2020）第052078号

机械工业出版社（北京市百万庄大街22号 邮政编码100037）
策划编辑：任 鑫 责任编辑：任 鑫
责任校对：肖 琳 封面设计：马精明
责任印制：孙 炜
北京联兴盛业印刷股份有限公司印刷
2020年7月第1版第1次印刷
184mm×260mm·24印张·723千字
00001—10000册
标准书号：ISBN 978-7-111-65189-5
定价：99.00元

电话服务	网络服务
客服电话：010-88361066	机 工 官 网：www.cmpbook.com
010-88379833	机 工 官 博：weibo.com/cmp1952
010-68326294	金 书 网：www.golden-book.com
封底无防伪标均为盗版	机工教育服务网：www.cmpedu.com

前 言

这是一本从零基础入手，全面掌握电工从业知识和实用技能的全彩自学教程。

随着电工电子技术的迅猛发展，电工的就业前景越来越广阔。特别是近几年，新材料、新工艺、新技术、新产品的投入和应用，进一步带动了电气线路、电气设备、电气施工、电气维修等行业的技术升级，这些为电工从业人员提出了更高的要求。如何能够在短时期内掌握过硬的电气知识，练就过硬的实操技能，是每一个从事或希望从事电工行业工作的人员必须要解决的难题。

针对上述情况，我们特别编写了《电工自学成才手册》。

这是一本“全新概念的图解演示手册”。本手册与传统的电工手册有着本质的区别。

在目标定位上——【明确】

本手册以国家职业资格为标准，以岗位就业为出发点，以实现自学为目的，以短时能掌握电工从业的主要知识和技能为目标。因此，本手册在编写之初就对电工电子从业市场的岗位需求进行了充分的调研。结合多年的教学和培训经验，从零基础出发，力求让读者通过本手册的学习实现从零基础到全精通的“飞跃”，让零基础人员能够通过自学的方式成为电工专业人才。

在架构安排上——【科学】

本书打破了传统电工图书的架构安排，以市场导向引领知识架构，按照电工从业的特色和各领域的技术要点将电工从业的主要知识技能划分成20个模块，一个模块一个重点，各模块之间又相互关联，按照知识层次递进和内容的难易循序渐进，让读者能够花费最少的时间，获得最佳的学习效果。

在内容的表现上——【新颖】

本书采用“新概念图解手册”的形式，突破传统手册文字为主的表现手法，将专业图解的形式与手册的形式相结合。注重知识技能的实用性，注重学习的实效性。理论知识以实用、够用为原则，实操技能依托典型案例展开，数百张的结构图、拆分图、原理图、三维效果图、平面演示图及实操照片，结合大量的资料数据呈现给读者，让读者轻松、直观地获取知识的重点、难点，以及操作过程中的关键点，进而轻松、高效地完成学习。

在后期服务上——【超值】

本书开创了媒体融合的全新体验。为了达到最佳的学习效果，本书得到了数码维修工程师鉴定指导中心的大力支持。书中在关键知识点和技能点处都添加了二维码，读者通过手机扫描二维码，即可开启相应的教学微视频。通过微视频的动态教学演示，让晦涩难懂的知识内容变得简单、轻松、明了，确保读者在短时间内获得最佳的学习效果。这也是图书内容的“延伸”。

本书由数码维修工程师鉴定指导中心组织编写，由韩雪涛担任主编，吴瑛、韩广兴担任副主编，参加本书编写的还有张丽梅、吴玮、唐秀鸯、张湘萍、韩雪冬、周文静、吴鹏飞等。如果读者在学习工作过程中有什么问题，可以与我们联系。

现代电工技术涉及面广，实用技能和专业知识发展极为迅速，由于作者水平有限，加之编写时间仓促，书中存在的不足之处恳请专家和读者批评指正。

数码维修工程师鉴定指导中心
网址：http：//www. chinadse. org
电话：022-83718162、83715667、13114807267
地址：天津市南开区榕苑路 4 号天发科技园 8-1-401
邮编：300384

编　者

目 录

P59, P64, P66,
P69, P70

P89

P105, P107,
P109, P110

P117, P119, P120, P121, P124, P128

P140, P149, P155

P161, P162,
P169, P171

P173

P195, P205,
P211

P275, P277

P280, P282, P284,
P292, P294, P295

P309

P339

P358, P359, P365

第1章 电工基础入门

1.1 电路基础

1.1.1 电磁感应

1 电流感应磁场

通俗地讲，磁场就是存在磁力的场所，可以用铁粉末验证磁场的存在。

在一块硬纸板下面放一块磁铁，在纸板上面撒一些细的铁粉末，铁粉末会自动排列起来，形成一串串曲线的样子。如图1-1所示，在两个磁极附近和两个磁极之间被磁化的铁粉末所形成的纹路图案是很有规律的线条。它是从磁体的N极出发经过空间到磁体的S极的线条，在磁体内部从S极又回到N极，形成一个封闭的环。通常说磁力线的方向就是磁性体N极所指的方向。

图1-1　磁铁周围的磁场

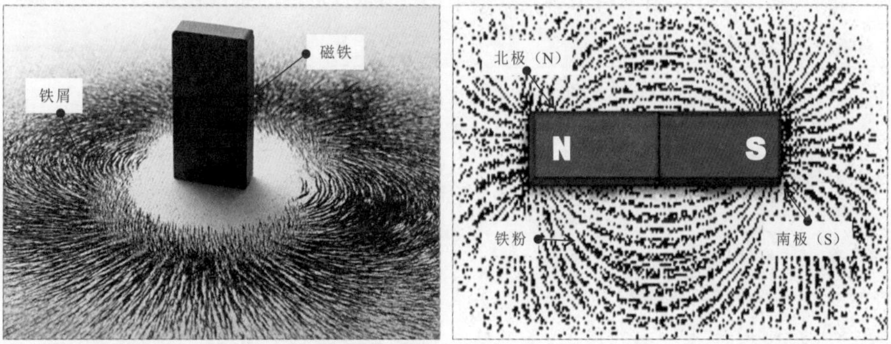
磁铁
铁屑
北极（N）
N
S
铁粉
南极（S）

如图1-2所示，如果金属导线通过电流，那么借助铁粉末，可以看到在导线周围产生的磁场，而且导线中通过的电流越大，产生的磁场越强。

图1-2　电流感应磁场

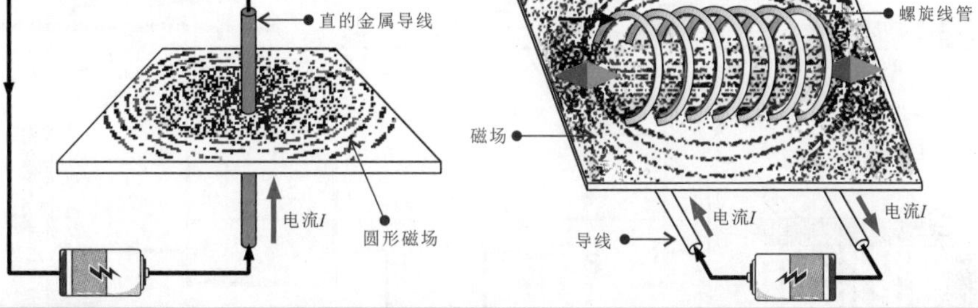
直的金属导线
电流I
圆形磁场
螺旋线管
磁场
电流I
电流I
导线

流过导体的电流方向和所产生的磁场方向之间有着明确的关系。图1-3所示为安培定则（即右手定则），说明了电流周围磁场方向与电流方向的关系。

直线电流的安培定则：用右手握住导线，让伸直的大拇指所指的方向与电流的方向一致，那么弯曲的四指所指的方向就是磁力线的环绕方向，如图1-3a所示。

环形电流的安培定则：让右手弯曲的四指和环形电流的方向一致，那么伸直的大拇指所指的方向就是环形电流中心轴线上磁力线（磁场）的方向，如图 1-3b 所示。

图 1-3　安培定则（右手定则）

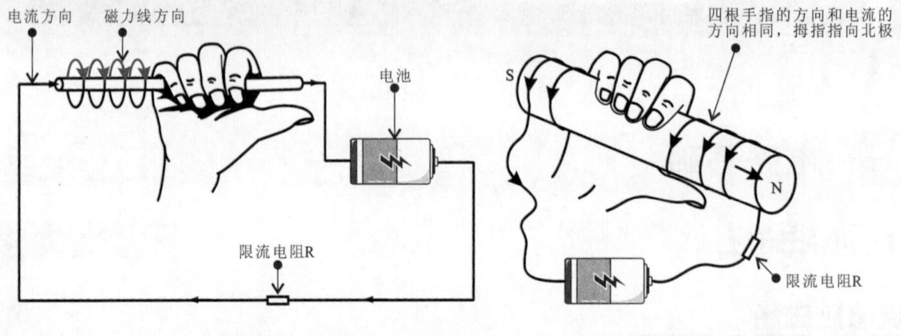
电流方向
磁力线方向
电池
限流电阻R
四根手指的方向和电流的方向相同，拇指指向北极
S
N
限流电阻R

a）直线电流的安培定则　　b）环形电流的安培定则

2　磁场感应电流

磁场能感应出电流。把一个螺线管两端接上检测电流的检流计，在螺线管内部放置一根磁铁。当把磁铁很快地抽出螺线管时，可以看到检流计指针发生了偏转，而且磁铁抽出的速度越快，检流计指针偏转的程度越大。同样，如果把磁铁插入螺线管。检流计也会偏转，但是偏转方向和抽出时相反。检流计指针偏摆表明线圈内有电流产生。图 1-4 所示为磁场感应电流。

图 1-4　磁场感应电流

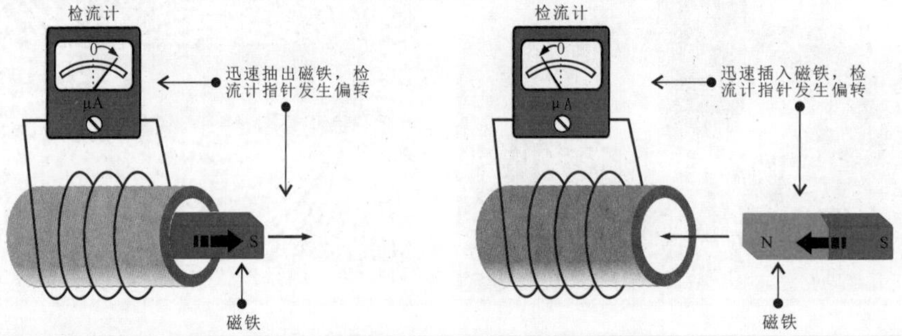
检流计
μA
迅速抽出磁铁，检流计指针发生偏转
S
磁铁
检流计
迅速插入磁铁，检流计指针发生偏转
N
S
磁铁

当闭合电路中一部分导体在磁场中做切割磁力线运动时，电路中就有电流产生；当穿过闭合线圈的磁通发生变化时，线圈中有电流产生。这种由磁产生电的现象，称为电磁感应现象，产生的电流叫作感应电流。图 1-5 为电磁感应现象。

图 1-5　电磁感应现象

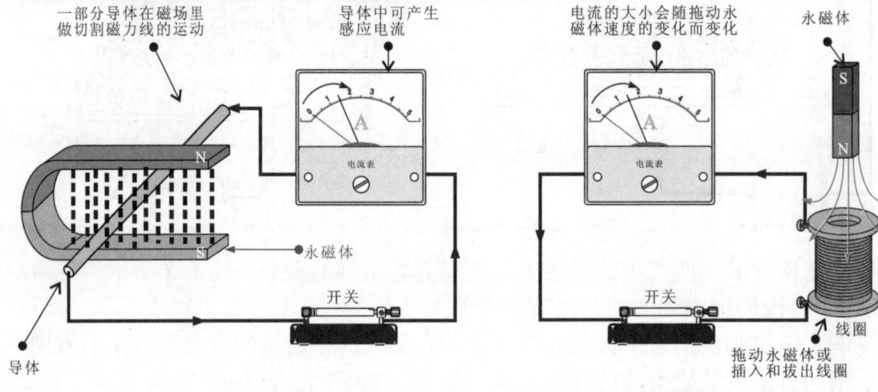
一部分导体在磁场里做切割磁力线的运动
导体中可产生感应电流
A
电流表
N
S
永磁体
开关
导体
电流的大小会随拖动永磁体速度的变化而变化
永磁体
A
电流表
S
N
开关
线圈
拖动永磁体或插入和拔出线圈

a）电磁感应现象（一）　　b）电磁感应现象（二）

感应电流的方向，与导体切割磁力线的运动方向和磁场方向有关，即当闭合电路中一部分导体作切割磁力线运动时，所产生的感应电流方向可用右手定则来判断，如图 1-6 所示。伸开右手，使拇指与四指垂直，并都跟手掌在一个平面内，让磁力线穿入手心，拇指指向导体运动方向，四指所指的即为感应电流的方向。

图 1-6 磁铁感应电流

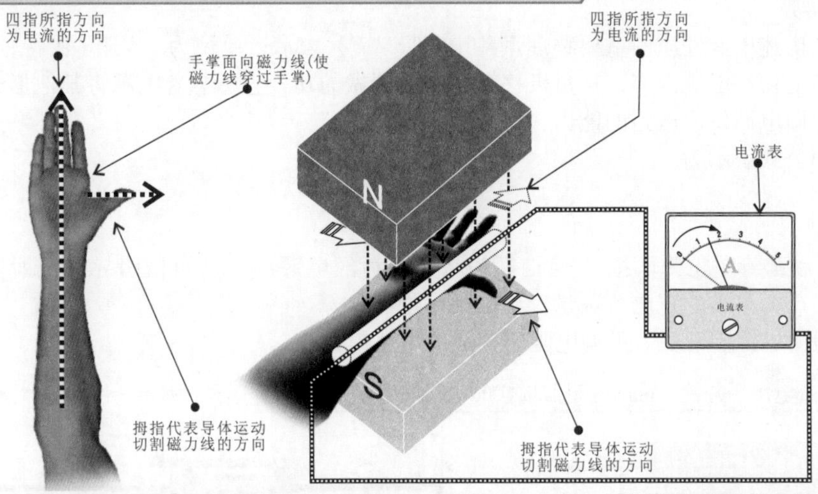

四指所指方向为电流的方向
手掌面向磁力线(使磁力线穿过手掌)
拇指代表导体运动切割磁力线的方向
N
S
四指所指方向为电流的方向
电流表
A
电流表
拇指代表导体运动切割磁力线的方向

1.1.2 电流与电压

1 电流与电动势

（1）电流

在导体的两端加上电压，导体内的电子就会在电场力的作用下定向运动，形成电流。电流的方向规定为电子（负电荷）运动的反方向，即电流的方向与电子运动的方向相反。

图 1-7 为由电池、开关、灯泡组成的电路模型，当开关闭合时，电路形成通路，电池的电动势形成了电压，继而产生了电场力，在电场力的作用下，处于电场内的电子便会定向移动，这就形成了电流。

图 1-7 由电池、开关、灯泡组成的电路模型

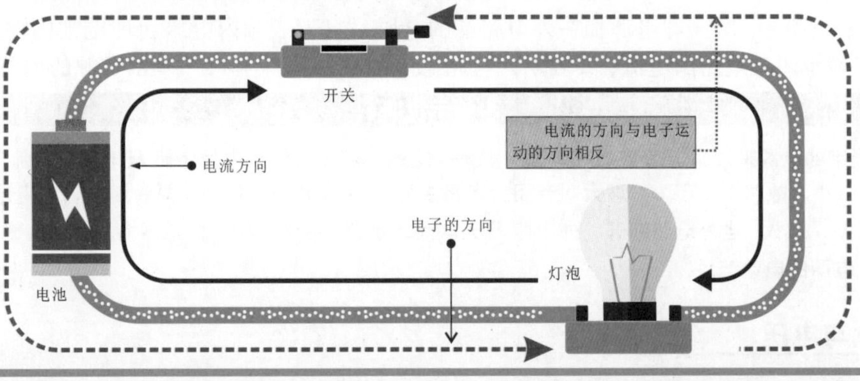

开关
电流的方向与电子运动的方向相反
电流方向
电子的方向
灯泡
电池

| 提示说明 |

电流的大小称为电流强度，它是指在单位时间内通过导体横截面的电荷量。电流强度使用字母“I”（或“i”）来表示，电荷量使用“Q”（库伦）表示。若在 t 秒内通过导体横截面的电荷量是 Q，则电流强度可用下式计算：

$$I=\frac{Q}{t}$$

电流强度的单位为安培，简称安，用字母“A”表示。根据不同的需要，还可以用千安（kA）、毫安（mA）和微安（μA）来表示。它们之间的关系为

$$1kA=1000A \quad 1mA=10^{-3}A \quad 1\mu A=10^{-6}A$$

（2）电动势

电动势是描述电源性质的重要物理量，用字母“E”表示，单位为“V”（伏特，简称伏），它是表示单位正电荷经电源内部，从负极移动到正极所做的功，它标志着电源将其他形式的能量转换成电路的动力即电源供应电路的能力。

电动势用公式表示为

$$E=\frac{W}{Q}$$

式中，E 为电动势，单位为伏特（V）；W 为将正电荷经电源内部从负极引导正极所做的功，单位为焦耳（J）；Q 为移动的正电荷数量，单位为库伦（C）。

图 1-8 为由电源、开关、可调电阻器构成的电路模型。

图 1-8　由电源、开关、可调电阻器构成的电路模型

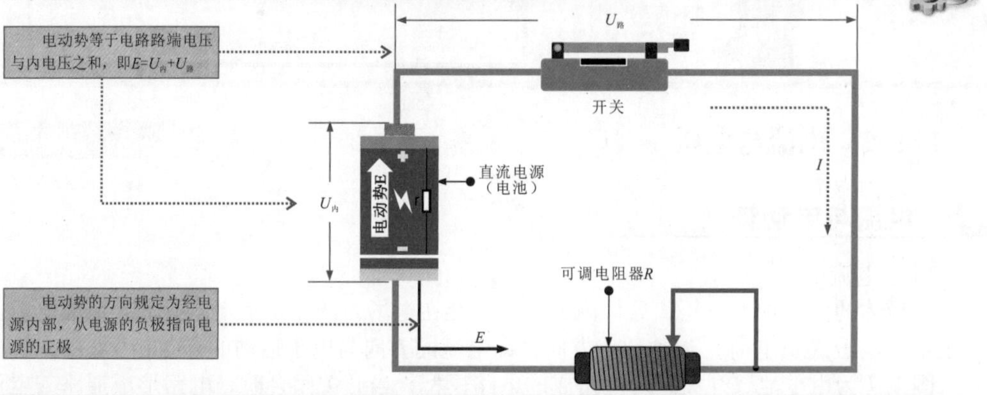
电动势等于电路路端电压与内电压之和，即E=U内+U路
U路
开关
I
直流电源（电池）
U内
电动势E
电动势的方向规定为经电源内部，从电源的负极指向电源的正极
可调电阻器R
E

在闭合电路中，电动势是维持电流流动的电学量，电动势的方向规定为经电源内部，从电源的负极指向电源的正极。电动势等于路端电压与内电压之和，即

$$E=U_{路}+U_{内}=IR+Ir$$

式中，$U_{路}$ 表示路端电压（即电源加在外电路端的电压）；$U_{内}$ 表示内电压（即电池因内阻自行消耗的电压）；I 表示闭合电路的电流；R 表示外电路总电阻（简称外阻）；r 表示电源的内阻。

| 提示说明 |

对于确定的电源来说，电动势 E 和内阻 r 都是一定的。若闭合电路中外电阻 R 增大，电流 I 便会减小，内电压 $U_{内}$ 减小，故路端电压 $U_{路}$ 增大。若闭合电路中外电阻 R 减小，电流 I 便会增大，内电压 $U_{内}$ 增大，故路端电压 $U_{路}$ 减小，当外电路断开，外电阻 R 无限大，电流 I 便会为零，内电压 $U_{内}$ 也变为零，此时路端电压就等于电源的电动势。

2　电位与电压

（1）电位

电位是指电路中的某一点与指定的零电位的大小差距。电位也称电势，单位是伏特（V），用符号“E”表示，它的值是相对的，电路中某点电位的大小与参考点的选择有关。

图 1-9 是由电池、三个阻值相同的电阻和开关构成的电路模型（电位的原理）。电路以 A 点作为参考点，A 点的电位为 0V（即 $E_A=0V$），则 B 点的电位为 0.5V（即 $E_B=0.5V$），C 点的电位为

1V（即 $E_C = 1V$），D 点的电位为 1.5V（即 $E_D = 1.5V$）。

图 1-9　由电池、三个阻值相同的电阻和开关构成的电路模型

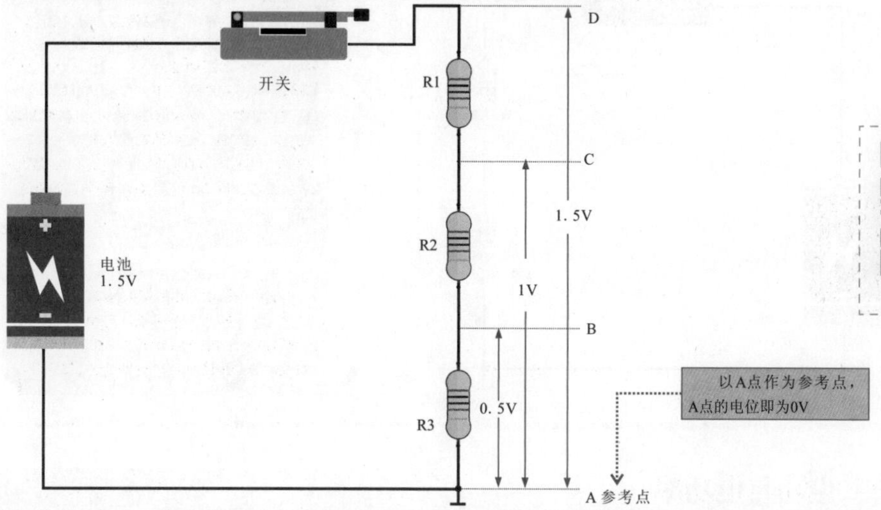

D
开关
R1
C
1.5V
电池
1.5V
R2
1V
B
以A点作为参考点，
A点的电位即为0V
0.5V
R3
A参考点

扫一扫看视频

图 1-10 为以 B 点为参考点，B 点的电位为 0V（即 $E_B = 0V$），则 A 点的电位为 −0.5V（即 $E_A = -0.5V$），C 点的电位为 0.5V（即 $E_C = 0.5V$），D 点的电位为 1V（即 $E_D = 1V$）。

提示说明

若以 C 点为参考点，C 点的电位即为 0V（即 $E_C = 0V$）；则 A 点的电位为 −1V（即 $E_A = -1V$）；B 点的电位为 −0.5V（即 $E_B = -0.5V$）；D 点的电位为 0.5V（即 $E_D = 0.5V$）。若以 D 点为参考点，D 点的电位即为 0V（即 $E_D = 0V$）；则 A 点的电位即为 −1.5V（即 $E_A = -1.5V$）；B 点的电位即为 −1V（即 $E_B = -1V$）；C 点的电位即为 −0.5V（即 $E_C = -0.5V$）。

图 1-10　由电池、三个阻值相同的电阻和开关构成的电路模型

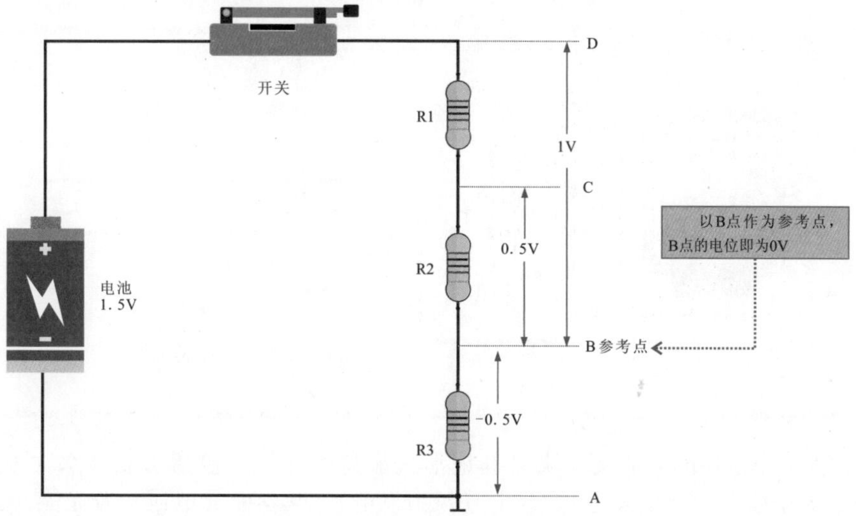

D
开关
R1
1V
C
以B点作为参考点，
B点的电位即为0V
0.5V
电池
1.5V
R2
B参考点
−0.5V
R3
A

（2）电压

电压也称电位差（或电势差），单位是伏特（V）。电流之所以能够在电路中流动是因为电路中存在电压，即高电位与低电位之间的差值。

图 1-11 为由电池、两个阻值相等的电阻器和开关构成的电路模型。

图 1-11　电池、两个阻值相等的电阻器和开关构成的电路模型

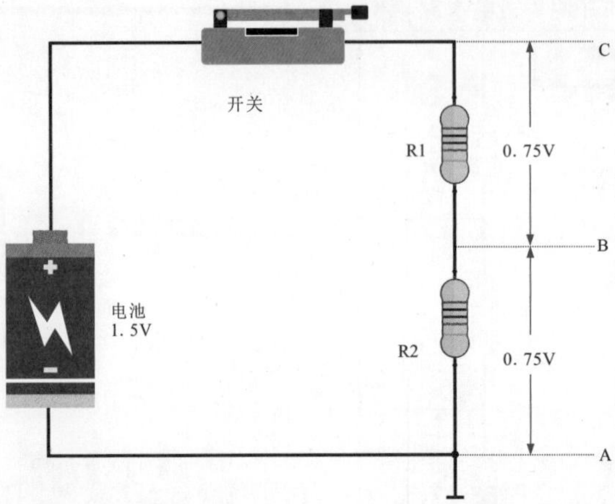
C
开关
R1
0. 75V
B
电池
1. 5V
R2
0. 75V
A

在闭合电路中，任意两点之间的电压就是指这两点之间电位的差值，即 $U_{AB}=E_A-E_B$。以A点为参考点（即E_A=0V），B点的电位为0.75V（即E_B=0.75V），B点与A点之间的$U_{BA}=E_B-E_A$=0. 75V，也就是说加在电阻器R2两端的电压为0.75V；C点的电位为1.5V（即E_C=1.5V），C点与A点之间的 $U_{CA}=E_C-E_A$=1.5V，也就是说加在电阻器R1和R2两端的电压为1.5V

但若单独衡量电阻器R_1两端的电压（即U_{BC}），若以B点为参考点（E_B=0），C点电位即为0.75V（E_C=0.75V），因此加在电阻器R1两端的电压仍为0.75V（即U_{BC}=0.75V）

1.1.3　电功与电功率

1　电功

能量被定义为做功的能力。它以各种形式存在，包括电能、热能、光能、机械能、化学能以及声能等。电能是指电荷移动所承载的能量。

电能的转换是在电流做功的过程中进行的。因此，电流做功所消耗电能的多少可以用电功来度量。电功的计算公式为

$$W = UIt$$

式中，U为电压，单位 V；I为电流，单位 A；W为电功，单位为 J。

日常生产和生活中，电功也常用度作为单位，家庭用电能表如图 1-12 所示，是计量一段时间内家庭的所有电器耗电（电功）的综合。1 度 = 1kW · h = 1kV · A · h。

图 1-12　家庭用电能表

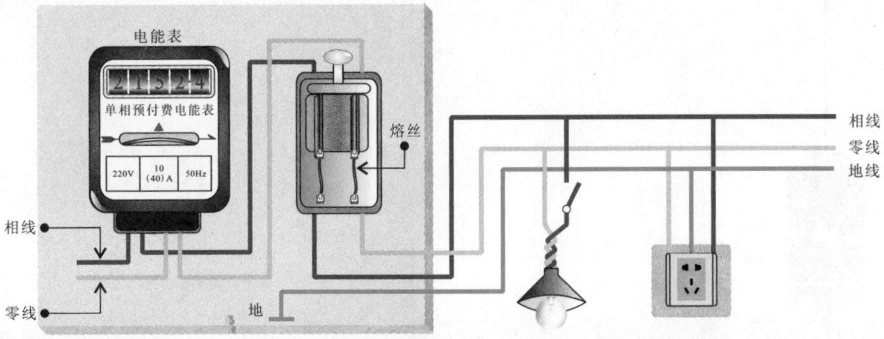
电能表
单相预付费电能表
220V
10 (40) A
50Hz
熔丝
相线
零线
地线
相线
零线
地

我们日常生活中使用的电能主要来自其他形式能量的转换，包括水能（水力发电）、热能（火力发电）、原子能（原子能发电）、风能（风力发电）、化学能（电池）及光能（光电池、太阳电池等）等。电能也可转换成其他所需能量形式，它可以采用有线或无线的形式进行远距离的传输。

2　电功率

功率是指做功的速率或者是利用能量的速率。电功率是指电流在电位时间内（秒）所做的功，

以字母“P”表示，即

$$P = W/t = UIt/t = UI$$

式中，U 的单位为 V；I 的单位为 A；P 的单位为 W（瓦特）。例如图 1-13 为电功率的计算案例。

电功率也常用千瓦（kW）、毫瓦（mW）来表示。例如某电机的功率标识为 2kW，表示其耗电功率为 2 千瓦。也有用马力（hp）来表示的（非我国法定计量单位），它们之间的关系是

$$1\text{kW} = 10^3\text{W}$$

$$1\text{mW} = 10^{-3}\text{W}$$

$$1\text{hp} = 0.735\text{kW}$$

$$1\text{kW} = 1.36\text{hp}$$

图 1-13　电功率的计算案例

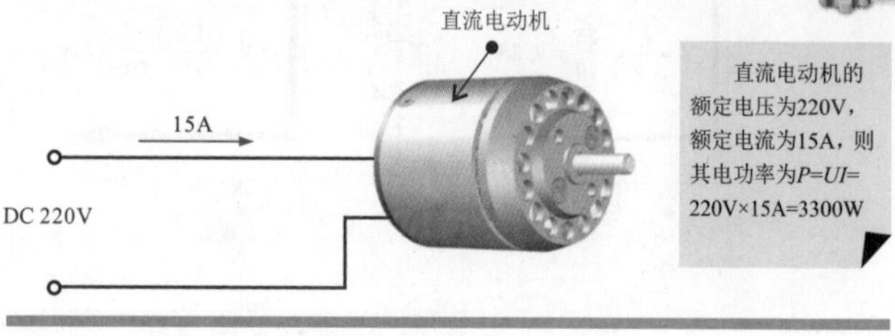
直流电动机
15A
DC 220V
直流电动机的额定电压为220V，额定电流为15A，则其电功率为P=UI=220V×15A=3300W

根据欧姆定律，电功率的表达式还可转化为

由 $P = W/t = UIt/t = UI$，$U = IR$，因此可得

$$P = I^2R$$

由 $P = W/t = UIt/t = UI$，$I = U/R$，因此可得

$$P = U^2/R$$

由上公式可看出：

1）当流过负载电阻的电流一定时，电功率与电阻值成正比。

2）当加在负载电阻两端的电压一定时，电功率与电阻值成反比。

大多数电力设备都标有电瓦数或额定功率。如电烤箱上标有“220V　1200W”字样，则 1200W 为其额定电功率。额定电功率即是电气设备安全正常工作的最大电功率。电气设备正常工作时的最大电压叫额定电压，例如 AC 220V，即交流 220V 供电的条件。在额定电压下的电功率叫作额定功率。实际加在电气设备两端的电压叫实际电压，在实际电压下的电功率叫实际功率。只有在实际电压与额定电压相等时，实际功率才等于额定功率。

在一个电路中，额定功率大的设备实际消耗功率不一定大，应由设备两端实际电压和流过设备的实际电流决定。

1.2　欧姆定律与电路连接

1.2.1　欧姆定律

欧姆定律规定了电压（U）、电流（I）和电阻（R）之间的关系。在电路中，流过电阻器的电流与电阻器两端的电压成正比，与电阻成反比，即 $I = U/R$，这就是欧姆定律的基本概念，是电路中最基本的定律之一。

扫一扫看视频

1　电压对电流的影响

在电路中电阻值不变的情况下，电阻两端的电压升高，流经电阻的电流也成比例增加；电压降低，流经电阻的电流也成比例减小。

图 1-14 为电压变化对电流的影响。电压从 25V 升高到 30V 时，电流值也会从 2.5A 升高到 3A。

2　电阻对电流的影响

在电路中电阻两端电压值不变的情况下，电阻阻值升高，流经电阻的电流成比例降低；电阻阻值降低，流经电阻的电流则成比例升高。

图 1-15 为电阻变化对电流的影响。电阻从 10Ω 升高到 20Ω 时，电流值会从 2.5A 降低

到 1.25A。

图 1-14　电压变化对电流的影响

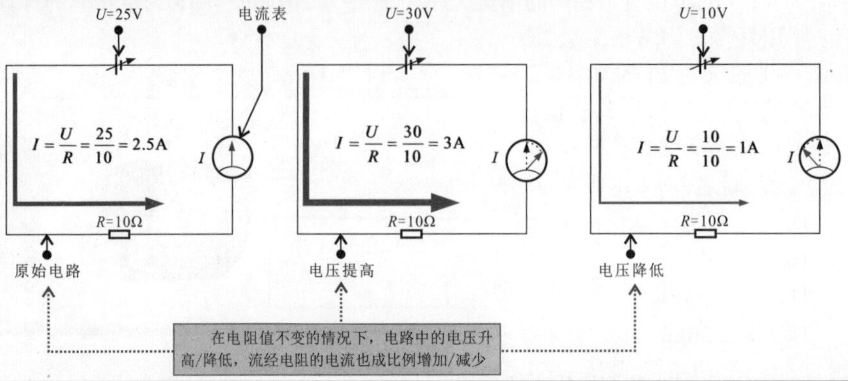
U=25V
电流表
U=30V
U=10V
I = U/R = 25/10 = 2.5A
I = U/R = 30/10 = 3A
I = U/R = 10/10 = 1A
R=10Ω
原始电路
电压提高
电压降低
在电阻值不变的情况下，电路中的电压升高/降低，流经电阻的电流也成比例增加/减少

图 1-15　电阻变化对电流的影响

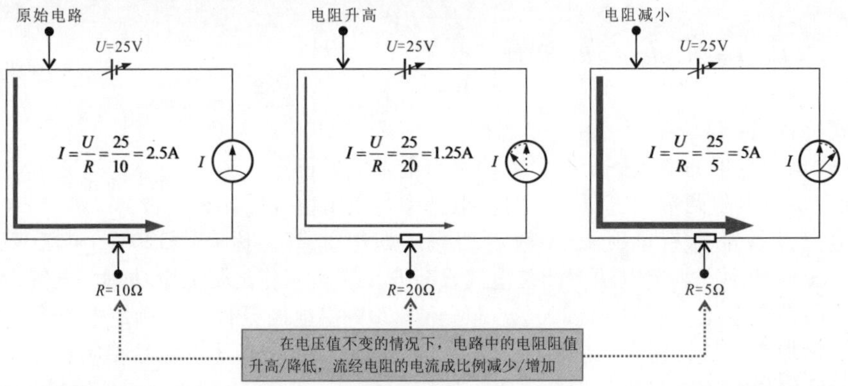
原始电路
电阻升高
电阻减小
U=25V
I = U/R = 25/10 = 2.5A
I = U/R = 25/20 = 1.25A
I = U/R = 25/5 = 5A
R=10Ω
R=20Ω
R=5Ω
在电压值不变的情况下，电路中的电阻阻值升高/降低，流经电阻的电流成比例减少/增加

1.2.2 电路连接

1 串联方式

如果电路中多个负载首尾相连，那么我们称它们的连接状态是串联的，该电路即称为串联电路。

如图 1-16 所示，在串联电路中，通过每个负载的电流量是相同的，且串联电路中只有一个电流通路，当开关断开或电路的某一点出现问题时，整个电路将处于断路状态，因此当其中一盏灯损坏后，另一盏灯的电流通路也被切断，该灯不能点亮。

图 1-16　电子元件的串联关系

扫一扫看视频

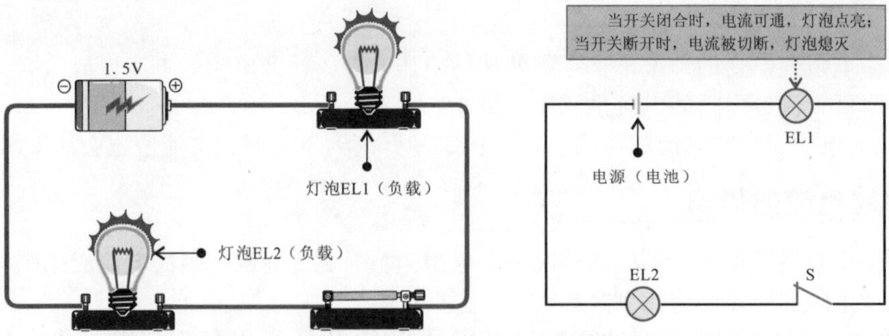
1.5V
灯泡EL1（负载）
灯泡EL2（负载）
当开关闭合时，电流可通，灯泡点亮；
当开关断开时，电流被切断，灯泡熄灭
电源（电池）
EL1
EL2
S

| 提示说明 |

在串联电路中通过每个负载的电流量是相同的，且串联电路中只有一个电流通路，当开关断开或电路的某一点出现问题时，整个电路将变成断路状态。

在串联电路中，流过每个负载的电流相同，各个负载分享电源电压，如图 1-17 所示，电路中有三个相同的灯泡串联在一起，那么每个灯泡将得到 1/3 的电源电压量。每个串联的负载可分到的电压量与它自身的电阻有关，即自身电阻较大的负载会得到较大的电压值。

图 1-17　灯泡（负载）串联的电压分配

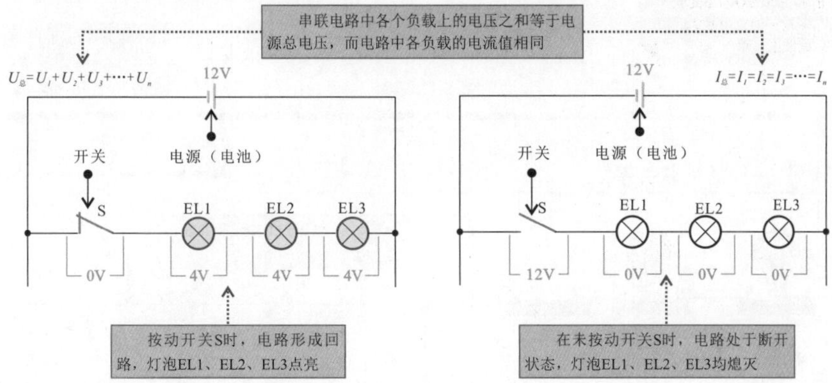

串联电路中各个负载上的电压之和等于电源总电压，而电路中各负载的电流值相同
$U_{总}=U_1+U_2+U_3+\cdots+U_n$
12V
开关
电源（电池）
S
EL1
EL2
EL3
0V
4V
4V
4V
按动开关S时，电路形成回路，灯泡EL1、EL2、EL3点亮
$I_{总}=I_1=I_2=I_3=\cdots=I_n$
12V
开关
电源（电池）
S
EL1
EL2
EL3
12V
0V
0V
0V
在未按动开关S时，电路处于断开状态，灯泡EL1、EL2、EL3均熄灭

2 并联方式

两个或两个以上负载的端都与电源两极相连，我们称这种连接状态是并联，该电路即为并联电路。

如图 1-18 所示，在并联状态下，每个负载的工作电压都等于电源电压。不同支路中会有不同的电流通路，当支路某一点出现问题时，该支路将处于断路状态，照明灯会熄灭，但其他支路依然正常工作，不受影响。

图 1-18　电子元件的并联关系

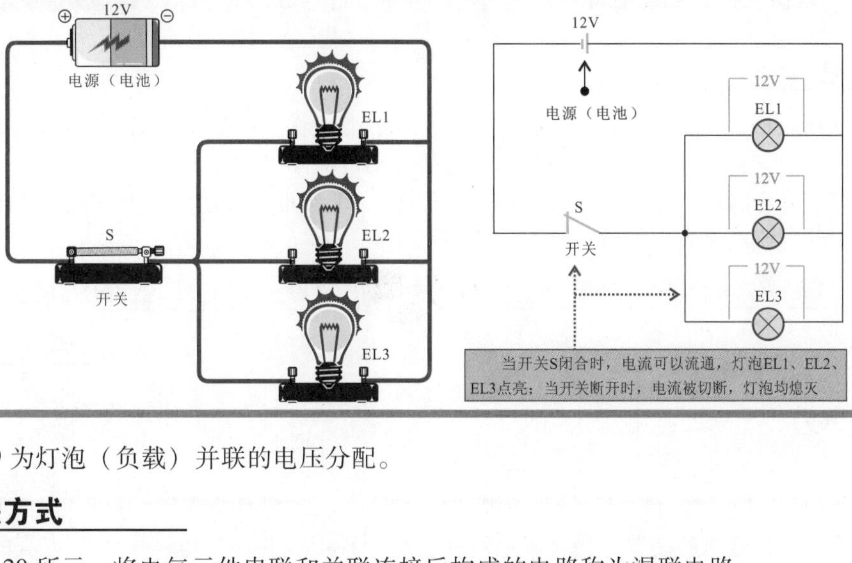

⊕
12V
⊖
电源（电池）
EL1
EL2
EL3
S
开关
12V
电源（电池）
12V
EL1
12V
EL2
12V
EL3
S
开关
当开关S闭合时，电流可以流通，灯泡EL1、EL2、EL3点亮；当开关断开时，电流被切断，灯泡均熄灭

图 1-19 为灯泡（负载）并联的电压分配。

3 混联方式

如图 1-20 所示，将电气元件串联和并联连接后构成的电路称为混联电路。

图 1-19 灯泡（负载）并联的电压分配

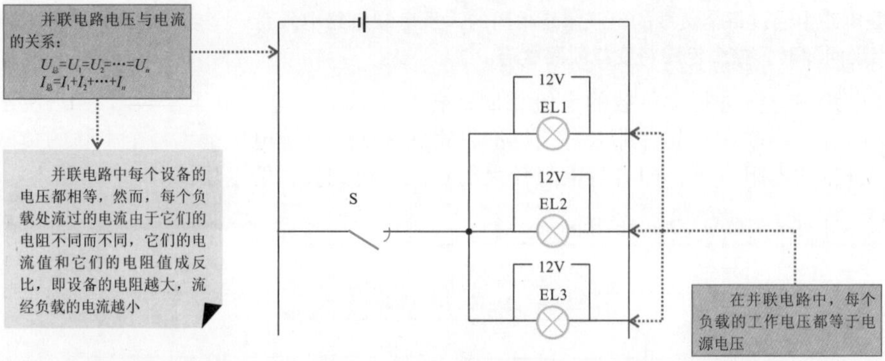
并联电路电压与电流的关系：
$U_总=U_1=U_2=\cdots=U_n$
$I_总=I_1+I_2+\cdots+I_n$
并联电路中每个设备的电压都相等，然而，每个负载处流过的电流由于它们的电阻不同而不同，它们的电流值和它们的电阻值成反比，即设备的电阻越大，流经负载的电流越小
S
12V
EL1
12V
EL2
12V
EL3
在并联电路中，每个负载的工作电压都等于电源电压

图 1-20 电气元件的混联关系

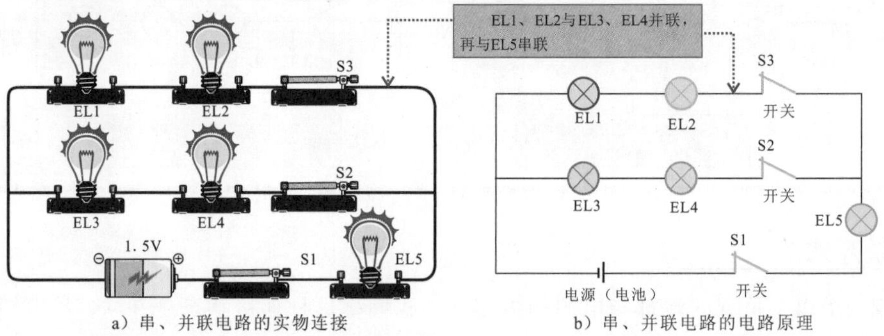
EL1
EL2
S3
EL3
EL4
S2
1.5V
S1
EL5
a）串、并联电路的实物连接
EL1、EL2与EL3、EL4并联，再与EL5串联
S3
开关
S2
开关
EL5
S1
开关
电源（电池）
b）串、并联电路的电路原理

1.3 直流电与交流电

1.3.1 直流电与直流电路

1 直流电

直流电（Direct Current，DC）是指电流流向单一，其方向和时间不作周期性变化，即电流的大小、方向固定不变，是由正极流向负极，但电流的大小可能不固定。

直流电可以分为脉动直流和恒定直流两种，如图 1-21 所示。脉动直流中直流电流大小不稳定；而恒定电流中的直流电流大小能够一直保持恒定不变。

图 1-21 脉动直流和恒定直流

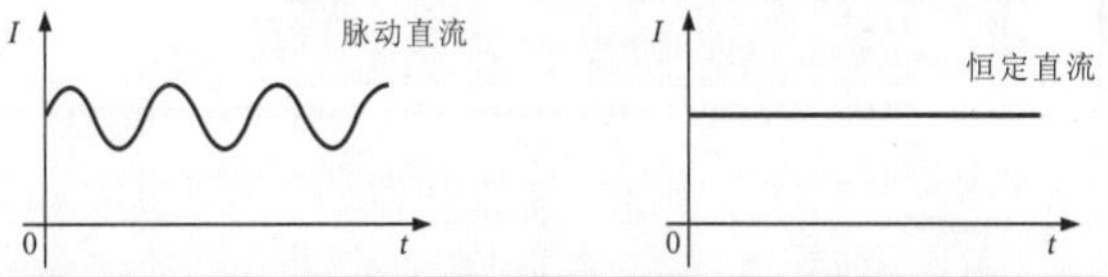
I
脉动直流
0
t
I
恒定直流
0
t

图 1-22 直流的形成

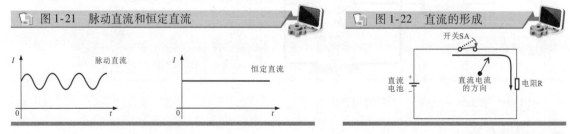

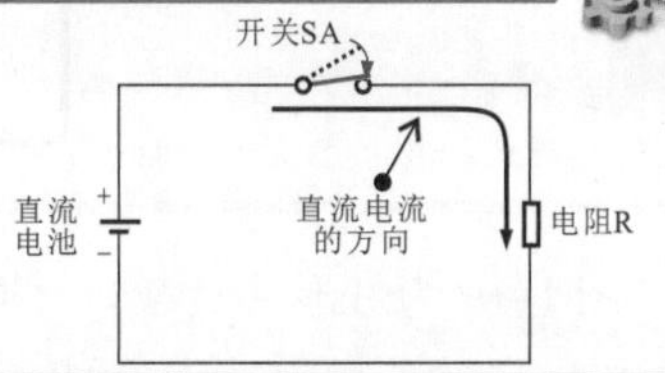
开关SA
直流电池
直流电流的方向
电阻R

一般将可提供直流电的装置称为直流电源，它是一种形成并保持电路中恒定直流的供电装置，例如干电池、蓄电池、直流发电机等直流电源，直流电源有正、负两极、当直流电源为电路供电时，直流电源能够使电路两端之间保持恒定的电位差，从而在外电路中形成由电源正极到负极的电

流，如图1-22所示。

2 直流电路

由直流电通过的电路称为直流电路，该电路是指电流流向单一的电路，即电流方向与大小不随时间产生变化。它是最基本也是最简单的电路。

在生活和生产中电池供电的电器，都采用直流供电方式，如低压小功率照明灯、直流电动机等。还有许多电器是利用交流-直流变换器，将交流电变成直流电再为电器产品供电。

如图1-23所示，交流220V电压经变压器T，先变成交流电低压（12V），再经整流二极管VD整流后变成脉动直流，脉动直流经LC滤波后变成稳定的直流电压。

图1-23 直流电源电路

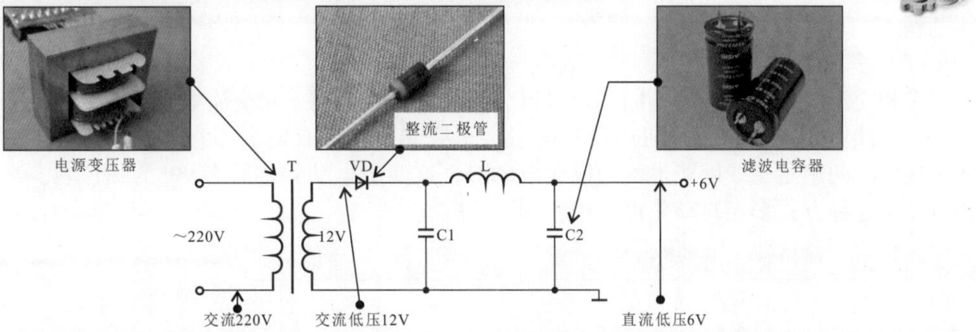

整流二极管
电源变压器
滤波电容器
T
VD
L
+6V
~220V
12V
C1
C2
交流220V
交流低压12V
直流低压6V

1.3.2 交流电与交流电路

1 交流电

交流电（Alternating Current，AC）一般是指电流的大小和方向会随时间作周期性变化。

我们在日常生活中所有的电气产品都需要有供电电源才能正常工作，大多数的电器设备都是以市电交流220V、50Hz作为供电电源，这是我国公共用电的统一标准，交流220V电压是指相线（即火线）对中性线（即零线）的电压。

交流电是由交流发电机产生的，交流发电机可以产生单相和多相交流电压，如图1-24所示。

图1-24 单相交流电压和多相交流电压的产生

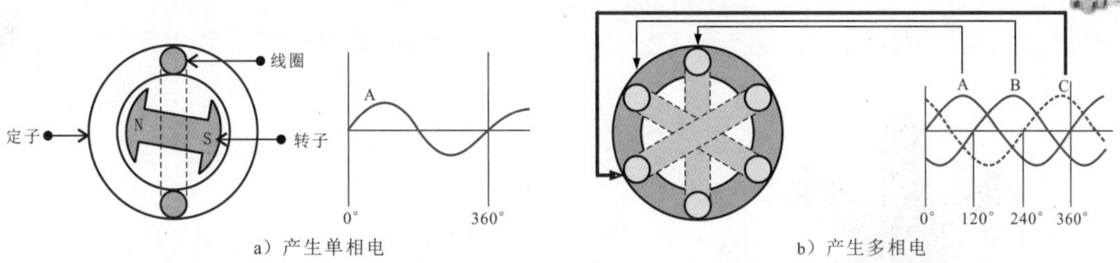

线圈
定子
转子
N
S
A
0°
360°
a）产生单相电
A
B
C
0°
120°
240°
360°
b）产生多相电

（1）单相交流电

单相交流电是以一个交变电动势作为电源的电力系统。在单相交流电路中，只具有单一的交流电压，其电流和电压都是按一定的频率随时间变化。

图1-25为单相交流电的产生。在单相交流发电机中，只有一个线圈绕制在铁心上构成定子，转子是永磁体，当其内部的定子和线圈为一组时，它所产生的感应电动势（电压）也为一组，由两条线进行传输，这种电源就是单相电源，这种配电方式称为单相二线制。

图 1-25　单相交流电的产生

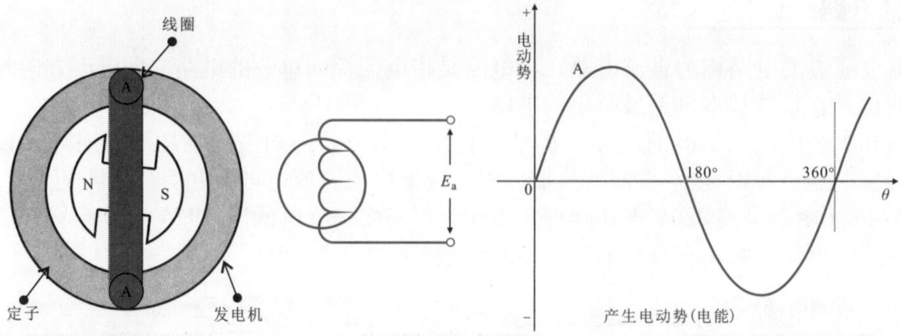
线圈
A
N
S
A
定子
发电机
E_a
电动势
A
180°
360°
0
θ
产生电动势(电能)

（2）多相交流电

多相交流电根据相线的不同，还可以分为二相交流电和三相交流电。

① 两相交流电。在发电机内设有两组定子线圈互相垂直的分布在转子外围。如图 1-26 所示。转子旋转时两组定子线圈产生两组感应电动势，这两组电动势之间有 90°的相位差。这种电源为两相电源。这种方式多在自动化设备中使用。

图 1-26　两相交流电的产生

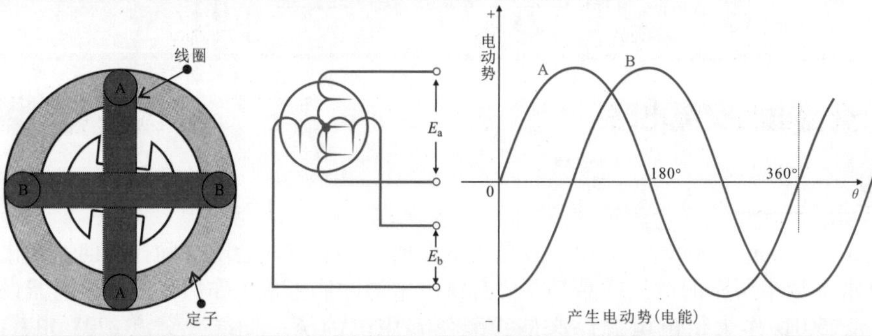
线圈
A
B
B
A
定子
E_a
E_b
电动势
A
B
180°
360°
0
θ
产生电动势(电能)

② 三相交流电。通常，把三相电源线路中的电压和电流统称三相交流电，这种电源由三条线来传输，三线之间的电压大小相等（380V）、频率相同（50Hz），相位差为 120°，如图 1-27 所示。

图 1-27　三相交流发电机

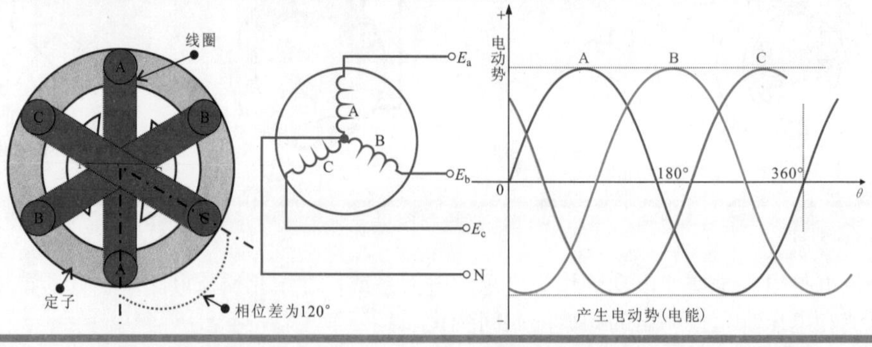
线圈
A
C
B
B
C
A
定子
相位差为120°
E_a
E_b
E_c
N
电动势
A
B
C
180°
360°
0
θ
产生电动势(电能)

三相交流电是由三相交流发电机产生的。在定子槽内放置着三个结构相同的定子绕组 A、B、C，这些绕组在空间互隔 120°。转子旋转时，其磁场在空间按正弦规律变化，当转子由水轮机或汽轮机带动以角速度 ω 匀速地顺时针方向旋转时，在三个定子绕组中，就产生频率相同、幅值相等、相位上互差 120°的三个正弦电动势，这样就形成了对称三相电动势。

| 相关资料 |

三相交流电路中，相线与零线之间的电压为 220V，而相线与相线之间的电压为 380V，如图 1-28 所示。

发电机是根据电磁感应原理产生电动势的，当绕组线圈受到变化磁场的作用时，即线圈切割磁力线，便会产生感应磁场，感应磁场的方向与作用磁场方向相反。发电机的转子可以被看作是一个永磁体，如图 1-29a 所示，当 N 极旋转并接近定子线圈时，会使定子线圈产生感应磁场，方向为 N/S，线圈产生的感应电动势为一个逐渐增强的曲线，当转子磁极转过线圈继续旋转时，感应磁场则逐渐减小。

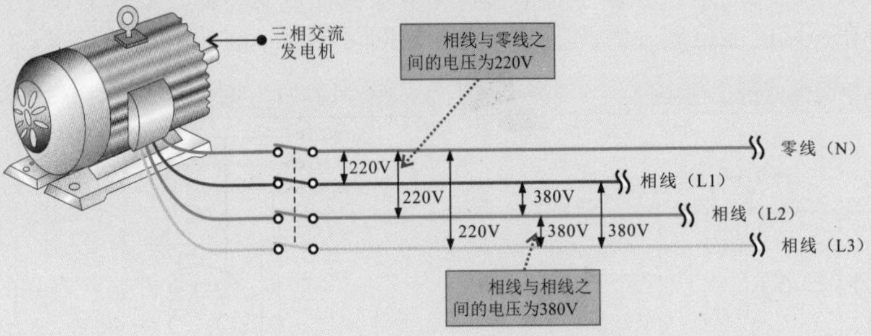

三相交流发电机
相线与零线之间的电压为220V
零线（N）
相线（L1）
相线（L2）
相线（L3）
220V
220V
220V
380V
380V
380V
相线与相线之间的电压为380V

图 1-28　三相交流电路电压的测量

当转子磁极继续旋转时，转子磁极 S 开始接近定子线圈，磁场的磁极发生了变化，如图 1-29b 所示，定子线圈所产生的感应电动势极性也翻转 180°，感应电动势输出为反向变化的曲线。转子旋转一周，感应电动势又会重复变化一次。由于转子旋转的速度是均匀恒定的，因此输出电动势的波形则为正弦波。

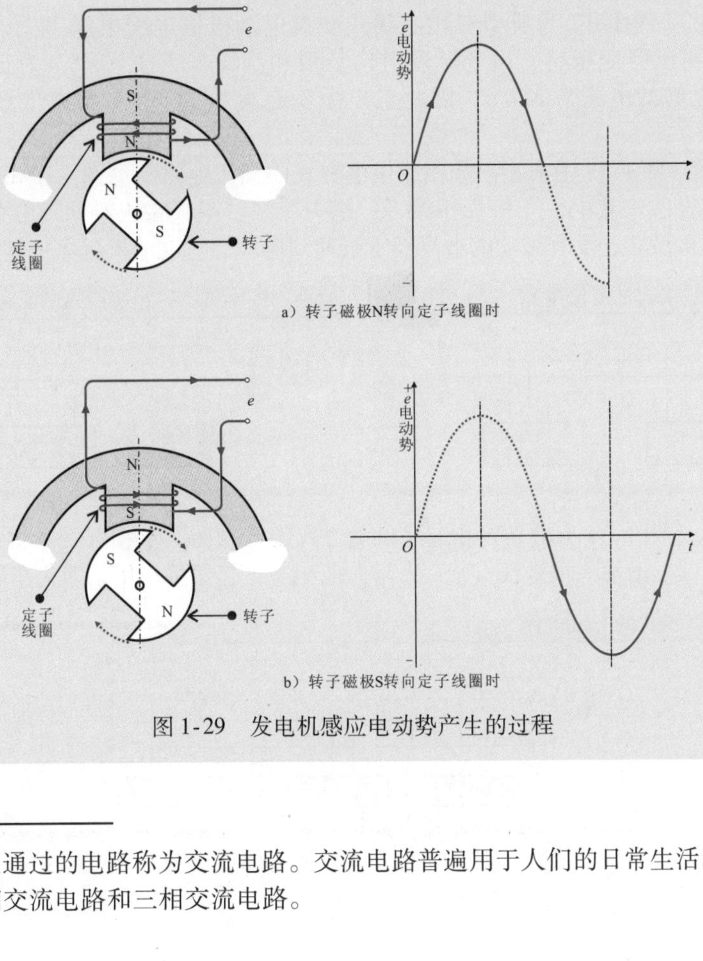

e
S
N
N
S
定子线圈
转子
+e电动势
O
t
a）转子磁极N转向定子线圈时
e
N
S
S
N
定子线圈
转子
+e电动势
O
t
b）转子磁极S转向定子线圈时

图 1-29　发电机感应电动势产生的过程

2 交流电路

我们将交流电通过的电路称为交流电路。交流电路普遍用于人们的日常生活和生产中，下面就分别介绍一下单相交流电路和三相交流电路。

（1）单相交流电路

单相交流电路的供电方式主要有单相两线式、单相三线式供电方式，一般的家庭用电都是单相交流电路。

① 单相两线式。图 1-30 为单相两线式交流电路，单相两线式交流电路是由一根相线和一根零线组成的交流电路，取三相三线式高压线中的两线作为柱上变压器的输入端，经变压处理后，由二次侧输出 220V 交流电压。

② 单相三线式。图 1-31 为单相三线式交流电路。单相三线式交流电路是由一根相线、一根零线和一根地线组成的交流电路。家庭中的相线和零线来自柱上变压器，地线是住宅的接地线。由于不同的接地点存在一定的电位差，因此零线与地线之间可能有一定的电压。

图 1-30　单相两线式的交流电路

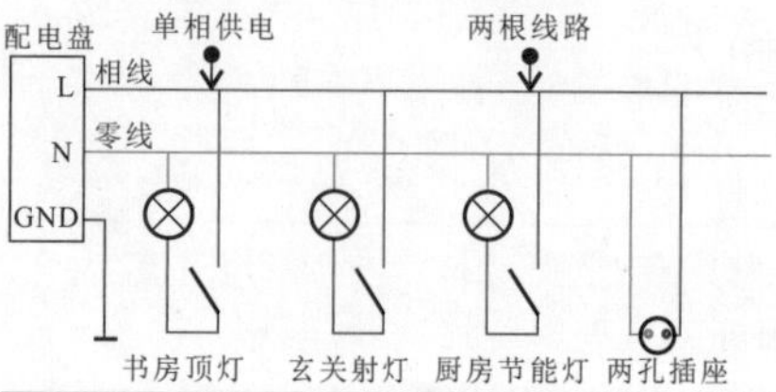
配电盘
单相供电
两根线路
L
相线
N
零线
GND
书房顶灯
玄关射灯
厨房节能灯
两孔插座

图 1-31　单相三线式交流电路

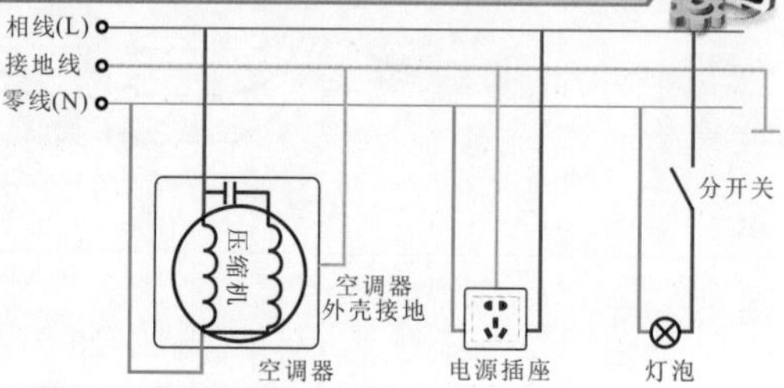
相线(L)
接地线
零线(N)
分开关
压缩机
空调器
外壳接地
空调器
电源插座
灯泡

（2）三相交流电路

三相交流电路的供电方式主要三相三线式、三相四线式和三相五线式三种供电方法，一般的工厂中的电器设备常采用三相交流电路。

① 三相三线式。图 1-32 为典型三相三线式交流电动机供电配电线路图。高压（6600V 或 10000V）经柱上变压器变压后，由变压器引出三根相线，送入工厂中，为工厂中的电气设备供电，每根相线之间的电压为 380V，因此工厂中额定电压为 380V 的电气设备可直接接在相线上。

② 三相四线式。图 1-33 为典型三相四线供电方式的交流电路示意图。三相四线式供电方式由柱上变压器引出四根线。其中，三根为相线，一根为零线。零线接电动机三相绕组的中点，工作时，电流经过电动机做功，没有做功的电流经零线回到电厂，对电动机起保护作用。

图 1-32　三相三线式的交流电路

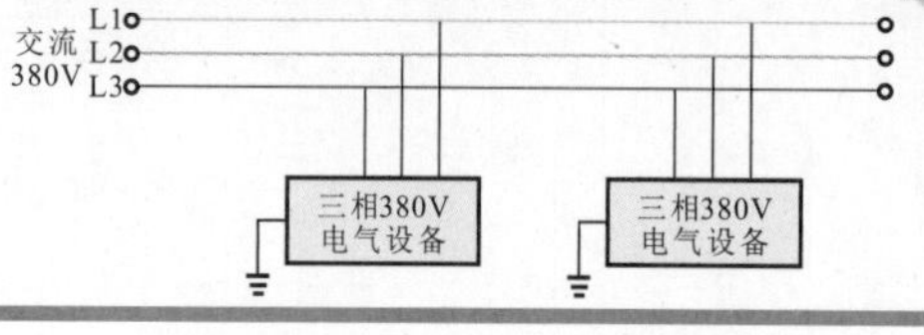
交流
380V
L1
L2
L3
三相380V
电气设备
三相380V
电气设备

图 1-33　三相四线式的交流电路

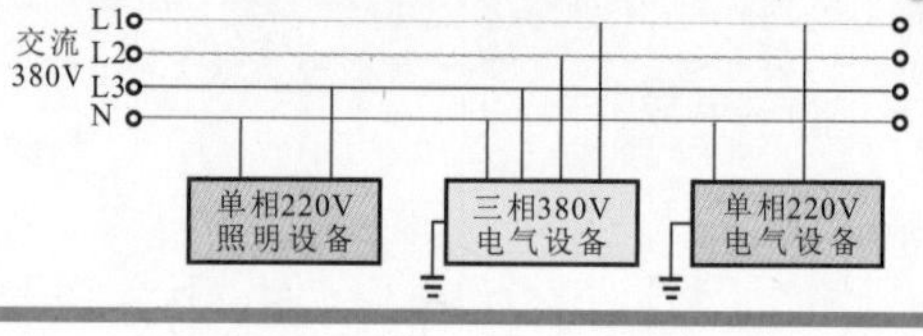
交流
380V
L1
L2
L3
N
单相220V
照明设备
三相380V
电气设备
单相220V
电气设备

③ 三相五线式。图 1-34 为典型三相五线供电方式的示意图。三相五线式供电方式是在三相四线式供电方式的基础上增加一根地线（PE），与大地相连，起保护作用，即为车间内的保护地线。

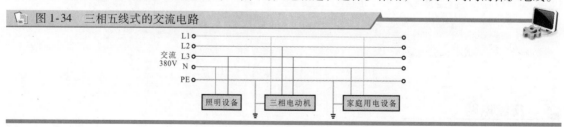

图 1-34　三相五线式的交流电路

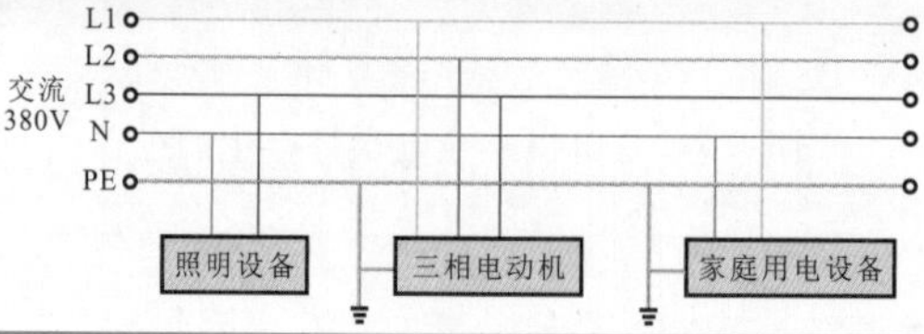
交流
380V
L1
L2
L3
N
PE
照明设备
三相电动机
家庭用电设备

第2章 常用器件与电子元器件

2.1 开关

2.1.1 开启式负荷开关

开启式负荷开关俗称胶盖闸刀，该类开关通常应用在低压电气照明电路、电热线路、建筑工地供电、农用机械供电以及分支电路的配电开关等。其主要是在带负荷状态下接通或切断电源电路。图2-1为开启式负荷开关的结构外形。

图2-1 开启式负荷开关

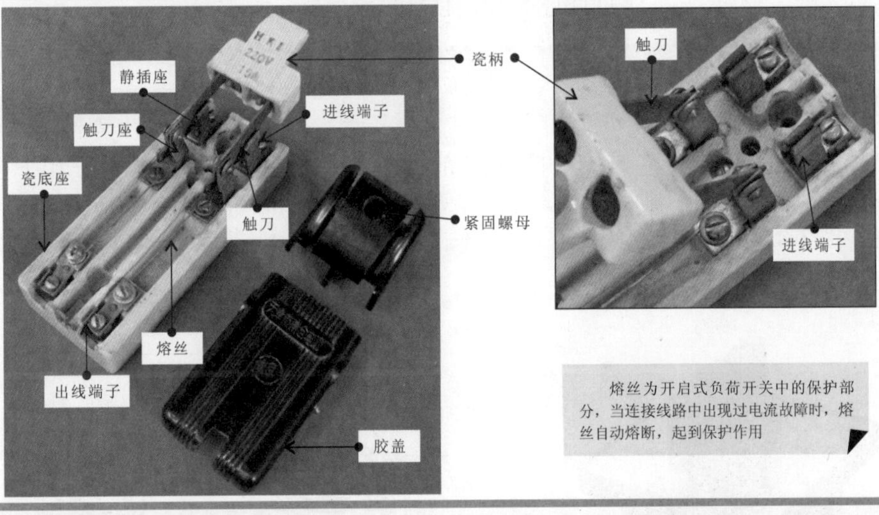
静插座
触刀座
瓷底座
进线端子
触刀
熔丝
出线端子
瓷柄
紧固螺母
胶盖
触刀
进线端子

熔丝为开启式负荷开关中的保护部分，当连接线路中出现过电流故障时，熔丝自动熔断，起到保护作用

提示说明

如图2-2所示，开启式负荷开关按其极数的不同，主要分为两极式（220V）和三极式（380V）两种。两极开启式负荷开关主要应用于单相供电电路中作为分支电路的配电开关；三极开启式负荷开关主要用于三相供电电路中。

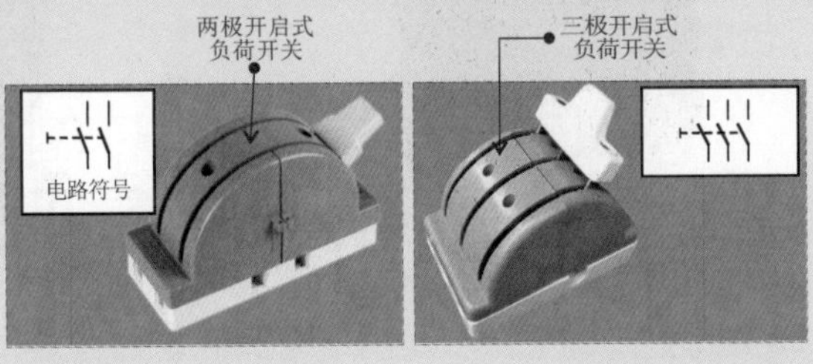
两极开启式
负荷开关
电路符号
三极开启式
负荷开关

图2-2 两极开启式负荷开关和三极开启式负荷开关

2.1.2 封闭式负荷开关

封闭式负荷开关又称为铁壳开关，是在开启式负荷开关的基础上改进的一种手动开关，其操作性能和安全防护都优于开启式负荷开关。封闭式负荷开关通常用于额定电压小于500V，额定电流小于200A的电气设备中。图2-3为封闭式负荷开关。

封闭式负荷开关内部使用的速断弹簧，保证了外壳在打开的状态下，不能进行合闸，提高了封闭式负荷开关的安全防护能力，当手柄转至上方时，封闭式负荷开关的动、静触点处于接通状态；当封闭式负荷开关的手柄转至下方时，其动静触点处理断开的状态，此时也断开了电路。

图 2-3　封闭式负荷开关

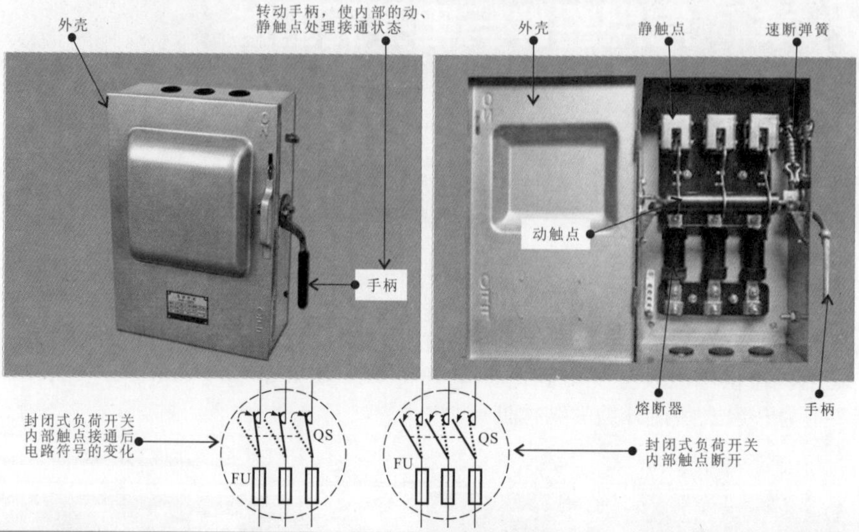
外壳
转动手柄，使内部的动、静触点处理接通状态
手柄
外壳
静触点
速断弹簧
动触点
熔断器
手柄
封闭式负荷开关内部触点接通后电路符号的变化
QS
FU
QS
FU
封闭式负荷开关内部触点断开

2.1.3　组合开关

组合开关又称转换开关，是由多组开关构成的，是一种转动式的刀开关，主要用于接通或切断电路，具有体积小、寿命长、结构简单、操作方便等优点。通常在机床设备或其他的电气设备中应用比较广泛。图 2-4 为组合开关。

图 2-4　组合开关

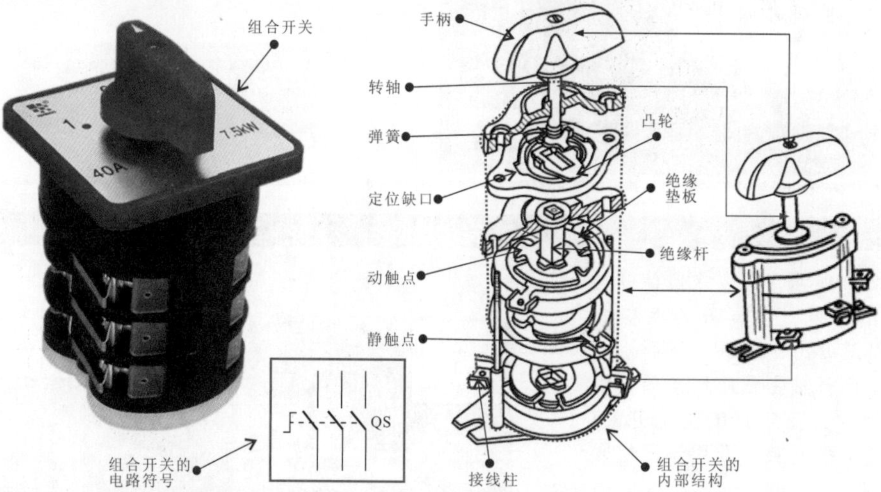
组合开关
1
40A
7.5KW
组合开关的电路符号
QS
手柄
转轴
弹簧
定位缺口
动触点
静触点
凸轮
绝缘垫板
绝缘杆
接线柱
组合开关的内部结构

如图 2-5 所示，在组合开关内部有若干个动触点和静触点，分别装于多层绝缘件内，静触片固

图 2-5　组合开关的控制原理

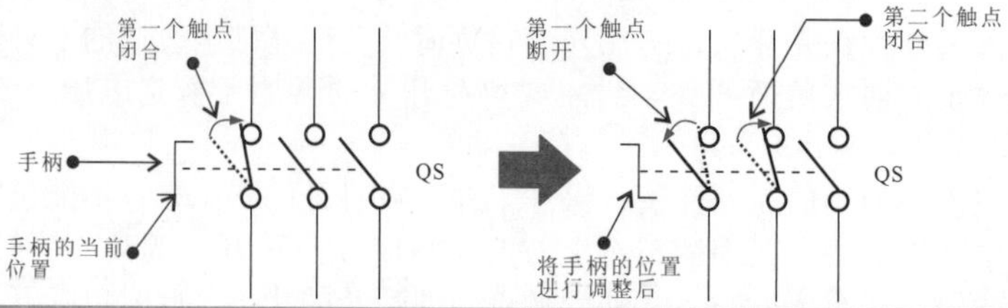
第一个触点闭合
手柄
手柄的当前位置
QS
第一个触点断开
第二个触点闭合
将手柄的位置进行调整后
QS

定在绝缘垫板上；动触片装在转轴上，随转轴旋转而变换通、断位置。

当组合开关的手柄转至不同的位置时，实现的功能也不相同，当手柄转至不同的档位时，与其相关的两个触点闭合，其他触点断开。

2.2 接触器

2.2.1 交流接触器

交流接触器是一种应用于交流电源环境中的通断开关，在目前各种控制线路中应用最为广泛。具有欠电压、零电压释放保护、工作可靠、性能稳定、操作频率高、维护方便等特点。图 2-6 为交流接触器的结构外形。

图 2-6 交流接触器的结构外形

在实际应用中，交流接触器主要作为交流供电电路中的通断开关，实现远距离接通与分断电路功能，如交流电动机和开断控制电路中。

在实际控制电路中，接触器一般利用主触点接通或分断主电路及其连接负载。用辅助触点执行控制指令。图 2-7 为交流接触器的功能。

图 2-7 交流接触器的功能

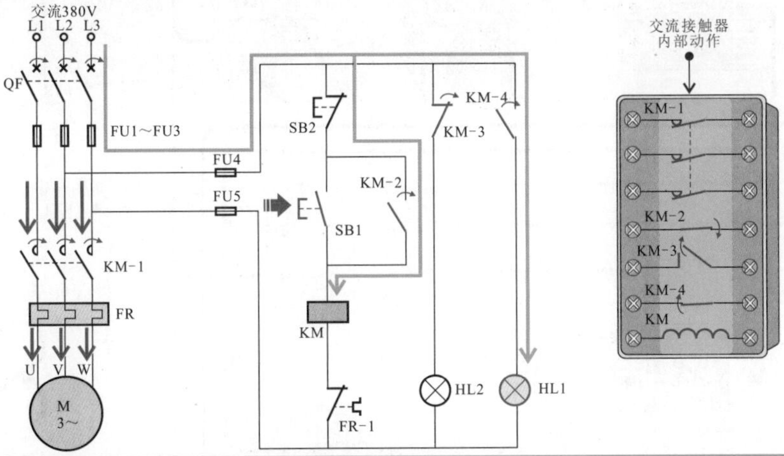
交流380V
L1 L2 L3
QF
FU1～FU3
FU4
FU5
SB2
SB1
KM-1
KM-2
KM-3
KM-4
FR
KM
U V W
M
3～
FR-1
HL2
HL1
交流接触器
内部动作
KM-1
KM-2
KM-3
KM-4
KM

在水泵的起、停控制电路中，控制线路中的交流接触器 KM 主要是由线圈、一组常开主触点 KM-1、两组常开辅助触点和一组常闭辅助触点构成的。控制系统中闭合断路器 QS，接通三相电源。电源经交流接触器 KM 的常闭辅助触点 KM-3 为停机指示灯 HL2 供电，HL2 点亮。按下起动按钮 SB1，交流接触器 KM 线圈得电：常开主触点 KM-1 闭合，水泵电动机接通三相电源起动运转。

同时，常开辅助触点 KM-2 闭合实现自锁功能；常闭辅助触点 KM-3 断开，切断停机指示灯 HL2 的供电电源，HL2 随即熄灭；常开辅助触点 KM-4 闭合，运行指示灯 HL1 点亮，指示水泵电动机处于工作状态。

2.2.2 直流接触器

直流接触器是一种应用于直流电源环境中的通断开关，具有低电压释放保护、工作可靠、性能稳定等特点。图 2-8 为直流接触器的结构外形。

图 2-8　直流接触器的结构外形

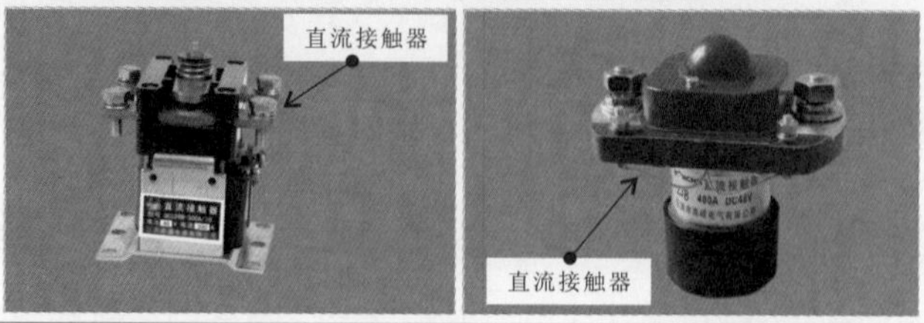
直流接触器
直流接触器

直流接触器是由直流控制的电磁开关，常用于控制直流电路，例如控制直流电动机的单向运转。

在实际应用中，直流接触器用于远距离接通与分断直流供电或控制电路。如直流电动机起停控制，图 2-9 为直流接触器在典型直流电动机的起停控制电路中的应用。

图 2-9　直流接触器在直流电动机的单向控制电路中的应用

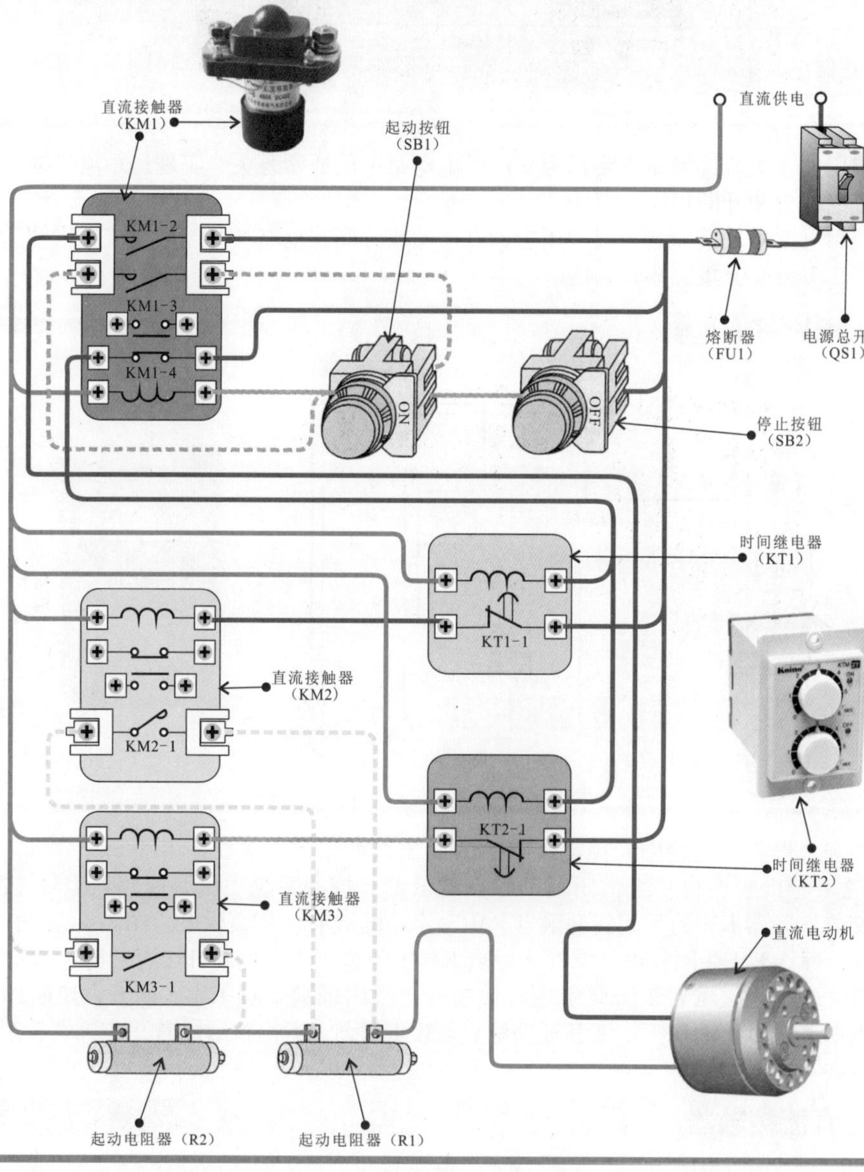
直流接触器
(KM1)
起动按钮
(SB1)
直流供电
KM1-2
KM1-3
KM1-4
熔断器
(FU1)
电源总开关
(QS1)
ON
OFF
停止按钮
(SB2)
时间继电器
(KT1)
KT1-1
直流接触器
(KM2)
KM2-1
KT2-1
时间继电器
(KT2)
直流接触器
(KM3)
KM3-1
直流电动机
起动电阻器 (R2)
起动电阻器 (R1)

2.3 继电器

2.3.1 电磁继电器

电磁继电器是一种电子控制器件，具有输入回路和输出回路，通常用于自动的控制系统中，实际上是用较小的电流或电压去控制较大的电流或电压的一种“自动开关”，在电路中起到了自动调节、保护和转换电路的作用。图 2-10 为电磁继电器的结构外形。

图 2-10 电磁继电器的结构外形

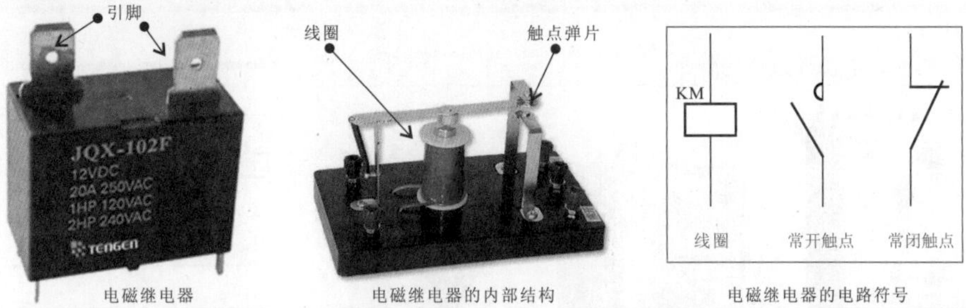
引脚
JQX-102F
12VDC
20A 250VAC
1HP 120VAC
2HP 240VAC
TENGEN
电磁继电器
线圈
触点弹片
电磁继电器的内部结构
KM
线圈
常开触点
常闭触点
电磁继电器的电路符号

2.3.2 中间继电器

中间继电器是一种动作值与释放值固定的电压继电器，用来增加控制电路中信号数量或将信号放大。其输入信号是线圈的通电和断电，输出信号是触点的动作。图 2-11 为中间继电器的结构外形。

图 2-11 中间继电器的结构外形

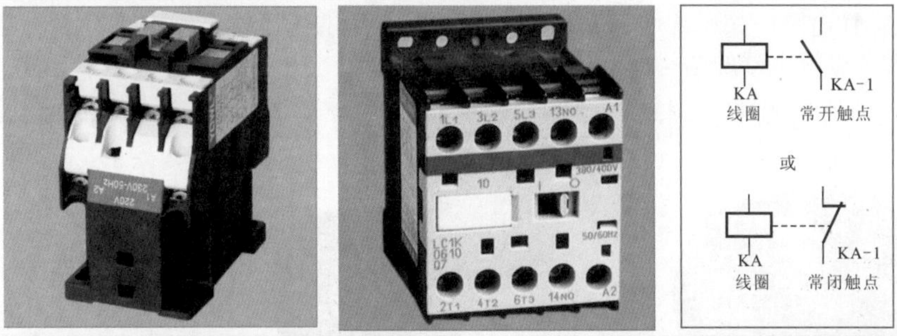
KA
线圈
KA-1
常开触点
或
KA
线圈
KA-1
常闭触点

| 提示说明 |

在中间继电器的电路符号中，通常情况下用字母“KA”表示线圈；“KA-1”表示继电器的触点。由于中间继电器触点的数量较多，而且通过小电流，所以可以用来控制多个元件或回路。

2.3.3 电流继电器

当继电器的电流超过整定值时，引起开关电器有延时或无延时动作的继电器叫作电流继电器，图 2-12 为电流继电器的结构外形。该类继电器主要用于电动机或设备频繁起动和重载起动的场合，作为电动机和主电路的过载和短路保护。

电流继电器又可分为过电流继电器和欠电流继电器。过电流继电器是指线圈中的电流高于容许值时动作的继电器；欠电流继电器是指线圈中的电流低于容许值时动作的继电器。

2.3.4 电压继电器

电压继电器又称零电压继电器，是一种按电压值的大小而动作的继电器，当输入的电压达到设定的电压时，其触点会做出相应动作，电压继电器具有导线细、匝数多、阻抗大的特点。图 2-13 为电压继电器的结构外形。

图 2-12　电流继电器的结构外形

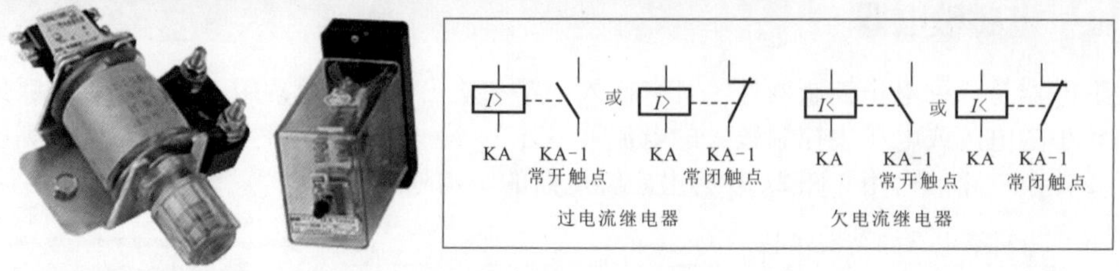
I>
或
KA
KA-1
常开触点
常闭触点
过电流继电器
I<
欠电流继电器

图 2-13　电压继电器的结构外形

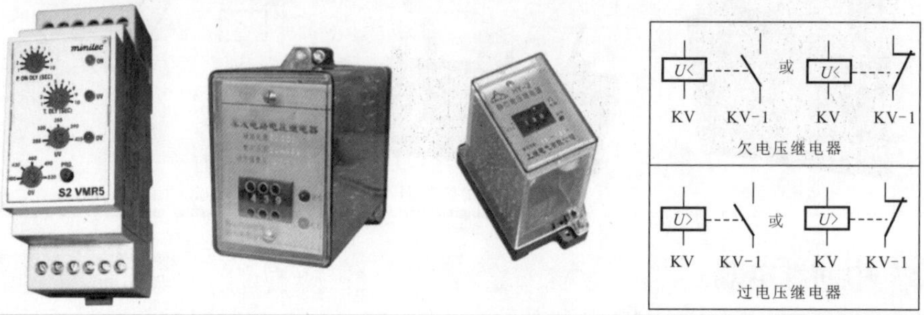
minitec
S2 VMR5
U<
或
KV
KV-1
欠电压继电器
U>
过电压继电器

2.3.5　速度继电器

速度继电器又称为反接制动继电器，主要是与接触器配合使用，实现电动机的反接制动。

速度继电器在电路中，通常用字母“KS”表示。常用的速度继电器主要有 JY1 型和 JFZ0 型两种。图 2-14 为速度继电器的结构外形。

图 2-14　速度继电器的结构外形

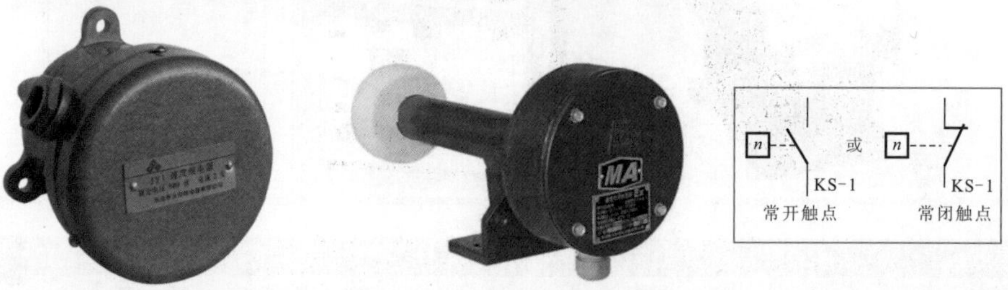
MA
n
或
KS-1
常开触点
常闭触点

2.3.6　热继电器

热继电器是一种电气保护元件，利用电流的热效应来推动内部的动作机构使触点闭合或断开的保护电器。由于热继电器发热元件具有热惯性，因此，在电路中不能用作瞬时过载保护，更不能用作短路保护。

图 2-15 为热继电器的结构外形。热继电器在电路中，通常用字母“FR”表示。该类继电器具有体积小、结构简单、成本低等特点，主要用于电动机的过载保护、电流不平衡运行的保护及其他电气设备发热状态的控制。

| 提示说明 |

当过载电流通过热元件后，热元件内的双金属片受热弯曲变形从而带动触点动作，使电动机控制电路断开实现电动机的过载保护。

图 2-15　热继电器的结构外形

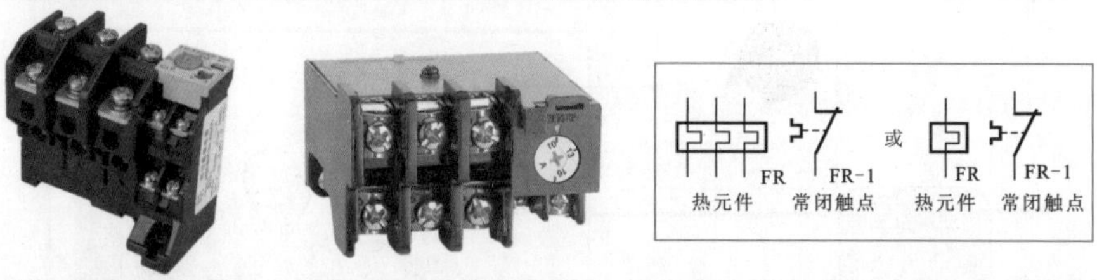
FR
FR-1
热元件
常闭触点
或
FR
FR-1
热元件
常闭触点

2.3.7　时间继电器

时间继电器是指其内部的感测机构接收到外界动作信号，经过一段时间延时后触点才动作或输出电路产生跳跃式改变的继电器。图 2-16 为时间继电器的结构外形。

图 2-16　时间继电器的结构外形

ON
UP
SECONDS
CIKACHI
TIMER
Koino
KTM
KT
KT-1
或
KT
KT-1

在时间继电器的电路符号中，通常是以字母“KT”表示，触头数量是用字母和数字表示。时间继电器主要用于需要按时间顺序控制的电路中，延时接通和切断某些控制电路。

时间继电器的种类很多，按动作原理可以分为空气阻尼式继电器、电磁阻尼式继电器、电动式继电器、电子式继电器等；按延时方式可以分为通电延时和断电延时两种方式的继电器。

2.3.8　压力继电器

压力继电器是将压力转换成电信号的液压器件。压力继电器通常用于机械设备的液压或气压的控制系统中，它可以根据压力的变化情况来决定触点的开通和断开，方便对机械设备提供控制和保护的作用。图 2-17 为压力继电器的结构外形。压力继电器在电路中符号通常是用字母“KP”表示。

图 2-17　压力继电器的结构外形

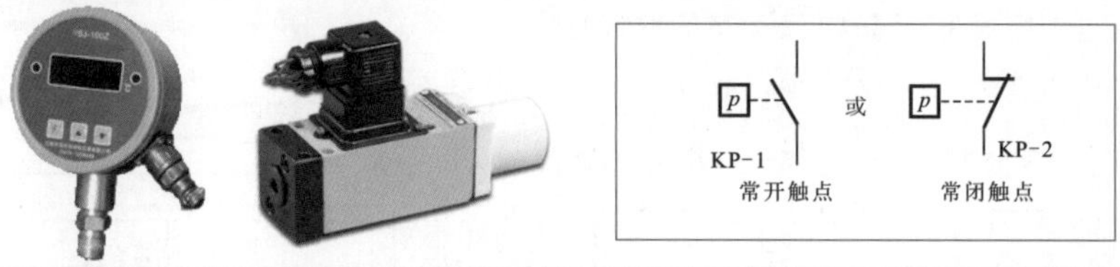
p
KP-1
常开触点
或
p
KP-2
常闭触点

2.4　传感器

2.4.1　温度传感器

温度传感器是将物理量（温度信号）变成电信号的器件，该传感器为热敏电阻器，其是利用电阻值随温度变化而变化这一特性来反映温度变化的，主要用于各种需要对温度进行测量、监视、控制及补偿的场合，如图 2-18 所示。

图 2-18 温度传感器的连接关系

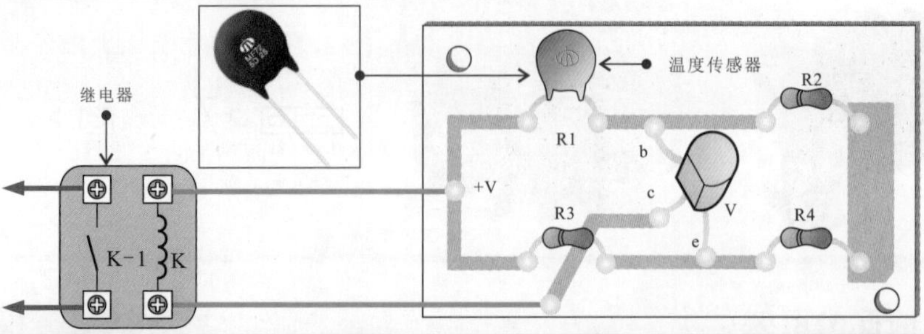
继电器
温度传感器
R1
R2
R3
R4
+V
b
c
e
V
K-1
K

提示说明

根据温度传感器感应特性的不同，可分为 PTC 传感器和 NTC 传感器。PTC 传感器为正温度系数传感器，其阻值随温度的升高而增大，随温度的降低而减小；NTC 传感器为负温度系数传感器，其阻值随温度的升高而减小，随温度的降低而增大。

图 2-19 为温度传感器在不同温度环境下的控制关系。

图 2-19 温度传感器在不同温度环境下的控制关系

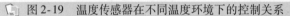

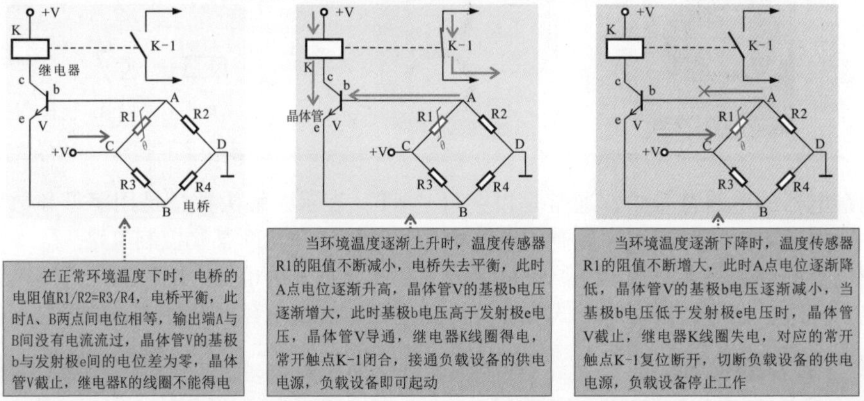
+V
K
K-1
继电器
晶体管
电桥
R1
R2
R3
R4
A
B
C
D
在正常环境温度下时，电桥的电阻值R1/R2=R3/R4，电桥平衡，此时A、B两点间电位相等，输出端A与B间没有电流流过，晶体管V的基极b与发射极e间的电位差为零，晶体管V截止，继电器K的线圈不能得电
当环境温度逐渐上升时，温度传感器R1的阻值不断减小，电桥失去平衡，此时A点电位逐渐升高，晶体管V的基极b电压逐渐增大，此时基极b电压高于发射极e电压，晶体管V导通，继电器K线圈得电，常开触点K-1闭合，接通负载设备的供电电源，负载设备即可起动
当环境温度逐渐下降时，温度传感器R1的阻值不断增大，此时A点电位逐渐降低，晶体管V的基极b电压逐渐减小，当基极b电压低于发射极e电压时，晶体管V截止，继电器K线圈失电，对应的常开触点K-1复位断开，切断负载设备的供电电源，负载设备停止工作

2.4.2 湿度传感器

湿度传感器是一种将湿度信号转换为电信号的器件，主要用于工业生产、天气预报、食品加工等行业中对各种湿度进行控制、测量和监视。图 2-20 为湿度传感器在不同湿度环境下的控制关系。

图 2-20 湿度传感器在不同温度环境下的控制关系

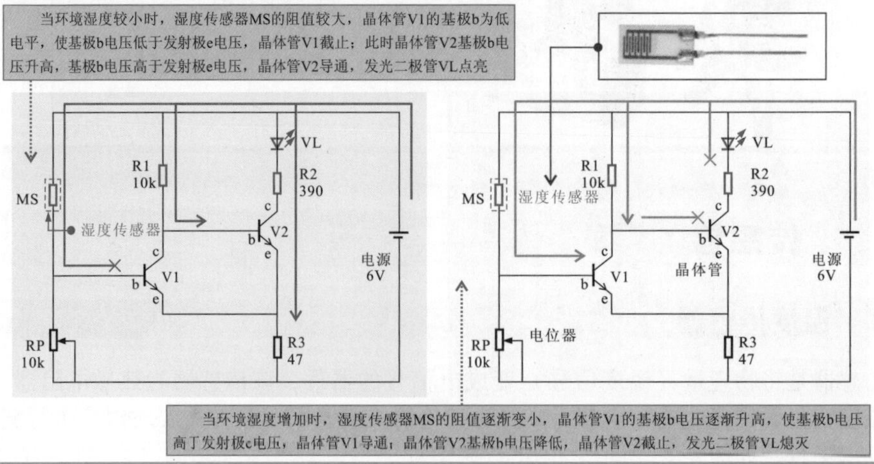
当环境湿度较小时，湿度传感器MS的阻值较大，晶体管V1的基极b为低电平，使基极b电压低于发射极e电压，晶体管V1截止；此时晶体管V2基极b电压升高，基极b电压高于发射极e电压，晶体管V2导通，发光二极管VL点亮
MS
湿度传感器
R1 10k
R2 390
VL
V1
V2
RP 10k
R3 47
电源 6V
晶体管
电位器
当环境湿度增加时，湿度传感器MS的阻值逐渐变小，晶体管V1的基极b电压逐渐升高，使基极b电压高于发射极e电压，晶体管V1导通；晶体管V2基极b电压降低，晶体管V2截止，发光二极管VL熄灭

2.4.3 光电传感器

光电传感器是一种能够将可见光信号转换为电信号的器件，也称为光电器件，主要用于光控开关、光控照明、光控报警等领域中，对各种可见光进行控制。图 2-21 为光电传感器在不同光线环境下的控制关系。

图 2-21 光电传感器在不同光线环境下的控制关系

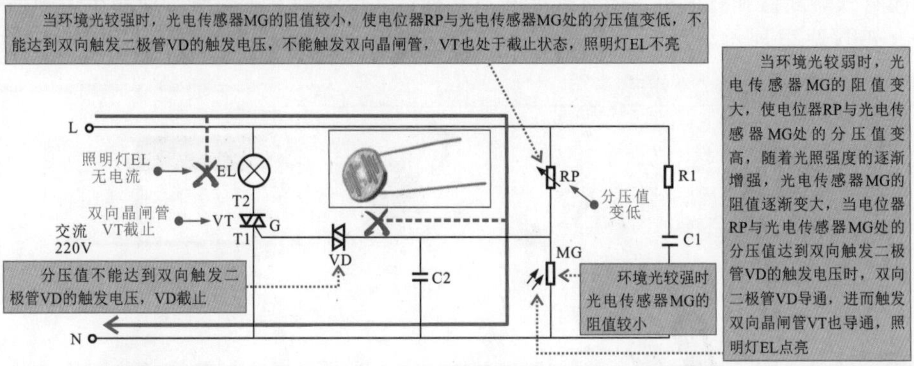
当环境光较强时，光电传感器MG的阻值较小，使电位器RP与光电传感器MG处的分压值变低，不能达到双向触发二极管VD的触发电压，不能触发双向晶闸管，VT也处于截止状态，照明灯EL不亮
当环境光较弱时，光电传感器MG的阻值变大，使电位器RP与光电传感器MG处的分压值变高，随着光照强度的逐渐增强，光电传感器MG的阻值逐渐变大，当电位器RP与光电传感器MG处的分压值达到双向触发二极管VD的触发电压时，双向二极管VD导通，进而触发双向晶闸管VT也导通，照明灯EL点亮
L
照明灯EL
无电流
EL
T2
双向晶闸管
VT截止
VT
G
T1
交流
220V
VD
C2
RP
分压值
变低
R1
C1
MG
分压值不能达到双向触发二极管VD的触发电压，VD截止
环境光较强时光电传感器MG的阻值较小
N

2.4.4 气敏传感器

气敏传感器是一种将某种气体的有无或浓度大小转换为电信号的器件，它可检测出环境中的某种气体及其浓度，并将其转换成相应的电信号。该传感器主要用于可燃或有毒气体泄漏的报警电路中。

图 2-22 为气敏传感器在不同环境下的控制关系。

图 2-22 气敏传感器在不同环境下的控制关系

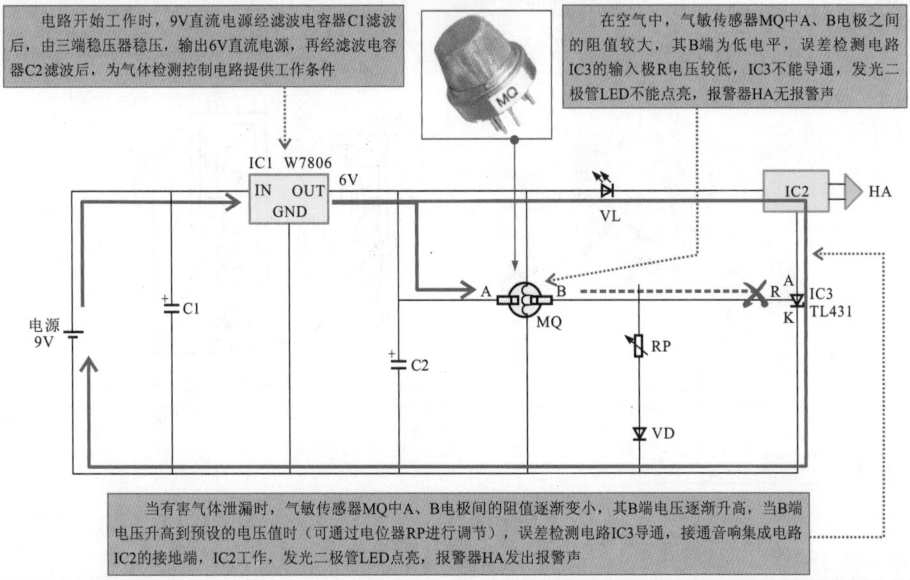
电路开始工作时，9V直流电源经滤波电容器C1滤波后，由三端稳压器稳压，输出6V直流电源，再经滤波电容器C2滤波后，为气体检测控制电路提供工作条件
MQ
在空气中，气敏传感器MQ中A、B电极之间的阻值较大，其B端为低电平，误差检测电路IC3的输入极R电压较低，IC3不能导通，发光二极管LED不能点亮，报警器HA无报警声
IC1 W7806
IN OUT
GND
6V
VL
IC2
HA
电源
9V
C1
C2
A
B
MQ
R
A
K
IC3
TL431
RP
VD
当有害气体泄漏时，气敏传感器MQ中A、B电极间的阻值逐渐变小，其B端电压逐渐升高，当B端电压升高到预设的电压值时（可通过电位器RP进行调节），误差检测电路IC3导通，接通音响集成电路IC2的接地端，IC2工作，发光二极管LED点亮，报警器HA发出报警声

2.5 保护器

保护器是指对其所应用电路具有过电流、短路、漏电等保护功能的器件，其一般具有自动切断电路实现保护的功能。根据结构和原理不同，保护器主要可分为熔断器和断路器两大类。

2.5.1 熔断器

熔断器是指在配电系统中用于电路和设备的短路及过载保护的器件。当系统正常工作时，熔断器相当于一根导线，起通路作用；当通过熔断器的电流大于规定值时，熔断器会使自身的熔体熔断而自动断开电路，从而对电路上的其他电器设备起保护作用。

根据应用场合，熔断器有高低压之分。常用的低压熔断器有瓷插入式熔断器、螺旋式熔断器、无填料封闭管式熔断器和有填料封闭管式熔断器几种；高压熔断器主要有普通高压熔断器、跌落式熔断器等，如图 2-23 所示。

图 2-23　典型熔断器的实物外形

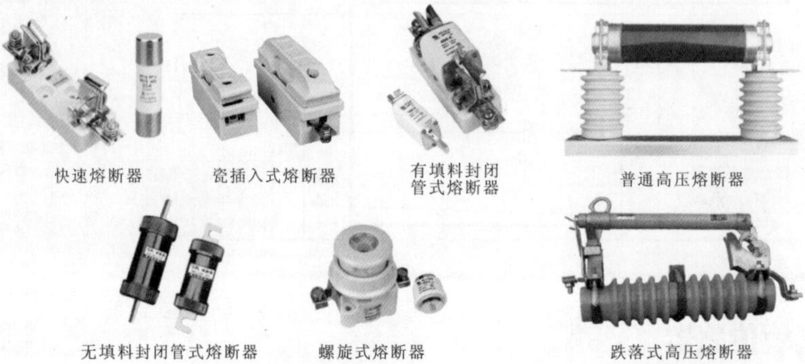
快速熔断器
瓷插入式熔断器
有填料封闭
管式熔断器
普通高压熔断器
无填料封闭管式熔断器
螺旋式熔断器
跌落式高压熔断器

a）低压类熔断器　　b）高压类熔断器

1 瓷插入式熔断器

瓷插入式熔断器（RC1A 系列）主要由瓷座、瓷盖、静触点、动触点和熔丝等组成，如图 2-24 所示，其中瓷盖和瓷底均用电工瓷制成，电源线和负载电源线分别接在瓷底两端的静触头上。瓷座中部还有一个空腔，与瓷盖的凸出部分组成灭弧室。

图 2-24　瓷插入式熔断器的结构特点

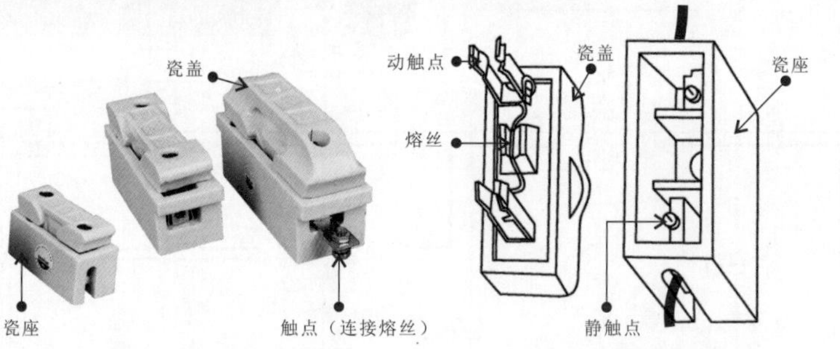
瓷盖
瓷座
触点（连接熔丝）
动触点
瓷盖
熔丝
瓷座
静触点

a）瓷插入式熔断器的外部结构　　b）瓷插入式熔断器的内部结构

2 螺旋式熔断器

螺旋式熔断器主要由瓷帽、熔断管、上接线端、下接线端和底座等组成，如图 2-25 所示。其中，熔断管内装有熔丝以及石英砂，石英砂的作用是熄灭电弧。

3 无填充料封闭管式熔断器

无填充料封闭管式熔断器（RM 系列），其内部主要由熔体、夹座、黄铜套管、黄铜帽、插刀、钢纸管等构成，如图 2-26 所示。其中熔体装于熔断管内，当熔断器内有大电流通过时，熔体被熔断，这时钢纸管在熔体熔断所产生电弧的高温作用下，分解出大量气体增大管内压力，从而起到灭弧作用。

图 2-25 螺旋式熔断器的结构特点

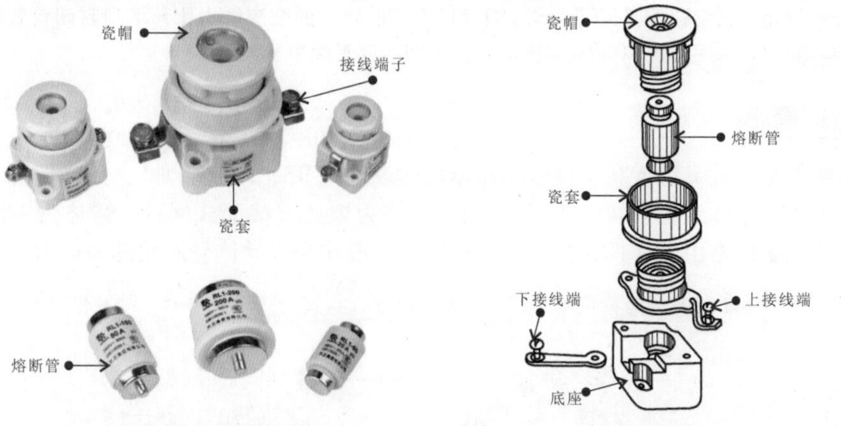
瓷帽
接线端子
瓷套
熔断管
瓷帽
熔断管
瓷套
下接线端
上接线端
底座

a) 螺旋式熔断器的外部结构　　b) 螺旋式熔断器的内部结构

图 2-26 无填充料封闭管式熔断器的结构特点

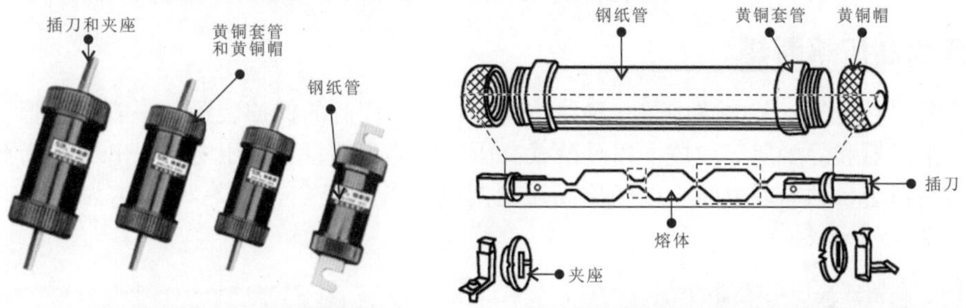
插刀和夹座
黄铜套管
和黄铜帽
钢纸管
钢纸管
黄铜套管
黄铜帽
插刀
熔体
夹座

a) 无填充料封闭管式熔断器的外部结构　　b) 无填充料封闭管式熔断器的内部结构

| 提示说明 |

无填充料封闭管式熔断器的断流能力大、保护性好，因此常用于交流 500V、直流 400V，额定电流 1000A 以内的低压电路及成套配电设备中。

4 有填充料封闭管式熔断器

有填充料封闭管式熔断器（RT0 系列）主要由熔断指示器、石英砂填料、指示器熔丝、插刀等部分构成，如图 2-27 所示。其中熔管采用具有耐热性强、机械强度高的高频陶瓷制成；熔管内填有石英砂，在切断电流时起迅速灭弧的作用。

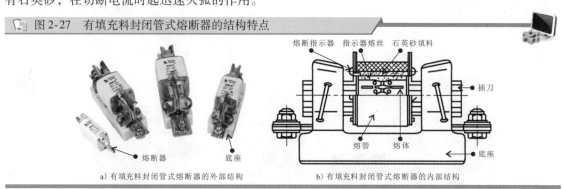

图 2-27 有填充料封闭管式熔断器的结构特点

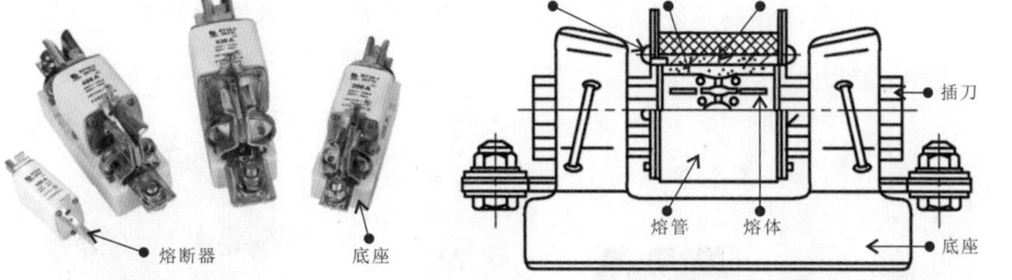
熔断器
底座
熔断指示器
指示器熔丝
石英砂填料
插刀
熔管
熔体
底座

a) 有填充料封闭管式熔断器的外部结构　　b) 有填充料封闭管式熔断器的内部结构

| 提示说明 |

有填充料封闭管式熔断器（RT、RS、NT 和 NGT 系列）的断流能力比无填料封闭管式熔断器大，主要应用于 AC 380V、额定电流 1000A 以内的电力网络和成套配电装置中。

5 快速熔断器

快速熔断器是一种灵敏度高、快速动作型的熔断器（RS、RLS 系列），主要由熔断管、触点底座、动作指示器和熔体组成，如图 2-28 所示。熔体为银质窄截面或网状，熔体为一次性使用，不能自行更换。该熔断器由于其具有快速动作特性，一般作为半导体整流元件保护用。

图 2-28 快速熔断器的结构特点

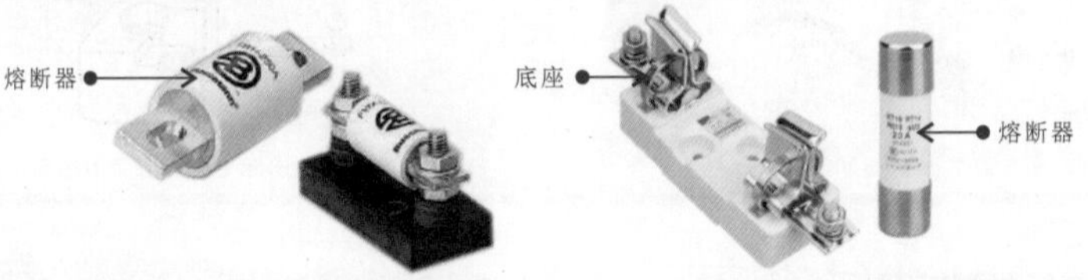
熔断器
底座
熔断器

6 跌落式高压熔断器

高压熔断器在电气安装电路中是一种结构简单、应用广泛的保护装置。一般由熔管、熔体、灭弧填充物、指示器和静触座等构成。以跌落式高压熔断器为例，当高压电路中出现电流不正常的情况下，该熔断器会自动断开电路，以确保高压变配电设备的安全。图 2-29 所示为跌落式高压熔断器的结构特点。

图 2-29 跌落式高压熔断器的结构特点

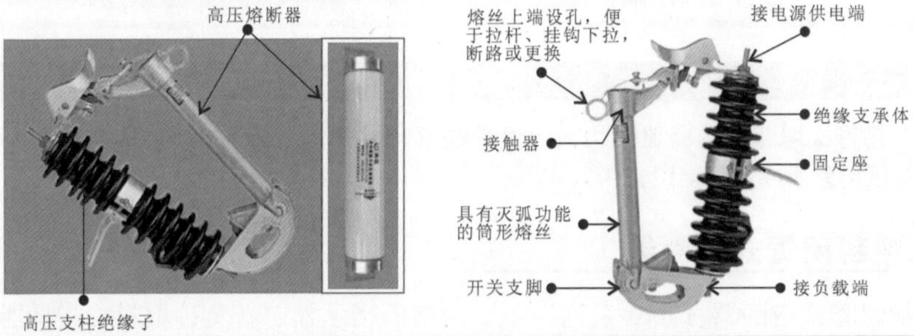
高压熔断器
高压支柱绝缘子
熔丝上端设孔，便于拉杆、挂钩下拉，断路或更换
接电源供电端
绝缘支承体
接触器
固定座
具有灭弧功能的筒形熔丝
开关支脚
接负载端

2.5.2 断路器

断路器是一种切断和接通负荷电路的器件，该器件具有过载自动断路保护的功能。根据其应用场合主要可分为低压断路器和高压断路器，图 2-30 为典型断路器的实物外形。

图 2-30 典型断路器的实物外形

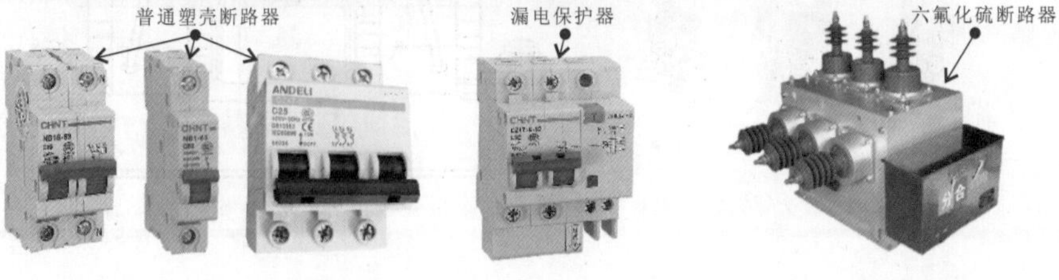
普通塑壳断路器
漏电保护器
六氟化硫断路器

a）低压用断路器　　b）高压用断路器

1 低压断路器

低压断路器又称空气开关，是一种既可以通过手动控制，也可自动控制的低压开关，主要用于接通或切断供电电路。这种开关具有过载、短路或欠电压保护的功能，常用于不频繁接通和切断的电路中。

（1）普通塑壳断路器的功能

普通塑壳断路器又称装置式断路器，目前，普通塑壳断路器的常见型号有 DZ5、DZ10、DZ12、DZ20、TO、TG 等系列，在选用时，应根据这些型号的额定电流、额定电压以及直流电压进行选择。图 2-31 为普通塑壳断路器的实物外形。

图 2-31 普通塑壳断路器的实物外形

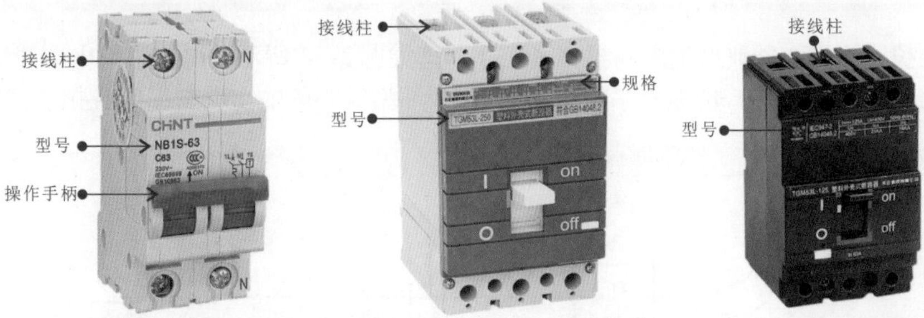
接线柱
型号
操作手柄
接线柱
规格
型号
接线柱
型号

扫一扫看视频

图 2-32 典型塑壳式断路器的内部结构组成。其主要是由塑料外壳、脱扣器装置、触点、接线端子、操作手柄等部分构成的。

图 2-32 典型塑壳式断路器的内部结构组成

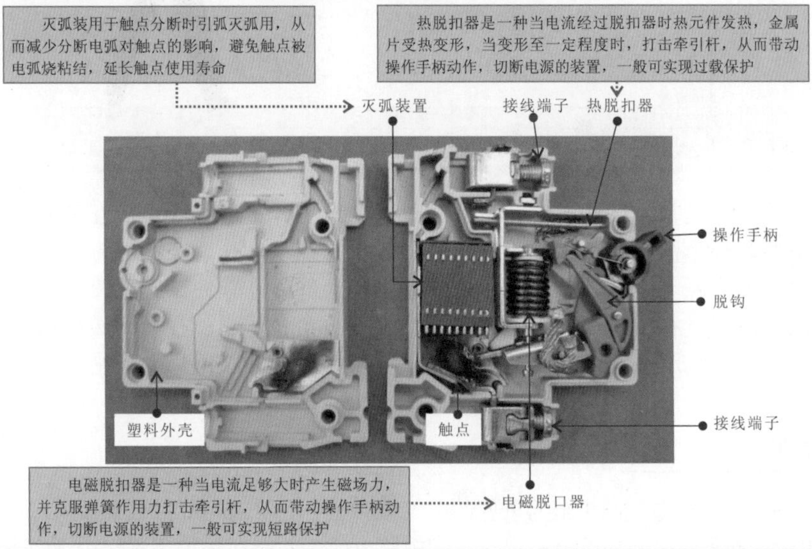
灭弧装用于触点分断时引弧灭弧用，从而减少分断电弧对触点的影响，避免触点被电弧烧粘结，延长触点使用寿命
热脱扣器是一种当电流经过脱扣器时热元件发热，金属片受热变形，当变形至一定程度时，打击牵引杆，从而带动操作手柄动作，切断电源的装置，一般可实现过载保护
灭弧装置
接线端子
热脱扣器
操作手柄
脱钩
接线端子
塑料外壳
触点
电磁脱扣器是一种当电流足够大时产生磁场力，并克服弹簧作用力打击牵引杆，从而带动操作手柄动作，切断电源的装置，一般可实现短路保护
电磁脱口器

当手动控制操作手柄使其位于“开（ON）”状态时，触点闭合，操作手柄带动脱钩动作，连杆部分则带动触点动作，触点闭合，电流经接线端子 A、触点、电磁脱口器、热脱口器后，由接线端子 B 输出。当手动控制操作手柄使其位于“关”（“OFF”）状态时，触点断开，操作手柄带动脱钩动作，连杆部分则带动触点动作，触点断开，电流被切断。

（2）剩余电流保护器的功能

剩余电流保护器俗称漏电保护器，是一种具有漏电保护功能的断路器，是配电（照明）等电路中的基本组成部件，具有漏电、触电、过载、短路的保护功能，对防止触电伤亡事故的发生、避免因漏电而引起火灾，具有明显的效果。图 2-33 为典型剩余电流保护器的实物外形。

图 2-33　典型剩余电流保护器的实物外形

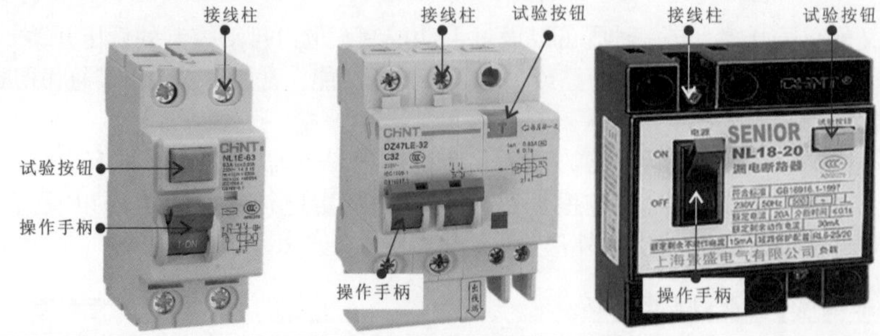
接线柱
试验按钮
操作手柄
接线柱
试验按钮
操作手柄
接线柱
试验按钮
SENIOR
NL18-20
漏电断路器
操作手柄

剩余电流保护器作为一种典型的断路器，其工作原理如图 2-34 所示。电路中的电源线穿过漏电保护器内的检测元件（环形铁心，也称零序电流互感器），环型铁心的输出端与漏电脱扣器相连接。

图 2-34　剩余电流保护器的工作原理示意图

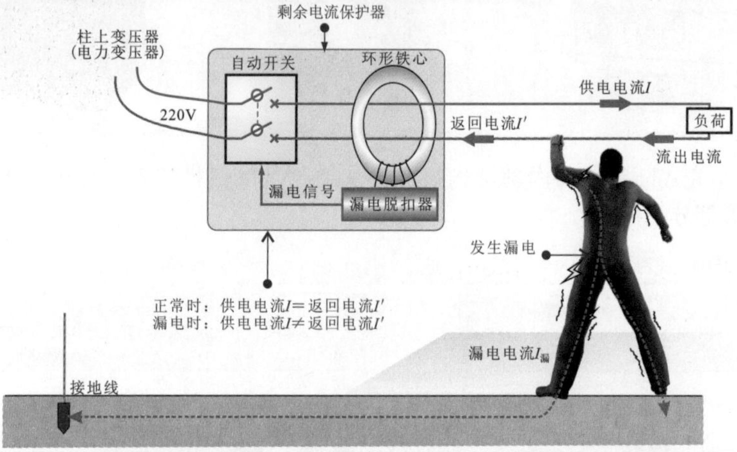
剩余电流保护器
柱上变压器
(电力变压器)
自动开关
环形铁心
220V
供电电流I
返回电流I′
负荷
流出电流
漏电信号
漏电脱扣器
发生漏电
正常时：供电电流I=返回电流I′
漏电时：供电电流I≠返回电流I′
漏电电流I漏
接地线

在被保护电路工作正常，没有发生漏电或触电的情况下，通过零序电流互感器的电流向量和等于零，这样漏电检测环形铁心的输出端无输出，漏电保护器不动作，系统保持正常供电。

当被保护电路发生漏电或有人触电时，由于漏电电流的存在，使供电电流大于返回电流，通过环形铁心的两路电流向量和不再等于零，在铁心中出现了交变磁通。在交变磁通的作用下，检测元件的输出端就有感应电流产生，当达到额定值时，脱扣器驱动断路器自动跳闸，切断故障电路，从而实现保护。

2　高压断路器

高压断路器是高压输配电线路中最为重要的电气设备之一，具有可靠的灭弧装置。因此，不仅能通断正常的负荷电流，而且能接通和承担一定时间的短路电流，并能在保护装置作用下自动跳闸，切除短路故障。常见的高压断路器有油断路器、六氟化硫（SF_6）断路器和真空断路器，如图 2-35 所示。

图 2-35　常见的高压断路器的实物外形

油断路器
六氟化硫(SF6)断路器
真空断路器

2.6 常见阻容元器件

2.6.1 电阻器

物体对电流通过的阻碍作用称为“电阻”，利用这种阻碍作用做成的电器元件称为电阻器，简称电阻。在电子设备中，电阻是使用最多也是最普遍的元器件之一。

电阻器按其特性可分为固定电阻器、可变电阻器和特殊电阻器。

1 固定电阻器

固定电阻器的种类很多，其外形和电路图型符号如图 2-36 所示，图中的符号 R 表示电阻，只有两根引脚沿中心轴伸出，一般情况下不分正、负极性。

固定电阻器按照其结构和外形可分为线绕电阻器和非线绕电阻器两大类。

图 2-37 为典型的线绕电阻器。通常，功率比较大的电阻常采用线绕电阻器，线绕电阻器是用镍铬合金、锰铜合金等电阻丝绕在绝缘支架上制成的，其外面涂有耐热的釉绝缘层。

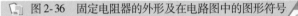

图 2-36 固定电阻器的外形及在电路图中的图形符号

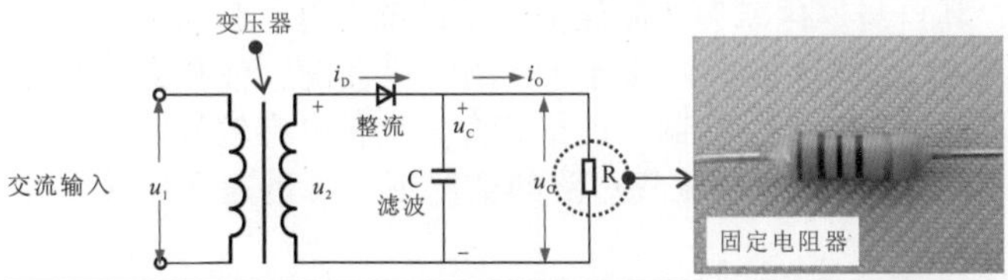
变压器
i_D
i_O
整流
u_C
交流输入
u_1
u_2
C
滤波
u_O
R
固定电阻器

图 2-37 典型的线绕电阻器

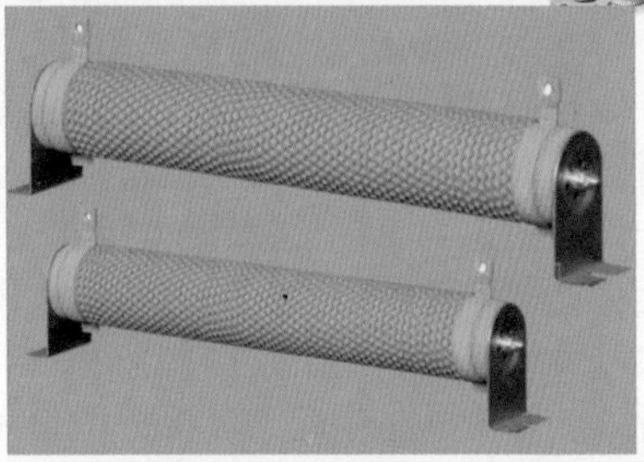

图 2-38 为典型的非线绕电阻器。一般来说，非线绕电阻主要又可以分为薄膜电阻和实心电阻两大类。

图 2-38 典型的非线绕电阻器

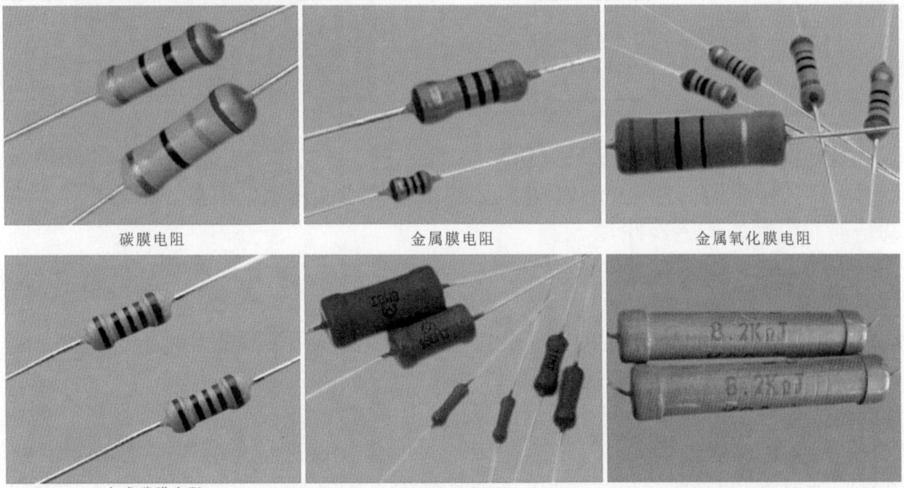
8.2KΩJ
8.2KΩJ

碳膜电阻　金属膜电阻　金属氧化膜电阻

合成碳膜电阻　玻璃釉电阻　有机合成实心电阻

其中，薄膜电阻器是利用蒸镀的方法将具有一定电阻率的材料蒸镀在绝缘材料表面制成的，功率比较大。由于蒸镀材料不同，薄膜电阻有碳膜电阻、金属膜电阻和金属氧化物膜电阻之分。

实心电阻器则是由有机导电材料（炭黑、石墨等）或无机导电材料及一些不良导电材料混合并加入黏合剂后压制而成的。实心电阻器的成本低，但阻值误差大，稳定性较差。

2 可变电阻器

可变电阻器一般有 3 个引脚，其中有两个定片引脚和一个动片引脚，设有一个调整口，通过它可以改变动片，从而改变该电阻的阻值。图 2-39 为典型可变电阻器的实物外形。

图 2-39 典型的可变电阻器

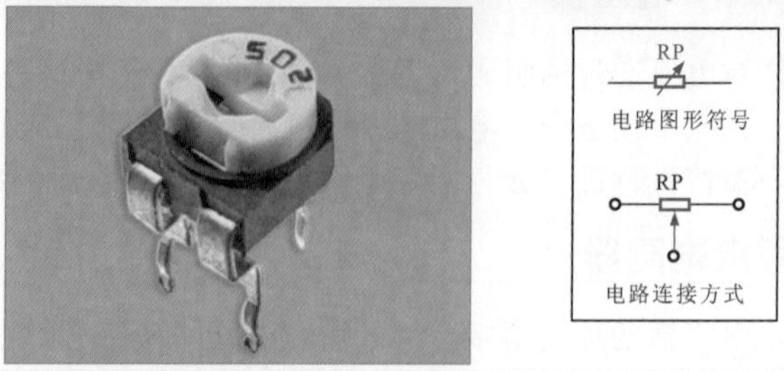
502
RP
电路图形符号
RP
电路连接方式

可变电阻的最大阻值就是与可变电阻的标称阻值十分相近的阻值；最小阻值就是该可变电阻的最小阻值，一般为 0Ω；该类电阻器的阻值在最小阻值与最大阻值之间随调整旋钮的变化而变化。

3 特殊电阻器

根据电路实际工作的需要，一些特殊电阻器在电路板上发挥着其特殊的作用，如熔断电阻器、水泥电阻器、压敏电阻器、热敏电阻器和光敏电阻器等。

如图 2-40 所示，熔断电阻器又叫保险丝电阻器。它是一种具有电阻器和过电流保护熔断丝双重作用的元件。在正常情况下具有普通电阻器的电气功能，在电子设备当中常常采用熔断电阻，从而保护其他元器件。在电流过大的情况下，其自身熔化断裂从而保护整个设备不再过载。

如图 2-41 所示，水泥电阻器采用陶瓷、矿质材料包封，具有优良的绝缘性能，散热好，功率大，具有优良的阻燃、防爆特性。内部电阻丝选用康铜、锰铜、镍铬等合金材料，有较好的稳定性和过负载能力。电阻丝同焊脚引线之间采用压接方式，在负载短路的情况下，可迅速在压接处熔断，从而在电路中起限流保护的作用。

图 2-40 典型的熔断电阻器

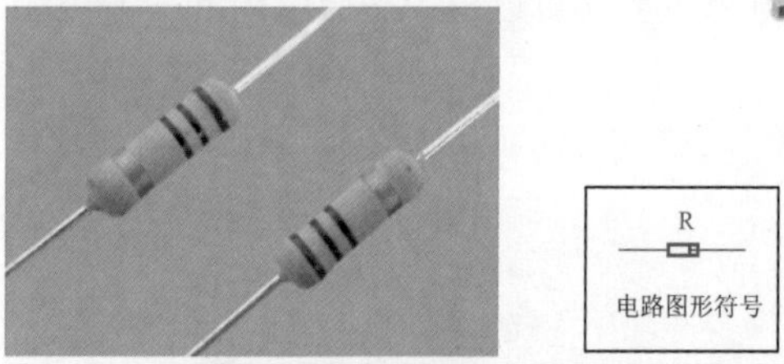
R
电路图形符号

图 2-41 典型的水泥电阻器

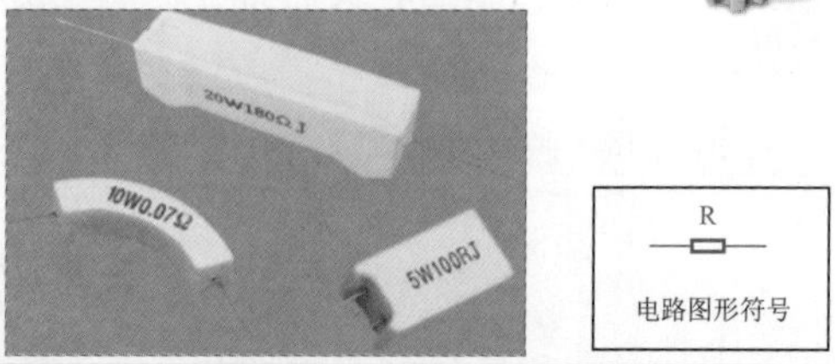
10W0.07Ω
5W100RJ
R
电路图形符号

敏感电阻器是指器件特性对温度、电压、湿度、光照、气体、磁场、压力等作用敏感的电阻器。其主要用来作为传感器。常见的敏感电阻如热敏电阻器、光敏电阻器、湿敏电阻器和气敏电阻器等（也就是前面说到的传感器件）。

2.6.2 电容器

电容器也是电子设备中大量使用的电子元件之一，广泛应用于隔直、耦合、旁路、滤波、调谐回路、能量转换、控制电路等方面。

电容器的构成非常简单，两个互相靠近的导体，中间夹一层不导电的绝缘介质，就构成了电容器。电容器是一种可贮存电荷的元件。电容可以通过电路元件进行充电和放电，而且电容器的充、放电都需要有一个过程和时间。任何一种电子产品都少不了电容。

电容器按其电容量是否可改变分为固定电容器和可变电容器两种。

1 固定电容器

固定电容器是指电容器一经制成后，其电容量不能再改变的电容器。它分为无极性电容和有极性电容两种固定电容器。

其中，无极性电容器是指电容器的两个金属电极没有正、负极性之分，使用时电容器两极可以交换连接。

无极性固定电容器的种类很多，按绝缘介质分为纸介电容器、瓷介电容器、云母电容器、涤纶电容器、聚苯乙烯电容器等。

图 2-42 为常见的几种不同介质电容器的实物外形。

图 2-42 常见的几种不同介质电容器的实物外形

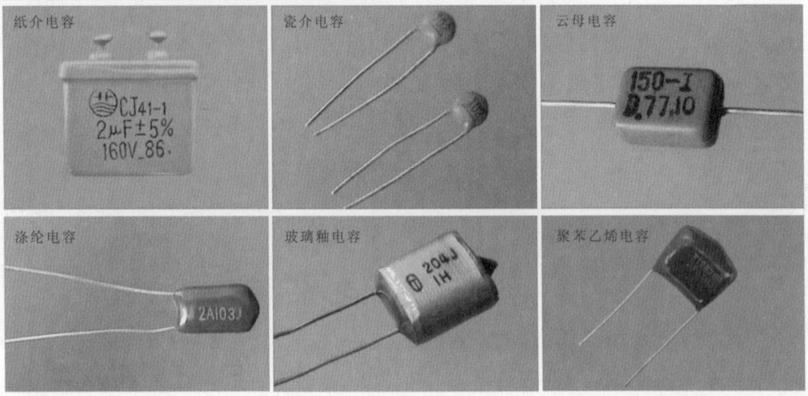
纸介电容
CJ41-1
2μF±5%
160V_86
瓷介电容
云母电容
150-I
涤纶电容
2A103J
玻璃釉电容
204J
1H
聚苯乙烯电容

有极性电容器是指电容器的两极有正负极性之分，使用时一定要正极性端连接电路的高电位，负极性端连接电路的低电位，否则会使电容器损坏。

流行的电解电容器均为有极性电容。按电极材料的不同可以分为铝电解电容器和钽电解电容器等，其实物外形和电路符号如图 2-43 所示。

图 2-43 有极性电容器及电路符号

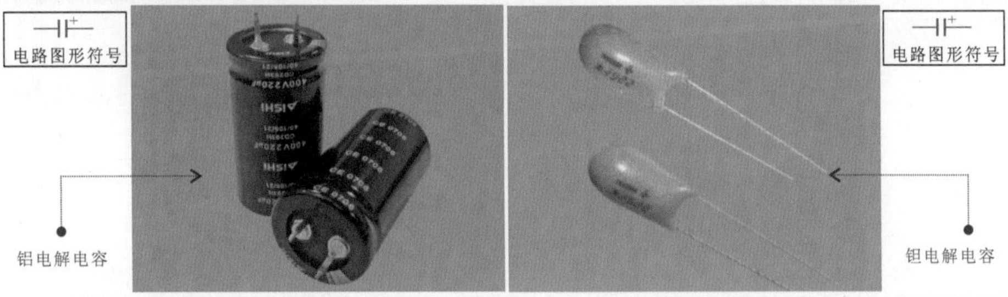
电路图形符号
铝电解电容
电路图形符号
钽电解电容

2 可变电容器

电容量可以调整的电容器被称为可变电容器。可变电容器按介质不同可分为空气介质和有机薄膜介质两种。而按结构又可分为单联、双联，甚至三联、四联等。

图 2-44 为可变电容器的实物外形及电路符号。

图 2-44 可变电容器的实物外形及电路符号

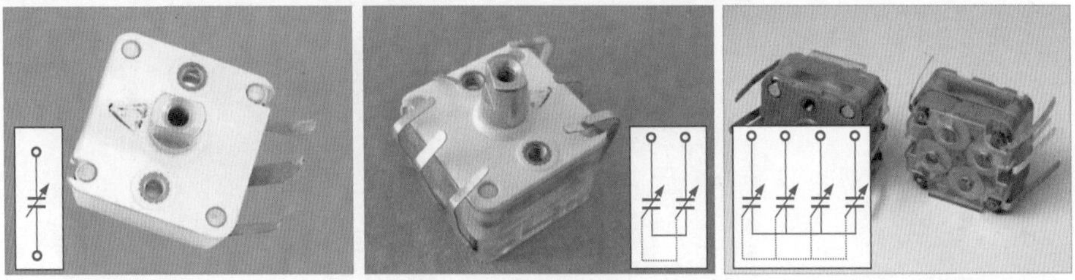

a) 单联可变电容器　b) 双联可变电容器　c) 四联可变电容器

2.6.3 电感器

电感器件是应用电磁感应原理制成的元件。通常分为两类：一类是应用自感作用的电感线圈，另一类是应用互感作用的变压器。

电感线圈是用导线在绝缘骨架上单层绕制而成的一种电子器件，电感线圈有固定电感、色环/色码电感、微调电感等。

1 固定电感线圈

固定电感线圈有收音机中的高频扼流圈、低频扼流圈等，也有用较粗铜线或镀银铜线采用平绕或间绕方式制成的。图 2-45 为常见的固定电感线圈。

图 2-45 常见的固定电感线圈

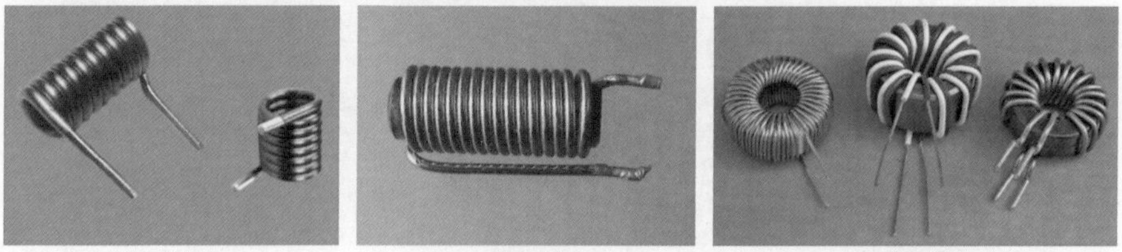

空心线圈 磁棒线圈 磁环线圈

2 小型电感器（固定色环、色码电感器）

固定色环、色码电感器是一种小型的固定电感器，这种电感器是将线圈绕制在软磁铁氧体的基体（磁心）上，再用环氧树脂或塑料封装，并在其外壳上标以色环或直接用数字表明电感量的数值，常用的色环、色码电感器的实物外形如图 2-46 所示。

图 2-46 色环、色码电感器

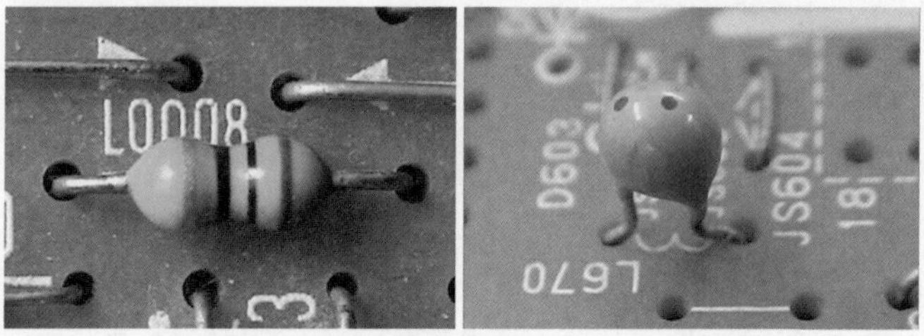
L0008

色环电感器 色码电感器

3 微调电感器

微调电感器就是可以调整电感量大小的电感，常见微调电感器如图 2-47 所示。微调电感器一般设有屏蔽外壳，可插入的磁心和外露的调节旋钮，通过改变磁心在线圈中的位置来调节电感量的大小。

图 2-47 微调电感器

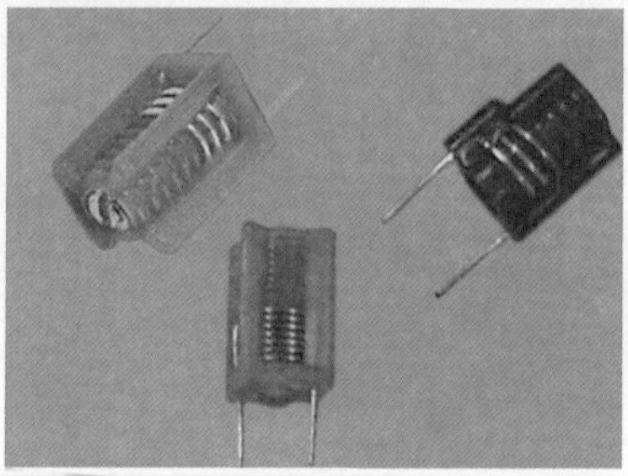

4 其他电感器

由于工作频率、工作电流、屏蔽要求各不相同，电感线圈的绕组匝数、骨架材料、外形尺寸区别很大，因此，可以在电子产品的电路板上看到各种各样的电感线圈，其外形结构如图 2-48 所示。

图 2-48 各种电感线圈

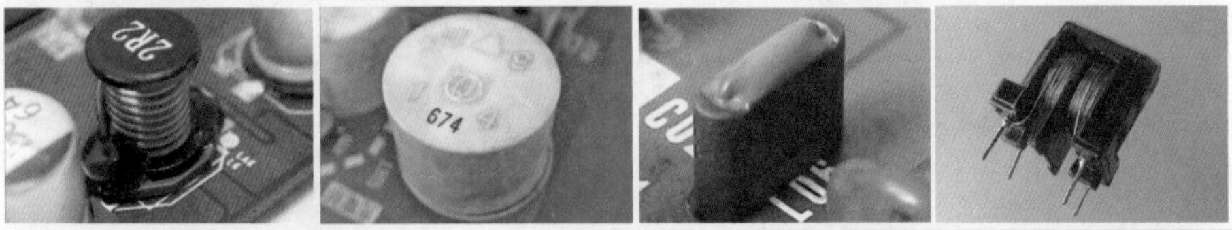

2.6.4 二极管

1 普通二极管

如图 2-49 所示，根据功能的不同，普通二极管主要有整流二极管、检波二极管和开关二极管等。观察普通二极管的电路符号，其中符号的竖线侧为二极管的负极。一般情况下，二极管的负极常用环带、凸出的片状物或其他方式表示。从封装外形观察，如果看到某个引脚和外壳直接相连，则外壳就是负极。

图 2-49 常见的普通二极管

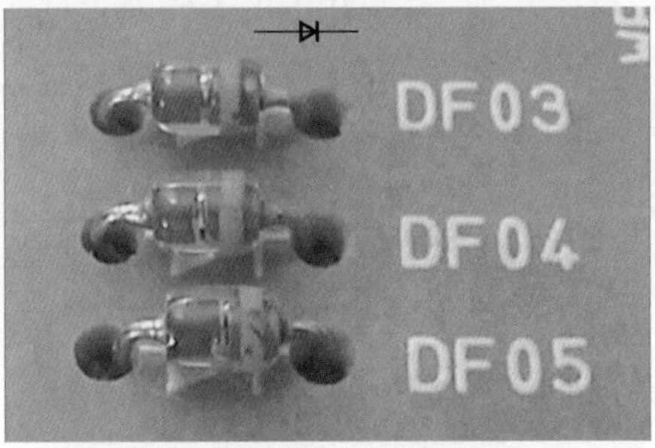
DF03
DF04
DF05

普通二极管的实物外形和电路标识

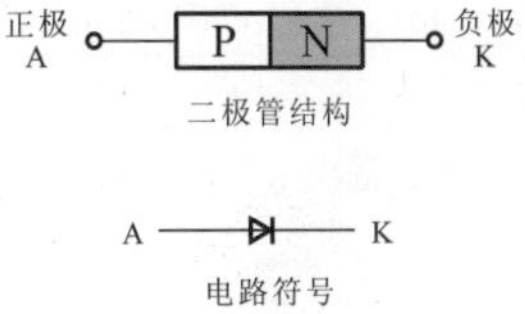
正极
A
P
N
负极
K
二极管结构
A
K
电路符号

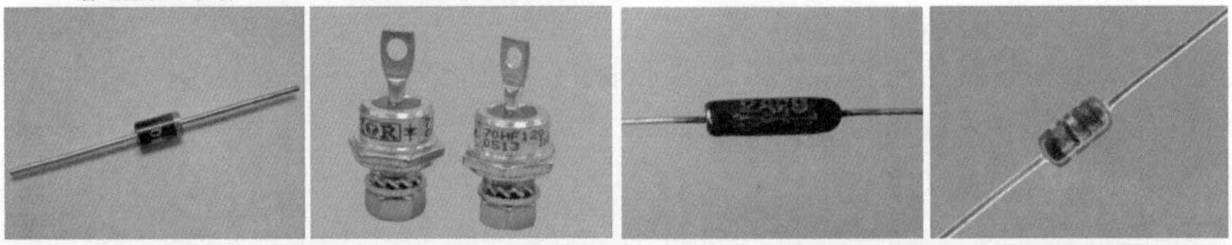
普通整流二极管
螺栓型整流二极管
锗检波二极管
开关二极管

| 提示说明 |

整流二极管的作用是将交流电源整流成直流电流，主要用于整流电路中，即利用二极管的单向导电性，将交流电变为直流电。由于整流管的正向电流较大，所以整流二极管多为面接触型二极管，结面积大、结电容大，但工作频率低。

检波二极管是用于把叠加在高频载波上的低频信号检出来的器件，常用于收音机的检波电路中。它具有较高的检波效率和良好的频率特性。

开关二极管主要用在脉冲数字电路中，用于接通和关断电流，它的特点是反向恢复时间短，能满足高频和超高频应用的需要。开关二极管利用二极管的单向导电特性，在半导体 PN 结加上正向偏压后，在导通状态下，电阻很小；加上反向偏压后截止，其电阻很大。利用开关二极管的这一特性，在电路中起到控制电流接通或关断的作用，成为一个理想的电子开关。

2 特殊二极管

如图 2-50 所示，常见的特殊二极管主要有稳压二极管、发光二极管、光电二极管、变容二极管、双向触发二极管、快恢复二极管等。

图 2-50 特殊二极管实物外形及电路符号

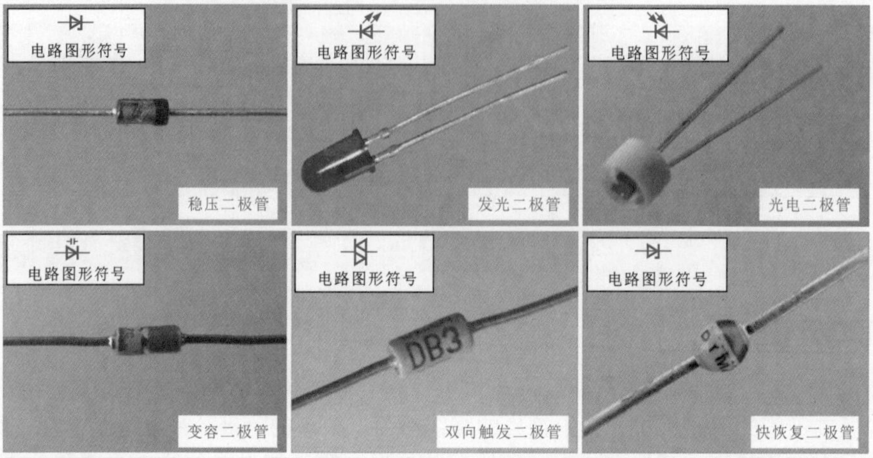
电路图形符号
稳压二极管
电路图形符号
发光二极管
电路图形符号
光电二极管
电路图形符号
变容二极管
电路图形符号
DB3
双向触发二极管
电路图形符号
快恢复二极管

2.6.5 晶体管

晶体管突出特点是在一定条件下具有电流放大作用；另外，还可用作电子开关、阻抗变换、驱动控制和振荡器件。如图 2-51 所示，常见的晶体管有 NPN 型和 PNP 型两类。

图 2-51 NPN 型晶体管和 PNP 型晶体管

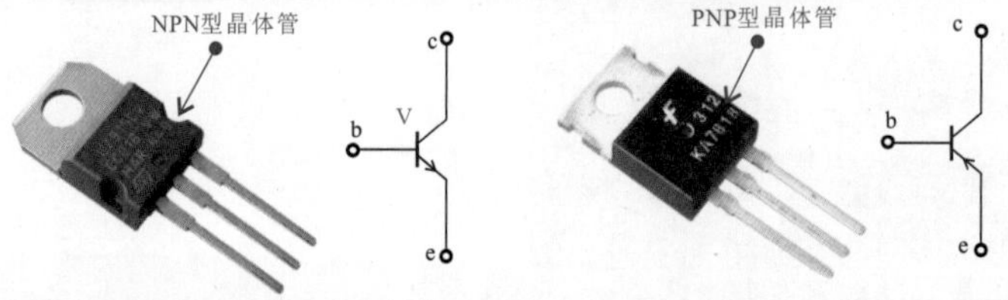
NPN型晶体管
c
V
b
e
PNP型晶体管
c
b
e

如图 2-52 所示，晶体管的种类也很多，按其型号可分为小功率、中功率、大功率晶体管；按其封装形式可分为塑料封装晶体管和金属封装晶体管；按其安装方式可分为直插式和贴片式。不同种类和型号的晶体管都有其特殊的功能和作用。

图 2-52 常见的晶体管

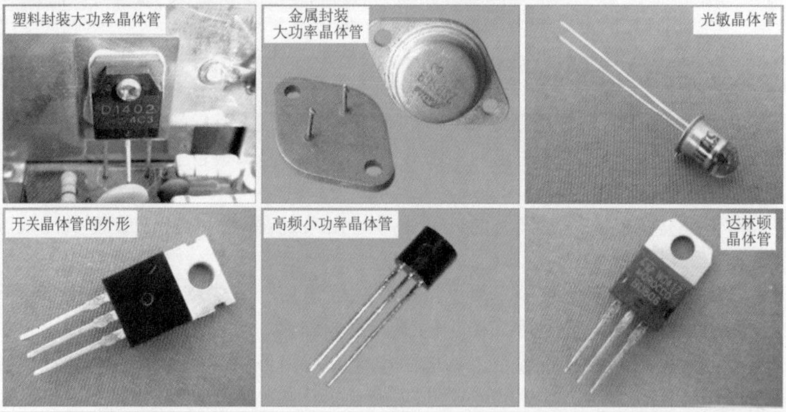
塑料封装大功率晶体管
D1402
金属封装
大功率晶体管
光敏晶体管
开关晶体管的外形
高频小功率晶体管
达林顿
晶体管

2.6.6 场效应晶体管

场效应晶体管是电压控制器件，具有输入阻抗高、噪声小、热稳定性好、便于集成等特点，但容易被静电击穿。

场效应晶体管有三只引脚，分别为漏极（D）、源极（S）、栅极（G）。根据结构的不同，场效应晶体管可分为两大类：结型场效应晶体管（JFET）和绝缘栅型场效应晶体管（MOSFET）。

1 结型场效应晶体管

结型场效应晶体管（JFET）可分为 N 沟道和 P 沟道两种，如图 2-53 所示，一般被用于音频放大器的差分输入电路及调制、放大、阻抗变换、稳流、限流、自动保护等电路中。

图 2-53 结型场效应晶体管

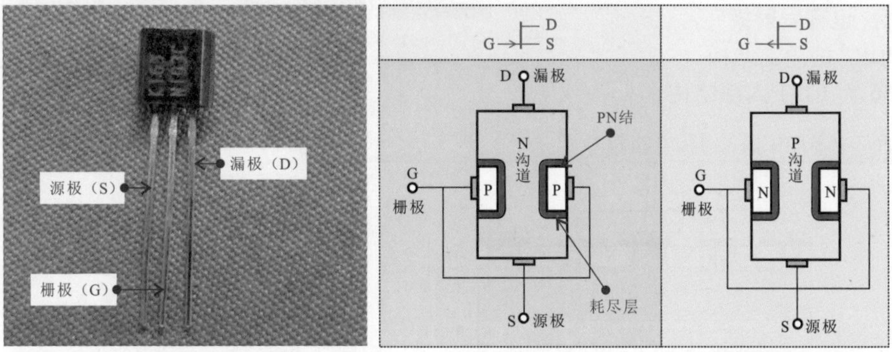
漏极（D）
源极（S）
栅极（G）
D 漏极
PN结
N 沟道
P
G 栅极
耗尽层
S 源极
P 沟道
N

结型场效应晶体管　结型N沟道场效应晶体管　结型P沟道场效应晶体管

2 绝缘栅型场效应晶体管

绝缘栅型场效应晶体管（MOSFET）简称 MOS 场效应晶体管或 MOS 管，由金属、氧化物、半导体材料制成，因其栅极与其他电极完全绝缘而得名。绝缘栅型场效应管除有 N 沟道和 P 沟道之分外，根据工作方式的不同还分为增强型与耗尽型。

图 2-54 为绝缘栅型场效应晶体管的外形特点。

图 2-54 绝缘栅型场效应晶体管

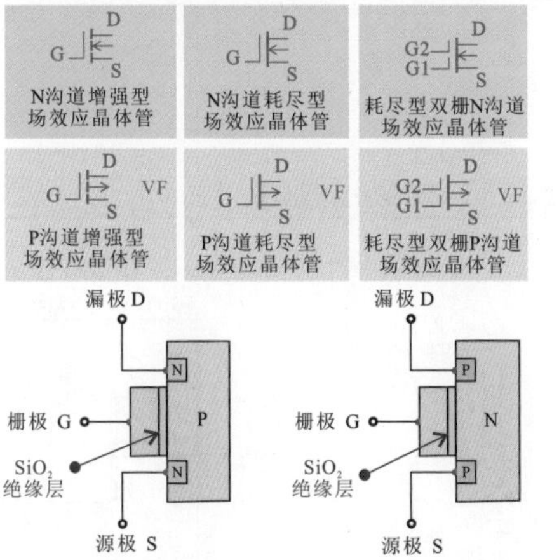
N沟道增强型场效应晶体管
N沟道耗尽型场效应晶体管
耗尽型双栅N沟道场效应晶体管
P沟道增强型场效应晶体管
P沟道耗尽型场效应晶体管
耗尽型双栅P沟道场效应晶体管
漏极 D
栅极 G
SiO2 绝缘层
源极 S

a）N沟道增强型MOS场效应晶体管　b）P沟道增强型MOS场效应晶体管

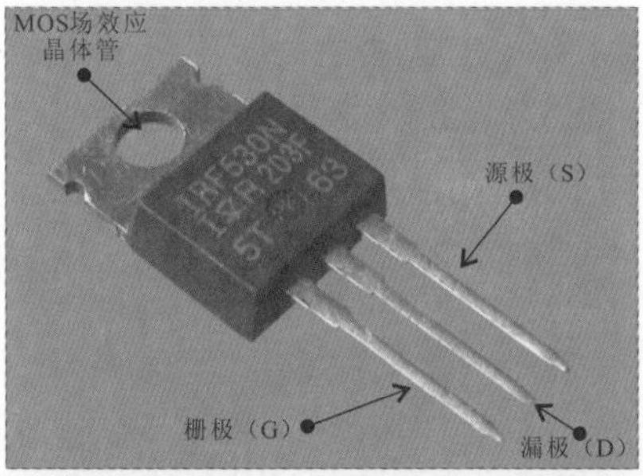
MOS场效应晶体管
源极（S）
栅极（G）
漏极（D）

增强型MOS场效应晶体管是以P型（N型）硅片作为衬底，在衬底上制作两个含有杂质的N型（P型）材料，其上覆盖很薄的二氧化硅（SiO_2）绝缘层，在两个N型（P型）材料上引出两个铝电极，分别称为漏极（D）和源极（S），在两极中间的二氧化硅绝缘层上制作一层铝质导电层，该导电层为栅极（G）

2.6.7 IGBT

1 IGBT 的结构

绝缘栅双极型晶体管（Insulated Gate Bipolar Transistor，IGBT）是一种高压、高速的大功率半导体器件。

（1）IGBT 的外形

图 2-55 为 IGBT 的外形与电路符号。

常见的 IGBT 分为带有阻尼二极管和不带有阻尼二极管的。它有 3 个极，分别为栅极（用 G 表示，也称控制极）、漏极（用 C 表示，也称集电极）和源极（用 E 表示，也称发射极）。

（2）IGBT 的内部结构

图 2-56 为 IGBT 内部结构。

图 2-55 IGBT 的外形与电路符号

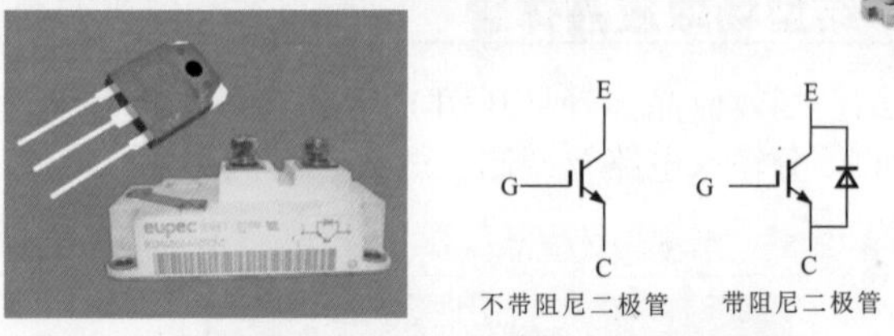
E
G
C
E
G
C
不带阻尼二极管
带阻尼二极管

a）IGBT外形　b）IGBT电路符号

图 2-56 IGBT 内部结构和电路符号

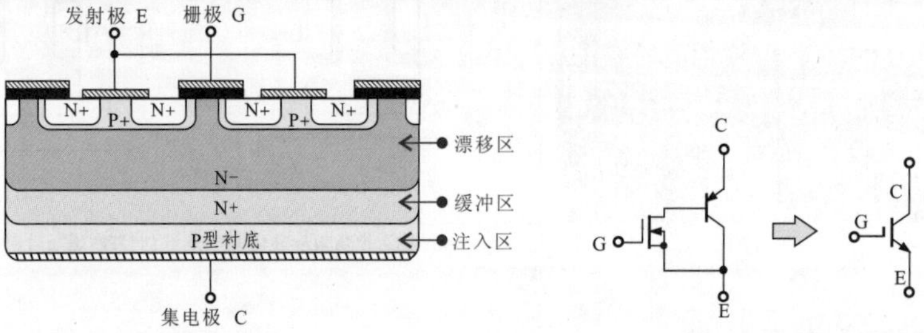
发射极 E
栅极 G
N+
P+
N+
N+
P+
N+
漂移区
N-
N+
缓冲区
P型衬底
注入区
集电极 C
C
G
E
C
G
E

a）IGBT的剖面图　b）IGBT的等效电路

绝缘栅双晶体管的结构是以 P 型硅片作为衬底，在衬底上有缓冲区 N+和漂移区 N-，在漂移区上有 P+层，在其上部有两个含有很多杂质的 N 型材料，在 P+层上分有发射极（E），在两个 P+层中间位栅极（G），在该 IGBT 管的底部为集电极（C）。它的等效电路相当于 N 沟道 MOS 管与晶体管复合而成的。

2 IGBT 的工作原理与特性曲线

（1）IGBT 的工作原理

图 2-57 为 IGBT 的工作原理。

IGBT 是由 PNP 型晶体管和 N 沟道 MOS 管的复合体。驱动电压给 IGBT 的 G 极和 E 极提供 U_{GE} 电压，电源 +V 经 R2 为 IGBT 的 C 极与 E 极提供 U_C、U_E 电压，当开关 S 闭合时，UGE 端的电压大于开罐器开启电压（2～6V），IGBT 内部的 MOS 管有导电沟道产生，MOS 管 D、S 极之间导通，为晶体管提供电流使其导通，当电流 I_C 流入 IGBT 后，经晶体管的发射极分为 I_1、I_2 两路，I_1 电流流入 MOS 管，I_2 电流从晶体管的集电极流出，I_1、I_2 会合成 I_E 电流，这时

图 2-57 IGBT 的工作原理

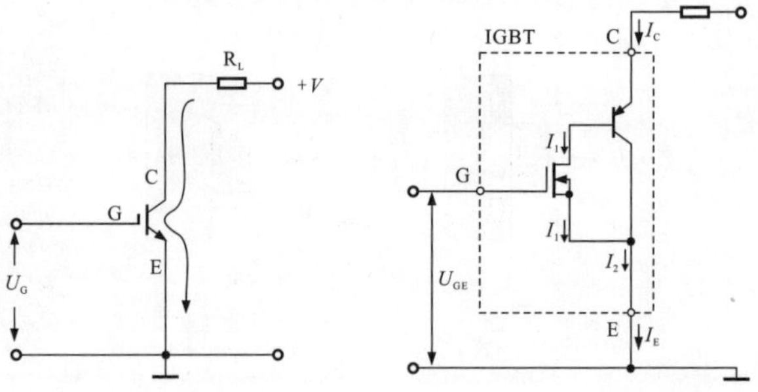
R
+V
C
G
E
IGBT
C
G
E
+V
R

a）IGBT放大器　b）IGBT等效电路

说明IGBT 导通。若当开关 S 断开后，电压 U_{GE}为 0，MOS 管内的沟道消失，IGBT 截止。

（2）IGBT 的特性曲线

图 2-58 为 IGBT 的转移特性曲线。这是 IGBT 集电极电流 I_C 与栅射电压 U_{GE}之间的关系。当开启电压 U_{GE}（th）是 IGBT 能实现电导调制而导通的最低栅射电压，随温度升高而略有下降。

图 2-59 为 IGBT 的输出特性曲线。从图中可以看出，栅极发出的电压为参考值，电流 I_C 与集射极间的电压 U_{CE}的变化关系。该输出曲线特征分为正向阻断区、有源区、饱和区、反向阻断区。当 D 电压 U_{CE} <0 时，该 IGBT 为反向阻断工作状态。

图 2-58　IGBT 的转移特性曲线

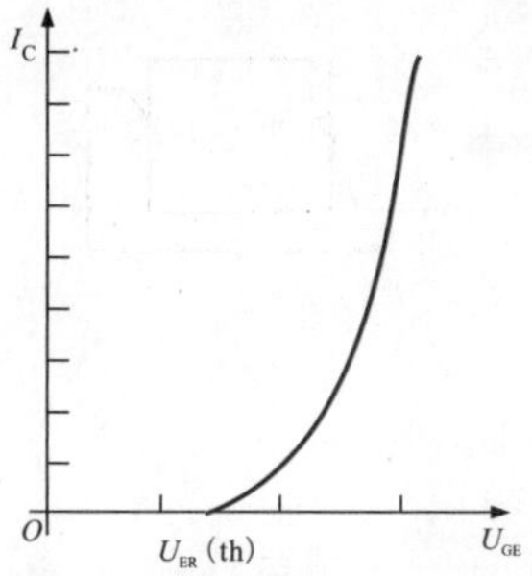
I_C
O
U_{ER}(th)
U_{GE}

图 2-59　IGBT 的输出特性曲线

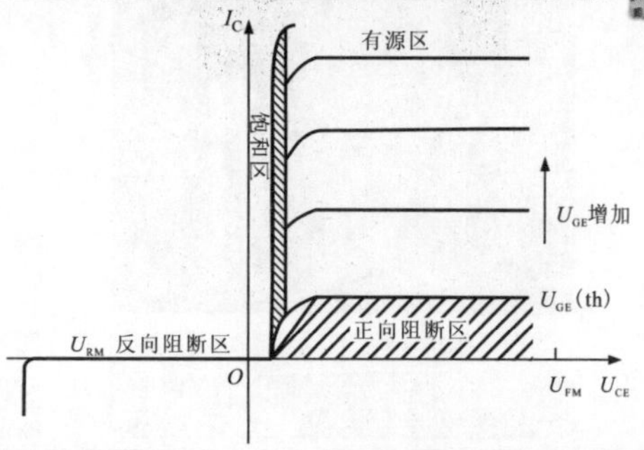
I_C
有源区
饱和区
U_{GE}增加
U_{GE}(th)
正向阻断区
U_{RM} 反向阻断区
O
U_{FM} U_{CE}

2.6.8　晶闸管

晶闸管是一种可控整流器件，也称为可控硅。这种器件常作为电动机驱动控制、电动机调速控制、电量通/断、调压、控温等的控制器件，广泛应用于电子电器产品、工业控制及自动化电路中。

1　单向晶闸管

如图 2-60 所示，单向晶闸管是指触发后只允许一个方向的电流流过的半导体器件，被广泛应用于可控整流、交流调压、逆变器和开关电源电路中。

图 2-60　单向晶闸管

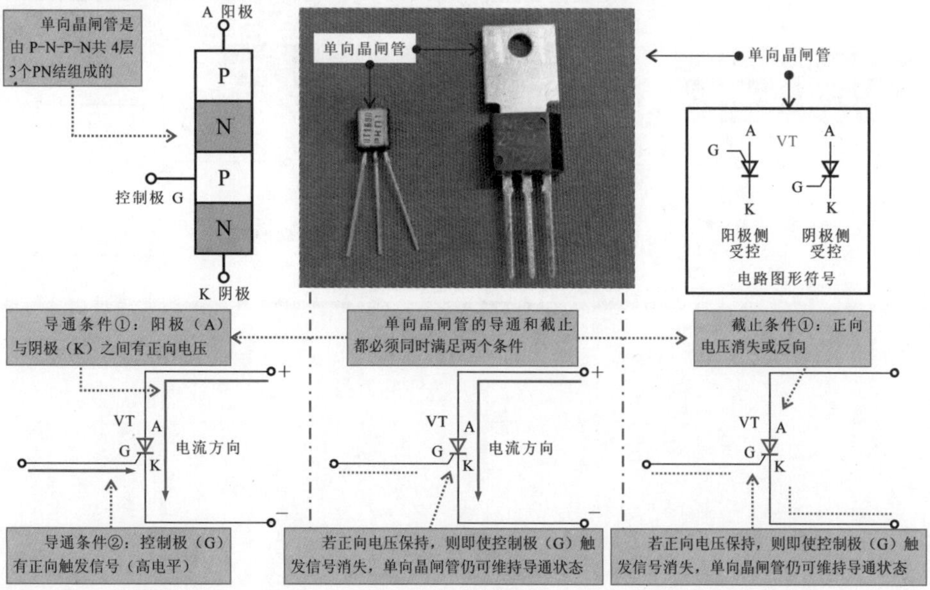
单向晶闸管是由P-N-P-N共4层3个PN结组成的
A 阳极
P
N
P
N
控制极 G
K 阴极
单向晶闸管
单向晶闸管
VT
阳极侧受控
阴极侧受控
电路图形符号
导通条件①：阳极（A）与阴极（K）之间有正向电压
单向晶闸管的导通和截止都必须同时满足两个条件
截止条件①：正向电压消失或反向
电流方向
导通条件②：控制极（G）有正向触发信号（高电平）
若正向电压保持，则即使控制极（G）触发信号消失，单向晶闸管仍可维持导通状态
若正向电压保持，则即使控制极（G）触发信号消失，单向晶闸管仍可维持导通状态

a）导通特性　　b）维持导通特性　　c）截止特性

2 双向晶闸管

双向晶闸管又称双向可控硅，属于 N-P-N-P-N 共 5 层半导体器件，有第一电极（T1）、第二电极（T2）、控制极（G）3 个电极，在结构上相当于两个单向晶闸管反极性并联，常用在交流电路调节电压、电流，或用作交流无触点开关。双向晶闸管的外形特点如图 2-61 所示。

图 2-61 双向晶闸管

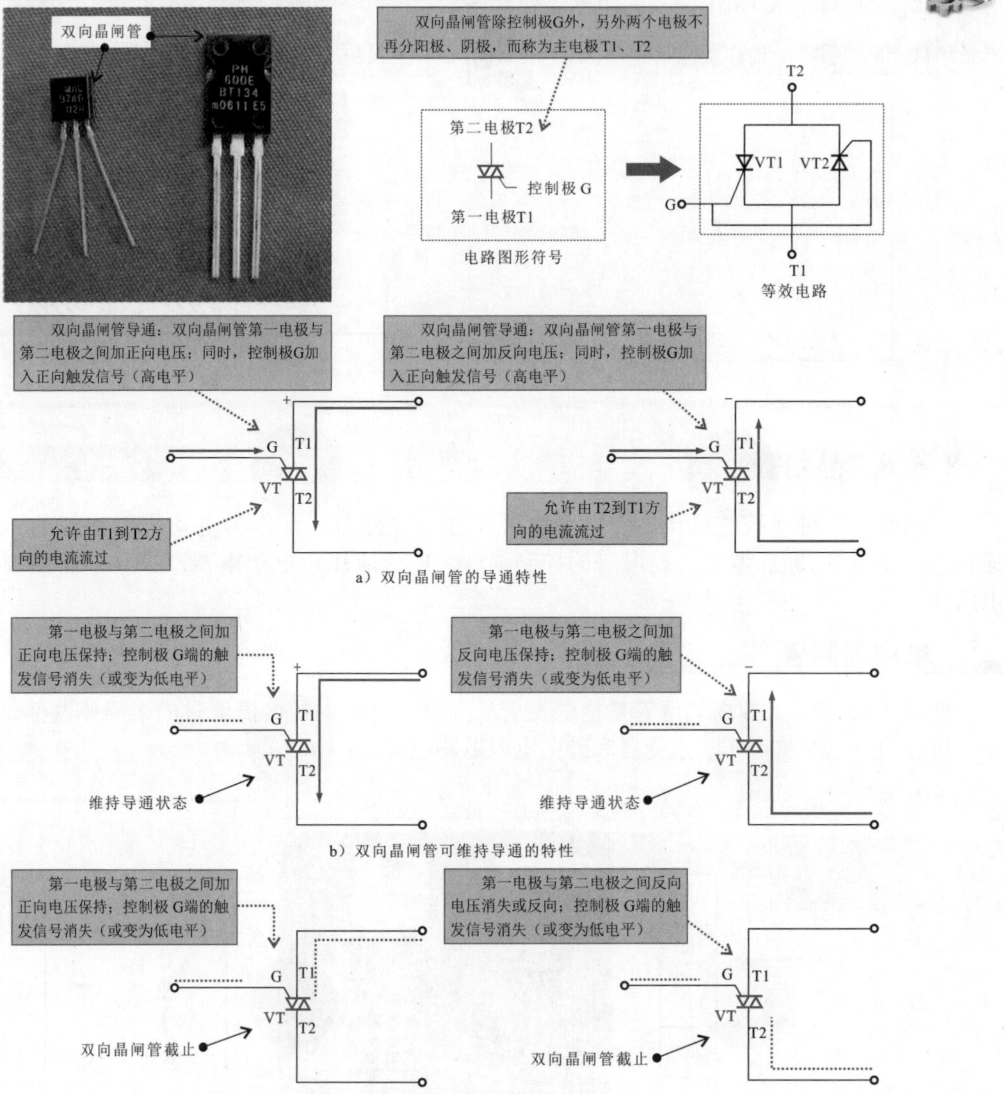

双向晶闸管
双向晶闸管除控制极G外，另外两个电极不再分阳极、阴极，而称为主电极T1、T2
第二电极T2
控制极 G
第一电极T1
电路图形符号
T2
VT1
VT2
G
T1
等效电路
双向晶闸管导通：双向晶闸管第一电极与第二电极之间加正向电压；同时，控制极G加入正向触发信号（高电平）
允许由T1到T2方向的电流流过
双向晶闸管导通：双向晶闸管第一电极与第二电极之间加反向电压；同时，控制极G加入正向触发信号（高电平）
允许由T2到T1方向的电流流过
第一电极与第二电极之间加正向电压保持；控制极 G端的触发信号消失（或变为低电平）
维持导通状态
第一电极与第二电极之间加反向电压保持；控制极 G端的触发信号消失（或变为低电平）
维持导通状态
第一电极与第二电极之间加正向电压保持；控制极 G端的触发信号消失（或变为低电平）
双向晶闸管截止
第一电极与第二电极之间反向电压消失或反向；控制极 G端的触发信号消失（或变为低电平）
双向晶闸管截止

a）双向晶闸管的导通特性

b）双向晶闸管可维持导通的特性

c）双向晶闸管的截止条件

第3章 电工识图基础

3.1 文字符号

3.1.1 基本文字符号

文字符号是电工电路中常用的一种字符代码，一般标注在电路中电气设备、装置和元器件的近旁，以标识其种类和名称。

图 3-1 为电工电路中的基本文字符号。

图 3-1 电工电路中的基本文字符号

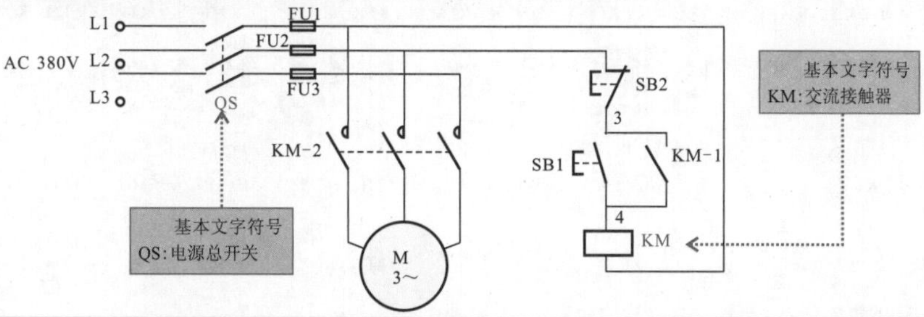

L1
L2
L3
AC 380V
FU1
FU2
FU3
QS
KM-2
M
3~
SB2
3
SB1
KM-1
4
KM
基本文字符号
KM:交流接触器
基本文字符号
QS:电源总开关

通常，基本文字符号一般分为单字母符号和双字母符号。其中，单字母符号是按拉丁字母将各种电气设备、装置、元器件划分为 23 个大类，每大类用一个大写字母表示，如“R”表示电阻器类，“S”表示开关选择器类。在电工电路中，单字母优先选用。双字母符号由一个表示种类的单字母符号与另一个字母组成。通常为单字母符号在前，另一个字母在后的组合形式。例如，“F”表示保护器件类，“FU”表示熔断器；“G”表示电源类，“GB”表示蓄电池；“T”表示变压器类，“TA”表示电流互感器。电工电路中常见的基本文字符号主要有组件部件、变换器、电容器、半导体器件等。图 3-2 为电气电路中的基本文字符号。

图 3-2 电气电路中的基本文字符号

种类	组件部件											
字母符号	A/AB	A/AD	A/AF	A/AG	A/AJ	A/AM	A/AV	A/AP	A/AT	A/ATR	A/AR、AVR	
中文名称	电桥	晶体管放大器	频率调节器	给定积分器	集成电路放大器	磁放大器	电子管放大器	印制电路板、脉冲放大器	抽屉柜触发器	转矩调节器	支架盘、电动机放大机	
种类	组件部件			变换器（从非电量到电量或从电量到非电量）								
字母符号	A			B							B/BC	B/BO
中文名称	分立元件放大器	激光器	调节器	热电传感器、热电池、光电池	测功计、晶体转换器、送话器	拾音器扬声器耳机	自整角机、旋转变压器	印制电路板、脉冲放大器	模拟和多级数字	变换器或传感器	电流变换器	光电耦合器
种类	变换器（从非电量到电量或从电量到非电量）								电容器			
字母符号	B/BP	B/BPF	B/BQ	B/BR	B/BT	B/BU	B/BUF	B/BV	C	C/CD	C/CH	D
中文名称	压力变换器	触发器	位置变换器	旋转变换器	温度变换器	电压变换器	电压-频率变换器	速度变换器	电容器	电流微分环节	斩波器	数字集成电路和器件

图 3-2 电气电路中的基本文字符号（续）

种类	二进制单元、延迟器件、存储器件										杂项	
字母符号	D					D/DA	D/D（A）N	D/DN	D/DO	D/DPS	E	E/EH
中文名称	延迟线、双稳态元件	单稳态元件、磁芯存储器	寄存器、磁带记录机	盘式记录机	光器件、热器件	与门	与非门	非门	或门	数字信号处理器	本表未提及的元件	发热器件
种类	杂项		保护器件								发电机电源	
字母符号	E/EL	E/EV	F	F/FA	F/FB	F/FF	F/FR	F/FS	F/FU	F/FV	G	G/GS
中文名称	照明灯	空气调节器	过电压放电器件、避雷器	具有瞬时动作的限流保护器件	反馈环节	快速熔断器	具有延时动作的限流保护器件	具有延时和瞬时动作的限流保护器件	熔断器	限压保护器件	旋转发电机、振荡器	发生器、同步发电机
种类	发电机、电源						信号器件				继电器、接触器	
字母符号	G/GA	G/GB	G/GF	G/GD	G/G-M	G/GT	H	H/HA	H/HL	H/HR	K	K/KA
中文名称	异步发电机	蓄电池	旋转式或固定式变频机、函数发生器	驱动器	发电机-电动机组	触发器（装置）	信号器件	声响指示器	光指示器、指示灯	热脱扣器	继电器	瞬时接触继电器、瞬时有或无继电器
种类	继电器、接触器											
字母符号	K/KA	K/KC	K/KG	K/KL	K/KM	K/KFM	K/KFR	K/KP	K/KT	K/KTP	K/KR	K/KVC
中文名称	交流接触器、电流继电器	控制继电器	气体继电器	闭锁接触继电器、双稳态继电器	接触器、中间继电器	正向接触器	反向接触器	极化继电器、簧片继电器、功率继电器	延时有或无继电器、时间继电器	温度继电器、跳闸继电器	逆流继电器	欠电流继电器
种类	电感器、电抗器					电动机						
字母符号	KVV	L	L	L/LA	L/LB	M	M/MC	M/MD	M/MS	M/MG	M/MT	M/MW（R）
中文名称	欠电压继电器	感应线圈、线路陷波器	电抗器（并联和串联）	桥臂电抗器	平衡电抗器	电动机	笼型电动机	直流电动机	同步电动机	可作为发电机或电动机用的电机	力矩电动机	绕线转子电动机
种类	模拟集成电路	测量设备、试验设备										
字母符号	N	P	P	P/PA	P/PC	P/PJ	P/PLC	P/PRC	P/PS	P/PT	P/PV	P/PWM
中文名称	运算放大器、模拟/数字混合器件	指示器件、记录器件	计算测量器件、信号发生器	电流表	（脉冲）计数器	电能表（电度表）	可编程序控制器	环形计数器	记录仪器、信号发生器	时钟、操作时间表	电压表	脉冲调制器
种类	电气操作的机械装置		终端设备、混合变压器、滤波器、均衡器、限幅器									
字母符号	Y/YM	Y/YV	Z	Z	Z	Z						
中文名称	电动阀	电磁阀	电缆平衡网络	晶体滤波器	压缩扩张器	网络						
种类	电力电路的开关					电阻器						
字母符号	Q/QF	Q/QK	Q/QL	Q/QM	Q/QS	R	R	R/RP	R/RS	R/RT	R/RV	S
中文名称	断路器	刀开关	负荷开关	电动机保护开关	隔离开关	电阻器	变阻器	电位器	测量分路表	热敏电阻器	压敏电阻器	拨号接触器、连接极
种类	控制电路的开关选择器									变压器		
字母符号	S	S/SA	S/SB	S/SL	S/SM	S/SP	S/SQ	S/SR	S/ST	T/TA	T/TAN	T/TC
中文名称	机电式有或无传感器	控制开关、选择开关、电子模拟开关	按钮开关、停止按钮	液体标高传感器	主令开关、伺服电动机	压力传感器	位置传感器	转数传感器	温度传感器	电流互感器	零序电流互感器	控制电路电源用变压器
种类	变压器										调制器变换器	
字母符号	T/TI	T/TM	T/TP	T/TR	T/TS	T/TU	T/TV	U	U/UR	U/UI	U/UPW	U/UD
中文名称	逆变变压器	电力变压器	脉冲变压器	整流变压器	磁稳压器	自耦变压器	电压互感器	鉴频器、编码器、交流器、电报译码器	变流器、整流器	逆变器	脉冲调制器	解调器

图 3-2　电气电路中的基本文字符号（续）

种类	电真空器件半导体器件								传输通道、波导、天线			
字母符号	U/UF	V	V/VC	V/VD	V/VE	V/VZ	V/VT	V/VS	W	W	W/WB	W/WF
中文名称	变频器	气体放电管、二极管、晶体管、晶闸管	控制电路用电源的整流器	二极管	电子管	稳压二极管	晶体管、场效应晶体管	晶闸管	导线、电缆、波导、波导定向耦合器	偶极天线、抛物面天线	母线	闪光信号小母线

种类	端子、插头、插座							电气操作的机械装置				
字母符号	X	X	X/XB	X/XJ	X/XP	X/XS	X/XT	Y	Y/YA	Y/YB	Y/YC	Y/YH
中文名称	连接插头和插座、接线柱	电缆封端和接头、焊接端子板	连接片	测试塞孔	插头	插座	端子板	气阀	电磁铁	电磁制动器	电磁离合器	电磁吸盘

3.1.2　辅助文字符号

根据前文可知，电气设备、装置和元器件的种类和名称可用基本文字符号表示，而它们的功能、状态和特征则用辅助文字符号表示，如图 3-3 所示。辅助文字符号通常由表示功能、状态和特征的英文单词前一两位字母构成，也可由常用缩略语或约定俗成的习惯用法构成，一般不能超过三位字母。例如，“IN”表示输入，“ON”表示闭合，“STE”表示步进；表示“启动”采用“START”的前两位字母“ST”；表示“停止（STOP）”的辅助文字符号必须再加一个字母，为“STP”。辅助文字符号也可放在表示种类的单字母符号后边组合成双字母符号，此时辅助文字符号一般采用表示功能、状态和特征的英文单词的第一个字母，如“ST”表示启动、“YB”表示电磁制动器等。

某些辅助文字符号本身具有独立的、确切的意义，也可以单独使用。例如，“N”表示交流电源的中性线，“DC”表示直流电，“AC”表示交流电，“PE”表示保护接地等。电气电路中常用的辅助文字符号如图 3-4 所示。

图 3-3　典型电工电路中的辅助文字符号

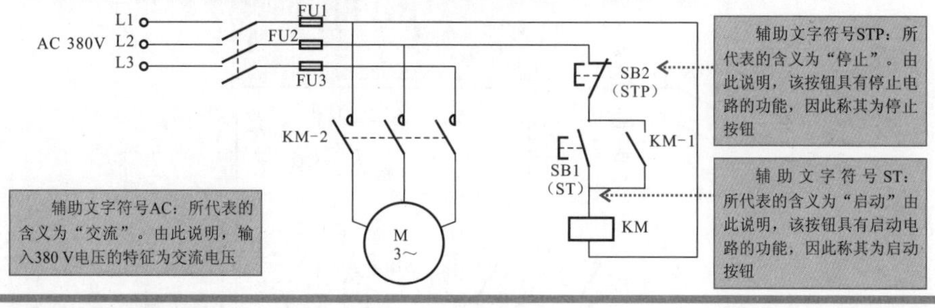
AC 380V
L1
L2
L3
FU1
FU2
FU3
KM-2
M
3～
SB2
(STP)
KM-1
SB1
(ST)
KM
辅助文字符号AC：所代表的含义为“交流”。由此说明，输入380 V电压的特征为交流电压
辅助文字符号STP：所代表的含义为“停止”。由此说明，该按钮具有停止电路的功能，因此称其为停止按钮
辅助文字符号ST：所代表的含义为“启动”由此说明，该按钮具有启动电路的功能，因此称其为启动按钮

图 3-4　电气电路中常用的辅助文字符号

文字符号	A	A	AC	A，AUT	ACC	ADD	ADJ	AUX	ASY	B，BRK	BK
名称	电流	模拟	交流	自动	加速	附加	可调	辅助	异步	制动	黑
文字符号	BL	BW	C	CW	CCW	D	D	D	D	DC	DEC
名称	蓝	向后	控制	顺时针	逆时针	延时（延迟）	差动	数字	降	直流	减
文字符号	E	EM	F	FB	FW	GN	H	IN	IND	INC	N
名称	接地	紧急	快速	反馈	正、向前	绿	高	输入	感应	增	中性线

图 3-4　电气电路中常用的辅助文字符号（续）

文字符号	L	L	L	LA	M	M	M	M，MAN	ON	OFF	RD
名称	左	限制	低	闭锁	主	中	中间线	手动	闭合	断开	红
文字符号	OUT	P	P	PE	PEN	PU	R	R	R	RES	R,RST
名称	输出	压力	保护	保护接地	保护接地与中性线共用	不接地保护	记录	右	反	备用	复位
文字符号	V	RUN	S	SAT	ST	S,SET	STE	STP	SYN	T	T
名称	真空	运转	信号	饱和	启动	位置定位	步进	停止	同步	温度	时间
文字符号	TE	V	V	YE	WH						
名称	无噪声(防干扰)接地	电压	速度	黄	白						

3.1.3　组合文字符号

组合文字符号通常由字母 + 数字代码构成，这是目前最常采用的一种文字符号。其中，字母表示各种电气设备、装置和元器件的种类或名称（为基本文字符号），数字表示其对应的编号（序号）。图 3-5 为典型电工电路中组合文字符号的标识。将数字代码与字母符号组合起来使用，可说明同一类电气设备、元器件的不同编号。例如，电工电路中有三个相同类型的继电器，则其文字符号分别标识为“KA1、KA2、KA3”。反过来说，在电工电路中，相同字母标识的器件为同一类器件，而字母后面的数字最大值表示该线路中该器件的总个数。

图 3-5　典型电工电路中组合文字符号的标识

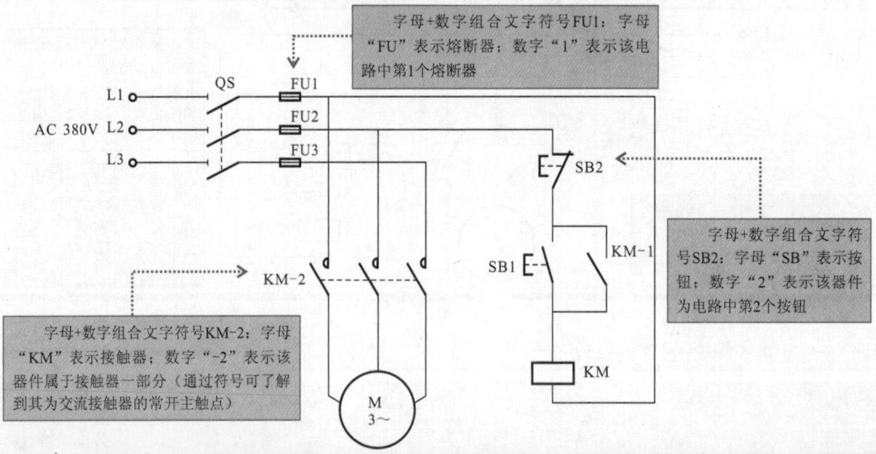
字母+数字组合文字符号FU1：字母“FU”表示熔断器；数字“1”表示该电路中第1个熔断器
L1
L2
L3
AC 380V
QS
FU1
FU2
FU3
SB2
SB1
KM-1
KM-2
KM
M
3~
字母+数字组合文字符号SB2：字母“SB”表示按钮；数字“2”表示该器件为电路中第2个按钮
字母+数字组合文字符号KM-2：字母“KM”表示接触器；数字“-2”表示该器件属于接触器一部分（通过符号可了解到其为交流接触器的常开主触点）

图中，以字母 FU 作为文字标识的器件有 3 个，即 FU1、FU2、FU3，分别表示该线路中的第 1 个熔断器、第 2 个熔断器、第 3 个熔断器，表明该线路中有 3 个熔断器；KM-1、KM-2 中的基本文字符号均为 KM，说明这两个器件与 KM 属于同一个器件，是 KM 中所包含的两个部分，即接触器 KM 中的两个触点。

3.1.4　专用文字符号

在电工电路中，有时为了清楚地表示接线端子和特定导线的类型、颜色或用途，通常用专用文字符号表示。

1 表示接线端子和特定导线的专用文字符号

在电工电路图中，一些具有特殊用途的接线端子、导线等通常采用一些专用文字符号进行标识，这里归纳总结了一些常用的特殊用途的专用文字符号，如图 3-6 所示。

图 3-6 特殊用途的专用文字符号

符号	L1	L2	L3	N	U	V	W	L+	L-	M	E	PE
产品名称	交流系统中电源第一相	交流系统中电源第二相	交流系统中电源第三相	中性线	交流系统中设备第一相	交流系统中设备第二相	交流系统中设备第三相	直流系统电源正极	直流系统电源负极	直流系统电源中间线	接地	保护接地
符号	PU	PEN	TE	MM	CC	AC	DC					
产品名称	不接地保护	保护接地线和中间线共用	无噪声接地	机壳或机架	等电位	交流电	直流电					

2 表示颜色的文字符号

由于大多数电工电路图等技术资料为黑白颜色，很多导线的颜色无法正确区分，因此在电工电路图上通常用字母代号表示导线的颜色，用于区分导线的功能。图 3-7 为常见的表示颜色的文字符号。

图 3-7 常见的表示颜色的文字符号

符号	RD	YE	GN	BU	VT	WH	GY	BK	BN	OG	GNYE	SR
颜色	红	黄	绿	蓝	紫、紫红	白	灰、蓝灰	黑	棕	橙	绿黄	银白
符号	TQ	GD	PK									
颜色	青绿	金黄	粉红									

除了上述几种基本的文字符号外，为了实现与国际接轨，近几年生产的大多数电气仪表中也都采用了大量的英文语句或单词，甚至是缩写等作为文字符号来表示仪表的类型、功能、量程和性能等。通常，一些文字符号直接用于标识仪表的类型及名称，有些文字符号则表示仪表上的相关量程、用途等，如图 3-8 所示。

图 3-8 其他常见的专用文字符号

符号	A	mA	μA	kA	Ah	V	mV	kV	W	kW	var	Wh
名称	安培表（电流表）	毫安表	微安表	千安表	安培小时表	伏特表（电压表）	毫伏表	千伏表	瓦特表（功率表）	千瓦表	乏表（无功功率表）	电能表（瓦时表）
符号	varh	Hz	λ	$\cos\varphi$	φ	Ω	MΩ	n	h	θ（t°）	±	ΣA
名称	乏时表	频率表	波长表	功率因数表	相位表	欧姆表	兆欧表	转速表	小时表	温度表（计）	极性表	测量仪表（如电量测量表）
符号	DCV	DCA	ACV	OHM (OHMS)	BATT	OFF	MDOEL	HEF	COM	ON/OFF	HOLD	MADE IN CHINA
含义	直流电压	直流电流	交流电压	欧姆	电池	关、关机	型号	晶体管直流电流放大倍数测量插孔与档位	模拟地公共插口	开 / 关	数据保持	中国制造
用途	直流电压测量	直流电流测量	交流电压测量	欧姆阻值的测量								
备注	用V或V-表示	用A或A-表示	用V或V~表示	用Ω或R表示								

国产7050、7001、7002、7005、7007等指针式万用表设有该量程

3.2 电路符号

3.2.1 低压电气部件的图形符号

低压电气部件是指用于低压供配电电路中的部件，在电工电路中应用十分广泛。

低压电气部件的种类和功能不同，应根据其相应的图形符号识别，如图 3-9 所示。

图 3-9 电工电路中常用低压电气部件的图形符号

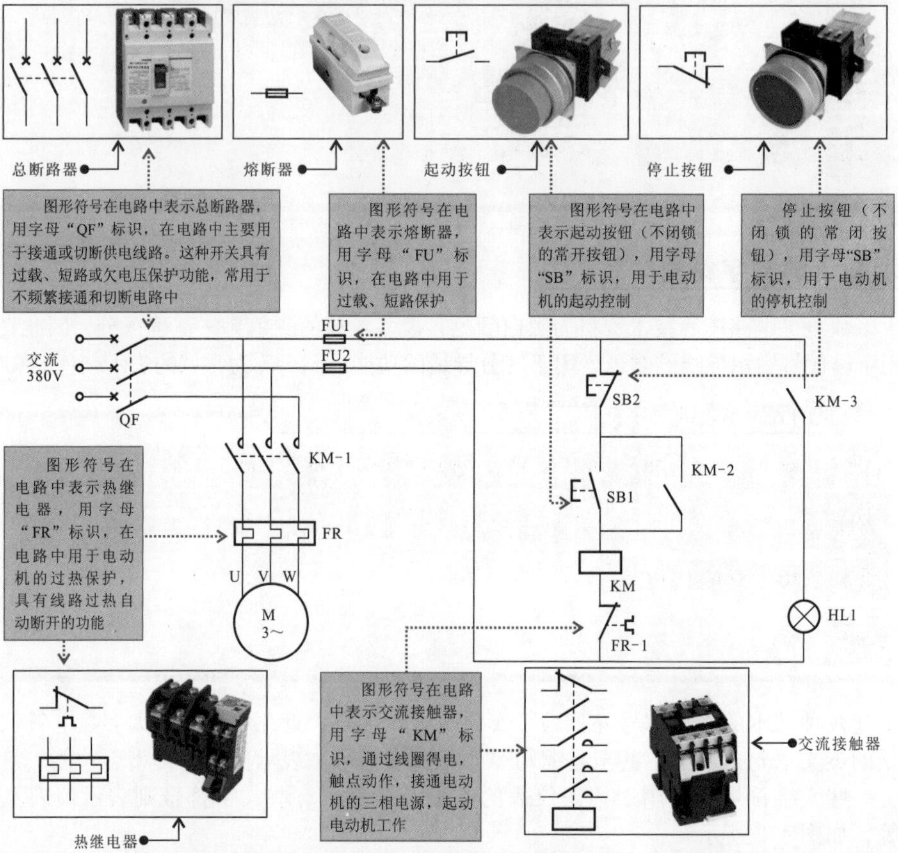

总断路器
熔断器
起动按钮
停止按钮
图形符号在电路中表示总断路器，用字母“QF”标识，在电路中主要用于接通或切断供电线路。这种开关具有过载、短路或欠电压保护功能，常用于不频繁接通和切断电路中
图形符号在电路中表示熔断器，用字母“FU”标识，在电路中用于过载、短路保护
图形符号在电路中表示起动按钮（不闭锁的常开按钮），用字母“SB”标识，用于电动机的起动控制
停止按钮（不闭锁的常闭按钮），用字母“SB”标识，用于电动机的停机控制
交流
380V
QF
FU1
FU2
SB2
KM-3
KM-1
KM-2
SB1
图形符号在电路中表示热继电器，用字母“FR”标识，在电路中用于电动机的过热保护，具有线路过热自动断开的功能
FR
U
V
W
M
3~
KM
HL1
FR-1
图形符号在电路中表示交流接触器，用字母“KM”标识，通过线圈得电，触点动作，接通电动机的三相电源，起动电动机工作
交流接触器
热继电器

在电工电路中，常用的低压电气部件主要包括交直流接触器、各种继电器、低压开关等。表 3-1 为常用低压电气部件的电路符号及相关文字标识。

表 3-1 常用低压电气部件的电路符号及相关文字标识

电气部件类型	典型实物外形	名称和图形符号
电源开关		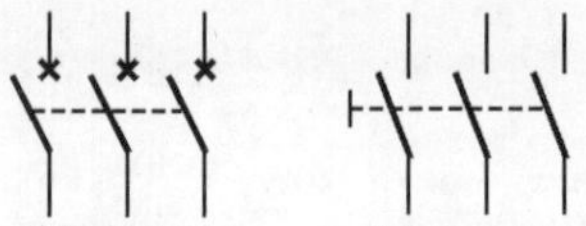 总断路器QF　开启式负荷开关
按钮开关		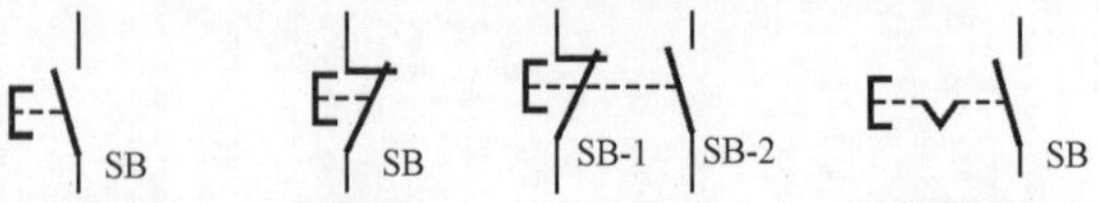 SB 不闭锁的常开按钮　SB 不闭锁的常闭按钮　SB-1 SB-2 复合按钮　SB 可闭锁的按钮

（续）

电气部件类型	典型实物外形	名称和图形符号
限位开关		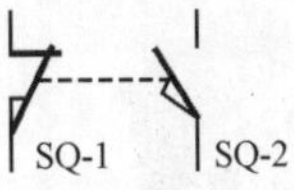SQ-1 SQ-2 限位开关
转换开关		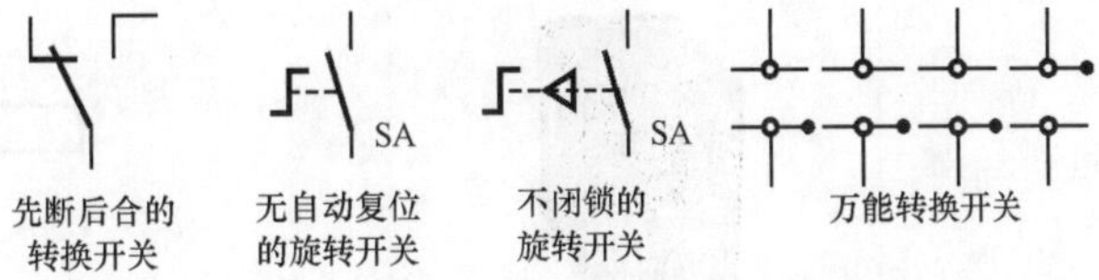先断后合的转换开关 SA 无自动复位的旋转开关 SA 不闭锁的旋转开关 万能转换开关
交流接触器		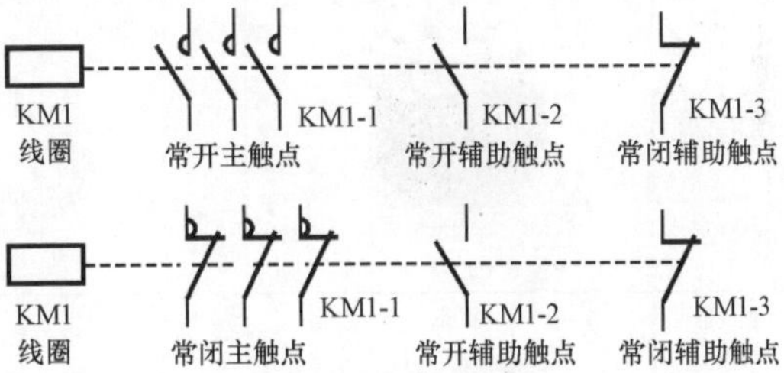KM1 线圈 KM1-1 常开主触点 KM1-2 常开辅助触点 KM1-3 常闭辅助触点 KM1 线圈 KM1-1 常闭主触点 KM1-2 常开辅助触点 KM1-3 常闭辅助触点
直流接触器		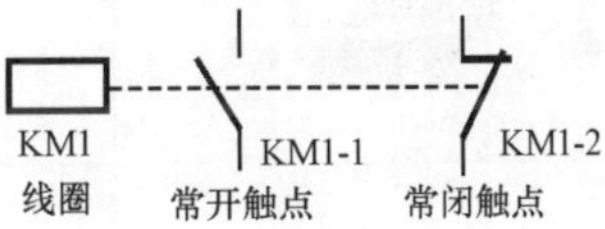KM1 线圈 KM1-1 常开触点 KM1-2 常闭触点
中间继电器		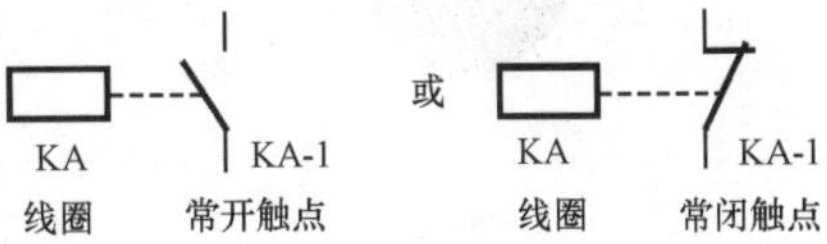KA 线圈 KA-1 常开触点 或 KA 线圈 KA-1 常闭触点
时间继电器		KT1 通电延时线圈 KT1-1 延时闭合的常开触点 KT1-2 延时断开的常闭触点 KT1-1 延时断开的常开触点 KT1-2 延时闭合的常闭触点
热继电器		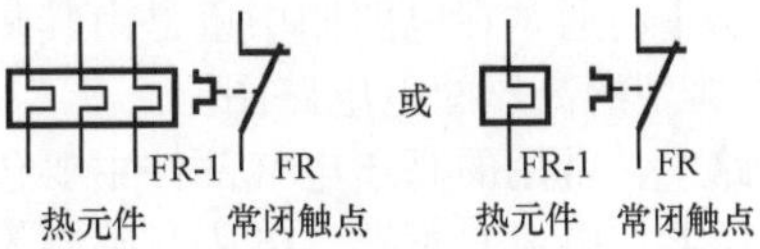FR-1 热元件 FR 常闭触点 或 FR-1 热元件 FR 常闭触点

（续）

电气部件类型	典型实物外形	名称和图形符号
过电流继电器		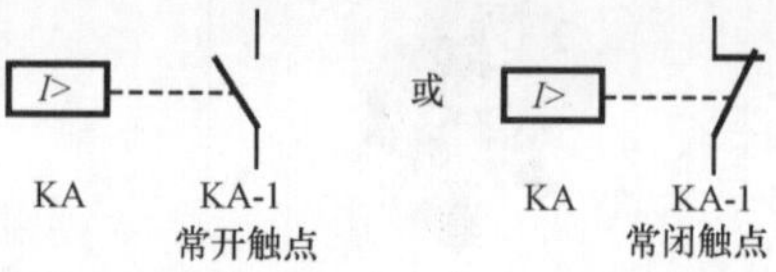I> KA KA-1 常开触点 或 I> KA KA-1 常闭触点
欠电流继电器		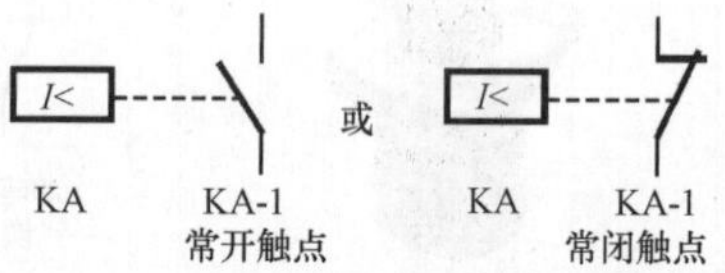I< KA KA-1 常开触点 或 I< KA KA-1 常闭触点
过电压继电器		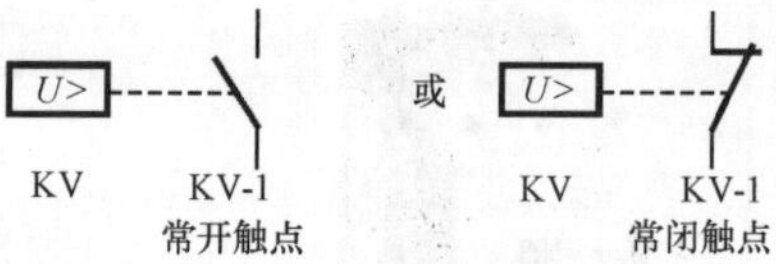U> KV KV-1 常开触点 或 U> KV KV-1 常闭触点
欠电压继电器	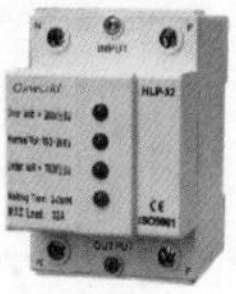	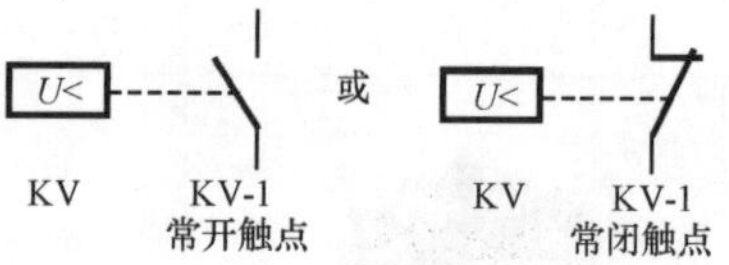U< KV KV-1 常开触点 或 U< KV KV-1 常闭触点
速度继电器		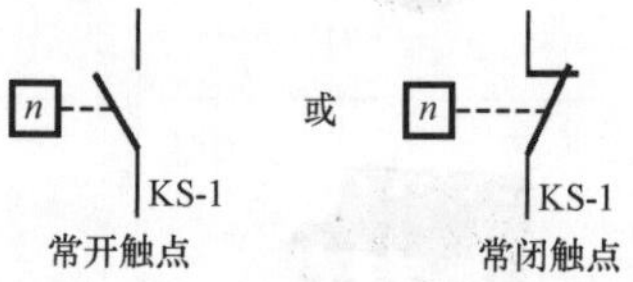n KS-1 常开触点 或 n KS-1 常闭触点
压力继电器		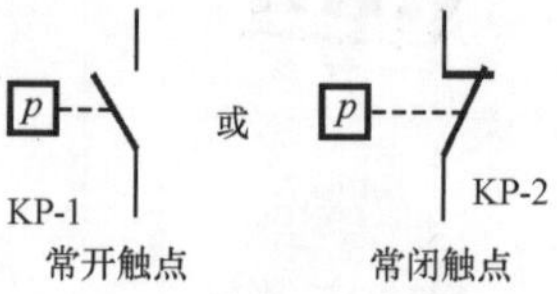p KP-1 常开触点 或 p KP-2 常闭触点

3.2.2 高压电气部件的图形符号

高压电气部件是指应用于高压供配电电路中的电气部件。在电工电路中，高压电气部件都用于电力供配电电路中，通常在电路图中也是由其相应的图形符号标识。

图 3-10 为典型的高压配电电路图。

在电工电路中，常用的高压电气部件主要包括避雷器、高压熔断器（跌落式熔断器）、高压断路器、电力变压器、电流互感器、电压互感器等。表 3-2 为常用高压电气部件的电路符号及相关文字标识。

图 3-10　典型的高压配电电路图

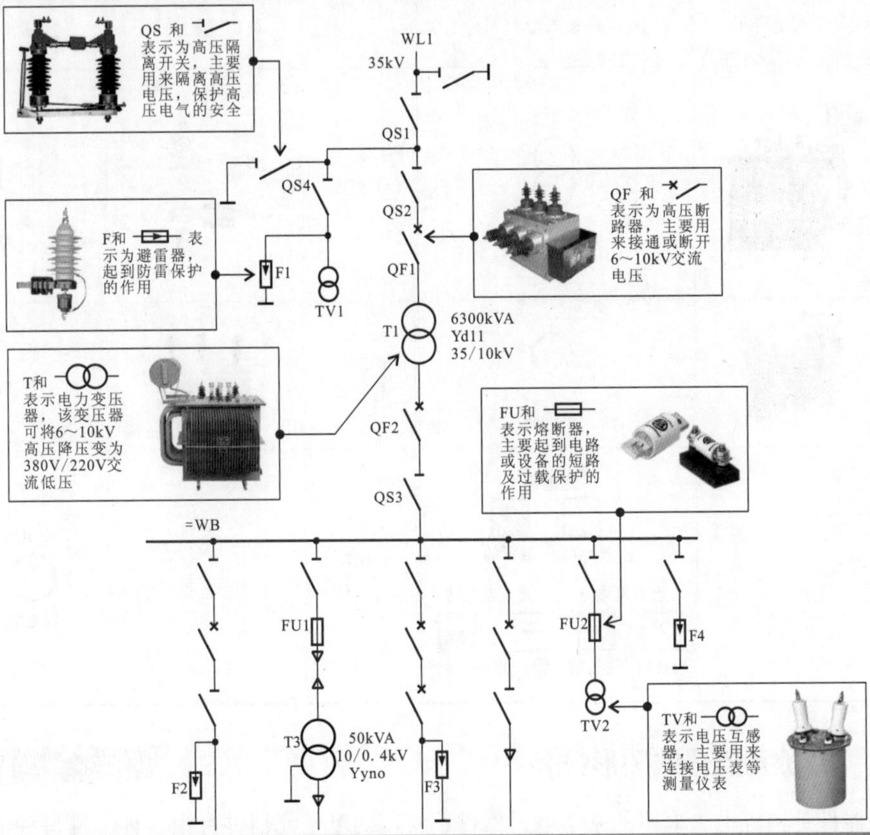
QS 和 表示为高压隔离开关，主要用来隔离高压电压，保护高压电气的安全
WL1
35kV
QS1
QS4
QS2
QF 和 表示为高压断路器，主要用来接通或断开6～10kV交流电压
F和 表示为避雷器，起到防雷保护的作用
F1
TV1
QF1
T1
6300kVA
Yd11
35/10kV
T和 表示电力变压器，该变压器可将6～10kV高压降压变为380V/220V交流低压
QF2
FU和 表示熔断器，主要起到电路或设备的短路及过载保护的作用
QS3
=WB
FU1
FU2
F4
TV2
TV和 表示电压互感器，主要用来连接电压表等测量仪表
T3
50kVA
10/0.4kV
Yyno
F2
F3

表 3-2　常用高压电气部件的电路符号及相关文字标识

电气部件类型	典型实物外形	名称和图形符号	电气部件类型	典型实物外形	名称和图形符号
高压断路器		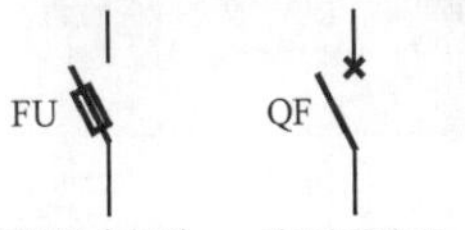 FU QF 熔断器式开关(跌落式熔断器)　高压断路器	高压熔断器		 FU 普通高压熔断器
高压隔离开关		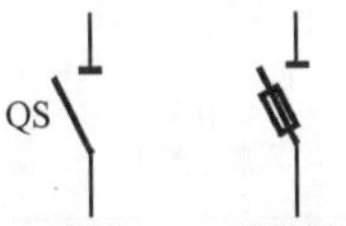 QS 高压隔离开关　熔断器式隔离开关	高压负荷隔离开关		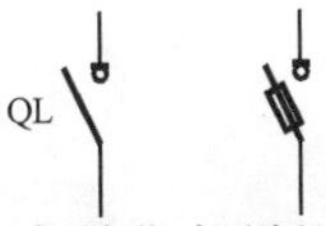 QL 高压负荷隔离开关　高压熔断器式负荷隔离开关
电流互感器		 TA 或 电流互感器	电压互感器	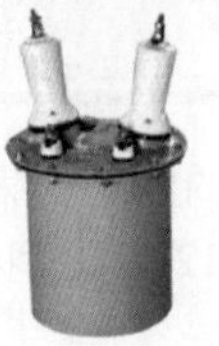	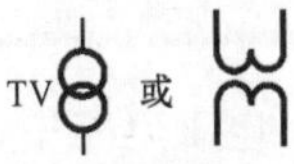 TV 或 电压互感器

（续）

电气部件类型	典型实物外形	名称和图形符号	电气部件类型	典型实物外形	名称和图形符号
电力变压器		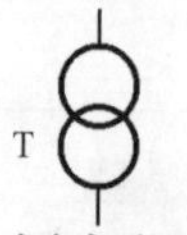T 电力变压器	避雷器	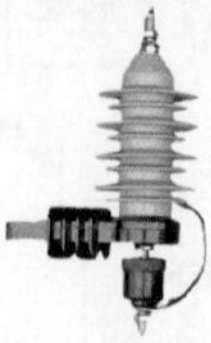	F 避雷器
电抗器		L 电抗器	电力电容器		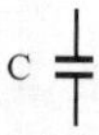C
发电站和变电所	—	发电站 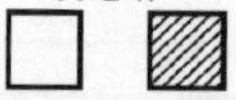 规划的 运行的 水力发电站 火力发电站  规划的 运行的 规划的 运行的	变电所/配电所	—	变电所、配电所  规划的 运行的

3.2.3 电子元器件的图形符号

电子元器件是构成电工电路的基本电子器件，常用的电子元器件有很多种，且每种电子元器件都用其自己的图形符号进行标识。

图 3-11 为典型的光控照明电工实用电路。识读图中电子元器件的图形符号含义，可建立起与实物电子元器件的对应关系，这是学习识图的第一步。

图 3-11　典型的光控照明电工实用电路

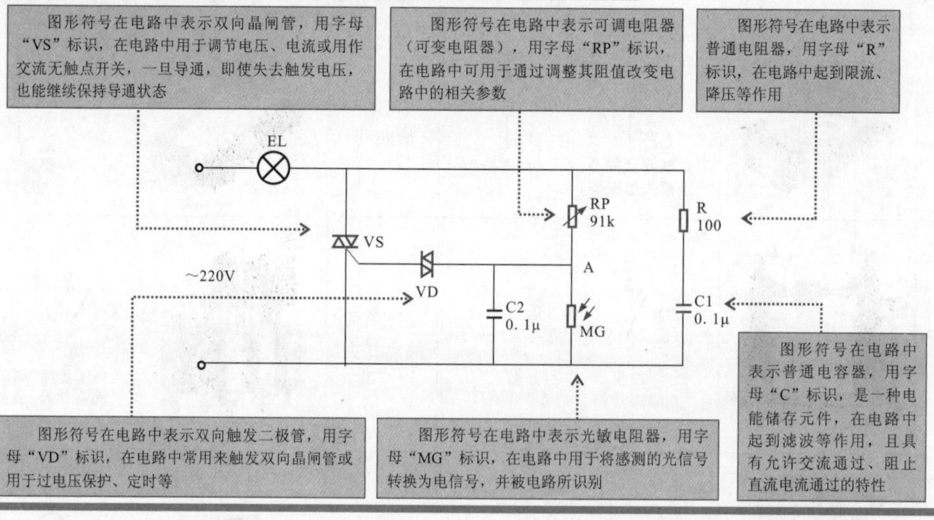
图形符号在电路中表示双向晶闸管，用字母“VS”标识，在电路中用于调节电压、电流或用作交流无触点开关，一旦导通，即使失去触发电压，也能继续保持导通状态
图形符号在电路中表示可调电阻器（可变电阻器），用字母“RP”标识，在电路中可用于通过调整其阻值改变电路中的相关参数
图形符号在电路中表示普通电阻器，用字母“R”标识，在电路中起到限流、降压等作用
EL
RP
91k
R
100
VS
~220V
VD
A
C2
0. 1μ
MG
C1
0. 1μ
图形符号在电路中表示双向触发二极管，用字母“VD”标识，在电路中常用来触发双向晶闸管或用于过电压保护、定时等
图形符号在电路中表示光敏电阻器，用字母“MG”标识，在电路中用于将感测的光信号转换为电信号，并被电路所识别
图形符号在电路中表示普通电容器，用字母“C”标识，是一种电能储存元件，在电路中起到滤波等作用，且具有允许交流通过、阻止直流电流通过的特性

电工电路中，常用的电子元器件主要有电阻器、电容器、电感器、二极管、晶体管、场效应晶体管和晶闸管等。图 3-12 为常用电子元器件的图形符号。

图 3-12　常用电子元器件的图形符号

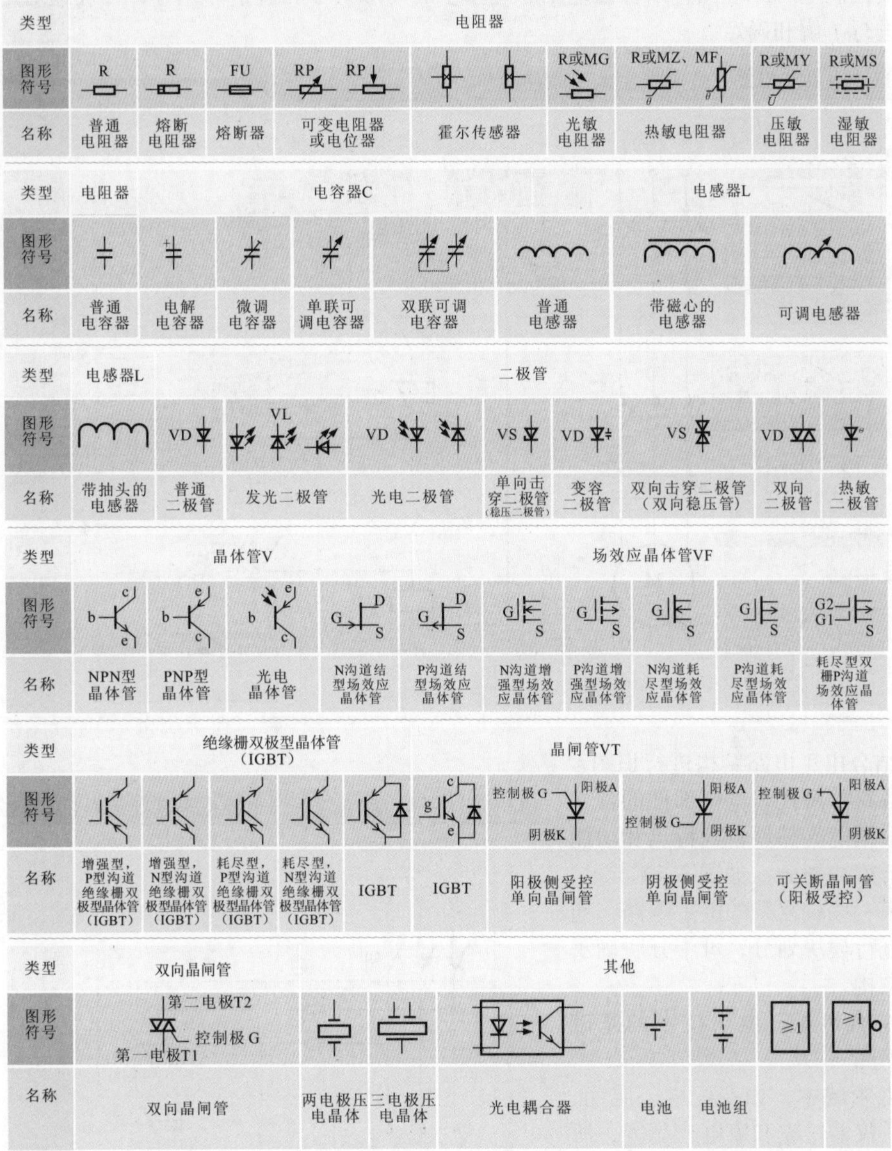
类型 电阻器
图形符号
R R FU RP RP R或MG R或MZ、MF R或MY R或MS
名称 普通电阻器 熔断电阻器 熔断器 可变电阻器或电位器 霍尔传感器 光敏电阻器 热敏电阻器 压敏电阻器 湿敏电阻器
类型 电阻器 电容器C 电感器L
图形符号
名称 普通电容器 电解电容器 微调电容器 单联可调电容器 双联可调电容器 普通电感器 带磁心的电感器 可调电感器
类型 电感器L 二极管
图形符号
VD VL VD VS VD VS VD
名称 带抽头的电感器 普通二极管 发光二极管 光电二极管 单向击穿二极管（稳压二极管） 变容二极管 双向击穿二极管（双向稳压管） 双向二极管 热敏二极管
类型 晶体管V 场效应晶体管VF
图形符号
b c e G D S G2 G1
名称 NPN型晶体管 PNP型晶体管 光电晶体管 N沟道结型场效应晶体管 P沟道结型场效应晶体管 N沟道增强型场效应晶体管 P沟道增强型场效应晶体管 N沟道耗尽型场效应晶体管 P沟道耗尽型场效应晶体管 耗尽型双栅P沟道场效应晶体管
类型 绝缘栅双极型晶体管（IGBT） 晶闸管VT
图形符号
c g e 控制极G 阳极A 阴极K
名称 增强型，P型沟道绝缘栅双极型晶体管（IGBT） 增强型，N型沟道绝缘栅双极型晶体管（IGBT） 耗尽型，P型沟道绝缘栅双极型晶体管（IGBT） 耗尽型，N型沟道绝缘栅双极型晶体管（IGBT） IGBT IGBT 阳极侧受控单向晶闸管 阴极侧受控单向晶闸管 可关断晶闸管（阳极受控）
类型 双向晶闸管 其他
图形符号
第二电极T2 控制极G 第一电极T1 ≥1 ≥1
名称 双向晶闸管 两电极压电晶体 三电极压电晶体 光电耦合器 电池 电池组

3.3　基本识图方法

3.3.1　电工电路的识图方法和识图步骤

学习电工电路的识图是进入电工领域最基本的环节。识图前，需要首先了解电工电路识图的一些基本要求和原则，在此基础上掌握好识图的基本方法和步骤，可有效提高识图的技能水平和准确性。

1　识读电工电路图的基本方法

（1）结合电路图形符号、文字标识等进行识图

电工电路主要是利用各种电气图形符号和文字标识来表示其结构和工作原理的，因此掌握电工

电路图中常用的图形符号和文字标识是学习识读电工电路图最基础的技能要求。图 3-13 为电动机点动、连续控制电工原理图，结合该电工原理图中的图形符号和文字标识等，可快速对电路中包含电气部件进行了解和确定。

图 3-13　电动机点动、连续控制电工原理图

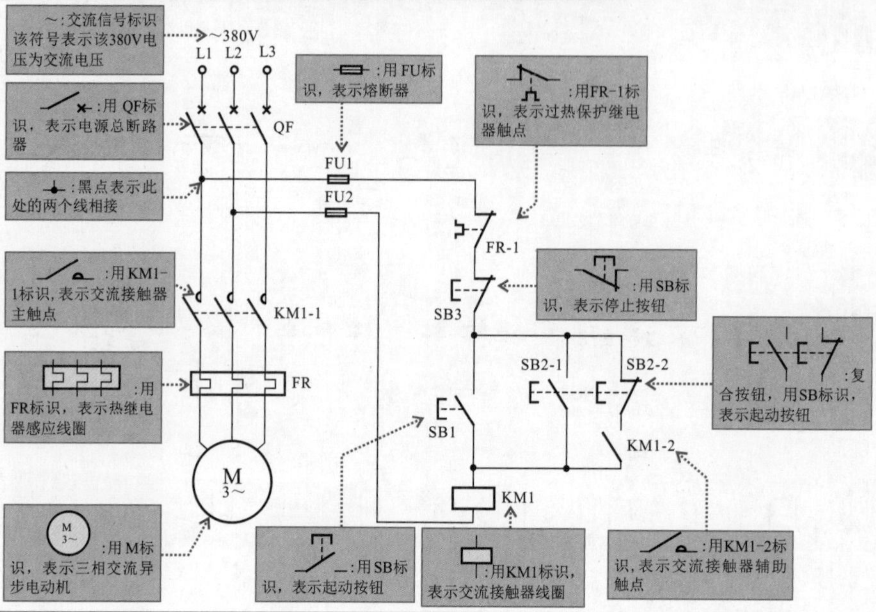

~:交流信号标识该符号表示该380V电压为交流电压
~380V
L1 L2 L3
:用 FU标识，表示熔断器
:用FR-1标识，表示过热保护继电器触点
:用 QF标识，表示电源总断路器
QF
FU1
FU2
:黑点表示此处的两个线相接
FR-1
:用KM1-1标识，表示交流接触器主触点
:用SB标识，表示停止按钮
KM1-1
SB3
SB2-1
SB2-2
:复合按钮，用SB标识，表示起动按钮
:用FR标识，表示热继电器感应线圈
FR
SB1
KM1-2
M
3~
KM1
:用M标识，表示三相交流异步电动机
:用SB标识，表示起动按钮
:用KM1标识，表示交流接触器线圈
:用KM1-2标识，表示交流接触器辅助触点

（2）结合电工电路结构进行识图

了解各符号所代表电气部件的含义后，还可根据电气部件自身特点和功能对电路进行模块划分，如图 3-14 所示，特别是对于一些较复杂的电工电路，通过对电路进行模块划分，可十分明确了解电路的结构。

图 3-14　对电工电路根据电路功能进行模块划分

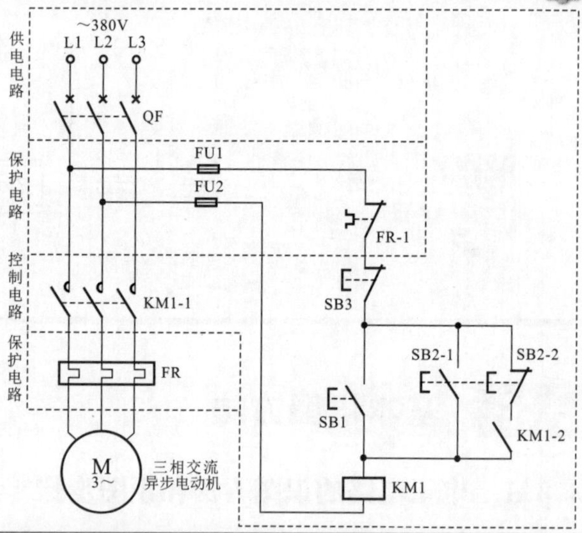

~380V
L1 L2 L3
供电电路
QF
保护电路
FU1
FU2
FR-1
控制电路
SB3
KM1-1
保护电路
SB2-1
SB2-2
FR
SB1
KM1-2
M
3~
三相交流异步电动机
KM1

（3）结合电工、电子技术的基础知识进行识图

在电工领域中，如变配电、照明、电子电路、仪器仪表和家电产品等，所有电路方面的知识都是建立在电工、电子技术基础之上的，所以要想看懂电工电路图，必须具备一定的电工、电子技术方面的知识。

各种电工电路图基本都是由各种电气部件、电子元器件和配线等组成的，只有了解各种电气部件或元器件的结构、工作原理、性能以及相互之间的控制关系，才能帮助电工技术人员尽快地读懂电路图，如图 3-15 所示。

（4）结合典型电工电路进行识图

各类电工电路的典型电路是指该类电工电路图中最常见、最常用的基本电路，这种电路既可以单独使用，也可以应用于其他电路中作为功能模块扩展后使用，例如电力拖动电路中，最常见的、最基本的为一只按钮来控制电动机的起停，如图 3-16 所示。

图 3-15　了解电气部件或电子元器件的工作过程

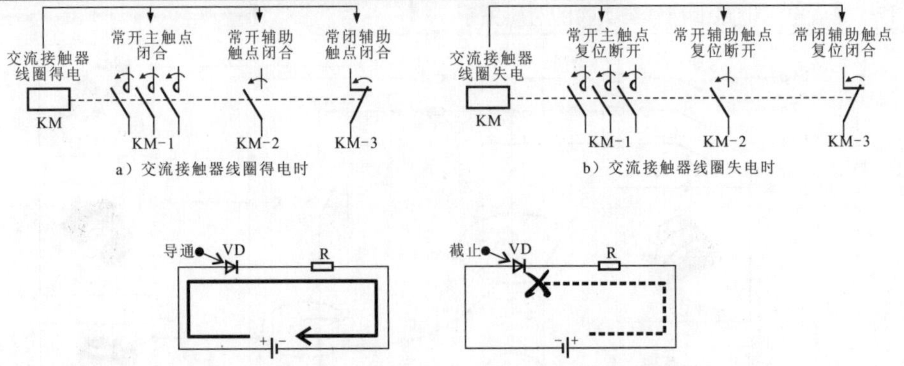
交流接触器
线圈得电
常开主触点
闭合
常开辅助
触点闭合
常闭辅助
触点闭合
KM
KM-1
KM-2
KM-3
交流接触器
线圈失电
常开主触点
复位断开
常开辅助触点
复位断开
常闭辅助触点
复位闭合
导通
VD
R
截止

a）交流接触器线圈得电时　b）交流接触器线圈失电时

c）二极管加正向电压时　d）二极管加反向电压时

了解了该电路后，在此基础上加入联锁按钮、时间继电器、交流接触器等电气部件便构成了另外一些常见的电动机联锁控制电路、正反转控制电路等，而再在此基础上将几种电路组合，便可构成另外几种控制电路，如此也可以了解到，一些复杂的电路实际上就是几种典型电路的组合。因此熟练掌握各种典型电路，在学习识读时有利于快速的理清主次和电路关系，那么对于较复杂电工电路图的识读也变得轻松和简单多了。

图 3-16　典型电动机点动控制电路

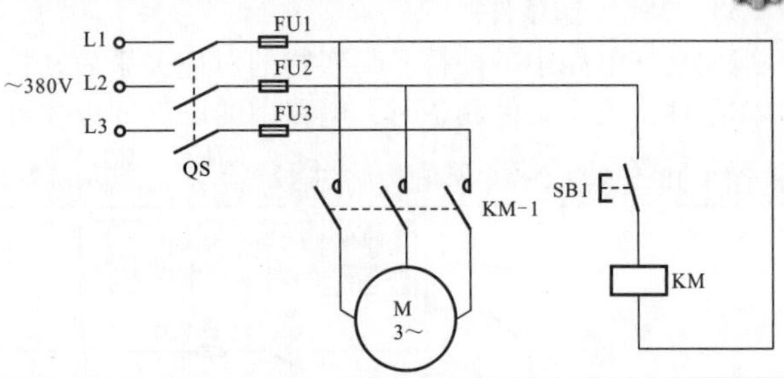
L1
~380V L2
L3
FU1
FU2
FU3
QS
KM-1
SB1
KM
M
3~

（5）对照学习识读电工电路图

作为初学者，我们很难直接对一张没有任何文字解说的电路图进行识读，因此可以先参照一些技术资料或书刊、杂志等找到一些与我们所要识读电路图相近或相似的图样，先根据这些带有详细解说的图样，跟随解说一步步地分析和理解该电路图的含义和原理，然后再对照我们手头的图样，进行分析、比较，找到不同点和相同点，把相同点的地方弄清楚，再针对性地突破不同点，或再参照其他与该不同点相似的图样，最后把遗留问题一一解决之后，便完成了对该图的识读。

2　识读电工电路图的基本步骤

看电工电路，首先需要区分电路的类型和用途或功能，在对其有一个整体的认识后，通过熟悉的各种电气部件的图形符号建立对应关系，然后再结合电路特点寻找该电路中的工作条件、控制部件等，结合相应的电工、电子电路，电子元器件、电气元件功能和原理知识，理清信号流程，最终掌握电路控制机理或电路功能，完成识图过程。

简单来说，识读电工电路可分为 6 个步骤，即明确用途→建立对应关系并划分电路→寻找工作条件→寻找控制部件→确立控制关系→理清信号流程，最终掌握控制机理和电路功能。

（1）明确用途

明确电工电路的用途是指导识图的总纲领，即先从整体上把握电路的用途，明确电路最终实现的结果，以此作为指导识读总体思路。例如，在图 3-16 中，根据电路中的元素信息可以看到该图为一种电动机的点动控制电路，以此抓住其中的“点动”“控制”“电动机”等关键信息，作为识图时的重要信息。

（2）建立对应关系，划分电路

根据电路中的文字符号和图形符号标识，将这些简单的符号信息与实际电气部件建立起一一的对应关系，进一步明确电路中所表达的含义，对读通电路关系十分重要，如图 3-17 所示。

图 3-17 建立电工电路中符号与实物的对应关系

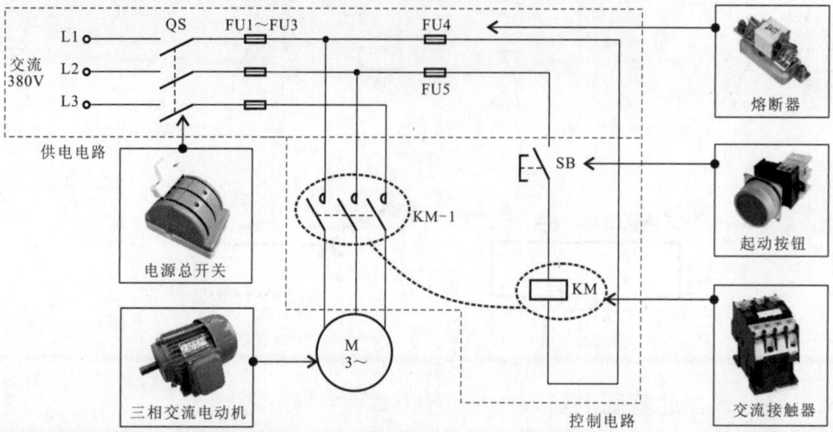
L1
L2
L3
交流
380V
QS
FU1～FU3
FU4
FU5
供电电路
熔断器
SB
起动按钮
KM-1
KM
电源总开关
交流接触器
M
3～
三相交流电动机
控制电路

（3）寻找工作条件

当建立好电路中各种符号与实物的对应关系后，接下来则可通过所了解器件的功能寻找电路中的工作条件，工作条件具备时，电路中的电气部件才可进入工作状态。例如图 3-18 所示。

图 3-18 寻找工作条件和控制部件

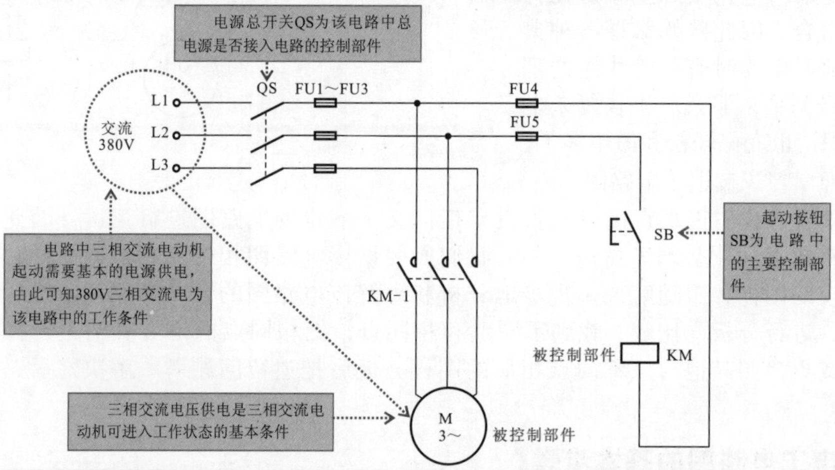
电源总开关QS为该电路中总电源是否接入电路的控制部件
QS
FU1～FU3
FU4
FU5
L1
L2
L3
交流
380V
起动按钮SB为电路中的主要控制部件
SB
电路中三相交流电动机起动需要基本的电源供电，由此可知380V三相交流电为该电路中的工作条件
KM-1
被控制部件
KM
三相交流电压供电是三相交流电动机可进入工作状态的基本条件
M
3～
被控制部件

（4）寻找控制部件

控制部件通常也称为操作部件，电工电路中就是通过操作该类可操作的部件对电路进行控制的，它是电路中的关键部件，也是控制电路中是否将工作条件接入电路中，或控制电路中的被控部件执行所需要动作的核心部件。识图时准确找到控制部件是识读过程中的关键部件。

（5）确立控制关系

找到控制部件后，接下来根据电路连接情况，确立控制部件与被控制部件之间的控制关系，并将该控制关系作为厘清该电路信号流程的主线，如图 3-19 所示。

（6）厘清供电及控制信号流程

确立控制关系后，接着则可操作控制部件来实现其控制功能，并同时弄清每操作一个控制部件后，被控部件所执行的动作或结果，从而厘清整个电路的信号流程，最终掌握其控制机理和电路功能，如图 3-20 所示。

合上电源总开关 QS，接通三相电源。按下起动按钮 SB，SB 内的常开触点闭合，电路接通，交流接触器 KM 线圈得电，常开主触点 KM-1 闭合，三相交流电动机接通三相电源起动运转。

图 3-19　确立电工电路中的控制关系

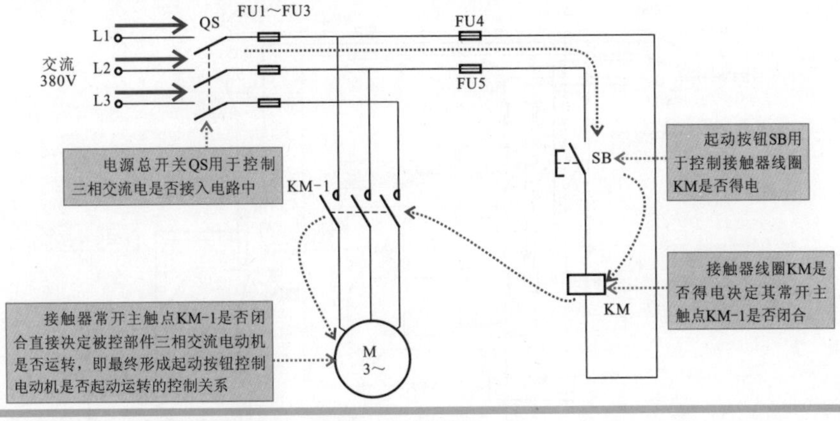
L1
L2
L3
交流
380V
QS
FU1～FU3
FU4
FU5
电源总开关QS用于控制三相交流电是否接入电路中
KM-1
SB
起动按钮SB用于控制接触器线圈KM是否得电
接触器线圈KM是否得电决定其常开主触点KM-1是否闭合
KM
接触器常开主触点KM-1是否闭合直接决定被控部件三相交流电动机是否运转，即最终形成起动按钮控制电动机是否起动运转的控制关系
M
3～

图 3-20　厘清电工电路的信号流程

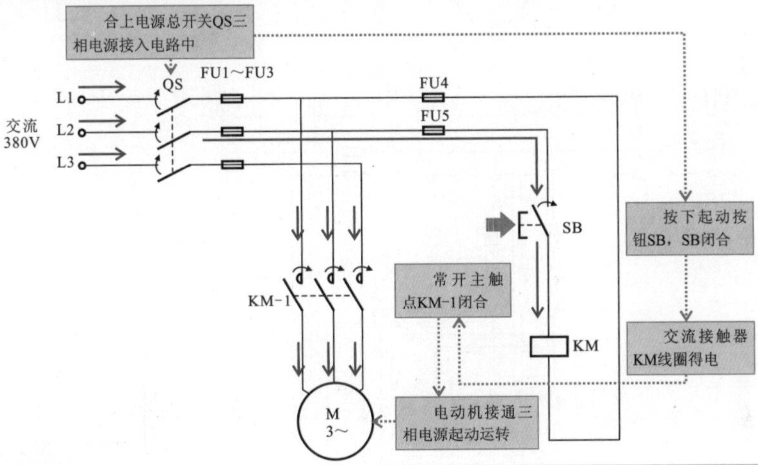
合上电源总开关QS三相电源接入电路中
QS
FU1～FU3
FU4
FU5
L1
L2
L3
交流
380V
SB
按下起动按钮SB，SB闭合
KM-1
常开主触点KM-1闭合
KM
交流接触器KM线圈得电
M
3～
电动机接通三相电源起动运转

3　电工电路图的识读案例

结合上述总结和分析，我们以典型电动机电阻器减压起动控制电路为例进行识图练习。

（1）电动机的减压起动识读过程

图 3-21 为电动机的减压起动过程。

合上电源总开关 QS，接通三相电源。按下起动按钮 SB1。交流接触器 KM1 和时间继电器 KT 线圈同时得电。时间继电器 KT 用于三相交流电动机的减压起动与全压起动的时间间隔控制，即控制三相交流电动机减压起动后延时一段时间后进行全压起动。交流接触器 KM1 线圈得电，常开辅助触点 KM1-2 闭合实现自锁功能。常开主触点 KM1-1 闭合，电源经电阻器 R1、R2、R3 为三相交流电动机供电，三相交流电动机减压起动运转。

（2）电动机的全压起动识读过程

图 3-22 为三相交流电动机的全压起动过程。

当时间继电器 KT 达到预定的延时时间后，其常开触点 KT-1 延时闭合。交流接触器 KM2 线圈得电，常开主触点 KM2-1 闭合，短接电阻器 R1、R2、R3，三相交流电动机在全压状态下开始运行。

（3）电动机的停机过程

当需要三相交流电动机停机时，按下停止按钮 SB2。交流接触器 KM1、KM2 和时间继电器 KT 线圈均失电，触点全部复位。常开主触点 KM1-1、KM2-1 复位断开，切断三相交流电动机供电电源，三相交流电动机停止运转。

图 3-21 电动机的减压起动过程

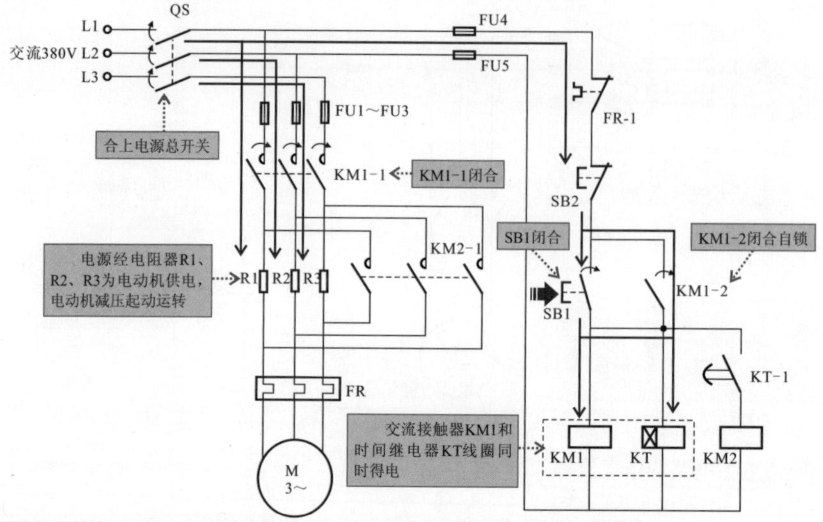

QS
L1
交流380V L2
L3
FU4
FU5
FU1～FU3
合上电源总开关
KM1-1
KM1-1闭合
FR-1
SB2
SB1闭合
KM1-2闭合自锁
KM2-1
电源经电阻器R1、R2、R3为电动机供电，电动机减压起动运转
R1
R2
R3
SB1
KM1-2
KT-1
FR
交流接触器KM1和时间继电器KT线圈同时得电
KM1
KT
KM2
M
3～

图 3-22 电动机的全压起动过程

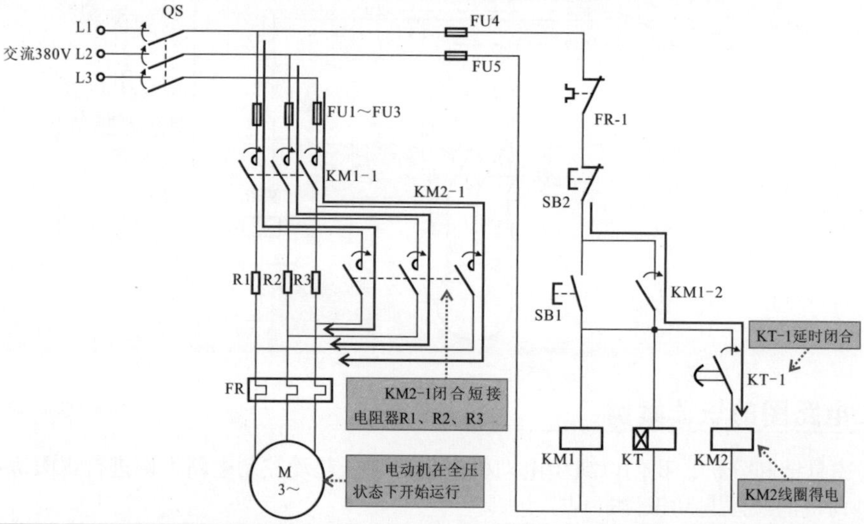

QS
L1
交流380V L2
L3
FU4
FU5
FU1～FU3
FR-1
KM1-1
KM2-1
SB2
R1
R2
R3
SB1
KM1-2
KT-1延时闭合
KT-1
FR
KM2-1闭合短接电阻器R1、R2、R3
KM1
KT
KM2
M
3～
电动机在全压状态下开始运行
KM2线圈得电

3.3.2 电工电路的识图分析

1 电工接线图的识读分析

电工接线图也称为电工系统图，是一种采用图形符号、线条、文字标注等元素组成的一种电路结构，主要用来表现某个单元或整个系统的基本组成、供电方式以及连接关系的电路图，图 3-23 为典型电动机点动控制电路的接线图。

从图中可以看出，该电工接线图体现了电动机点动控制系统中所使用的基本电气部件以及各电气部件间的实际连接关系和接线位置，其具体功能及特点如下：

◆ 接线图中包含了整个系统中所应用到的电气部件，并通过国家统一规定的图形符号及文字进行标识；

◆ 接线图中各电气部件的连接关系即为系统中物理部件的实际连接关系；

◆ 接线图中示出了整个系统的结构、组成。

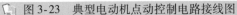

图 3-23　典型电动机点动控制电路接线图

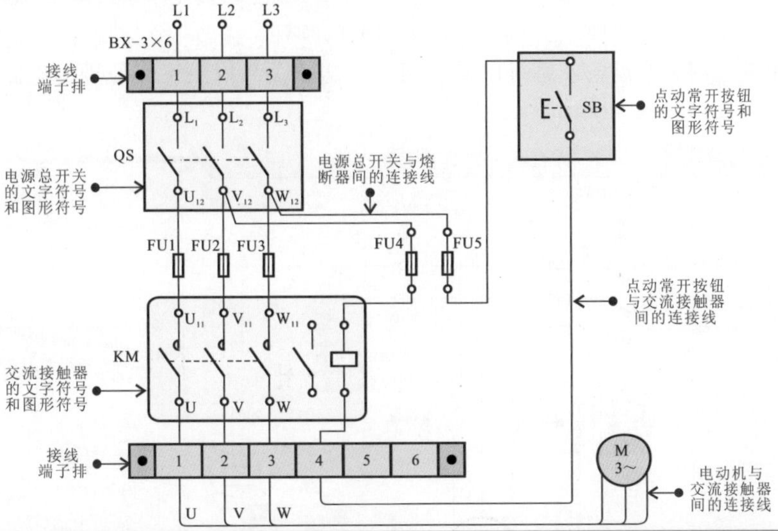
L1
L2
L3
BX-3×6
接线端子排
1
2
3
QS
电源总开关的文字符号和图形符号
电源总开关与熔断器间的连接线
点动常开按钮的文字符号和图形符号
SB
FU1
FU2
FU3
FU4
FU5
点动常开按钮与交流接触器间的连接线
KM
交流接触器的文字符号和图形符号
U
V
W
4
5
6
M
3~
电动机与交流接触器间的连接线

| 提示说明 |

除了上述类型的接线图外，在一些家庭、企业供配电系统中，也常采用电工接线图的形式标识供配电系统的结构组成、连接关系、供电方式以及各电气部件的规格型号等，可帮助电工合理地选用电气部件并进行正确的连接，图 3-24 为典型供配电系统的接线图。

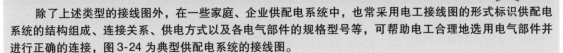

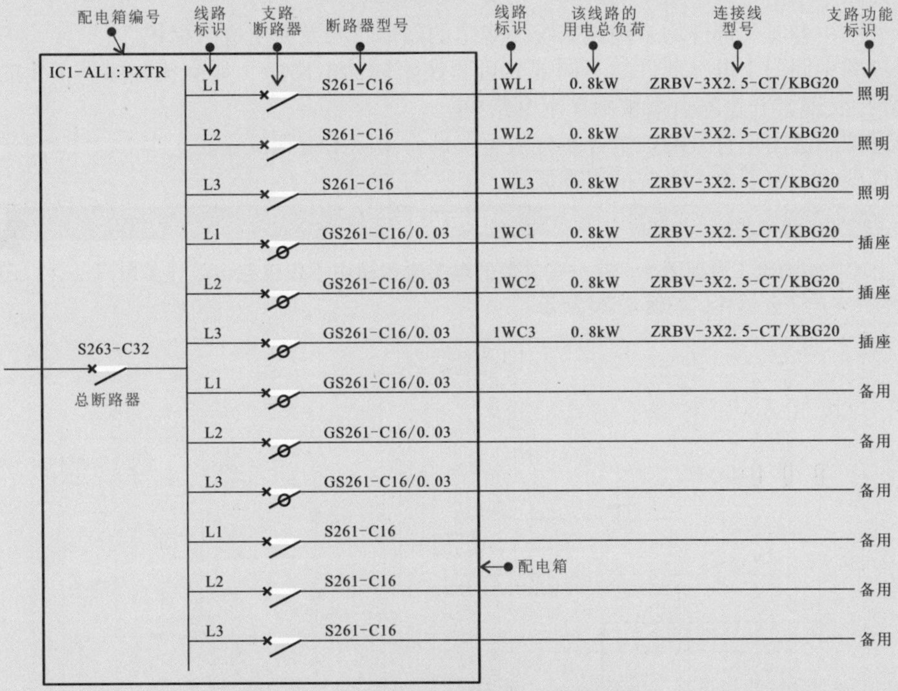
配电箱编号
线路标识
支路断路器
断路器型号
线路标识
该线路的用电总负荷
连接线型号
支路功能标识
IC1-AL1:PXTR
L1 S261-C16 1WL1 0. 8kW ZRBV-3X2. 5-CT/KBG20 照明
L2 S261-C16 1WL2 0. 8kW ZRBV-3X2. 5-CT/KBG20 照明
L3 S261-C16 1WL3 0. 8kW ZRBV-3X2. 5-CT/KBG20 照明
L1 GS261-C16/0. 03 1WC1 0. 8kW ZRBV-3X2. 5-CT/KBG20 插座
L2 GS261-C16/0. 03 1WC2 0. 8kW ZRBV-3X2. 5-CT/KBG20 插座
L3 GS261-C16/0. 03 1WC3 0. 8kW ZRBV-3X2. 5-CT/KBG20 插座
S263-C32
总断路器
L1 GS261-C16/0. 03 备用
L2 GS261-C16/0. 03 备用
L3 GS261-C16/0. 03 备用
L1 S261-C16 备用
L2 S261-C16 备用
L3 S261-C16 备用
配电箱

图 3-24　典型供配电系统的电工接线图

从该供配电系统的电工接线图可看出，电压经总断路器（S263-C32）分为 12 条支路，分别为照明支路、插座支路和备用支路，照明支路选用不带漏电保护的断路器（S261-C16），插座支路选用带有漏电保护的断路器（GS261-C16/0. 03），备用支路选用不带漏电保护的断路器（S261-C16）和带有漏电保护的断路器（GS261-C16/0. 03）。除此之外图中还标识出了连接线的型号为 ZRBV-3X2. 5-CT/KBG20 以及各支路的用电总负荷均为 0. 8kW。

2 电工原理图的识读分析

电工原理图也称为电工电路图，也是一种采用图形符号、线条、文字标注等元素组成的一种电路结构，主要用来表现某个设备或系统的基本组成、连接关系以及工作原理的电路图，图 3-25 为典型的电动机点动控制的电工原理图。

图 3-25　典型的电动机点动控制的电工原理图

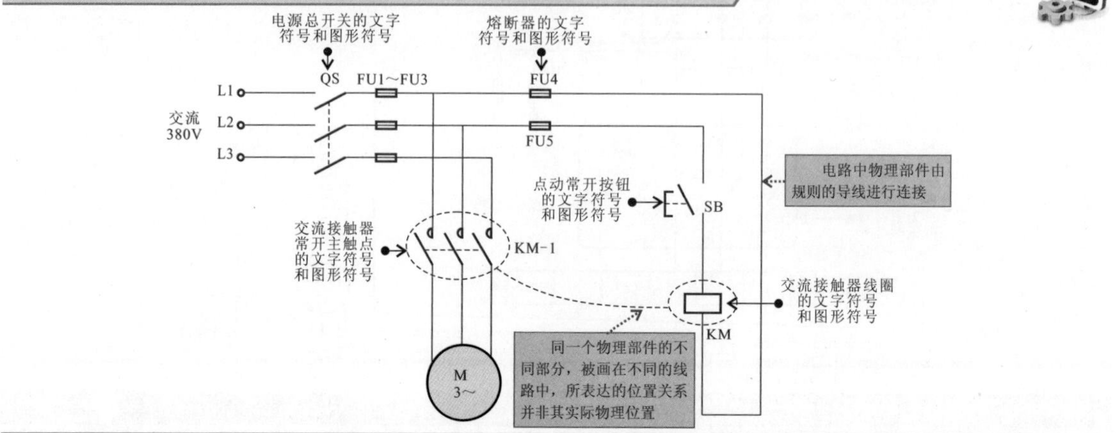

电源总开关的文字符号和图形符号
熔断器的文字符号和图形符号
QS
FU1～FU3
FU4
FU5
L1
L2
L3
交流380V
点动常开按钮的文字符号和图形符号
SB
电路中物理部件由规则的导线进行连接
交流接触器常开主触点的文字符号和图形符号
KM-1
交流接触器线圈的文字符号和图形符号
KM
同一个物理部件的不同部分，被画在不同的线路中，所表达的位置关系并非其实际物理位置
M
3～

从图中可以看出，电工原理图的特点是使用文字符号和图形符号来体现系统中所使用的基本电气部件，并使用规则的导线进行连接，其具体功能及特点如下：

◆ 原理图中示出了整个系统的结构、组成。

◆ 原理图中各电气部件均采用国家统一规定的图形符号及文字进行标识。

◆ 原理图中同一个电气部件的不同部分可画在不同的电路中，如交流接触器 KM 的线圈被画在控制电路中；而常开主触点则被画在主电路中。

◆ 原理图中的图形符号的位置并不代表电气部件实际的物理位置。

◆ 原理图中示出了整个系统的工作原理。

| 提示说明 |

除了上述类型的电工原理图外，在一些其他的电工原理图中不仅仅包含了许多电气部件，还包含了电子电路中的许多电子元器件，如图 3-26 所示。

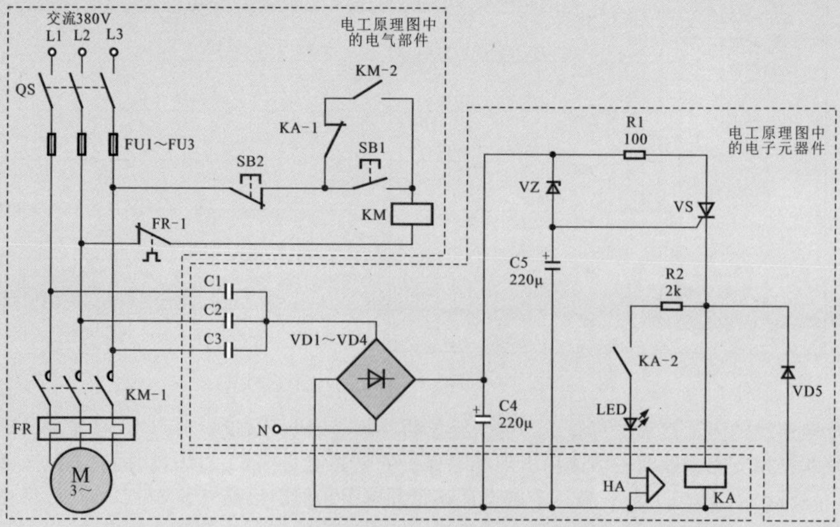

交流380V
L1 L2 L3
电工原理图中的电气部件
QS
KM-2
KA-1
FU1～FU3
SB1
SB2
KM
FR-1
电工原理图中的电子元器件
R1
100
VZ
VS
C5
220μ
R2
2k
C1
C2
C3
VD1～VD4
KA-2
VD5
KM-1
FR
LED
N
C4
220μ
M
3～
HA
KA

图 3-26　典型电气部件与电子元器件构成的电工原理图

电工原理图主要应用于电气设备的安装接线、调试、检修等工作中，用于帮助电工了解电气控制线路的组成、电路关系以及电气设备的工作过程，使电工在电气安装接线、调试和维修中能够快速、准确的进行操作。在测试系统出现故障时，可根据电工原理图的工作过程，分析可能产生故障的大体部位，然后依次对其可能产生故障的元器件进行检测。

3 电工概略图的识读分析

电工概略图也称为电工系统图或框图，是一种采用矩形、正方形、图形符号、文字符号、线条和箭头等元素概略地反映某一系统、某一设备或某一系统中分系统的基本组成以及它们在电气性能方面所起的基本作用原理、顺序关系、供电方式和电能输送关系的一种电路结构。图 3-27 为典型车间供配电电路的电工概略图。

图 3-27　典型车间供配电电路的电工概略图

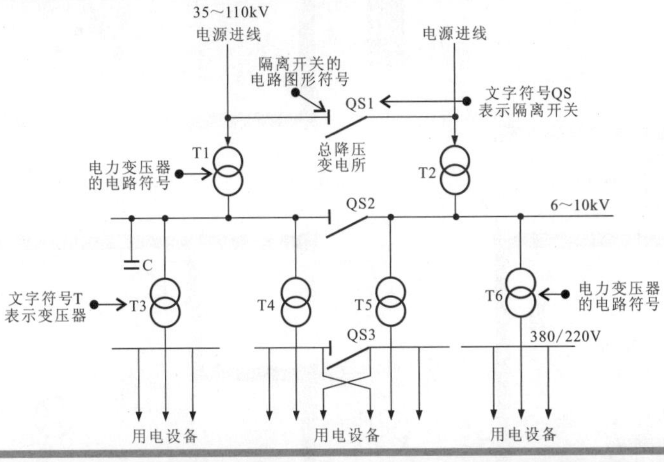
35~110kV
电源进线
电源进线
隔离开关的
电路图形符号
QS1
文字符号QS
表示隔离开关
T1
电力变压器
的电路符号
总降压
变电所
T2
QS2
6~10kV
C
文字符号T
表示变压器
T3
T4
T5
T6
电力变压器
的电路符号
QS3
380/220V
用电设备
用电设备
用电设备

提示说明

由于电工概略图是用于体现“组成”和“关系”的一种电路表达方式，因此很多时候其基本的组成元素也采用简单的画法，有部分导线中画有短划线，标识该部分导线的数量，如图 3-28 所示。

从图中可以看出，电工概略图的特点是使用文字标识和图形符号来体现系统中所使用的基本电气部件，并使用规则的导线进行连接，通过箭头方向指示供电对象。

该类型的电路主要应用于电力系统的调试和检修等中，用于帮助电工了解电力系统的组成、电路关系以及电力系统的工作过程。

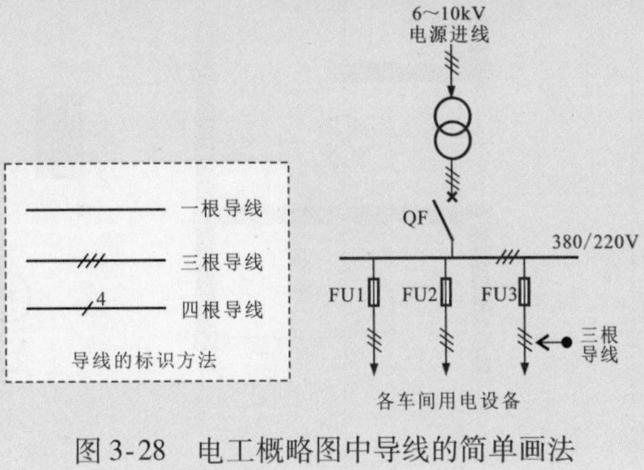
6~10kV
电源进线
一根导线
三根导线
4
四根导线
导线的标识方法
QF
380/220V
FU1
FU2
FU3
三根
导线
各车间用用电设备

图 3-28　电工概略图中导线的简单画法

4 电工施工图的识读分析

电工施工图是一种采用示意图及文字标识的方法反映电气部件的具体安装位置、线路的分配、走向、敷设、施工方案以及线路连接关系等的一种电路结构，主要用来表示某一系统中电气部件的安装位置、线路分配及走向等。图 3-29 为典型室内的电工施工图。

从图中可以看出，电工施工图的特点是使用示意图表示电气部件的实际安装位置，使用线条表示物理部件的连接关系以及线路走向。

该类型的电路主要应用于电气设备的安装接线、敷设以及调试、检修中。可帮助电工定位标记各电气设备的安装位置、线路的走向和电源供电的分配，然后根据标记的位置进行施工操作，当需要对整体线路进行调试、检修时，也需根据电工安装及布线图上的具体安装位置、线路的走向进行施工操作。

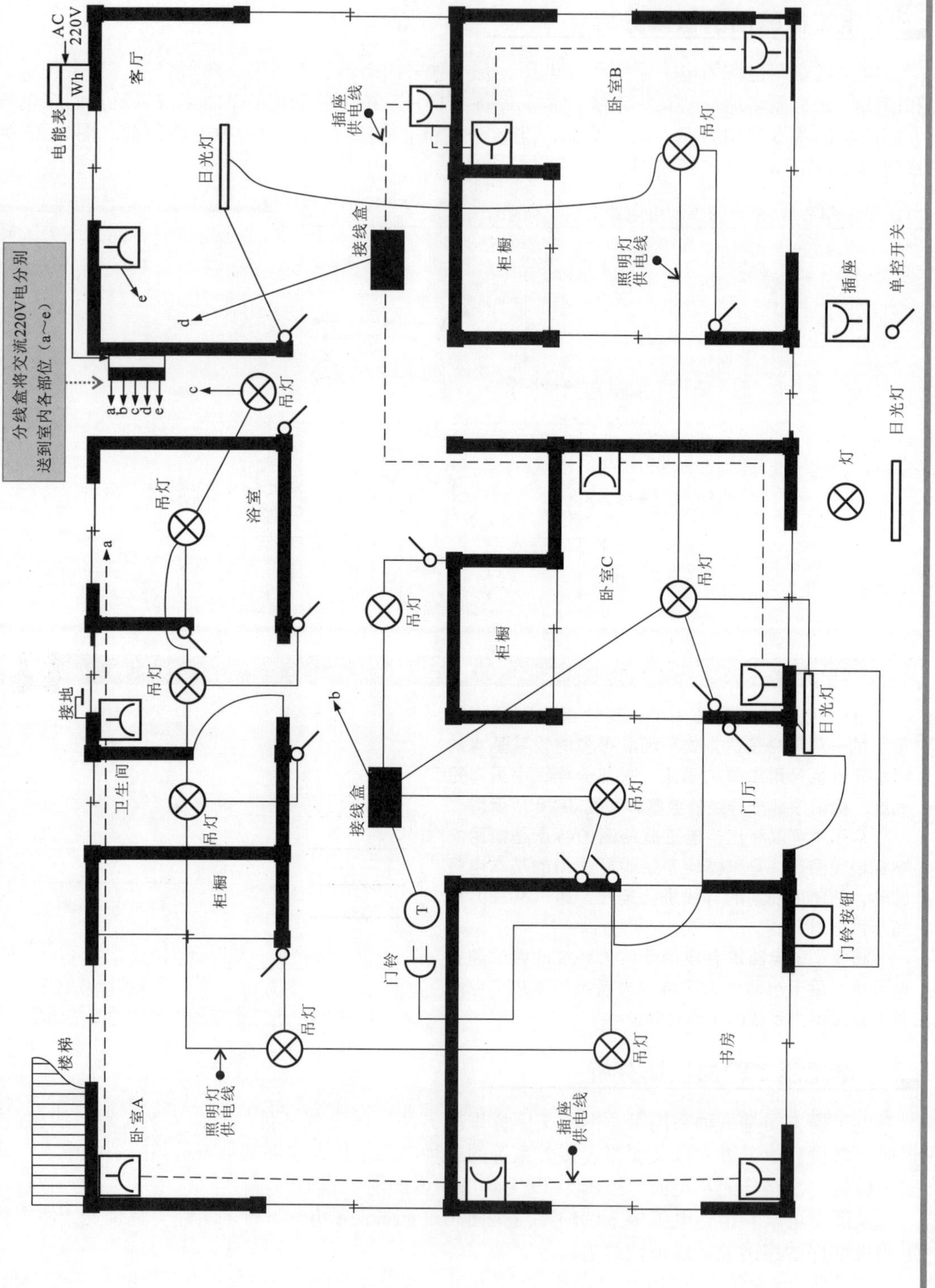
AC
220V
Wh
电能表
客厅
日光灯
插座
供电线
接线盒
卧室B
吊灯
柜橱
照明灯
供电线
插座
单控开关
灯
日光灯
分线盒将交流220V电分别
送到室内各部位（a~e）
a
b
c
d
e
吊灯
浴室
接地
卫生间
吊灯
柜橱
卧室C
日光灯
门厅
门铃
T
门铃按钮
照明灯
供电线
书房
楼梯
卧室A
插座
供电线

图 3-29 典型室内的电工施工图

第4章 常用工具和仪表的使用

4.1 钳子

根据功能的不同，钳子可以分为钢丝钳、斜口钳、尖嘴钳、剥线钳、压线钳以及网线钳等。

4.1.1 钢丝钳

钢丝钳又叫老虎钳，主要用于线缆的剪切、绝缘层的剥削、线芯的弯折、螺母的松动和紧固等。钢丝钳的钳头又可以分为钳口、齿口、刀口和铡口，在钳柄处有绝缘套，如图4-1所示。

图4-1 钢丝钳的外形特点

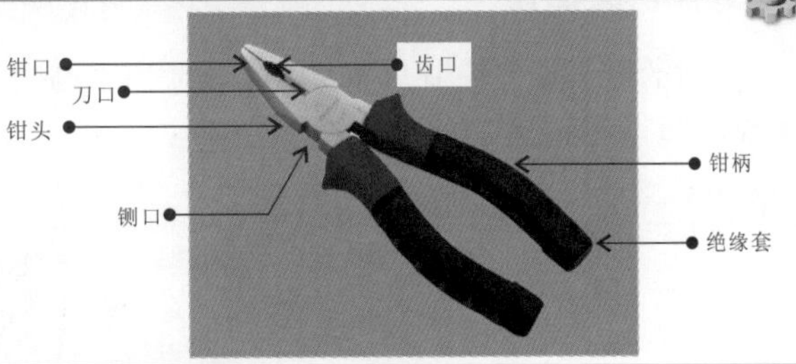

钳口
齿口
刀口
钳头
钳柄
铡口
绝缘套

在使用钢丝钳时，一般多采用右手操作，使钢丝钳的钳口朝内，便于控制钳切的部位。可以使用钢丝钳钳口弯绞导线，齿口可以用于紧固或拧松螺母，刀口可以用于修剪导线以及拔取铁钉，铡口可以用于铡切较细的导线或金属丝，如图4-2所示。

图4-2 规范的使用钢丝钳

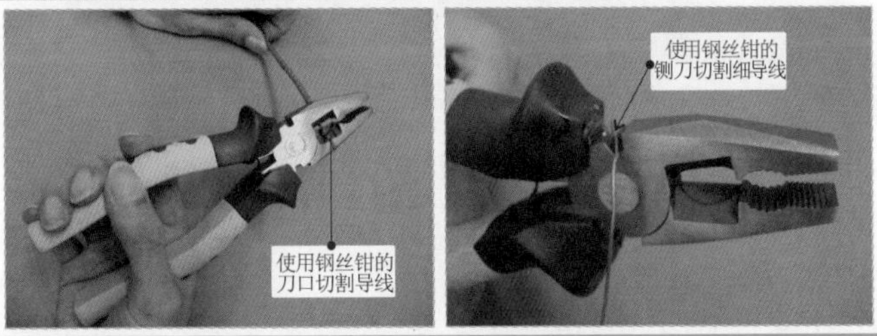

使用钢丝钳的刀口切割导线
使用钢丝钳的铡刀切割细导线

扫一扫看视频

4.1.2 斜口钳

斜口钳又叫偏口钳，主要用于线缆绝缘皮的剥削或线缆的剪切操作。斜口钳的钳头部位为偏斜式的刀口，可以贴近导线或金属的根部进行切割，如图4-3所示。

图4-3 斜口钳的种类特点

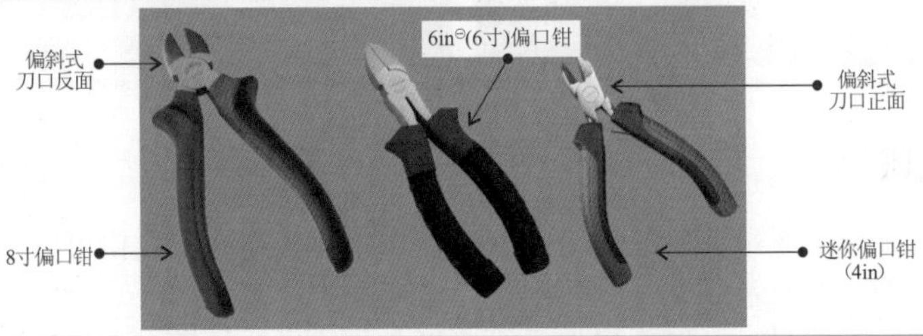

偏斜式刀口反面
6in⊖(6寸)偏口钳
偏斜式刀口正面
8寸偏口钳
迷你偏口钳(4in)

⊖ 1in＝0.0254m，后同。

在使用斜口钳时，应将偏斜式的刀口正面朝上，背面靠近需要切割导线的位置，这样可以准确切割到位，防止切割位置出现偏差，如图4-4所示。

图4-4　斜口钳的使用方法

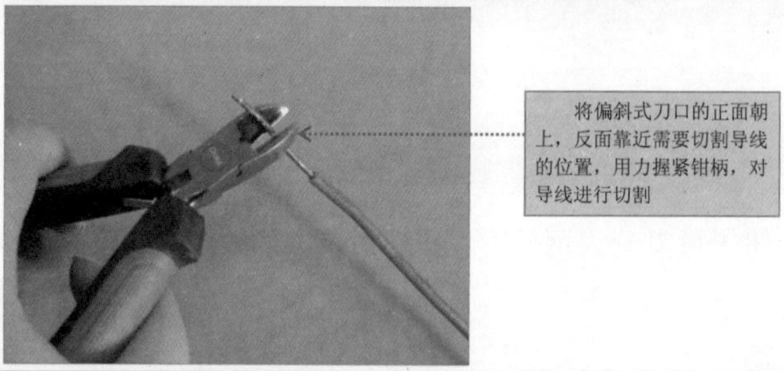
将偏斜式刀口的正面朝上，反面靠近需要切割导线的位置，用力握紧钳柄，对导线进行切割

4.1.3　尖嘴钳

尖嘴钳的钳头部分较细，可以在较小的空间里进行操作。可以分为带有刀口型的尖嘴钳和无刀口的尖嘴钳，如图4-5所示。

图4-5　尖嘴钳的种类特点

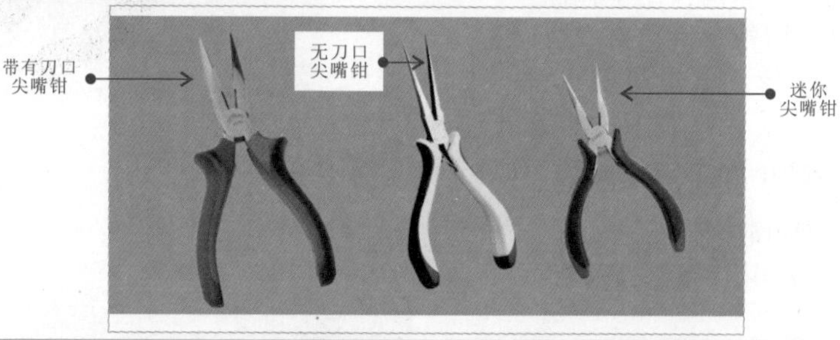
带有刀口
尖嘴钳
无刀口
尖嘴钳
迷你
尖嘴钳

使用尖嘴钳时，用右手握住钳柄，不可以将钳头对向自己。可以用钳头上的刀口修整导线，再使用钳口夹住导线的接线端子，并对其进行修整固定，如图4-6所示。

图4-6　尖嘴钳的使用方法

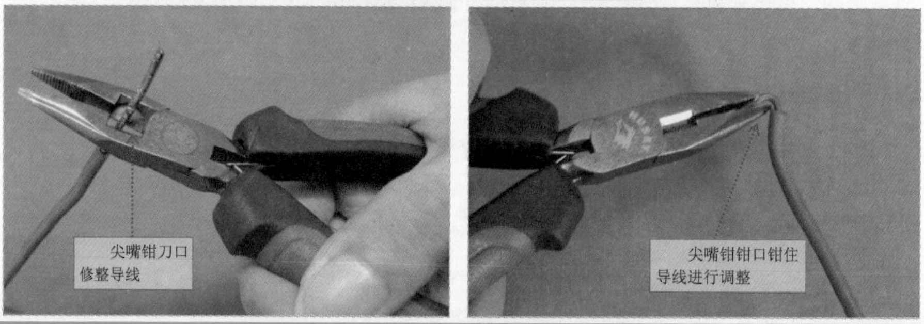
尖嘴钳刀口
修整导线
尖嘴钳钳口钳住
导线进行调整

4.1.4　剥线钳

剥线钳主要是用来剥除线缆的绝缘层，在电工操作中常使用的剥线钳可以分为压接式剥线钳和自动剥线钳两种，如图4-7所示。

在使用剥线钳进行剥线时，一般会根据导线选择合适的尺寸的切口，将导线放入该切口中，按下剥线钳的钳柄，即可将绝缘层割断，再次紧按手柄时，钳口分开加大，切口端将绝缘层与导线芯分离，如图4-8所示。

图 4-7　剥线钳的种类特点

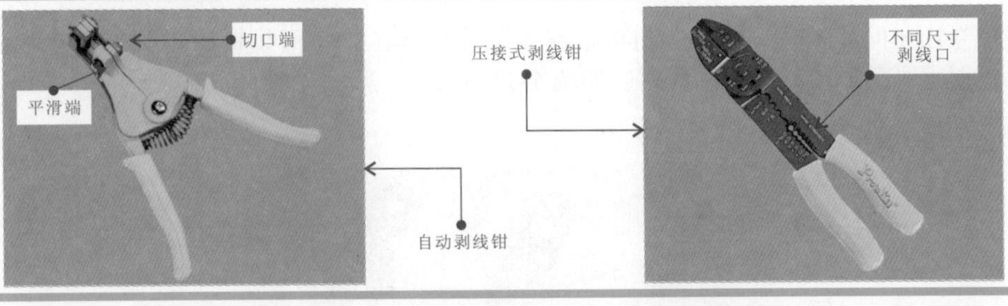
切口端
平滑端
压接式剥线钳
不同尺寸剥线口
自动剥线钳

图 4-8　剥线钳的使用方法

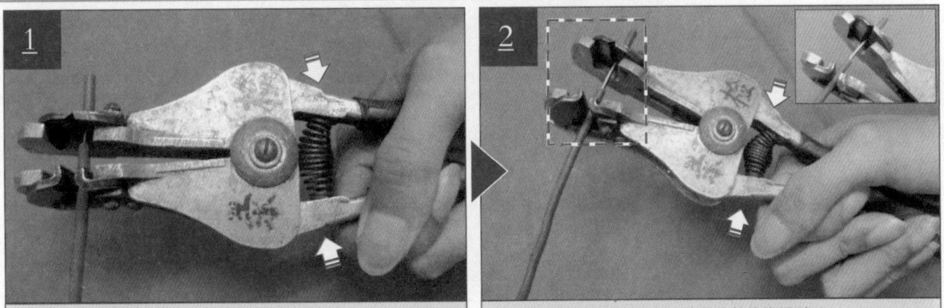
1
2

将导线需要剥削处置于剥线钳合适的切口中。

用手握住剥线钳手柄。将导线的绝缘层剥下。

4.1.5　压线钳

压线钳在电工操作中主要是用于线缆与连接头的加工。压线钳根据压接的连接件的大小不同，内置的压接孔也有所不同，如图 4-9 所示。

图 4-9　压线钳的外形特点

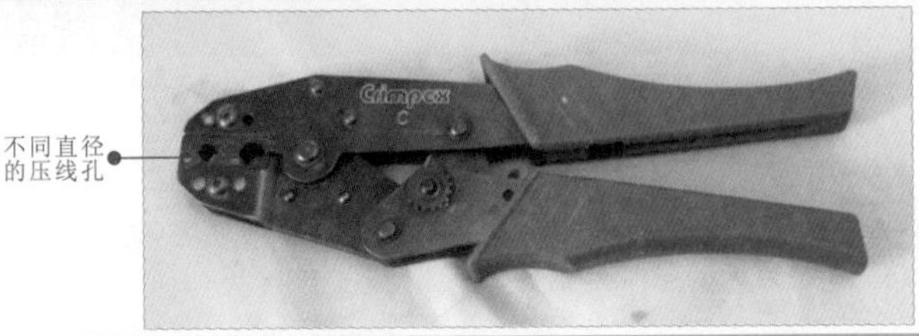
不同直径的压线孔

在使用压线钳时，一般使用右手握住压线钳手柄，将需要连接的线缆和连接头插接后，放入压线钳合适的卡口中，向下按压即可，如图 4-10 所示。

图 4-10　压线钳的使用方法

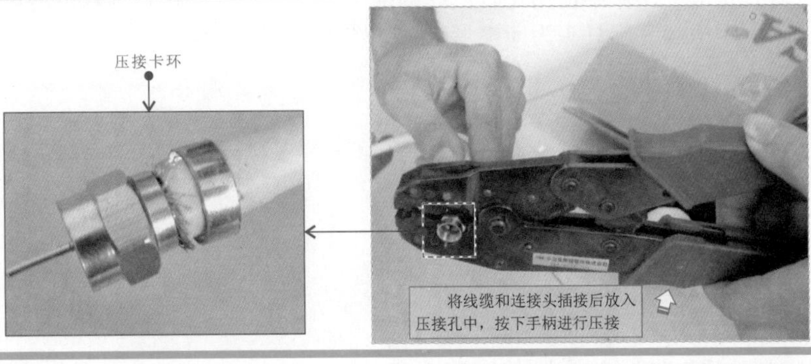
压接卡环
将线缆和连接头插接后放入压接孔中，按下手柄进行压接

4.1.6 网线钳

网线钳专用于网线水晶头的加工与电话线水晶头的加工，在网线钳的钳头部分有水晶头加工口，可以根据水晶头的型号选择网线钳，如图 4-11 所示。

图 4-11 网线钳的种类特点

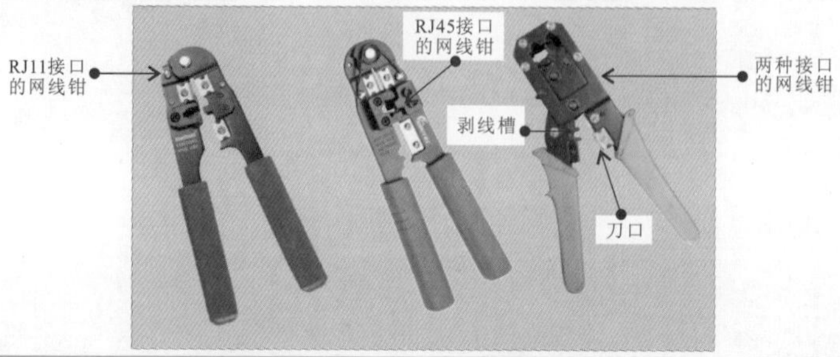
RJ11接口
的网线钳
RJ45接口
的网线钳
两种接口
的网线钳
剥线槽
刀口

使用网线钳时，应先使用钳柄处的刀口对网线的绝缘层进行剥除，将网线按顺序插入水晶头中，然后将其放置于网线钳对应的水晶头接口中，用力向下按压网线钳钳柄，此时钳头上的动片向上推动，即可将水晶头中的金属导体嵌入网线中，如图 4-12 所示。

图 4-12 网线钳的使用方法

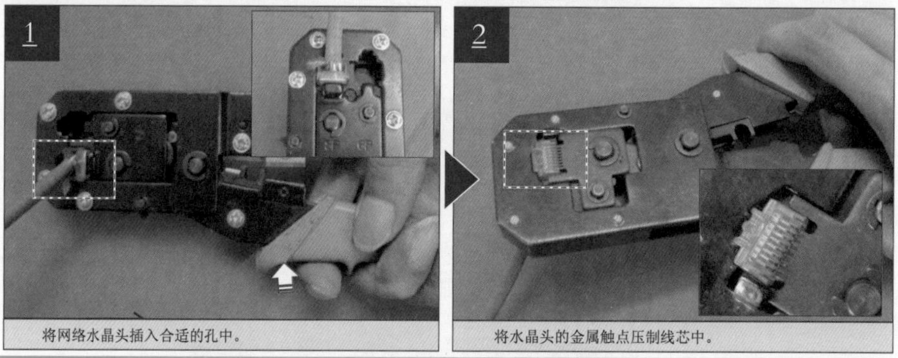
1
将网络水晶头插入合适的孔中。
2
将水晶头的金属触点压制线芯中。

4.2 螺钉旋具

螺钉旋具又称为螺丝刀，俗称改锥、起子，是用来紧固和拆卸螺钉的工具。主要是由螺钉旋具头与手柄构成，常使用到的螺钉旋具有一字槽螺钉旋具、十字槽螺钉旋具等。

4.2.1 一字槽螺钉旋具

一字槽螺钉旋具是电工操作中使用比较广泛的加工工具，一字槽螺钉旋具由绝缘手柄和一字槽螺钉旋具头构成，一字槽螺钉旋具头为薄楔形头，如图 4-13 所示。

图 4-13 一字槽螺钉旋具的种类特点

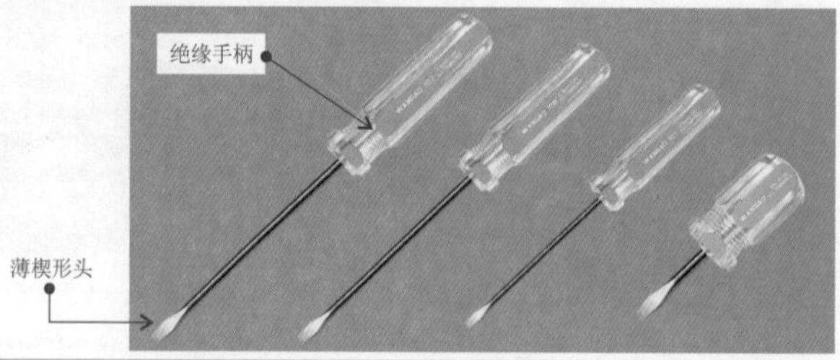
绝缘手柄
薄楔形头

4.2.2 十字槽螺钉旋具

十字槽螺钉旋具的刀头由两个薄楔形片十字交叉构成，不同型号的十字螺钉可以用其固定、拆卸与其相对应型号的固定螺钉，如图 4-14 所示。

图 4-14 十字槽螺钉旋具的种类特点

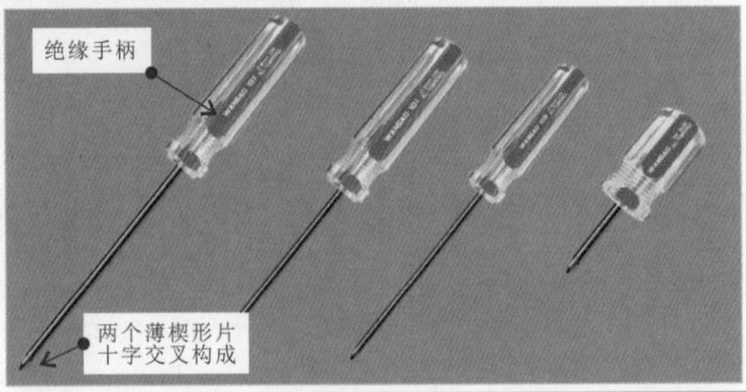

绝缘手柄
两个薄楔形片
十字交叉构成

如图 4-15 所示，螺钉旋具主要用于拆卸或紧固固定螺钉，在使用时需根据不同规格和尺寸的固定螺钉选取相应的螺钉旋具，将刀头垂直插入对应的固定螺钉的卡槽中，然后转动绝缘手柄即可完成拆卸或紧固固定螺钉的操作。

为确保操作安全，在使用螺钉旋具时，要确保螺钉旋具的绝缘手柄性能良好，且不可在操作过程中用手触碰螺钉旋具的金属部分。

图 4-15 螺钉旋具的使用方法

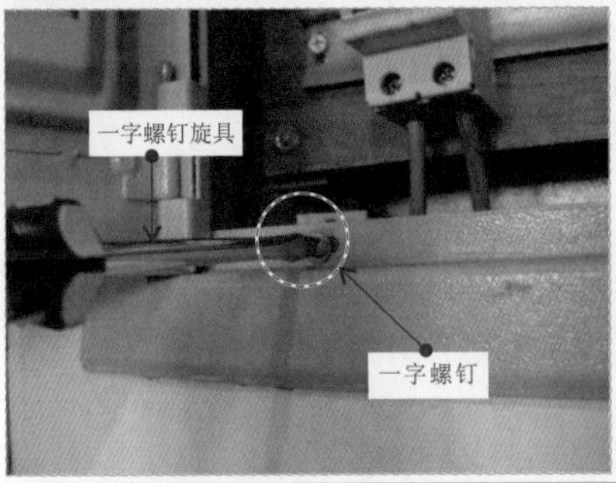

一字螺钉旋具
一字螺钉

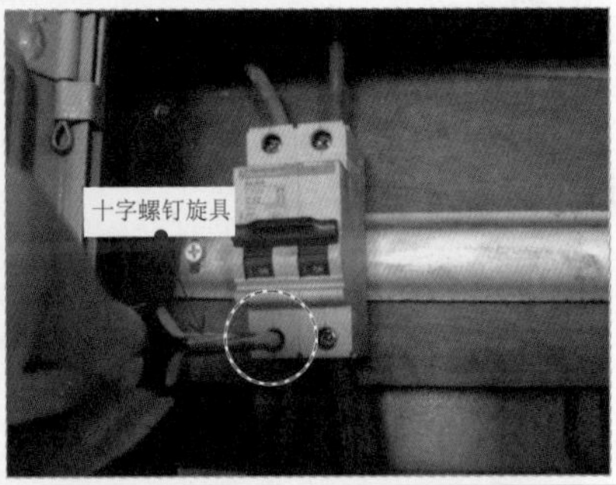

十字螺钉旋具

4.3 电工刀

在电工操作中，电工刀是用于剥削导线和切割物体的工具。电工刀是由刀柄与刀片两部分组成的。如图 4-16 所示，常见的电工刀主要有普通电工刀和多功能电工刀。

图 4-16 电工刀的种类特点

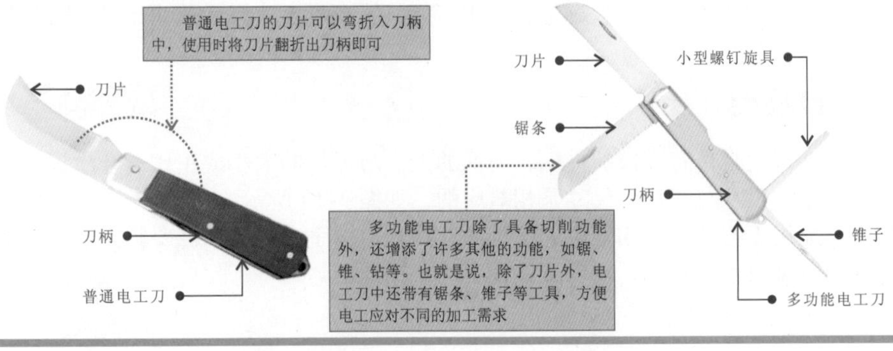

普通电工刀的刀片可以弯折入刀柄中，使用时将刀片翻折出刀柄即可
刀片
刀柄
普通电工刀
多功能电工刀除了具备切削功能外，还增添了许多其他的功能，如锯、锥、钻等。也就是说，除了刀片外，电工刀中还带有锯条、锥子等工具，方便电工应对不同的加工需求
刀片
锯条
刀柄
小型螺钉旋具
锥子
多功能电工刀

使用电工刀剥削线缆的绝缘层时，应一只手握住电工刀的刀柄，将刀口朝外，使刀刃与线缆绝缘层成45°角切入，切入绝缘层后，将刀刃略翘起一些（约25°），用力向线端推削，一定注意不要切削到线芯。图4-17为电工刀的使用规范。

图4-17 电工刀的使用规范

扫一扫看视频

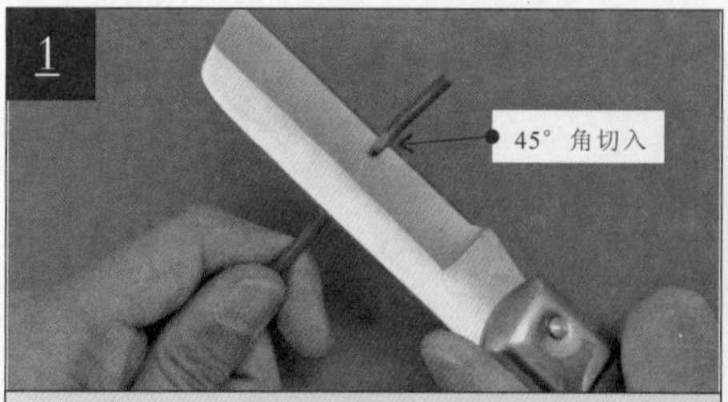
1
45° 角切入

在剥削处用电工刀以45°倾斜角切入塑料绝缘层，注意刀口不能划伤导线试线接在其中一相绕组的出线端子上。

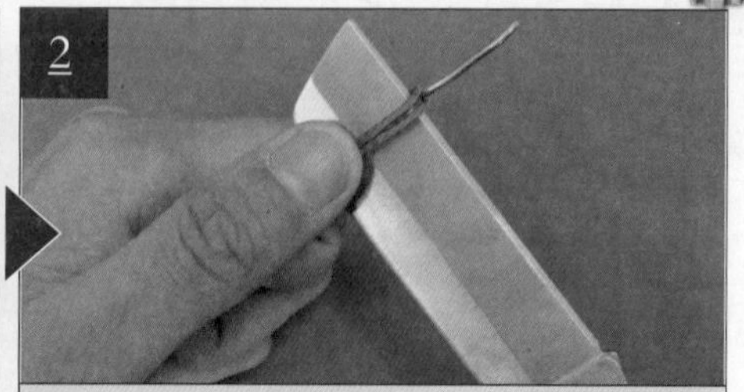
2

将绝缘层剥离线芯后，用电工刀切下剩余的绝缘层。

4.4 扳手

在电工操作中，扳手常用于紧固和拆卸螺钉或螺母。在扳手的柄部一端或两端带有夹柄，用于施加外力。常用的扳手有活扳手、开口扳手及梅花棘轮扳手等。

4.4.1 活扳手

活扳手是由扳口、蜗轮和手柄等组成。推动蜗轮时，即可调整，改变扳口的大小。活扳手也有尺寸之分，尺寸较小的活扳手可以用于狭小的空间，尺寸较大的可以用于较大的螺钉和螺母的拆卸和紧固，如图4-18所示。

图4-18 活扳手的种类特点

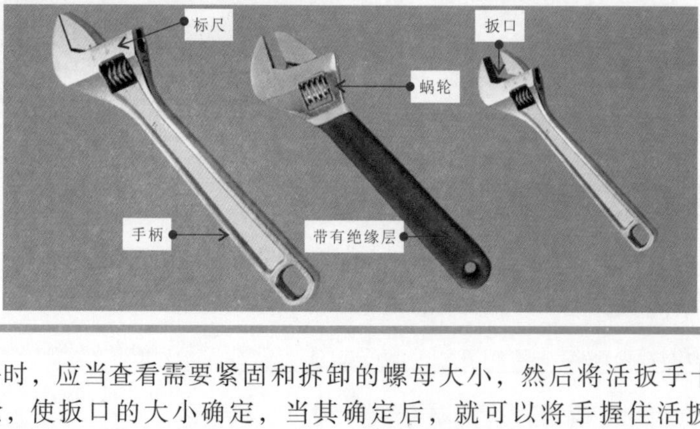
标尺
扳口
蜗轮
手柄
带有绝缘层

在使用活扳手时，应当查看需要紧固和拆卸的螺母大小，然后将活扳手卡住螺母，然后使用大拇指调节蜗轮，使扳口的大小确定，当其确定后，就可以将手握住活扳手的手柄，进行转动。

4.4.2 开口扳手

开口扳手的两端通常带有开口的夹柄，夹柄的大小与扳口的大小成正比。开口扳手上带有尺寸的标识，开口扳手的尺寸与螺母的尺寸是相对应的，如图4-19所示。

开口扳手只能用于与其卡口相对应的螺母，使用开口扳手夹柄夹住需要紧固或拆卸的螺母，然手握住手柄，与螺母成水平状态，转动开口扳手的手柄即可。

图 4-19 开口扳手的种类特点

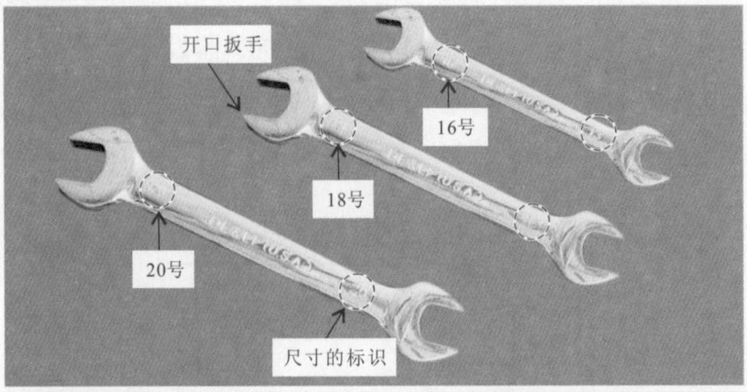
开口扳手
16号
18号
20号
尺寸的标识

4.4.3 梅花棘轮扳手

梅花棘轮扳手的两端通常带有环形的六角孔或十二角孔的工作端，如图 4-20 所示。梅花棘轮扳手工段端不可以进行改变，所以在使用中需要配置整套梅花棘轮扳手。

图 4-20 梅花棘轮扳手的种类特点

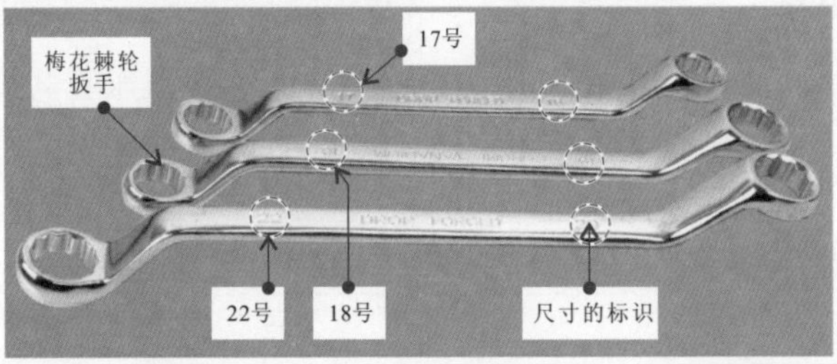
17号
梅花棘轮扳手
22号
18号
尺寸的标识

在使用梅花棘轮扳手时，应先查看螺母的尺寸，选择合适尺寸的梅花棘轮扳手。然后将梅花棘轮扳手的环孔套在螺母外，转动梅花棘轮扳手的手柄即可。

4.5 验电器

验电器是电工工作中常常使用的检测仪表之一，用于检测线导线和电气设备是否带电的检测工具。在电工操作中，验电器可以分为高压验电器和低压验电器两种。

4.5.1 高压验电器

图 4-21 为高压验电器。高压验电器多用检测 500V 以上的高压。它可以分为接触式高压验电器和非接触式高压验电器。接触式高压验电器由手柄、金属感应探头、指示灯等构成；非接触式高压验电器由手柄、感应测试端、开关按钮、指示灯或扬声器等构成。

图 4-21 高压验电器的种类特点

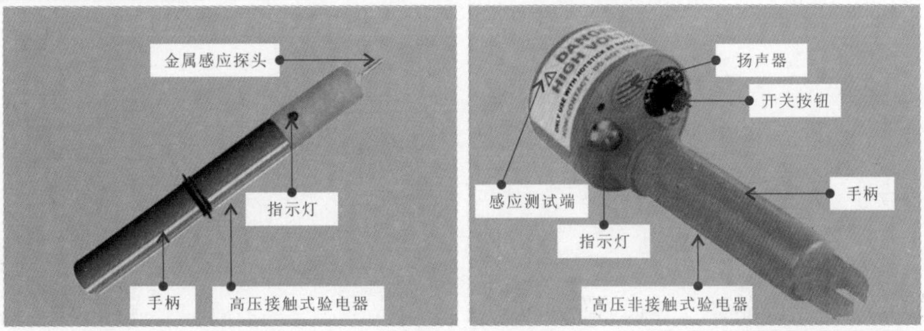
金属感应探头
指示灯
手柄
高压接触式验电器
扬声器
开关按钮
感应测试端
手柄
指示灯
高压非接触式验电器

如图4-22所示，高压验电器的手柄长度不够时，可以使用绝缘物体延长手柄（应当用佩戴绝缘手套的手去握住高压验电器的手柄，不可以将手越过护环），再将高压验电器的金属探头接触待测高压线缆，或使用感应部位靠近高压线缆，高压验电器上的蜂鸣器发出报警声，证明该高压线缆正常。

图4-22　高压验电器的使用规范

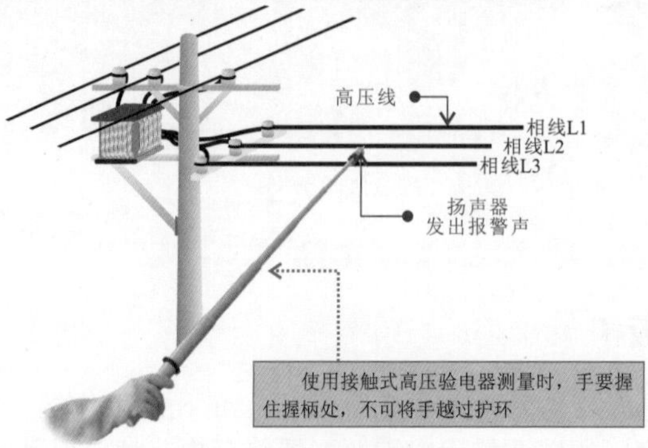
高压线
相线L1
相线L2
相线L3
扬声器
发出报警声
使用接触式高压验电器测量时，手要握住握柄处，不可将手越过护环

4.5.2 低压验电器

低压验电器多用于检测12～500V的低压。如图4-23所示，低压验电器可分为低压氖管验电器与低压电子验电器。低压氖管验电器由金属探头、电阻、氖管、尾部金属部分以及弹簧等构成；低压电子验电器由金属探头、指示灯、显示屏、按钮等构成。

图4-23　低压验电器的种类特点

扫一扫看视频

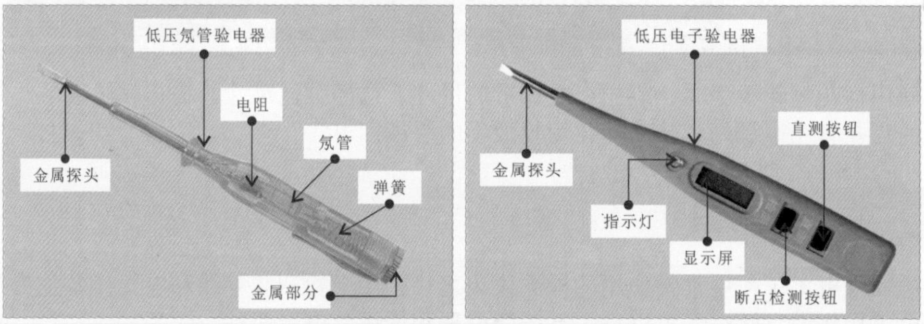
低压氖管验电器
电阻
氖管
弹簧
金属探头
金属部分
低压电子验电器
直测按钮
金属探头
指示灯
显示屏
断点检测按钮

使用低压氖管验电器时，用一只手握住验电器，食指按住尾部的金属部分，将其插入220V电源插座的相线孔中，若电源插座带电，低压氖管验电器中的氖管发亮光。

使用低压电子验电器时，按住“直测按钮”，将验电器插入相线孔时，低压电子验电器的显示屏上即会显示出测量的电压，指示灯亮。当插入零线孔时，低压电子验电器的显示屏上无电压显示，指示灯不亮。图4-24为低压验电器的使用规范。

图4-24　低压验电器的使用规范

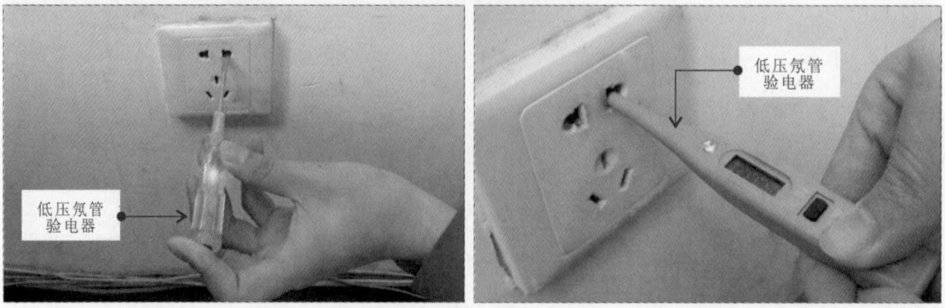
低压氖管
验电器
低压氖管
验电器

4.6 万用表

万用表可分为指针式万用表和数字万用表，是电工工作中常用的多功能、多量程的便携式检测工具，主要用于电气设备、供配电设备以及电动机的检测工作。

4.6.1 指针式万用表

指针式万用表是由指针刻度盘、功能旋钮、表头校正钮、零欧姆调节旋钮、表笔连接端、表笔等构成。图 4-25 为指针式万用表的实物外形。

图 4-25 指针式万用表的实物外形

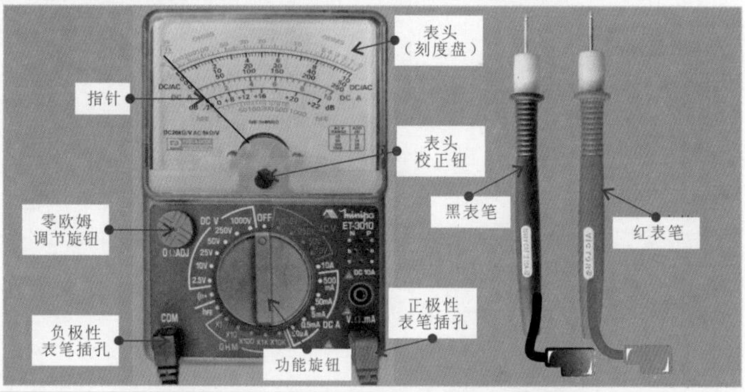
表头（刻度盘）
指针
表头校正钮
黑表笔
零欧姆调节旋钮
红表笔
正极性表笔插孔
负极性表笔插孔
功能旋钮

使用指针式万用表时，需要先连接好表笔，然后根据需要测量的类型调整功能旋钮和量程，检测电阻值时，还需要欧姆调零操作，最后搭接表笔，读取测量值。

图 4-26 为指针万用表的使用规范。

图 4-26 指针万用表的使用规范

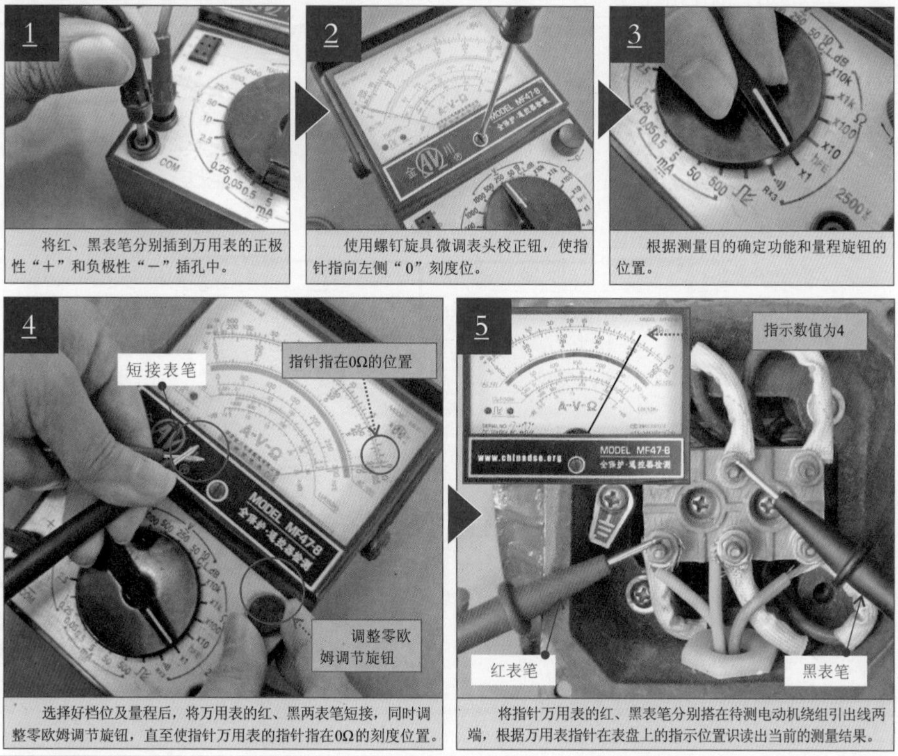
1
将红、黑表笔分别插到万用表的正极性“+”和负极性“-”插孔中。
2
使用螺钉旋具微调表头校正钮，使指针指向左侧“0”刻度位。
3
根据测量目的确定功能和量程旋钮的位置。
4
短接表笔
指针指在0Ω的位置
调整零欧姆调节旋钮
选择好档位及量程后，将万用表的红、黑两表笔短接，同时调整零欧姆调节旋钮，直至使指针万用表的指针指在0Ω的刻度位置。
5
指示数值为4
红表笔
黑表笔
将指针万用表的红、黑表笔分别搭在待测电动机绕组引出线两端，根据万用表指针在表盘上的指示位置识读出当前的测量结果。

| 提示说明 |

根据指针指示识读测量结果：测量参数值为电阻值，应选择电阻刻度读数，即选择最上一行的刻度线，从右向左开始读数，数值为“4”，结合万用表量程旋钮位置，实测结果为 4×1 =4Ω。在使用指针万用表检测时，所测参数为电阻值，除了读取表盘数值外，还要结合量程旋钮位置。若量程旋钮置于“×10”欧姆档，实测时指针指示数值为“5.6”，则实际结果为 5.6×10 =56Ω；若量程旋钮置于“×100”欧姆档，则实际结果为 5.6×100 =560Ω，依此类推。

4.6.2 数字万用表

数字万用表读数方便，测量精度高，如图 4-27 所示。它主要由液晶显示屏、量程旋钮、表笔插孔、电源按键、峰值保持按键、背光灯按键、交/直流切换键等构成。

图 4-27 数字万用表的实物外形

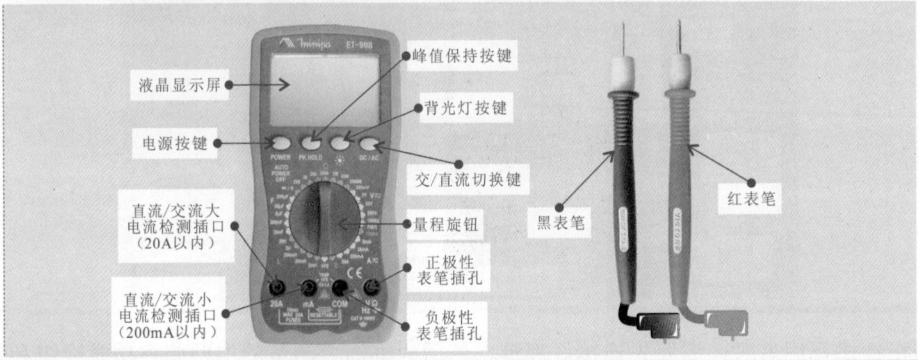
液晶显示屏
电源按键
峰值保持按键
背光灯按键
交/直流切换键
直流/交流大电流检测插口（20A以内）
量程旋钮
正极性表笔插孔
直流/交流小电流检测插口（200mA以内）
负极性表笔插孔
黑表笔
红表笔

使用数字万用表时，应先连接好表笔，然后打开电源，根据需要测量的类型调整功能旋钮和量程，最后搭接表笔，读取测量值。图 4-28 为数字万用表的使用规范。

图 4-28 数字万用表的使用规范

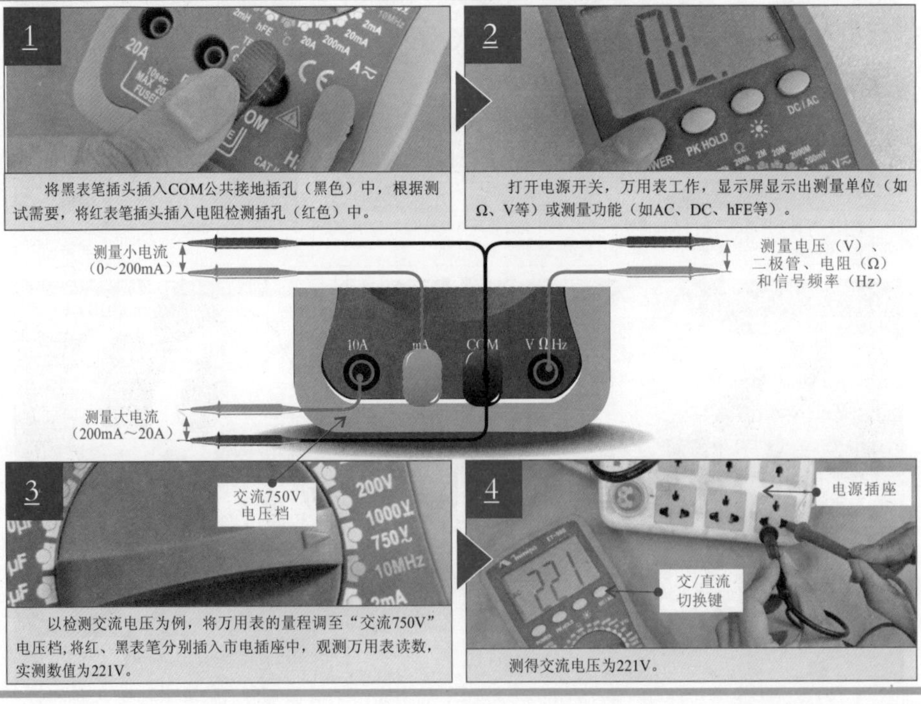
1
将黑表笔插头插入COM公共接地插孔（黑色）中，根据测试需要，将红表笔插头插入电阻检测插孔（红色）中。
2
打开电源开关，万用表工作，显示屏显示出测量单位（如Ω、V等）或测量功能（如AC、DC、hFE等）。
测量小电流（0～200mA）
测量电压（V）、二极管、电阻（Ω）和信号频率（Hz）
10A
mA
COM
V Ω Hz
测量大电流（200mA～20A）
3
交流750V电压档
以检测交流电压为例，将万用表的量程调至“交流750V”电压档，将红、黑表笔分别插入市电插座中，观测万用表读数，实测数值为221V。
4
电源插座
交/直流切换键
测得交流电压为221V。

4.7 钳形表

钳形表可用于检测电气设备或线缆工作时的电压与电流，如图 4-29 所示。它主要由钳头、钳头扳机、保持按钮、功能旋钮、液晶显示屏、表笔插孔和红、黑表笔等构成。

图 4-29 钳形表的实物外形

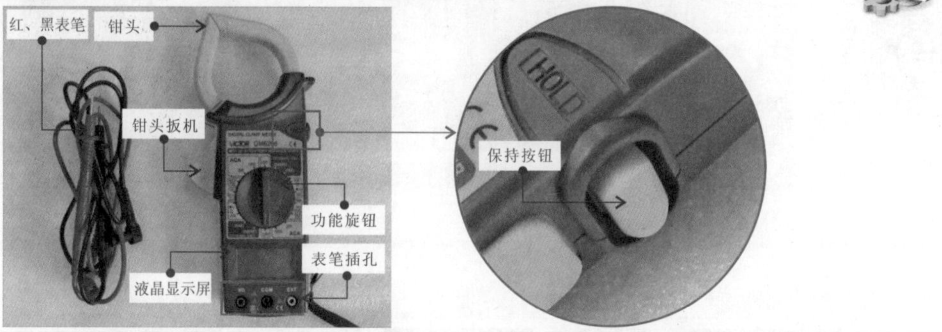
红、黑表笔
钳头
钳头扳机
保持按钮
功能旋钮
表笔插孔
液晶显示屏

使用钳形表检测时，应先通过功能旋钮调整测量类型及量程，然后打开钳头，并套进所测的线路中，最后读取显示屏上的所测数值。图 4-30 为钳形表的使用规范。

图 4-30 钳形表的使用规范

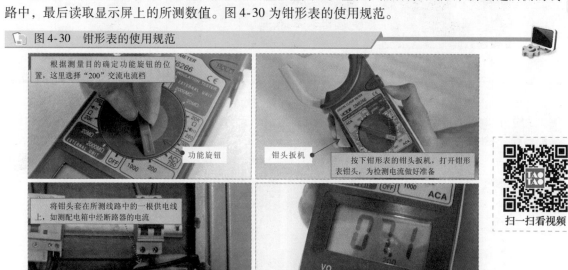

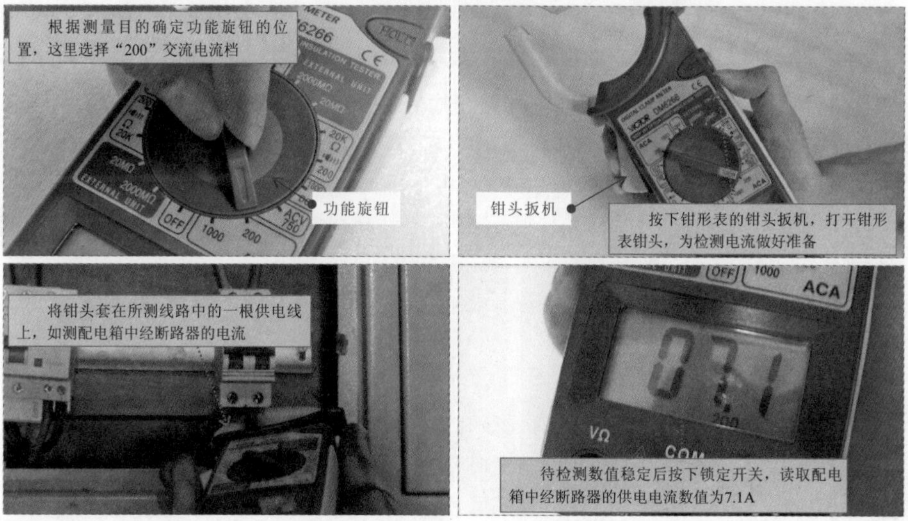
根据测量目的确定功能旋钮的位置，这里选择“200”交流电流档
功能旋钮
钳头扳机
按下钳形表的钳头扳机，打开钳形表钳头，为检测电流做好准备
将钳头套在所测线路中的一根供电线上，如测配电箱中经断路器的电流
待检测数值稳定后按下锁定开关，读取配电箱中经断路器的供电电流数值为7.1A

扫一扫看视频

4.8 兆欧表

兆欧表（标准术语为绝缘电阻表）是专门用来对电气设备、家用电器或电气线路等对地及相线之间的绝缘阻值进行检测仪表。电工操作中常用的兆欧表有手摇式兆欧表（又称摇表）和数字兆欧表，手摇式兆欧表由刻度盘、指针、接线端子（E 接地端子、L 线路检测端子）、铭牌、手动摇杆、使用说明、红测试线以及黑测试线等组件构成。数字兆欧表由数字显示屏、测试线连接插孔、背光灯开关、时间设置按钮、测试旋钮、量程调节旋钮等组件构成。图 4-31 为兆欧表的实物外形。

使用兆欧表检测室内供电电路的绝缘阻值时，首先将 L 线路接线端子拧松，然后将红色测试线的 U 形接口接入 L 端子上，再拧紧 L 线路检测端子；再将 E 接地端子拧松，并将黑测试线的 U 形接口接入 E 端子，拧紧 E 接地端子，如图 4-32 所示。

扫一扫看视频

图 4-31　兆欧表的实物外形

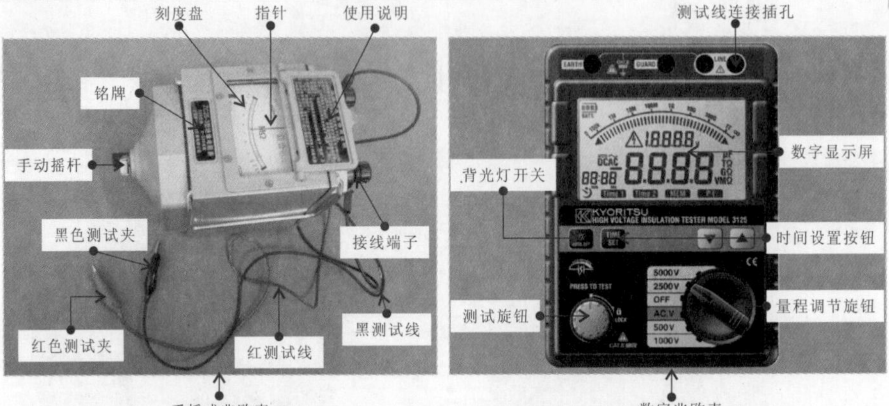
刻度盘
指针
使用说明
铭牌
手动摇杆
黑色测试夹
接线端子
红色测试夹
红测试线
黑测试线
手摇式兆欧表
测试线连接插孔
数字显示屏
背光灯开关
时间设置按钮
测试旋钮
量程调节旋钮
数字兆欧表

图 4-32　兆欧表检测端子的连接

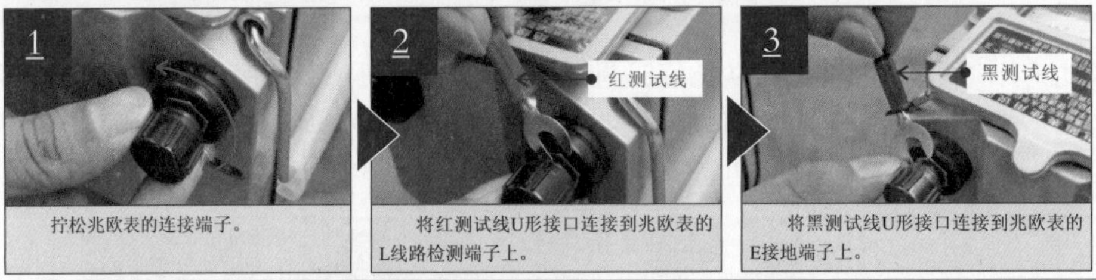
1
拧松兆欧表的连接端子。
2
红测试线
将红测试线U形接口连接到兆欧表的L线路检测端子上。
3
黑测试线
将黑测试线U形接口连接到兆欧表的E接地端子上。

在使用兆欧表进行测量前，应对兆欧表进行开路与短路测试，检查兆欧表是否正常。将红、黑测试夹分开，顺时针摇动摇杆，兆欧表指针应当指示“无穷大”；再将红、黑测试夹短接，顺时针摇动摇杆，兆欧表指针应当指示“零”，说明该兆欧表正常，注意摇速不要过快，如图 4-33 所示。

图 4-33　兆欧表开路与短路的测试

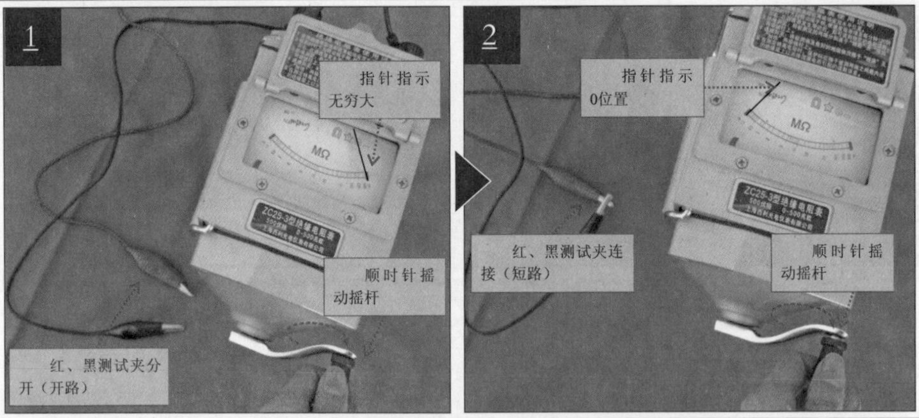
1
指针指示无穷大
顺时针摇动摇杆
红、黑测试夹分开（开路）
2
指针指示0位置
红、黑测试夹连接（短路）
顺时针摇动摇杆

在进行绝缘电阻值的检测时，将兆欧表的黑色测试线与待测设备的外壳连接，红色测试线与待测部位连接，顺时针摇动手动摇杆，如图 4-34 所示，即可通过表盘读数判断待测设备的绝缘性能是否良好。

| 提示说明 |

使用兆欧表测量时，要保持兆欧表的稳定，避免兆欧表在摇动摇杆时晃动，转动摇杆手柄时应由慢至快。若发现指针指向零时，应立刻停止摇动摇杆手柄，以免损坏兆欧表。另外，在测量过程中，严禁用手触碰测试端，以免发生触电危险。

图 4-34　兆欧表的检测操作

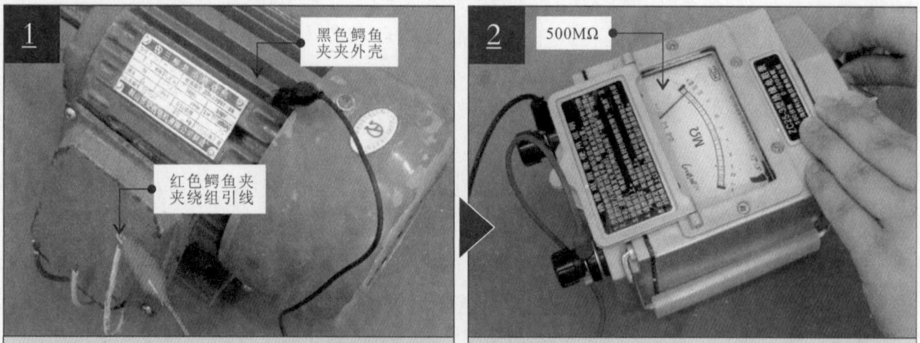
1
黑色鳄鱼夹夹外壳
红色鳄鱼夹夹绕组引线
2
500MΩ

实际测量时，将兆欧表测试线上的鳄鱼夹分别夹在待测部位。

顺时针转动兆欧表手动摇杆，观察表盘读数，根据检测结果即可判断被测器件是否正常。

4.9 电工辅助工具

4.9.1 攀爬工具

在电工操作中，常用的攀爬工具有梯子、登高踏板组件、脚扣等。图 4-35 为攀爬工具的实物外形。

图 4-35　攀爬工具的实物外形

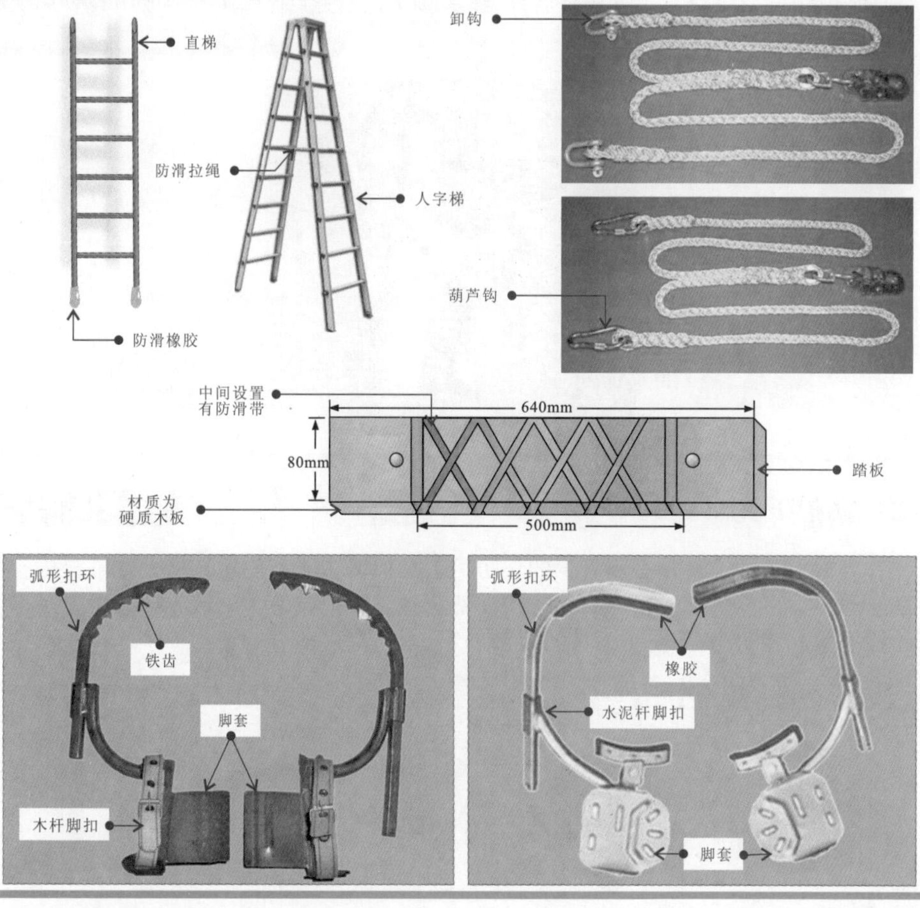
直梯
防滑拉绳
人字梯
防滑橡胶
卸钩
葫芦钩
中间设置有防滑带
640mm
80mm
踏板
材质为硬质木板
500mm
弧形扣环
铁齿
脚套
木杆脚扣
弧形扣环
橡胶
水泥杆脚扣
脚套

在电工安装与维修过程中，常用的梯子有直梯和人字梯两种。直梯多用于户外攀高作业，人字梯则常用于户内作业。

登高踏板组件主要包括踏板、踏板绳和挂钩，主要用于电杆的攀爬作业中。

脚扣是电工攀电杆所用的专用工具，主要由弧形扣环和脚套组成。常用的脚扣有木杆脚扣和水泥杆脚扣两种。

使用人字梯作业时，不允许站立在人字梯最上面的两挡，不允许“骑马式”作业，以防滑开摔伤。

电工在使用踏板前，先仔细检查登高踏板组件是否符合作业需求。在使用挂钩时要特别注意方法，必须采用正钩方式，即钩口朝上。图4-36为踏板的使用规范。

图4-36　踏板的使用规范

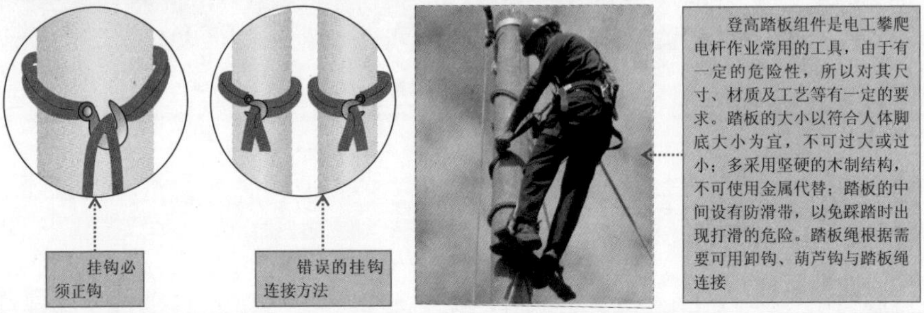
挂钩必须正钩
错误的挂钩连接方法
登高踏板组件是电工攀爬电杆作业常用的工具，由于有一定的危险性，所以对其尺寸、材质及工艺等有一定的要求。踏板的大小以符合人体脚底大小为宜，不可过大或过小；多采用坚硬的木制结构，不可使用金属代替；踏板的中间设有防滑带，以免踩踏时出现打滑的危险。踏板绳根据需要可用卸钩、葫芦钩与踏板绳连接

电工人员使用脚扣攀高时，应注意使用前的检查工作，即对脚扣也要做人体冲击试验，同时检查脚扣皮带是否牢固可靠，是否有磨损或被腐蚀等。使用时，要根据电杆的规格选择合适的脚扣，使用脚扣的每一步都要保证扣环完整套入，扣牢电杆后方能移动身体的着力点。图4-37为脚扣的使用规范。

图4-37　脚扣的使用规范

每一步扣环都完整套住电杆
采用安全绳保护
两脚交替攀爬
确保至少一只脚的脚扣抓牢电杆
根据电杆规格选择合适的脚扣

4.9.2　防护工具

在电工作业时，防护工具是必不可少的。防护工具根据功能和使用特点大致可分为头部防护设备、眼部防护设备、口鼻防护设备、面部防护设备、身体防护设备、手部防护设备、足部防护设备及辅助安全设备等。图4-38为防护工具的实物外形。

图4-38　防护工具的实物外形

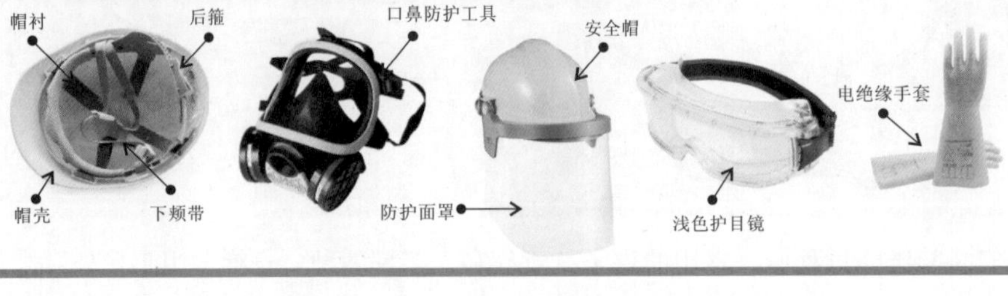
帽衬
后箍
帽壳
下颏带
口鼻防护工具
安全帽
防护面罩
浅色护目镜
电绝缘手套

| 相关资料 |

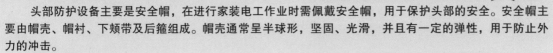

头部防护设备主要是安全帽，在进行家装电工作业时需佩戴安全帽，用于保护头部的安全。安全帽主要由帽壳、帽衬、下颏带及后箍组成。帽壳通常呈半球形，坚固、光滑，并且有一定的弹性，用于防止外力的冲击。

眼部防护装备主要用于保护操作人员眼部的安全。护目镜是最典型且最常用的眼部防护装备，操作人员在进行加工作业时，可以佩戴护目镜，用来防止碎屑粉尘飞入眼中，从而起到防护的作用。

呼吸防护设备主要用于粉尘污染严重、有化学气体等环境。呼吸防护设备可以有效地对操作人员的口鼻进行防护，避免气体污染对人员造成的损伤。

手部防护装备是指保护手和手臂的防护用品，主要有普通电工操作手套、电工绝缘手套、焊接用手套、耐温防火手套及各类袖套等。

脚部防护装备主要用于保护操作人员免受各种伤害，主要有保护足趾安全鞋（靴）、电绝缘鞋、防穿刺鞋、耐酸碱胶靴、防静电鞋、耐高温鞋、耐油鞋等。

4.9.3 其他辅助工具

除了以上常用的攀爬工具和防护工具，常用的工具还有电工工具夹、安全绳、安全带等。图 4-39 为其他辅助工具的实物外形。

图 4-39 其他辅助工具的实物外形

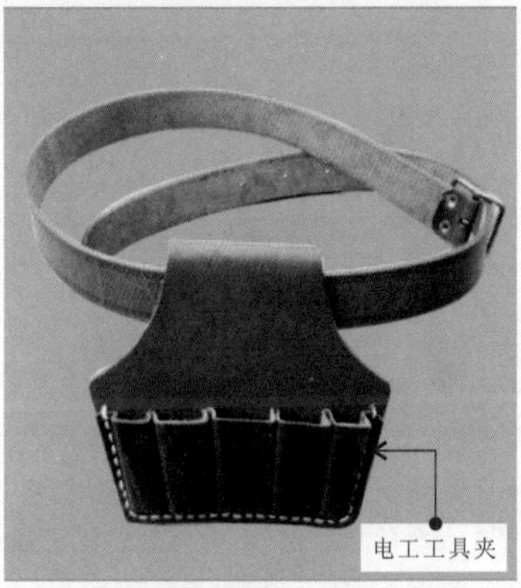
电工工具夹

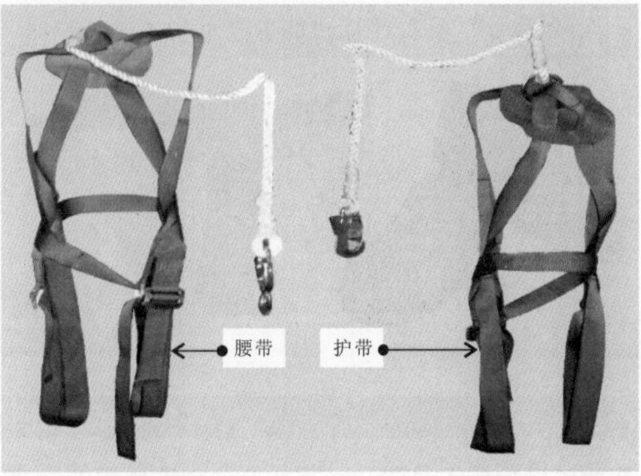
腰带
护带

电工工具夹应系在腰间，并根据工具夹上不同的钳套放置不同的工具；安全带要扣在不低于作业者所处水平位置的可靠处，最好系在胯部，提高支撑力，不能扣在作业者的下方位置，以防止坠落时加大冲击力，使作业者受伤。安全带的腰带是用来系挂保险绳、腰带和围杆带的。保险绳的直径不小于 13mm。三点式腰部安全带应尽可能系低一些，最好系在胯部。在基准面 2m 以上高处作业必须系安全带。要经常检查安全带缝制部位和挂钩部分，发现断裂或磨损，要及时修理或更换。

第5章 电工安全与急救

5.1 电工安全

5.1.1 良好的用电习惯

电工人员作业前必须建立好安全保护意识，了解安全用电的基本知识以及触电事故的发生原因。由于检修电工的作业环境存在漏电的情况，若工作人员操作触及或过分接近触电体，很可能造成触电事故。因此检修电工应首先了解绝缘、屏护和间距的概念，具备安全保护意识。

1 绝缘

绝缘通常是指通过绝缘材料，使带电体与带电体之间或带电体与接电体之间进行电气隔离，从而防止触电事故发生。图5-1所示为绝缘手套、绝缘鞋及各种维修工具的绝缘手柄。

图5-1 绝缘手套、绝缘鞋及各种维修工具的绝缘手柄

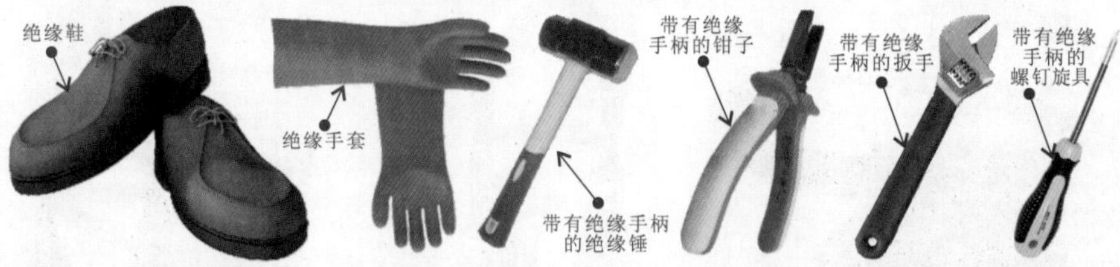
绝缘鞋
绝缘手套
带有绝缘手柄的绝缘锤
带有绝缘手柄的钳子
带有绝缘手柄的扳手
带有绝缘手柄的螺钉旋具

|提示说明|

在选配绝缘装配或工具时，一定要符合作业环境的需求，并且应对绝缘工具进行定期检查，周期通常为12个月左右，防护工具应当进行定期检测，定期试验周期通常为6个月左右。常见防护工具的定期试验参数见表5-1。

表5-1 常见防护工具的定期试验参数

定期试验时间	防护工具	额定耐压/(kV/min)	耐压时间/min
6个月	低压绝缘手套	8	1
	高压绝缘手套	2.5	1
	绝缘鞋	15	5
12个月	高压验电器	105	1
	低压验电器	40	1
	绝缘棒	3倍电压	5

2 屏护

屏护通常是指使用防护装置将带电体所涉及的场所或区域范围进行防护隔离，防止电工操作人员和非电工人员因靠近带电体而引发触电事故。

目前，常见的屏护防范措施有护盖屏护、围栏屏护和箱体屏护等，如图5-2所示。屏护装置应具备足够的机械强度和较好的耐火性能。若材质为金属材料，则必须采取接地（或接零）处理，以防止屏护装置意外带电而造成触电事故。

图 5-2 屏护措施

护盖屏护
围栏屏护
箱体屏护

变配电系统的工作电压不同，对屏护的要求也不同。通常室内围栏屏护高度不应低于 1.2m，室外围栏屏护高度不应低于 1.5m，栏条间距不应小于 0.2m。另外，针对不同的电气设备，屏护的安全距离也不相同。例如，对于 10kV 的变配电设备，屏护与设备间的安全距离不应小于 0.35m，20～30kV 的变配电设备，屏护与设备间的安全距离不应小于 0.6m。

3 间距

间距一般是指电工作业时，自身及工具设备与带电体之间应保持的安全距离。在带电体的电压、类型和安装方式不同的情况下，电工人员作业时所需保持的间距也不一样，具体数值应严格遵守相应的操作规范。

5.1.2 触电防护措施

1 悬挂安全警示牌

悬挂安全警示牌是电工作业中非常重要的安全防护措施，用以警示和防止操作人员误操作或超出工作范围，保护人身安全。

如图 5-3 所示，在电工作业中，电工操作人员应在相应的工作地点或范围内，按照安全规范要求悬挂安全警示牌。通常，相应安全警示牌应悬挂或安装在需要警示的位置上，警示的内容必须与所表达的含义和内容相符合。

图 5-3 悬挂安全警示牌

在此工作
禁止攀登 高压危险

安全警示牌悬挂时必须确保挂设牢固、可靠和醒目。除在作业工作中及时悬挂安全警示牌，在日常工作中，电工也需要对安全警示牌进行基本的维护，并对损坏、缺失或不明显的安全警示牌予以更换、补充和重新装设。

| 提示说明 |

安全警示牌中不同的颜色有着不同的含义，根据国家标准，安全标志中的安全色为红色、蓝色、黄色和绿色四种，含义见表 5-2。

表 5-2 安全警示牌中的颜色含义

颜 色	含 义
红色	禁止、停止（也表示防火）
蓝色	指令、必须遵守的规定
黄色	警示、警告
绿色	提示、安全状态、通行

2 装设围栏

围栏是一种对特定范围进行防护的装置，常与安全警示牌配合使用。

例如，在高压电气设备进行部分停电工作时，为防止操作人员或其他闲杂人员误进入带电部分或接近带电设备至危险距离时，可将带电部分用围栏进行防护，或将停电作业范围用围栏进行限制，并悬挂“止步，高压危险！”安全警示牌。图 5-4 所示为装设的围栏及悬挂的小警示牌。

图 5-4 围栏及悬挂警示牌

室外高压带电设备
围栏
室内高压带电设备
围栏
变电所高压装置
围栏
围栏

| 提示说明 |

围栏的形状无具体要求，一般可根据实际需要进行选用。目前，常见的围栏主要有可伸缩式金属围栏、围网式围栏和立杆式围栏等，如图 5-5 所示。很多时候，围栏会与警示牌同时使用以提高警示效果。

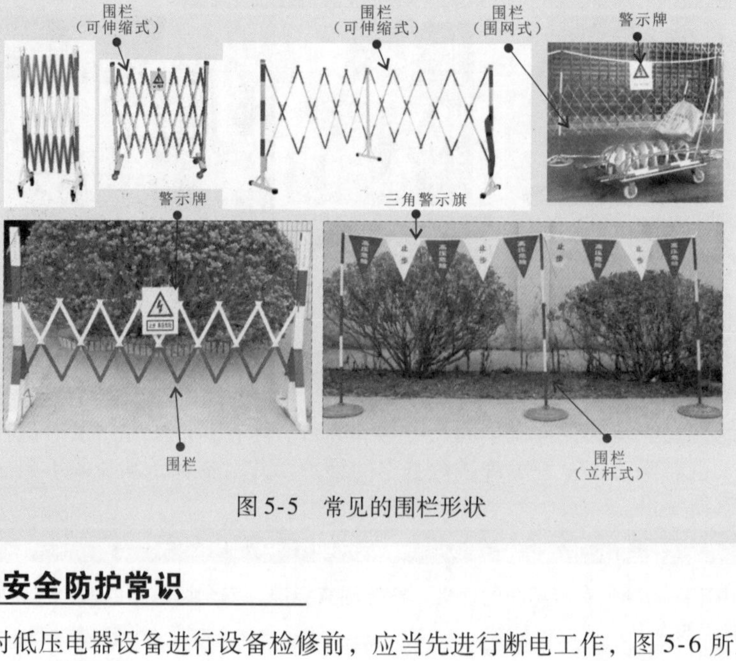
围栏（可伸缩式）
围栏（可伸缩式）
围栏（围网式）
警示牌
警示牌
三角警示旗
围栏
围栏（立杆式）

图 5-5 常见的围栏形状

3 低压作业安全防护常识

电工人员在对低压电器设备进行设备检修前，应当先进行断电工作，图 5-6 所示为断电的操作演示。即先将楼道里配电箱中的断路器进行关断，然后再将室内配电盘上的断路器进行关断。

图 5-6　断电的操作演示

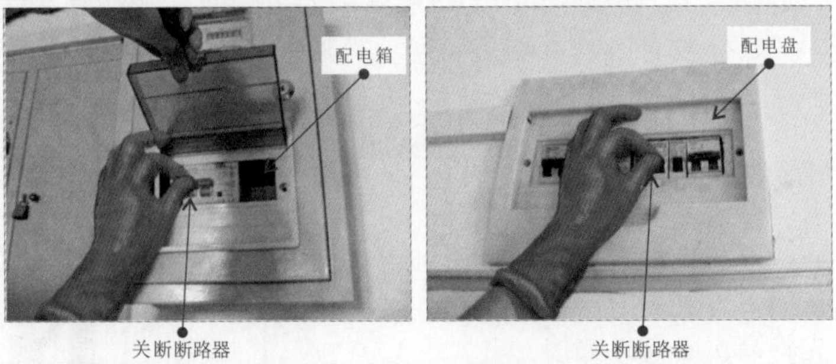
配电箱
配电盘
关断断路器
关断断路器

检修操作时，在未使用验电器检测前，不可随意触碰线缆和设备。图 5-7 所示为使用验电器检测需进行检修的线缆和设备。

图 5-7　低压验电操作演示

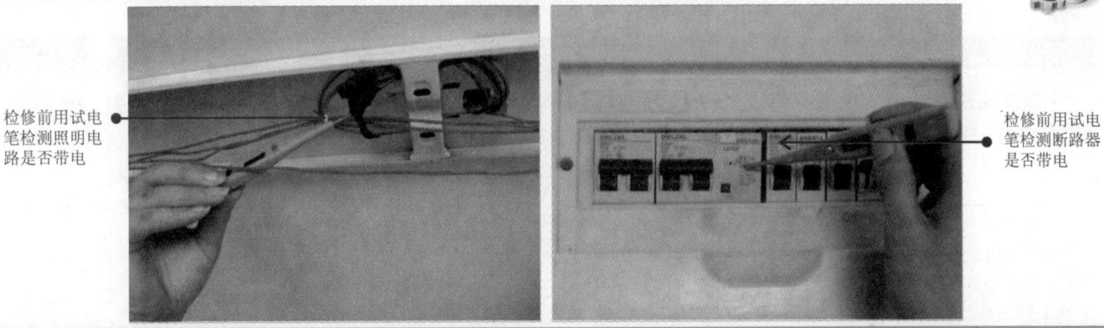
检修前用试电笔检测照明电路是否带电
检修前用试电笔检测断路器是否带电

77

| 提示说明 |

验电器是用于检验电气设备或电路是否带电的低压测试工具。只能用于检测低压，不可用于高压测量。而且不可代替螺钉旋具使用，否则极易造成验电器的损坏，影响验电操作。低压验电器的错误用法如图 5-8 所示。

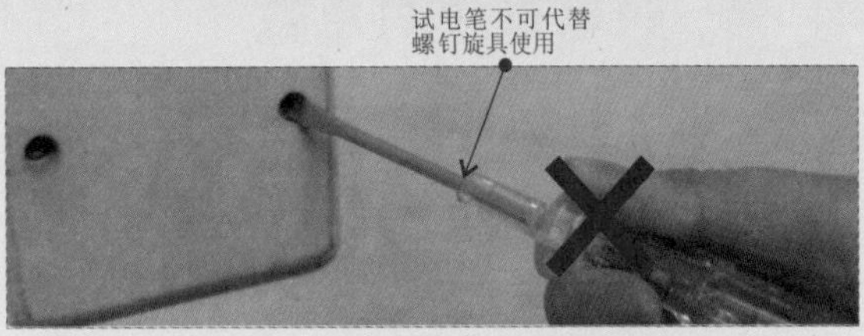
试电笔不可代替螺钉旋具使用

图 5-8　低压验电器的错误用法

在检修电路时，需要切断线缆时，不可以使用斜口钳等金属工具同时将两根以上的线缆进行切断。图 5-9 所示为错误使用斜口钳切割带电的双股线缆，因为电流会通过斜口钳形成回流，造成电路短路，可能会导致连接的电气设备故障。

图 5-9　线缆剪切的错误操作

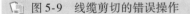

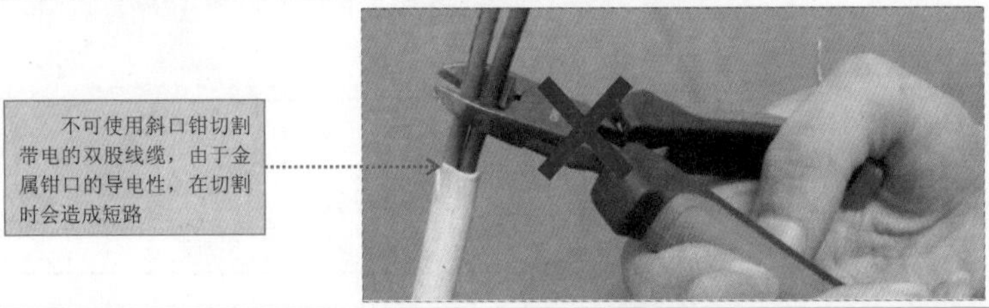
不可使用斜口钳切割带电的双股线缆，由于金属钳口的导电性，在切割时会造成短路

4 高压作业安全防护常识

对高压电路进行检修前，应当根据电路中的故障现象提出明确的检修方案，包括作业方法、使用范围、人员组合、工具配备（绝缘工具、金属工具、个人防护工具和辅助安全工具）、作业程序、安全措施及注意事项，并且经上级审批后，方可进行操作。在对高压电力设备进行停电检修时，应当提前做出停电通知。

高压电路断电时，应当确保电路中的负载设备已经停止，然后先将高压断路器断开，再将高压隔离开关断开；在接通高压时，应当先将高压隔离开关接通，再将断路器进行闭合。

在高压线缆进行检修操作前，应当对线缆进行接地处理，防止发生触电事故，如图5-10所示，将接地棒的一端挂至高压线缆上，然后经导线将其接地。

图5-10 高压接地处理

接地棒

提示说明

需在高压带电区域内部分停电工作时，检修人员与带电部分应保持安全距离，并需有人监护。检修人员与带电部分应保持的安全距离随额定电压的不同也有所不同，见表5-3。

表5-3 检修人员与带电部分的安全距离

线缆额定电压/kV	10及以下	20～35	44	60	110	220	330
线缆带电的安全距离/mm	700	1000	1200	1500	1500	3000	4000
带电作业时检修人员与带电线缆之间的安全距离/mm	400	600	600	700	1000	1800	2600

5.2 触电事故与急救

5.2.1 触电事故

1 触电的危害

触电是电工作业中最常发生的，也是危害最大的一类事故。触电所造成的危害主要体现在当人体接触或接近带电体造成触电事故时，电流流经人体，对接触部位和人体内部器官等造成不同程度的伤害，甚至威胁到生命，造成严重的伤亡事故。

如图5-11所示，当人体接触设备的带电部分并形成电流通路时，就会有电流流过人体，从而造成触电。

图5-11 人体触电时形成的电流通路

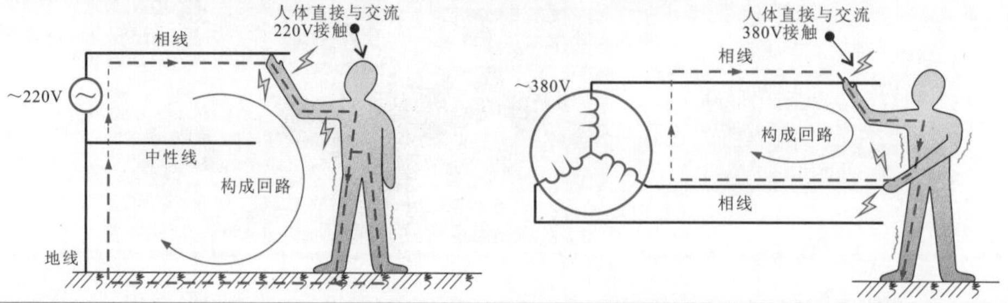
人体直接与交流
220V接触
相线
～220V
中性线
构成回路
地线
人体直接与交流
380V接触
相线
～380V
构成回路
相线

| 提示说明 |

触电电流是造成人体伤害的主要原因，触电电流是有大小之分的，因此，触电引起的伤害也会不同。触电电流按照伤害大小可分为感觉电流、摆脱电流、伤害电流和致死电流。图 5-12 所示为触电的危害等级。

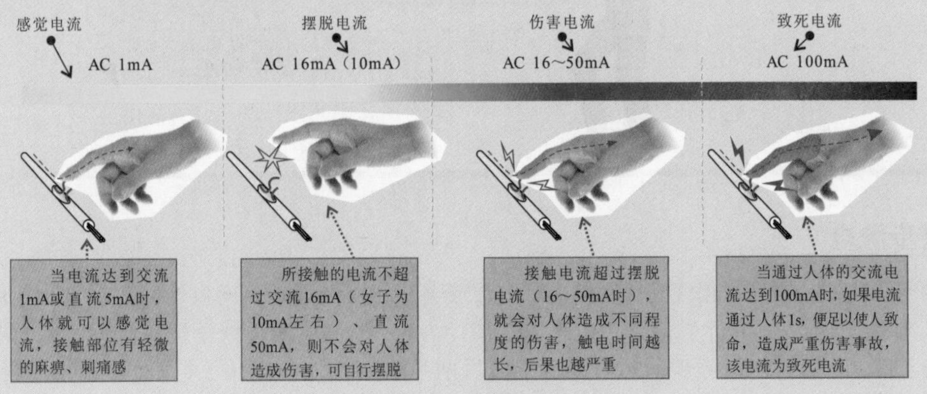
感觉电流
AC 1mA
摆脱电流
AC 16mA（10mA）
伤害电流
AC 16～50mA
致死电流
AC 100mA
当电流达到交流1mA或直流5mA时，人体就可以感觉电流，接触部位有轻微的麻痹、刺痛感
所接触的电流不超过交流16mA（女子为10mA左右）、直流50mA，则不会对人体造成伤害，可自行摆脱
接触电流超过摆脱电流（16～50mA时），就会对人体造成不同程度的伤害，触电时间越长，后果也越严重
当通过人体的交流电流达到100mA时，如果电流通过人体1s，便足以使人致命，造成严重伤害事故，该电流为致死电流

图 5-12　触电的危害等级

根据触电电流危害程度的不同，触电的危害主要表现为“电伤”和“电击”两大类。“电伤”主要是指电流通过人体某一部位或电弧效应而造成的人体表面伤害，主要表现为烧伤或灼伤。一般情况下，虽然“电伤”不会直接造成十分严重的伤害，但可能会因电伤造成精神紧张等情况，从而导致摔倒、坠落等二次事故，即间接造成严重危害，因此需要注意特别防范。

“电击”是指电流通过人体内部而造成内部器官，如心脏、肺部和中枢神经等的损伤。特别是电流通过心脏时，危害性最大。相比较来说，“电击”比“电伤”造成的危害更大。

2 单相触电

单相触电是指人体在地面上或其他接地体上，手或人体的某一部位触及三相线中的其中一根相线，在没有采用任何防范的情况下，电流就会从接触相线经过人体流入大地，这种情形称为单相触电。图 5-13 所示为检修带电断线时引发的单相触电。

图 5-13　单相触电

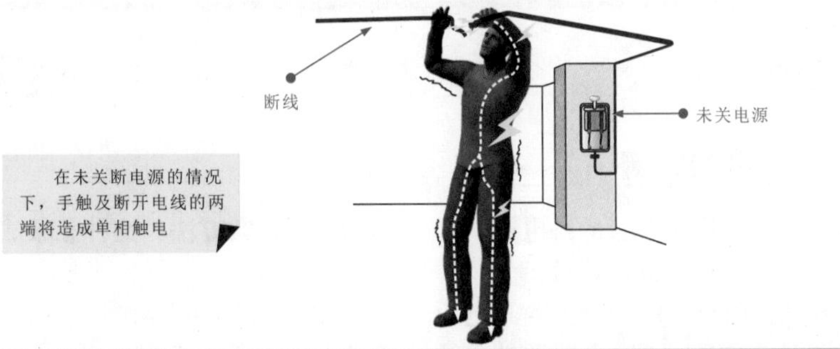
断线
未关电源
在未关断电源的情况下，手触及断开电线的两端将造成单相触电

3 两相触电

两相触电是指人体两个部位同时触及两相带电体（三根相线中的两根）所引起的触电事故。这时人体承受的是交流 380V 电压。其危险程度远大于单相触电，轻则导致烧伤或致残，严重会引起死亡。图 5-14 所示为两相触电的事故。

图 5-14　两相触电

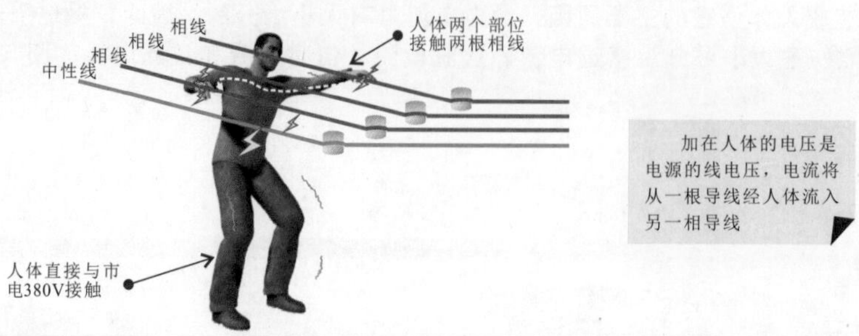
相线
相线
相线
中性线
人体两个部位
接触两根相线
加在人体的电压是电源的线电压，电流将从一根导线经人体流入另一相导线
人体直接与市电380V接触

4　跨步触电

当架空线路的一根高压相线断落在地上，电流便会从相线的落地点向大地流散，于是地面上以相线落地点为中心，形成了一个特定的带电区域（半径为 8～10m），离电线落地点越远，地面电位也越低。人进入带电区域后，当跨步前行时，由于前后两只脚所在地的电位不同，两脚前后间就有了电压，两条腿便形成了电流通路，这时就有电流通过人体，造成跨步触电。图 5-15 所示为跨步触电的事故。

图 5-15　跨步触电

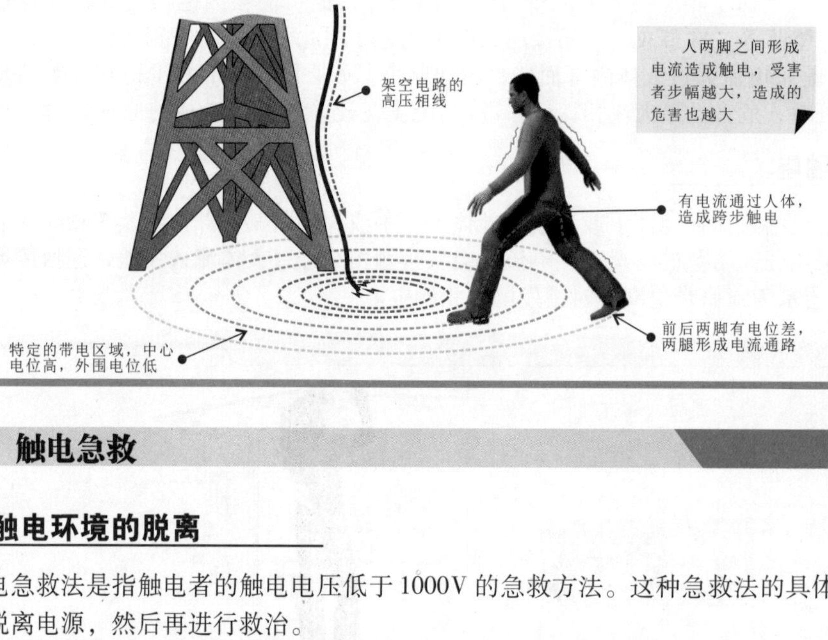
架空电路的
高压相线
人两脚之间形成电流造成触电，受害者步幅越大，造成的危害也越大
有电流通过人体，
造成跨步触电
前后两脚有电位差，
两腿形成电流通路
特定的带电区域，中心
电位高，外围电位低

5.2.2　触电急救

1　低压触电环境的脱离

低压触电急救法是指触电者的触电电压低于 1000V 的急救方法。这种急救法的具体方法就是让触电者迅速脱离电源，然后再进行救治。

若救护者在开关附近，应当马上断开电源开关，然后再将触电者移开进行急救。

若救护者离开关较远，无法及时关掉电源，切忌直接用手去拉触电者。在条件允许的情况下，需穿上绝缘鞋，戴上绝缘手套等防护措施来切断电线，从而断开电源。图 5-16 所示为切断电源线的急救演示。

若触电者无法脱离电线，应利用绝缘物体使触电者与地面隔离。比如用干燥木板塞垫在触电者的身体底部，直到身体全部隔离地面，这时救护者就可以将触电者脱离电线。将木板塞垫在触电者身下的急救方法如图 5-17 所示。

若电线压在触电者身上，可以利用干燥的木棍、竹竿、塑料制品和橡胶制品等绝缘物，挑开触电者身上的电线。挑开电线的急救方法如图 5-18 所示。

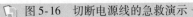

图 5-16　切断电源线的急救演示

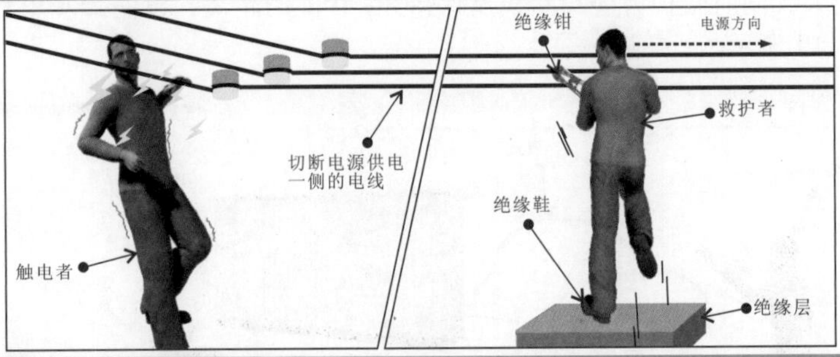
绝缘钳
电源方向
救护者
切断电源供电
一侧的电线
绝缘鞋
触电者
绝缘层

图 5-17　塞垫木板的急救演示

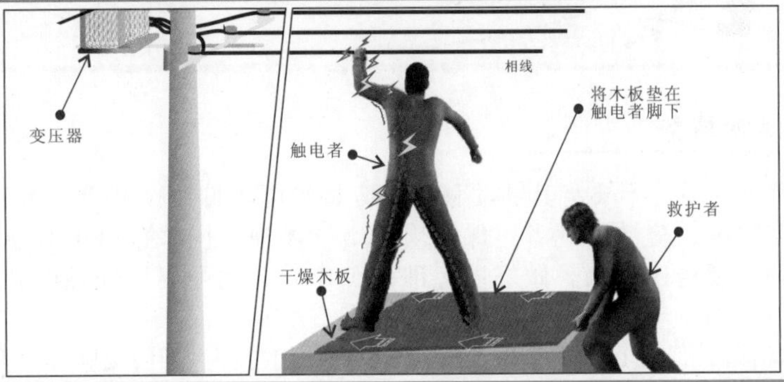
相线
变压器
将木板垫在
触电者脚下
触电者
救护者
干燥木板

图 5-18　挑开电线的急救演示

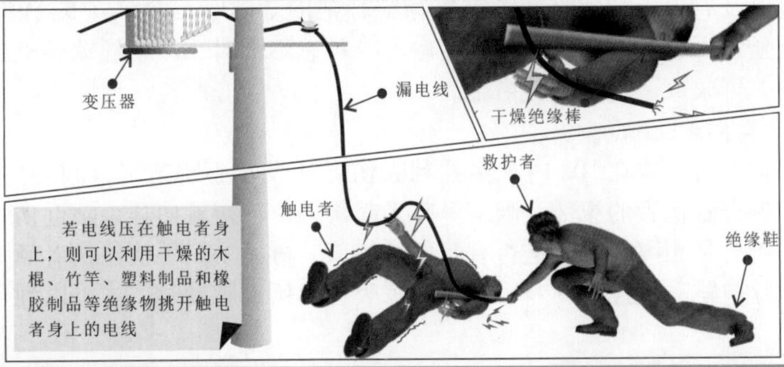
变压器
漏电线
干燥绝缘棒
救护者
触电者
绝缘鞋
若电线压在触电者身上，则可以利用干燥的木棍、竹竿、塑料制品和橡胶制品等绝缘物挑开触电者身上的电线

提示说明

在实施急救时，无论情况多么紧急，施救者也不要用手直接拉拽或触碰触电者，否则极易同时触电。

2　高压触电环境的脱离

高压触电急救法是指电压达到 1000V 以上的高压电路和高压设备的触电事故急救方法。一旦出现高压触电事故，应立即通知有关电力部门断电，在之前没有断电的情况下，不能接近触电者。否则，有可能会产生电弧，导致抢救者烧伤。

提示说明

在高压的情况下，一般的低压绝缘材料会失去绝缘效果，因此，不能用低压绝缘材料去接触带电部分。需利用高电压等级的绝缘工具（例如高压绝缘手套、高压绝缘鞋等）拉开电源。

若发现在高压设备附近有人触电，切不可盲目上前，可采取抛金属线（钢、铁、铜和铝等）

急救的方法，即先将金属线的一端接地，然后抛另一端金属线，这里注意抛出的另一端金属线不要碰到触电者或其他人，同时救护者应与断线点保持 8～10m 的距离，以防跨步电压伤人。抛金属线的急救演示如图 5-19 所示。

图 5-19 抛金属线急救演示

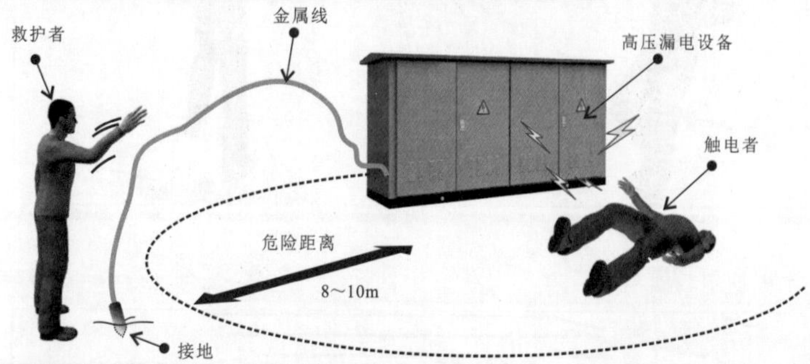
救护者
金属线
高压漏电设备
触电者
危险距离
8～10m
接地

3 现场触电急救措施

当触电者脱离电源后，不要将其随便移动，应将触电者仰卧，并迅速解开触电者的衣服、腰带等保证其正常呼吸，疏散围观者，保证周围空气畅通，同时拨打 120 急救电话，以保证用最短的时间将触电者送往医院。做好以上准备工作后，就可以根据触电者的情况，做相应的救护了。

若触电者神志清醒，但有心慌、恶心、头痛、头昏、出冷汗、四肢发麻和全身无力等症状。这时应让触电者平躺在地，并仔细观察触电者，最好不要让触电者站立或行走。

当触电者已经失去知觉，但仍有轻微的呼吸及心跳，这时应让触电者就地仰卧平躺，让气道通畅，把触电者衣服以及有碍于其呼吸的腰带等物解开帮助其呼吸。并且在 5s 内呼叫触电者或轻拍触电者肩部，以判断触电者意识是否丧失。在触电者神志不清时，不要摇动触电者的头部或呼叫触电者。若情况紧急，可采取一定的急救措施。

（1）触电者身体状况的判断

当触电者意识丧失时，应在 10s 内观察并判断伤者呼吸及心跳情况，判断的方法如图 5-20 所示。观察判断时首先查看伤者的腹部、胸部等有无起伏动作，接着用耳朵贴近伤者的口鼻处，听伤者有无呼吸声音，最后是测嘴和鼻孔是否有呼气的气流，再用一只手扶住伤者额头部，另一只手摸颈部动脉判断有无脉搏跳动。经过判断后伤者无呼吸也无颈部脉动时，才可以判定伤者呼吸、心跳停止。

图 5-20 判断触电者身体状况

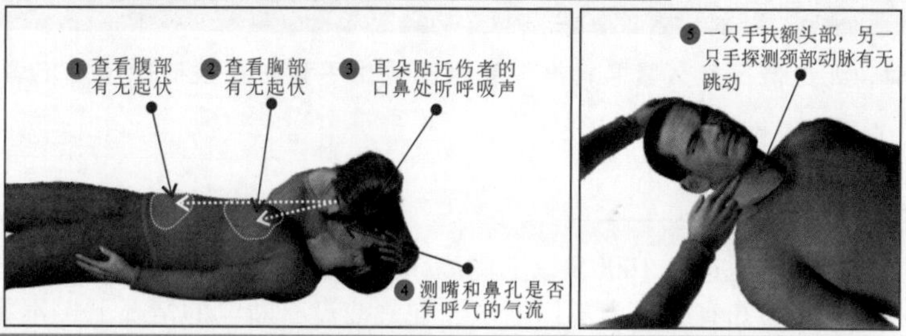
❶查看腹部有无起伏
❷查看胸部有无起伏
❸ 耳朵贴近伤者的口鼻处听呼吸声
❹ 测嘴和鼻孔是否有呼气的气流
❺一只手扶额头部，另一只手探测颈部动脉有无跳动

（2）人工呼吸

通常情况下，当触电者无呼吸，但仍然有心跳时，应采用人工呼吸法进行救治。首先使触电者仰卧，头部尽量后仰并迅速解开触电者的衣服、腰带等，使触电者的胸部和腹部能够自由扩张。尽量将触电者头部后仰、鼻孔朝天、颈部伸直，图 5-21 所示为通畅气道的方法。

图 5-22 所示为托颈压额法（也称压额托颌法）。救护者站立或跪在伤者身体一侧，用一只手放

在伤者前额并向下按压，同时另一手的食指和中指分别放在两侧下颌角处，并向上托起，使伤者头部后仰，气道即可开放。在实际操作中，此方法不仅效果可靠，省力、不会造成颈椎损伤，而且便于做人工呼吸。

图 5-21 畅通气道

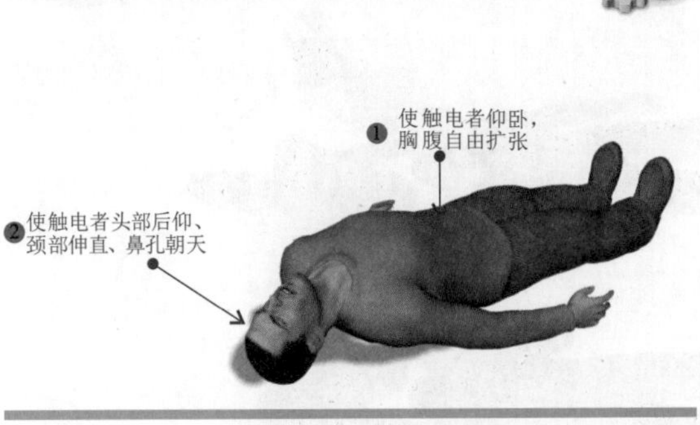
① 使触电者仰卧，胸腹自由扩张
② 使触电者头部后仰、颈部伸直、鼻孔朝天

图 5-22 托颈压额法

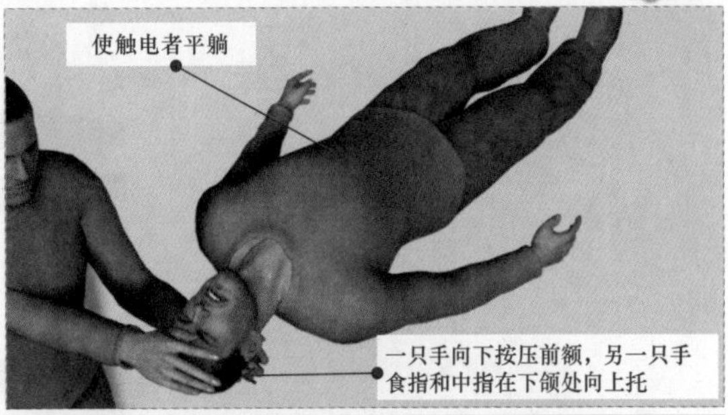
使触电者平躺
一只手向下按压前额，另一只手食指和中指在下颌处向上托

图 5-23 所示为仰头抬颌法（也称压额提颌法）。若伤者无颈椎损伤，可首选此方法。救助者站立或跪在伤者身体一侧，用一只手放在伤者前额，并向下按压；同时另一只手向上提起伤者下颌，使得下颌向上抬起、头部后仰，气道即可开放。

图 5-24 所示为托颌法（也称双手拉颌法）。若伤者已发生或怀疑颈椎损伤，选用此方法可避免加重颈椎损伤，但不便于做人工呼吸。救助者站立或跪在伤者头顶端，肘关节支撑在伤者仰卧的平面上，两手分别放在伤者额头两侧，分别用两手拉起伤者两侧的下颌角，使头部后仰，气道即可开放。

图 5-23 仰头抬颌法

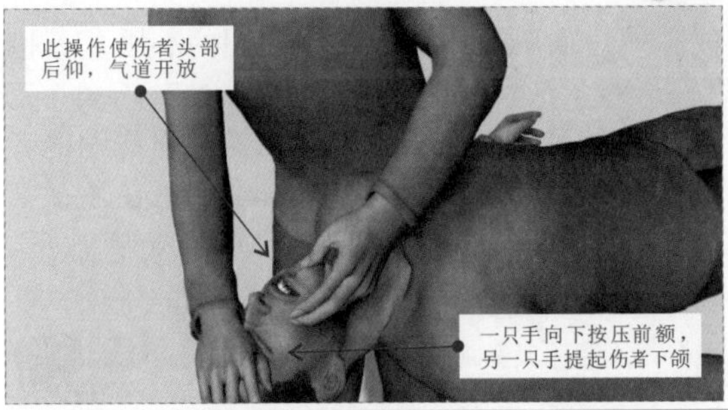
此操作使伤者头部后仰，气道开放
一只手向下按压前额，另一只手提起伤者下颌

图 5-24 托颌法

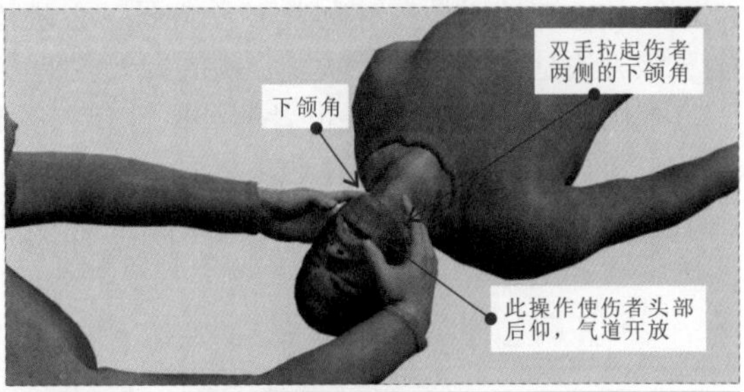
下颌角
双手拉起伤者两侧的下颌角
此操作使伤者头部后仰，气道开放

做完前期准备后，就能对触电者进行口对口的人工呼吸了，首先救护者深吸一口气之后，紧贴着触电者的嘴巴大口吹气，使其胸部膨胀，然后救护者换气，放开触电者的嘴鼻，使触电者自主呼气，如图 5-25 所示，如此反复进行上述操作，吹气时间为 2 ~ 3s，放松时间为 2 ~ 3s，5s 左右为一个循环。重复操作，中间不可间断，直到触电者苏醒为止。

图 5-25 人工呼吸

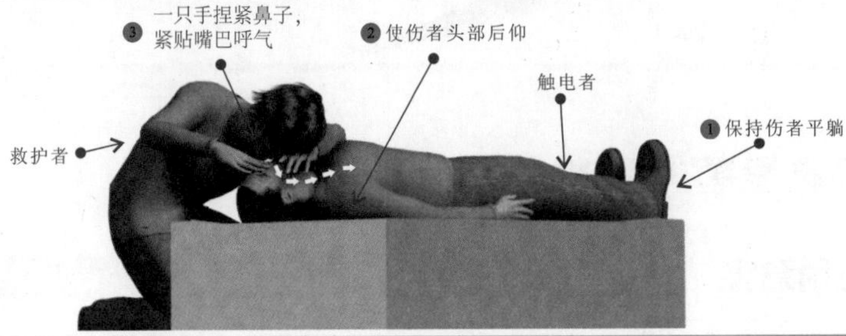
③ 一只手捏紧鼻子，紧贴嘴巴呼气
② 使伤者头部后仰
触电者
① 保持伤者平躺
救护者

(3) 牵手呼吸

如图5-26所示，若救护者嘴或鼻被电伤，无法对触电者进行口对口人工呼吸或口对鼻人工呼吸，也可以采用牵手呼吸法进行救治。

图5-26 牵手呼吸

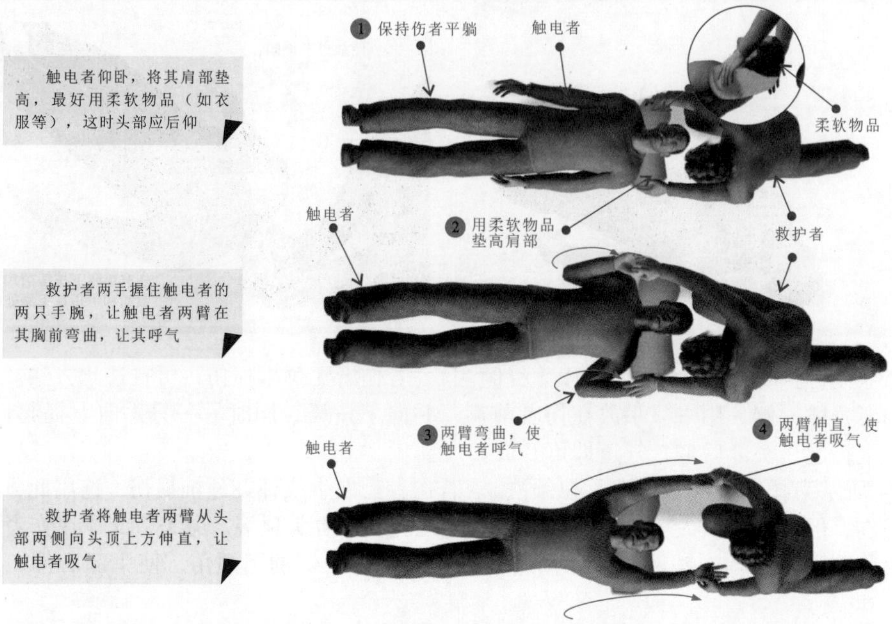
触电者仰卧，将其肩部垫高，最好用柔软物品（如衣服等），这时头部应后仰
① 保持伤者平躺
触电者
柔软物品
触电者
② 用柔软物品垫高肩部
救护者
救护者两手握住触电者的两只手腕，让触电者两臂在其胸前弯曲，让其呼气
③ 两臂弯曲，使触电者呼气
④ 两臂伸直，使触电者吸气
触电者
救护者将触电者两臂从头部两侧向头顶上方伸直，让触电者吸气

(4) 胸外心脏按压

胸外心脏按压是在触电者心音微弱、心跳停止或脉搏短而不规则的情况下使用的心脏复苏措施。该方法是帮助触电者恢复心跳的有效救助方法之一。

如图5-27所示，让触电者仰卧，解开衣服和腰带，救护者跪在触电者腰部两侧或跪在触电者一侧，救护者将左手掌放在触电者的胸骨按压区，中指对准颈部凹陷的下端，右手掌压在左手掌上，用力垂直向下按压。成人胸外按压频率为100次/min，一般在实际救治时，应每按压30次后，实施两次人工呼吸。

图5-27 胸外心脏按压复苏

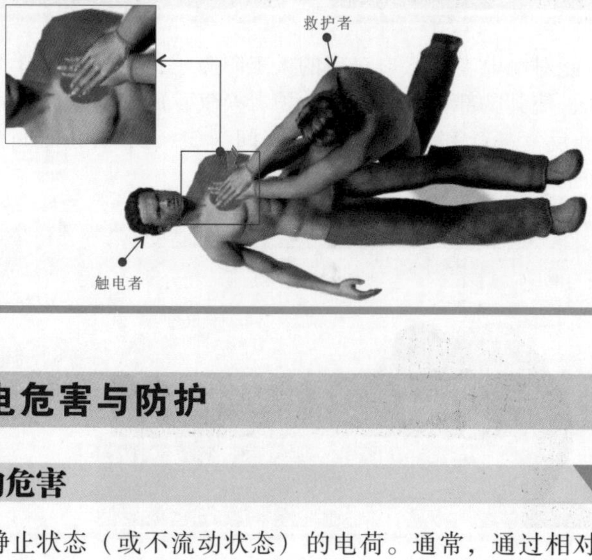
救护者
触电者

5.3 静电危害与防护

5.3.1 静电的危害

静电是一种处于静止状态（或不流动状态）的电荷。通常，通过相对运动、摩擦或接触会使

电荷聚集于人体或其他物体，这就是静电。

如图 5-28 所示，静电的危害主要有三方面：一方面是由于静电会直接影响生产，导致设备或产品故障，影响设备和产品的寿命等；第二方面是由于静电的电击现象导致操作失误而诱发的人身事故或设备故障；第三方面是由于静电而直接引发爆炸、火灾等事故。

图 5-28　静电的危害

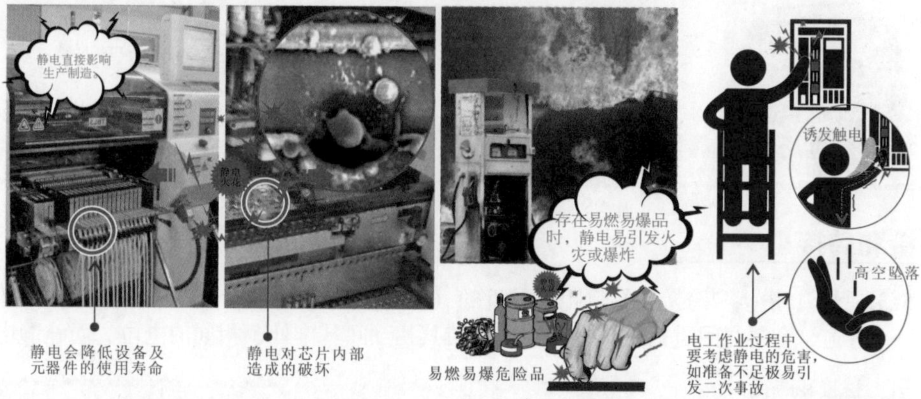
静电直接影响生产制造
诱发触电
存在易燃易爆品时，静电易引发火灾或爆炸
高空坠落
静电会降低设备及元器件的使用寿命
静电对芯片内部造成的破坏
易燃易爆危险品
电工作业过程中要考虑静电的危害，如准备不足极易引发二次事故

5.3.2　静电的防护

静电防护是指为防止静电积累所引起的人身电击、电子设备失误、电子器件失效和损坏、严重的火灾和爆炸事故以及对生产制造业的妨碍等危害所采取的防范措施。

目前，预防静电的关键是限制静电的产生、加快静电的释放以及进行静电的中和等，常采用的预防措施主要包括接地、搭接、增加湿度、中和以及使用抗静电剂等。

1　接地

接地是进行静电预防最简单、最常用的一种措施。接地的关键是将物体上的静电电荷通过接地导线释放到大地。接地通常分为人体接地和设备接地两种。

人体接地就是将人体与大地“连接”，将人体所携带的静电通过导体释放到大地中。图 5-29 所示为常采用的人体接地方式。

图 5-29　常采用的人体接地方式

防静电工作帽
防静电工作服
防静电手套
腕带
接地夹
人体静电泄放门帘
释放人体静电
接地夹接地
防静电护腕带

a）人体静电防护服　b）静电防护腕带

图 5-30 所示为设备接地方式。设备接地是指采用外壳接地的处理方式，将设备外壳上聚集的静电电荷释放到大地中，从而实现静电防护。

图 5-30 常采用的设备接地方式

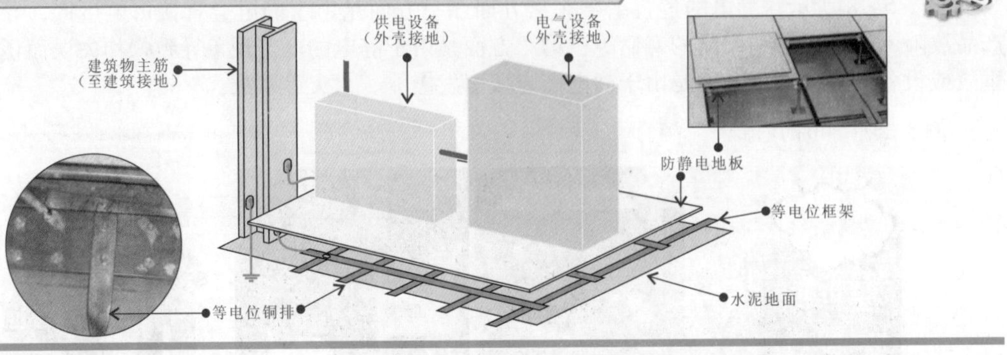
供电设备
（外壳接地）
电气设备
（外壳接地）
建筑物主筋
（至建筑接地）
防静电地板
等电位框架
水泥地面
等电位铜排

2 搭接和跨接

如图 5-31 所示，搭接和跨接是指将距离较近的（小于 100mm）两个以上独立的金属导体，如金属管道之间、管道与容器之间进行电气上的连接，使其相互间基本处于相同的电位，防止静电积累。

图 5-31 搭接和跨接

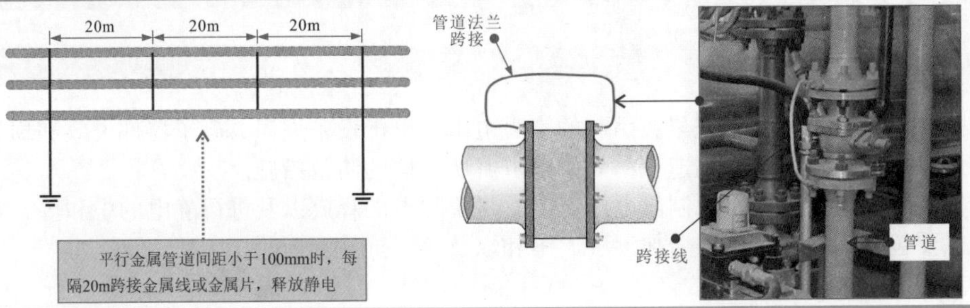
20m
20m
20m
平行金属管道间距小于100mm时，每隔20m跨接金属线或金属片，释放静电
管道法兰跨接
跨接线
管道

3 增加湿度

增加空气湿度，利于静电电荷释放，并可有效限制静电电荷的积累。一般情况下空气湿度保持 70% 以上利于消除静电危害。

4 静电中和

如图 5-32 所示，静电中和是进行静电防范的主要措施。它是指借助静电中和器将空气分子电离出与带电物体静电电荷极性相反的电荷，并与带电物体的静电电荷相互抵消，从而达到消除静电的目的。

图 5-32 静电中和

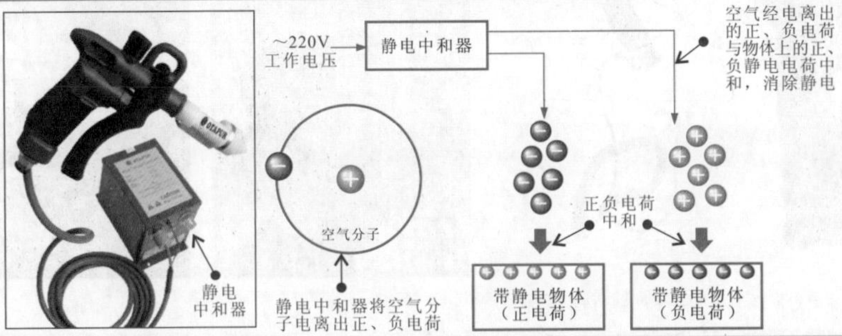
~220V
工作电压
静电中和器
空气经电离出的正、负电荷与物体上的正、负静电电荷中和，消除静电
空气分子
正负电荷中和
静电中和器
静电中和器将空气分子电离出正、负电荷
带静电物体
（正电荷）
带静电物体
（负电荷）

5 使用抗静电剂

对于一些高绝缘材料，无法有效泄漏静电时，可采用添加抗静电剂的方法，以增大材料的导电

率，使静电加速泄漏，消除静电危害。

5.4 外伤急救与电气灭火

5.4.1 外伤急救措施

在电工作业过程中，碰触尖锐利器、电击和高空作业等可能会造成电工操作人员出现各种体表外部的伤害事故，其中较易发生的外伤主要有割伤、摔伤和烧伤三种，对不同的外伤要采用正确的急救措施。

1 割伤应急处理

在电工作业过程中，割伤是比较常见的一类外伤事故。割伤是指电工操作人员在使用电工刀或钳子等尖锐的利器进行相应操作时，由于操作失误或操作不当造成的割伤或划伤。

伤者割伤出血时，需要在割伤的部位用棉球蘸取少量的酒精或盐水将伤口清洗干净。另外，为了保护伤口，需用纱布（或干净的毛巾等）进行包扎。

| 提示说明 |

若经初步救护还不能止血或是血液大量渗出时，则需要赶快呼叫救护车。在救护车到来以前，要压住患处接近心脏的血管，接着可用下列方法进行急救：

1）手指割伤出血：受伤者可用另一只手用力压住受伤处两侧。

2）手、手肘割伤出血：受伤者需要用四个手指用力压住上臂内侧隆起的肌肉，若压住后仍然出血不止，则说明没有压住出血的血管，需要重新改变手指的位置。

3）上臂、腋下割伤出血：这种情形必须借助救护者来完成。救护者拇指向下、向内用力压住伤者锁骨下凹处的位置即可。

4）脚、颈部割伤出血：这种情形也需要借助救护者来完成。首先让受伤者仰躺，将其脚部微微垫高，救护者用两只拇指压住受伤者的股沟、腰部和阴部间的血管即可。

指压方式止血只是临时应急措施，若将手松开，则血还会继续流出。因此，一旦发生事故，要尽快呼叫救护车。在医生尚未到来前，若有条件，最好使用止血带止血，即在伤口血管距离心脏较近的部位用干净的布绑住，并用木棍加以固定，便可达到止血效果，如图 5-33 所示。

止血带每隔 30min 左右就要松开一次，以便让血液循环；否则，伤口部位被捆绑的时间过长，会对受伤者身体造成危害。

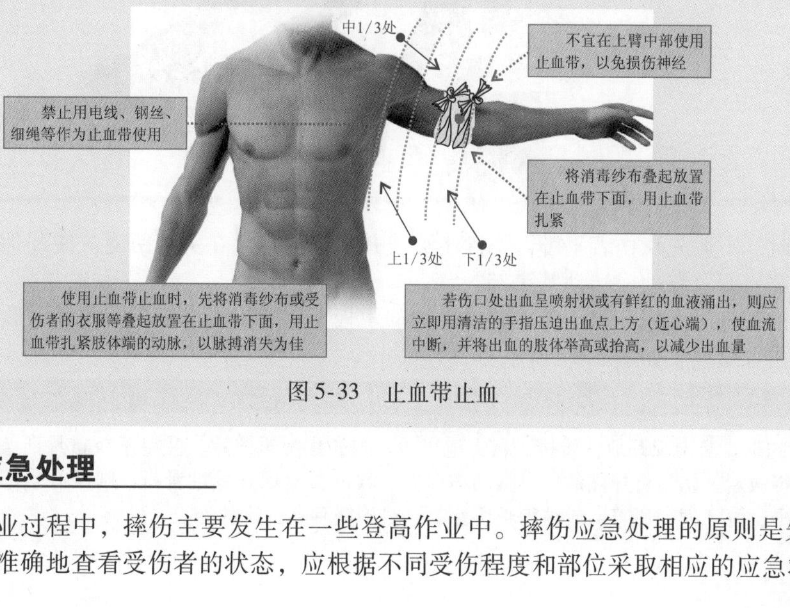
中1/3处
不宜在上臂中部使用止血带，以免损伤神经
禁止用电线、钢丝、细绳等作为止血带使用
将消毒纱布叠起放置在止血带下面，用止血带扎紧
上1/3处
下1/3处
使用止血带止血时，先将消毒纱布或受伤者的衣服等叠起放置在止血带下面，用止血带扎紧肢体端的动脉，以脉搏消失为佳
若伤口处出血呈喷射状或有鲜红的血液涌出，则应立即用清洁的手指压迫出血点上方（近心端），使血流中断，并将出血的肢体举高或抬高，以减少出血量

图 5-33 止血带止血

2 摔伤应急处理

在电工作业过程中，摔伤主要发生在一些登高作业中。摔伤应急处理的原则是先抢救、后固定。首先快速准确地查看受伤者的状态，应根据不同受伤程度和部位采取相应的应急救护措施，如

图 5-34 所示。

图 5-34　不同程度摔伤伤害的应急措施

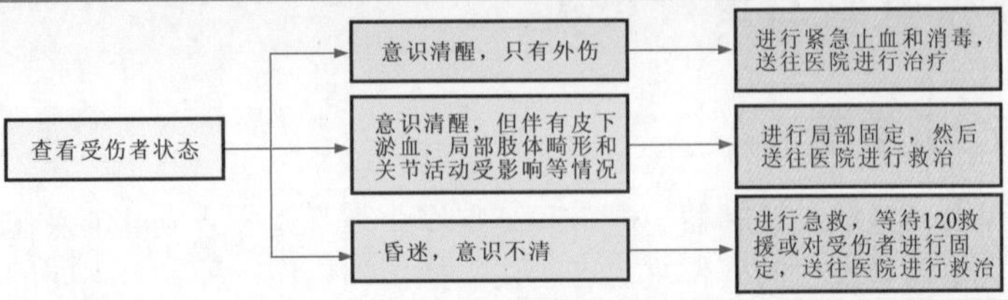
查看受伤者状态
意识清醒，只有外伤
意识清醒，但伴有皮下淤血、局部肢体畸形和关节活动受影响等情况
昏迷，意识不清
进行紧急止血和消毒，送往医院进行治疗
进行局部固定，然后送往医院进行救治
进行急救，等待120救援或对受伤者进行固定，送往医院进行救治

若受伤者是从高处坠落、受挤压等，则可能有胸腹内脏破裂出血，需采取恰当的救治措施，如图 5-35 所示。

图 5-35　摔伤应急处理

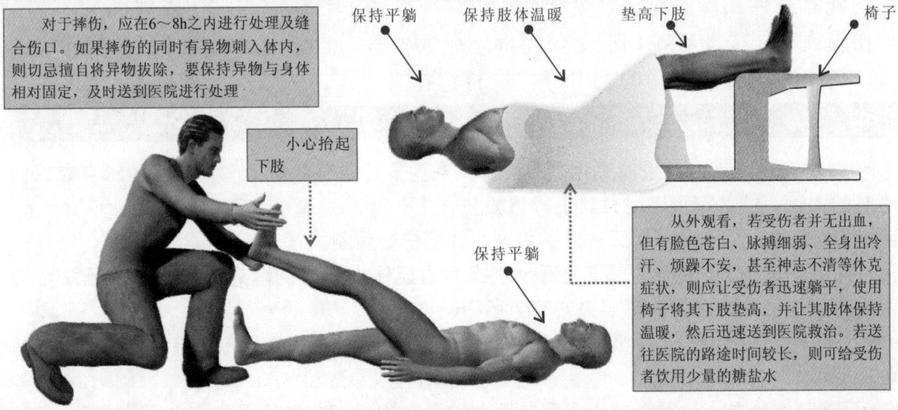
对于摔伤，应在6～8h之内进行处理及缝合伤口。如果摔伤的同时有异物刺入体内，则切忌擅自将异物拔除，要保持异物与身体相对固定，及时送到医院进行处理
保持平躺
保持肢体温暖
垫高下肢
椅子
小心抬起下肢
保持平躺
从外观看，若受伤者并无出血，但有脸色苍白、脉搏细弱、全身出冷汗、烦躁不安，甚至神志不清等休克症状，则应让受伤者迅速躺平，使用椅子将其下肢垫高，并让其肢体保持温暖，然后迅速送到医院救治。若送往医院的路途时间较长，则可给受伤者饮用少量的糖盐水

肢体骨折时，一般使用夹板、木棍和竹竿等将断骨上、下两个关节固定，也可用受伤者的身体进行固定，如图 5-36 所示，以免骨折部位移动，减少受伤者疼痛，防止受伤者的伤势恶化。

图 5-36　肢体骨折的固定方法

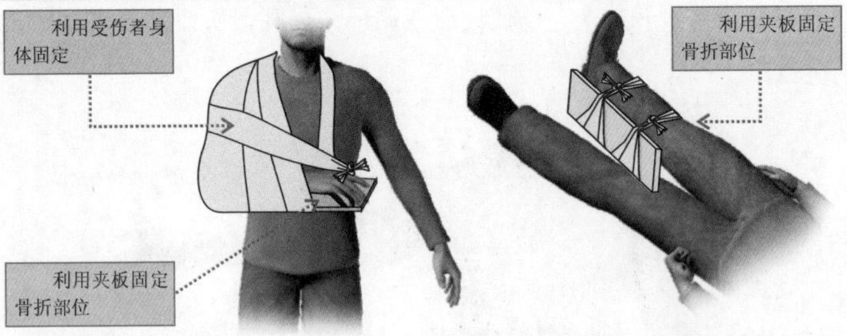
利用受伤者身体固定
利用夹板固定骨折部位
利用夹板固定骨折部位

颈椎骨折时，一般先让伤者平卧，将沙土袋或其他代替物放在头部两侧，使颈部固定不动。切忌使受伤者头部后仰、移动或转动其头部。

当出现腰椎骨折时，应让受伤者平卧在平硬的木板上，并将腰椎躯干及两侧下肢一起固定在木板上，预防受伤者瘫痪，如图 5-37 所示。

提示说明

值得注意的是，若出现开放性骨折，有大量出血，则先止血再固定，并用干净布片覆盖伤口，然后迅速送往医院进行救治，切勿将外露的断骨推回伤口内。若没有出现开放性骨折，则最好也不要自行或让非医务人员进行揉、拉、捏和掰等，应等急救医生赶到或到医院后进行救治。

图 5-37　颈椎和腰椎骨折的急救方法

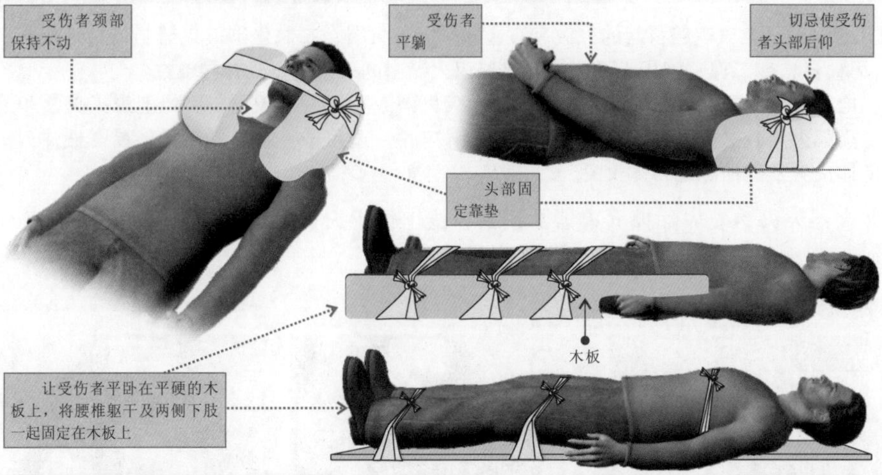
受伤者颈部保持不动
受伤者平躺
切忌使受伤者头部后仰
头部固定靠垫
木板
让受伤者平卧在平硬的木板上，将腰椎躯干及两侧下肢一起固定在木板上

3 烧伤的应急处理

烧伤多由于触电及火灾事故引起。一旦出现烧伤，应及时对烧伤部位进行降温处理，并在降温过程中小心除去衣物，以降低伤害，然后等待就医，如图 5-38 所示。

图 5-38　烧伤的应急处理措施

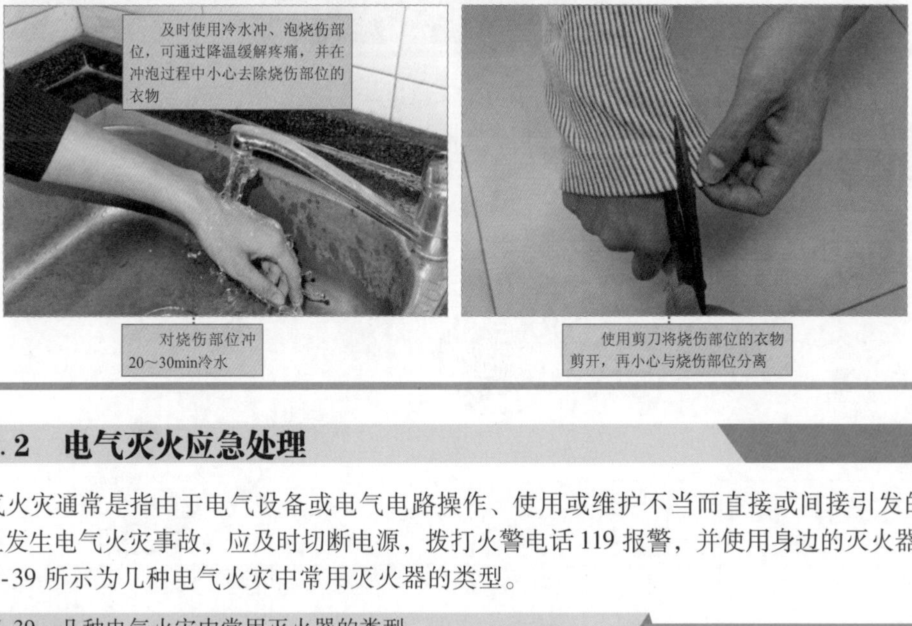
及时使用冷水冲、泡烧伤部位，可通过降温缓解疼痛，并在冲泡过程中小心去除烧伤部位的衣物
对烧伤部位冲20～30min冷水
使用剪刀将烧伤部位的衣物剪开，再小心与烧伤部位分离

5.4.2 电气灭火应急处理

电气火灾通常是指由于电气设备或电气电路操作、使用或维护不当而直接或间接引发的火灾事故。一旦发生电气火灾事故，应及时切断电源，拨打火警电话 119 报警，并使用身边的灭火器灭火。

图 5-39 所示为几种电气火灾中常用灭火器的类型。

图 5-39　几种电气火灾中常用灭火器的类型

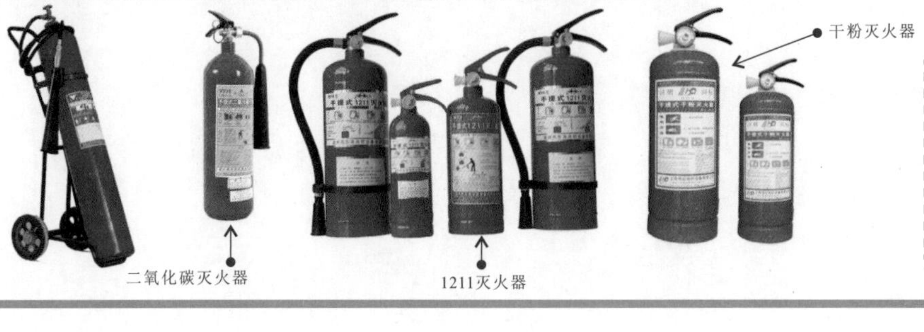
干粉灭火器
二氧化碳灭火器
1211灭火器

扫一扫看视频

相关资料

一般来说，对于电气电路引起的火灾，应选择干粉灭火器、二氧化碳灭火器、二氟一氯一溴甲烷灭火器（1211 灭火器）或二氟二溴甲烷灭火器，这些灭火器中的灭火剂不具有导电性。

注意，电气类火灾不能使用泡沫灭火器、清水灭火器或直接用水灭火，因为泡沫灭火器和清水灭火器都属于水基类灭火器，这类灭火器其内部灭火剂有导电性，适用于扑救油类或其他易燃液体火灾，不能用于扑救带电体火灾及其他导电物体火灾。

使用灭火器灭火，要先除掉灭火器的铅封，拔出位于灭火器顶部的保险销，然后压下压把，将喷管（头）对准火焰根部进行灭火，如图 5-40 所示。

图 5-40　几种灭火器的使用方法

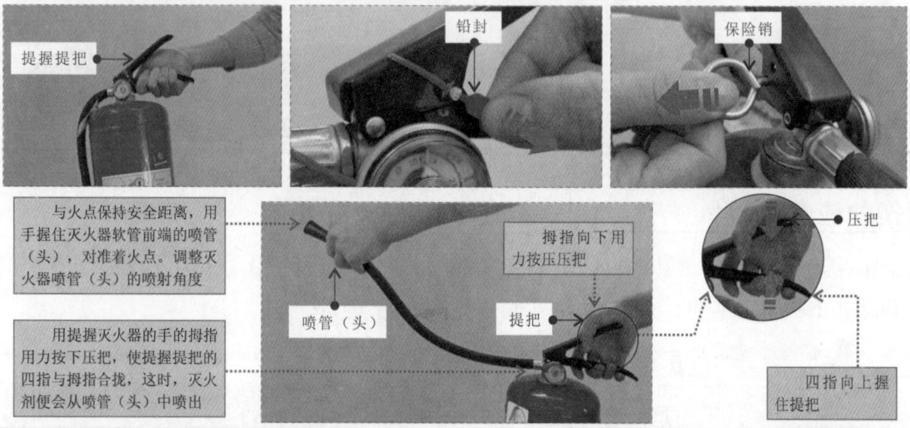
提握提把
铅封
保险销
与火点保持安全距离，用手握住灭火器软管前端的喷管（头），对准着火点。调整灭火器喷管（头）的喷射角度
用提握灭火器的手的拇指用力按下压把，使提握提把的四指与拇指合拢，这时，灭火剂便会从喷管（头）中喷出
喷管（头）
拇指向下用力按压压把
提把
压把
四指向上握住提把

灭火时，应保持有效喷射距离和安全角度（不超过 45°），如图 5-41 所示。对火点由远及近，猛烈喷射，并用手控制喷管（头）左右、上下来回扫射，与此同时，快速推进，保持灭火剂猛烈喷射的状态，直至将火扑灭。

图 5-41　灭火器的操作要领

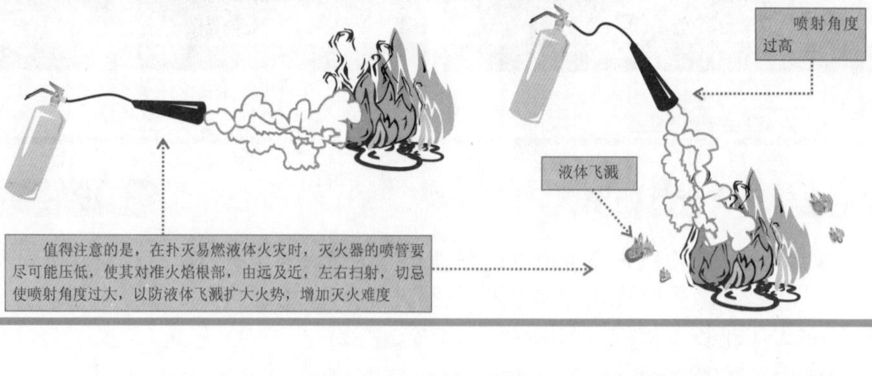
喷射角度过高
液体飞溅
值得注意的是，在扑灭易燃液体火灾时，灭火器的喷管要尽可能压低，使其对准火焰根部，由远及近，左右扫射，切忌使喷射角度过大，以防液体飞溅扩大火势，增加灭火难度

第6章 电工基本焊接技能

6.1 气焊

6.1.1 气焊设备

气焊是利用可燃气体与助燃气体混合燃烧生成的火焰作为热源，通过熔化焊条，将金属管路焊接在一起。下面我们先来了解一下气焊设备，然后讲解气焊的操作方法。

图6-1所示为气焊设备的实物外形。气焊设备主要是由氧气瓶、燃气瓶和焊枪构成。燃气瓶内装有液化石油气，氧气瓶和燃气瓶都装有阀门和压力表。焊枪的手柄末端有两个端口，它们通过软管分别与燃气瓶和氧气瓶相连，在手柄处有两个旋钮，分别用来控制燃气和氧气的输送量。

图6-1　气焊设备的实物外形

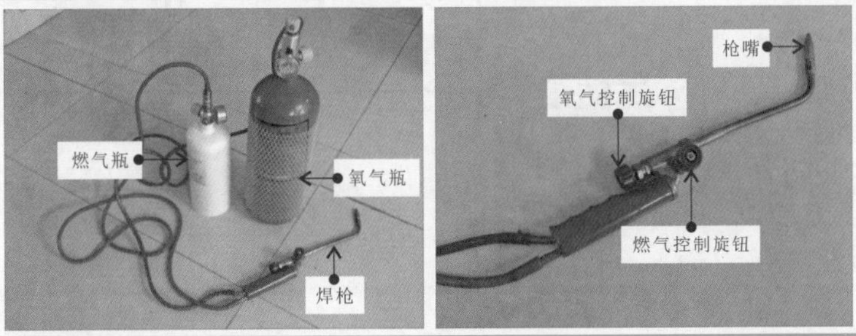

燃气瓶
氧气瓶
焊枪
枪嘴
氧气控制旋钮
燃气控制旋钮

6.1.2 气焊操作

气焊设备的使用需要严格按照操作顺序进行，以免出现火焰调整不当、焊接不良、回火等情况。

1 打开钢瓶阀门

图6-2所示为打开钢瓶阀门的操作。先打开氧气瓶总阀门，通过控制阀门调整氧气输出压力，使输出压力保持在0.3～0.5MPa，然后再打开燃气瓶总阀门，通过该阀门控制燃气输出压力保持在0.03～0.05MPa。

图6-2　打开钢瓶阀门

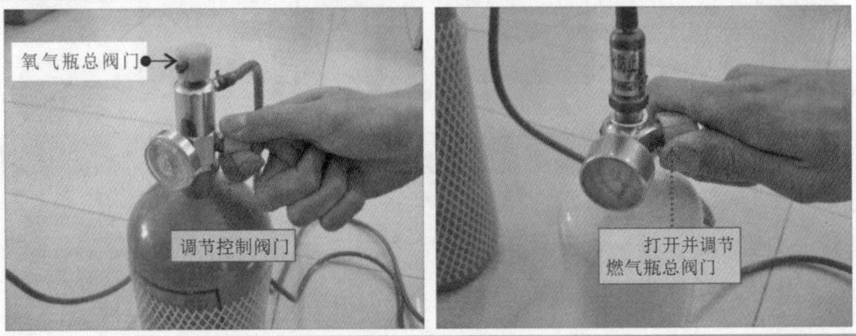

氧气瓶总阀门
调节控制阀门
打开并调节
燃气瓶总阀门

2 打开焊枪阀门

打开焊枪手柄的控制阀门时，一定要先打开燃气阀门，然后使用明火靠近焊枪嘴，点燃焊枪嘴后，再打开氧气阀门。图 6-3 所示为打开焊枪阀门并点燃焊枪嘴的操作。

图 6-3　打开焊枪阀门并点燃焊枪嘴

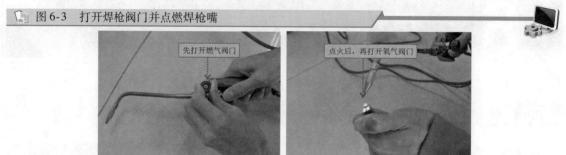

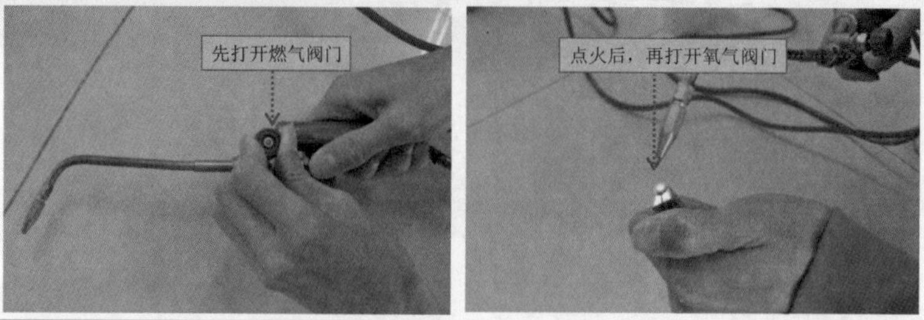
先打开燃气阀门
点火后，再打开氧气阀门

3 调整火焰

气焊设备的火焰需要调整到中性焰才能进行焊接，中性焰的火焰不要离开焊枪嘴，也不要出现回火的现象。图 6-4 所示为调整焊枪火焰的操作。

图 6-4　将火焰调为中性焰

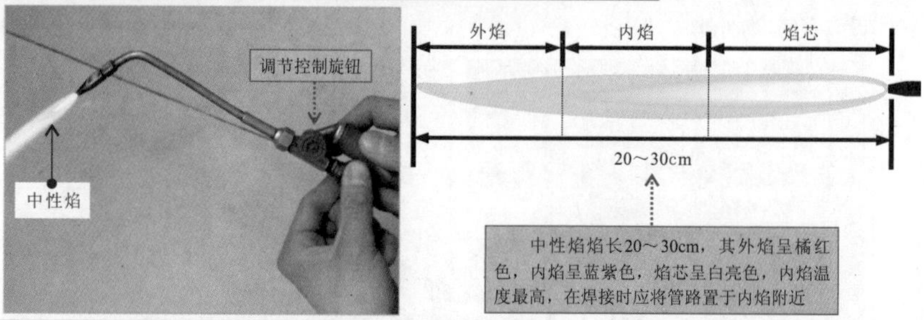
调节控制旋钮
中性焰
外焰
内焰
焰芯
20～30cm
中性焰焰长20～30cm，其外焰呈橘红色，内焰呈蓝紫色，焰芯呈白亮色，内焰温度最高，在焊接时应将管路置于内焰附近

4 焊接管路

将焊枪对准管路的焊口均匀加热，当管路被加热到一定程度呈暗红色时，把焊条放到焊口处，待焊条熔化并均匀地包围在两根管路的焊接处时即可撤走焊条和焊枪。图 6-5 所示为焊接管路的操作。

图 6-5　焊接管路

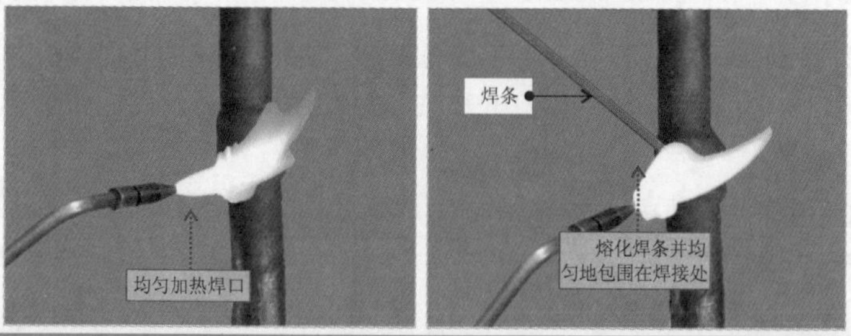
均匀加热焊口
焊条
熔化焊条并均匀地包围在焊接处

| 提示说明 |

使用气焊设备焊接金属管路时，应先将一根管路的焊口扩成喇叭状，然后将另一根管路插入该管口中，如图 6-6 所示。这种对接方式，可以使焊接处更加牢固。

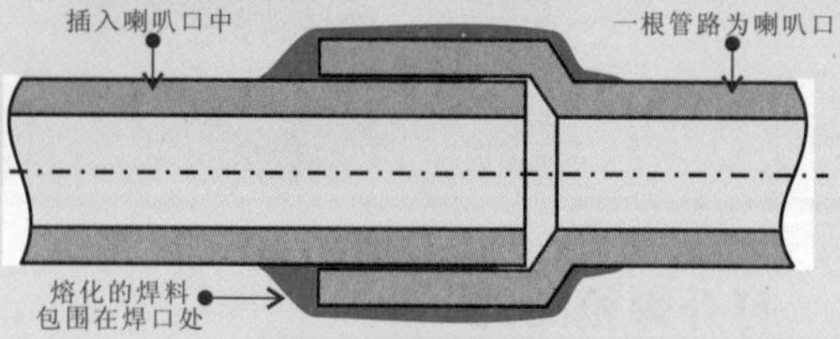
插入喇叭口中
一根管路为喇叭口
熔化的焊料包围在焊口处

图 6-6　管路对接方式

5 关闭阀门

焊接完成后，先关闭焊枪的燃气阀门，再关闭氧气阀门，然后再将氧气瓶和燃气瓶的阀门关闭。图 6-7 所示为关闭阀门的操作。

图 6-7 关闭阀门

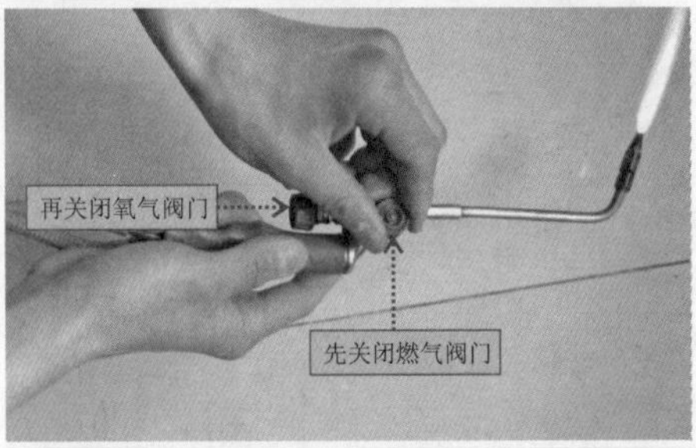
再关闭氧气阀门
先关闭燃气阀门

6.2 电焊

电焊是利用电能，通过加热、加压以及金属原子的结合与扩散作用，使两件或两件以上的焊件（材料）牢固地连接在一起的焊接工艺。

6.2.1 电焊设备、防护用具以及辅助工具

电焊设备的主体为电焊机，其通过线缆与电焊钳相连，而电焊钳用来夹持电焊条进行焊接。

1 电焊设备

图 6-8 所示为电焊机的实物外形。电焊机根据输出电压的不同，可以分为直流电焊机和交流电焊机。交流电焊机的电源是一种特殊的降压变压器，工作噪声小、使用可靠；而直流电焊机电源输出端有正、负极之分，焊接时电弧两端极性不会改变。

图 6-8 电焊机的实物外形

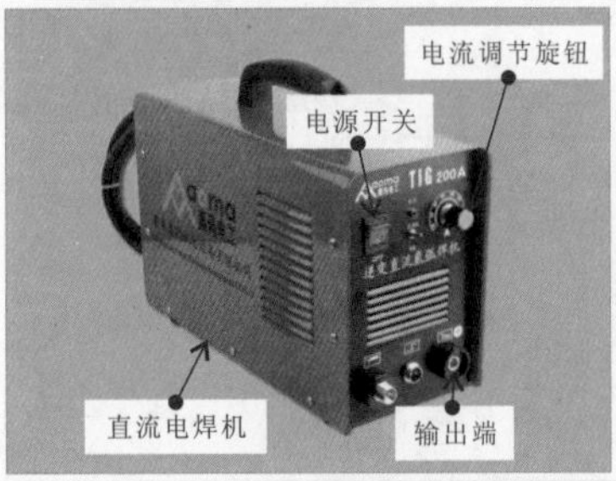
电流调节旋钮
电源开关
TIG 200A
直流电焊机
输出端

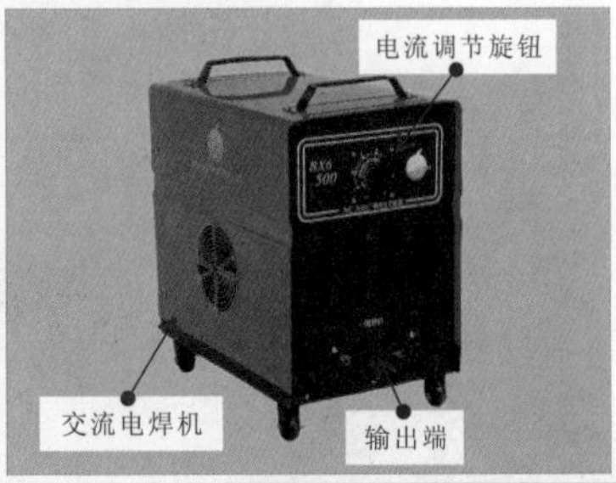
电流调节旋钮
交流电焊机
输出端

电焊钳需要连接电焊机使用，图 6-9 所示为电焊钳的实物外形。电焊钳主要是用来传导焊接电流，通过夹持电焊条进行焊接操作。该工具的外形像一个钳子，其手柄通常是采用塑料或陶瓷进行制作，具有防护、防电击保护、耐高温、耐焊接飞溅以及耐跌落等多重保护功能；其夹子是采用铸造铜制作而成，主要是用来夹持或是操纵电焊条。

图 6-9 电焊钳的实物外形

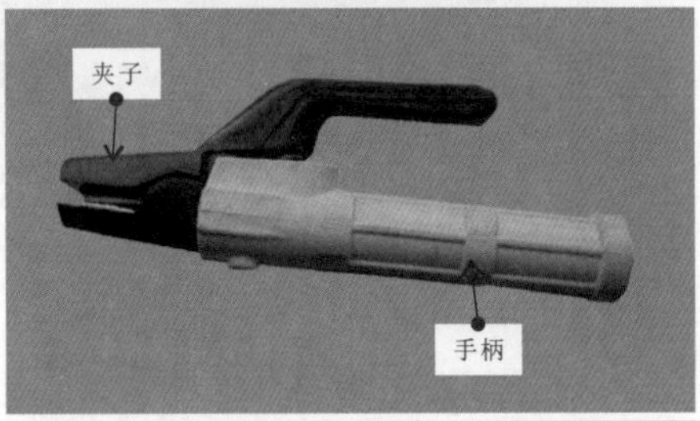
夹子
手柄

图6-10所示为电焊条的实物外形。电焊条的金属焊芯外层均匀地涂有涂料（药皮）。电焊条头部为引弧端，尾部有一段无涂层的裸焊芯，便于电焊钳夹持和利于导电，焊芯可作为填充金属实现对焊缝的填充连接；药皮具有助焊、保护和改善焊接工艺的作用。

图6-10　电焊条的实物外形

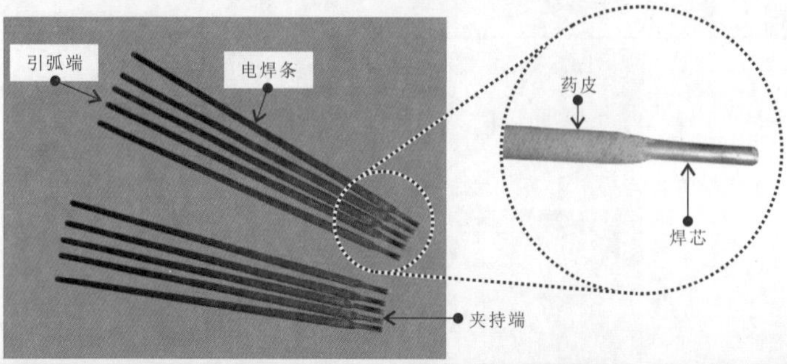
引弧端
电焊条
药皮
焊芯
夹持端

相关资料

电焊条的种类、规格等可通过焊条包装上的型号和牌号进行识别，型号是国家标准中规定的各种系列品种的焊条代号，而牌号是焊条行业统一规定的各种系列品种的焊条代号，属于比较常用的叫法。例如型号E4303中，“E”表示焊条；“43”表示焊缝金属的抗拉强度等级；“0”表示适用于全位置焊接；“3”表示涂层为钛钙型，用于交流或直流正、反接。

选用电焊条时，需要根据焊件的厚度选择适合大小的电焊条，选配原则见表6-1。

表6-1　电焊条选配原则

焊件厚度/mm	2	3	4~5	6~12	>12
电焊条直径/mm	2	3.2	3.2~4	4~5	5~6

2　防护用具

焊接过程存在一定的危险性，为了保护在焊接工作过程中的人身安全，通常操作人员会佩戴相应的防护用具，例如防护面罩、防护手套、电焊服、防护眼镜以及绝缘橡胶鞋等。图6-11所示为防护用具的实物外形。

图6-11　防护用具的实物外形

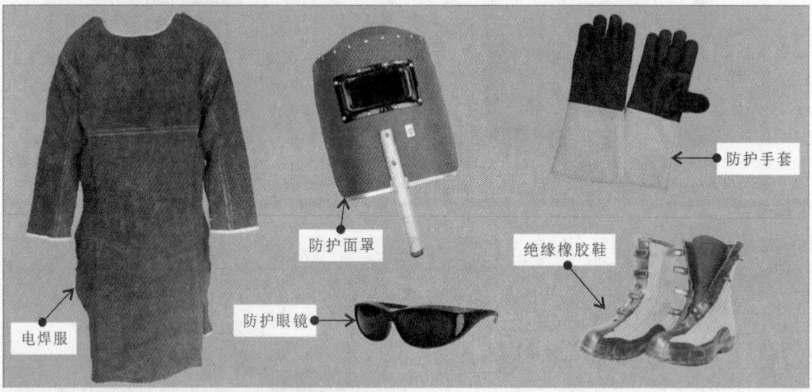
防护手套
防护面罩
绝缘橡胶鞋
防护眼镜
电焊服

3　辅助工具

焊接过程中，还需要用到一些辅助工具，比如用来清除焊渣的敲渣锤以及钢丝轮刷；对焊缝进行清洁、抛光的焊缝抛光机；以及确保焊接部位背面成型的焊接衬垫。图6-12所示为辅助工具的实物外形。

图 6-12　辅助工具的实物外形

敲渣锤
钢丝轮刷
焊缝抛光机
焊接衬垫

6.2.2　电焊操作

进行电焊操作时，需要先对环境及设备进行准备检查，确定环境适宜、设备正常后，再开始电焊工作，焊接完毕后应检查焊缝的质量，合格后再清理施工现场。

1　焊接前的准备

图 6-13 所示为电焊机的放置位置。在进行电焊操作前应当对施焊现场进行检查，在施焊操作周围 10m 范围内不应设有易燃、易爆物，并且保证电焊机放置在清洁、干燥的地方，还应做好接地绝缘防护处理，在焊接区域中需要配置灭火器。

图 6-13　电焊机的放置位置

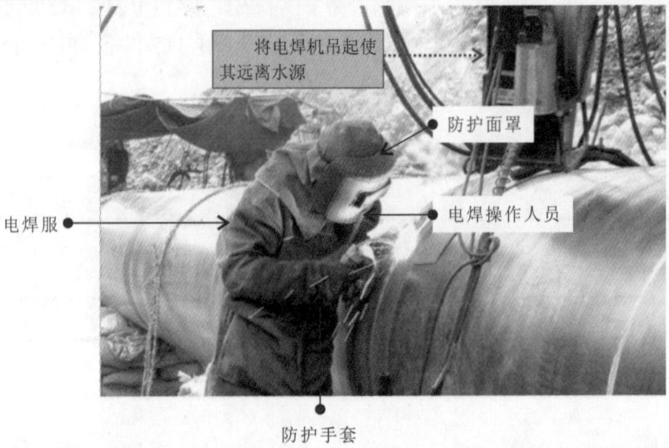
将电焊机吊起使其远离水源
防护面罩
电焊服
电焊操作人员
防护手套

进行电焊操作前，操作人员应穿戴电焊服、绝缘橡胶鞋、防护手套和防护面罩等安全防护用具，这样可以保证操作人员的人身安全。

| 提示说明 |

在管路等封闭区域中进行焊接时，管路必须可靠接地，并通风良好，管路外应有人监护，监护人员应熟知焊接操作规程和抢救方法。

检查好环境并穿戴齐防护用具后，接下来对电焊设备进行连接。将电焊钳通过连接线与电焊机上的电焊钳连接孔进行连接（通常带有标识），接地夹通过连接线与电焊机上的接地夹连接孔进行连接；将焊件放置到焊接衬垫上，再将接地夹夹至焊件的一端；然后用电焊钳口夹紧电焊条的加持端。图 6-14 所示为电焊设备的连接方法。

| 提示说明 |

1）在使用连接线缆将电焊钳、接地夹与电焊机进行连接时，连接线缆的长度应当为 20～30m。若连接线缆的长度过长时，会增大电压降；若连接线缆过短时，可能会导致操作不便。

2）电焊机的外壳需要进行保护性接地或接零，接地装置可以使用铜管或无缝钢管，将其埋入地下，且深度应当大于 1m，接地电阻应当小于 4Ω；然后使用一根导线一端连接在接地装置上，另一端连接在电焊机的外壳接地端上。

3）将电焊机与配电箱通过连接线进行连接时，需要保证连接线的长度为 2 ~3m，在配电箱中应当设有过载保护装置以及刀开关等，可以对电焊机的供电进行单独控制。

4）当电焊机连接完成后，应当检查连接是否正确，并且应当对连接线缆进行检查，查看连接线缆的绝缘皮外层是否有破损现象，防止在电焊工作中发生触电事故。

图 6-14 连接电焊设备

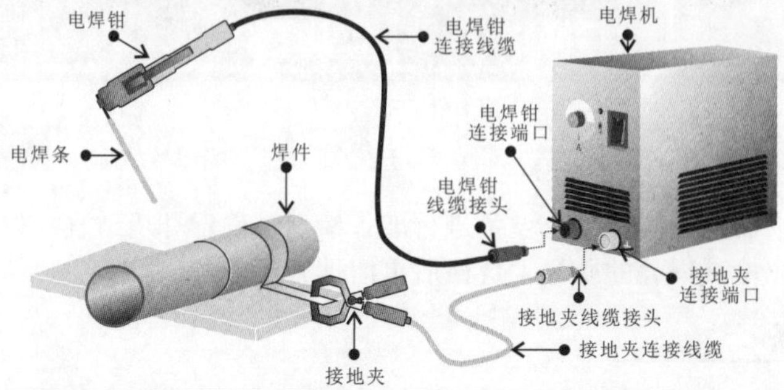
电焊钳
电焊钳
连接线缆
电焊机
电焊钳
连接端口
电焊条
焊件
电焊钳
线缆接头
接地夹
连接端口
接地夹线缆接头
接地夹连接线缆
接地夹

2 焊接操作

（1）焊件的连接

为了焊接方便，在对管路焊件进行焊接前，需要对两个焊件的接口进行加工。对于较薄的焊件需将接口加工成 I 形或单边 V 形，进行单层焊接；对于较厚的焊件需加工成 V 形、U 形或 X 形，以便进行多层焊接。图 6-15 所示为对接接口的形式。

图 6-15 对接接口的形式

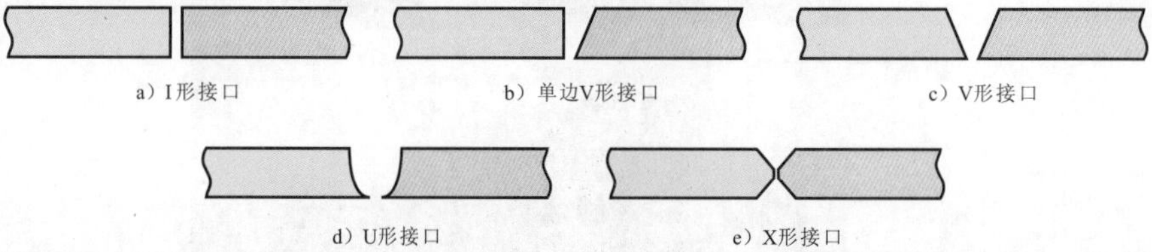
a）I形接口
b）单边V形接口
c）V形接口
d）U形接口
e）X形接口

（2）电焊机参数设置

进行焊接时，应先将配电箱内的开关闭合，再打开电焊机的电源开关。操作人员在拉合配电箱中的电源开关时，必须佩戴绝缘手套。选择输出电流时，输出电流的大小应根据焊条的直径、焊件的厚度和焊缝的位置等进行调节。焊接过程中不能调节电流，以免损坏电焊机，并且调节电流时，旋转速度不能过快过猛。

| 提示说明 |

电焊机工作负荷不应超出铭牌规定，即在允许的负荷值下持续工作，不得长时间超负荷运行。当电焊机温度超过 60 ~80℃时，应停机降温后再进行焊接。

焊接电流是手工电弧焊中最重要的参数，它主要受焊条直径、焊接位置、焊件厚度以及焊接人员技术水平的影响。焊条直径越大，熔化焊条所需热量越多，所需焊接电流越大。每种直径的焊条都有一个合适的焊接电流范围，见表 6-2。在其他焊接条件相同的情况下，平焊位置可选择偏大的焊接电流，横焊、立焊和仰焊的焊接电流应减小 10% ~20%。

表 6-2 焊条直径与焊接电流范围

焊条直径/mm	1.6	2.0	2.5	3.2	4.0	5.0	5.8
焊接电流/A	25 ~40	40 ~65	50 ~80	100 ~130	160 ~210	220 ~270	260 ~300

| 提示说明 |

设置的焊接电流太小，电弧不易引出，燃烧不稳定，弧声变弱，焊缝表面呈圆形，高度增大，熔深减小；设置的焊接电流太大，焊接时弧声强，飞溅增多，焊条往往变得红热，焊缝表面变尖，熔池变宽，熔深增加，焊薄板时易烧穿。

焊接操作主要包括引弧、运条和灭弧，焊接过程中应注意焊接姿势、焊条运动方式以及运条速度。

(3) 引弧操作

如图 6-16 所示，在电弧焊中，包括两种引弧方式，即划擦法和敲击法。划擦法是将焊条靠近焊件，然后将焊条像划火柴似地在焊件表面轻轻划擦，引燃电弧，然后迅速将焊条提起 2 ~ 4mm，并使之稳定燃烧；而敲击法是将焊条末端对准焊件，然后手腕下弯，使焊条轻微碰一下焊件，再迅速将焊条提起 2 ~ 4mm，引燃电弧后手腕放平，使电弧保持稳定燃烧。敲击法不受焊件表面大小、形状的限制，是电焊中主要采用的引弧方法。

图 6-16 引弧的两种方式

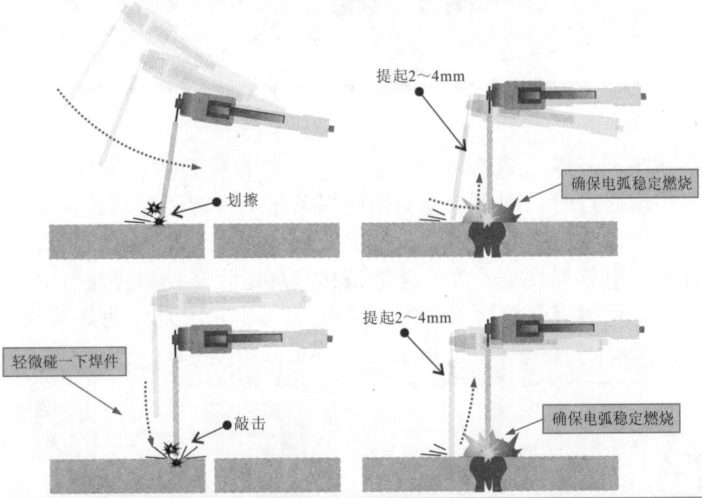
提起2~4mm
划擦
确保电弧稳定燃烧
提起2~4mm
轻微碰一下焊件
敲击
确保电弧稳定燃烧

| 提示说明 |

焊条在与焊件接触后提升速度要适当，太快难以引弧，太慢焊条与焊件容易粘在一起（电磁力），这时，可横向左右摆动焊条，便可使焊条脱离焊件。引弧操作比较困难，焊接之前，可反复多练习几次。

在焊接时，通常会采用平焊（蹲式）操作，如图 6-17 所示。操作人员蹲姿要自然，两脚间夹角为 70° ~85°，两脚间距离为 240 ~260mm。持电焊钳的手臂半伸开悬空进行焊接操作，另一只手握住电焊面罩，保护好面部。

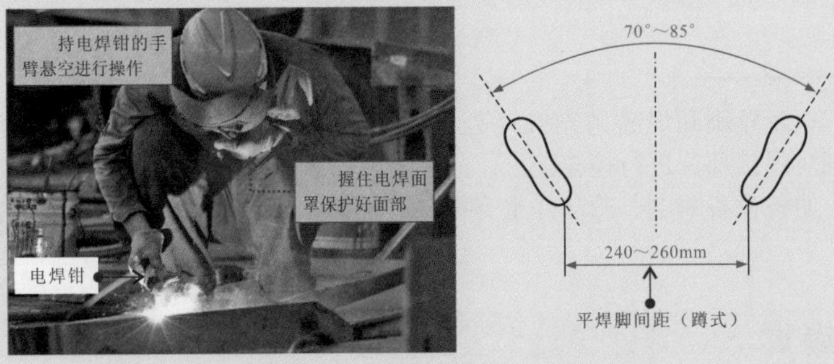
持电焊钳的手
臂悬空进行操作
握住电焊面
罩保护好面部
电焊钳
70°~85°
240~260mm
平焊脚间距（蹲式）

图 6-17 平焊（蹲式）操作

（4）运条操作

由于焊接起点处温度较低，引弧后可先将电弧稍微拉长，对起点处预热，然后再适当地缩短电弧进行正式焊接。在焊接时，需要匀速推动电焊条，使焊件的焊接部位与电焊条充分熔化、混合，形成牢固的焊缝。焊条的移动可分为三种基本形式：沿焊条中心线向熔池送进、沿焊接方向移动以及焊条横向摆动。焊条移动时，应向前进方向倾斜10°～20°，并根据焊缝的大小横向摆动焊条。注意在更换焊条时，必须佩戴防护手套。图6-18所示为焊条移动方式。

图6-18　焊条移动方式

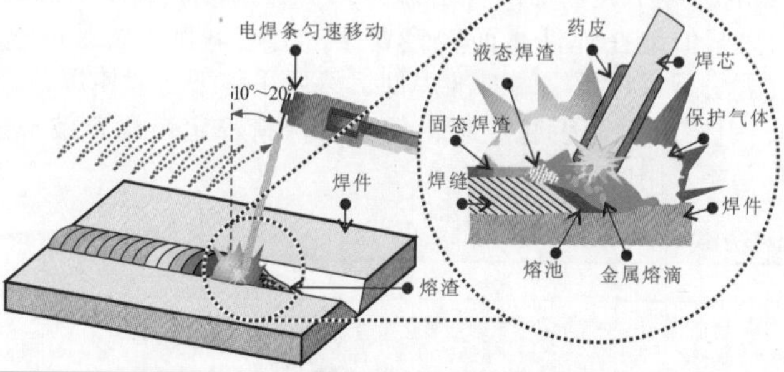
电焊条匀速移动
10°~20°
焊件
熔渣
药皮
液态焊渣
焊芯
固态焊渣
保护气体
焊缝
焊件
熔池
金属熔滴

（5）灭弧操作

焊接的灭弧就是一条焊缝焊接结束时如何收弧，通常有画圈法、反复断弧法和回焊法。其中，画圈法是在焊条移至焊道终点时，利用手腕动作使焊条尾端做圆周运动，直到填满弧坑后再拉断电弧，此法适用于较厚焊件的收尾；反复断弧法是反复在弧坑处熄弧、引弧多次，直至填满弧坑，此法适用于较薄的焊件和大电流焊接；回焊法是焊条移至焊道收尾处即停止，但不熄弧，改变焊条角度后向回焊接一段距离，待填满弧坑后再慢慢拉断电弧。图6-19所示为焊接收尾的方式。

图6-19　焊接收尾的方式

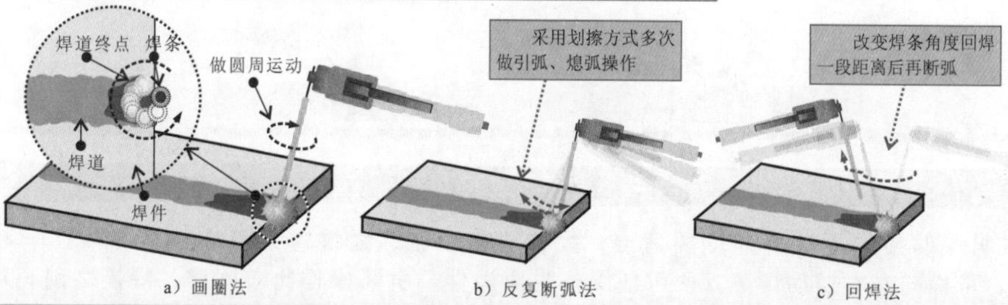
焊道终点
焊条
做圆周运动
焊道
焊件
采用划擦方式多次
做引弧、熄弧操作
改变焊条角度回焊
一段距离后再断弧

a）画圈法　b）反复断弧法　c）回焊法

提示说明

焊接操作完成后，应先断开电焊机电源，再放置焊接工具，然后清理焊件以及焊接现场。在消除可能引发火灾的隐患后，断开总电源，离开焊接现场。

3 焊接验收

使用敲渣锤、钢丝轮刷和焊缝抛光机（处理机）等工具和设备，对焊接部位进行清理。清除焊渣后，就要仔细对焊接部位进行检查。

检查合格后，使各设备断电、冷却并整齐摆放，同时要仔细检查现场是否存在火灾隐患。若有应及时处理。

6.3 锡焊

采用锡铅焊料进行焊接称为锡铅焊，简称锡焊，是使用最早、使用范围最广且当前仍占较大比重的一种焊接方法。锡焊可用于将电子元器件或电气部件多引脚烫锡后并完成焊接的操作。

6.3.1 锡焊设备

1 电烙铁

电烙铁是锡焊操作中最常用的设备。根据不同的加热方式，电烙铁可以分为直热式、恒温式、吸焊式、感应式和气体燃烧式等。根据被焊接产品的要求，还有防静电电烙铁及自动送锡电烙铁等。为了适应不同焊接物面的需要，通常烙铁头也有不同的形状，如凿形、锥形、圆面形、圆尖锥形和半圆沟形等，如图6-20所示。

图6-20 烙铁头

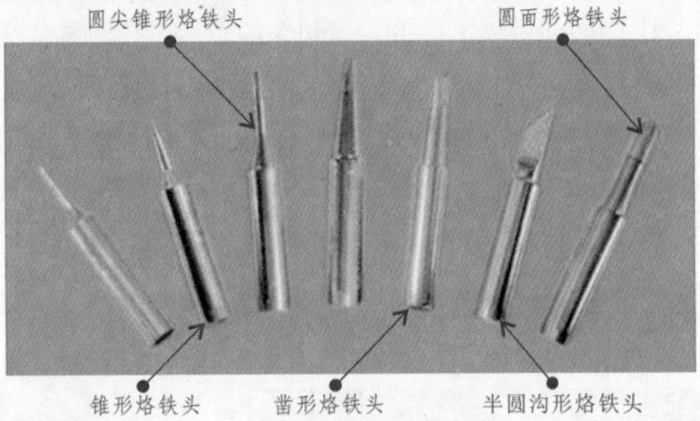
圆尖锥形烙铁头
圆面形烙铁头
锥形烙铁头
凿形烙铁头
半圆沟形烙铁头

电烙铁主要分为直热式电烙铁、恒温电烙铁和吸锡电烙铁等。

1）直热式电烙铁又可以分为内热式和外热式两种。其中，内热式电烙铁是手工焊接中最常用的焊接工具。内热式电烙铁由烙铁芯、烙铁头、连接杆、手柄、接线柱和电源线等部分组成，如图6-21所示。内热式电烙铁的烙铁芯安装在烙铁头的里面，因而其热效率高（高达80%～90%），烙铁头升温比外热式快，通电2min后即可使用；相同功率时的温度高、体积小、重量轻、耗电低且热效率高。

图6-21 内热式电烙铁

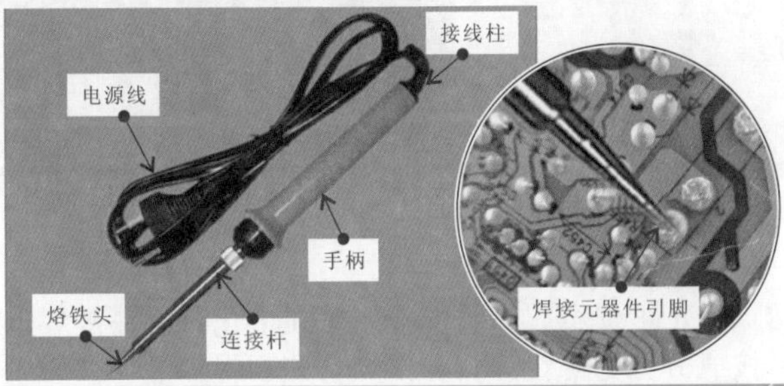
接线柱
电源线
手柄
烙铁头
连接杆
焊接元器件引脚

由于该电烙铁烙铁头为圆斜面通用型，适合点焊练习，为一般的无线电初学者使用。一般电子产品电路板装配多选用35W以下功率的电烙铁。

外热式电烙铁是由烙铁头、烙铁芯、连接杆、手柄、电源线、插头及紧固螺钉等部分组成，但烙铁头和烙铁芯的结构与内热式电烙铁不同。外热式电烙铁的烙铁头安装在烙铁芯的里面，即产生热能的烙铁芯在烙铁头外面，如图6-22所示。

2）恒温电烙铁的烙铁头温度可以控制，烙铁头可以始终保持在某一设定的温度。根据控制方式的不同，可分为电控恒温电烙铁和磁控恒温电烙铁两种，如图6-23所示。恒温电烙铁采用断续加热，耗电省，升温速度快，在焊接过程中焊锡不易氧化，可减少虚焊，提高焊接质量，烙铁头也不会产生过热现象，使用寿命较长。

图6-22 外热式电烙铁

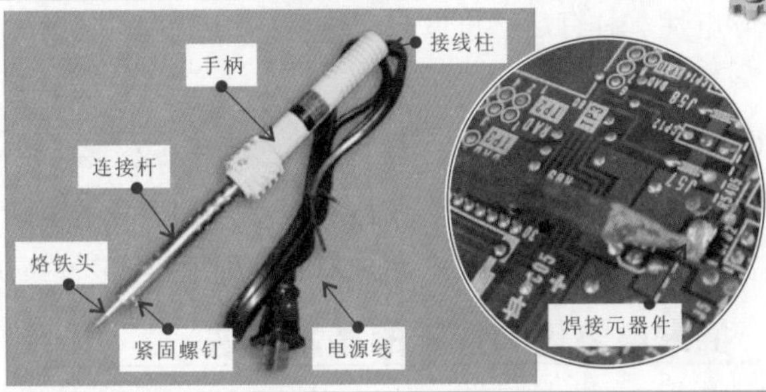
接线柱
手柄
连接杆
烙铁头
紧固螺钉
电源线
焊接元器件

图 6-23　恒温电烙铁

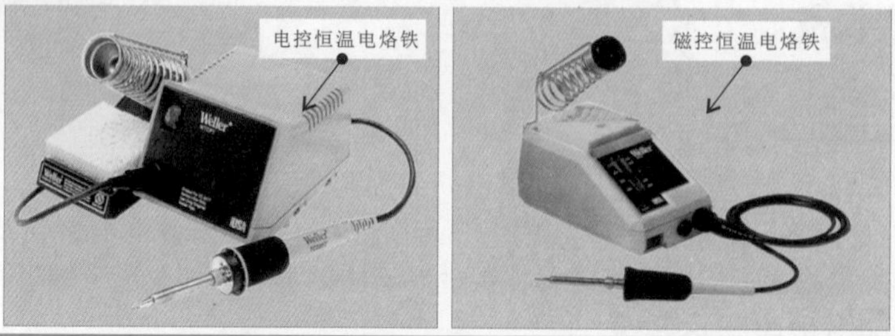
电控恒温电烙铁
磁控恒温电烙铁

3）吸锡电烙铁又称吸锡器，其主要用于在取下元器件后吸去焊盘上多余的焊锡，与普通电烙铁相比，其烙铁头是空心的，而且多了一个吸锡装置，如图 6-24 所示。

使用吸锡电烙铁时，需先压下吸锡电烙铁的活塞杆，再将加热装置的吸嘴放置到待拆解元器件的焊点上。待焊点熔化后，按下吸锡电烙铁上的按钮，活塞杆就会随之弹起，通过吸锡装置，将熔锡吸入吸锡电烙铁内。在需要拆解很小的元器件时，有时也需要电烙铁配合，如图 6-25 所示。

图 6-24　吸锡电烙铁

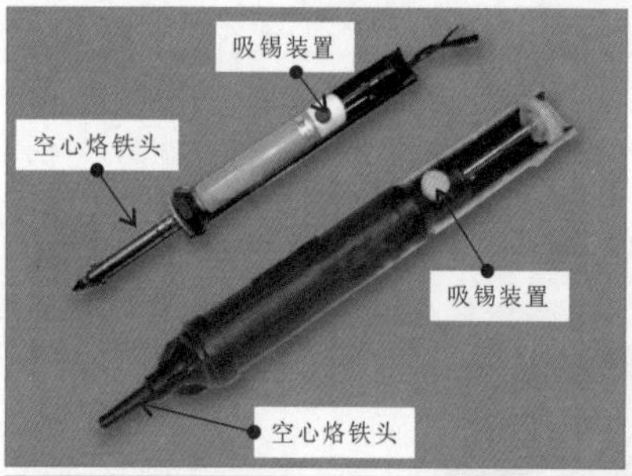
吸锡装置
空心烙铁头
吸锡装置
空心烙铁头

图 6-25　吸锡电烙铁的使用

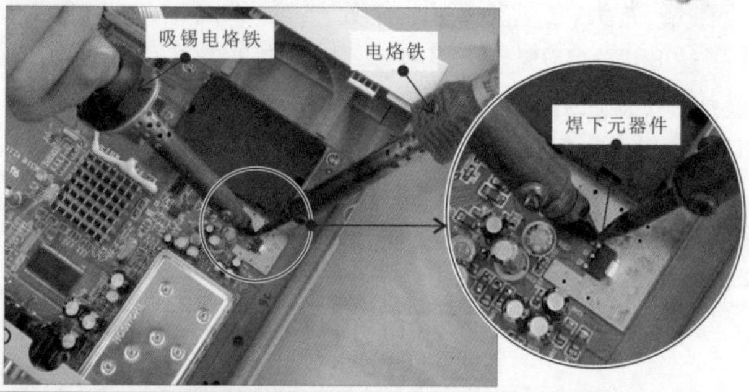
吸锡电烙铁
电烙铁
焊下元器件

2　焊接材料

焊料是易熔金属，熔点低于被焊金属，它的作用是在熔化时能在被焊金属表面形成合金而将被焊金属连接到一起。焊料按成分分为锡铅焊料、银焊料和铜焊料等。在一般电子产品装配中主要使用锡铅焊料，俗称焊锡。

金属表面同空气接触后都会生成一层氧化膜，温度越高，氧化越厉害。这层氧化膜在焊接时会阻碍焊锡的浸润，影响焊接点合金的形成。在没有去掉金属表面氧化膜时，即使勉强焊接，也很容易出现虚焊、假焊现象。

助焊剂就是用于清除氧化膜的一种专用材料，能去除被焊金属表面氧化物与杂质、增强焊料与金属表面的活性以及提高焊料浸润能力。此外，还能有效地抑制焊料和被焊金属继续被氧化，促使焊料流动且提高焊接速度。所以，在焊接过程中一定要使用助焊剂，它是保证焊接顺利进行、获得良好导电性、具有足够机械强度和清洁美观的高质量焊点必不可少的辅助材料。常用的助焊剂有焊膏、焊粉和松香等。

6.3.2　锡焊操作

利用烙铁加热被焊金属件和锡铅等焊料，被熔化的焊料润湿已加热的金属表面使其形成合金，焊料凝固后使被焊金属件连接起来的一种焊接工艺，简称锡焊。

1　握拿电烙铁和焊锡的基本方法

1）手工焊接的第一步就是要正确掌握锡焊操作的正确姿势和方法。

- 握笔法的握拿方式如图 6-26a 所示。这种姿势比较容易掌握，但长时间操作比较容易疲劳，烙铁容易抖动，影响焊接效果，一般适用于小功率烙铁和热容量小的被焊件。
- 反握法的握拿方式如图 6-26b 所示。反握法把电烙铁柄置于手掌内，烙铁头在小指侧，这种握法的特点是比较稳定，长时间操作不易疲劳，适用于较大功率的电烙铁。
- 正握法的握拿方式如图 6-26c 所示，正握法是把电烙铁柄握在手掌内，与反握法不同的是大拇指靠近烙铁头部，这种握法适于中等功率烙铁或带弯砂电烙铁的操作。

2）焊锡丝的握拿方式分为连续握拿法和断续握拿法。

- 连续握拿法的握拿方式如图 6-26d 所示，将大拇指和食指拿住焊锡丝，其余三指将焊锡丝握于手心，利用五指相互配合将焊锡丝连续向前送到焊点。这种方法适用于成卷（或筒）焊锡丝的焊接。

图 6-26　电烙铁的握拿方式

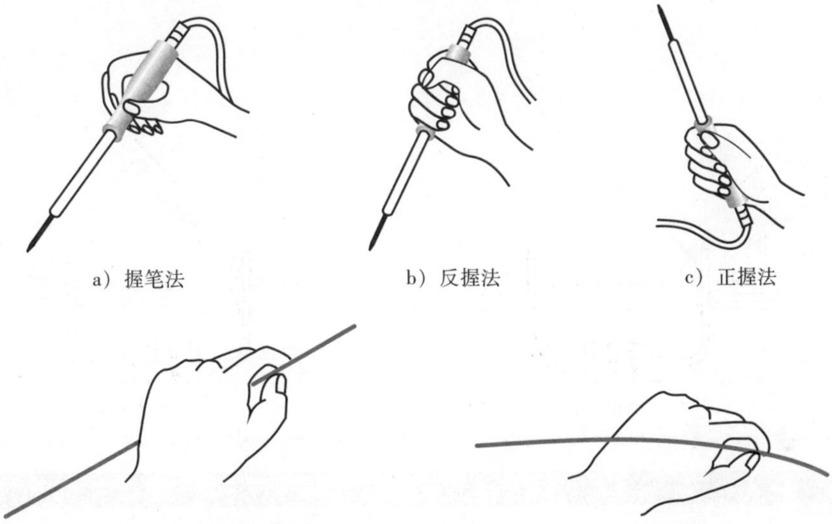

a）握笔法　b）反握法　c）正握法

d）连续握拿法　e）断续握拿法

- 断续握拿法的握拿方式如图 6-26e 所示，将焊锡丝置于虎口间，用大拇指、食指和中指夹住。这种方法适用于小段焊锡丝的手工焊接。

| 提示说明 |

焊剂加热挥发出的化学物质对人体是有害的，操作者头部和电烙铁的距离应保持在 30cm 以上，若需要长时间的锡焊一定要准备好保护措施。焊锡丝在焊接时需要加热且焊锡丝具有热导性，因此在握拿焊锡丝时要注意手不要太靠近焊锡丝的加热部分，以免烫伤。

2　焊接操作的基本步骤

1）准备施焊。将被焊件、焊锡丝和电烙铁等工具准备好，保证烙铁头清洁，并通电加热。左手拿焊锡丝，右手握经过预上锡的电烙铁，如图 6-27 所示。

2）加热焊件。将烙铁头接触焊接点，使焊接部位均匀受热，且元器件的引脚和印制板上的焊盘都需要均匀受热，如图 6-27b 所示。

| 提示说明 |

烙铁头对焊点不要施加力量或加热时间过长，否则会引发高温损伤元器件，高温使焊点表面的焊剂挥发严重，塑料、电路板等材质受热变形，焊料过多焊点性能变质等不良的后果。

3）熔化焊料。焊点温度达到需求后，将焊锡丝置于焊点部位，即被焊件上烙铁头对称的一侧，而不是直接加在烙铁头上，焊料开始熔化并润湿焊点，如图 6-27c 所示。

图 6-27　焊接操作步骤

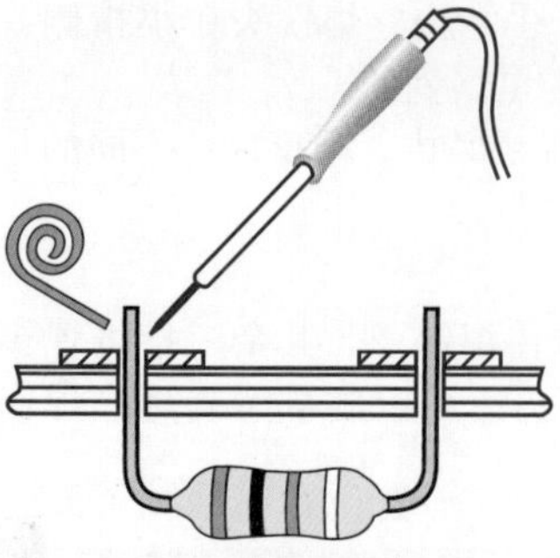

a）准备施焊

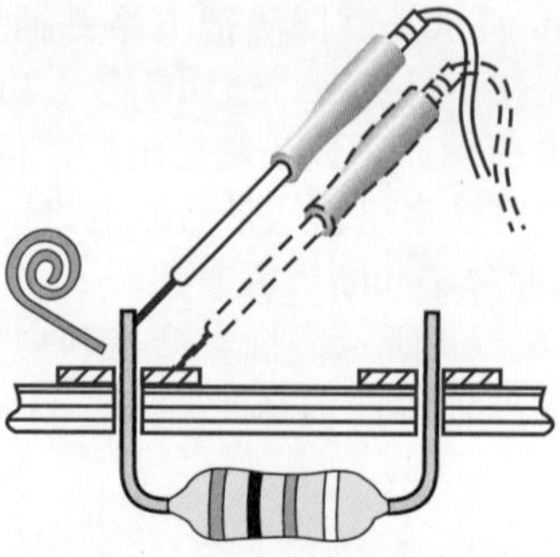

b）加热焊件

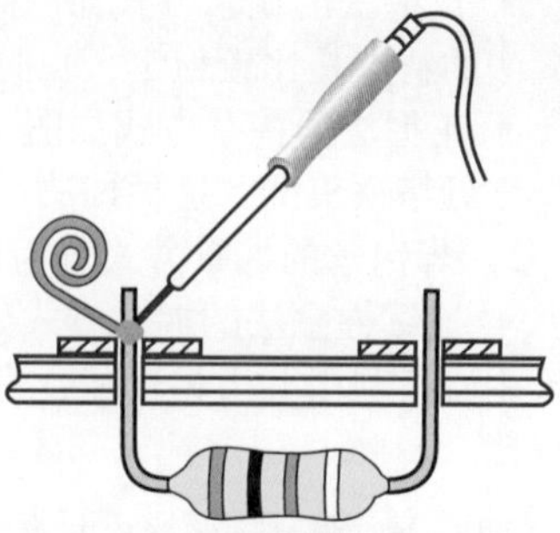

c）熔化焊料

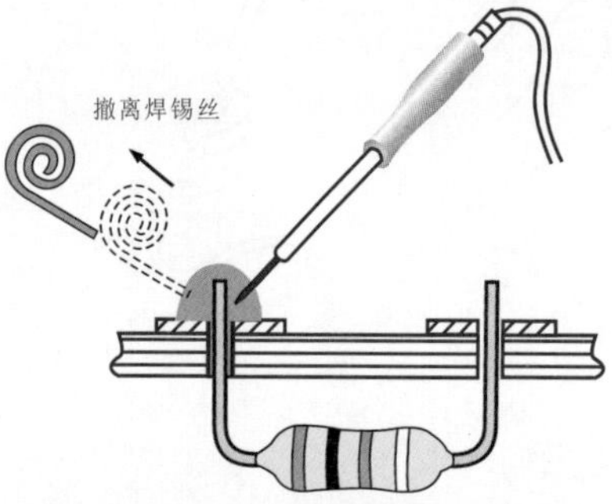
撤离焊锡丝

d）移开焊锡丝

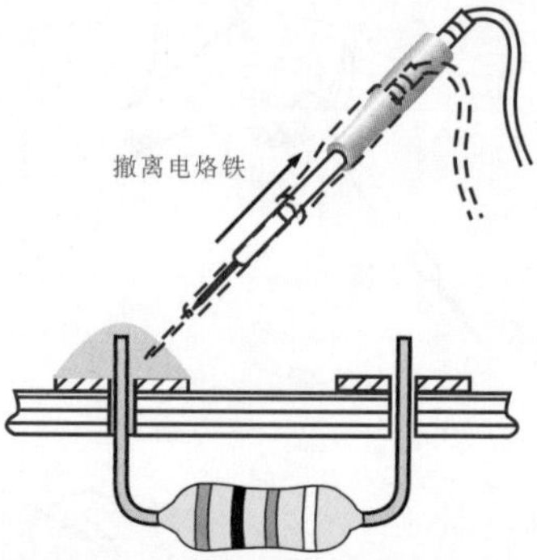
撤离电烙铁

e）撤离电烙铁

| 提示说明 |

烙铁头温度比焊料熔化温度高 50℃较为适宜。加热温度过高，也会引发因为焊剂没有足够的时间在被焊面上漫流而过早挥发失效、焊料熔化速度过快影响焊剂作用的发挥等不良后果。

4）移开焊锡丝。当熔化的焊锡达到一定量后将焊锡丝移开，熔化的焊锡不能过多也不能过少，如图 6-27d 所示。

| 提示说明 |

焊锡量要合适，过量的焊锡不但造成成本浪费，而且增加了焊接时间，降低了工作速度，还容易造成电路板或元器件的短路。焊锡过少不能形成牢固的结合，降低焊点强度，造成导线脱落等不良后果。

5）撤离电烙铁。当焊锡完全润湿焊点，扩散范围达到要求后，撤离电烙铁。移开电烙铁的方向应该与电路板大致 45°的方向，撤离速度不能太慢。正确撤离电烙铁的方法如图 6-27e 所示。此时焊点圆滑、饱满，烙铁头不会带走太多的焊料。

| 提示说明 |

电烙铁要及时撤离，而且撤离时的角度和方向对焊点形成有一定的关系，不良撤离电烙铁会对焊接的效果造成不良的后果，影响焊接质量，图 6-28 所示为常见的不良撤离电烙铁实例。要达到焊点圆滑美观，需要不断摸索训练，特别是在把握电烙铁的手感和动作的协调上下功夫，这是焊接的基本功。

一般焊点整个焊接操作的时间控制在 2 ~3s。各步骤之间停留的时间，对保证焊接质量至关重要，需要通过实践逐步掌握。焊接操作完毕后，在焊料尚未完全凝固之前，不能改变被焊件的位置。

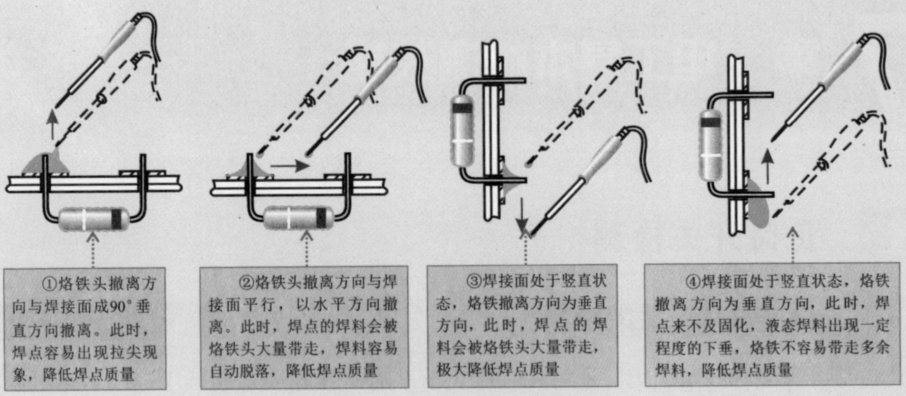
①烙铁头撤离方向与焊接面成90°垂直方向撤离。此时，焊点容易出现拉尖现象，降低焊点质量
②烙铁头撤离方向与焊接面平行，以水平方向撤离。此时，焊点的焊料会被烙铁头大量带走，焊料容易自动脱落，降低焊点质量
③焊接面处于竖直状态，烙铁撤离方向为垂直方向，此时，焊点的焊料会被烙铁头大量带走，极大降低焊点质量
④焊接面处于竖直状态，烙铁撤离方向为垂直方向，此时，焊点来不及固化，液态焊料出现一定程度的下垂，烙铁不容易带走多余焊料，降低焊点质量

图 6-28　不良撤离电烙铁实例

第7章 电工基本检测技能

7.1 负荷开关检测

7.1.1 开启式负荷开关的检测

开启式负荷开关又称胶盖闸刀，通常用在带负荷状态下接通或切断低压较小功率电源电路。

开启式负荷开关主要用于断开电路、隔离电源。正常时，拉下开启式负荷开关，电源供电应切断；合上开关，电路应接通。若操作开启式负荷开关功能失常，则需要断开电路，进一步打开开启式负荷开关的外壳，对内部进行检查。

如图7-1所示，开启式负荷开关可采用直接观察法进行检测。打开开启式负荷开关后，观察其熔丝是否连接完好，若有断开，则该开启式负荷开关不能正常工作。

图7-1　开启式负荷开关的检测

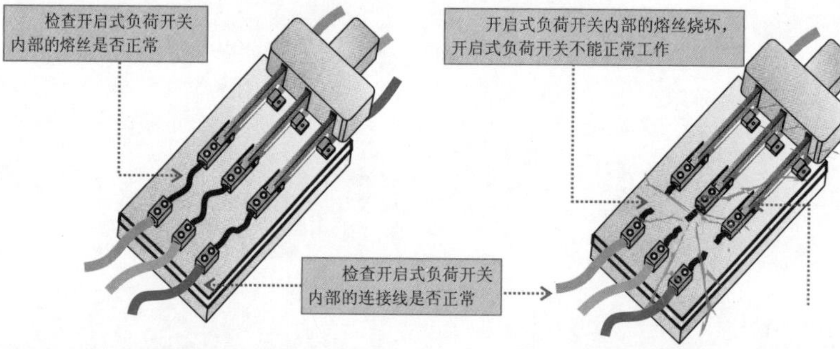
检查开启式负荷开关内部的熔丝是否正常
开启式负荷开关内部的熔丝烧坏，开启式负荷开关不能正常工作
检查开启式负荷开关内部的连接线是否正常

7.1.2 封闭式负荷开关的检测

封闭式负荷开关（铁壳开关）是在开启式负荷开关的基础上改进的一种手动开关，其操作性能和安全防护性能都优于开启式负荷开关。封闭式负荷开关通常用于额定电压小于500V，额定电流小于200A的电气设备中。

如图7-2所示，检测封闭式负荷开关的方法与检测开启式负荷开关相同。当打开封闭式负荷开关后，观察其内部结构，若熔断器损坏或触头有明显的损坏都会引起封闭式负荷开关不能正常工作。

一般来说，封闭式负荷开关的故障现象以操作手柄带电和夹座（静触头）过热或烧坏两种情况最为常见。

提示说明

接线时，应将电源进线接在静夹座一边的接线端子上，负载引线接在熔断器一边的接线端子上，且进出线都必须穿过开关的进出线孔。分合闸操作时，要站在开关的手柄侧，不准面对开关，以免因故障电流使开关爆炸，铁壳飞出伤人。

图 7-2 封闭式负荷开关的检测

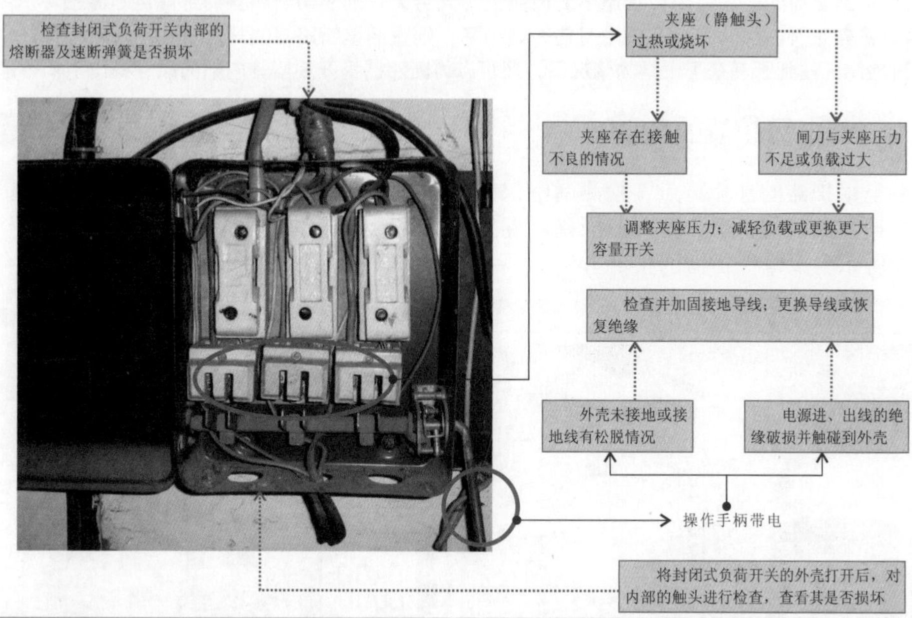
检查封闭式负荷开关内部的熔断器及速断弹簧是否损坏
夹座（静触头）过热或烧坏
夹座存在接触不良的情况
闸刀与夹座压力不足或负载过大
调整夹座压力；减轻负载或更换更大容量开关
检查并加固接地导线；更换导线或恢复绝缘
外壳未接地或接地线有松脱情况
电源进、出线的绝缘破损并触碰到外壳
操作手柄带电
将封闭式负荷开关的外壳打开后，对内部的触头进行检查，查看其是否损坏

7.2 保护器件检测

7.2.1 低压断路器的检测

对低压断路器进行检测时，首先将低压断路器置于断开状态，然后将万用表的红、黑表笔分别搭在低压断路器的①脚和②脚处，测得低压断路器断开时的阻值为无穷大；然后，万用表表笔保持不动，拨动低压断路器的操作手柄，使其处于闭合状态。此时万用表的指针立即摆动到电阻 0Ω 的位置，如图 7-3 所示。接着使用同样的方法检测另外两组开关。

图 7-3 低压断路器的检测方法

1
ANDELI
C25
①
②

将断路器拨至断开状态，将红、黑表笔分别搭在①脚和②脚上，在正常情况下，测得阻值为无穷大。

2
ANDELI
C25
①
②

将断路器拨至闭合状态，保持万用表的红、黑表笔搭在①脚和②脚上，在正常情况下，测得阻值为0Ω。

扫一扫看视频

提示说明

判断低压断路器的好坏：

◇ 若测得三组开关在断开状态下的电阻值均为无穷大，在闭合状态下均为 0Ω，则表明该断路器正常。

◇ 若测得断路器的开关在断开状态下的电阻值为0Ω，则表明断路器内部触点粘连损坏。

◇ 若测得断路器的开关在闭合状态下的电阻值为无穷大，则表明断路器内部触点断路损坏。

◇ 若测得断路器内部的三组开关中有任一组损坏，则说明该断路器损坏。

在通过检测无法判断其是否正常的情况下，还可以将断路器拆开观察其内部的触点操作手柄等是否良好。

7.2.2 漏电保护器的检测

结合漏电保护器的功能特点，检测漏电保护器主要是在漏电保护器的初始状态和保护状态下，检测漏电保护器的动作情况，以此判断漏电保护器的性能状态。

图7-4所示为漏电保护器的检测方法。

图7-4 漏电保护器的检测方法

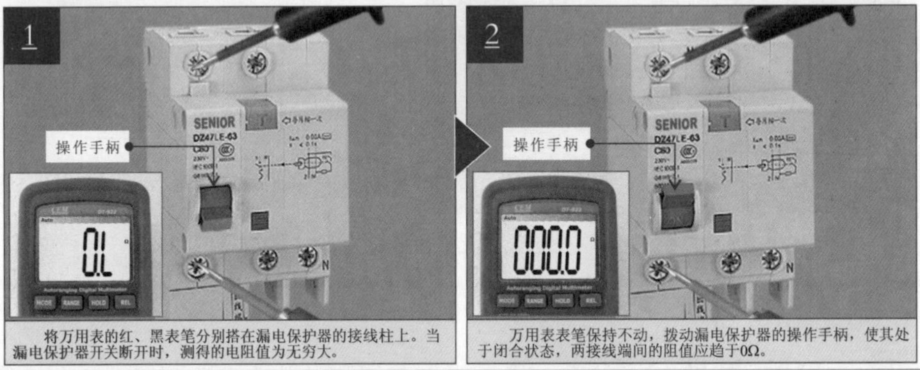
1
操作手柄
SENIOR
DZ47LE-63
0.L
将万用表的红、黑表笔分别搭在漏电保护器的接线柱上。当漏电保护器开关断开时，测得的电阻值为无穷大。
2
操作手柄
SENIOR
DZ47LE-63
000.0
万用表表笔保持不动，拨动漏电保护器的操作手柄，使其处于闭合状态，两接线端间的阻值应趋于0Ω。

| 提示说明 |

判断漏电保护器的好坏：

◇ 若测得漏电保护器的各组开关在断开状态下，其阻值均为无穷大，在闭合状态下，均为0Ω，则表明该漏电保护器正常。

◇ 若测得漏电保护器的开关在断开状态下，其阻值为0Ω，则表明漏电保护器内部触点粘连损坏。

◇ 若测得漏电保护器的开关在闭合状态下，其阻值为无穷大，则表明漏电保护器内部触点断路损坏。

◇ 若测得漏电保护器内部的各组开关有任何一组损坏，均说明该漏电保护器损坏。

7.2.3 熔断器的检测

一般来说，通过直接观察即可判别熔断器的性能。如图7-5所示，若发现低压熔断器表面有明显的烧焦痕迹或内部熔断丝已断裂，均说明低压熔断器已损坏。

图7-5 通过观察法判别低压熔断器性能

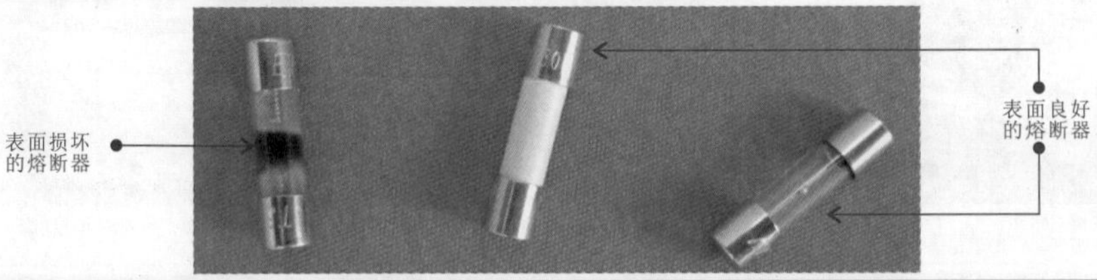
表面损坏的熔断器
表面良好的熔断器

除直接观察外，还可借助万用表检测熔断器阻值判断好坏，如图7-6所示。

| 提示说明 |

若测得低压熔断器的阻值很小或趋于零，则表明该低压熔断器正常；若测得低压熔断器的阻值为无穷大，则表明该低压熔断器已熔断。另外，注意带电状态下不能测量熔断器电阻值。

图 7-6 熔断器的检测方法

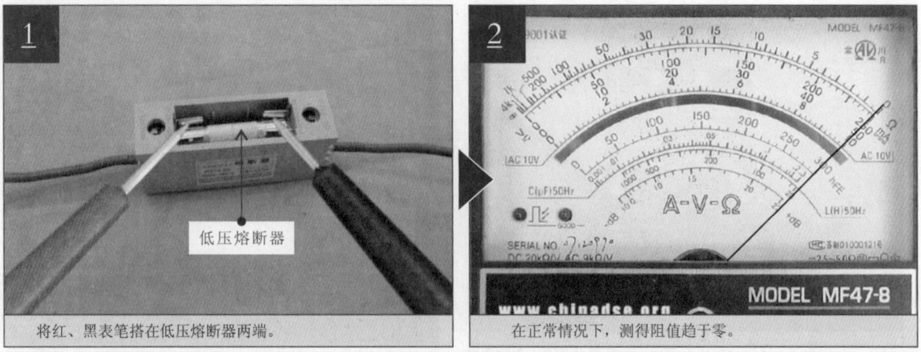
1
2
低压熔断器
MODEL MF47-8
A-V-Ω
www.chinadse.org

将红、黑表笔搭在低压熔断器两端。

在正常情况下，测得阻值趋于零。

7.3 继电器和接触器的检测

7.3.1 继电器的检测

以电磁继电器为例，判断电磁继电器是否正常时，主要是对各触点间的电阻值和线圈的电阻值进行检测，如图 7-7 所示。

| 提示说明 |

判断电磁继电器是否正常时，主要是对各触点间的电阻值和线圈的电阻值进行检测。正常情况下常闭触点间的电阻值为 0Ω，常开触点间的电阻值为无穷大，线圈应有一定的电阻值。

图 7-7 继电器的检测方法

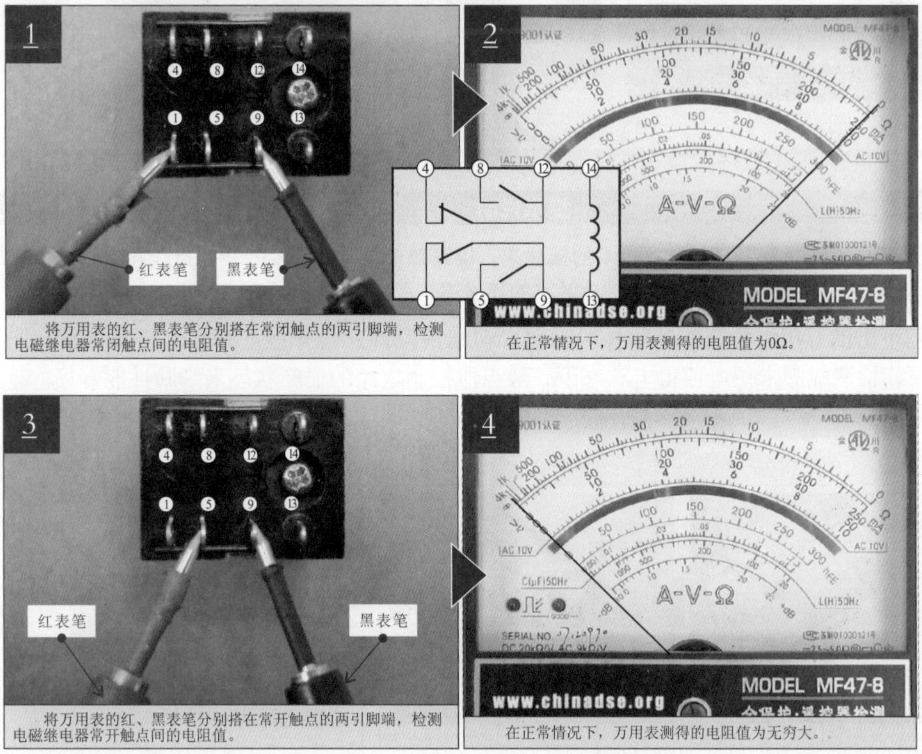
1
2
3
4
红表笔
黑表笔
④ ⑧ ⑫ ⑭
① ⑤ ⑨ ⑬
MODEL MF47-8
A-V-Ω
www.chinadse.org

将万用表的红、黑表笔分别搭在常闭触点的两引脚端，检测电磁继电器常闭触点间的电阻值。

在正常情况下，万用表测得的电阻值为0Ω。

将万用表的红、黑表笔分别搭在常开触点的两引脚端，检测电磁继电器常开触点间的电阻值。

在正常情况下，万用表测得的电阻值为无穷大。

扫一扫看视频

图 7-7　继电器的检测方法（续）

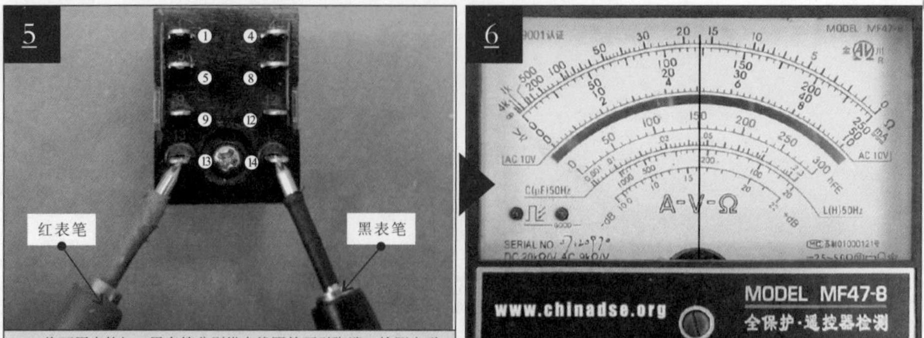
5
红表笔
黑表笔
6
A-V-Ω
MODEL MF47-8
www.chinadse.org
全保护·遥控器检测

将万用表的红、黑表笔分别搭在线圈的两引脚端，检测电磁继电器线圈引脚间的电阻值。

在正常情况下，万用表应测得有一定的电阻值。

7.3.2　接触器的检测

以交流接触器为例，可使用万用表对其线圈的电阻值进行检测，然后再对相应触点间的电阻值进行检测，从而判断当前交流接触器的性能。如图 7-8 所示，在检测之前先根据接触器外壳上的标识，识别接触器的接线端子。

图 7-8　识别接触器的接线端子

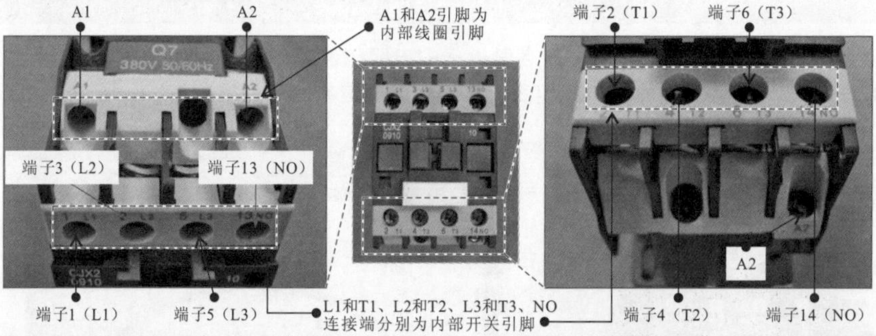
A1
A2
A1和A2引脚为内部线圈引脚
端子2（T1）
端子6（T3）
端子3（L2）
端子13（NO）
A2
端子1（L1）
端子5（L3）
L1和T1、L2和T2、L3和T3、NO连接端分别为内部开关引脚
端子4（T2）
端子14（NO）

| 提示说明 |

根据标识可知，接线端子 1、2 为相线 L1 的接线端，接线端子 3、4 为相线 L2 的接线端，接线端子 5、6 为相线 L3 的接线端，接线端子 13、14 为辅助触点的接线端，A1、A2 为线圈的接线端。

检测接触器可借助万用表检测接触器各引脚间（包括线圈间、常开触点间和常闭触点间）阻值；或在在路状态下，检测线圈未得电或得电状态下，触点所控制电路的通断状态来判断性能好坏。

如图 7-9 所示，以典型交流接触器为例介绍接触器的检测方法。

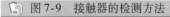

图 7-9　接触器的检测方法

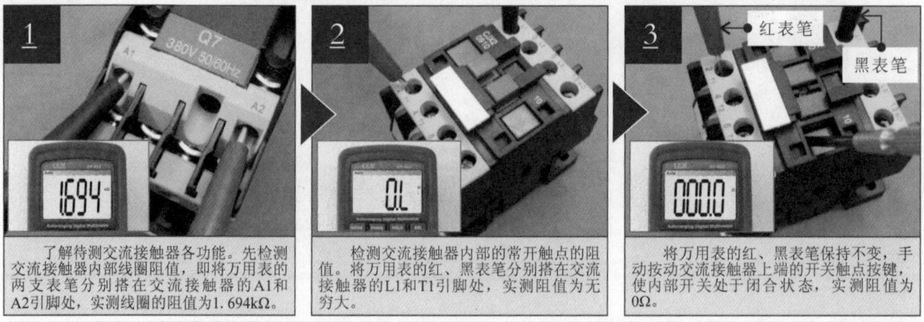
1
2
3
红表笔
黑表笔
1694
0.L
000.0

了解待测交流接触器各功能。先检测交流接触器内部线圈阻值，即将万用表的两支表笔分别搭在交流接触器的A1和A2引脚处，实测线圈的阻值为1.694kΩ。

检测交流接触器内部的常开触点的阻值。将万用表的红、黑表笔分别搭在交流接触器的L1和T1引脚处，实测阻值为无穷大。

将万用表的红、黑表笔保持不变，手动按动交流接触器上端的开关触点按键，使内部开关处于闭合状态，实测阻值为0Ω。

| 提示说明 |

当交流接触器内部线圈通电时，会使内部开关触点吸合；当内部线圈断电时，内部开关触点断开。因此，对该交流接触器进行检测时，需依次对其内部线圈阻值及内部开关在开启与闭合状态时的阻值进行检测。由于是断电检测交流接触器的好坏，因此，需要按动交流接触器上端的开关触点按键，强制将触点闭合进行检测。

判断交流接触器好坏的方法如下：

◇ 若测得接触器内部线圈有一定的阻值，内部开关在闭合状态下，其阻值为 0Ω，在断开状态下，其阻值为无穷大，则可判断该接触器正常。

◇ 若测得接触器内部线圈阻值为无穷大或 0Ω，均表明该接触器内部线圈已损坏。

◇ 若测得接触器的开关在断开状态下，阻值为 0Ω，则表明接触器内部触点粘连损坏。

◇ 若测得接触器的开关在闭合状态下，阻值为无穷大，则表明接触器内部触点损坏。

◇ 若测得接触器内部的四组开关中有任一组损坏，均说明该接触器损坏。

7.4 传感器的检测

7.4.1 温度传感器的检测

检测温度传感器，可以使用万用表检测不同温度下的温度传感器阻值，根据检测结果判断温度传感器是否正常。以热敏电阻器为例，检测方法如图 7-10 所示。

图 7-10 温度传感器的检测方法

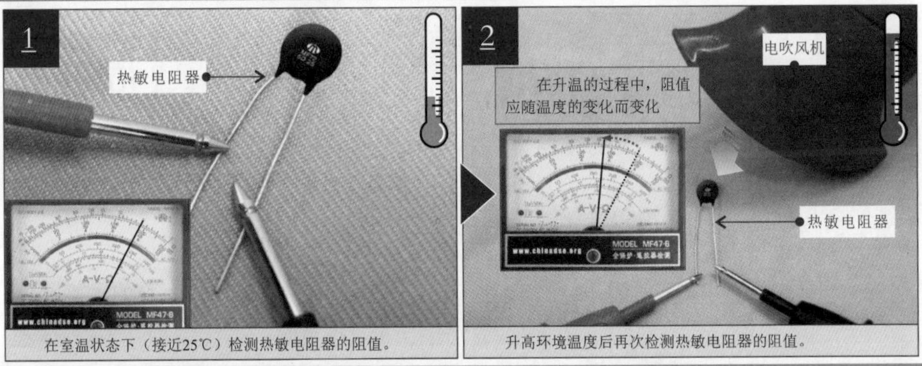
1
热敏电阻器
2
电吹风机
在升温的过程中，阻值应随温度的变化而变化
热敏电阻器
MODEL MF47-6
在室温状态下（接近25℃）检测热敏电阻器的阻值。
升高环境温度后再次检测热敏电阻器的阻值。

扫一扫看视频

| 提示说明 |

实测常温下热敏电阻器的阻值若为 350Ω，接近标称值或与标称值相同，则表明该热敏电阻器在常温下正常。使用电吹风机升高环境温度时，万用表的指针随温度的变化而摆动，表明热敏电阻器基本正常；若温度变化阻值不变，则说明该热敏电阻器性能不良。

若热敏电阻器的阻值随温度的升高而增大，则为正温度系数（PTC）热敏电阻器；若热敏电阻器的阻值随温度的升高而降低，则为负温度系数（NTC）热敏电阻器。

7.4.2 湿度传感器的检测

检测湿度传感器时，可通过改变湿度条件，用万用表检测湿度传感器的阻值变化情况来判别好坏。以湿敏电阻器为例，检测方法如图 7-11 所示。

| 提示说明 |

在正常情况下，湿敏电阻器的电阻值应随湿度的变化而变化；若湿度发生变化，湿敏电阻器的阻值无变化或变化不明显，多为湿敏电阻器感应湿度变化的灵敏度低或性能异常；若湿敏电阻器的阻值趋近于 0Ω 或无穷大，则该湿敏电阻器已经损坏。

若湿敏电阻器的阻值随湿度的升高而增大，则为正湿度系数湿敏电阻器；若湿敏电阻器的阻值随湿度的升高而减小，则为负湿度系数湿敏电阻器。

图 7-11　湿度传感器的检测方法

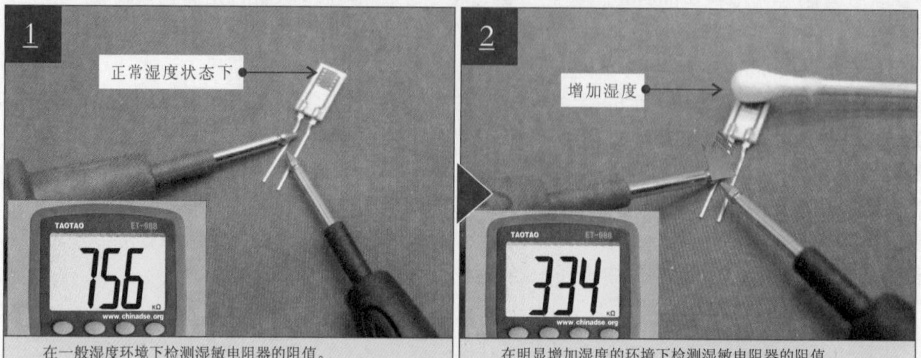
1
正常湿度状态下
TAOTAO
ET-988
756
kΩ
www.chinadse.org
2
增加湿度
TAOTAO
334
kΩ
www.chinadse.org

在一般湿度环境下检测湿敏电阻器的阻值。　在明显增加湿度的环境下检测湿敏电阻器的阻值。

7.4.3　光电传感器的检测

检测光电传感器（以光敏电阻器为例）时，可使用万用表通过测量待测光敏电阻器在不同光线下的阻值来判断光电传感器是否损坏。以光敏电阻器为例，检测方法如图 7-12 所示。

图 7-12　光电传感器的检测方法

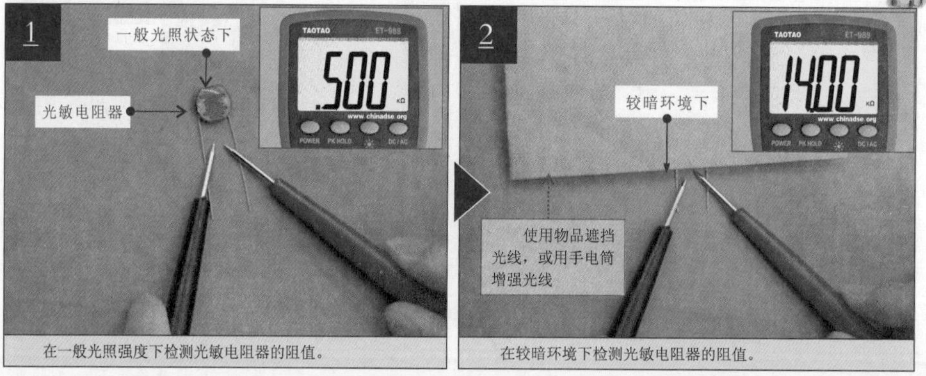
1
一般光照状态下
光敏电阻器
TAOTAO
.500
kΩ
www.chinadse.org
2
较暗环境下
TAOTAO
1400
kΩ
www.chinadse.org
使用物品遮挡光线，或用手电筒增强光线

在一般光照强度下检测光敏电阻器的阻值。　在较暗环境下检测光敏电阻器的阻值。

扫一扫看视频

| 提示说明 |

使用万用表的欧姆档，分别在明亮条件下和暗淡条件下检测光敏电阻器阻值的变化。若光敏电阻器的电阻值随着光照强度的变化而发生变化，表明待测光敏电阻器性能正常；若光照强度变化时，光敏电阻器的电阻值无变化或变化不明显，则多为光敏电阻器感应光线变化的灵敏度低或本身性能不良。

7.4.4　气敏传感器的检测

不同类型气敏传感器可检测的气体类别不同。检测时，应根据气敏传感器的具体功能改变其周围可测气体的浓度，同时用万用表检测气敏传感器本身或所在电路，根据数据变化的情况来判断好坏。

以常见气敏电阻器为例。气敏电阻器正常工作需要一定的工作环境，判断气敏电阻器的好坏需要将其置于电路环境中，满足其对气体的检测条件，再进行检测。例如，分别在普通环境下和丁烷气体浓度较大环境下检测气敏电阻器的阻值，如图 7-13 所示。

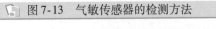

图 7-13　气敏传感器的检测方法

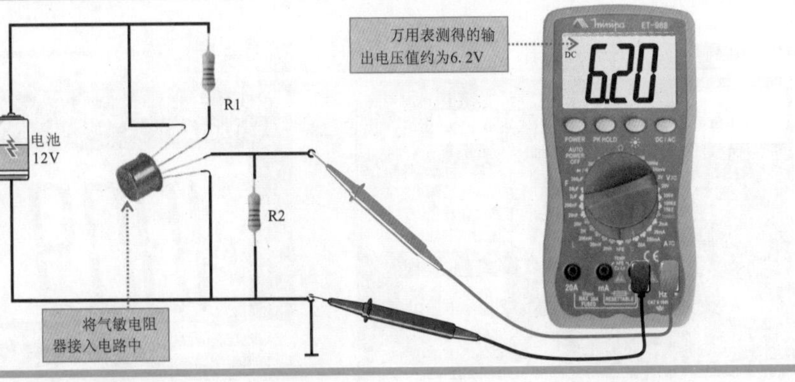
万用表测得的输出电压值约为6.2V
6.20
R1
电池 12V
R2
将气敏电阻器接入电路中

7.5 常用电子元器件的检测

7.5.1 电阻器的检测

电阻器的检测方法比较简单，一般借助万用表检测阻值即可。图 7-14 所示为普通电阻器的检测方法。

图 7-14　电阻器的检测方法

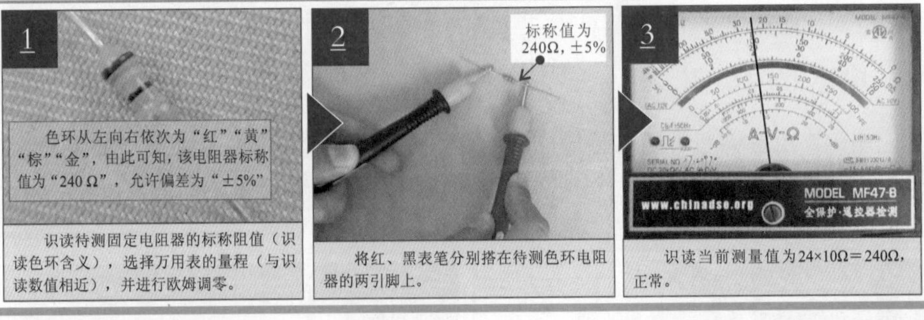
1
色环从左向右依次为“红”“黄”“棕”“金”，由此可知，该电阻器标称值为“240 Ω”，允许偏差为“±5%”
识读待测固定电阻器的标称阻值（识读色环含义），选择万用表的量程（与识读数值相近），并进行欧姆调零。
2
标称值为 240Ω，±5%
将红、黑表笔分别搭在待测色环电阻器的两引脚上。
3
MODEL MF47-8
www.chinadse.org
识读当前测量值为24×10Ω＝240Ω，正常。

7.5.2 电容器的检测

检测电容器，通常可以使用数字万用表粗略测量电容器的电容量，然后将实测结果与电容器的标称电容量相比较，即可判断待测电容器的性能状态。以常见的电解电容器为例。

检测前，首先识别待测电解电容器的引脚极性，然后用电阻器对电解电容器进行放电操作，如图 7-15 所示。

图 7-15　电解电容器的放电操作

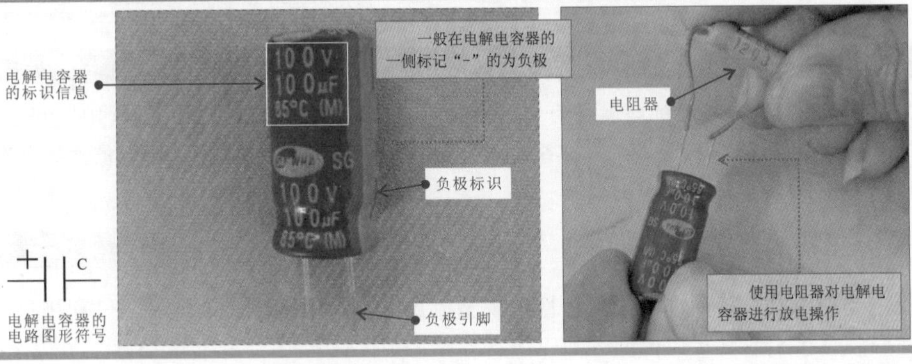
电解电容器的标识信息
一般在电解电容器的一侧标记“-”的为负极
负极标识
负极引脚
电解电容器的电路图形符号
电阻器
使用电阻器对电解电容器进行放电操作

扫一扫看视频

放电操作完成后，使用数字万用表检测电解电容器的电容量，即可判别待测电解电容器性能的好坏，如图 7-16 所示。

图 7-16 电解电容器的检测方法

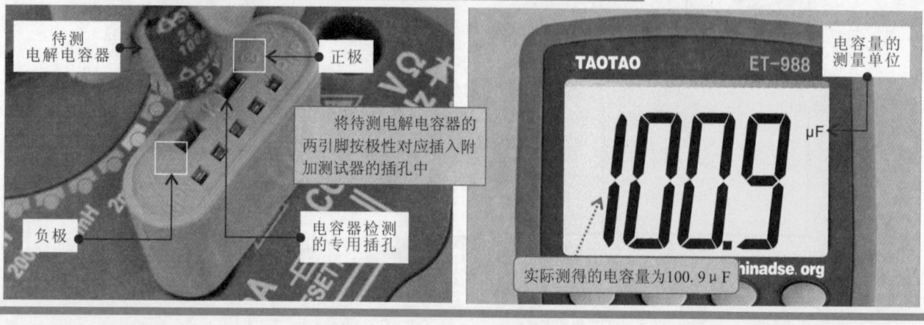
待测
电解电容器
正极
将待测电解电容器的
两引脚按极性对应插入附
加测试器的插孔中
负极
电容器检测
的专用插孔
TAOTAO
ET-988
电容量的
测量单位
100.9
μF
实际测得的电容量为100.9μF
chinadse.org

| 提示说明 |

电解电容器的放电操作主要是针对大容量电解电容器。由于大容量电解电容器在工作中可能会有很多电荷，如短路会产生很强的电流，为防止损坏万用表或引发电击事故，应先用电阻器放电后再进行检测。

对大容量电解电容器放电可选用阻值较小的电阻器，将电阻器的引脚与电解电容器的引脚相连即可。

在通常情况下，电解电容器的工作电压在 200V 以上，即使电容量比较小也需要放电，如 60μF/200V 的电容器，工作电压较低，但电容量高于 300μF，也属于大容量电容器。在实际应用中，常见的 1000μF/50V、60μF/400V、300μF/50V 和 60μF/200V 电容器等均为大容量电解电容器。

7.5.3 电感器的检测

在实际应用中，电感器通常以电感量等性能参数体现其电路功能，因此，检测电感器一般使用万用表粗略测量其电感量即可。图 7-17 所示为电感器的检测方法。

图 7-17 电感器的检测方法

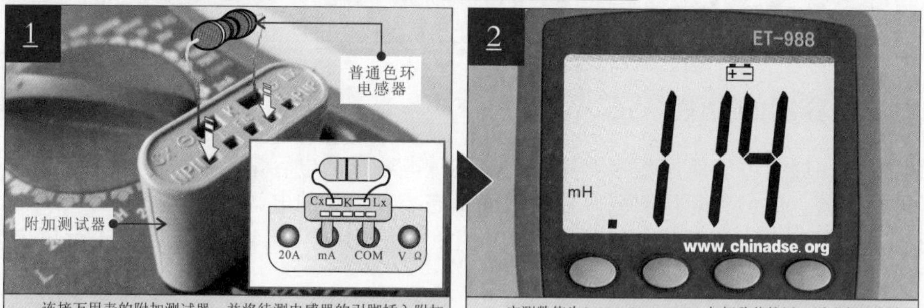
1
普通色环
电感器
附加测试器
Cx
Lx
20A
mA
COM
V Ω
2
ET-988
mH
.114
www.chinadse.org

连接万用表的附加测试器，并将待测电感器的引脚插入附加测试器的“Lx”电感测量插孔中。

实测数值为0.114mH=114μH，与标称值接近，说明色环电感器性能良好。

| 提示说明 |

在正常情况下，检测色环电感器的电感量为“0.114mH”，根据单位换算公式 $1\mu H = 10^{-3} mH$，即 $0.114mH \times 10^{3} = 114\mu H$，与该色环电感器的标称容量值基本相符。若测得的电感量与电感器的标称电感量相差较大，则说明电感器性能不良，可能已损坏。

7.5.4 整流二极管的检测

整流二极管主要利用二极管的单向导电特性实现整流功能，判断整流二极管好坏可利用这一特性，即用万用表检测整流二极管正、反向导通电压，如图 7-18 所示。

图 7-18　整流二极管的检测方法

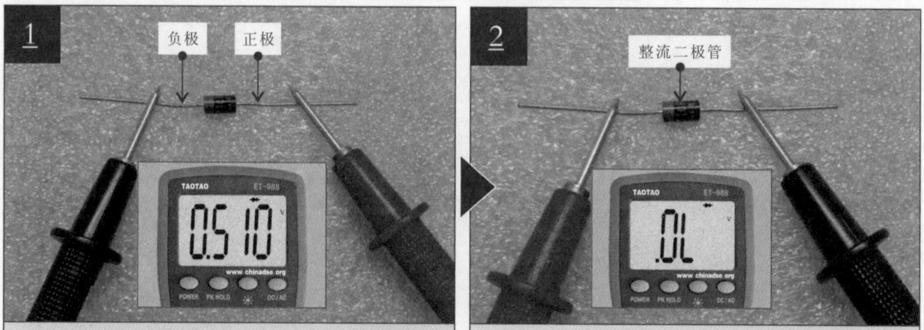
1
负极
正极
0.510
2
整流二极管
.0L

将万用表调整为二极管测量档，红、黑表笔分别搭在整流二极管的正、负极，检测其正向导通电压。

保持万用表档位不变，调换表笔，检测整流二极管的反向导通电压。

| 提示说明 |

在正常情况下，整流二极管有一定的正向导通电压，但没有反向导通电压。若实测整流二极管的正向导通电压为 0.2 ~0.3V，则说明该整流二极管为锗材料制作；若实测为 0.6 ~0.7V，则说明所测整流二极管为硅材料；若测得电压不正常，说明整流二极管不良。

7.5.5　发光二极管的检测

检测发光二极管的性能，可借助万用表欧姆档粗略测量其正、反向阻值判断性能好坏，如图 7-19 所示。

图 7-19　发光二极管的检测方法

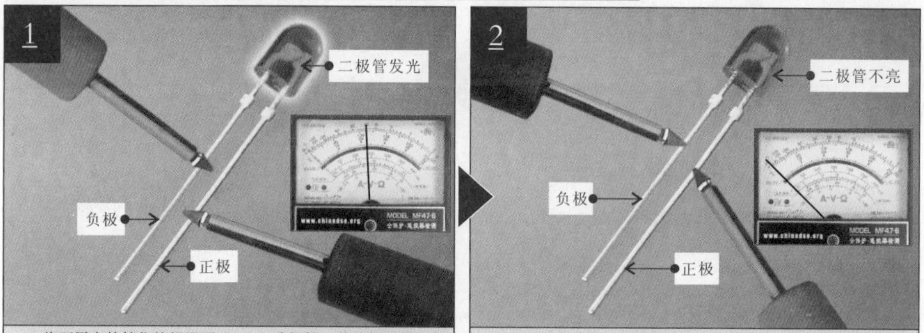
1
二极管发光
负极
正极
2
二极管不亮
负极
正极

将万用表的档位旋钮调至"×1k"欧姆档，并欧姆调零，黑表笔搭在发光二极管的正极引脚上，红表笔搭在负极引脚上。

将万用表的红、黑表笔对调，检测发光二极管的反向阻值。

| 提示说明 |

由于万用表内压作用，检测正向阻值时，发光二极管发光，且测得正向阻值为 20kΩ；检测反向阻值时，二极管不发光，测得反向阻值为无穷大，发光二极管良好。

若正向阻值和反向阻值都趋于无穷大，则发光二极管存在断路故障；若正向阻值和反向阻值都趋于 0Ω，则发光二极管存在击穿短路；若正向阻值和反向阻值都很小，可以断定该发光二极管已被击穿。

7.5.6　晶体管的检测

晶体管的放大能力是其最基本的性能之一。一般可使用数字万用表上的晶体管放大倍数检测插孔粗略测量晶体管的放大倍数。

图 7-20 所示为晶体管放大倍数的检测方法。

图 7-20　晶体管放大倍数的检测方法

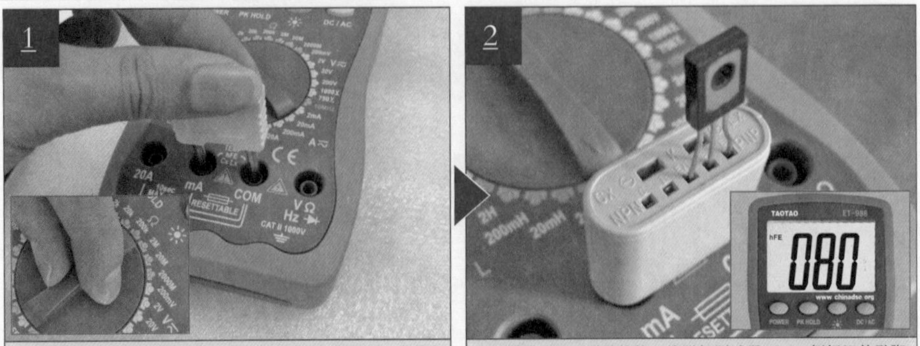
1
2
080

将数字万用表档位旋钮调至晶体管放大倍数测量档，在数字万用表相应插孔中安装附加测试器。

将待测NPN型晶体管，按附加测试器NPN一侧标识的引脚插孔对应插入，实测该晶体管放大倍数h_{FE}为80，正常。

7.5.7　场效应晶体管的检测

场效应晶体管的放大能力是其最基本的性能之一，一般可使用指针式万用表粗略测量其是否具有放大能力。

以结型场效应晶体管为例，图 7-21 所示为其放大能力的检测方法。

图 7-21　场效应晶体管放大能力的检测方法

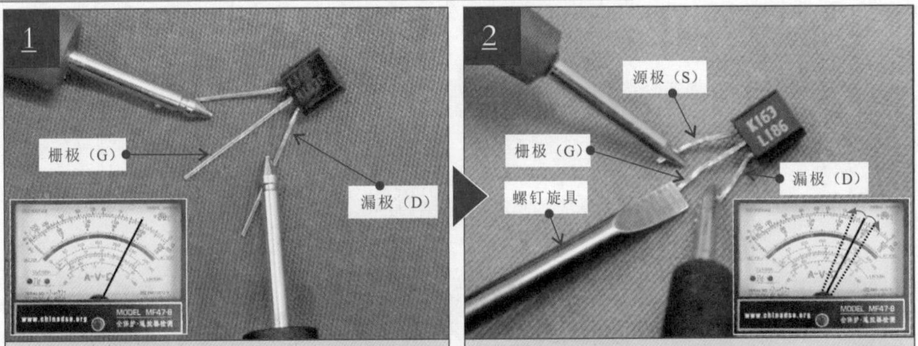
1
栅极（G）
漏极（D）
2
源极（S）
栅极（G）
螺钉旋具
漏极（D）

将万用表的量程按钮调至“×1k”欧姆档，将万用表的黑表笔搭在结型场效应晶体管的漏极（D）上，将万用表的红表笔搭在源极（S）上。观察万用表的指针位置可知，当前测量值为5kΩ。

用螺钉旋具接触结型场效应晶体管的栅极（G）。可看到指针产生一个较大的摆动（向左或向右）。

提示说明

在正常情况下，万用表指针摆动的幅度越大，表明结型场效应晶体管的放大能力越好；反之，则表明放大能力越差。若螺钉旋具接触栅极（G）时指针不摆动，则表明结型场效应晶体管已失去放大能力。测量一次后再次测量，指针可能不动，这也正常，可能是因为在第一次测量时 G、S 极之间结电容积累了电荷。为能够使万用表指针再次摆动，可在测量后短接一下 G、S 极。

绝缘栅型场效应晶体管放大能力的检测方法与结型场效应晶体管放大能力的检测方法相同。需要注意的是，为避免人体感应电压过高或人体静电使绝缘栅型场效应晶体管击穿，检测时尽量不要用手碰触绝缘栅型场效应晶体管的引脚，应借助螺钉旋具碰触栅极引脚完成检测。

7.5.8　晶闸管的检测

晶闸管作为一种可控整流器件，采用阻值检测方法无法判断内部开路状态。因此一般不直接用万用表检测阻值判断，但可借助万用表检测其触发能力。

图 7-22 所示为单向晶闸管触发能力的具体检测方法。

图 7-22 单向晶闸管触发能力的检测方法

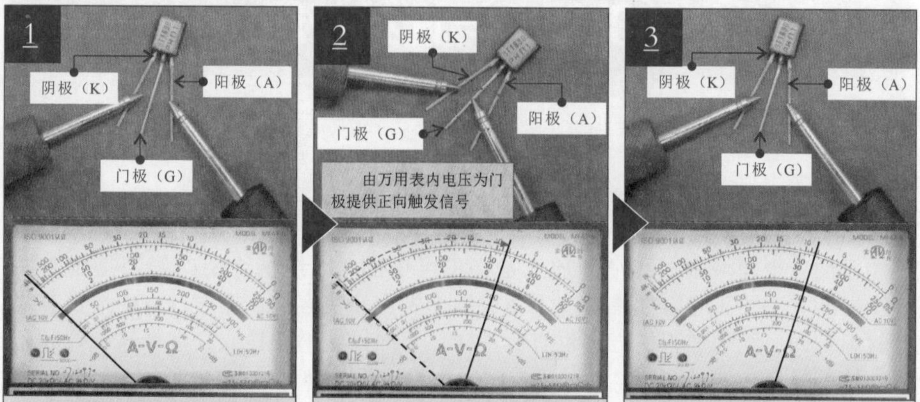
1
阴极（K）
阳极（A）
门极（G）
2
阴极（K）
阳极（A）
门极（G）
由万用表内电压为门极提供正向触发信号
3
阴极（K）
阳极（A）
门极（G）
A-V-Ω

将万用表的黑表笔搭在单向晶闸管阳极，红表笔搭在阴极上，测得阳极与阴极之间的阻值为无穷大。

将黑表笔同时搭在阳极和门极上使两引脚短路，万用表指针向右侧大范围摆动，说明单向晶闸管已被正向触发导通。

保持红表笔接触阴极，黑表笔接触阳极的前提下，脱开门极，万用表指针仍指示低阻值状态，说明单向晶闸管维持导通状态。

| 提示说明 |

双向晶闸管触发能力的检测方法与单向晶闸管触发能力的检测方法基本相同。在正常情况下，用万用表检测【选择“×1”欧姆档（输出电流大)】双向晶闸管的触发能力应满足以下规律。

◇ 万用表的红表笔搭在双向晶闸管的第一电极（T1）上，黑表笔搭在第二电极（T2）上，测得阻值应为无穷大。

◇ 将黑表笔同时搭在 T2 极和 G 极上，使两引脚短路，即加上触发信号，这时万用表指针会向右侧大范围摆动，说明双向晶闸管已导通（导通方向：T2→T1)。

◇ 若将表笔对换后进行检测，发现万用表指针向右侧大范围摆动，说明双向晶闸管另一方向也导通(导通方向：T1→T2)。

◇ 黑表笔脱开 G 极，只接触第一电极（T1)，万用表指针仍指示低阻值状态，说明双向晶闸管维持通态，即被测双向晶闸管具有触发能力。

第8章 线路的加工与连接技能

8.1 线缆的剥线加工

在电工涉及的各个领域中，线缆的加工是必不可少的。线缆绝缘层的剥削是线缆加工的第一步。剥削绝缘层的方法要正确，如果方法不当或操作失误，很容易在操作过程中损伤芯线。

线缆的材料不同，线缆加工的方法也有所不同。下面以塑料硬导线、塑料软导线和塑料护套线等为例介绍具体的操作方法。

8.1.1 塑料硬导线的剥线加工

塑料硬导线的剥线加工通常使用钢丝钳、剥线钳、斜口钳或电工刀进行操作，不同的操作工具，具体的剥线方法也有所不同。

1 使用钢丝钳剥削导线

使用钢丝钳剥削塑料硬导线的绝缘层是电工操作中常使用的方法，应使用左手捏住线缆，在需要剥离绝缘层处，用钢丝钳的钳刀口钳住绝缘层轻轻旋转一周，然后用钢丝钳钳头钳住要去掉的绝缘层用力向外剥去即可，如图8-1所示。

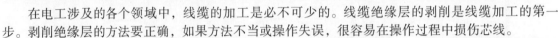

图8-1 使用钢丝钳剥削塑料硬导线的方法

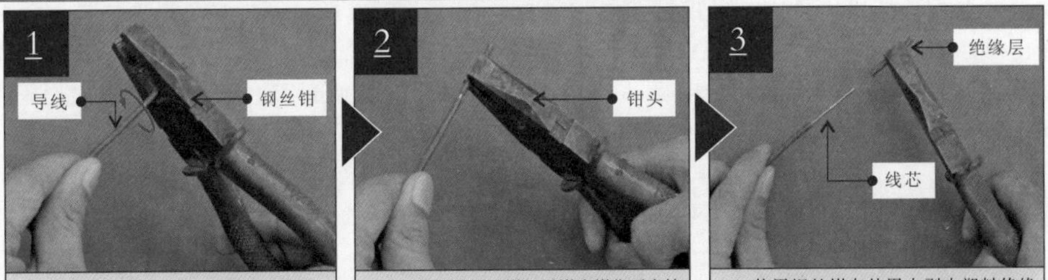
1
导线
钢丝钳
2
钳头
3
绝缘层
线芯

左手握住导线一端，右手用钢丝钳刀口绕导线旋转一周轻轻切破绝缘层。

右手握住钢丝钳，用钳头钳住要去掉的绝缘层。

使用钢丝钳向外用力剥去塑料绝缘层。

| 提示说明 |

在剥去导线绝缘层时，不可在钢丝钳刀口处加剪切力，否则会切伤线芯。剥削出的线芯应保持完整无损，如有损伤，应重新剥削，如图8-2所示。

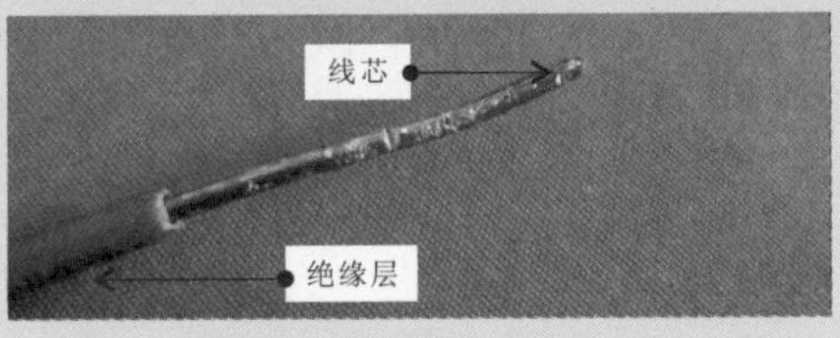
线芯
绝缘层

图8-2 剥削出的线芯应保持完整无损

2 使用剥线钳剥削导线

线径大于2.25mm（截面积$4mm^2$以上）的塑料硬导线可借助剥线钳剥除绝缘层，如图8-3所示。

3 使用电工刀剥削导线

线径大于2.25mm的塑料硬导线还可借助电工刀剥除绝缘层，如图8-4所示。在剥削处用电工刀以45°角倾斜切入塑料绝缘层。剥削完成后，导线的一侧露出部分线芯，将剩余的绝缘层向下与线芯分离，将多余的绝缘层向后扳翻，用电工刀切下剩余的绝缘层。

图 8-3 使用剥线钳剥削线径大于 2.25mm 硬导线的绝缘层

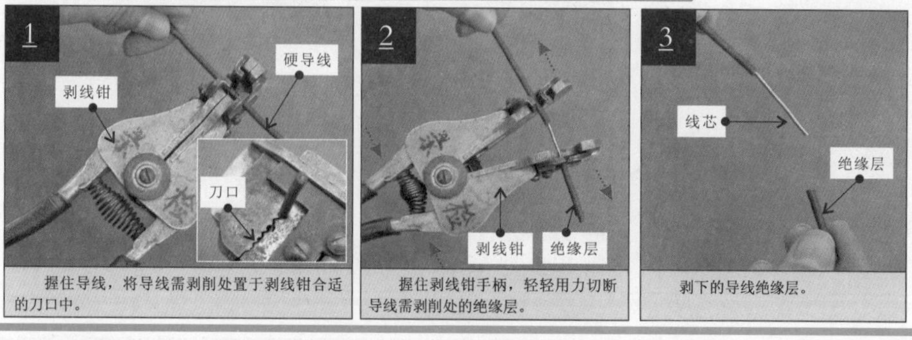
1
硬导线
剥线钳
刀口
握住导线，将导线需剥削处置于剥线钳合适的刀口中。
2
剥线钳
绝缘层
握住剥线钳手柄，轻轻用力切断导线需剥削处的绝缘层。
3
线芯
绝缘层
剥下的导线绝缘层。

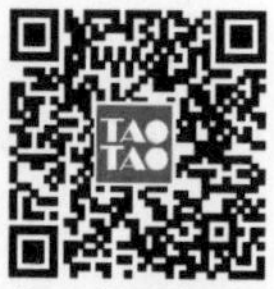
扫一扫看视频

图 8-4 使用电工刀剥削线径大于 2.25mm 硬导线的绝缘层

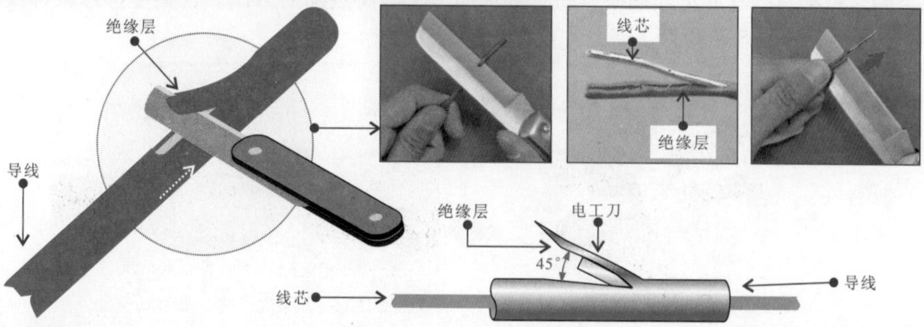
绝缘层
导线
线芯
绝缘层
绝缘层
电工刀
45°
线芯
导线

| 提示说明 |

通过以上学习可知，截面积为 $4mm^2$ 及以下塑料硬导线的绝缘层一般用剥线钳、钢丝钳或斜口钳剥削；截面积为 $4mm^2$ 及以上的塑料硬导线通常用电工刀或剥线钳剥削。在剥削绝缘层时，一定不能损伤线芯，并且根据实际应用决定剥削线头的长度，如图 8-5 所示。

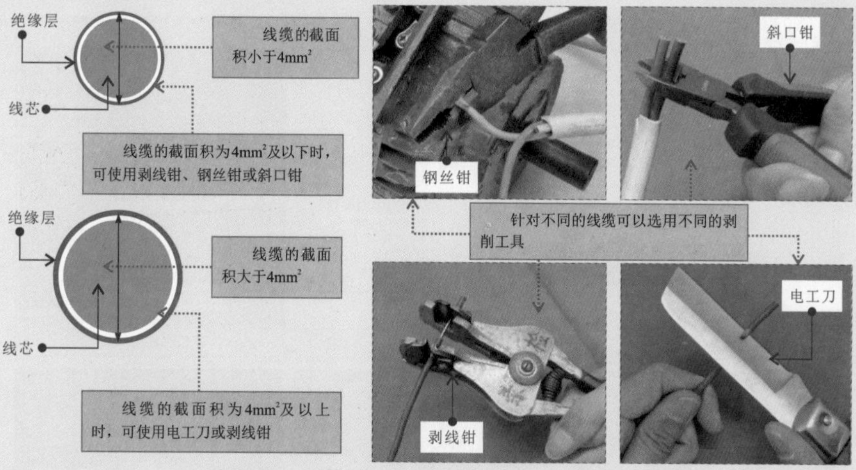
绝缘层
线缆的截面积小于4mm²
线芯
线缆的截面积为4mm²及以下时，可使用剥线钳、钢丝钳或斜口钳
绝缘层
线缆的截面积大于4mm²
线芯
线缆的截面积为4mm²及以上时，可使用电工刀或剥线钳
钢丝钳
斜口钳
针对不同的线缆可以选用不同的剥削工具
剥线钳
电工刀

图 8-5 塑料硬导线剥削方法及注意事项

8.1.2 塑料软导线的剥线加工

塑料软导线的线芯多是由多股铜（铝）丝组成的，不适宜用电工刀剥削绝缘层，在实际操作中，多使用剥线钳和斜口钳剥削，具体操作方法如图 8-6 所示。

图 8-6　塑料软导线的剥削方法

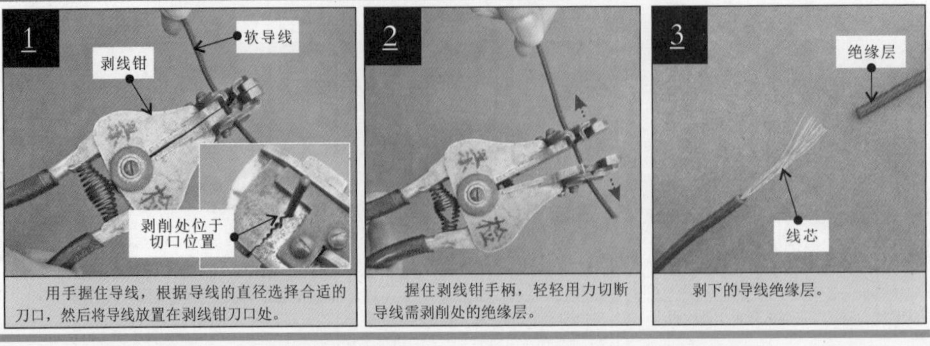
1
软导线
剥线钳
剥削处位于
切口位置
用手握住导线，根据导线的直径选择合适的刀口，然后将导线放置在剥线钳刀口处。
2
握住剥线钳手柄，轻轻用力切断导线需剥削处的绝缘层。
3
绝缘层
线芯
剥下的导线绝缘层。

| 提示说明 |

在使用剥线钳剥离软导线绝缘层时，切不可选择小于剥离线缆的刀口，否则会导致软导线多根线芯与绝缘层一同被剥落，如图 8-7 所示。

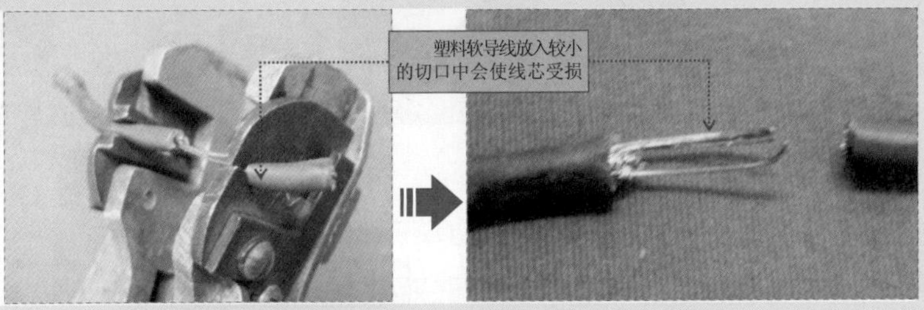
塑料软导线放入较小
的切口中会使线芯受损

图 8-7　塑料软导线剥除绝缘层时的错误操作

8.1.3　塑料护套线的剥线加工

塑料护套线是将两根带有绝缘层的导线用护套层包裹在一起。剥削时，要先剥削护套层，再分别剥削里面两根导线的绝缘层，具体操作方法如图 8-8 所示。

图 8-8　塑料护套线的剥削方法

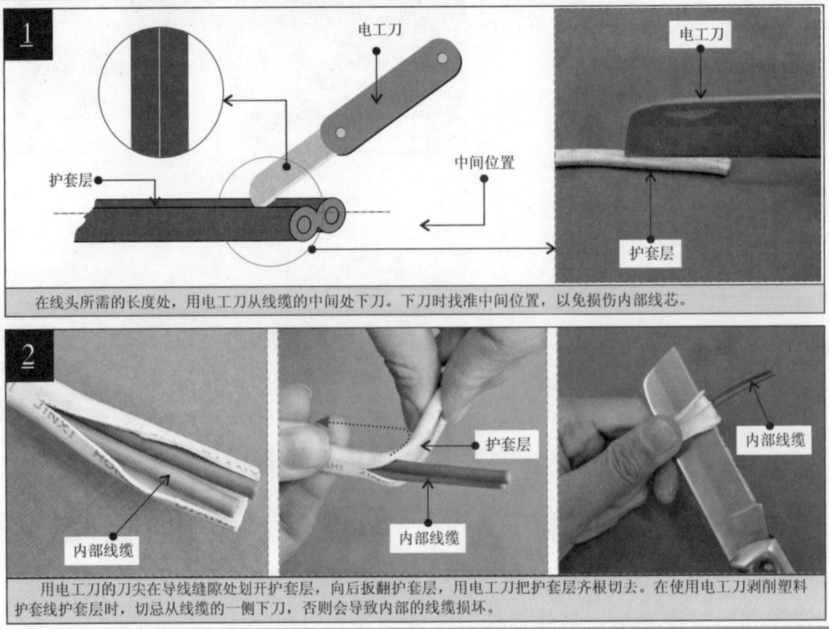
1
电工刀
护套层
中间位置
电工刀
护套层
在线头所需的长度处，用电工刀从线缆的中间处下刀。下刀时找准中间位置，以免损伤内部线芯。
2
内部线缆
护套层
内部线缆
内部线缆
用电工刀的刀尖在导线缝隙处划开护套层，向后扳翻护套层，用电工刀把护套层齐根切去。在使用电工刀剥削塑料护套线护套层时，切忌从线缆的一侧下刀，否则会导致内部的线缆损坏。

8.2 线缆的连接

8.2.1 单股导线的缠绕式对接

当连接两根较粗的单股塑料硬导线时，可以采用缠绕式对接方法，即另外借助一根较细的同类型的导线将对接的两根粗导线缠绕对接，并确保连接牢固可靠，具体操作如图 8-9 所示。

图 8-9 单股导线的缠绕式对接

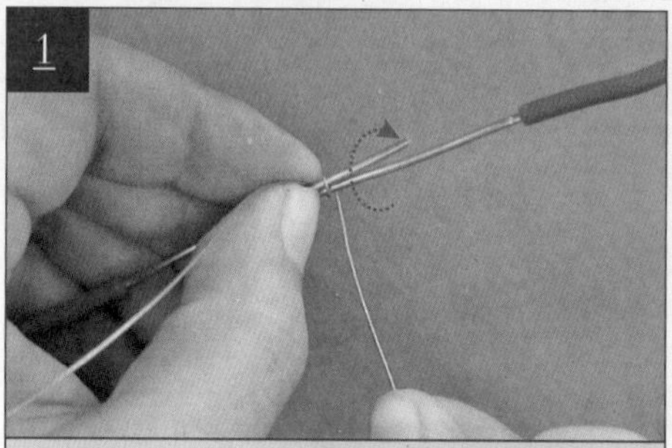
1
将去除绝缘层的线芯交叠，用细裸铜丝缠绕交叠线芯。

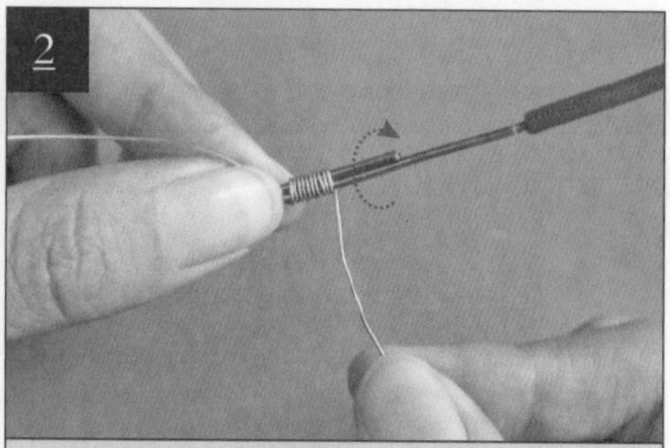
2
使用细裸铜丝从一端开始紧贴缠绕导线线芯。

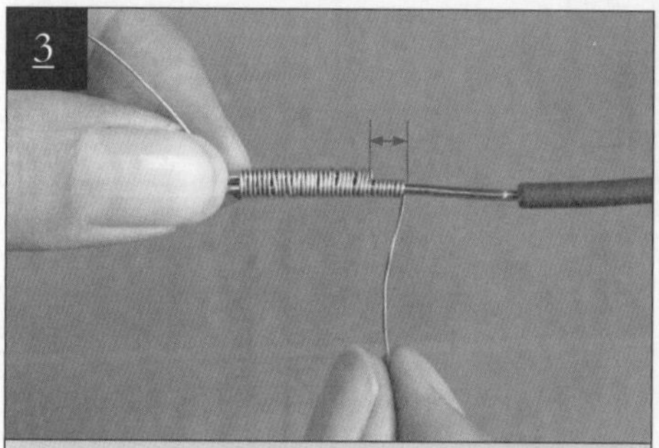
3
缠绕完成后加长缠绕8～10mm。

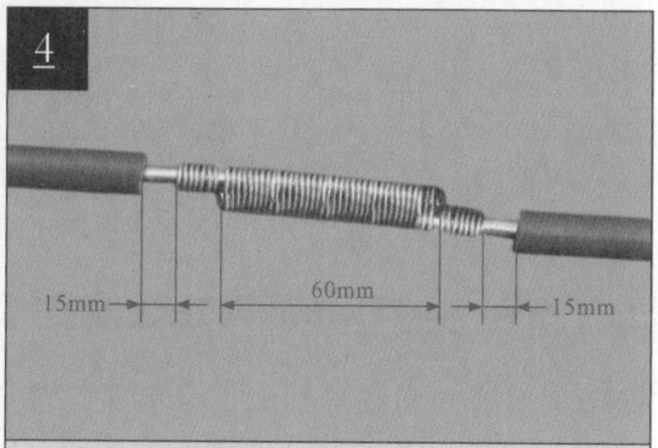
4
15mm
60mm
15mm
缠绕法直接连接单股线芯的最终效果。

| 提示说明 |

值得注意的是，若连接导线的直径为 5mm，则缠绕长度应为 60mm；若导线直径大于 5mm，则缠绕长度应为 90mm。将导线缠绕好后，还要在两端的导线上各自再缠绕 8 ~ 10mm（5 圈）的长度。

8.2.2 单股导线的缠绕式 T 形连接

将单股塑料硬导线作为支路与单股主路塑料硬导线连接时，通常采用 T 形连接方法，如图 8-10 所示。

图 8-10 单股塑料硬导线的 T 形连接

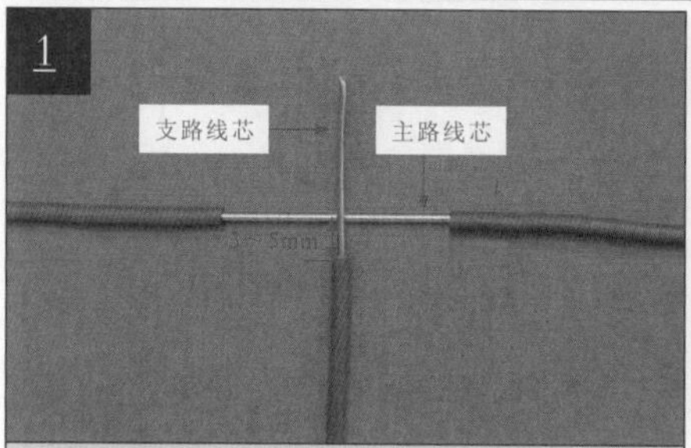
1
支路线芯
主路线芯
5mm
将去除绝缘层的支路线芯与主路线芯中心十字相交。

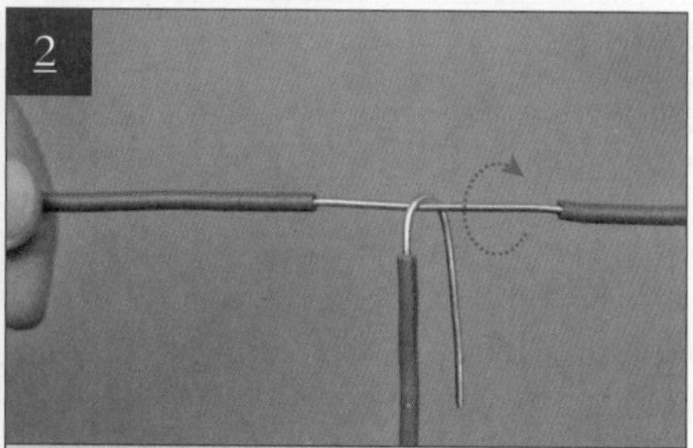
2
按照顺时针的方向紧贴主路线芯缠绕支路线芯。

扫一扫看视频

图 8-10 单股塑料硬导线的 T 形连接（续）

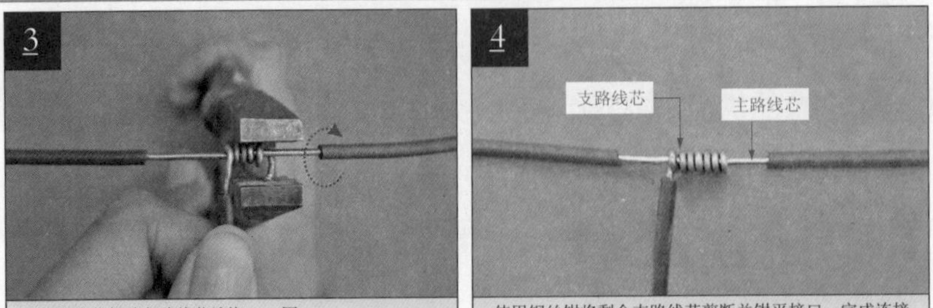
3
4
支路线芯
主路线芯

支路线芯紧贴主路线芯缠绕6～8圈。

使用钢丝钳将剩余支路线芯剪断并钳平接口，完成连接。

| 提示说明 |

对于截面积较小的单股塑料硬导线，可以将支路线芯在主路线芯上环绕扣结，然后沿主路线芯顺时针贴绕，如图 8-11 所示。

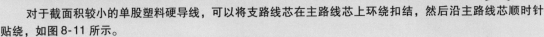

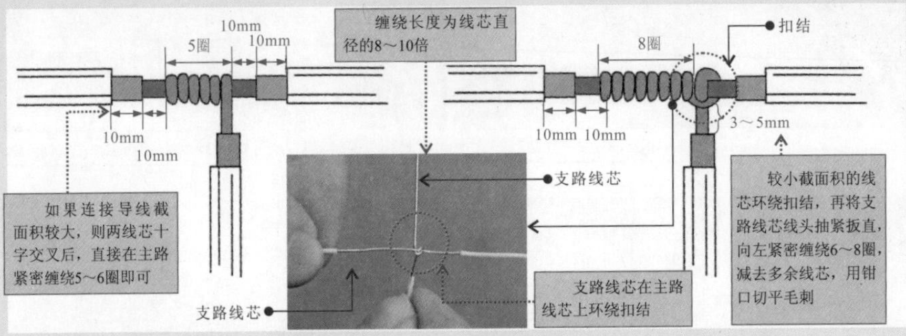
10mm
5圈
10mm
10mm
10mm
缠绕长度为线芯直径的8～10倍
8圈
扣结
10mm 10mm
3～5mm
支路线芯
如果连接导线截面积较大，则两线芯十字交叉后，直接在主路紧密缠绕5～6圈即可
较小截面积的线芯环绕扣结，再将支路线芯线头抽紧扳直，向左紧密缠绕6～8圈，减去多余线芯，用钳口切平毛刺
支路线芯在主路线芯上环绕扣结
支路线芯

图 8-11 截面积较小单股塑料硬导线的 T 形连接

8.2.3 两根多股导线的缠绕式对接

当连接两根多股塑料软导线时，一般采用缠绕对接的方法，即将剥除绝缘层的导线线芯按照一定规律和要求互相缠绕连接，具体操作如图 8-12 所示。

图 8-12 两根多股导线的缠绕式对接

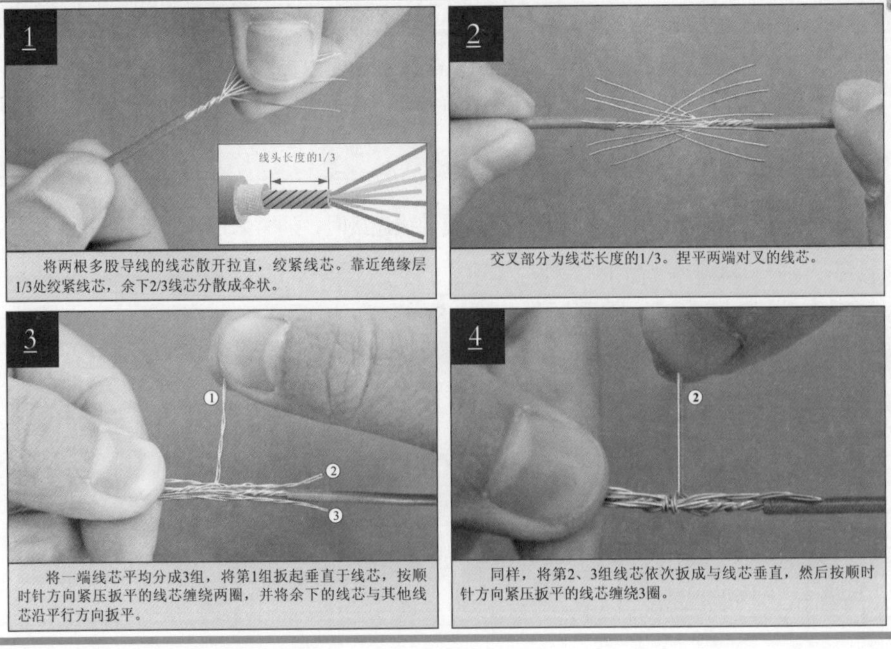
1
线头长度的1/3
2
3
①
②
③
4
②

将两根多股导线的线芯散开拉直，绞紧线芯。靠近绝缘层1/3处绞紧线芯，余下2/3线芯分散成伞状。

交叉部分为线芯长度的1/3。捏平两端对叉的线芯。

将一端线芯平均分成3组，将第1组扳起垂直于线芯，按顺时针方向紧压扳平的线芯缠绕两圈，并将余下的线芯与其他线芯沿平行方向扳平。

同样，将第2、3组线芯依次扳成与线芯垂直，然后按顺时针方向紧压扳平的线芯缠绕3圈。

扫一扫看视频

图 8-12 两根多股导线的缠绕式对接（续）

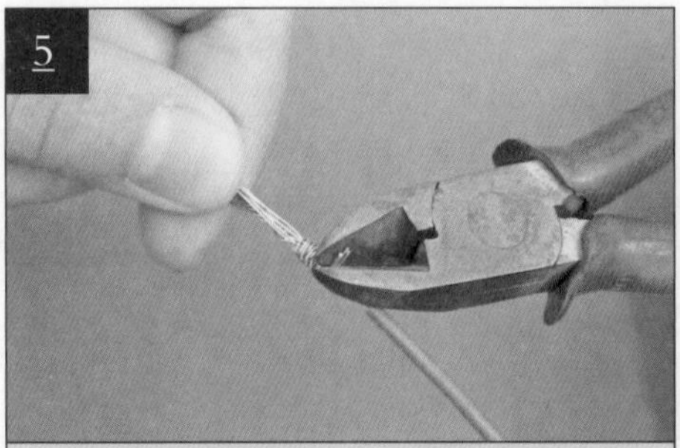
5

多余的线芯从线芯的根部切除，钳平线端。

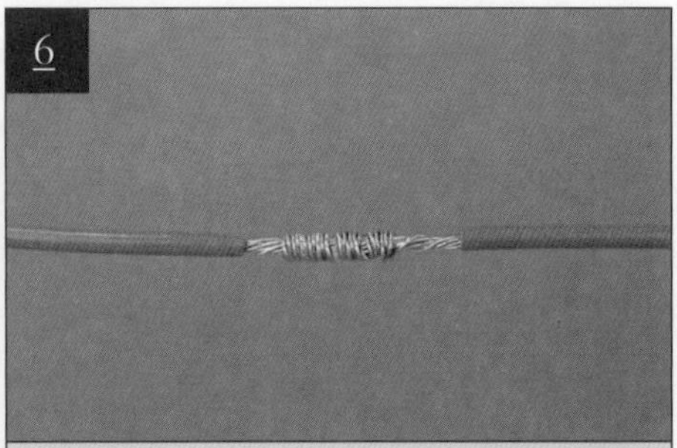
6

使用同样的方法连接线芯的另一端，即完成两根多股导线的缠绕式对接。

8.2.4 两根多股导线的缠绕式 T 形连接

当连接一根支路软导线（多股线芯）与一根主路软导线（多股线芯）时，通常采用缠绕式 T 形连接方法，如图 8-13 所示。

8.2.5 线缆的绞接连接（X 形连接）

连接两根截面积较小的单股铜芯硬导线可采用 X 形连接（绞接）方法，如图 8-14 所示。

图 8-13 两根多股导线的缠绕式 T 形连接

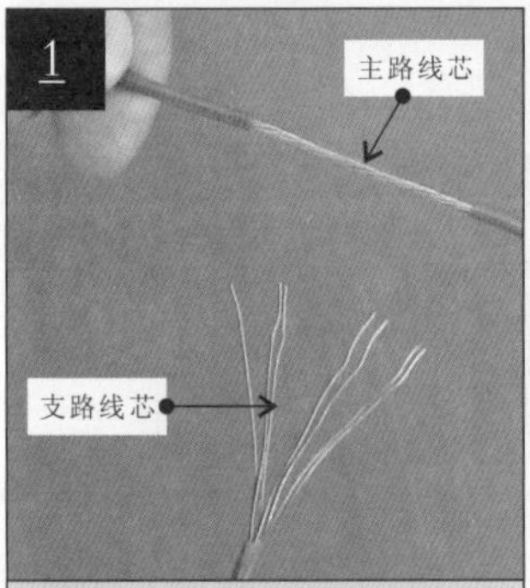
1
主路线芯
支路线芯

将主路和支路多股导线连接部位的绝缘层去除。

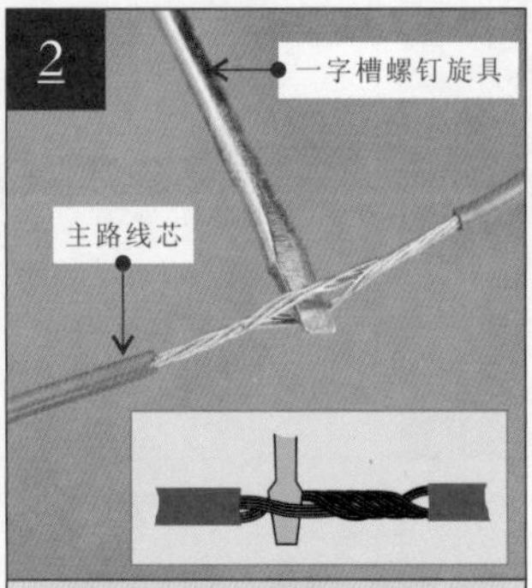
2
一字槽螺钉旋具
主路线芯

将一字槽螺钉旋具插入主路多股导线去掉绝缘层的线芯中心。

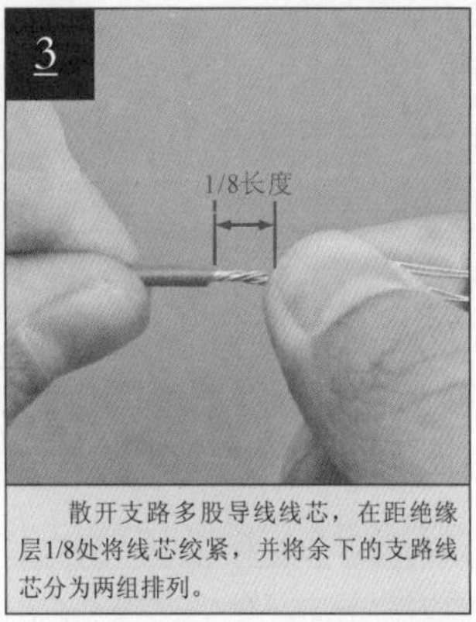
3
1/8长度

散开支路多股导线线芯，在距绝缘层1/8处将线芯绞紧，并将余下的支路线芯分为两组排列。

扫一扫看视频

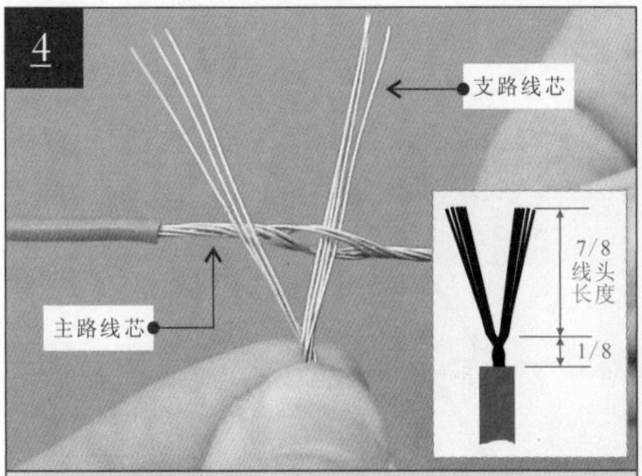
4
支路线芯
主路线芯
7/8
线头
长度
1/8

将一组支路线芯插入主路线芯中间，另一组放在前面。

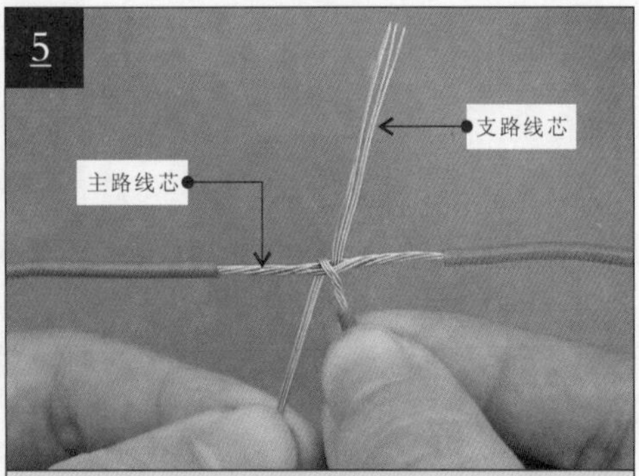
5
支路线芯
主路线芯

将置于前面的线芯沿主路线芯按顺时针方向弯折缠绕。

图8-13 两根多股导线的缠绕式T形连接（续）

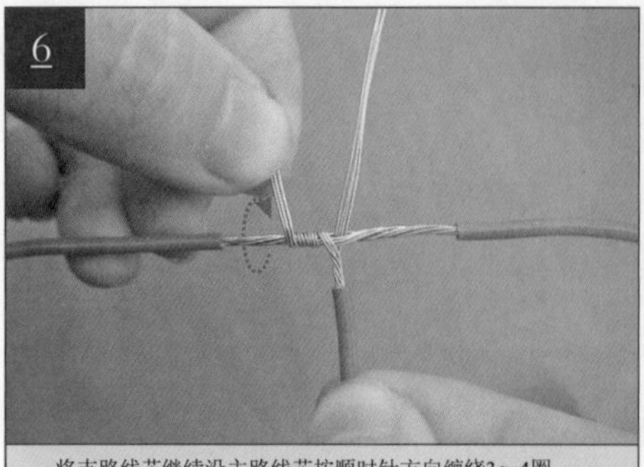
6
将支路线芯继续沿主路线芯按顺时针方向缠绕3～4圈。

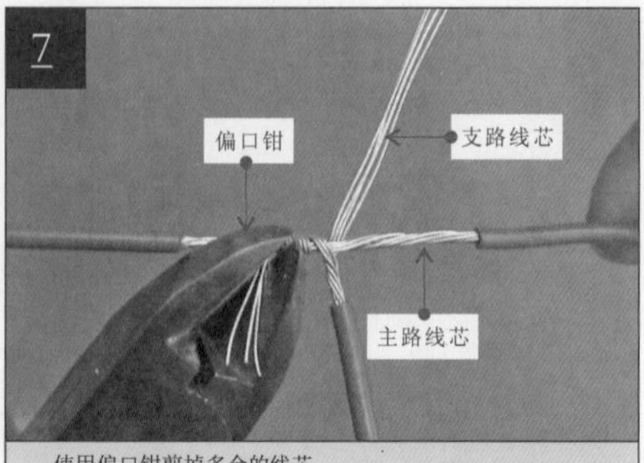
7
偏口钳
支路线芯
主路线芯
使用偏口钳剪掉多余的线芯。

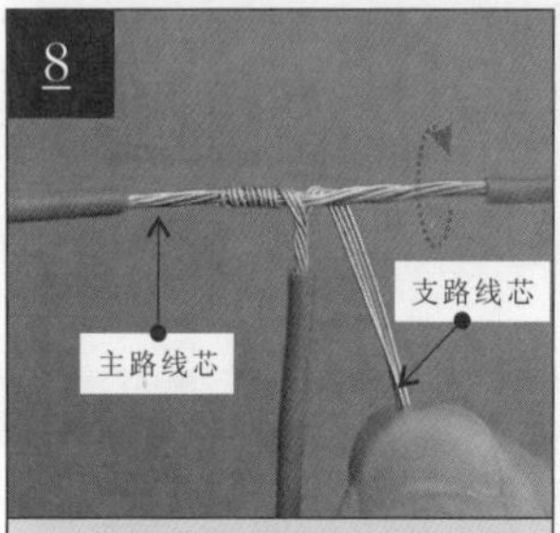
8
支路线芯
主路线芯
使用同样的方法将另一组支路线芯沿主路线芯按顺时针方向弯折缠绕。

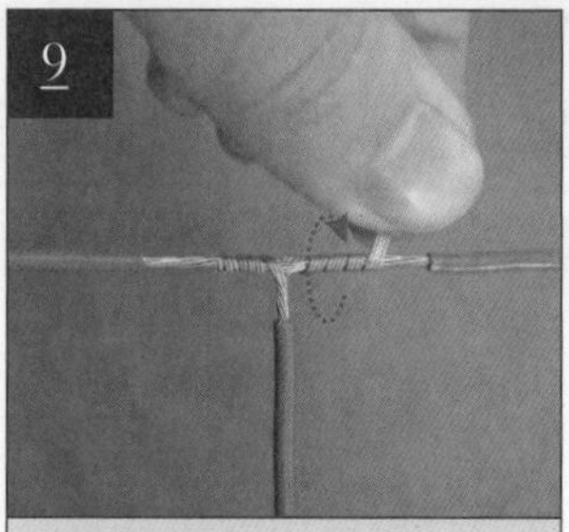
9
将支路线芯继续沿主路线芯按顺时针方向缠绕3～4圈。

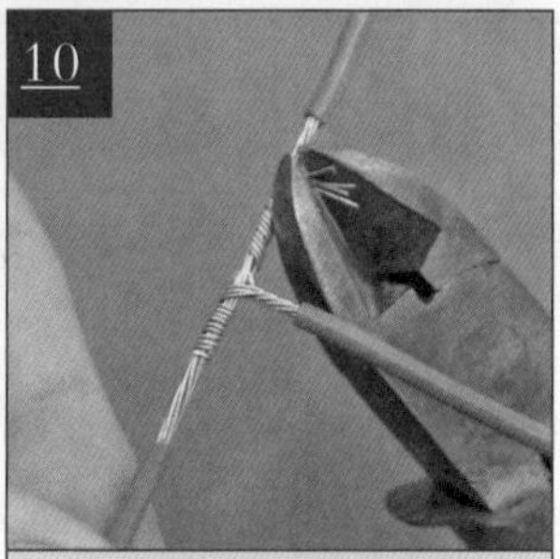
10
使用偏口钳剪掉多余的线芯。

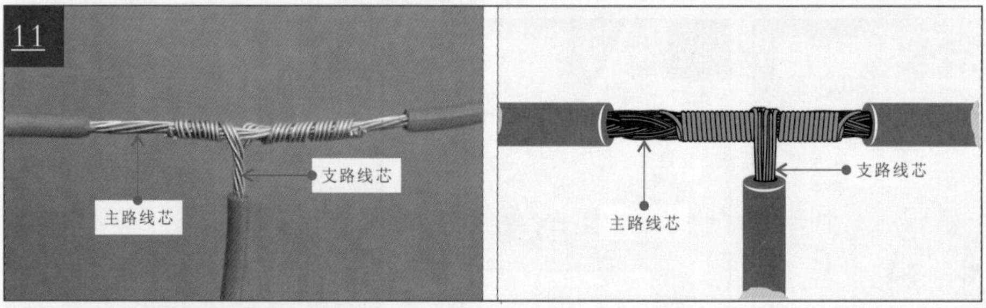
11
支路线芯
主路线芯
支路线芯
主路线芯

图8-14 塑料硬导线的绞接连接

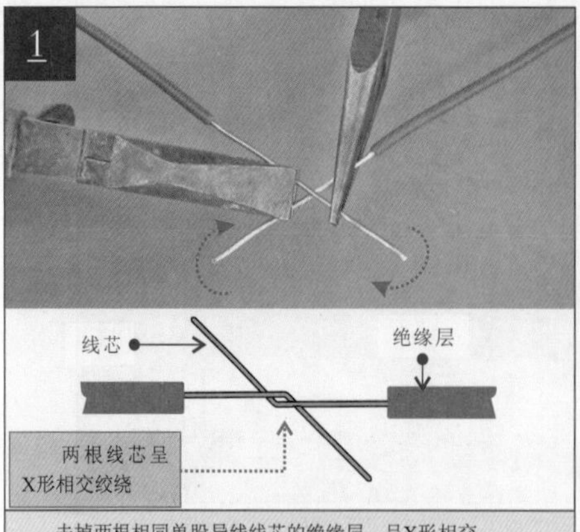
1
线芯
绝缘层
两根线芯呈
X形相交绞绕
去掉两根相同单股导线线芯的绝缘层，呈X形相交。

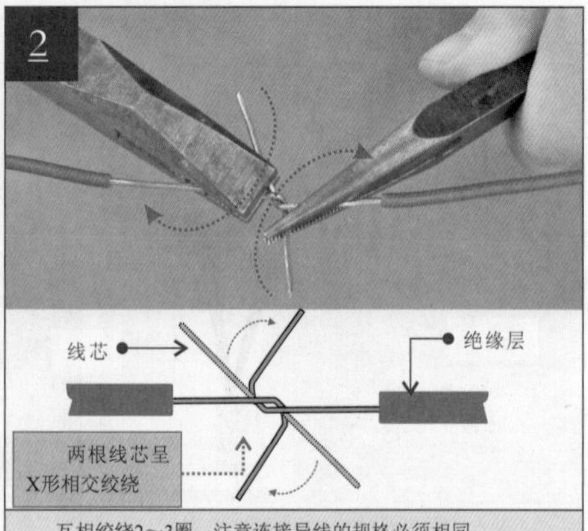
2
线芯
绝缘层
两根线芯呈
X形相交绞绕
互相绞绕2～3圈。注意连接导线的规格必须相同。

图 8-14　塑料硬导线的绞接连接（续）

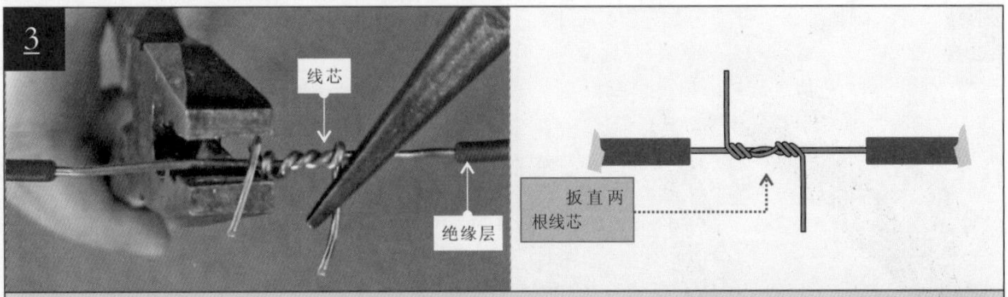
3
线芯
绝缘层
扳直两
根线芯

扳直两根线芯，固定一端线芯，将另一端线芯贴绕6圈左右。

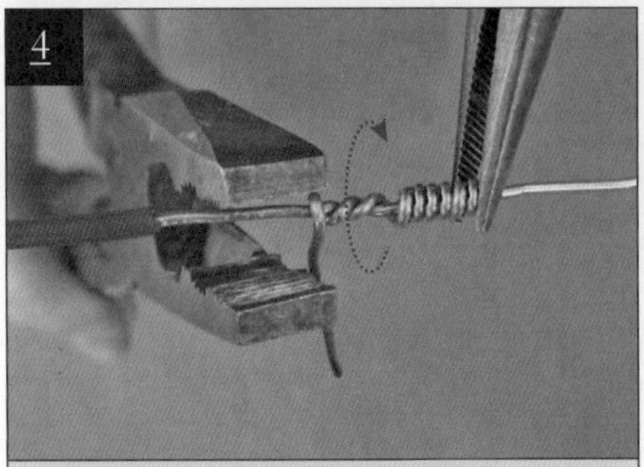
4

使用同样的方法将另一端的线芯贴绕6圈左右。

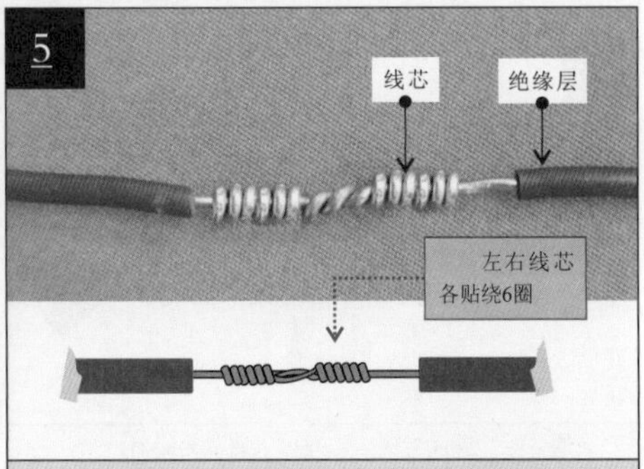
5
线芯
绝缘层
左右线芯
各贴绕6圈

剪掉多余的线芯，即可完成单股导线的X形绞接连接。

8.2.6　两根塑料硬导线的并头连接

在电工操作中，线缆的连接大都要求采用并头连接的方法，如常见照明控制开关中零线的连接、电源插座内同相导线的连接等。

并头连接是指将需要连接的导线线芯部分并排摆放，然后用其中一根导线线芯绕接在其余线芯上的一种连接方法。

两根塑料硬导线（单股铜芯硬导线）并头连接时，先将两根导线线芯并排合拢，然后在距离绝缘层 15mm 处，将两根线芯捻绞 3 圈后，留适当长度，剪掉多余线芯，并将余线折回压紧，如图 8-15 所示。

8.2.7　三根及以上塑料硬导线的并头连接

三根及以上导线并头连接时，将连接导线绝缘层并齐合拢，在距离绝缘层约 15mm 处，将其中的一根线芯（绕线线芯剥除绝缘层长度是被缠绕线芯的 3 倍以上）缠绕其他线芯至少 5 圈后剪断，把其他线芯的余头并齐折回压紧的缠绕线上。

图 8-15　两根塑料硬导线的并头连接方法

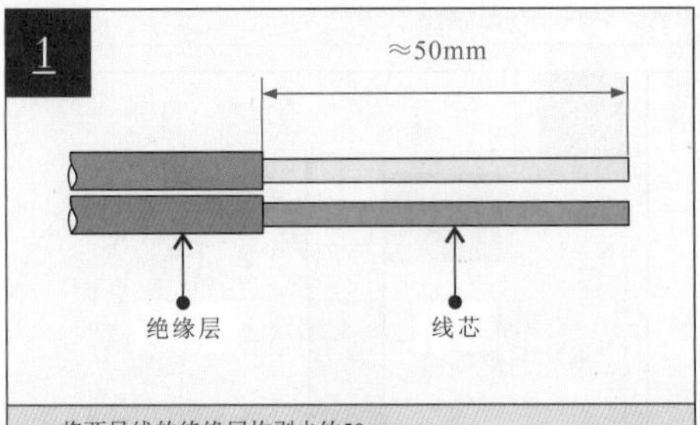
1
≈50mm
绝缘层
线芯

将两导线的绝缘层均剥去约50mm。

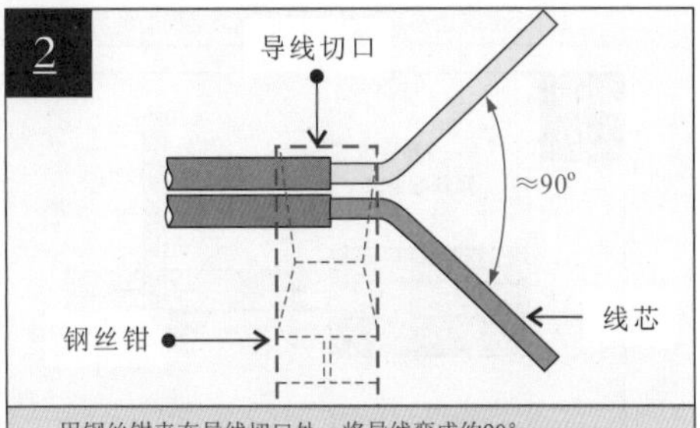
2
导线切口
≈90°
钢丝钳
线芯

用钢丝钳夹在导线切口处，将导线弯成约90°。

图 8-15　两根塑料硬导线的并头连接方法（续）

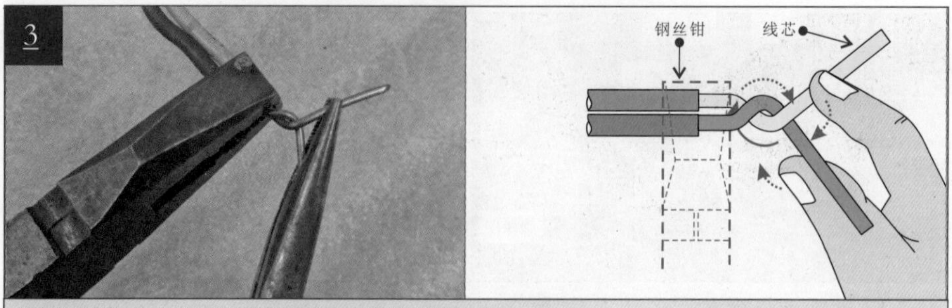
3
钢丝钳
线芯

钢丝钳夹紧导线切口处，用手或借助尖嘴钳将两根线芯扭绞在一起。

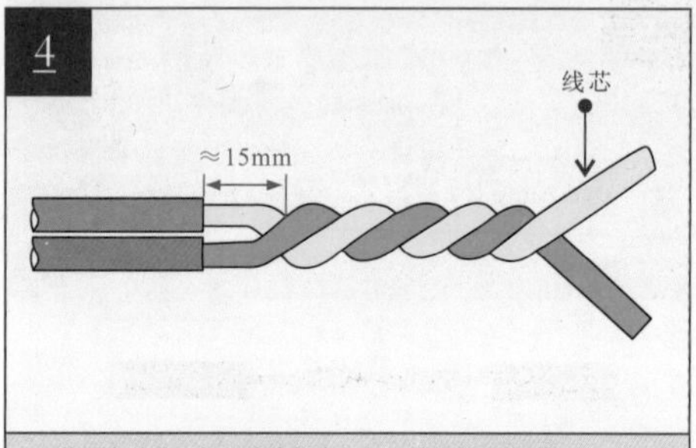
4
线芯
≈15mm

将两条线芯互相对称绕接在一起，按规范缠绕3圈。

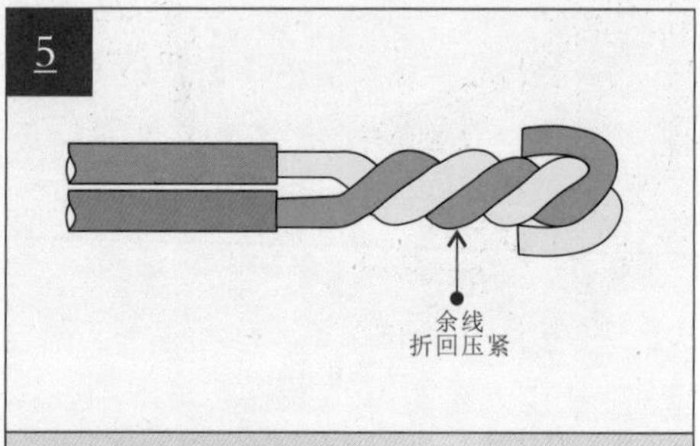
5
余线
折回压紧

留余线适当长度后折回压紧。

图 8-16 所示为三根塑料硬导线的并头连接方法。

图 8-16　三根塑料硬导线的并头连接方法

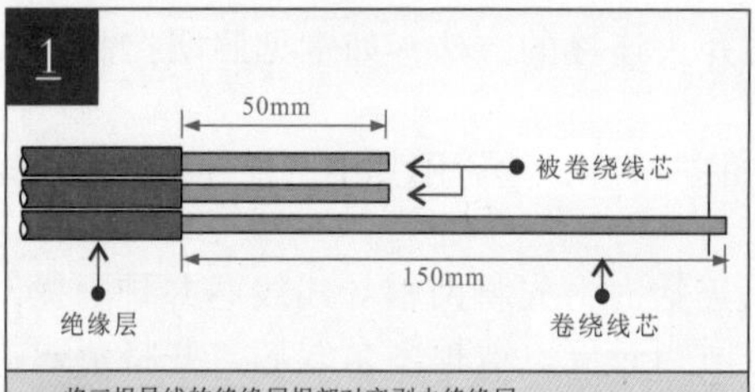
1
50mm
被卷绕线芯
150mm
绝缘层
卷绕线芯

将三根导线的绝缘层根部对齐剥去绝缘层。

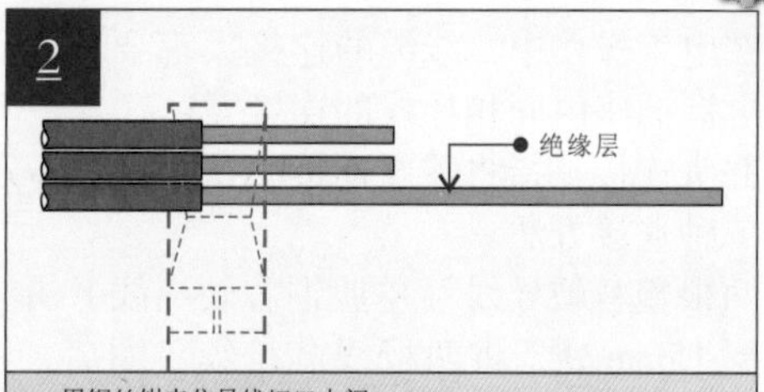
2
绝缘层

用钢丝钳夹住导线切口中间。

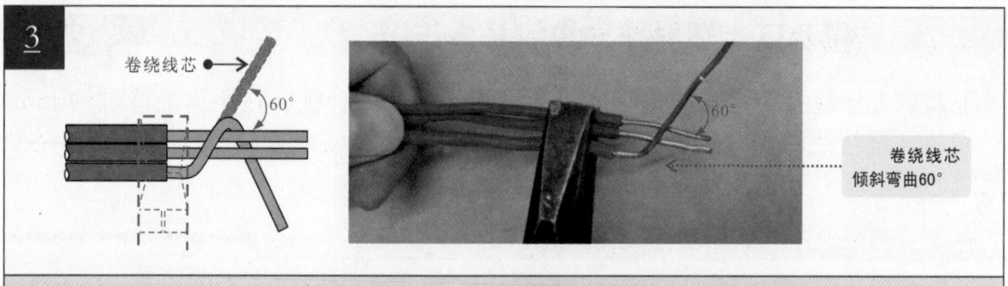
3
卷绕线芯
60°
60°
卷绕线芯
倾斜弯曲60°

将卷绕线芯搭在被卷绕线芯上(两者之间的夹角为60°)，然后向下弯曲缠绕被卷线芯。

扫一扫看视频

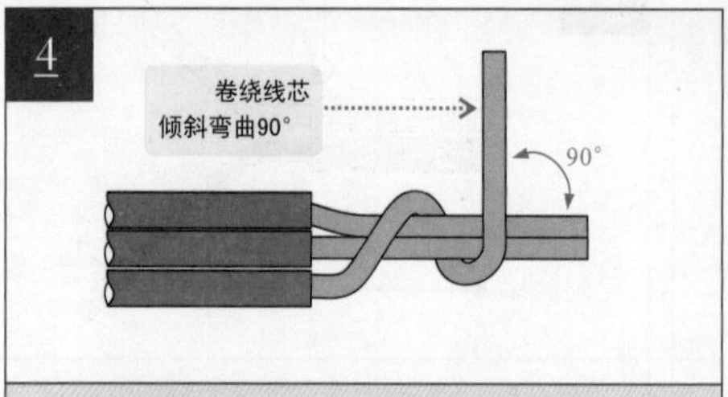
4
卷绕线芯
倾斜弯曲90°
90°

将卷绕线芯再向上弯成90°。

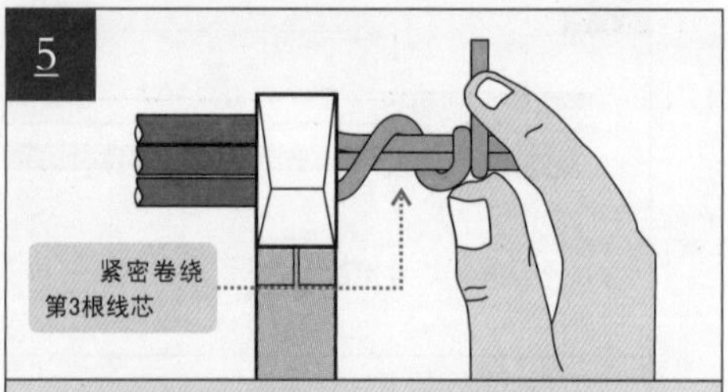
5
紧密卷绕
第3根线芯

用拇指固定导线，食指内侧卷绕垂直的卷绕线芯。

图 8-16 三根塑料硬导线的并头连接方法（续）

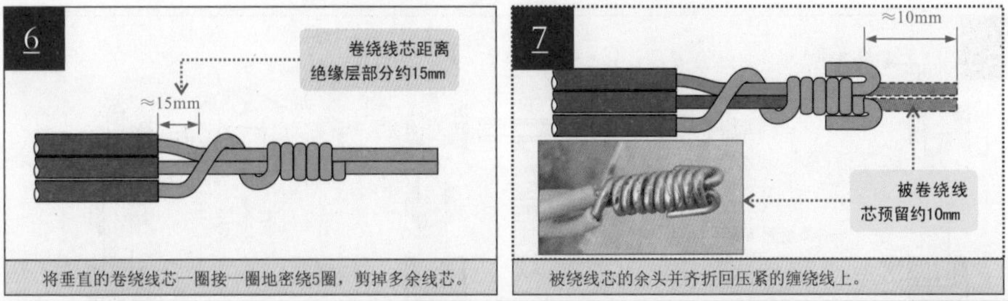
6
卷绕线芯距离
绝缘层部分约15mm
≈15mm
将垂直的卷绕线芯一圈接一圈地密绕5圈，剪掉多余线芯。
7
≈10mm
被卷绕线
芯预留约10mm
被绕线芯的余头并齐折回压紧的缠绕线上。

| 提示说明 |

《建筑电气工程施工质量验收规范》（GB 50303—2015）中规定，铜导线与铜导线在室外、高温且潮湿的室内连接时，搭接面要搪锡，在干燥的室内可不搪锡，所有接头相互缠绕必须在 5 圈以上，保证连接紧密，连接后，接头处需要进行绝缘处理，如图 8-17 所示。

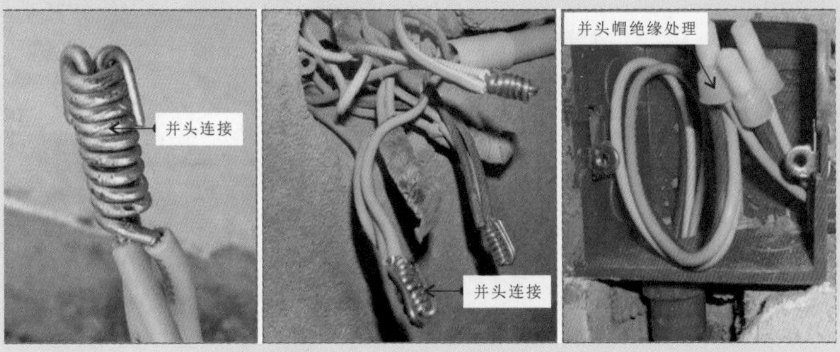
并头连接
并头连接
并头帽绝缘处理

图 8-17 三根导线并头连接的实际效果

8.2.8 塑料硬导线的线夹连接

在电工线缆的连接中，常用线夹连接硬导线，其操作简单，安装牢固可靠，操作方法如图 8-18 所示。

图 8-18 塑料硬导线的线夹连接

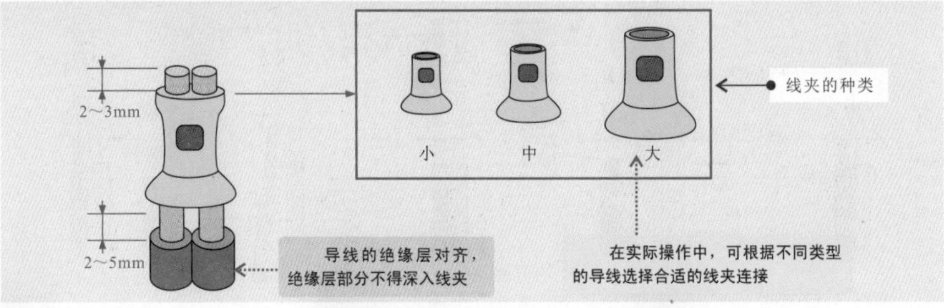
2～3mm
2～5mm
小
中
大
线夹的种类
导线的绝缘层对齐，
绝缘层部分不得深入线夹
在实际操作中，可根据不同类型
的导线选择合适的线夹连接

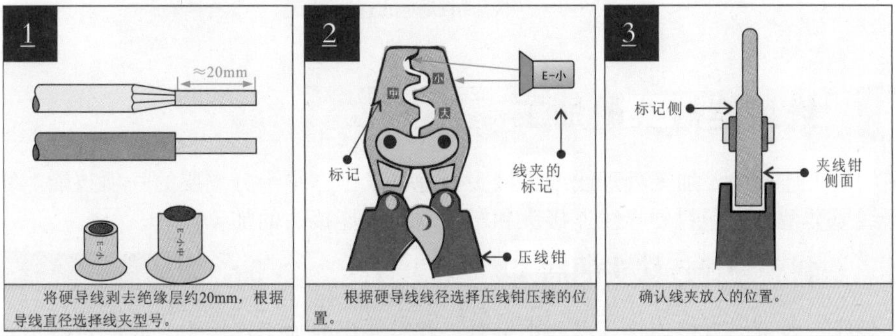
1
≈20mm
将硬导线剥去绝缘层约20mm，根据导线直径选择线夹型号。
2
E-小
小
中
大
标记
线夹的
标记
压线钳
根据硬导线线径选择压线钳压接的位置。
3
标记侧
夹线钳
侧面
确认线夹放入的位置。

图 8-18 塑料硬导线的线夹连接（续）

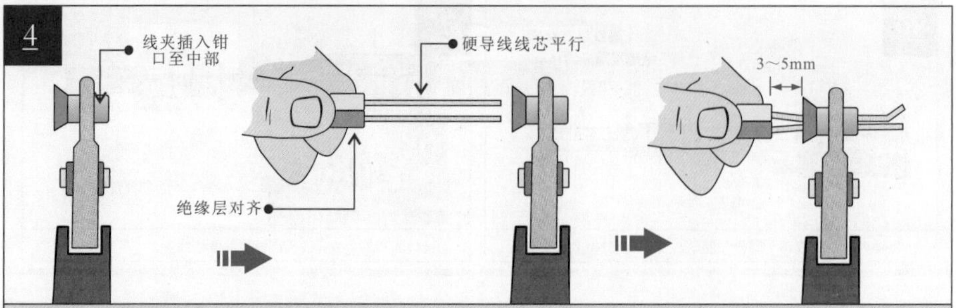
4
线夹插入钳
口至中部
硬导线线芯平行
3～5mm
绝缘层对齐

将线夹放入压线钳中，先轻轻夹持确认具体操作位置，然后将硬导线的线芯平行插入线夹中，要求线夹与硬导线绝缘层的间距为3～5mm，然后用力夹紧，使线夹牢固压接在硬导线线芯上。

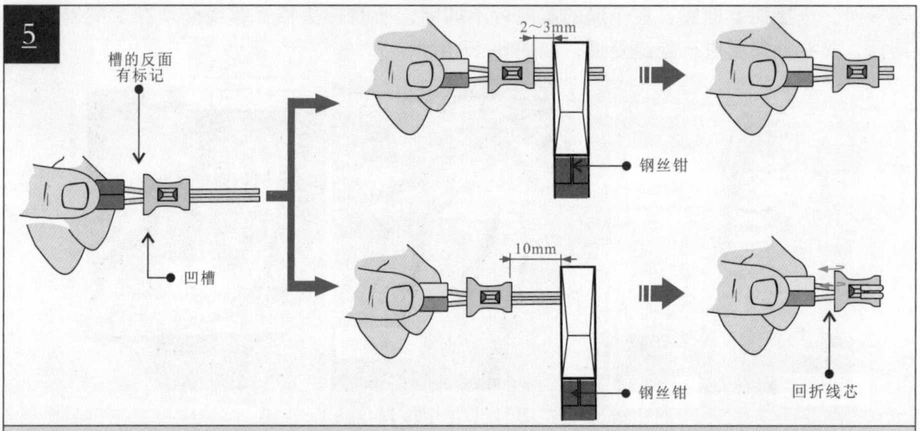
5
槽的反面
有标记
2～3mm
钢丝钳
凹槽
10mm
钢丝钳
回折线芯

用压线钳将线夹用力夹紧，用钢丝钳切去多余的线芯，线芯余留2～3mm或余留10mm线芯后将线芯回折，可更加紧固。

| 提示说明 |

在实际的导线连接操作过程中，只有各个操作步骤规范才能保证线头的连接质量。若连接时线夹连接不规范、不合格，则需要剪掉线夹重新连接，以免因连接不良出现导线接触不良、漏电等情况，如图 8-19 所示。

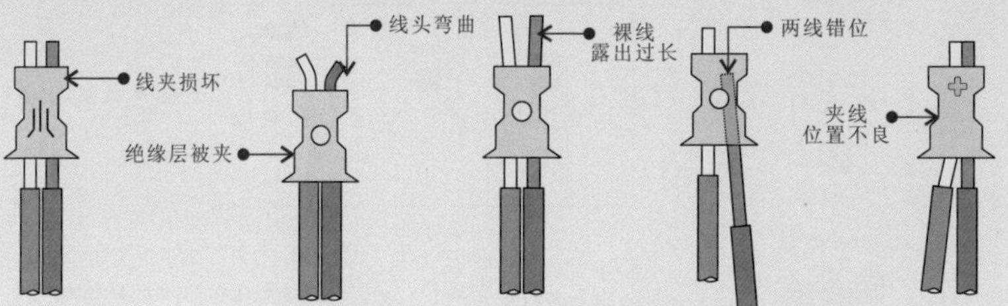
线夹损坏
绝缘层被夹
线头弯曲
裸线
露出过长
两线错位
夹线
位置不良

图 8-19 不合格线夹的连接情况

8.3 线缆连接头的加工

在线缆的加工连接中，加工处理线缆连接头也是电工操作中十分重要的一项技能。线缆连接头的加工根据线缆类型分为塑料硬导线连接头和塑料软导线连接头的加工。

8.3.1 塑料硬导线连接头的加工

塑料硬导线一般可以直接连接，需要平接时，就需要提前加工连接头，即需要将塑料硬导线的线芯加工为大小合适的连接环，具体加工方法如图 8-20 所示。

图 8-20 塑料硬导线连接头的加工方法

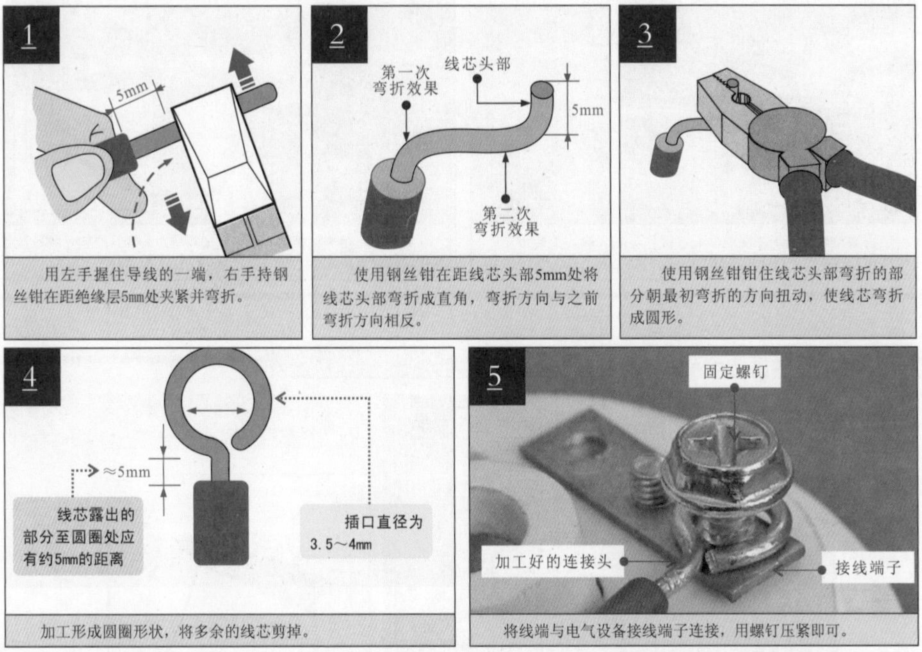
1
5mm
用左手握住导线的一端，右手持钢丝钳在距绝缘层5mm处夹紧并弯折。
2
第一次弯折效果
线芯头部
5mm
第二次弯折效果
使用钢丝钳在距线芯头部5mm处将线芯头部弯折成直角，弯折方向与之前弯折方向相反。
3
使用钢丝钳钳住线芯头部弯折的部分朝最初弯折的方向扭动，使线芯弯折成圆形。
4
≈5mm
线芯露出的部分至圆圈处应有约5mm的距离
插口直径为3.5～4mm
加工形成圆圈形状，将多余的线芯剪掉。
5
固定螺钉
加工好的连接头
接线端子
将线端与电气设备接线端子连接，用螺钉压紧即可。

| 提示说明 |

加工操作塑料硬导线加工头时应当注意，若尺寸不规范或弯折不规范，都会影响接线质量。在实际操作过程中，若出现不合规范的加工头时，需要剪掉，重新加工，如图 8-21 所示。

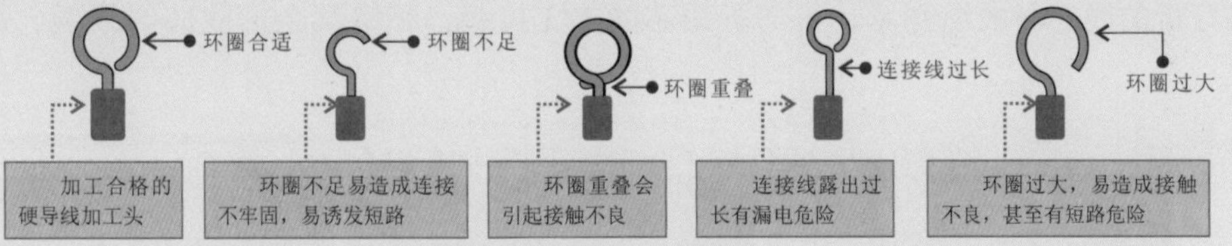
环圈合适
环圈不足
环圈重叠
连接线过长
环圈过大
加工合格的硬导线加工头
环圈不足易造成连接不牢固，易诱发短路
环圈重叠会引起接触不良
连接线露出过长有漏电危险
环圈过大，易造成接触不良，甚至有短路危险

图 8-21 塑料硬导线加工头合格与不合格的情况

8.3.2 塑料软导线连接头的加工

塑料软导线在连接使用时，应用环境不同，加工的具体方法也不同，常见的有绞绕式连接头的加工、缠绕式连接头的加工及环形连接头的加工三种形式。

1 绞绕式连接头的加工

绞绕式连接头的加工是用一只手握住线缆绝缘层处，另一只手捻住线芯，向一个方向旋转，使线芯紧固整齐即可完成连接头的加工，如图 8-22 所示。

2 缠绕式连接头的加工

当塑料软导线插入连接孔时，由于多股软线缆的线芯过细，无法插入，因此需要在绞绕的基础上，将其中一根线芯沿一个方向由绝缘层处开始向上缠绕，直至缠绕到顶端，完成缠绕式加工，如图 8-23 所示。

图 8-22 绞绕式连接头的加工

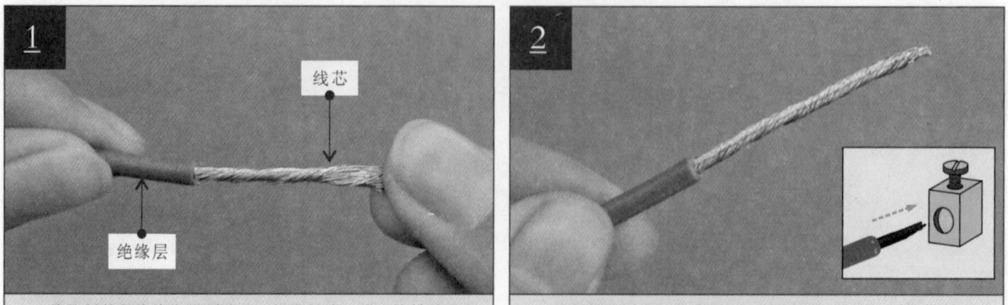
1
线芯
绝缘层
2

将塑料软导线绝缘层剥除后，握住导线一端，旋转线芯。绞绕软导线可以使导线连接时不松散。

旋转线芯至一根整体为止，完成绞绕。绞绕好的软导线通常与压接螺钉连接。

图 8-23 缠绕式连接头的加工

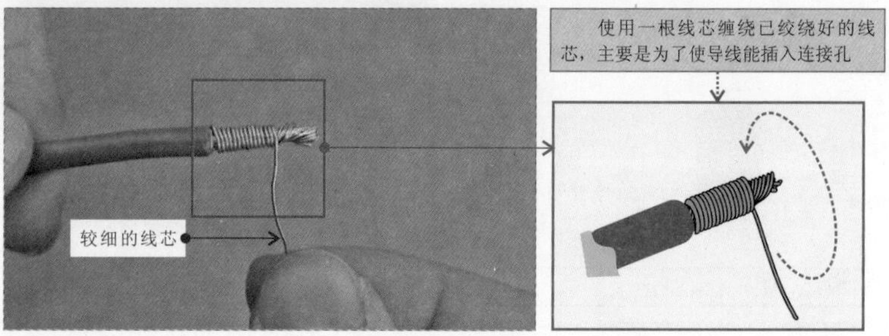
使用一根线芯缠绕已绞绕好的线芯，主要是为了使导线能插入连接孔
较细的线芯

3 环形连接头的加工

要将塑料软导线的线芯加工为环形，首先将离绝缘层根部 1/2 处的线芯绞绕紧，然后弯折，并将弯折的线芯与线缆并紧，将弯折线芯的 1/3 拉起，环绕其余的线芯与线缆，如图 8-24 所示。

图 8-24 环形连接头的加工

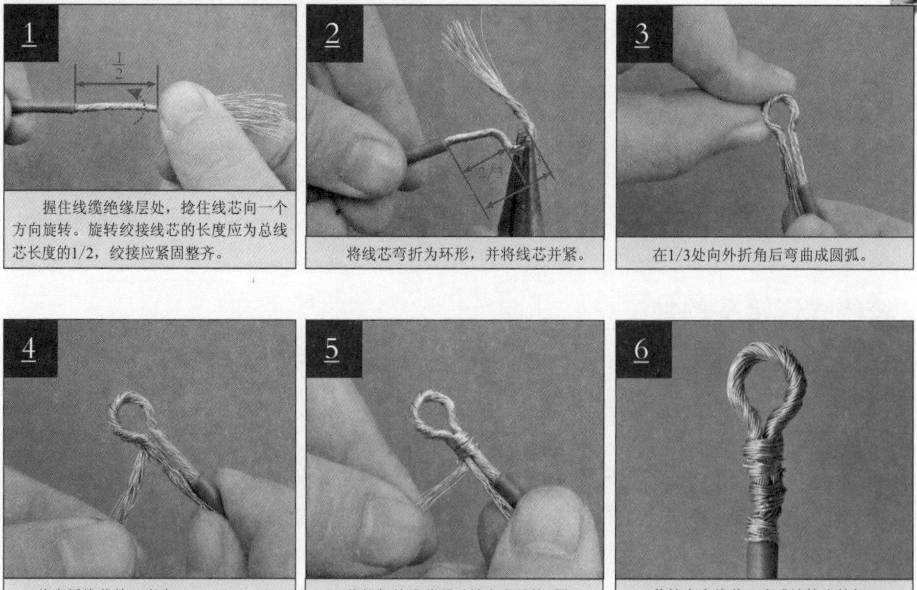
1
$\frac{1}{2}$
2
2/3
3
4
5
6

握住线缆绝缘层处，捻住线芯向一个方向旋转。旋转绞接线芯的长度应为总线芯长度的1/2，绞接应紧固整齐。

将线芯弯折为环形，并将线芯并紧。

在1/3处向外折角后弯曲成圆弧。

将弯折线芯的1/3拉起。

将拉起的线芯顺时针方向缠绕2圈。

剪掉多余线芯，完成连接头的加工。

扫一扫看视频

8.4 线缆焊接与绝缘层恢复

8.4.1 线缆的焊接

电气线路的焊接是指将两段及以上待连接的线缆通过焊接的方式连接在一起。焊接时，需要对线缆的连接处上锡，再用电烙铁加热把线芯焊接在一起，完成线缆的焊接，具体操作方法如图 8-25 所示。

图 8-25 线缆的焊接

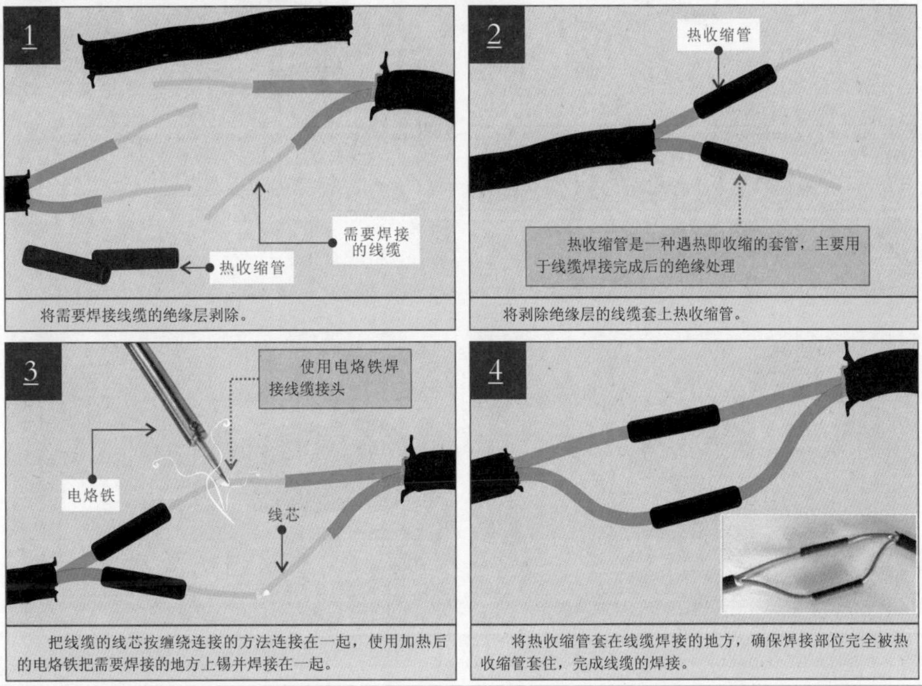
1
需要焊接的线缆
热收缩管
将需要焊接线缆的绝缘层剥除。
2
热收缩管
热收缩管是一种遇热即收缩的套管，主要用于线缆焊接完成后的绝缘处理
将剥除绝缘层的线缆套上热收缩管。
3
使用电烙铁焊接线缆接头
电烙铁
线芯
把线缆的线芯按缠绕连接的方法连接在一起，使用加热后的电烙铁把需要焊接的地方上锡并焊接在一起。
4
将热收缩管套在线缆焊接的地方，确保焊接部位完全被热收缩管套住，完成线缆的焊接。

| 提示说明 |

线缆的焊接除了使用绕焊外，还有钩焊、搭焊。其中，钩焊是将导线弯成钩形钩在接线端子上，用钳子夹紧后再焊接，这种方法的强度低于绕焊，操作简便；搭焊是用焊锡把导线搭到接线端子上直接焊接，仅用在临时连接或不便于缠、钩的地方及某些接插件上，这种连接最方便，但强度及可靠性最差。

8.4.2 线缆绝缘层的恢复

线缆连接或绝缘层遭到破坏后，必须恢复绝缘性能才可以正常使用，并且恢复后，强度应不低于原有绝缘层。

常用的绝缘层恢复方法有两种：一种是使用热收缩管恢复绝缘层；另一种是使用绝缘材料包缠法。

1 使用热收缩管恢复线缆的绝缘层

使用热收缩管恢复线缆的绝缘层是一种简便、高效的操作方法，可以有效地保护连接处，避免受潮、污垢和腐蚀，具体操作方法如图 8-26 所示。

2 使用包缠法恢复线缆的绝缘层

包缠法是指使用绝缘材料（黄蜡带、涤纶薄膜带和绝缘胶带）缠绕线缆线芯，起到绝缘作用，恢复绝缘功能。以常见的绝缘胶带恢复导线绝缘层为例，如图 8-27 所示。

图 8-26　使用热收缩管恢复线缆的绝缘层

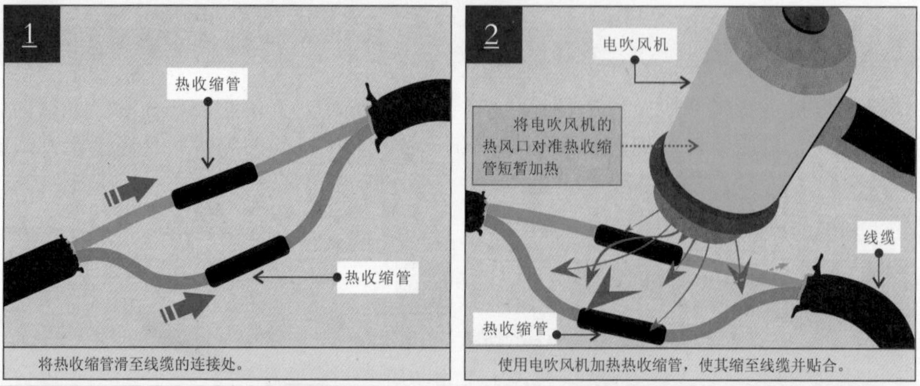
1
热收缩管
热收缩管
将热收缩管滑至线缆的连接处。
2
电吹风机
将电吹风机的热风口对准热收缩管短暂加热
线缆
热收缩管
使用电吹风机加热热收缩管，使其缩至线缆并贴合。

图 8-27　使用包缠法恢复线缆的绝缘层

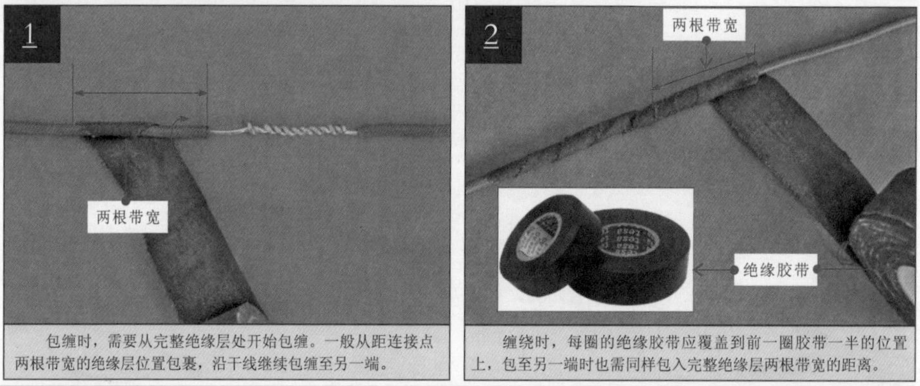
1
两根带宽
包缠时，需要从完整绝缘层处开始包缠。一般从距连接点两根带宽的绝缘层位置包裹，沿干线继续包缠至另一端。
2
两根带宽
绝缘胶带
缠绕时，每圈的绝缘胶带应覆盖到前一圈胶带一半的位置上，包至另一端时也需同样包入完整绝缘层两根带宽的距离。

| 提示说明 |

在一般情况下，220V 电路恢复导线绝缘时，应先包缠一层黄蜡带（或涤纶薄膜带），再包缠一层绝缘胶带；380V 电路恢复绝缘时，先包缠两三层黄蜡带（或涤纶薄膜带），再包缠两层绝缘胶带，同时，应严格按照规范缠绕，如图 8-28 所示。

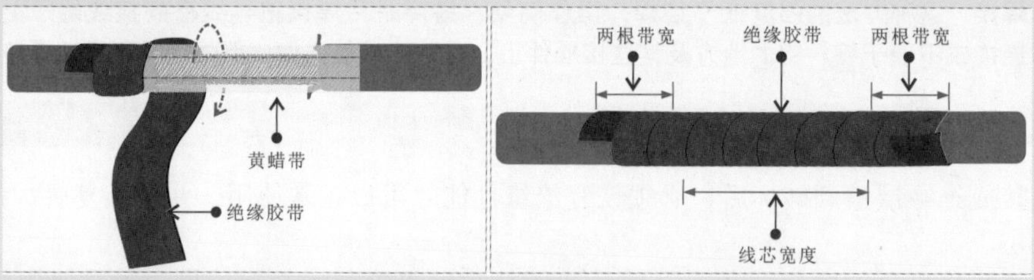
黄蜡带
绝缘胶带
两根带宽
绝缘胶带
两根带宽
线芯宽度

图 8-28　220V 和 380V 电路绝缘层的恢复

导线绝缘层的恢复是较为普通和常见的，在实际操作中还会遇到分支导线连接点绝缘层的恢复，需要用绝缘胶带从距分支连接点两根带宽的位置开始包裹，具体操作方法如图 8-29 所示。

| 提示说明 |

在包裹线缆时，间距应为 1/2 带宽，当绝缘胶带包至分支点处时，应紧贴线芯沿支路包裹，超出连接处两根带宽后向回包裹，再沿主路继续包缠至另一端。

图 8-29 分支线缆连接点绝缘层的恢复

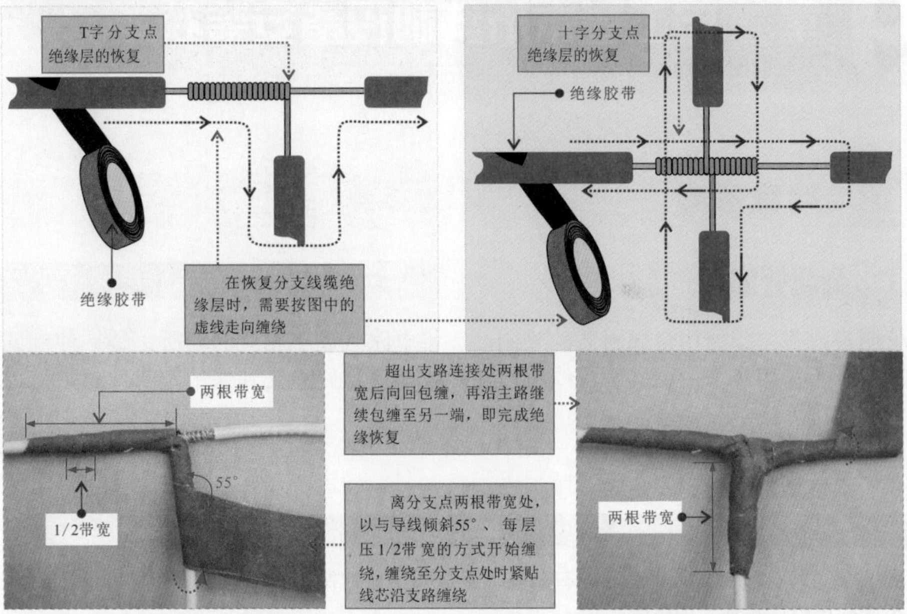
T字分支点
绝缘层的恢复
绝缘胶带
在恢复分支线缆绝缘层时，需要按图中的虚线走向缠绕
十字分支点
绝缘层的恢复
绝缘胶带
两根带宽
1/2带宽
55°
超出支路连接处两根带宽后向回包缠，再沿主路继续包缠至另一端，即完成绝缘恢复
离分支点两根带宽处，以与导线倾斜55°、每层压1/2带宽的方式开始缠绕，缠绕至分支点处时紧贴线芯沿支路缠绕
两根带宽

第9章 电工基本布线和设备安装技能

9.1 明敷线缆

9.1.1 金属管明敷

金属管明敷操作是指使用金属材质的管制品，将电路敷设于相应的场所，是一种常见的配线方式，室内和室外都适用。采用金属管配线可以使导线能够很好地受到保护，并且能避免因电路短路而发生火灾的情况。

在使用金属管明敷于潮湿的场所时，由于金属管会受到不同程度的锈蚀，为保障电路的安全，应采用较厚的水、煤气钢管；若是敷设于干燥的场所时，则可以选用金属电线管。

提示说明

选用金属管进行配线时，其表面不应有穿孔、裂缝和明显的凹凸不平等现象；其内部不允许出现锈蚀的现象，尽量选用内壁光滑的金属管。

图9-1为金属管管口的加工规范。在使用金属管进行配线时，为了防止穿线时金属管口划伤导线，其管口的位置应使用专用工具进行打磨，使其没有毛刺或尖锐的棱角。

图9-1 金属管管口的加工规范

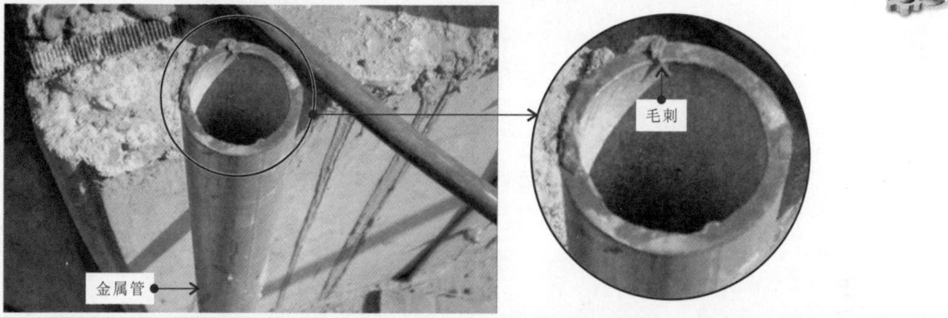
毛刺
金属管

在敷设金属管时，为了减少配线时的困难程度，应尽量减少弯头出现的总量，例如每根金属管的弯头不应超过3个，直角弯头不应超过2个。

图9-2为金属管弯头的操作规范。使用弯管器对金属管进行弯管操作时，应按相关的操作规范执行。例如，金属管的平均弯曲半径，不得小于金属管外径的6倍，在明敷且只有一个弯时，可将金属管的弯曲半径减少为管子外径的4倍。

图9-2 金属管弯头的操作规范

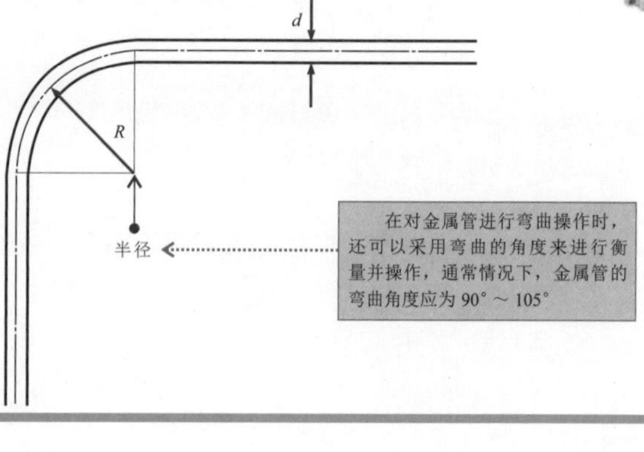
d
R
半径
在对金属管进行弯曲操作时，还可以采用弯曲的角度来进行衡量并操作，通常情况下，金属管的弯曲角度应为90°～105°

图9-3为金属管使用长度的规范。金属管配线连接，若管路较长或有较多弯头时，则需要适当加装接线盒，通常对于无弯头情况时，金属管的长度不应超过30m；对于有一个弯头情况时，金

属管的长度不应超过 20m；对于有两个弯头情况时，金属管的长度不应超过 15m；对于有三个弯头情况时，金属管的长度不应超过 8m。

图 9-3　金属管使用长度的规范

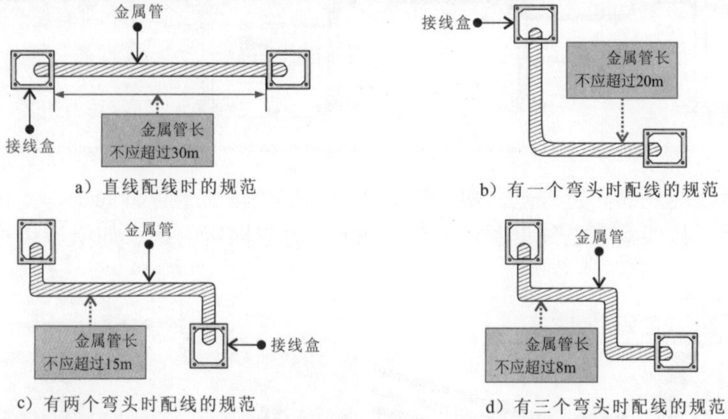
金属管
接线盒
金属管长
不应超过30m
a）直线配线时的规范
接线盒
金属管长
不应超过20m
b）有一个弯头时配线的规范
金属管
金属管长
不应超过15m
接线盒
c）有两个弯头时配线的规范
金属管
金属管长
不应超过8m
d）有三个弯头时配线的规范

图 9-4 所示为金属管配线时的固定规范。金属管配线时，为了其美观和方便拆卸，在对金属管进行固定时，通常会使用管卡进行固定。若是没有设计要求时，则对金属管卡的固定间隔不应超过 3m；在距离接线盒 0.3m 的区域，应使用管卡进行固定；在弯头两边也应使用管卡进行固定。

图 9-4　金属管配线时的固定规范

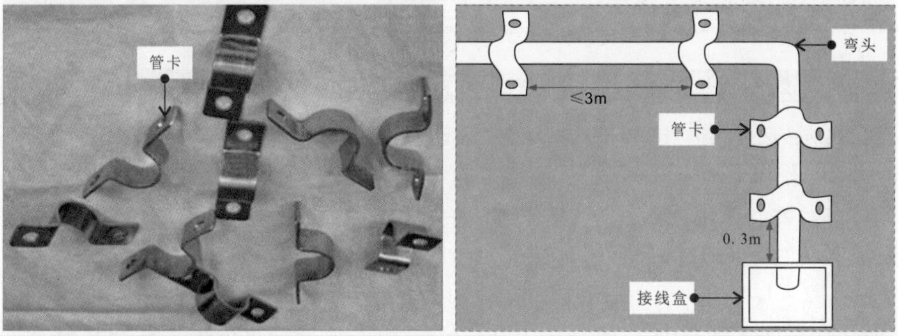
管卡
弯头
≤3m
管卡
0. 3m
接线盒

9.1.2　金属线槽明敷

金属线槽配线用于明敷时，一般适用于正常环境的室内场所。带有槽盖的金属线槽，具有较强的封闭性，其耐火性能也较好，可以敷设在建筑物顶棚内，但是对于金属线槽有严重腐蚀的场所不可以采用该类配线方式。

金属线槽配线时，其内部的导线不能有接头，若是在易于检修的场所，可以允许在金属线槽内有分支的接头，并且在金属线槽内配线时，其内部导线的截面积不应超过金属线槽内截面积的 20%，载流导线不宜超过 30 根。

图 9-5 为金属线槽的安装规范。金属线槽配线时，如遇到特殊情况，需要设置安装支架或是吊架（即线槽的接头处；直线敷设金属线槽的长度为 1 ~ 1.5m 时；金属线槽的首端、终端以及进出接线盒的 0.5m 处）。

9.1.3　塑料管明敷

塑料管配线明敷的操作方式具有配线施工操作方便、施工时间短以及抗腐蚀性强等特点，适合应用在腐蚀性较强的环境中。在使用塑料管进行配线时可分为硬质塑料管和半硬质塑料管。

图 9-5 金属线槽的安装规范

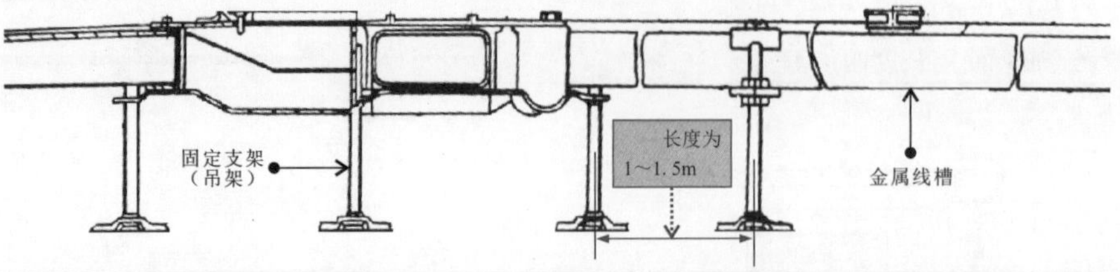
固定支架
（吊架）
长度为
1～1.5m
金属线槽

图 9-6 为塑料管配线的固定规范，塑料管配线时，应使用管卡进行固定、支撑。在距离塑料管始端、终端、开关、接线盒或电气设备处 150～500mm 时应固定一次，如果多条塑料管敷设时要保持其间距均匀。

图 9-6 塑料管配线的固定规范

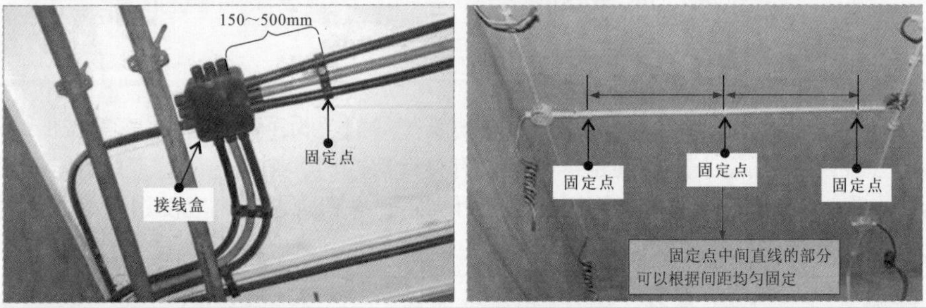
150～500mm
固定点
接线盒
固定点
固定点
固定点
固定点中间直线的部分
可以根据间距均匀固定

| 提示说明 |

塑料管配线前，应先对塑料管本身进行检查，其表面不可以有裂缝、瘪陷的现象，其内部不可以有杂物，而且保证明敷塑料管的管壁厚度不小于 2mm。

图 9-7 为塑料管的连接规范。塑料管之间的连接可以采用插入法和套接法连接，插入法是指将黏接剂涂抹在 A 塑料硬管的表面，然后将 A 塑料硬管插入 B 塑料硬管内，插入深度为 A 塑料硬管管外径的 1.2～1.5 倍；套接法则是同直径的硬塑料管扩大成套管，其长度为硬塑料管外径的 2.5～3 倍。插接时，先将套管加热至 130℃左右，持续 1～2min 使套管变软后，同时将两根硬塑料管插入套管即可。

图 9-7 塑料管的连接规范

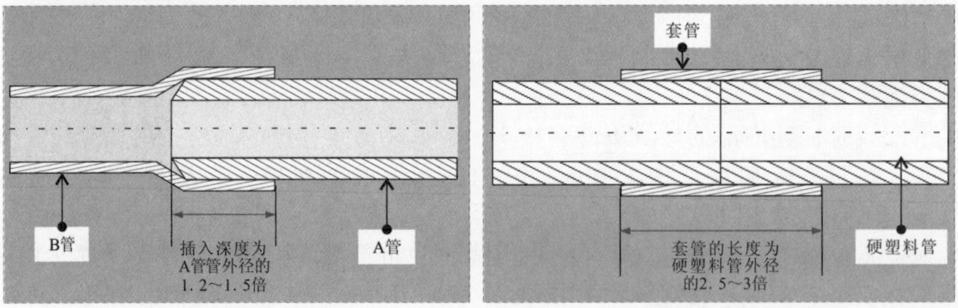
B管
插入深度为
A管管外径的
1.2～1.5倍
A管
套管
套管的长度为
硬塑料管外径
的2.5～3倍
硬塑料管

a）插入法　　b）套接法

| 提示说明 |

在使用塑料管敷设连接时，可使用辅助连接配件进行连接弯曲或分支等操作，例如直接头、正三通头、90°弯头、45°弯头和异径接头等，如图 9-8 所示，在安装连接过程中，可以根据其环境的需要使用相应的配件。

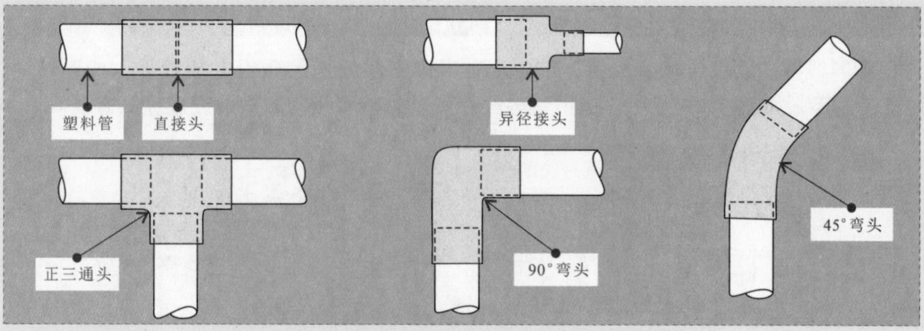
塑料管
直接头
异径接头
正三通头
90°弯头
45°弯头

图 9-8　塑料管配线时用到的配件

9.1.4　塑料线槽明敷

塑料线槽配线是指将绝缘导线敷设在塑料槽板的线槽内，上面使用盖板把导线盖住，该类配线方式适用于办公室、生活间等干燥房屋内的照明；也适用于工程改造时更换电路时使用，通常该类配线方式是在墙面抹灰粉刷后进行。

塑料线槽配线时，其内部的导线填充率及载流导线的根数，应满足导线的安全散热要求，并且在塑料线槽的内部不可以有接头、分支接头等，若有接头，可以使用接线盒进行连接。

| 提示说明 |

如图 9-9 所示，有些电工为了节省成本和劳动，将强电导线和弱电导线放置在同一线槽内进行敷设，这样会对弱电设备的通信传输造成影响，是非常错误的行为。另外，线槽内的线缆也不宜过多，通常规定在线槽内的导线或是电缆的总截面积不应超过线槽内总截面积的 20%。有些电工在使用塑料线槽敷设线缆时，线槽内的导线数量过多，且接头凌乱，这样会为日后用电留下安全隐患，必须将线缆厘清重新设计敷设方式。

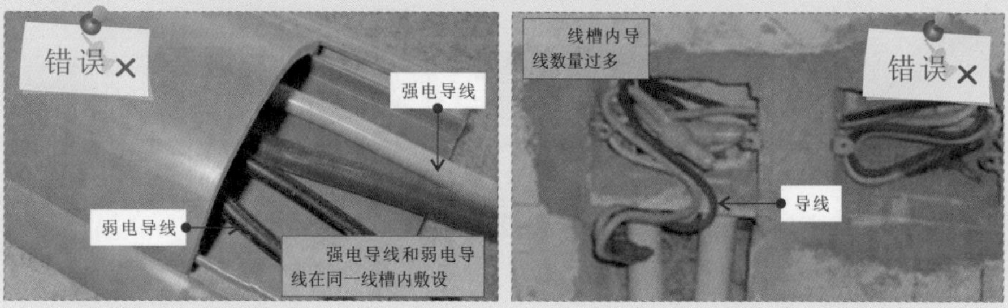
错误 ×
强电导线
弱电导线
强电导线和弱电导线在同一线槽内敷设
线槽内导线数量过多
错误 ×
导线

图 9-9　使用塑料线槽配线时的规范以及线缆在塑料槽内的配线规范

图 9-10 为使用塑料线槽配线时导线的操作规范。线缆水平敷设在塑料线槽中可以不绑扎，其槽内的线缆应顺直，尽量不要交叉，线缆在导线进出线槽的部位以及拐弯处应绑扎固定。若导线在线槽内是垂直配线时，应每间隔 1.5m 的距离固定一次。

图 9-10　使用塑料线槽配线时导线的操作规范

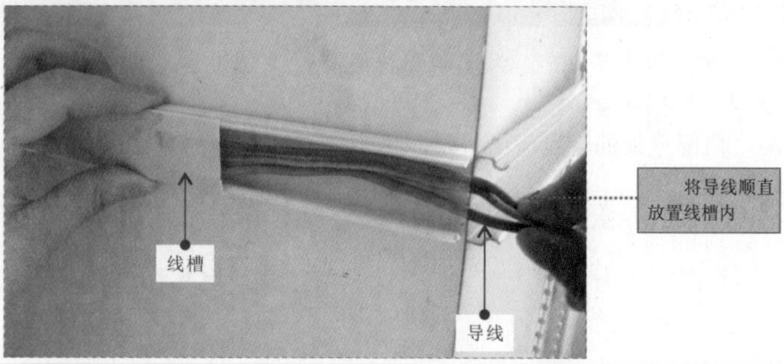
将导线顺直放置线槽内
线槽
导线

| 提示说明 |

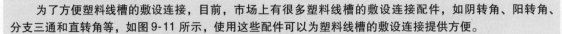

为了方便塑料线槽的敷设连接，目前，市场上有很多塑料线槽的敷设连接配件，如阴转角、阳转角、分支三通和直转角等，如图9-11所示，使用这些配件可以为塑料线槽的敷设连接提供方便。

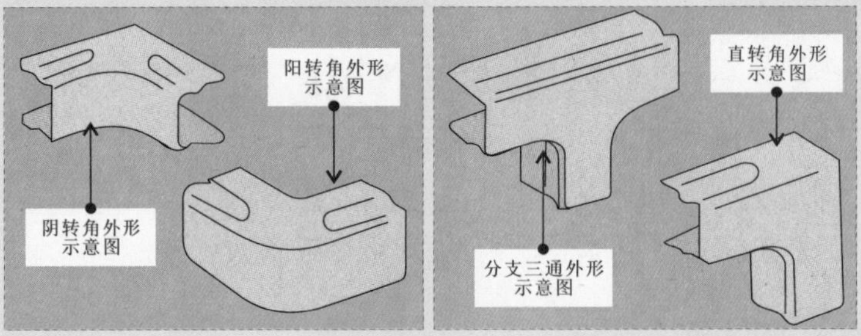
阳转角外形
示意图
阴转角外形
示意图
直转角外形
示意图
分支三通外形
示意图

图9-11　塑料线槽配线时用到的相关附件

图9-12为塑料线槽的固定规范。对线槽的槽底进行固定时，其固定点之间的距离应根据线槽的规格而定。例如塑料线槽的宽度为20～40mm时，其两固定点间的最大距离为80mm，可采用单排固定法；若塑料线槽的宽度为60mm时，其两固定点的最大距离为100mm，可采用双排固定法，并且固定点纵向间距为30mm；若塑料线槽的宽度为80～120mm时，其固定点之间的距离为80mm，可采用双排固定法并且固定点纵向间距为50mm。

图9-12　塑料线槽的固定规范

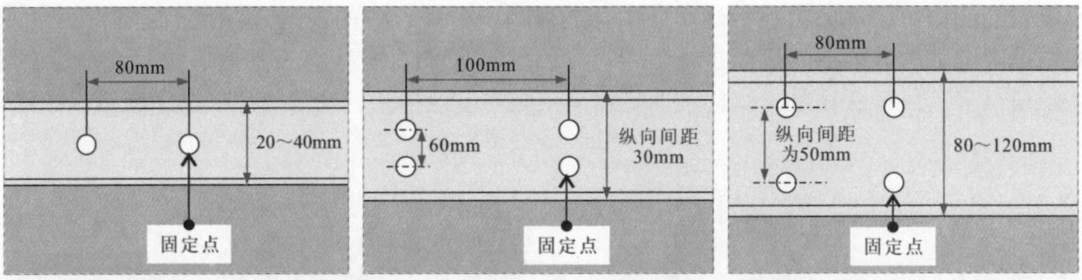
80mm
20～40mm
固定点
100mm
60mm
纵向间距
30mm
固定点
80mm
纵向间距
为50mm
80～120mm
固定点

9.2 暗敷线缆

9.2.1 金属管暗敷

暗敷是指将导线穿管并埋设在墙内、地板下或顶棚内进行配线，该操作对于施工要求较高，对于电路进行检查和维护时较困难。

金属管配线的过程中，若遇到有弯头的情况时，金属管的弯头弯曲的半径不应小于管外径的6倍；敷设于地下或是混凝土的楼板时，金属管的弯曲半径不应小于管外径的10倍。

| 提示说明 |

金属管在转角时，其角度应大于90°，为了便于导线穿过，敷设金属管时，每根金属管的转弯点不应多于两个，并且不可以有S形拐角。

由于金属管配线时，内部穿线的难度较大，所以选用的管径要大一点，一般管内填充物最多为总空间的30%左右，以便于穿线。

图9-13为金属管管口的操作规范。金属管配线时，通常会采用直埋操作，为了减小直埋管在沉陷时连接管口处对导线的剪切力，在加工金属管管口时可以将其做成喇叭形，若是将金属管口伸出地面时，应距离地面25～50mm。

图 9-13　金属管管口的操作规范

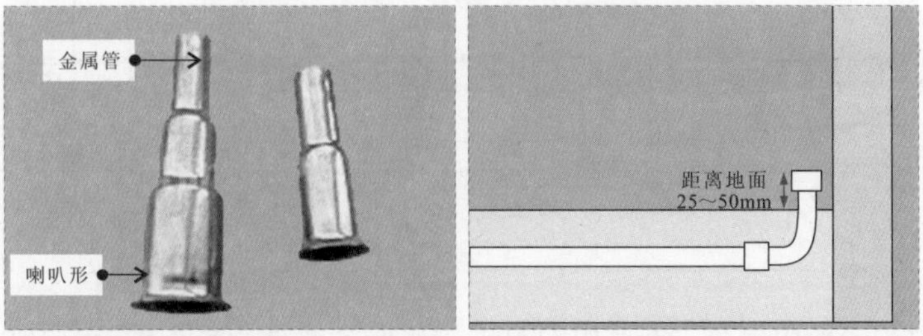
金属管
喇叭形
距离地面
25～50mm

图 9-14 为金属管的连接规范。金属管在连接时，可以使用管箍进行连接，也可以使用接线盒进行连接，采用管箍连接两根金属管时，将钢管的丝扣部分顺着螺纹的方向缠绕麻丝绳后再拧紧，以加强其密封程度；采用接线盒连接两根金属管时，钢管的一端应在连接盒内使用锁紧螺母夹紧，防止脱落。

图 9-14　金属管的连接规范

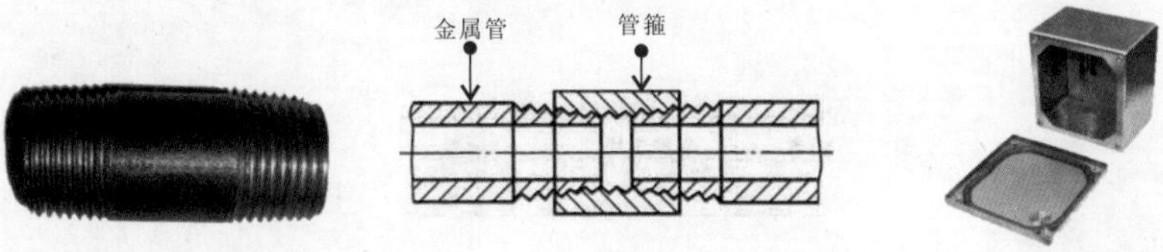
金属管
管箍

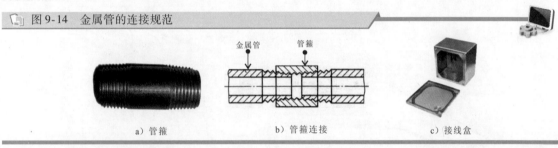

a）管箍　b）管箍连接　c）接线盒

9.2.2　金属线槽暗敷

金属线槽配线使用在暗敷中时，通常适用于正常环境下大空间且隔断变化多、用电设备移动性大或敷设有多种功能的场所，主要是敷设于现浇混凝土地面、楼板或楼板垫层内。

图 9-15 为金属线槽配线时接线盒的使用规范。金属线槽配线时，为了便于穿线，金属线槽在交叉/转弯或是分支处配线时应设置分线盒；金属线槽配线时，若直线长度超过 6m 时，应采用分线盒进行连接。为了日后电路的维护，分线盒应能够开启，并采取防水措施。

图 9-15　金属线槽配线时接线盒的使用规范

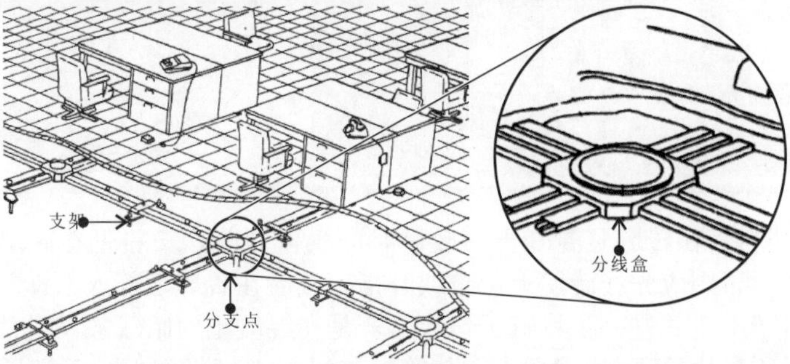
支架
分支点
分线盒

图 9-16 为金属线槽配线时环境的规范。金属线槽配线时，若是敷设在现浇混凝土的楼板内，要求楼板的厚度不应小于 200mm；若是在楼板垫层内时，要求垫层的厚度不应小于 70mm，并且避免与其他的管路有交叉的现象。

9.2.3　塑料管暗敷

塑料管配线的暗敷操作是指将塑料管埋入墙壁内的一种配线方式。

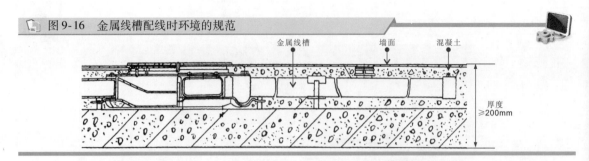

图 9-16　金属线槽配线时环境的规范

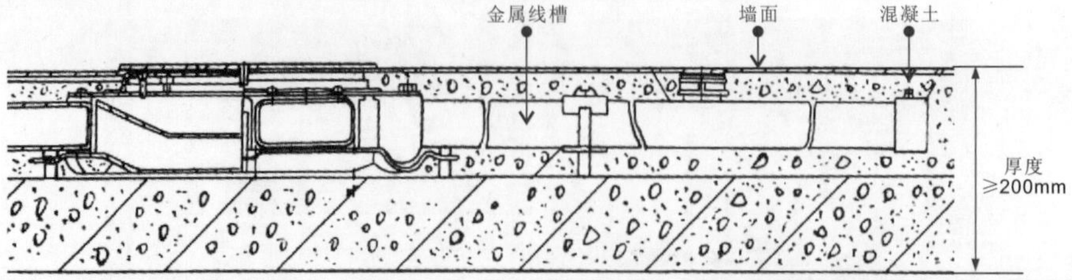
金属线槽
墙面
混凝土
厚度
≥200mm

图 9-17 为塑料管的选用规范。在选用塑料管配线时，首先应检查塑料管的表面是否有裂缝或是瘪陷的现象，若存在该现象则不可以使用；然后检查塑料管内部是否存在异物或是尖锐的物体，若有该情况时，则不可以选用，将塑料管用于暗敷时，要求其管壁的厚度应不小于 3mm。

图 9-17　塑料管的选用规范

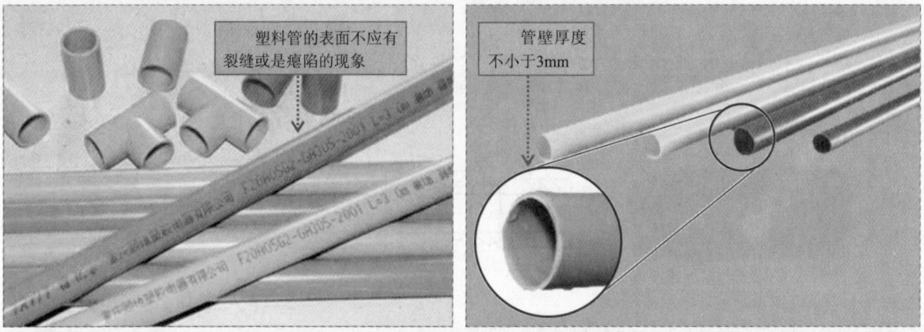
塑料管的表面不应有
裂缝或是瘪陷的现象
管壁厚度
不小于3mm

图 9-18 为塑料管弯曲时的操作规范。为了便于导线的穿越，塑料管的弯头部分的角度一般不应小于 90°，要有明显的圆弧，不可以出现管内弯瘪的现象。

图 9-18　塑料管弯曲时的操作规范

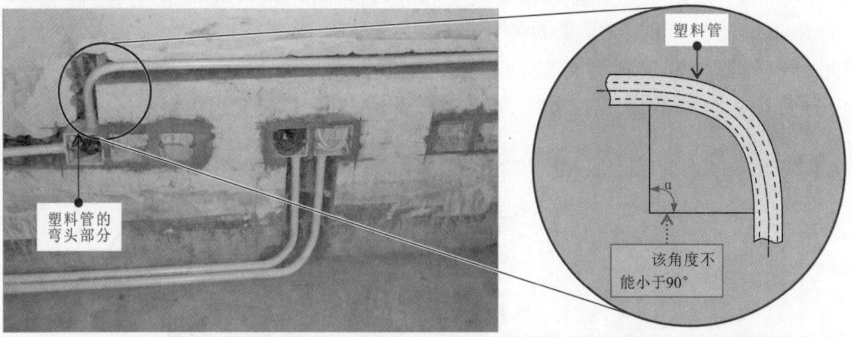
塑料管的
弯头部分
塑料管
α
该角度不
能小于90°

图 9-19 所示为塑料管在砖墙及混凝土内敷设时的操作规范。塑料管在砖墙内暗线敷设时，一般在土建砌砖时预埋，否则应先在砖墙上留槽或开槽，然后在砖缝里打入木榫并钉上钉子，再用铁丝将塑料管绑扎在钉子上，并进一步将钉子钉入，若是在混凝土内暗线敷设时，可用铁丝将管子绑扎在钢筋上，将管子用垫块垫高 10 ~ 15mm，使管子与混凝土模板间保持足够距离，并防止浇灌混凝土时把管子拉开。

| 提示说明 |

塑料管配线时，两个接线盒之间的塑料管为一个线段，每线段内塑料管口的连接数量要尽量减少；并且根据用电的需求，使用塑料管配线时，应尽量减少弯头的操作。

图 9-19 塑料管在砖墙及混凝土内敷设时的操作规范

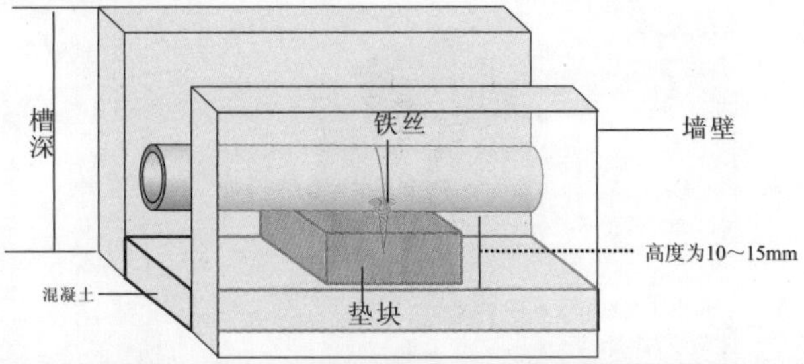
槽深
铁丝
墙壁
高度为10～15mm
混凝土
垫块

9.3 灯具安装

灯具安装必须严格按照规范操作。

◇ 所有的白炽灯、荧光灯、高压水银荧光灯、碘钨灯和镝灯等灯具、开关、插座、挂线盒及附件等必须安装可靠、完整无缺。

◇ 所有照明灯具、控制开关和电源插座应根据环境的需要（如在特别潮湿、有腐蚀性蒸气和气体的场所），分别采用合适的防潮、防爆且防雨的照明灯具、控制开关和电源插座。

◇ 壁灯、吸顶灯应装牢在敷设面上，不可有松动、紧固不严密情况。

◇ 吊灯应装有挂线盒，每一只挂线盒只可装一盏电灯（多管荧光灯和特殊灯具除外）。

◇ 吊灯线的绝缘必须良好，并不得有接头。在挂线盒内的接线应打好结扣，防止接线处受力使灯具跌落。

◇ 吊链式照明灯具的灯线应不受拉力，灯线必须超过吊链长度 20mm。超过 1kg 的照明灯具需用金属链条吊装或用其他方法支持，且必须确保灯线不承受力。

◇ 各种吊灯离地面距离不应低于 2m，潮湿、危险场所和户外应不低于 2.5m。低于 2.5m 的灯具外壳应妥善接地，最好采用 12～36V 的安全电压。

◇ 每一照明单项分支回路不允许超过 25 个灯头，但花灯、彩灯除外，一般情况下严禁超过 10A。

◇ 螺口灯必须是中心点接相线，零线接在螺纹端子上。

◇ 当灯具重量大于 2kg 时，应采用膨胀螺钉固定。

◇ 矩形灯具的边框宜与顶棚的装饰直线平行，偏差应不大于 5mm。

◇ 灯槽内的多根荧光管间隔不宜太长，否则易造成光与光之间有阴影的情况。

9.3.1 荧光灯安装

荧光灯是室内照明常用的照明工具，可满足家庭、办公、商场和超市等场所的照明需要，应用范围十分广泛。

1 荧光灯安装前的准备工作

通常荧光灯应安装在房间顶部或墙壁上方，荧光灯发出的光线可以覆盖房间的各个角落。荧光灯的供电电路应遵循最近原则进行开槽、布线，在荧光灯的安装位置应预先留下出线孔和足够的线缆。

图 9-20 所示为荧光灯安装位置留下的出线孔和预留的线缆。在图 9-20 中预留有两条供电线缆，可分别连接不同线路的照明灯。

2 选择荧光灯的安装方式

荧光灯有吸顶式、壁挂式和悬吊式三种常规安装方式，三种安装方式除灯架的固定方式有所不同外，常规的装配连接操作都基本相同，其中以吸顶式安装最为普遍。图 9-21 所示为吸顶式荧光灯安装的固定方式。

图 9-20　荧光灯安装位置留下的出线孔和预留的线缆

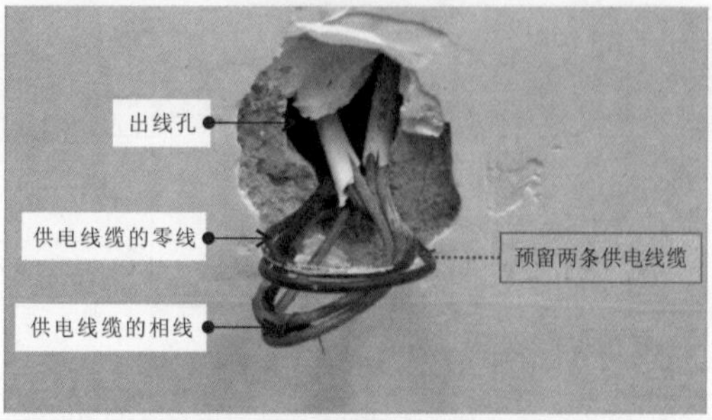
出线孔
供电线缆的零线
预留两条供电线缆
供电线缆的相线

图 9-21　吸顶式荧光灯安装的固定方式

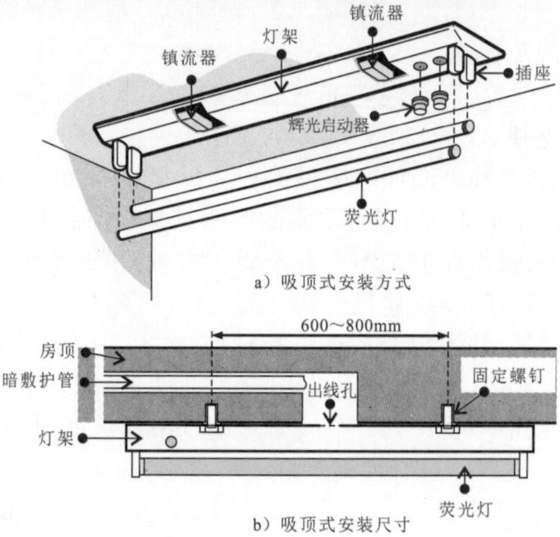
镇流器
灯架
镇流器
插座
辉光启动器
荧光灯
a）吸顶式安装方式
600～800mm
房顶
暗敷护管
固定螺钉
出线孔
灯架
荧光灯
b）吸顶式安装尺寸

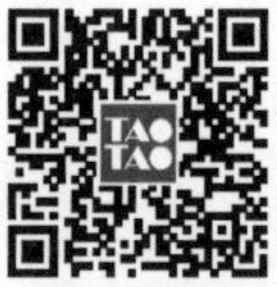
扫一扫看视频

3　荧光灯的安装操作

（1）拆下荧光灯灯架的外壳

在对荧光灯灯架进行安装时，应先使用螺钉旋具将灯架两端的固定螺钉拧下，拆下荧光灯灯架的外壳，如图 9-22 所示。

图 9-22　拆下荧光灯灯架的外壳

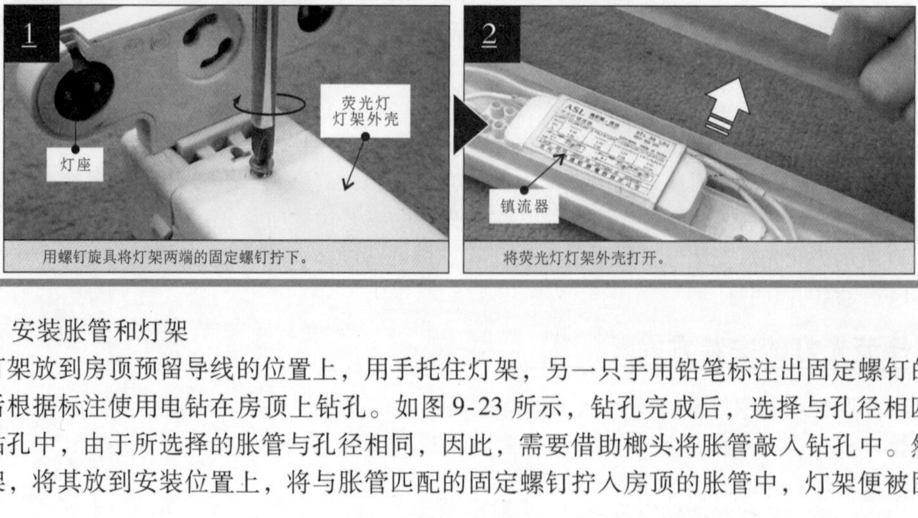
1
灯座
荧光灯灯架外壳
用螺钉旋具将灯架两端的固定螺钉拧下。
2
镇流器
将荧光灯灯架外壳打开。

（2）安装胀管和灯架

将灯架放到房顶预留导线的位置上，用手托住灯架，另一只手用铅笔标注出固定螺钉的安装位置，然后根据标注使用电钻在房顶上钻孔。如图 9-23 所示，钻孔完成后，选择与孔径相匹配的胀管埋入钻孔中，由于所选择的胀管与孔径相同，因此，需要借助榔头将胀管敲入钻孔中。然后用手托住灯架，将其放到安装位置上，将与胀管匹配的固定螺钉拧入房顶的胀管中，灯架便被固定在房顶上了。

图 9-23 安装胀管和灯架

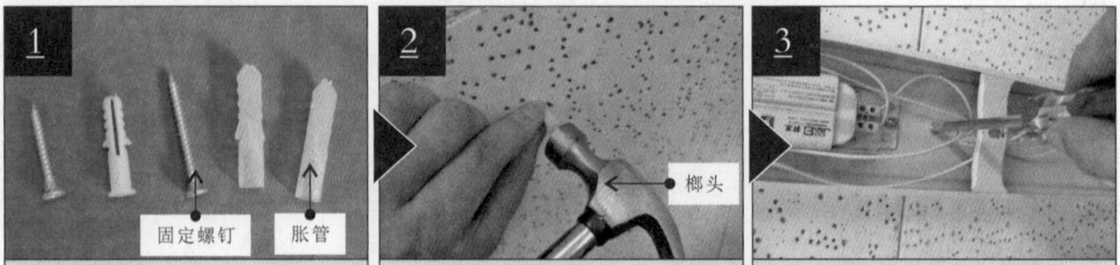
1
固定螺钉
胀管
2
榔头
3
准备好胀管。 将胀管敲入房顶。 使用螺钉旋具拧紧固定螺钉。

（3）连接线缆

将布线时预留的照明支路线缆与灯架内的电线相连。将相线与镇流器连接线进行连接；零线与荧光灯灯架连接线进行连接，如图 9-24 所示。

图 9-24 连接线缆

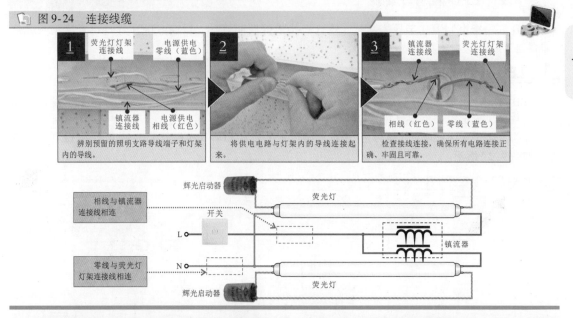

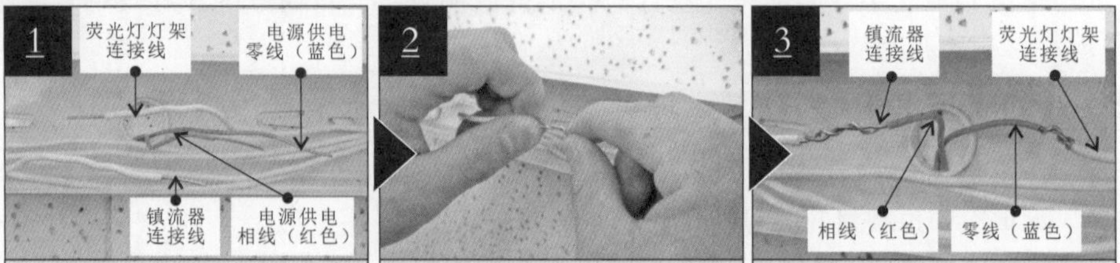
1
荧光灯灯架连接线
电源供电零线（蓝色）
镇流器连接线
电源供电相线（红色）
2
3
镇流器连接线
荧光灯灯架连接线
相线（红色）
零线（蓝色）
辨别预留的照明支路导线端子和灯架内的导线。 将供电电路与灯架内的导线连接起来。 检查接线连接，确保所有电路连接正确、牢固且可靠。

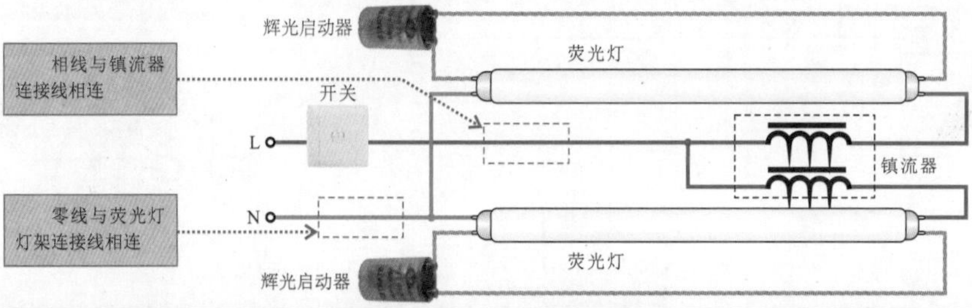
辉光启动器
荧光灯
相线与镇流器连接线相连
开关
L
镇流器
N
零线与荧光灯灯架连接线相连
荧光灯
辉光启动器

| 提示说明 |

在连接照明灯线缆时，注意先将照明支路断路器或总断路器断开，以防出现触电事故。

（4）安装灯架外壳和荧光灯管

使用绝缘胶带对线缆连接部位进行缠绕包裹，并将其封装在灯架内部，然后将灯架的外壳盖上。如图 9-25 所示，将荧光灯管两端的电极按照插座缺口安装到插座上，然后旋转灯管约 90°，荧光灯便安装好了。

图 9-25 安装荧光灯

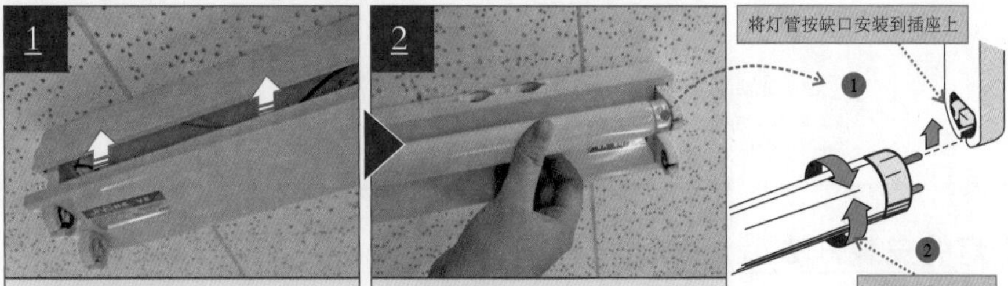
1
2
将灯管按缺口安装到插座上
1
2
旋转灯管约90°
将灯架的外壳盖上。 安装荧光灯管。

(5) 安装辉光启动器

最后安装辉光启动器。辉光启动器装入时，需要根据辉光启动器座的连接口的特点，先将辉光启动器插入，再旋转一定角度，使其两个触点与灯架的接口完全契合，如图 9-26 所示。

图 9-26 安装辉光启动器

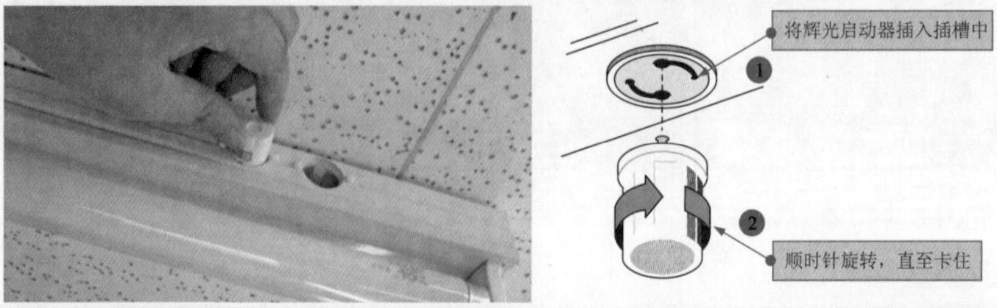
将辉光启动器插入插槽中
1
2
顺时针旋转，直至卡住

9.3.2 LED 照明灯安装

LED 灯是指由 LED（半导体发光二极管）构成的照明灯具。目前，LED 灯是继紧凑型荧光灯（即普通节能灯）后的新一代照明光源。

1 LED 灯的特点和安装方式

LED 灯相比普通节能灯具有环保（不含汞）、成本低、功率小、光效高、寿命长、发光面积大、无眩光、无重影和耐频繁开关等特点。

目前，用于室内照明的 LED 灯，根据安装形式主要有 LED 荧光灯、LED 吸顶灯和 LED 节能灯等，如图 9-27 所示。

图 9-27 常见照明用 LED 灯

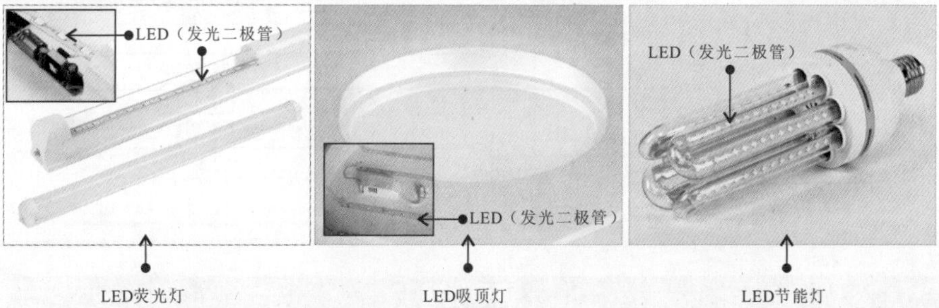
LED（发光二极管）
LED（发光二极管）
LED（发光二极管）
LED荧光灯
LED吸顶灯
LED节能灯

LED 灯的安装形式比较简单。以 LED 荧光灯为例，一般直接将 LED 荧光灯接线端与交流 220V 照明控制电路（经控制开关）预留的相线和零线连接即可，如图 9-28 所示。

图 9-28 LED 灯的安装形式

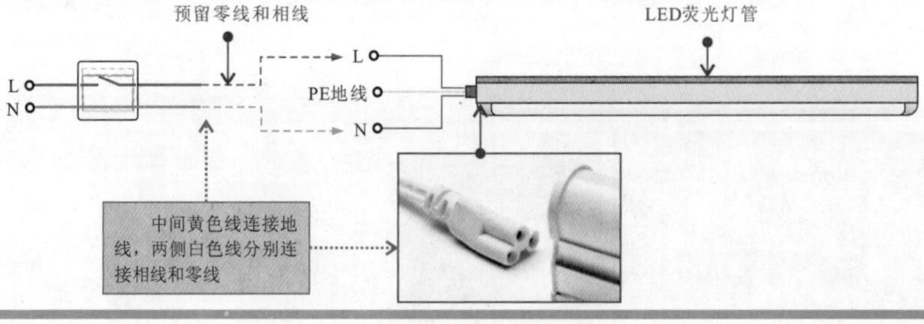
预留零线和相线
LED荧光灯管
L
N
L
PE地线
N
中间黄色线连接地线，两侧白色线分别连接相线和零线

2 LED 灯的安装方法

下面以 LED 荧光灯为例，介绍该类照明灯具的安装方法。图 9-29 所示为 LED 荧光灯安装方法

示意图。

图 9-29 LED 荧光灯安装方法示意图

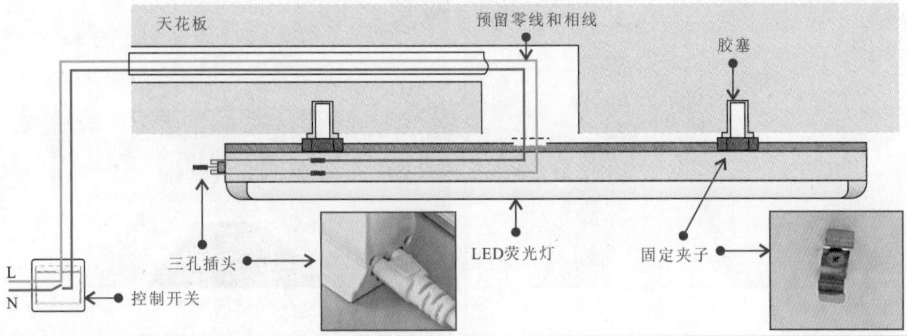
天花板
预留零线和相线
胶塞
三孔插头
LED荧光灯
固定夹子
L
N
控制开关

图 9-30 所示为 LED 荧光灯的具体安装步骤。

图 9-30 LED 荧光灯的具体安装步骤

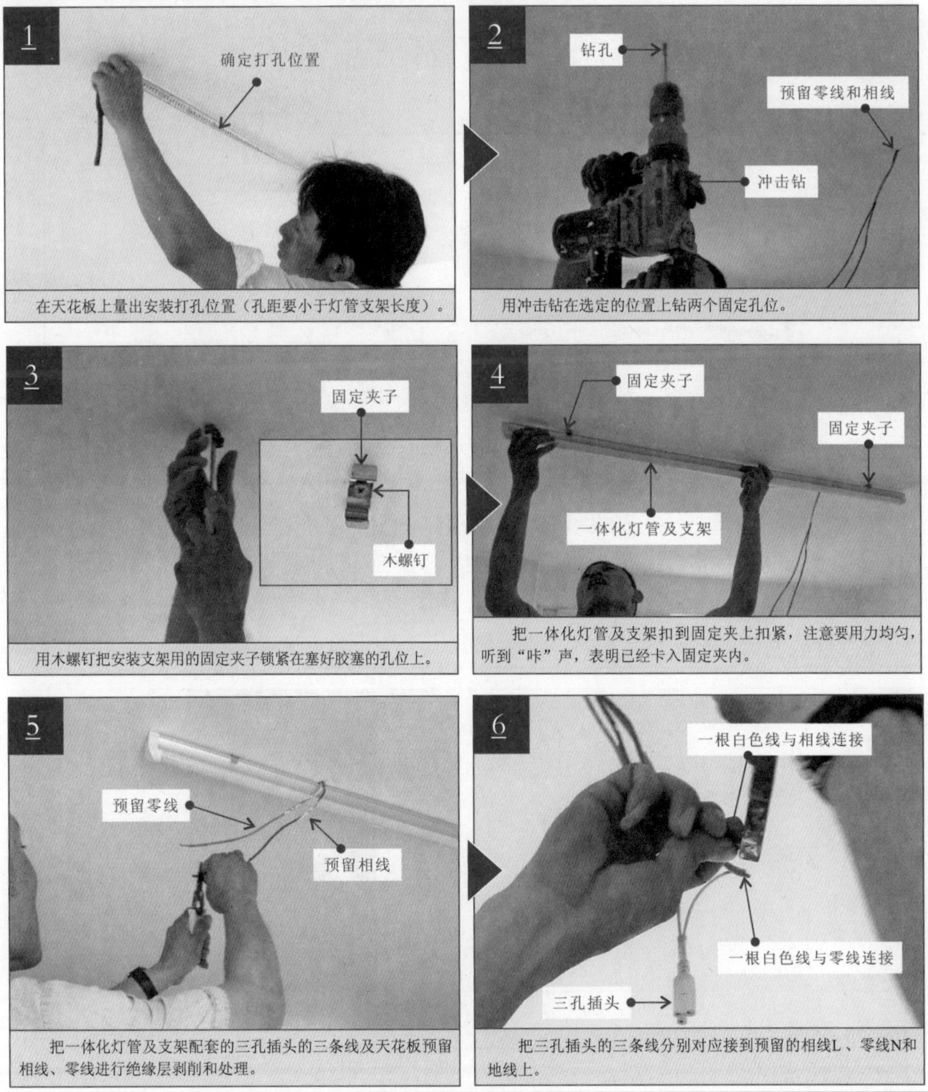
1
确定打孔位置
在天花板上量出安装打孔位置（孔距要小于灯管支架长度）。
2
钻孔
预留零线和相线
冲击钻
用冲击钻在选定的位置上钻两个固定孔位。
3
固定夹子
木螺钉
用木螺钉把安装支架用的固定夹子锁紧在塞好胶塞的孔位上。
4
固定夹子
固定夹子
一体化灯管及支架
把一体化灯管及支架扣到固定夹上扣紧，注意要用力均匀，听到“咔”声，表明已经卡入固定夹内。
5
预留零线
预留相线
把一体化灯管及支架配套的三孔插头的三条线及天花板预留相线、零线进行绝缘层剥削和处理。
6
一根白色线与相线连接
一根白色线与零线连接
三孔插头
把三孔插头的三条线分别对应接到预留的相线L、零线N和地线上。

图 9-30　LED 荧光灯的具体安装步骤（续）

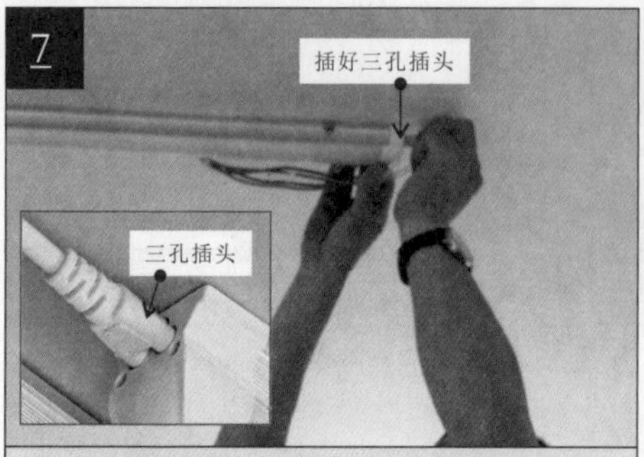
7
插好三孔插头
三孔插头

将三孔插头插入到一体化灯管及支架的连接端，灯管另一端塞入防触电堵头盖子。

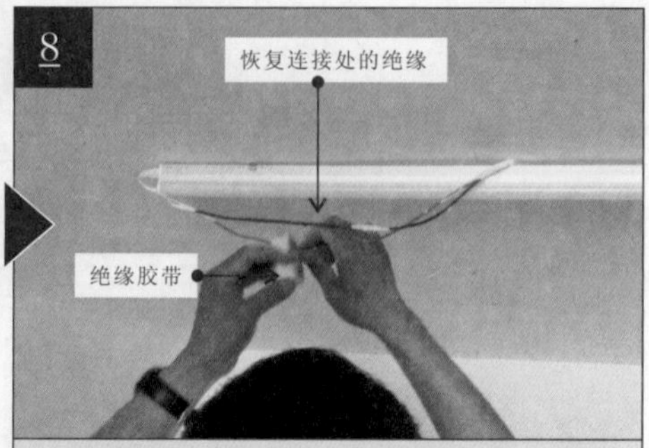
8
恢复连接处的绝缘
绝缘胶带

用绝缘胶带在三孔插头线与预留相线、零线的连接处进行严格的恢复绝缘处理。

9.3.3　吸顶灯安装

吸顶灯是目前家庭中应用最多的一种照明灯，主要包括底座、灯管和灯罩等几部分，如图 9-31 所示。

图 9-31　吸顶灯的结构和接线关系示意图

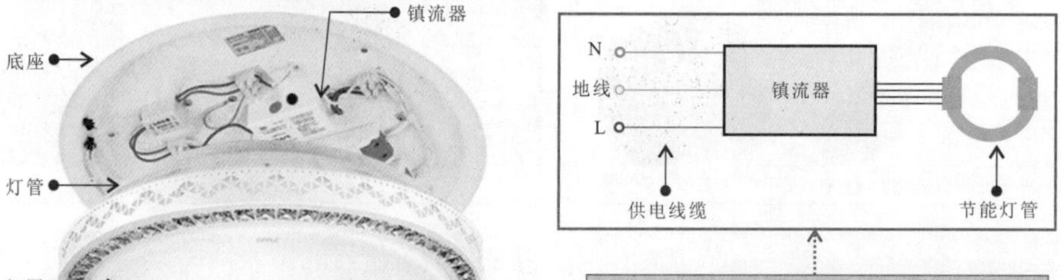
镇流器
底座
灯管
灯罩
N
地线
L
镇流器
供电线缆
节能灯管

吸顶灯内包括灯具供电线缆、镇流器和节能灯管。节能灯管经镇流器后与供电线缆连接，实现供电

吸顶灯的安装与接线操作比较简单，可先将吸顶灯的灯罩、灯管和底座拆开，然后将底座固定在屋顶上，将屋顶预留相线和零线与底座上的连接端子连接，重装灯管和灯罩即可，如图 9-32 所示。

图 9-32　吸顶灯的安装方法

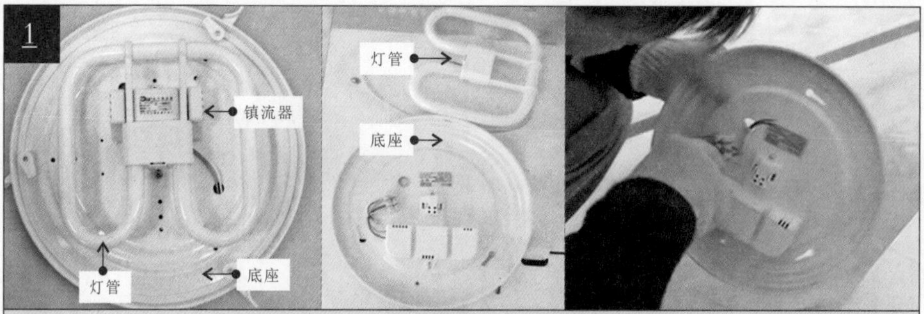
1
镇流器
灯管
底座
灯管
底座

为了防止在安装过程不小心将灯管打碎，安装吸顶灯前，首先拆卸灯罩，取下灯管（灯管和镇流器之间一般都是通过插头直接连上的，拆装十分方便）。

图 9-32 吸顶灯的安装方法（续）

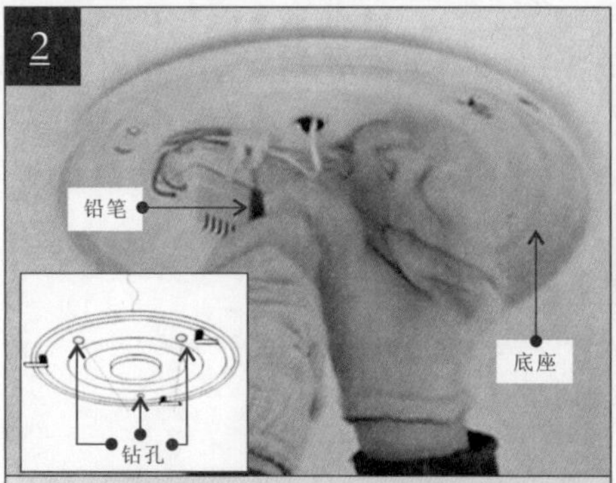
2
铅笔
底座
钻孔

用一只手将底座托住并按在需要安装的位置上，用铅笔画出打孔的位置。使用冲击钻在画好钻孔的位置打孔（实际的钻孔个数根据灯座的固定孔确定，一般不少于3个）。

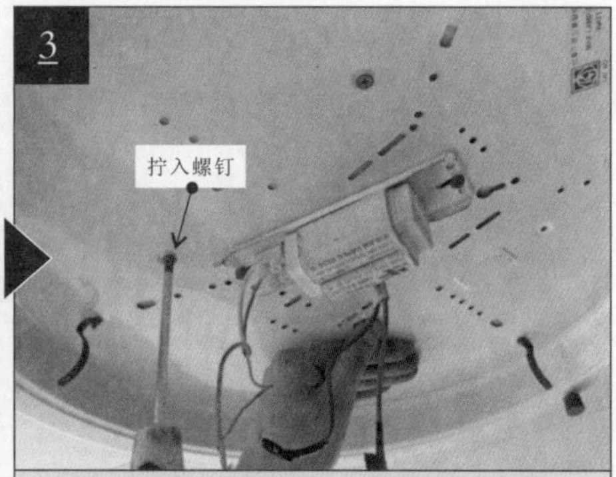
3
拧入螺钉

孔位打好之后，将塑料膨胀管按入孔内并固定。将预留导线穿过底座与螺钉孔位对好。用螺钉旋具把螺钉拧入孔位，不要拧得过紧，检查安装位置并适当调节，确定好后，将其余螺钉拧好。

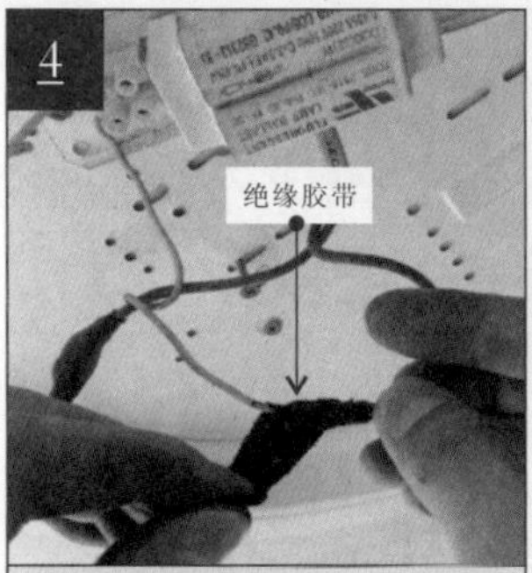
4
绝缘胶带

将预留的导线与吸顶灯的供电线缆连接，并使用绝缘胶带缠绕，恢复绝缘性能。

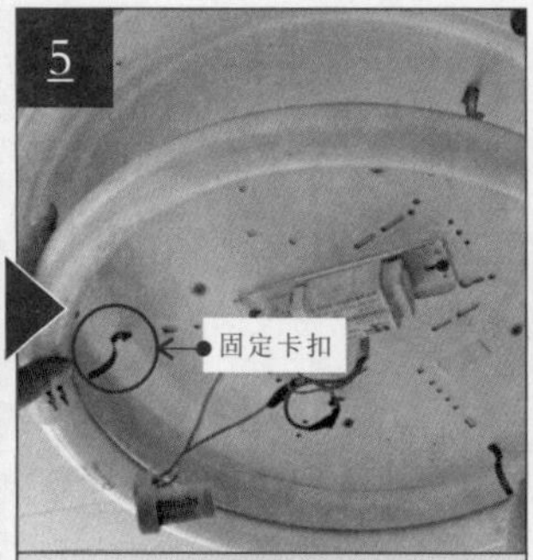
5
固定卡扣

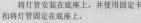

将灯管安装在底座上，并使用固定卡扣将灯管固定在底座上。

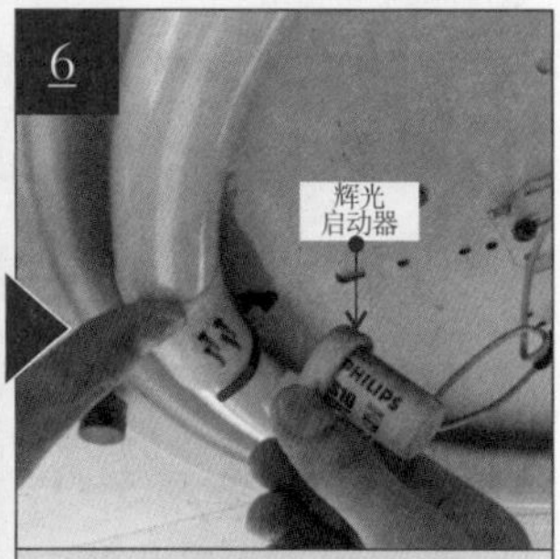
6
辉光
启动器
PHILIPS

通过特定的插座将辉光启动器与灯管连接在一起，确保连接紧固。通电检查确认无误后扣紧灯罩，安装完成。

| 提示说明 |

吸顶灯在安装施工操作中需注意以下几点：

◆ 安装时，必须确认电源处于关闭状态。

◆ 在砖石结构中安装吸顶灯时，应采用预埋螺栓或用膨胀螺栓、尼龙塞固定，不可使用木楔，承载能力应与吸顶灯的重量相匹配，确保吸顶灯固定牢固、可靠，延长使用寿命。

◆ 如果吸顶灯使用螺口灯管安装，则接线还要注意以下两点：相线应接在中心触点的端子上，零线应接在螺纹端子上；灯管的绝缘外壳不应有破损和漏电情况，以防更换灯管时触电。

◆ 当采用膨胀螺栓固定时，应按吸顶灯尺寸的技术要求选择螺栓规格，钻孔直径和埋设深度要与螺栓规格相符。

◆ 安装时，要注意连接的可靠性，连接处必须能够承受相当于吸顶灯 4 倍重量的悬挂而不变形。

9.3.4 射灯安装

射灯是一种小型的可以营造照明环境的照明灯，通常安装在室内吊顶四周或家具上部，光线直接照射在需要强调的位置上，在对其进行安装时，通常需要先在安装的位置上进行打孔，然后将供电线缆与其进行连接，完成射灯的安装。

1 选择射灯的安装方式

安装射灯时，应先根据需要安装射灯的直径确定需要开孔的大小。然后将射灯的供电线缆与预留的供电线缆进行连接。最后将射灯插入天花板中，并进行固定，完成射灯的安装。

图 9-33 所示为射灯的安装示意图。

图 9-33 射灯的安装示意图

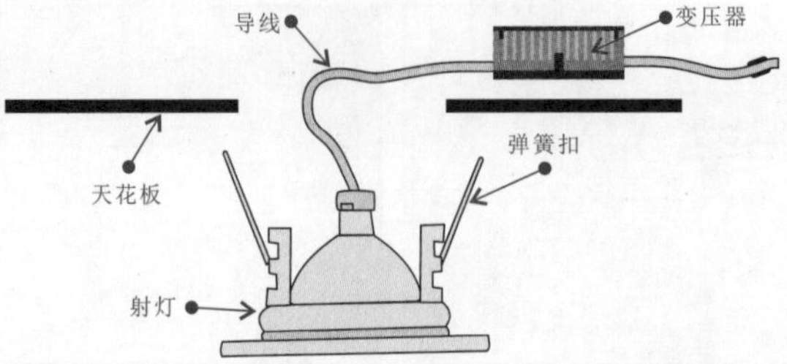
导线
变压器
天花板
弹簧扣
射灯

2 射灯的安装方法

（1）确定开孔尺寸

根据射灯的大小，可以确定开孔的直径尺寸，如图 9-34 所示。

图 9-34 确定开孔尺寸

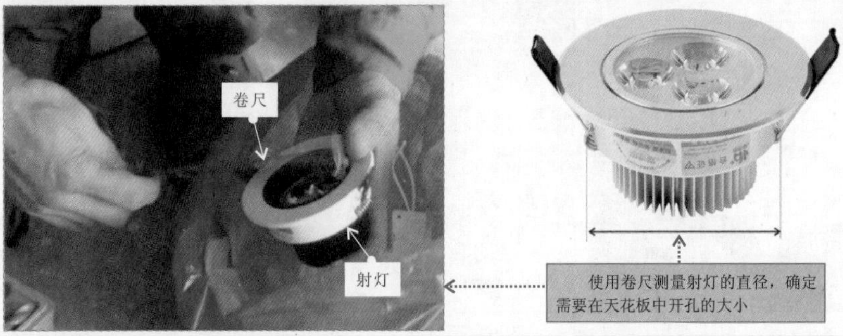
卷尺
射灯
使用卷尺测量射灯的直径，确定需要在天花板中开孔的大小

（2）确定安装位置

使用卷尺根据之前测量的数据，确定射灯安装时需要开孔的直径，并做好对应的标记。然后如图 9-35 所示，完成打孔和接线的操作。

图 9-35 打孔接线操作

1
标记安装位置
根据射灯尺寸及装修要求，确定射灯安装位置和开孔大小，在顶部标记。
2
用打孔工具开孔
使用打孔工具，在标记位置打孔。开孔时注意不可过大，以免安装时有缝隙。
3
射灯
连接插件
变压器
射灯与变压器之间通常是由连接插件进行连接，连接时，应注意连接牢固。

（3）固定射灯

如图 9-36 所示，将射灯固定到开孔位置，顺好电路，通电调试。

9.3.5 吊灯安装

吊灯是一种垂吊式照明灯具，它将装饰与照明功能有机地结合起来。吊灯适合安装于客厅、酒店大厅和大型餐厅等垂直空间较大的场所。在对吊灯进行安装时，可先进行打孔固定，然后连接供电线缆，并将吊灯固定在屋顶，完成吊灯的安装。

1 吊灯的安装方式

图 9-37 所示为吊灯的安装方式示意图。吊灯的下沿端与地面之间的距离应大于 2.2m，挂板应

直接固定在屋顶上，供电线缆与吊灯引出的线缆连接后，置于吸顶盘中即可。

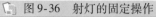

图 9-36 射灯的固定操作

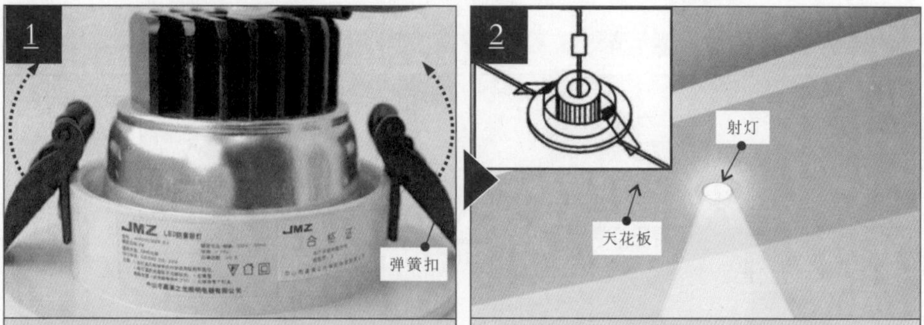
1
弹簧扣
2
射灯
天花板

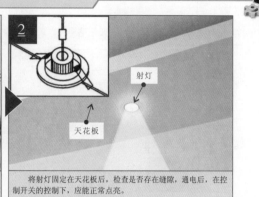

将弹簧扣向上扳起，将射灯送入灯孔中。当射灯插入灯孔后，弹簧扣自动弹回，卡住天花板。

将射灯固定在天花板后，检查是否存在缝隙，通电后，在控制开关的控制下，应能正常点亮。

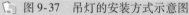

图 9-37 吊灯的安装方式示意图

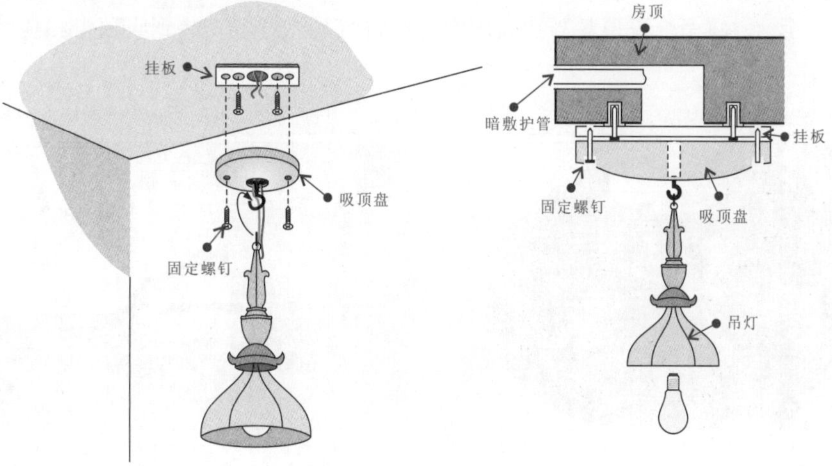
挂板
吸顶盘
固定螺钉
房顶
暗敷护管
挂板
固定螺钉
吸顶盘
吊灯

2 吊灯的安装方法

（1）标记安装位置和打孔

在屋顶安装吊灯的位置需要预留出供电线缆，方便与吊灯的供电线缆进行连接。根据吊灯配件确定安装位置，并在标记部位打孔，安装胀管，如图 9-38 所示。

图 9-38 标记吊灯的安装位置和打孔

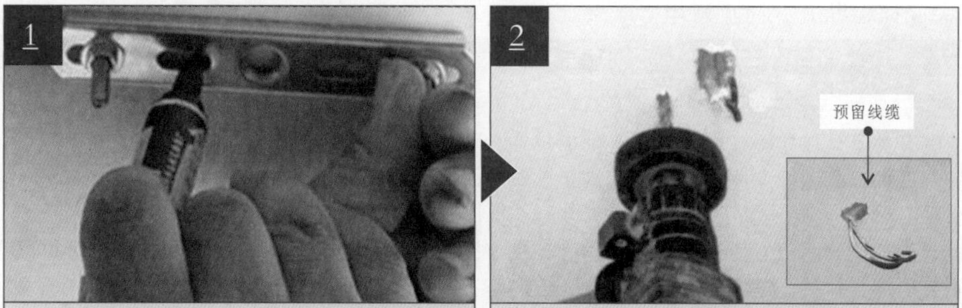
1
2
预留线缆

根据吊灯的安装位置，先在屋顶上确认需要打孔的距离，并进行标记。

使用电钻在标记的位置进行打孔，通常孔的直径为6mm，并控制好孔的深度。

（2）安装吊灯挂板并接线

如图9-39所示，在安装好胀管的位置，固定好挂板，并将吊灯供电电路进行连接，为固定吊灯做好准备。

图9-39 安装吊灯挂板并接线

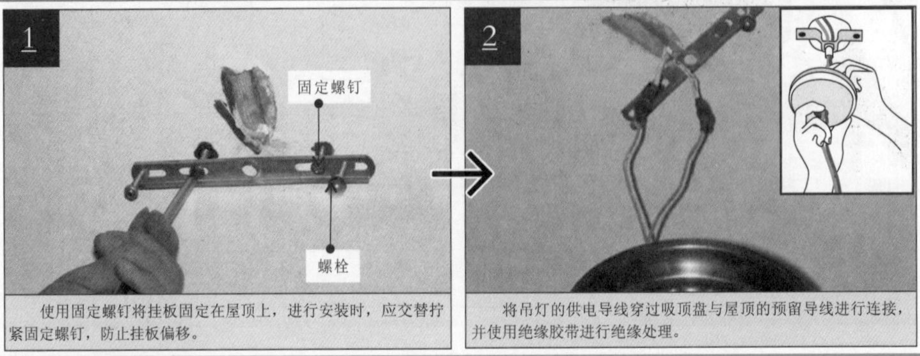
1
固定螺钉
螺栓
使用固定螺钉将挂板固定在屋顶上，进行安装时，应交替拧紧固定螺钉，防止挂板偏移。
2
将吊灯的供电导线穿过吸顶盘与屋顶的预留导线进行连接，并使用绝缘胶带进行绝缘处理。

（3）固定吊灯完成安装

如图9-40所示，将吊灯吸顶盘与挂板固定，并将灯具、灯罩安装到吸顶盘相应位置上，完成安装。

图9-40 吊灯的安装固定

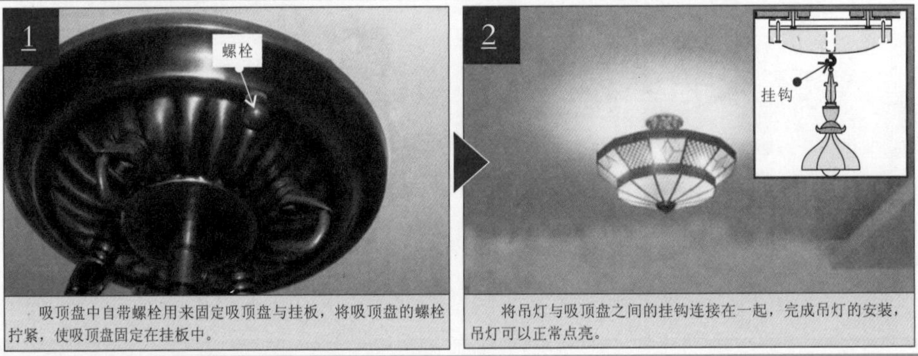
1
螺栓
吸顶盘中自带螺栓用来固定吸顶盘与挂板，将吸顶盘的螺栓拧紧，使吸顶盘固定在挂板中。
2
挂钩
将吊灯与吸顶盘之间的挂钩连接在一起，完成吊灯的安装，吊灯可以正常点亮。

9.4 开关、插座安装

9.4.1 单控开关的安装方法

单控开关安装时应符合其安装形式和设计安装要求，如图9-41所示。对单控开关进行安装时，要将室内总断路器断开，防止触电。

提示说明

◇ 进门开关盒距地面1.2～1.4m。

◇ 控制开关不允许串接在零线上，必须串接在相线中。

◇ 控制开关、电源插座面板安装必须端正、牢固、不允许有松动，必须全部有底盒，不允许直接安装在木板上。

◇ 控制开关安装后应方便使用，同一室内开关必须在同一水平面，并按最常用、很少用的顺序布置。

◇ 明装的控制开关、电源插座和挂线盒，应装牢在合适的绝缘底座上；暗装的照明控制开关、电源插座应安装在出线盒内，出线盒应有完整的盖板。

图 9-41　单控开关照明电路的安装示意图

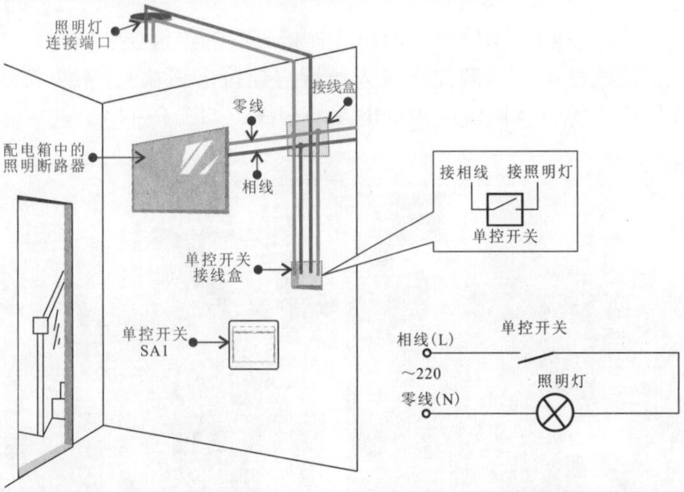
照明灯
连接端口
接线盒
零线
配电箱中的
照明断路器
相线
接相线　接照明灯
单控开关
单控开关
接线盒
单控开关
SA1
单控开关
相线(L)
~220
照明灯
零线(N)

扫一扫看视频

根据布线时预留的照明支路导线端子的位置，将接线盒的挡片取下。接下来，再将接线盒嵌入到墙的开槽中，如图 9-42 所示，嵌入时要注意接线盒不允许出现歪斜，另外，要将接线盒的外部边缘处与墙面保持齐平。

图 9-42　嵌入接线盒

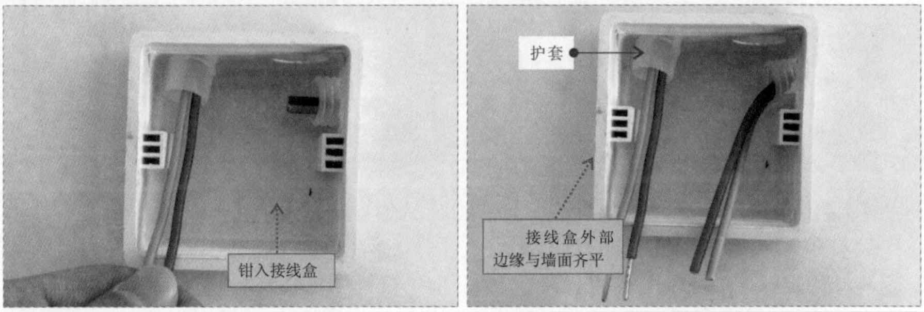
钳入接线盒
护套
接线盒外部
边缘与墙面齐平

按要求将接线盒嵌入墙内后，再使用水泥砂浆填充接线盒与墙之间的多余空隙。使用一字槽螺钉旋具分别将开关两侧的护板卡扣撬开，将护板取下。

检查单控开关是否处于关闭状态，如果单控开关处于开启状态，则要将单控开关拨动至关闭状态。

此时，单控开关的准备工作便已经完成。然后再将接线盒中的电源供电及照明灯的零线（蓝色）进行连接，由于照明灯具的连接线均使用硬铜线，因此，在连接零线时需要借助尖嘴钳进行连接，借助剥线钳剥除零线导线的绝缘层，并使用绝缘胶带对其进行绝缘处理，如图 9-43 所示。

图 9-43　连接零线并进行绝缘处理

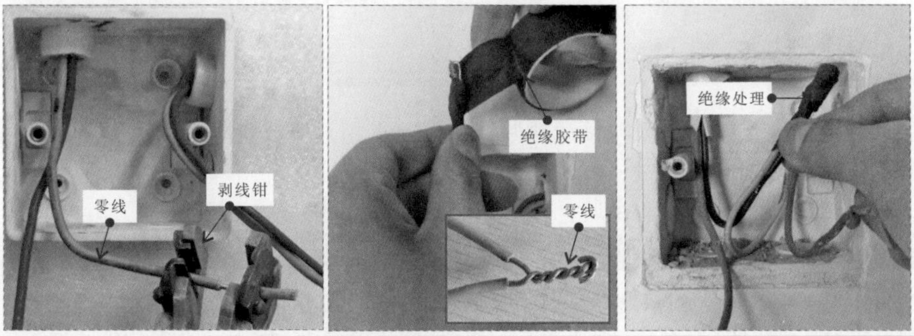
零线
剥线钳
绝缘胶带
零线
绝缘处理

由于在布线时，预留出的接线端子长于开关连接的标准长度，因此需要使用偏口钳将多余的连接线剪断，预留长度应当为50 mm左右。

使用剥线钳按相同要求剥除电源供电预留相线连接端头的绝缘层，将电源供电端的相线端子穿入一开单控开关的一根接线柱中（一般先连接入线端再连接出线端），避免将线芯裸露在外部，使用螺钉旋具拧紧接线柱固定螺钉，固定电源供电端的相线，如图9-44所示。

图9-44　连接相线

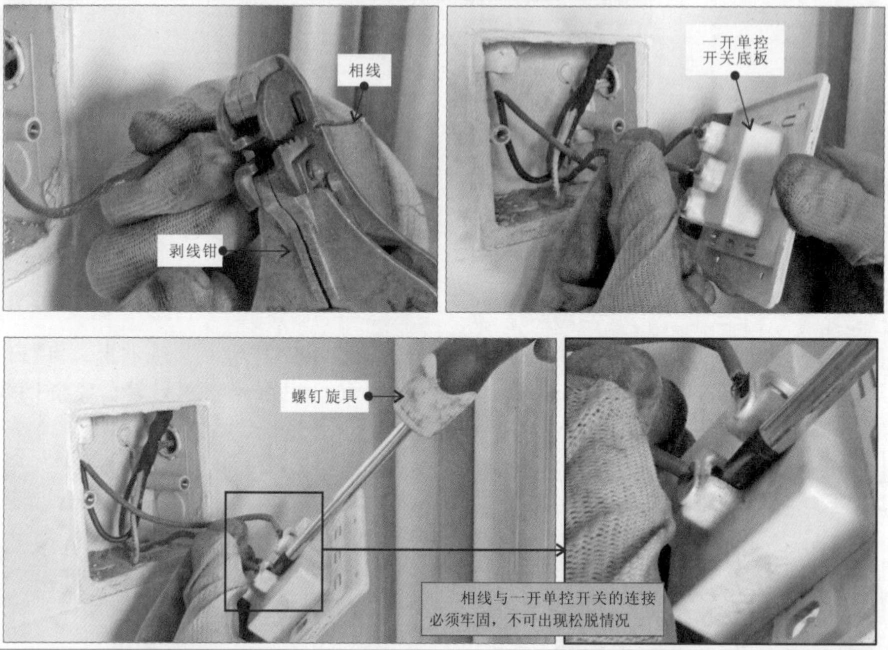
相线
剥线钳
一开单控
开关底板
螺钉旋具
相线与一开单控开关的连接
必须牢固，不可出现松脱情况

至此，开关的相线（红色）连接部分连接便已经完成，为了在以后的使用过程中方便对开关进行维修及更换，通常会预留比较长的连接端子。因此，在开关电路连接后，要将连接线盘绕在接线盒中，如图9-45所示。

图9-45　将连接好的导线盘绕在线盒中

一开单控
开关底板
零线
相线

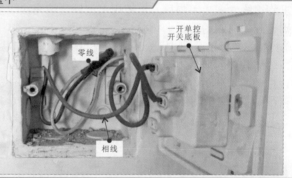

将开关底板的固定点摆放位置与接线盒两侧的固定点相对应放置开关，然后选择合适的紧固螺钉将开关底板进行固定。

将开关的护板安装到开关上，至此，开关便已经安装完成。

提　示

在电工电路连接中，导线的连接要求采用并头连接的方式。其中，两根单股铜芯导线连接时，需将两根线芯捻绞几圈后，留适当长度余线折回压紧；三根及以上导线连接时，需要用其中的一根线芯缠绕其他

线芯至少 5 圈后剪断，把其他线芯的余头并齐折回压紧的缠绕线上。另外，还有一种目前较常用的并头帽连接，即将待连接的线芯并头连接后使用并头帽压紧和绝缘，如图 9-46 所示。

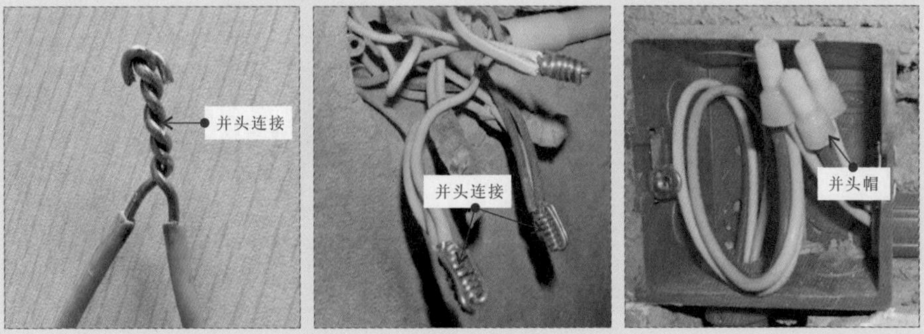
并头连接
并头连接
并头帽

图 9-46　家装中导线的并头连接

9.4.2　双控开关的安装方法

使用双控开关控制照明电路时，按动任何一个双控开关面板上的开关按钮，都可控制照明灯的点亮和熄灭，也可按动其中一个双控开关面板上的按钮点亮照明灯，然后通过另一个双控开关面板上的按钮熄灭照明灯，如图 9-47 所示。

图 9-47　双控开关照明电路的安装示意图

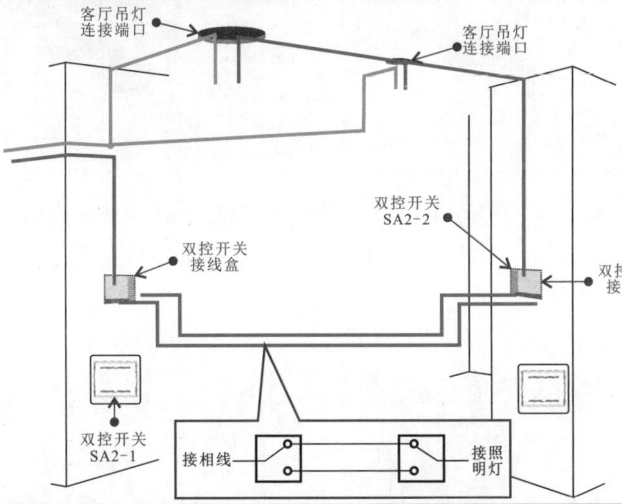
客厅吊灯
连接端口
客厅吊灯
连接端口
双控开关
SA2-2
双控开关
接线盒
双控开关
接线盒
双控开关
SA2-1
接相线
接照
明灯

在进行双控开关的安装前，应首先对连接线和两个双控开关进行检查。双控开关一般有两个，其中一个双控开关的接线盒内预留 5 根导线，其中两根为零线，在接线时应首先将零线进行连接，还有一根相线和两根控制线；另一个双控开关接线盒内只需预留 3 根导线，分别为一根相线和两根控制线，即可实现双控（两地对一盏照明灯进行控制）。连接时，需根据接线盒内预留导线的颜色进行正确的连接，如图 9-48 所示。

双控开关接线盒的安装方法同单控开关接线盒的安装方法相同，在此不再赘述。

双控开关安装时也应做好安装前的准备工作，将其开关的护板取下，便于拧入固定螺钉将开关固定在墙面上。使用一字螺钉插入双控开关护板和双控开关底座的缝隙中，撬动双控开关护板，将其取下，取下后，即可进行电路的连接了。

双控开关的接线操作需分别对两地的双控开关进行接线和安装操作，安装时，应严格按照开关接线图和开关上的标识进行连接，以免出现错误连接，不能实现双控功能。

图 9-48　双控开关接线盒内预留导线

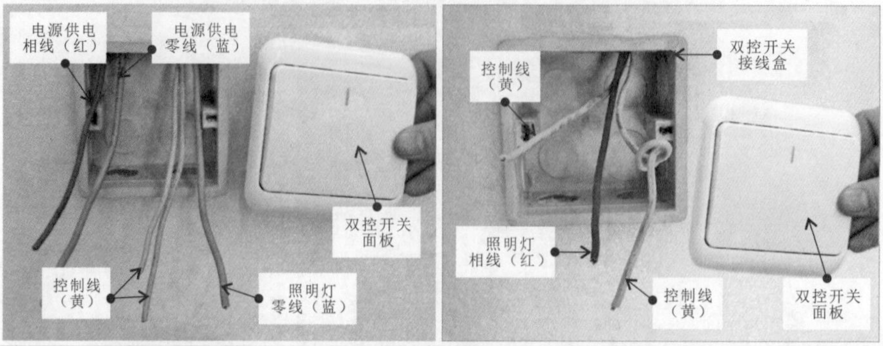
电源供电
相线（红）
电源供电
零线（蓝）
双控开关
面板
控制线
（黄）
照明灯
零线（蓝）
控制线
（黄）
双控开关
接线盒
照明灯
相线（红）
控制线
（黄）
双控开关
面板

由于双控开关接线盒内预留的导线接线端子长度不够，需使用剥线钳分别剥去预留 5 根导线一定长度的绝缘层（见图 9-49），用于连接双控开关的接线柱。

图 9-49　导线绝缘层的剥削

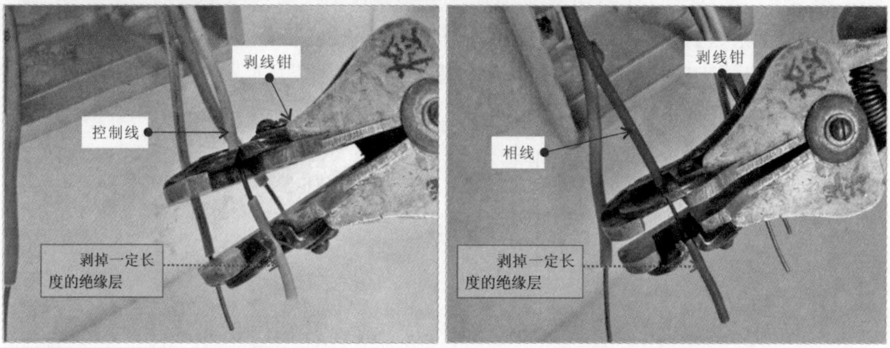
剥线钳
控制线
剥掉一定长
度的绝缘层
剥线钳
相线
剥掉一定长
度的绝缘层

剥线操作完成后将双控开关接线盒中的电源供电的零线（蓝）与照明灯的零线（蓝色）进行连接，由于预留的导线为硬铜线，因此，在连接零线时需要借助尖嘴钳进行连接，并使用绝缘胶带对其进行绝缘处理，如图 9-50 所示。

图 9-50　连接零线并进行绝缘处理

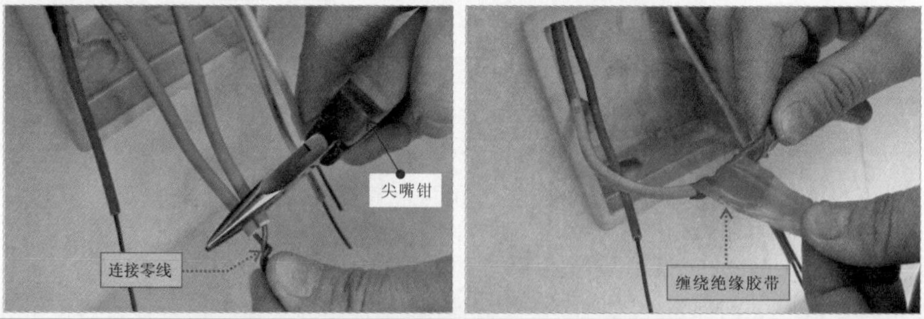
尖嘴钳
连接零线
缠绕绝缘胶带

将连接好的零线盘绕在接线盒内，然后进行双控开关的连接，由于与双控开关连接的导线的接线端子过长，因此，需要将多余的连接线剪断。

对双控开关进行连接时，使用合适的螺钉旋具将三个接线柱上的固定螺钉分别拧松，以进行电路的连接。

将电源供电端相线（红色）的预留端子插入双控开关的接线柱 L 中，插入后，选择合适的十字螺钉旋具拧紧该接线柱的紧固螺钉，固定电源供电端的相线，如图 9-51 所示。

将两根控制线（黄色）的预留端子分别插入双控开关的接线柱 L1 和 L2 中，插入后，选择合适的十字螺钉旋具拧紧该接线柱的固定螺钉，固定控制线，如图 9-52 所示。

图 9-51　连接电源供电端相线（红）

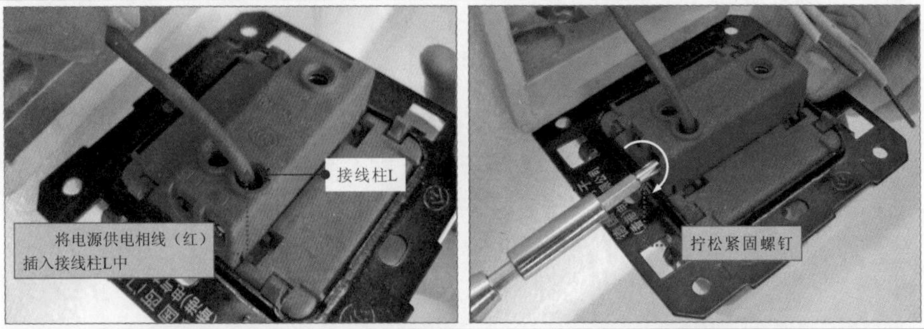
接线柱L
将电源供电相线（红）插入接线柱L中
拧松紧固螺钉

图 9-52　连接控制线（黄）

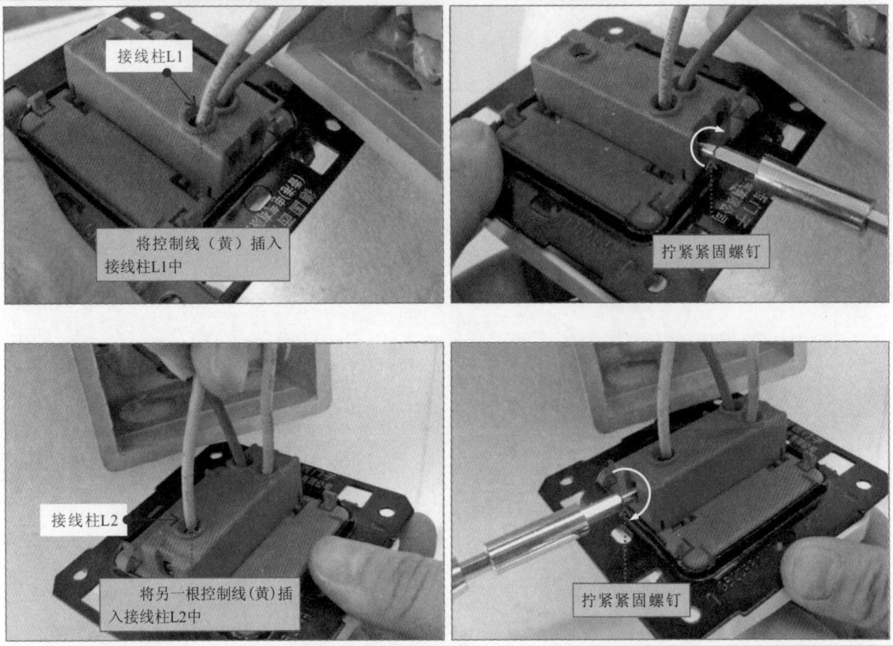
接线柱L1
将控制线（黄）插入接线柱L1中
拧紧紧固螺钉
接线柱L2
将另一根控制线(黄)插入接线柱L2中
拧紧紧固螺钉

另一个双控开关的连接方法与第一个双控开关的连接方法基本相同，即首先将导线进行加工，再将加工完毕后的导线依次连接到双控开关的接线柱上，并拧紧紧固螺钉。

双控开关接线完成后，将多余的导线盘绕到双控开关接线盒内，并将双控开关放置到双控开关接线盒上，使其双控开关面板的固定点与双控开关接线盒两侧的固定点相对应，但发现双控开关的固定孔被双控开关的护板遮盖住，此时，需将双控开关护板取下。

取下双控开关护板后，在双控开关面板与双控开关接线盒的对应固定孔中拧入紧固螺钉，固定双控开关，然后再将双控开关护板安装上。

将双控开关护板安装到双控开关面板上，使用同样的方法将另一个双控开关面板安装上，至此，双控开关面板的安装便完成了。

安装完成后，也要对安装后的双控开关进行检验操作，将室内的电源接通，按下其中一个双控开关，照明灯点亮，然后按下另一个双控开关，照明灯熄灭，因此，说明双控开关安装正确，可以进行使用。

9.4.3　三孔电源插座的接线与安装

三孔电源插座是指插座面板上仅设有相线孔、零线孔和接地孔三个插孔的电源插座。图 9-53

所示为三孔电源插座的特点和接线关系。

图 9-53　三孔电源插座的特点和接线关系

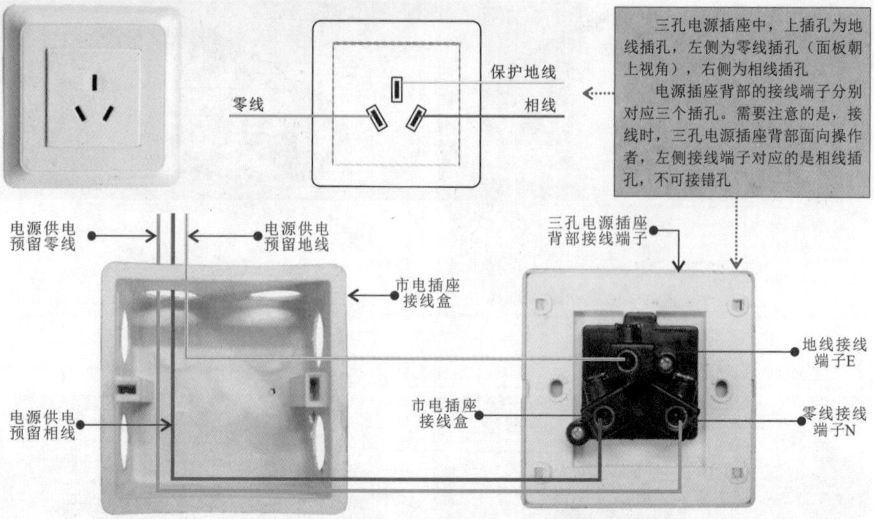

保护地线
零线
相线
三孔电源插座中，上插孔为地线插孔，左侧为零线插孔（面板朝上视角），右侧为相线插孔
电源插座背部的接线端子分别对应三个插孔。需要注意的是，接线时，三孔电源插座背部面向操作者，左侧接线端子对应的是相线插孔，不可接错孔
电源供电预留零线
电源供电预留地线
三孔电源插座背部接线端子
市电插座接线盒
地线接线端子E
电源供电预留相线
市电插座接线盒
零线接线端子N

图 9-54 所示为三孔电源插座的接线。将三孔电源插座背部接线端子的固定螺钉拧松，并将预留插座接线盒中的三根电源线线芯对应插入三孔电源插座的接线端子内，即相线插入相线接线端子内，零线插入零线接线端子内，保护地线插入地线接线端子内，然后逐一拧紧固定螺钉，完成三孔电源插座的接线。

图 9-54　三孔电源插座的接线

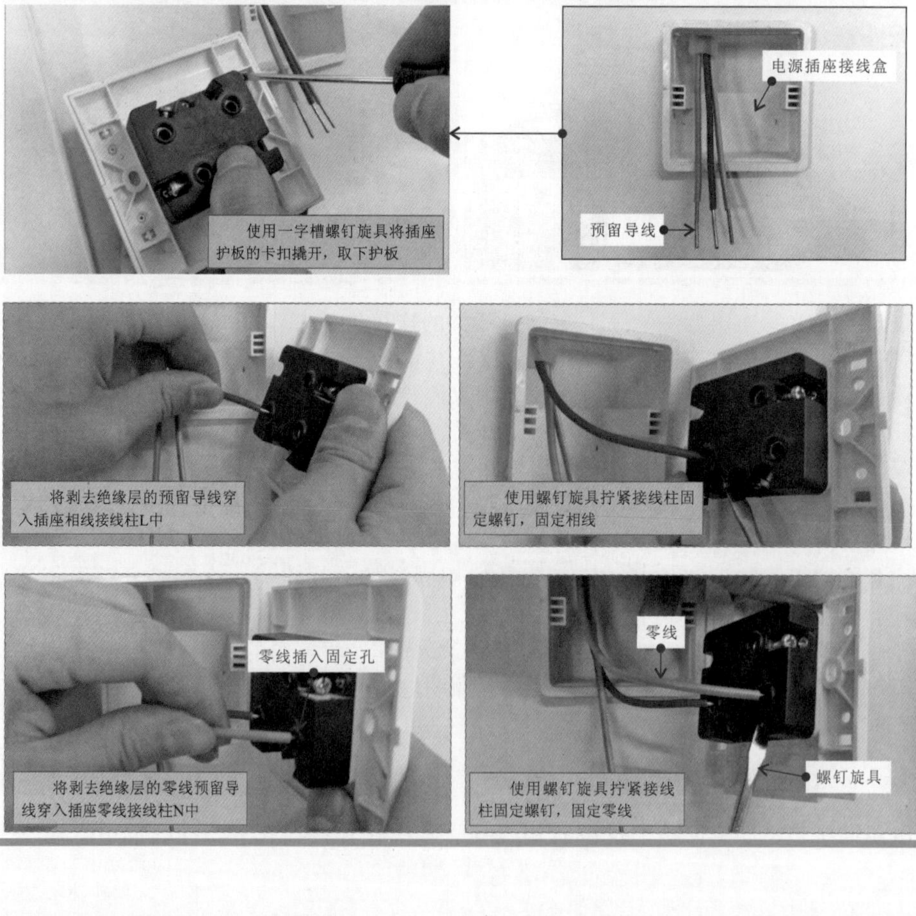

使用一字槽螺钉旋具将插座护板的卡扣撬开，取下护板
电源插座接线盒
预留导线
将剥去绝缘层的预留导线穿入插座相线接线柱L中
使用螺钉旋具拧紧接线柱固定螺钉，固定相线
零线插入固定孔
将剥去绝缘层的零线预留导线穿入插座零线接线柱N中
零线
螺钉旋具
使用螺钉旋具拧紧接线柱固定螺钉，固定零线

图 9-54　三孔电源插座的接线（续）

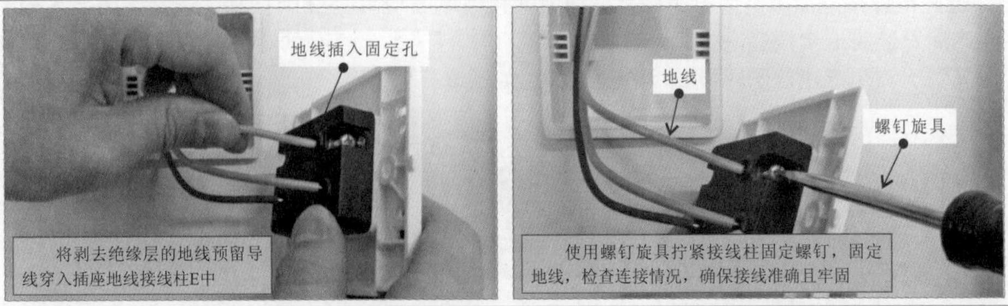
地线插入固定孔
将剥去绝缘层的地线预留导线穿入插座地线接线柱E中
地线
螺钉旋具
使用螺钉旋具拧紧接线柱固定螺钉，固定地线，检查连接情况，确保接线准确且牢固

最后，如图 9-55 所示，将连接导线合理盘绕在接线盒中，再将三孔电源插座固定孔对准接线盒中的螺钉固定孔推入、按紧，并使用固定螺钉固定，最后将三孔电源插座的护板扣合到面板上，确认卡紧到位后，三孔电源插座安装完成。

图 9-55　三孔电源插座的安装固定

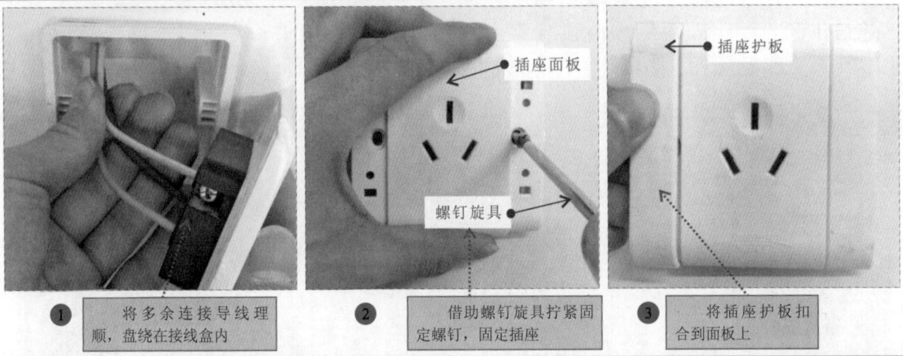
插座面板
螺钉旋具
插座护板
1 将多余连接导线理顺，盘绕在接线盒内
2 借助螺钉旋具拧紧固定螺钉，固定插座
3 将插座护板扣合到面板上

9.4.4　五孔电源插座的接线与安装

五孔电源插座实际是两孔电源插座和三孔电源插座的组合，面板上面为平行设置的两个孔，用于为采用两孔插头电源线的电气设备供电；下面为一个三孔电源插座，用于为采用三孔插头电源线的电气设备供电。图 9-56 为五孔电源插座的特点和接线关系。

图 9-56　五孔电源插座的特点和接线关系

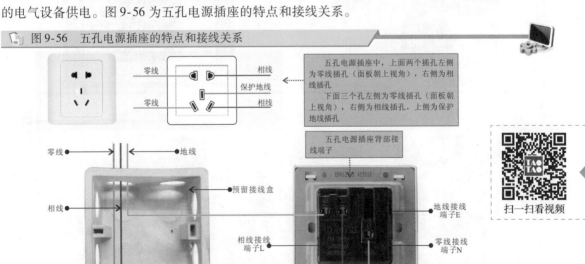

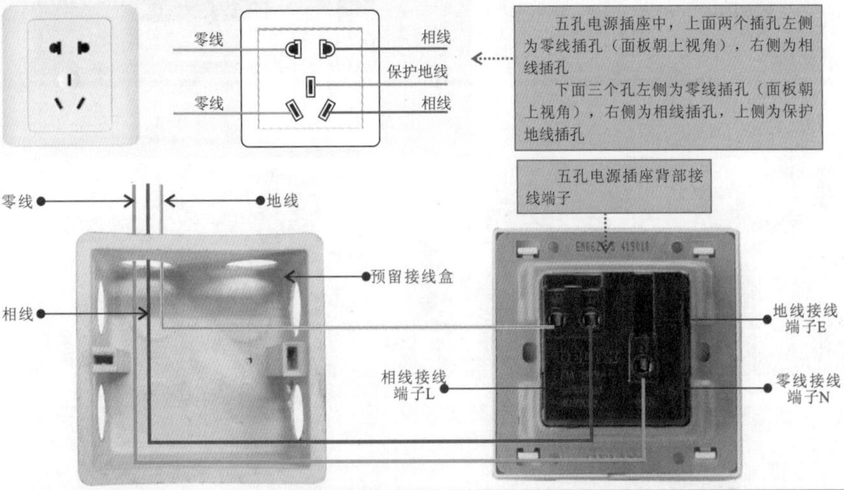
零线
相线
保护地线
零线
相线
五孔电源插座中，上面两个插孔左侧为零线插孔（面板朝上视角），右侧为相线插孔
下面三个孔左侧为零线插孔（面板朝上视角），右侧为相线插孔，上侧为保护地线插孔
五孔电源插座背部接线端子
零线
地线
预留接线盒
相线
地线接线端子E
相线接线端子L
零线接线端子N

扫一扫看视频

提示说明

目前，五孔电源插座面板侧为五个插孔，但背面接线端子侧多为三个插孔，这是因为大多电源插座生产厂家在生产时已经将五个插座进行相应连接，即两孔中的零线与三孔的零线连接，两孔的相线与三孔的相线连接，只引出三个接线端子即可，以方便连接，如图9-57所示。

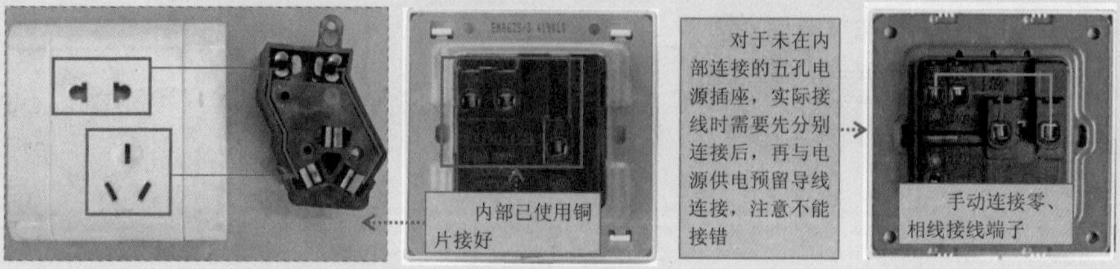
内部已使用铜片接好
对于未在内部连接的五孔电源插座，实际接线时需要先分别连接后，再与电源供电预留导线连接，注意不能接错
手动连接零、相线接线端子

图9-57　五孔电源插座背部触点间的连接关系

了解五孔电源插座接线关系后，区分待安装五孔电源插座接线端子的类型，确保供电电路在断电状态下，将预留接线盒中的相线、零线和保护地线连接到五孔电源插座相应标识的接线端子（L、N、E）内，并用螺钉旋具拧紧固定螺钉。图9-58为五孔电源插座的接线方法。

接着，将五孔电源插座固定到预留接线盒上。先将接线盒内的导线整理后盘入盒内，然后用固定螺钉紧固五孔电源插座的面板，扣好挡片或护板后，安装完成，具体操作如图9-59所示。

图9-58　五孔电源插座的接线方法

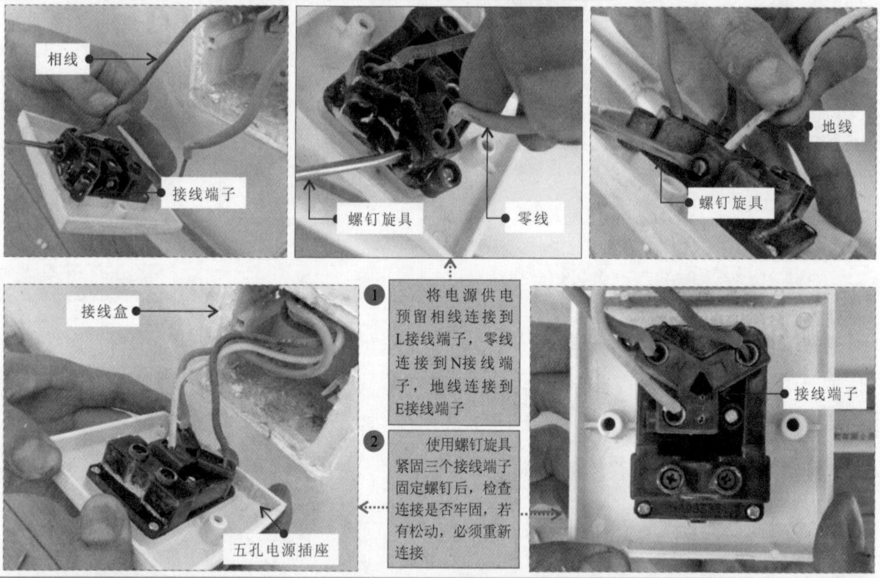
相线
接线端子
螺钉旋具
零线
地线
螺钉旋具
接线盒
五孔电源插座
① 将电源供电预留相线连接到L接线端子，零线连接到N接线端子，地线连接到E接线端子
② 使用螺钉旋具紧固三个接线端子固定螺钉后，检查连接是否牢固，若有松动，必须重新连接
接线端子

图9-59　五孔电源插座的安装固定

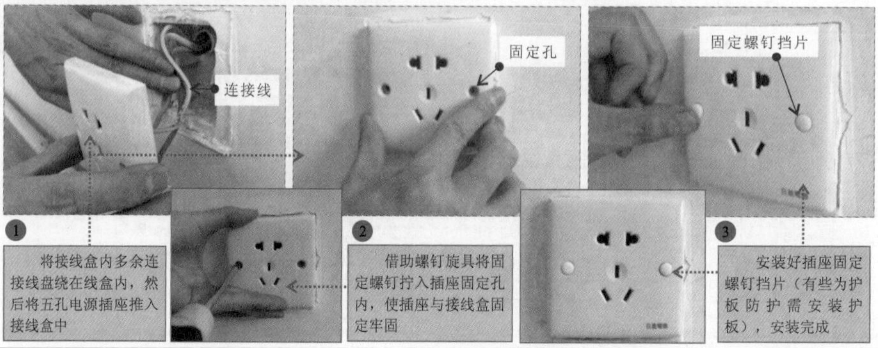
连接线
固定孔
固定螺钉挡片
① 将接线盒内多余连接线盘绕在线盒内，然后将五孔电源插座推入接线盒中
② 借助螺钉旋具将固定螺钉拧入插座固定孔内，使插座与接线盒固定牢固
③ 安装好插座固定螺钉挡片（有些为护板防护需安装护板），安装完成

9.5 配电设备灯的安装

9.5.1 配电柜指示灯的安装

配电柜指示灯是一种用于指示电路或设备的运行状态、警示等作用的指示部件，如图 9-60 所示。指示灯的颜色多种多样，不同颜色的指示灯所指示的含义或功能不同。

图 9-60 常见配电柜指示灯的实物外形

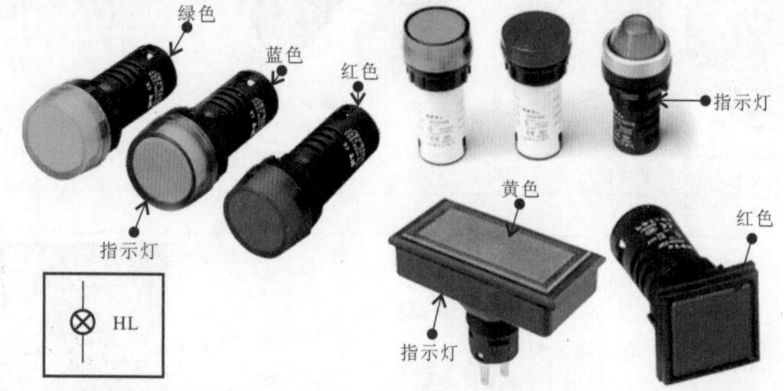
绿色
蓝色
红色
指示灯
指示灯
HL
黄色
红色
指示灯

指示灯的颜色主要有红色、黄色、绿色、蓝色和白色五种，不同颜色代表的含义不同，电工人员在进行安装、操作执行、检修和维护时，必须正确区分这些不同颜色的含义，保障设备和人身安全。

表 9-1 为指示灯颜色含义对应表。

表 9-1 指示灯颜色含义对应表

颜色标识	含义、状态	备注
红色（RD）	危险指示	有触及带电部分的危险 因保护器件动作而停机 温度异常、压力异常
	事故跳闸	
	重要的服务系统停机	
	起重机停止位置超行程	
	辅助系统的压力/温度超出安全极限	
黄色（YE）	警告提示	情况有变化或即将发生变化
	高温报警	温度异常
	过负荷	仅能承受允许的短时过载
	异常提示	
绿色（GN）	安全提示	
	正常提示	核准继续运行
	正常分闸（停机）提示	设备在安全状态
	弹簧储能完毕提示	设备在安全状态
蓝色（BU）	电动机减压起动过程提示	设备在安全状态
白色（WH）	开关的合（分）或运行指示	单灯指示开关运行状态；双灯指示开关合时运行状态

提示说明

在高压配电技术中，规定采用红灯表示运行，绿灯表示停止。这是因为，高压配电危险系数较高，采用红灯表示运行状态，表示设备处在运行，在带电状态下，可能会产生危险，提醒人员注意，有警示的作用，即针对工作人员来说，红色指示灯代表危险，不允许操作。绿灯表明高压设备此时是停止的，对于工作人员来说则是表示该设备没有运转是相对安全的，人员可以在将设备采取安全措施后进行检修或检查等工作，不会对人员造成伤害。

配电柜指示灯安装相对比较简单，首先在安装面板上开圆孔（一般为 22 ~ 23mm），将指示灯从面板侧插入开孔，在面板内侧用指示灯配套的固定卡环固定或用配套的固定螺母固定即可，然后将指示灯两个接线端子与电路连接即可，如图 9-61 所示。

图 9-61　配电柜指示灯的安装

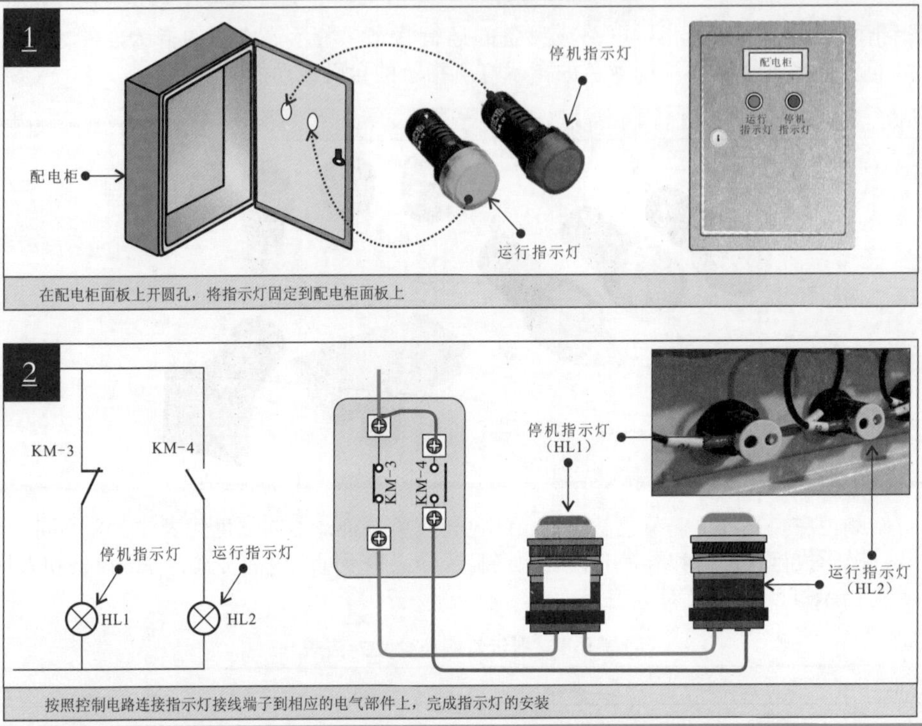
1
停机指示灯
配电柜
运行指示灯
配电柜
运行指示灯
停机指示灯
在配电柜面板上开圆孔，将指示灯固定到配电柜面板上
2
KM-3
KM-4
停机指示灯
运行指示灯
HL1
HL2
KM-3
KM-4
停机指示灯
（HL1）
运行指示灯
（HL2）
按照控制电路连接指示灯接线端子到相应的电气部件上，完成指示灯的安装

| 提示说明 |

需要注意的是，指示灯主要有交直流型和交流型。其中，交直流型指示灯大多连接 AC/DC 24V，这种指示灯接线不需要区分正、负极和相线、零线，直接压紧接线端子即可；交流型指示灯连接交流电源，需要注意区分接线端子的连接方向（一般在指示灯背部有接线标识），否则可能烧坏指示灯。

9.5.2　应急灯的安装

应急灯是应急照明用灯具的总称，用于在发生紧急情况时照明或指示用。

应急灯的安装和连接方法主要有两种，分别为两线制接线方法和三线制接线方法。其中，两线制的接线方法适用于应急灯只在应急时使用，平时不工作，正常电源断电后，应急灯自动点亮。对于安装了普通的楼宇照明系统来说，只需采用两线制的接线方法，让应急灯只起到应急的作用即可。

图 9-62 为应急灯的两线制接线方式。

图 9-62　应急灯的两线制接线方式

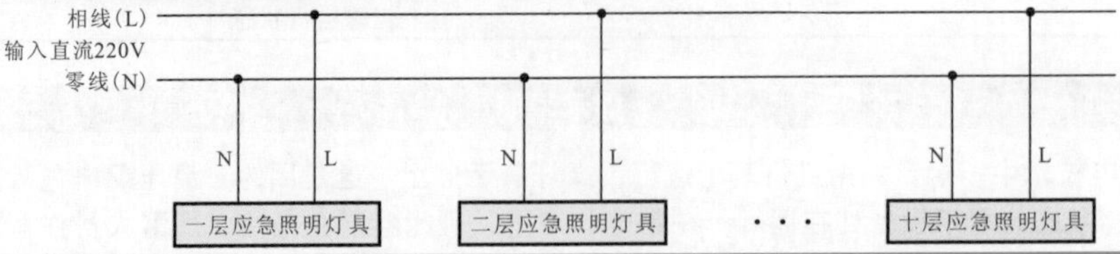
相线(L)
输入直流220V
零线(N)
N
L
N
L
N
L
一层应急照明灯具
二层应急照明灯具
· · ·
十层应急照明灯具

三线制的接线方法可以对应急灯进行平时的开关控制，正常电路断电后不论开关的状态是开还是关，应急照明灯具都会自动点亮。

图 9-63 为应急灯的三线制接线方式。

图 9-63　应急灯的三线制接线方式

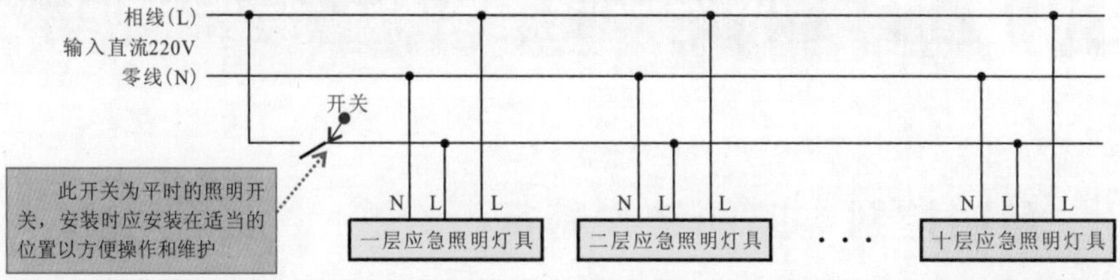
相线(L)
输入直流220V
零线(N)
开关
此开关为平时的照明开关，安装时应安装在适当的位置以方便操作和维护
N L L
一层应急照明灯具
二层应急照明灯具
十层应急照明灯具

安装应急灯时，将应急灯预留的相线端子与应急灯的相线进行连接，零线与零线进行连接。然后使用绝缘胶带对连接处的裸露导线进行绝缘处理，完成导线的连接，接着将应急灯固定在墙面上，并使用工具进行调整，最后连接好相应的供电插座，如图 9-64 所示。

图 9-64　应急灯的电路连接和安装固定

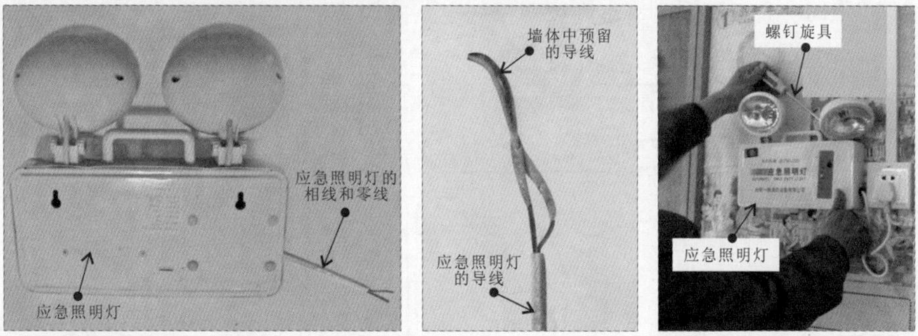
应急照明灯的相线和零线
应急照明灯
墙体中预留的导线
应急照明灯的导线
螺钉旋具
应急照明灯

在安装固定应急照明灯具时，一般将高度设置在 2m 以上，以使普通人的身高不能触及，应急照明灯具的位置一般选择在电梯出口处和楼道出口处。

应急照明灯安装完成后，要对该用电系统进行检测。检测时将正常电源切断后，检测应急照明灯具的亮度、持续照明时间以及从断电到启动的时间等是否符合要求，正常情况下应急灯的实际持续时间不应小于应急灯标注的持续时间。

第10章 照明控制电路及其检修调试

10.1 照明控制电路的结构特征

照明控制电路是指在自然光线不足的情况下，通过控制部件实现对照明灯具的点亮和熄灭控制。

10.1.1 室内照明控制电路

室内照明控制电路是指应用在室内场合，在室内自然光线不足的情况下通过控制开关实现对照明灯具的控制。图 10-1 所示为典型室内照明控制电路的构成。

图 10-1 典型室内照明控制电路的构成

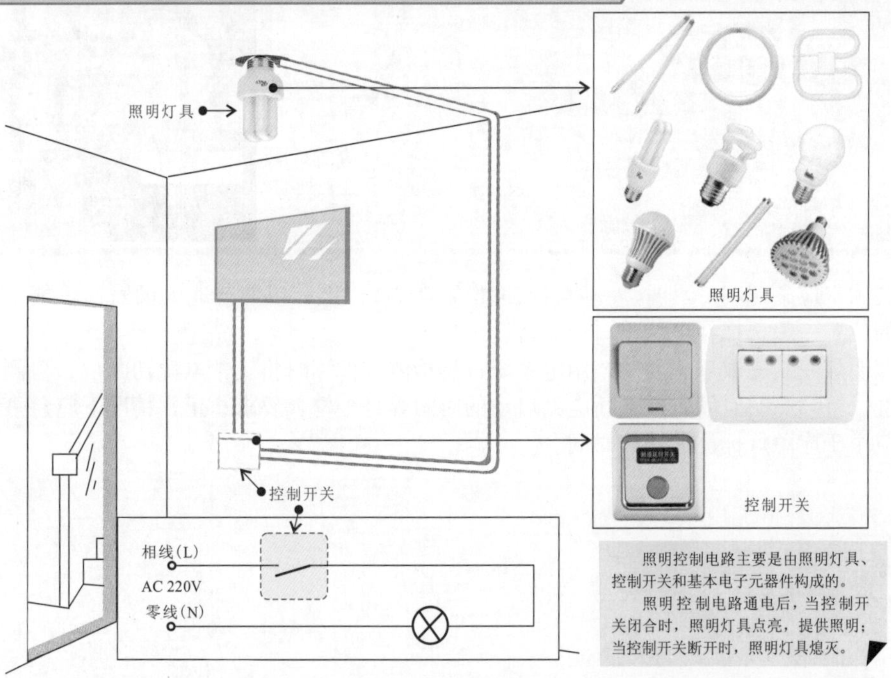

照明灯具
照明灯具
控制开关
控制开关
相线(L)
AC 220V
零线(N)
照明控制电路主要是由照明灯具、控制开关和基本电子元器件构成的。
照明控制电路通电后，当控制开关闭合时，照明灯具点亮，提供照明；当控制开关断开时，照明灯具熄灭。

室内照明控制电路根据所选用控制部件的不同及电路连接方式的不同，电路的功能多种多样，图 10-2 所示为异地联控照明控制电路的特点与控制关系。

❶合上供电线路中的断路器 QF，接通交流 220V 电源，照明灯未点亮时，按下任意开关都可点亮照明灯 EL。

❷在初始状态下，按下双控开关 SA1，触点 A、C 接通，电源经 SA1 的 A、C 触点，SA2-2 的 A、B 触点，SA3 的 B、A 触点后，与照明灯 EL 形成回路，照明灯点亮。在当前照明灯 EL 处于点亮的状态下，任意按动 SA2 或 SA3，均可使照明灯 EL 熄灭。

❸在初始状态下，按下双控联动开关 SA2，触点 A、C 接通，电源经双控开关 SA1 的 A、B 触点，双控联动开关 SA2-1 的 A、C 触点，双控开关 SA3 的 B、A 触点后，与照明灯 EL 形成回路，照明灯点亮。在当前照明灯 EL 处于点亮的状态下，任意按动 SA1 或 SA3，均可使照明灯 EL 熄灭。

图 10-2 异地联控照明控制电路的特点与控制关系

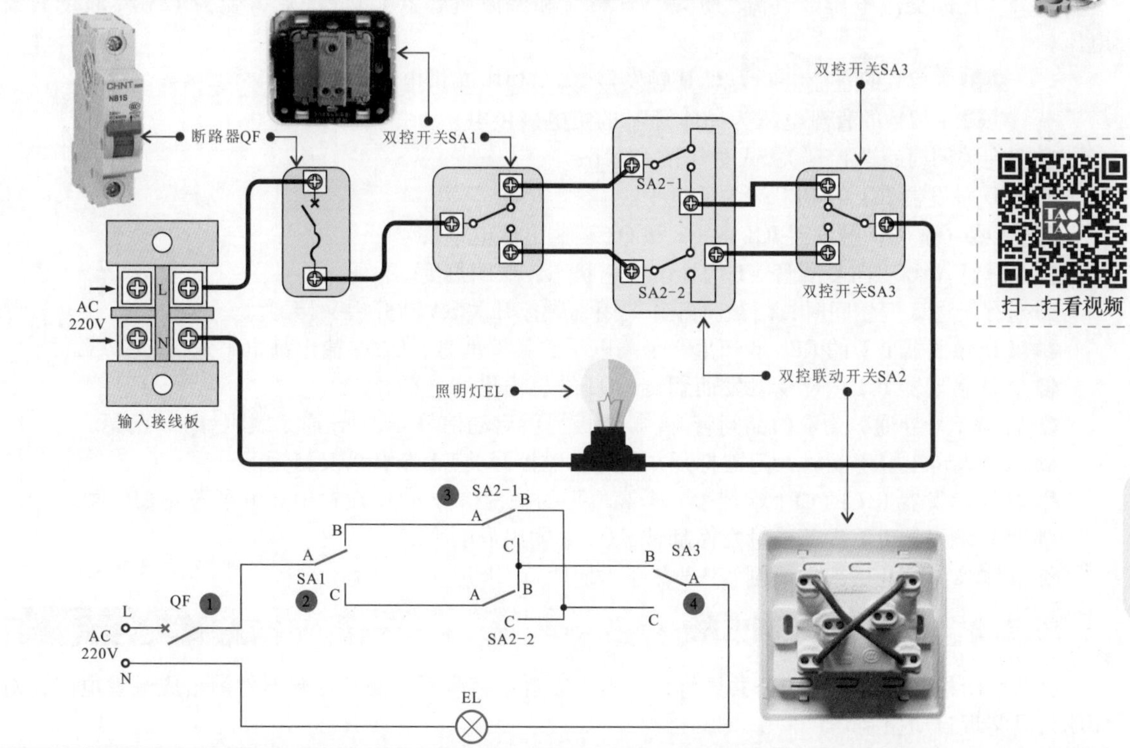
断路器QF
双控开关SA1
双控开关SA3
SA2-1
SA2-2
AC
220V
L
N
输入接线板
照明灯EL
双控联动开关SA2
SA2-1
SA1
QF
SA3
SA2-2
EL
A
B
C

扫一扫看视频

❹在初始状态下，按下双控开关 SA3，触点 C、A 接通，电源经双控开关 SA1 的 A、B 触点，双控联动开关 SA2-1 的 A、B 触点，双控开关 SA3 的 C、A 触点后，与照明灯 EL 形成回路，照明灯点亮。在当前照明灯 EL 处于点亮的状态下，任意按动 SA1 或 SA2，均可使照明灯 EL 熄灭。

图 10-3 所示为卫生间门控照明控制电路的特点与控制关系。在这种自动控制电路中，当有人开门进入卫生间时照明灯会自动点亮；当走出卫生间时，照明灯会自动熄灭。

图 10-3 卫生间门控照明电路的特点与控制关系

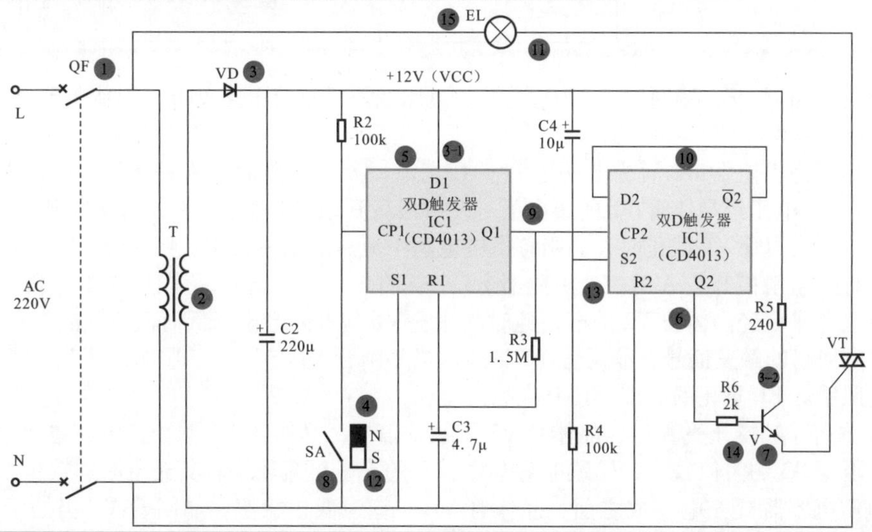
EL
QF
VD
+12V（VCC）
L
N
AC
220V
T
R2
100k
C4
10μ
D1
双D触发器
IC1
(CD4013)
CP1
Q1
S1
R1
D2
Q̄2
CP2
S2
R2
Q2
R5
240
C2
220μ
R3
1.5M
VT
R6
2k
V
SA
N
S
C3
4.7μ
R4
100k

❶合上断路器 QF，接通 220V 电源。

❷交流 220V 电压经变压器 T 进行降压。

❸降压后的交流电压经整流二极管 VD 整流和滤波电容器 C2 滤波后，变为 12V 左右的直流电压。

3-1 +12V 的直流电压为双 D 触发器 IC1 的 D1 端供电。

3-2 +12V 的直流电压为晶体管 V 的集电极供电。

❹门在关闭时，磁控开关 SA 处于闭合状态。

❺双 D 触发器 IC1 的 CP1 端为低电平。

3-1 + ❺→❻双 D 触发器 IC1 的 Q1 和 Q2 端输出低电平。

❼晶体管 V 和双向晶闸管 VT 均处于截止状态，照明灯 EL 不亮。

❽当有人进入卫生间时，门被打开并关闭，磁控开关 SA 断开后又接通。

❾双 D 触发器 IC1 的 CP1 端产生一个高电平的触发信号，Q1 端输出高电平送入 CP2 端。

❿双 D 触发器 IC1 内部受触发而翻转，Q2 端也输出高电平。

⓫晶体管 V 导通，为双向晶闸管 VT 控制极提供启动信号，VT 导通，照明灯 EL 点亮。

⓬当有人走出卫生间时，门被打开并关闭，磁控开关 SA 断开后又接通。

⓭双 D 触发器 IC1 的 CP1 端产生一个高电平的触发信号，Q1 端输出高电平送入 CP2 端。

⓮双 D 触发器 IC1 内部受触发而翻转，Q2 端输出低电平。

⓯晶体管 V 截止，双向晶闸管 VT 截止，照明灯 EL 熄灭。

10.1.2 公共照明控制电路

公共照明控制电路应用于公共场所，大多依靠自动感应元件触发控制器件等组成触发电路，对照明灯具实现自动控制。

图 10-4 所示为典型触摸延时照明控制电路的特点及控制关系。

图 10-4 典型触摸延时照明控制电路的特点及控制关系

扫一扫看视频

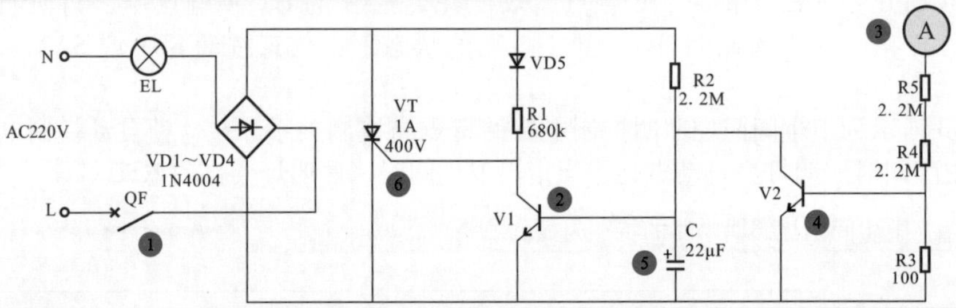

N
EL
AC220V
VD1～VD4
1N4004
L
QF
1
VT
1A
400V
6
VD5
R1
680k
V1
2
R2
2. 2M
C
22μF
5
V2
4
3
A
R5
2. 2M
R4
2. 2M
R3
100

❶合上总断路器 QF，接通交流 220V 电源。电压经桥式整流电路 VD1～VD4 整流后，输出直流电压为后级电路供电。

❷直流电压经电阻器 R2 后为电解电容器 C 充电，充电完成后，为晶体管 V1 提供导通信号，晶体管 V1 导通。电压经晶体管 V1 的集电极、发射极后到地，晶闸管 VT 无法接收到触发信号，处于截止状态。当晶闸管 VT 截止时，照明灯供电电路中流过的电流很小，照明灯 EL 不亮。

❸当人体碰触触摸开关 A 时，经电阻器 R5、R4 将触发信号送到晶体管 V2 的基极，晶体管 V2 导通，电解电容器 C 经晶体管 V2 放电，此时晶体管 V1 基极因电压降低而截止。晶闸管 VT 的控制极可收到供电回路的触发信号，晶闸管 VT 导通。当晶闸管 VT 导通后，照明灯供电电路形成回路，电流量满足照明灯 EL 点亮的需求，使其点亮。

❹当人体离开触摸开关 A 后，晶体管 V2 无触发信号，晶体管 V2 截止，电解电容器 C 再次充电。由于电阻器 R2 的阻值较大，导致电解电容器 C 的充电电流较小，其充电时间较长。

❺在电解电容器 C 充电完成之前，晶体管 V1 一直为截止状态，晶闸管 VT 仍处于导通状态，照明灯 EL 继续点亮。

❻当电解电容器 C 充电完成后，晶体管 V1 导通，晶闸管 VT 因触发电压降低而截止，照明灯

供电电路中的电流再次减小至等待状态，无法使照明灯 EL 维持点亮，导致照明灯 EL 熄灭。

在公共照明控制电路中，NE555 时基集成电路是应用广泛的一种控制器件，它可将送入的信号处理后输出控制电路的整体工作状态，这种控制方式在公共照明控制线路中十分常见。图 10-5 所示为路灯照明控制电路的特点及控制关系。

图 10-5　路灯照明控制电路的特点及控制关系

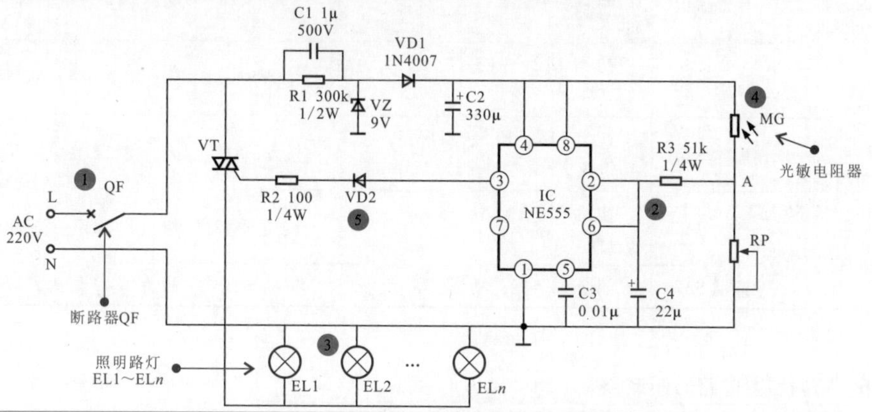

C1 1μ
500V
VD1
1N4007
R1 300k
1/2W
VZ
9V
C2
330μ
4
MG
光敏电阻器
VT
R3 51k
1/4W
1
QF
L
AC
220V
N
R2 100
1/4W
VD2
5
IC
NE555
A
2
RP
断路器QF
C3
0.01μ
C4
22μ
3
照明路灯
EL1~ELn
EL1
EL2
ELn

❶合上供电线路中的断路器 QF，接通交流 220V 电源。交流 220V 电压经整流和滤波电路后，输出直流电压，为电路中时基集成电路 IC 供电，进入准备工作状态。

❷夜晚来临时，光照强度逐渐减弱，光敏电阻器 MG 的阻值逐渐增大。其电压降升高，分压点 A 电压降低。该电压加到时基集成电路 IC②、⑥脚的电压变为低电平。

❸时基集成电路 IC 的②脚、⑥脚为低电平（低于 1/3VDD）时，内部触发器翻转，其③脚输出高电平，二极管 VD 导通，触发晶闸管 VT 导通，照明路灯形成供电回路，EL1 ~ EL*n* 同时点亮。

❹当第二天黎明来临时，光照越来越强，光敏电阻器 MG 的阻值逐渐减小，光敏电阻器 MG 分压后加到时基集成电路 IC②、⑥脚上的电压又逐渐升高。

❺当 IC②脚电压上升至大于 2/3VDD，⑥脚电压也大于 2/3VDD 时，IC 内部触发器再次翻转，IC③脚输出低电平，二极管 VD 截止，晶闸管 VT 截止，照明路灯 EL1 ~ EL*n* 供电回路被切断，所有照明路灯同时熄灭。

10.2 照明控制电路的检修调试

10.2.1 室内照明控制电路的检修调试

室内照明电路设计、安装和连接完成后，需要对电路进行调试，若电路照明控制部件的控制功能、照明灯具点亮与熄灭状态等都正常，则说明室内照明电路正常，可投入使用。若调试中发现故障，则应检修该电路。

1 调试电路

电路安装完成后，首先根据电路图、接线图逐级检查电路有无错接、漏接情况，并逐一检查各控制开关的开关动作是否灵活，控制电路状态是否正常，对出现异常部位进行调整，使其达到最佳工作状态。

图 10-6 为室内照明电路的调试。

提示说明

调试电路分为断电调试和通电调试两个方面。通过调试确保电路能够完全按照设计要求实现控制功能，并正常工作。在断电状态下，可对控制开关、照明灯具等直接检查；在通电状态下，可通过对控制开关的调试，判断电路中各照明灯的点亮状态是否正常，具体调试方法见表 10-1。

表 10-1　室内照明线路调试时的状态

断电调度	通电调试			
	闭合室内配电盘中的照明断路器，接通电源			
按动照明电路中各控制开关，检查开关动作是否灵活	按动 SA1	闭合 EL1 亮；断开 EL1 灭	按动 SA8	闭合 EL8 亮；断开 EL8 灭
	按动 SA2	初始 EL2、EL3 亮，按动后灯灭	按动 SA9	闭合 EL9 亮；断开 EL9 灭
	按动 SA3	初始 EL2、EL3 灯灭，按动后灯亮	按动 SA10	闭合 EL10 亮；断开 EL10 灭
观察照明灯具安装是否到位，固定是否牢靠	按动 SA4	初始 EL4、EL5、EL6 亮，按动后灯灭	按动 SA11	闭合 EL11 亮；断开 EL11 灭
	按动 SA5	初始 EL4、EL5、EL6 灭，按动后灯亮	按动 SA12	初始 EL12 亮，按动后灯灭
	按动 SA7	闭合 EL7 亮；断开 EL7 灭	按动 SA13	初始 EL12 灯灭，按动后灯亮

图 10-6　室内照明电路的调试

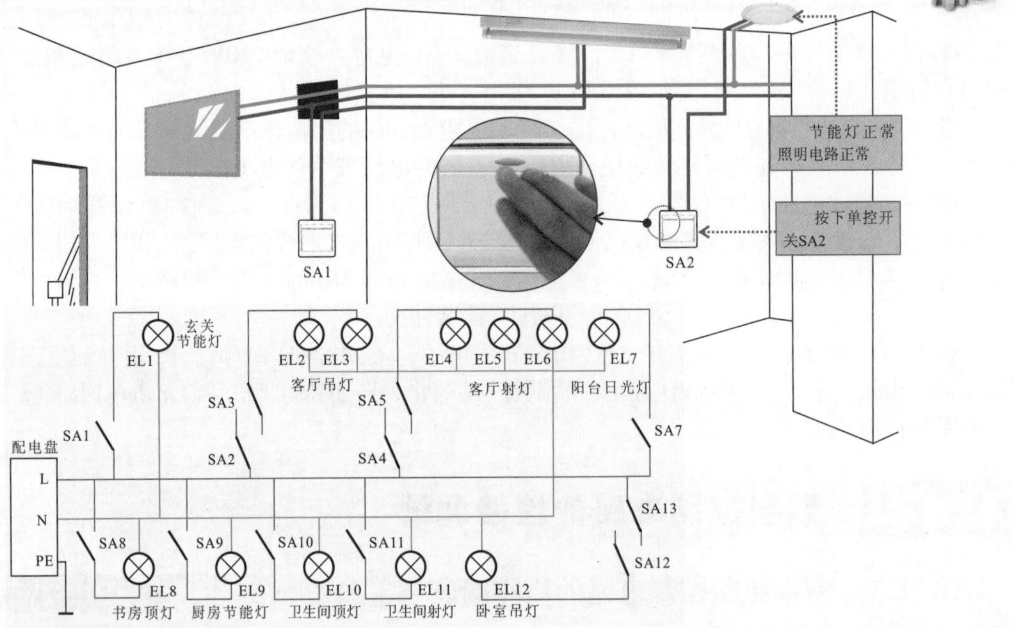

节能灯正常
照明电路正常
按下单控开关SA2
SA1
SA2
玄关节能灯
EL1
EL2
EL3
客厅吊灯
EL4
EL5
EL6
EL7
客厅射灯
阳台日光灯
SA3
SA5
SA1
SA2
SA4
SA7
配电盘
L
N
PE
SA8
SA9
SA10
SA11
SA13
SA12
EL8
EL9
EL10
EL11
EL12
书房顶灯
厨房节能灯
卫生间顶灯
卫生间射灯
卧室吊灯

2　电路检修

当操作照明电路中的单控开关 SA8 闭合时，由其控制的书房顶灯 EL8 不亮，怀疑该照明电路存在异常情况，断电后检查照明灯具无明显损坏情况，采用替换法更换顶灯内的节能灯管、辉光启动器等均无法排除故障，怀疑控制开关损坏，可借助万用表检测控制开关。图 10-7 所示为室内照明电路的检修。将万用表的红、黑表笔分别搭在单控开关的两个接触点上。单控开关接通，内部触点闭合，万用表未发出蜂鸣声；单控开关断开，再次测量，万用表也未发出蜂鸣声，怀疑单控开关内部触点已断开，更换单控开关。

提示说明

将单控开关从墙上卸下，切断该电路总电源，使用万用表蜂鸣档或断开连接使用欧姆档测量开关内触点的通、断。正常情况下，单控开关处于接通状态时，万用表蜂鸣器应发出蜂鸣声。

当单控开关处于断开状态时，内部触点断开，万用表蜂鸣器不响。

实际检测单控开关闭合状态下，内部触点无法接通（阻值为无穷大），说明该单控开关内的触点出现故障，使用同规格的单控开关进行更换即可排除故障。

图 10-7 室内照明电路的检修

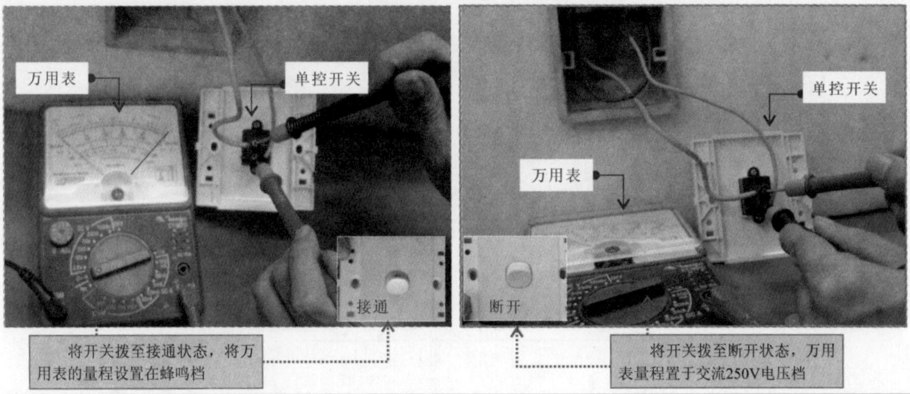
万用表
单控开关
接通
断开
将开关拨至接通状态，将万用表的量程设置在蜂鸣档
单控开关
万用表
将开关拨至断开状态，万用表量程置于交流250V电压档

10.2.2 公共照明控制电路的检修调试

公共照明电路设计、安装和连接完成后，需要对电路进行调试，若电路各部件动作、控制功能等都正常，则说明公共灯控照明系统正常，可投入使用。若调试中发现故障，则应检修该控制电路。下面以典型小区公共照明系统为例进行调试与检修操作。

1 调试电路

电路安装完成后，首先根据电路图、接线图逐级检查电路的连接情况，有无错接、漏接，并根据小区公共照明电路的功能逐一检查各组成部件自身功能是否正常，并调整出现异常的部位，使其达到最佳工作状态。

图 10-8 所示为典型小区公共照明电路的调试。

图 10-8 典型小区公共照明电路的调试

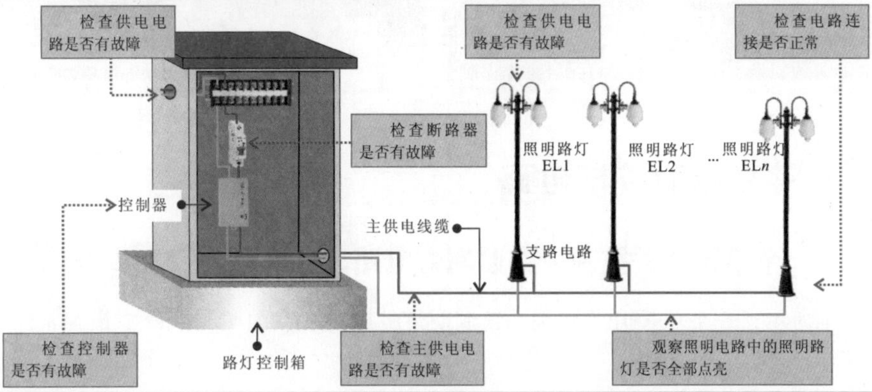
检查供电电路是否有故障
检查供电电路是否有故障
检查电路连接是否正常
检查断路器是否有故障
照明路灯 EL1
照明路灯 EL2
照明路灯 ELn
控制器
主供电线缆
支路电路
检查控制器是否有故障
路灯控制箱
检查主供电电路是否有故障
观察照明电路中的照明路灯是否全部点亮

2 电路检修

检查小区公共照明电路中照明路灯，若全部无法点亮，则应当检查主供电电路是否有故障；当主供电电路正常时，应当查看路灯控制器是否有故障；若路灯控制器正常，则应当检查断路器是否正常；当路灯控制器和断路器都正常时，应检查供电电路是否有故障；若照明支路中有一盏照明路灯无法点亮，则应当查看该照明路灯是否发生故障；若照明路灯正常，则应检查支路供电电路是否

正常；若电路有故障，应更换电路。

检查主供电电路，可以使用万用表在照明路灯 EL3 处检查线路中的电压，若无电压，则说明主供电线缆有故障。使用万用表的交流电压档检测照明路灯支路供电电路上的电压。图 10-9 所示为典型小区公共照明电路的检修。

图 10-9　典型小区公共照明电路的检修

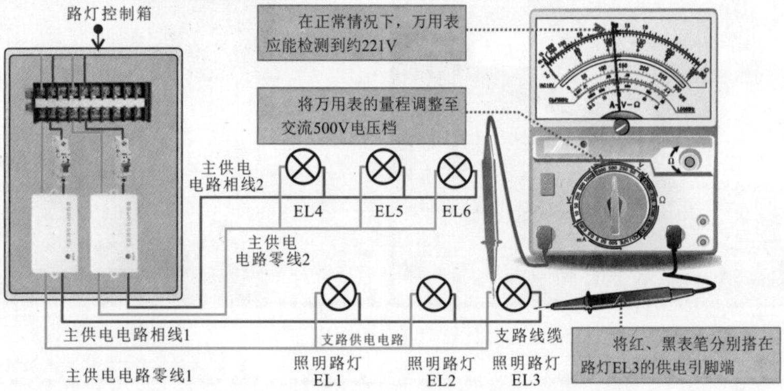
路灯控制箱
在正常情况下，万用表应能检测到约221V
将万用表的量程调整至交流500V电压档
主供电电路相线2
主供电电路零线2
EL4
EL5
EL6
主供电电路相线1
主供电电路零线1
支路供电电路
支路线缆
照明路灯 EL1
照明路灯 EL2
照明路灯 EL3
将红、黑表笔分别搭在路灯EL3的供电引脚端

3　更换损坏部件

在调试过程中，若发现小区供电电路正常，但路灯仍无法点亮，则多为路灯本身异常，需要对路灯进行检查，更换相同型号的路灯灯泡即可排除故障。

图 10-10 所示为更换照明系统中的灯泡。

图 10-10　更换照明系统中的灯泡

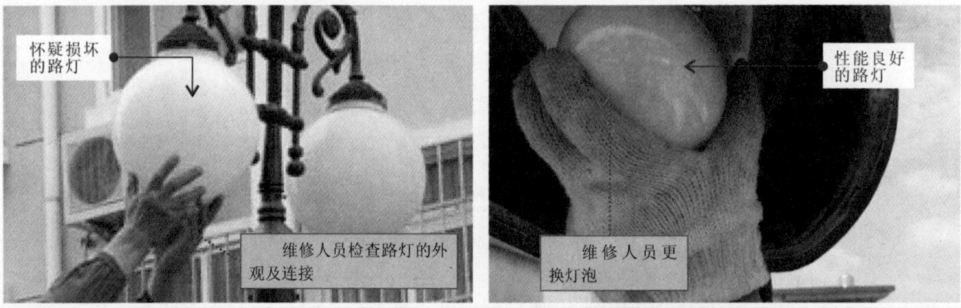
怀疑损坏的路灯
维修人员检查路灯的外观及连接
性能良好的路灯
维修人员更换灯泡

10.3 常见照明控制电路

10.3.1　一个单控开关控制一盏照明灯电路

如图 10-11 所示，一个单控开关控制一盏照明灯的电路在室内照明系统中最为常用，其控制过程也十分简单。

图 10-11　一个单控开关控制一盏照明灯的控制电路

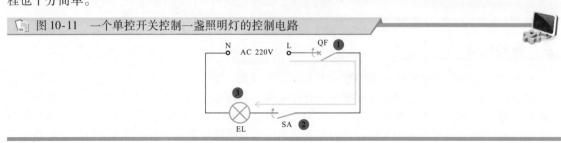

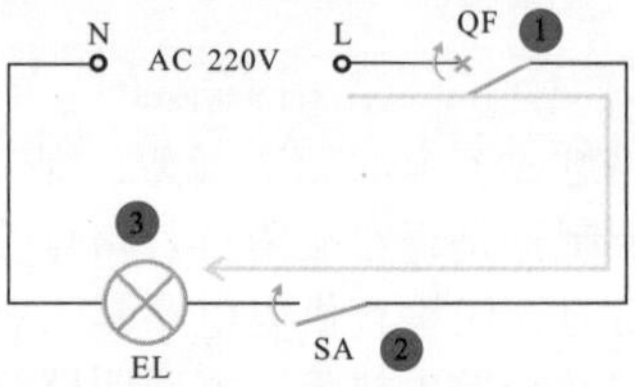
N
AC 220V
L
QF
1
3
EL
SA
2

❶合上断路器 QF，接通 220V 电源。

❷按动单控开关 SA，内部触点接通。

❸照明灯 EL 点亮，为室内提供照明。

10.3.2 两个单控开关分别控制两盏照明灯电路

如图 10-12 所示，两个单控开关分别控制两盏照明灯控制电路也是室内照明系统中较为常用的，其控制过程也十分简单。

图 10-12 两个单控开关分别控制两盏照明灯电路

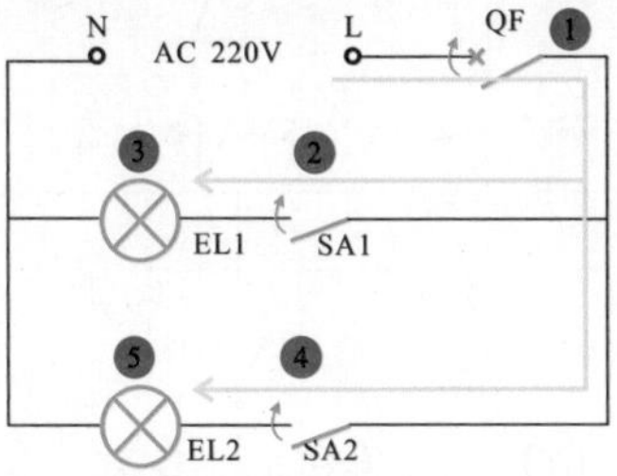
N
AC 220V
L
QF
EL1
SA1
EL2
SA2

❶合上断路器 QF，接通 220V 电源。

❶→❷按动单控开关 SA1，内部触点接通。

❸照明灯 EL1 点亮，为室内提供照明。

❶→❹按动单控开关 SA2，内部触点接通。

❺照明灯 EL2 点亮，为室内提供照明。

10.3.3 两个双控开关共同控制一盏照明灯电路

两个双控开关共同控制一盏照明灯控制电路可实现两地控制一盏照明灯，常用于控制家居卧室或客厅中的照明灯，一般可在床头安装一只开关，在进入房间门处安装一只开关，实现两处都可对卧式照明灯进行点亮和熄灭控制，其控制过程较为简单。电路实际应用过程如图 10-13 所示。

图 10-13 两个双控开关共同控制一盏照明灯电路

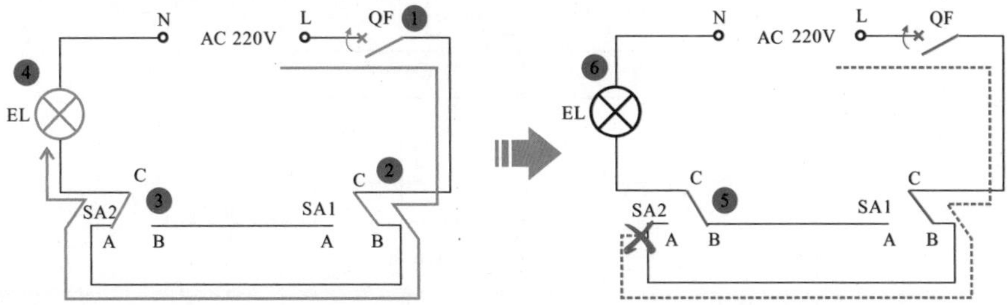
N
AC 220V
L
QF
EL
C
SA2
A
B
SA1
A
B
C
N
AC 220V
L
QF
EL
C
SA2
A
B
C
SA1
A
B

❶合上断路器 QF，接通 220V 电源。

❷按动开关 SA1，内部触点 B-C 接通。

❸开关 SA2 内部触点 A-C 已经处于接通状态。

❹照明灯 EL 点亮，为室内提供照明。

当需要照明灯熄灭时，按动任意开关（以 SA2 为例）。

❺按动开关 SA2，内部触点 B-C 接通、A-C 断开。

❻照明灯 EL 熄灭，停止为室内提供照明。

10.3.4 两室一厅室内照明灯电路

如图 10-14 所示，两室一厅室内照明灯电路包括客厅、卧室、书房以及厨房、厕所、玄关等部分的吊灯、顶灯、射灯等控制电路，用于为室内各部分提供照明控制。

图 10-14 两室一厅室内照明灯电路

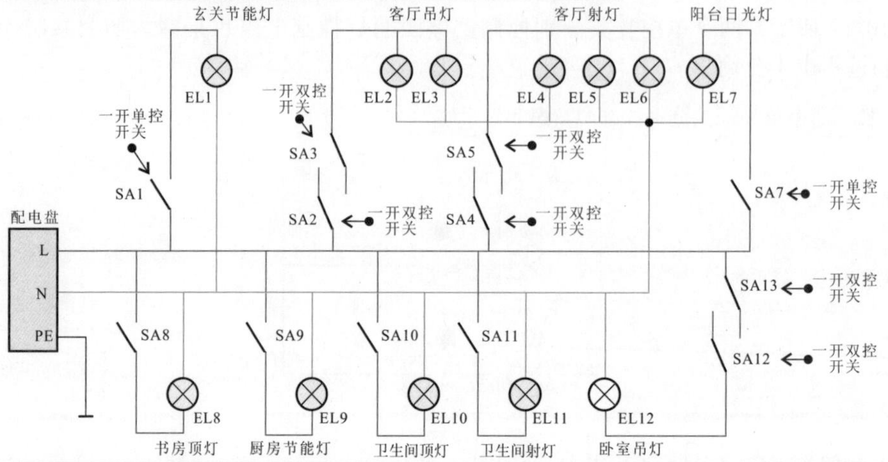
玄关节能灯
客厅吊灯
客厅射灯
阳台日光灯
EL1
EL2
EL3
EL4
EL5
EL6
EL7
一开单控开关
一开双控开关
SA1
SA2
SA3
SA4
SA5
SA7
一开双控开关
一开双控开关
一开双控开关
一开单控开关
配电盘
L
N
PE
SA13
一开双控开关
SA8
SA9
SA10
SA11
SA12
一开双控开关
EL8
EL9
EL10
EL11
EL12
书房顶灯
厨房节能灯
卫生间顶灯
卫生间射灯
卧室吊灯

❶两室一厅照明电路由室内配电盘引出各分支供电引线。

❷玄关节能灯、书房顶灯、厨房节能灯、卫生间顶灯、卫生间射灯、阳台日光灯都采用一开单控开关控制一盏照明灯的结构形式。闭合一开单控开关，照明灯得电点亮；断开一开单控开关照明灯失电熄灭。

❸客厅吊灯、客厅射灯和卧室吊灯三个照明支路均采用一开双控开关控制，可实现两地控制一盏或一组照明灯的点亮和熄灭。

10.3.5 荧光灯调光控制电路

如图 10-15 所示，荧光灯调光控制电路是利用电容器与控制开关组合控制荧光灯的亮度，当控制开关的档位不同时，荧光灯的发光程度也随之变化。

图 10-15 荧光灯调光控制电路

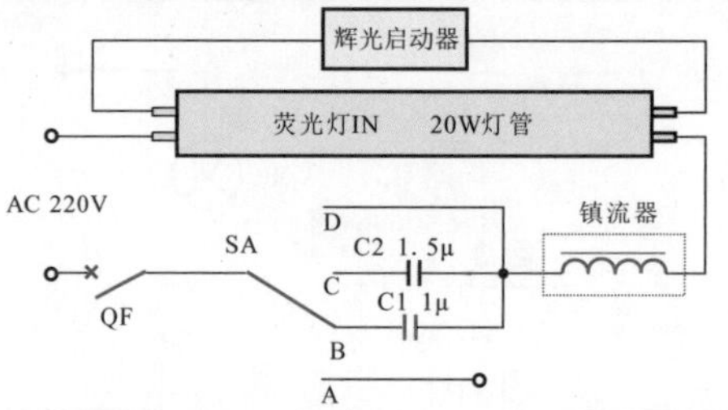
辉光启动器
荧光灯IN 20W灯管
AC 220V
D
镇流器
SA
C2 1.5μ
C
C1 1μ
QF
B
A

❶合上断路器 QF，接通 220V 电源。

❷拨动多位开关 SA 的触点与 B 端连接。

❸电压经电容器 C1、镇流器、辉光启动器为荧光灯供电。

❹电容器 C1 电容量较小，阻抗较大，产生电压降较高，荧光灯 IN 发出较暗的光线。

❺拨动多位开关 SA 触点与 C 端连接。

❻电压经电容器 C2、镇流器、辉光启动器为荧光灯供电。

❼电容器 C2 的电容量相对于电容器 C1 的电容量增大，阻抗较低，产生压降较低，荧光灯 IN 发出的亮度增大。

❽拨动多位开关 SA 触点与 D 端连接。
❾电压经镇流器、辉光启动器为荧光灯供电。
❿交流 220V 电压全压进入电路，荧光灯 IN 在额定电压下工作，荧光灯 IN 全亮。
⓫拨动多位开关 SA，触点与 A 端连接。
⓬荧光灯电源供电电路不能形成回路，则荧光灯 IN 不亮。

10.3.6 卫生间门控照明灯控制电路

如图 10-16 所示，卫生间门控照明灯控制电路是一种自动控制照明灯工作的电路，在有人开门进入卫生间时，照明灯自动点亮，当人走出卫生间时，照明灯自动熄灭。

图 10-16 卫生间门控照明灯控制电路的工作过程

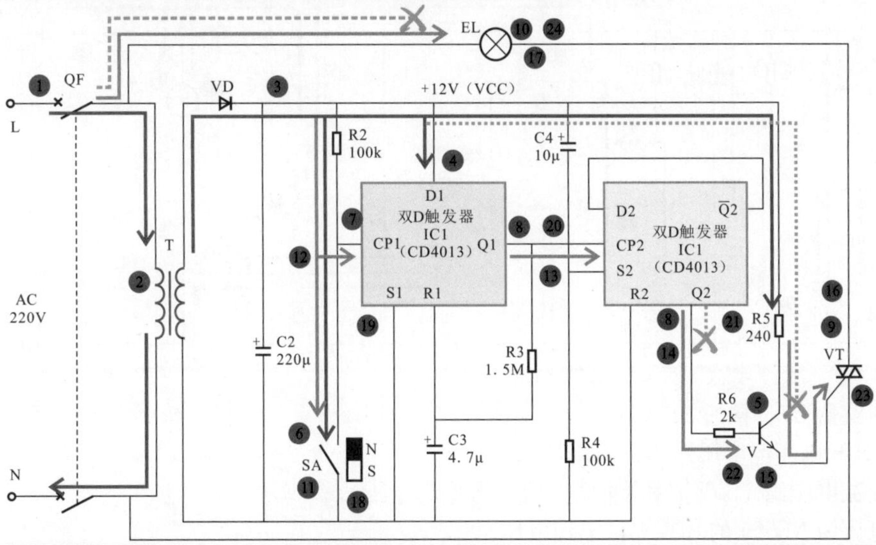

EL
QF
L
VD
+12V（VCC）
R2
100k
C4
10μ
D1
双D触发器
IC1
（CD4013）
CP1
Q1
S1
R1
D2
Q̄2
双D触发器
IC1
（CD4013）
CP2
S2
R2
Q2
T
AC
220V
C2
220μ
R3
1.5M
R5
240
VT
R6
2k
V
C3
4.7μ
R4
100k
SA
N
S
N

扫一扫看视频

❶合上断路器 QF，接通 220V 电源。
❷交流 220V 电压经变压器 T 进行降压。
❸降压后的交流电压经 VD 整流和滤波电容器 C2 滤波后，变为 12V 左右的直流电压。
❸→❹+12V 的直流电压为双 D 触发器 IC1 的 D1 端供电。
❸→❺+12V 的直流电压为晶体管 V 的集电极供电。
❻门在关闭时，磁控开关 SA 处于闭合的状态。
❼双 D 触发器 IC1 的 CP1 端为低电平。
❽双 D 触发器 IC1 的 Q1 和 Q2 端输出低电平。
❹+❽→❾晶体管 V 和双向晶闸管 VT 均处于截止状态。
❿照明灯 EL 不亮。
⓫当有人进入卫生间时，门被打开并关闭，磁控开关 SA 断开后又接通。
⓬双 D 触发器 IC1 的 CP1 端产生一个高电平的触发信号。
⓭双 D 触发器 IC1 的 Q1 端输出高电平送入 CP2 端。
⓮双 D 触发器 IC1 内部受触发而翻转，Q2 端也输出高电平。
⓯晶体管 V 导通为双向晶闸管 VT 门极提供启动信号。
⓰双向晶闸管 VT 导通。
⓱照明灯 EL 点亮。
⓲当有人走出卫生间时，门被打开并关闭，磁控开关 SA 断开后又接通。
⓳双 D 触发器 IC1 的 CP1 端产生一个高电平的触发信号。

⑳ 双 D 触发器 IC1 的 Q1 端输出高电平送入 CP2 端。
㉑ 双 D 触发器 IC1 内部受触发而翻转，Q2 端输出低电平。
㉒ 晶体管 V 截止。
㉓ 双向晶闸管 VT 截止。
㉔ 照明灯 EL 熄灭。

10.3.7 声控照明灯控制电路

如图 10-17 所示，在一些公共场合光线较暗的环境下，通常会设置一种声控照明灯电路，在无声音时，照明灯不亮，有声音时，照明灯便会点亮，经过一段时间后，自动熄灭。

图 10-17 声控照明灯控制电路的工作过程

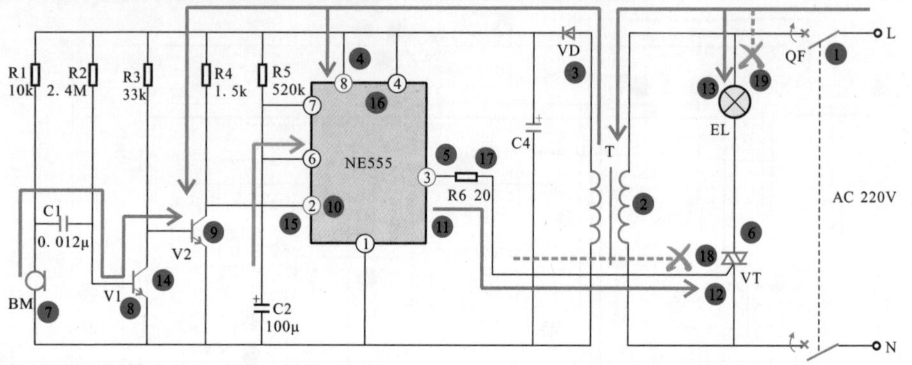

R1 10k
R2 2.4M
R3 33k
R4 1.5k
R5 520k
NE555
VD
C4
T
QF
L
N
EL
AC 220V
R6 20
C1 0.012μ
V2
V1
BM
C2 100μ
VT

❶ 合上断路器 QF，接通 220V 电源。
❷ 交流 220V 电压经变压器 T 进行降压。
❸ 低压交流电压经 VD 整流和 C4 滤波后变为直流电压。
❹ 直流电压为 NE555 的⑧脚提供工作电压。
❺ 无声音时，NE555 的②脚为高电平、③脚输出低电平。
❻ 双向晶闸管 VT 截止。
❼ 有声音时传声器 BM 将声音信号转换为电信号。
❽ 该信号送往 V1，由 V1 对信号进行放大。
❾ 放大信号再送往 V2 输出放大后的音频信号。
❿ V2 将音频信号加到 NE555 的②脚。
⓫ NE555 的③脚输出高电平。
⓬ VT 导通。
⓭ 照明灯 EL 点亮。
⓮ 声音停止后，晶体管 V1 和 V2 处于放大等待状态。
⓯ 由于电容器 C2 的充电过程，使 NE555 的⑥脚电压逐渐升高。
⓰ 当电压升高到一定值后（8V 以上，2/3 供电电压），NE555 内部复位。
⓱ 复位后，NE555 时基电路的③脚输出低电平。
⓲ 双向晶闸管 VT 截止。
⓳ 照明灯 EL 熄灭。

10.3.8 光控楼道照明灯控制电路

如图 10-18 所示，光控楼道照明灯控制电路主要由光敏电阻器及外围电子元器件构成的控制电路和照明灯构成。该电路可自动控制照明灯的工作状态。白天，光照较强，照明灯不工作；夜晚降临或光照较弱时，照明灯自动点亮。

图 10-18 声光双控楼道照明灯控制电路的工作过程

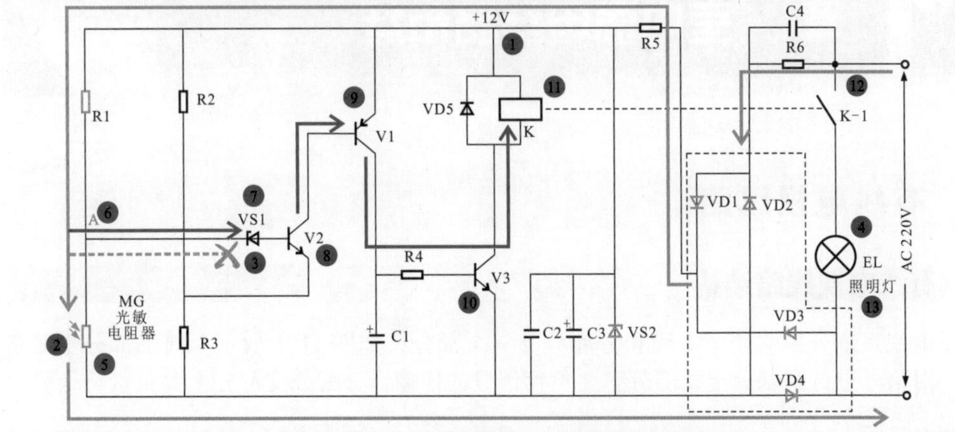
+12V
R5
C4
R6
R1
R2
VD5
K
V1
K-1
VD1
VD2
A
VS1
V2
EL
照明灯
AC 220V
MG
光敏
电阻器
R3
R4
V3
C1
C2
C3
VS2
VD3
VD4

扫一扫看视频

①交流 220V 电压经桥式整流电路 VD1 ~ VD4 整流、稳压二极管 VS2 稳压后，输出 +12V 直流电压。

②白天光敏电阻器 MG 受强光照射呈低阻状态。

③由光敏电阻器 MG、电阻器 R1 形成分压电路，电阻器 R1 上的电压降较高，分压点 A 点电压偏低。

④稳压二极管 VS1 无法导通，晶体管 V2、V1、V3 均截止，继电器 K 不吸合，照明灯 EL 不亮。

⑤夜晚时光照强度减弱，光敏电阻器 MG 阻值增大。

⑥MG 阻值增大，电阻器 R1 上的电压降降低，分压点 A 点电压升高。

⑦稳压二极管 VS1 导通。

⑧晶体管 V2 导通。

⑨晶体管 V1 导通。

⑩ 晶体管 V3 导通。

⑪ 继电器 K 线圈得电。

⑫ 常开触点 K-1 闭合。

⑬ 照明灯 EL 点亮。

第11章 室内弱电线路布线

11.1 有线电视线路

11.1.1 有线电视线路结构

完整的有线电视系统分为前端、干线和分配分支三个部分，如图11-1所示。前端部分主要负责信号的处理，对信号进行调制；干线部分主要负责信号的传输；分配分支部分主要负责将信号分配给每个用户。

图11-1 有线电视系统的布线连接方式

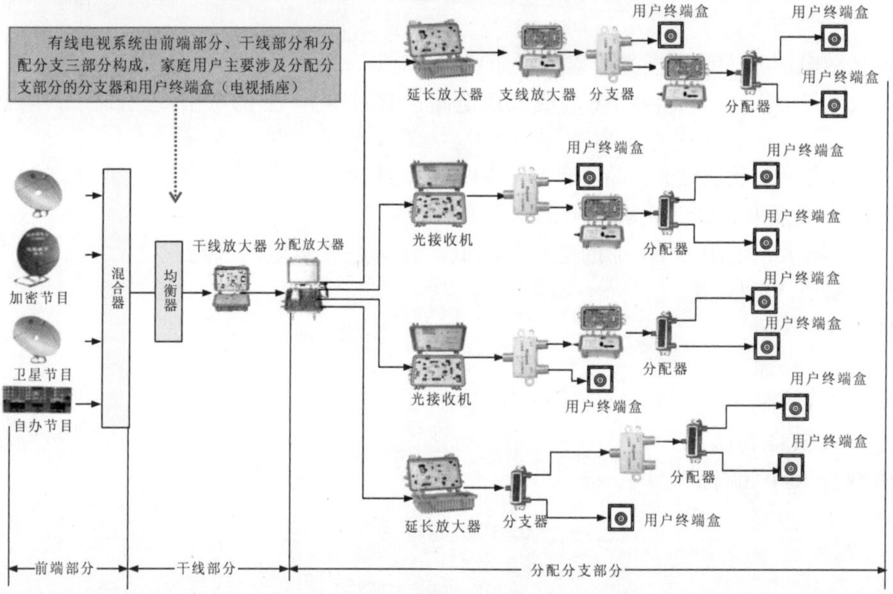

有线电视系统由前端部分、干线部分和分配分支三部分构成，家庭用户主要涉及分配分支部分的分支器和用户终端盒（电视插座）
加密节目
卫星节目
自办节目
混合器
均衡器
干线放大器
分配放大器
延长放大器
支线放大器
分支器
分配器
光接收机
用户终端盒
前端部分
干线部分
分配分支部分

根据线路结构可以看到，有线电视线路主要包括光接收机、干线放大器、支线放大器、分配器和分支器、用户终端盒（电视插座）等设备。

其中，干线放大器、分配放大器、光接收机、支线放大器、分配器等一般安装在特定的设备机房中，进入用户的部分主要包括分支器和用户终端盒（电视插座）。

如图11-2所示，家庭有线电视系统包括进户线、分配器和用户终端盒几部分。

图11-2 家庭有线电视系统的布线连接方式

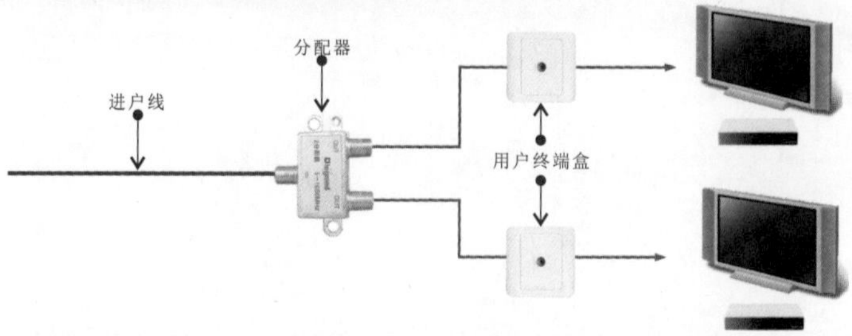

分配器
进户线
用户终端盒

11.1.2 有线电视线路布线与连接

有线电视线缆（同轴线缆）是传输有线电视信号、连接有线电视设备的线缆，连接前，需要先处理线缆的连接端。

通常，有线电视线缆与分配器和机顶盒采用 F 头连接，与用户终端盒的接线端为压接，与用户终端盒输出口之间采用竹节头连接，如图 11-3 所示。因此，对同轴线缆的加工包括三个环节，即剥除绝缘层和屏蔽层、F 头的制作、竹节头的制作。

图 11-3 有线电视线缆的布线连接方式

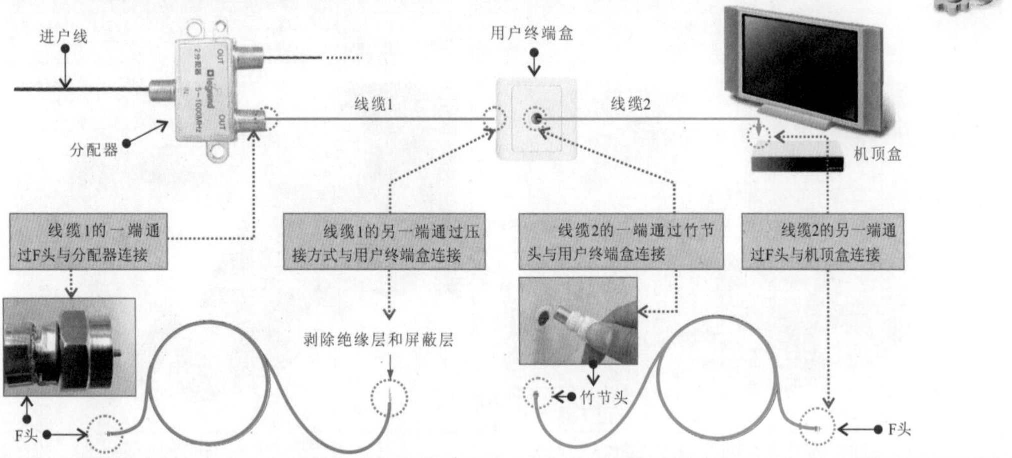
进户线
分配器
用户终端盒
线缆1
线缆2
机顶盒
线缆1的一端通过F头与分配器连接
线缆1的另一端通过压接方式与用户终端盒连接
线缆2的一端通过竹节头与用户终端盒连接
线缆2的另一端通过F头与机顶盒连接
剥除绝缘层和屏蔽层
竹节头
F头
F头

1 有线电视线缆绝缘层和屏蔽层的剥削

如图 11-4 所示，将有线电视线缆的绝缘层和屏蔽层剥除，露出中心线芯，为制作 F 头或压接做好准备。

图 11-4 有线电视线缆绝缘层和屏蔽层的剥削

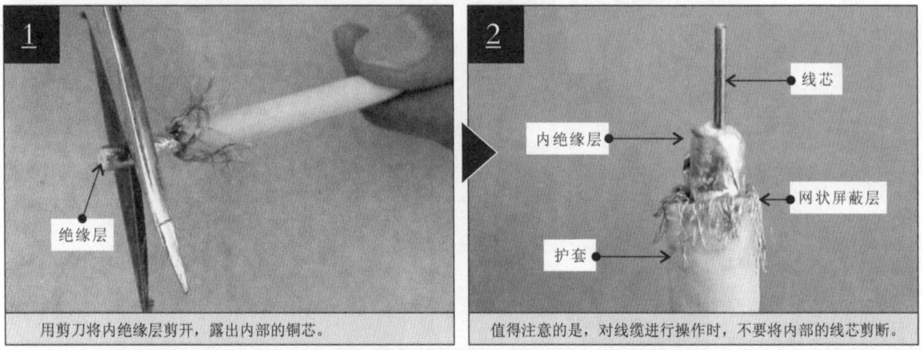
1
绝缘层
用剪刀将内绝缘层剪开，露出内部的铜芯。
2
线芯
内绝缘层
网状屏蔽层
护套
值得注意的是，对线缆进行操作时，不要将内部的线芯剪断。

扫一扫看视频

2 有线电视线缆 F 头的制作

图 11-5 所示为有线电视线缆 F 头的制作方法。

3 有线电视线缆竹节头的制作

竹节头是连接有线电视用户终端盒输出口的接头方式。图 11-6 所示为有线电视线缆竹节头的制作方法。

图 11-5　有线电视线缆 F 头的制作方法

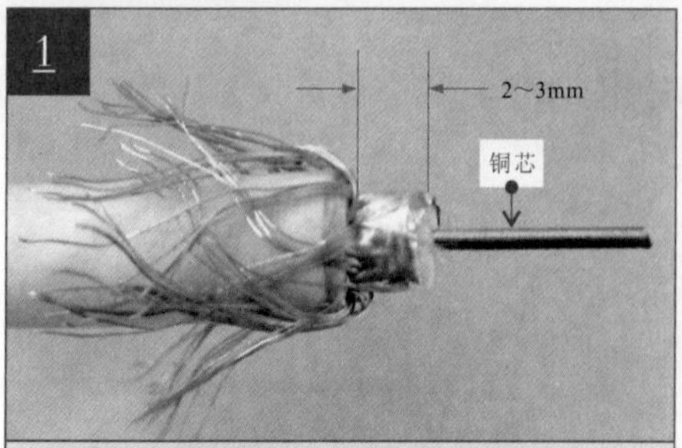
1
2～3mm
铜芯

根据前一步操作剥除线缆绝缘层和屏蔽层后，确保剪断后的绝缘层要与护套切口相距2～3mm。

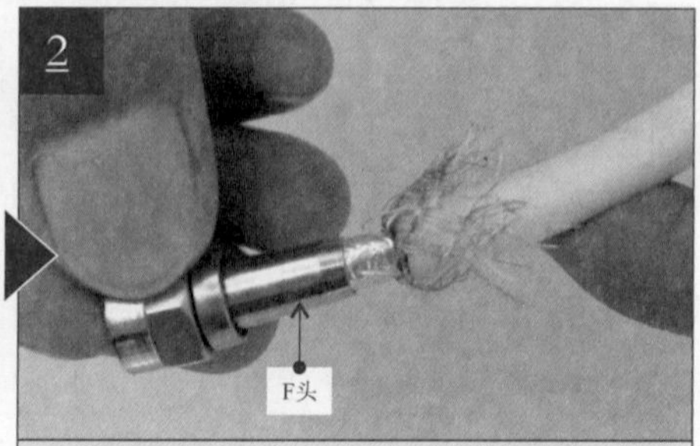
2
F头

将F头安装到绝缘层与屏蔽层之间，安装好F头后，绝缘层应在螺纹下面。

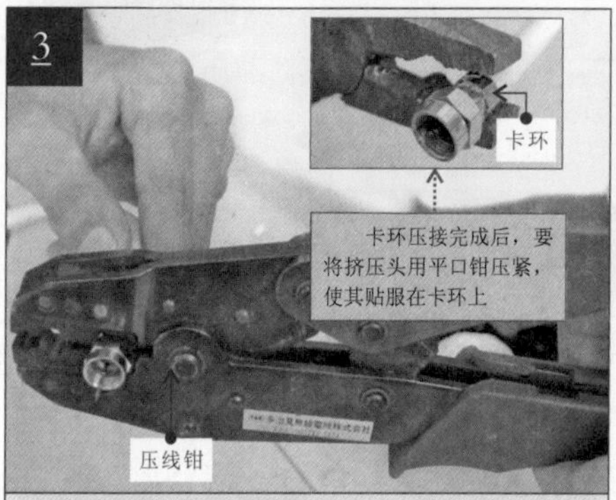
3
卡环
卡环压接完成后，要将挤压头用平口钳压紧，使其贴服在卡环上
压线钳

使用压线钳将卡环紧固在馈线与F头的连接处，使用平口钳将卡环修整好。

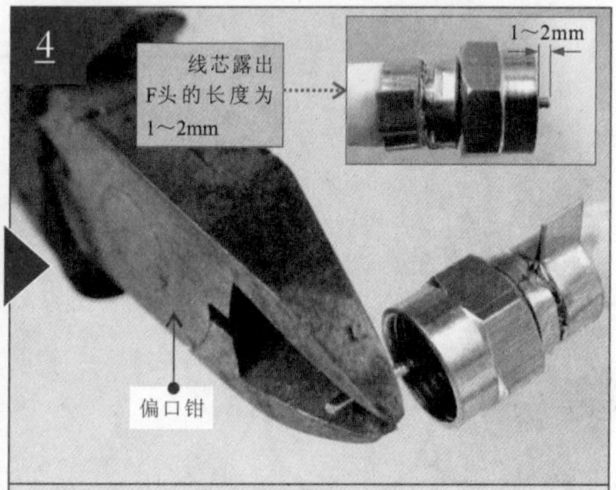
4
线芯露出F头的长度为1～2mm
1～2mm
偏口钳

使用偏口钳将铜芯剪断，使其露出F头1～2mm。至此，F头制作完成。

图 11-6　有线电视线缆竹节头的制作方法

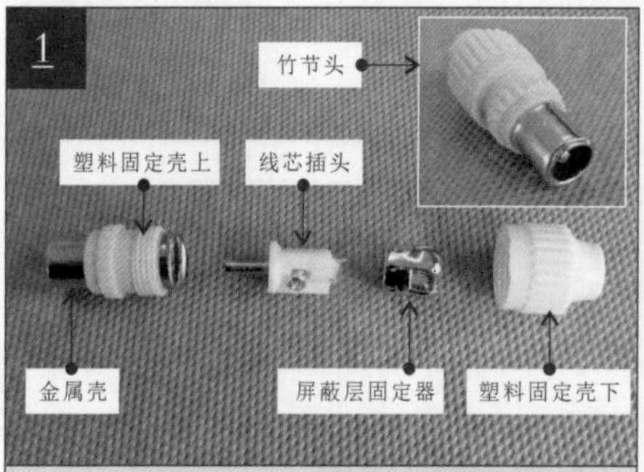
1
竹节头
塑料固定壳上
线芯插头
金属壳
屏蔽层固定器
塑料固定壳下

准备连接用的竹节头。竹节头一般由塑料固定壳、金属壳、线芯插头、屏蔽层固定器构成。

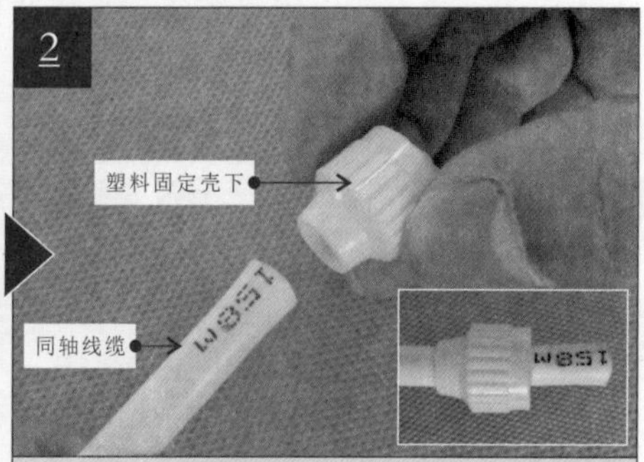
2
塑料固定壳下
同轴线缆

将竹节头下部的塑料固定壳穿入同轴线缆，在加工线端完成后，用于与上部塑料固定壳连接。

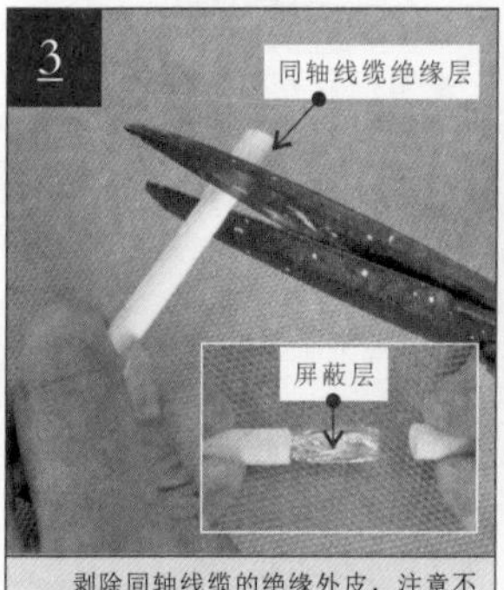
3
同轴线缆绝缘层
屏蔽层

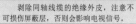

剥除同轴线缆的绝缘外皮，注意不可损伤屏蔽层，否则会影响电视信号。

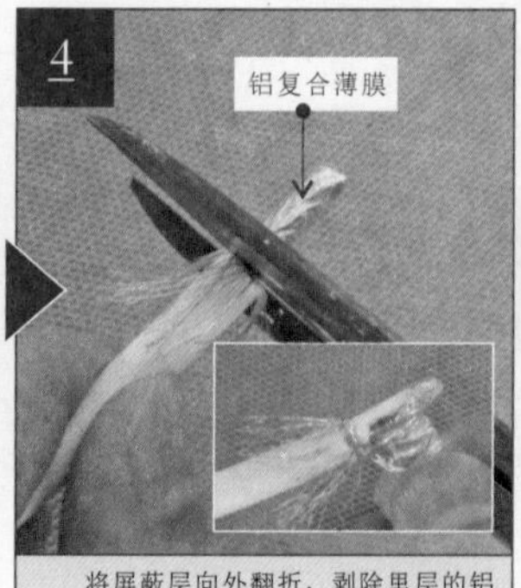
4
铝复合薄膜

将屏蔽层向外翻折，剥除里层的铝复合薄膜。

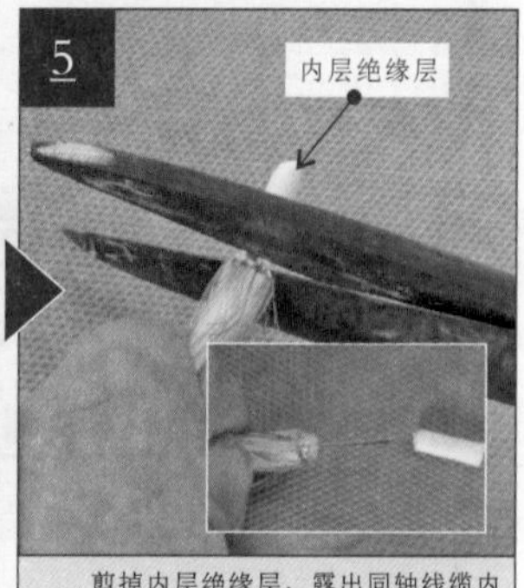
5
内层绝缘层

剪掉内层绝缘层，露出同轴线缆内部线芯。

图 11-6 有线电视线缆竹节头的制作方法（续）

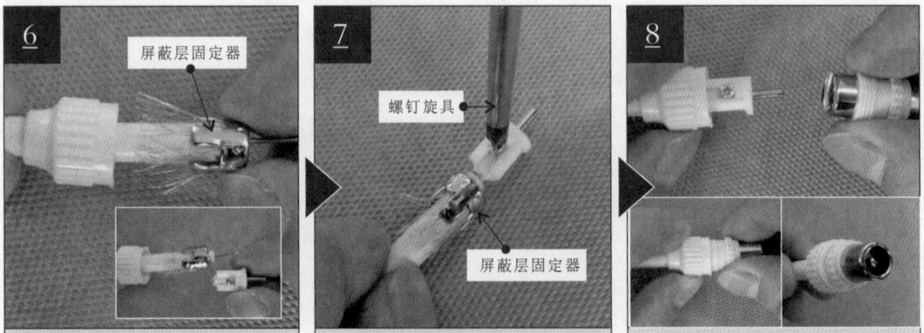
6
屏蔽层固定器
7
螺钉旋具
屏蔽层固定器
8

使用屏蔽层固定器固定翻折后的屏蔽层，确保屏蔽层与固定器接触良好。

将露出的线芯插入线芯插头，使用螺钉旋具紧固插头固定螺钉。

拧紧竹节头塑料外壳。至此，竹节头的安装连接完成。

4 有线电视终端的安装连接

有线电视线缆连接端制作好后，将其对应的接头分别与分配器、有线电视终端盒接线端子、有线电视机终端盒输出口、机顶盒等设备进行连接，完成有线电视终端的安装，如图 11-7 所示。

图 11-7 有线电视线缆的布线连接方式

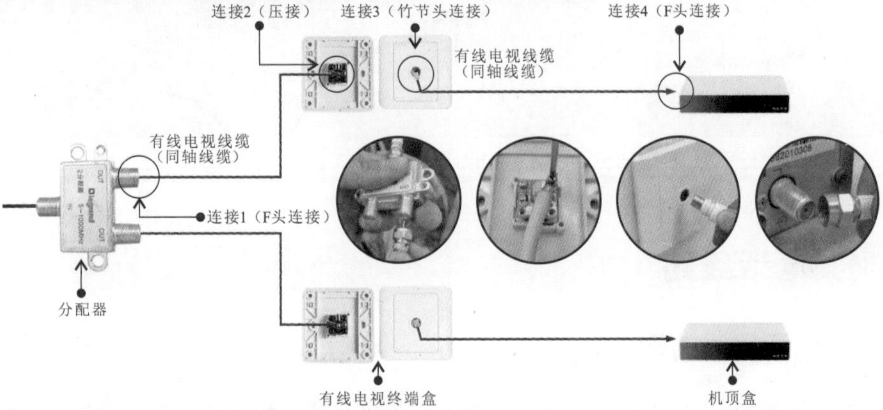
连接2（压接）
连接3（竹节头连接）
连接4（F头连接）
有线电视线缆
（同轴线缆）
有线电视线缆
（同轴线缆）
连接1（F头连接）
分配器
有线电视终端盒
机顶盒

（1）分配器与用户终端盒的连接

将加工好的有线电视线缆 F 头端与分配器输出端连接，另一端处理好绝缘层和屏蔽层的一端与用户终端盒压接，如图 11-8 所示。

图 11-8 分配器与用户终端盒的连接方法

1
2
用户终端盒
接线信息模块
3
处理好的
有线电视线缆

将分支的其中一根有线电视线接头与分配器输出端连接。旋紧线缆中的一端，使线缆与分配器紧固。

将用户终端盒的护盖打开，拧下用户终端盒内部信息模块上固定卡的固定螺钉，拆除固定卡。

将有线电视电缆线芯插入用户终端盒内部信息模块接线孔内，拧紧螺钉。盖上插座的护板，完成有线电视插座的安装。

（2）用户终端盒与机顶盒的连接

选取另外一根处理好接线端子的有线电视线缆，将竹节头端与用户终端盒输出口连接，F 头端与机顶盒连接，如图11-9所示。

图11-9　用户终端盒与机顶盒的连接方法

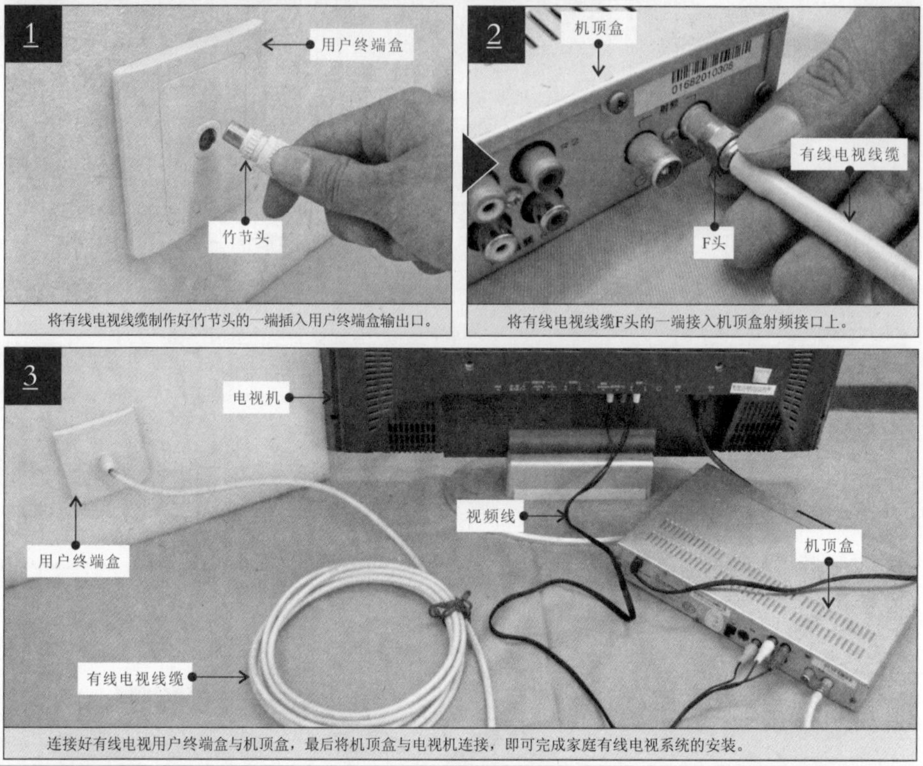
1
用户终端盒
竹节头
将有线电视线缆制作好竹节头的一端插入用户终端盒输出口。
2
机顶盒
有线电视线缆
F头
将有线电视线缆F头的一端接入机顶盒射频接口上。
3
电视机
用户终端盒
视频线
机顶盒
有线电视线缆
连接好有线电视用户终端盒与机顶盒，最后将机顶盒与电视机连接，即可完成家庭有线电视系统的安装。

11.2　电话线路

11.2.1　电话线路结构

电话系统主要是通过市话电话实现住户与外界通话的系统结构。主要由交换机、分线盒、通信电缆和入户线缆等组成。图11-10所示为电话系统的布线连接方式。

图11-10　楼宇电话系统的布线连接方式

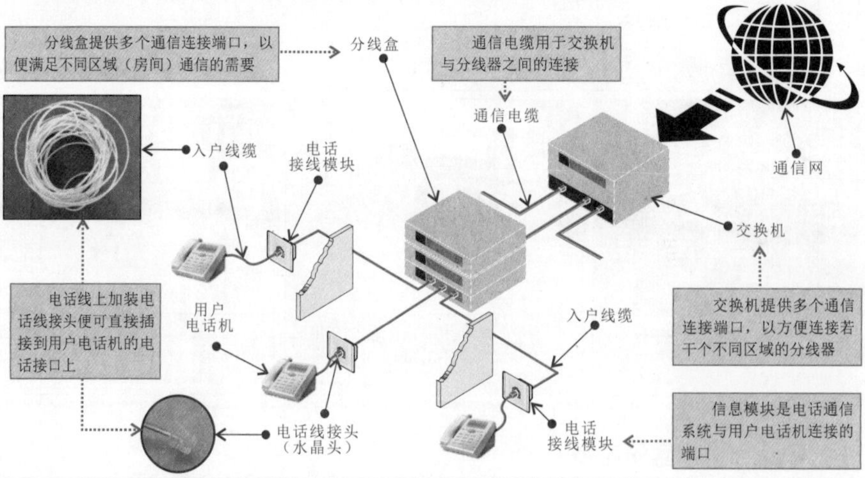
分线盒提供多个通信连接端口，以便满足不同区域（房间）通信的需要
分线盒
通信电缆用于交换机与分线器之间的连接
通信电缆
通信网
入户线缆
电话接线模块
交换机
电话线上加装电话线接头便可直接插接到用户电话机的电话接口上
用户电话机
入户线缆
交换机提供多个通信连接端口，以方便连接若干个不同区域的分线器
信息模块是电话通信系统与用户电话机连接的端口
电话线接头（水晶头）
电话接线模块

由图 11-10 可以看到交换机、分线盒、通信电缆、入户线缆和用户电话机构成了主要的电话系统，电话网络与交换机相连根据需要并由分线盒分出多个网络支路，分别连接房间或区域的电话机。

电话系统的信号传输路径是：外界市话信号传输到小区控制室交换机中，再由小区控制室的交换机将信号传送到楼宇中的分线盒，经分线盒由线缆传输到住户内的电话接线模块中。图 11-11 所示为典型小区电话系统的结构形式及传输过程。

图 11-11　典型小区电话系统的结构形式及传输过程

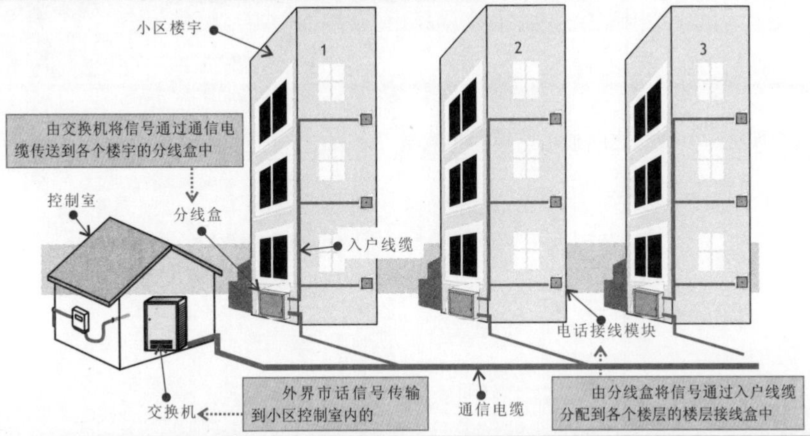
小区楼宇
1
2
3
由交换机将信号通过通信电缆传送到各个楼宇的分线盒中
控制室
分线盒
入户线缆
电话接线模块
交换机
外界市话信号传输到小区控制室内的
通信电缆
由分线盒将信号通过入户线缆分配到各个楼层的楼层接线盒中

| 提示说明 |

电话电路由控制室的交换机进行分配，然后再通过小区各栋楼中的分线盒对楼层中的入户线缆进行分配。通过控制室的交换机将通信电缆分配到楼层中后，各栋楼中的分线盒将控制室传送过来的电话系统通信电缆分配到每栋楼的各楼层中。

11.2.2　电话线路布线与连接

在电话系统进行布线连接时，应遵循以下原则：

1）电话线严禁与强电线缆敷设在同一根管内、线槽、桥架内，也不可以同走一个线井。如果无法分开，则电话系统的线缆与强电线应间隔 60cm 以上。

2）在对电话系统进行施工时，要注意不要超过电缆所规定的拉伸张力。张力过大会影响电缆抑制噪声的能力，甚至影响电话线的结构，改变电缆的阻抗。

3）对电话系统进行施工操作时，应避免电话线过度弯曲，防止电话线断裂。

4）对电话系统施工操作时，应避免成捆电话线的缠绕，这会造成成捆电话线外面的线缆比内部承受更多的压力，使线缆断裂。

1　控制室交换机通信电缆的布线敷设

图 11-12 所示为控制室交换机通信电缆的布线敷设示意图。小区控制室的交换机应能供应整个小区楼宇的使用，因此安装交换机时应根据设计要求选择交换机的具体安装位置，然后根据具体安装位置进行通信电缆的敷设。

控制室中的交换机通信电缆引出室外敷设完成后，接下来需要将从控制室心引出的通信电缆敷设至楼道的分线盒中。由于电话的通信电缆是通过地下管网敷设的，故在小区室外通信电缆敷设时，已同小区的其他通信电缆敷设在一起，而从地下管网引出的通信电缆则也需通过暗敷的方式引入墙内的分线盒上。

2　交换机与分线盒之间通信电缆的布线敷设

图 11-13 所示为交换机与分线盒之间通信电缆的布线敷设示意图。

图 11-12　控制室交换机通信电缆的布线敷设示意图

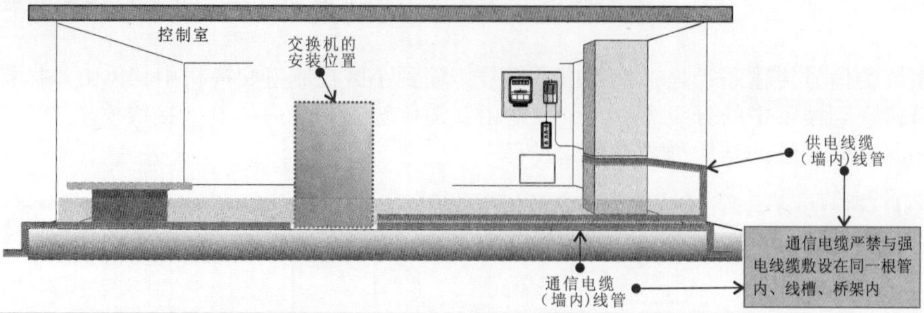
控制室
交换机的
安装位置
供电线缆
（墙内）线管
通信电缆严禁与强
电线缆敷设在同一根管
内、线槽、桥架内
通信电缆
（墙内）线管

图 11-13　交换机与分线盒之间通信电缆的布线敷设示意图

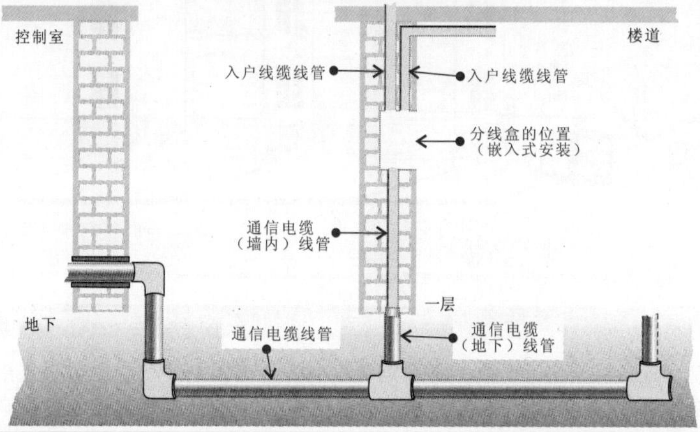
控制室
楼道
入户线缆线管
入户线缆线管
分线盒的位置
（嵌入式安装）
通信电缆
（墙内）线管
一层
地下
通信电缆线管
通信电缆
（地下）线管

交换机与分线盒之间通信电缆的敷设完成后，接下来敷设分线盒与楼层接线盒之间的入户线缆。

该建筑物的分线盒内部安装器件少，箱体可采用嵌入式安装，选择放置在一楼楼道的承重墙上，箱体距地面高度应不小于 1.5m，分线盒引出的入户线缆应暗敷于墙壁内。

3　分线盒与楼层接线盒之间入户线缆的布线敷设

图 11-14 所示为分线盒与楼层接线盒之间入户线缆的布线敷设示意图。

图 11-14　分线盒与楼层接线盒之间入户线缆的布线敷设示意图

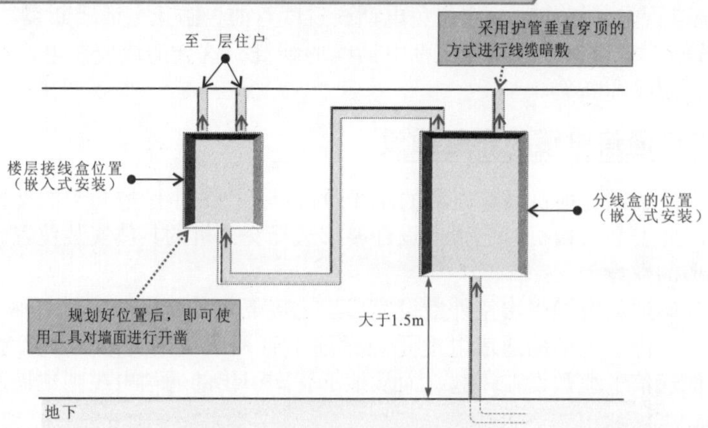
至一层住户
采用护管垂直穿顶的
方式进行线缆暗敷
楼层接线盒位置
（嵌入式安装）
分线盒的位置
（嵌入式安装）
规划好位置后，即可使
用工具对墙面进行开凿
大于1.5m
地下

楼层接线盒应远离楼层配电箱，入户线缆应采用嵌入式安装，楼层接线盒应安装置于楼道内无振动的承重墙上，距地面高度不小于 1.5m。楼层接线盒输出的入户线缆应暗敷于墙壁内，取最近距离开槽、穿墙，线缆由位于门右上角的穿墙孔引入室内，以便连接住户接线端子。

4 楼层接线盒入户线缆的布线敷设

图 11-15 所示为楼层接线盒入户线缆的布线敷设示意图。

图 11-15 楼层接线盒入户线缆的布线敷设示意图

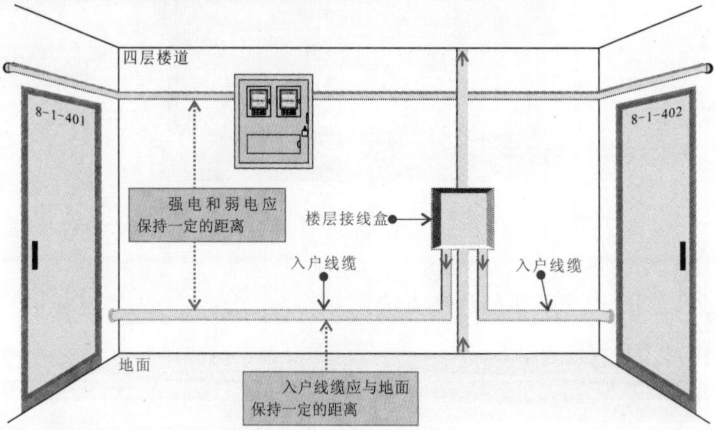

四层楼道
8-1-401
8-1-402
强电和弱电应保持一定的距离
楼层接线盒
入户线缆
入户线缆
地面
入户线缆应与地面保持一定的距离

楼层接线盒入户线缆的敷设完成后，接下来敷设室内电话入户线缆。

5 室内入户接线盒线缆的布线敷设

图 11-16 所示为室内入户接线盒线缆的布线敷设示意图。

图 11-16 室内入户接线盒线缆的布线敷设示意图

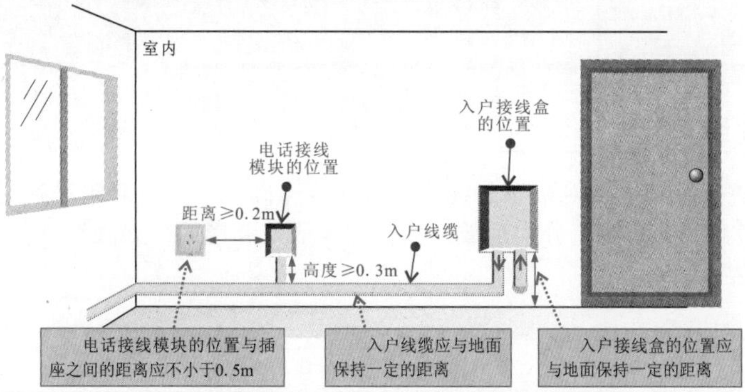

室内
入户接线盒的位置
电话接线模块的位置
距离≥0.2m
入户线缆
高度≥0.3m
电话接线模块的位置与插座之间的距离应不小于0.5m
入户线缆应与地面保持一定的距离
入户接线盒的位置应与地面保持一定的距离

室内入户线缆中的各接线端子敷设时，要满足布线的规范性，接线端子的安装位置距地面的高度应大于 0.3m；电话接线端子与强电端子接口之间的间隔距离也应大于 0.2m。

6 交换机的安装连接

将市话的通信电缆引入后，将其与交换机进行连接。控制室中交换机的通信电缆敷设好后，首先将交换机放到交换机箱内的支架上，接着将固定螺钉穿入交换机和交换机箱的固定孔内，并使用螺钉固定牢固。

图 11-17 所示为安装控制室内的交换机。

| 提示说明 |

由于交换机重量较大，工作时会产生振动，因此要确保交换机稳固放置于无倾斜、平稳的地面上。

使用通信电缆连接控制室内的交换机，连接时将电信、联通等运营商引入控制室的通信电缆连接到电话交换机外线接口上，将分配输出的通信电缆连接在交换机内线接口上，最后将交换机的电源线连接好。

图 11-17　安装控制室内的交换机

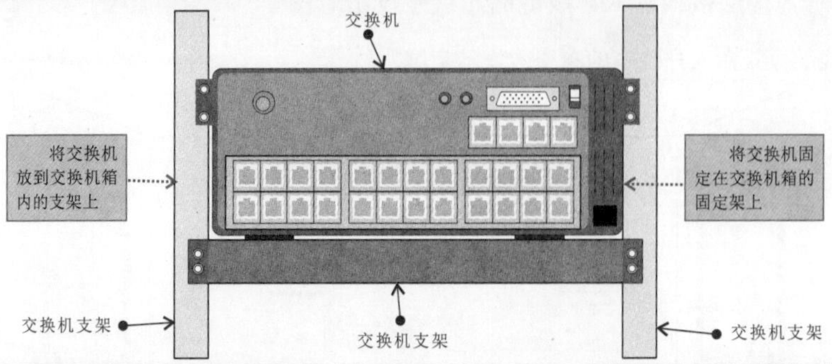

交换机
将交换机放到交换机箱内的支架上
将交换机固定在交换机箱的固定架上
交换机支架
交换机支架
交换机支架

图 11-18 所示为控制室内交换机的连接方法。

图 11-18　控制室内交换机的连接方法

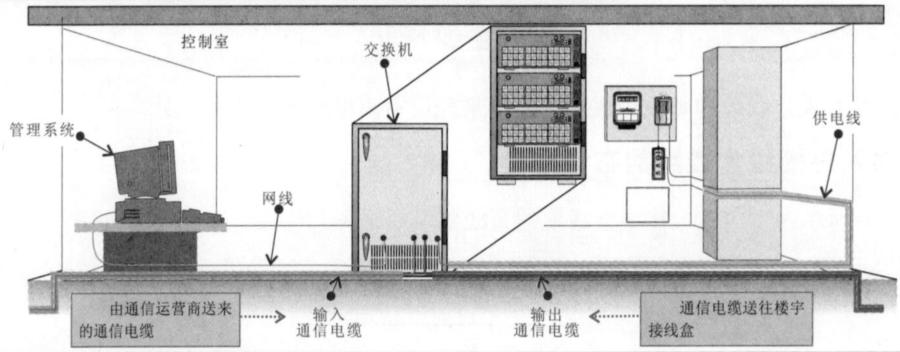

控制室
交换机
管理系统
供电线
网线
由通信运营商送来的通信电缆
输入
通信电缆
输出
通信电缆
通信电缆送往楼宇接线盒

7　分线盒的安装连接

交换机连接完成后，接下来对楼宇分线盒进行安装连接。将分线盒放置到安装槽中，安装槽中应预先敷设木块或板砖等铺垫物，分线盒放入后，应保证安装稳固，无倾斜、振动等现象。图 11-19 所示为分线盒的安装方法。

图 11-19　分线盒的安装方法

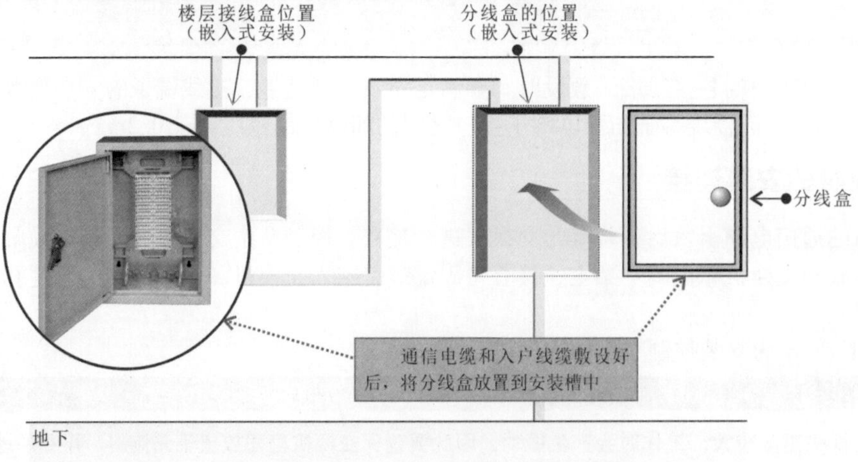

楼层接线盒位置
（嵌入式安装）
分线盒的位置
（嵌入式安装）
分线盒
通信电缆和入户线缆敷设好后，将分线盒放置到安装槽中
地下

| 提示说明 |

安装时，应在墙壁上预先钻出安装孔，再通过胀管、紧固螺钉将分线盒固定到墙壁上，保证箱体安装后无倾斜、振动等现象。

分线盒固定好后，接下来将交换机送来的通信电缆连接到接线盒中，连接分线盒时，要按照分线盒中的标号进行连接。然后，将通信电缆中的导线分别连接到分线盒中，并将预留出的入户线缆连接到分线盒中。分线盒引出的入户线缆主要采用 2 芯电话线进行连接。

图 11-20 所示为分线盒与通信电缆的连接。

图 11-20　分线盒与通信电缆的连接

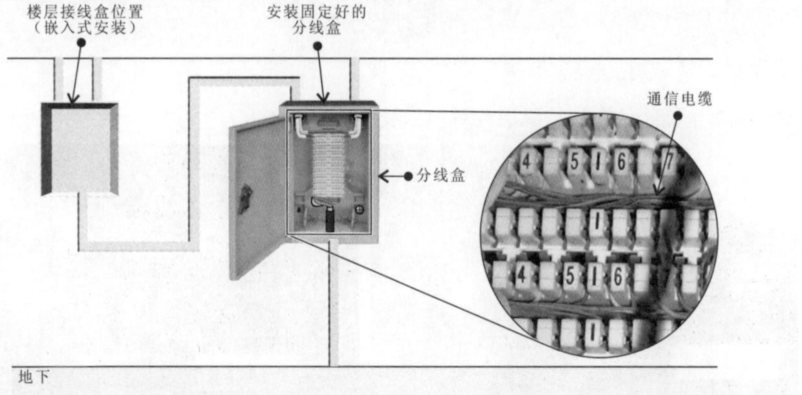
楼层接线盒位置
（嵌入式安装）
安装固定好的
分线盒
通信电缆
分线盒
地下

| 提示说明 |

分线盒的安装连接完成后，接下来对楼层接线盒进行安装连接。

楼道线缆敷设好后，先将分线盒输出的入户线缆连接到楼层接线盒处，再将楼层接线盒放置到事先开凿出的凹槽中。连接入户线缆时，入户线缆的接头不得使用电工绝缘胶带缠绕，应使用热塑套封装。

8　室内电话线接线模块的安装与连接

电话接线模块是电话通信系统与用户电话机连接的端口。入户接线盒安装完成后，还需要在用户墙体上预留的电话接线盒处安装电话接线模块。对电话接线模块安装前应先准备需要安装的电话接线模块，准备好后便可进行安装。

（1）接线盒中预留电话线接线端子的加工

在进行电话接线模块的安装连接前，应先对接线盒中预留的电话线接线端子进行加工，以便于电话接线模块的连接。

电话线是电话通信系统中的传输介质，电话接线盒的安装就是将入户的电话线与电话接线盒进行连接，以便用户通过电话接线盒上的电话传输接口（RJ-11 接口）连接电话进行通话。

图 11-21 所示为电话接线盒以及电话信息模块的实物外形。

电话线与电话接线盒上接口模块的安装连接可分为电话线的加工处理和电话线与接口模块的连接两个操作环节。

首先对接线盒中的电话线进行处理。剥落电话线的表皮绝缘层，并对内部线芯进行加工，具体操作如图 11-22 所示。

| 提示说明 |

入户电话线与接线端子连接时，需要先将其与接线端子片进行连接。在连接之前需使用压线钳对电话线进行加工，并通过接线端子进行连接，加工时，使用压线钳将电话线的绝缘层剥去。将露出的线芯末端用压线钳的剪线刀口剪齐，剪线时要确保两根线的长度在 1cm 左右即可。

图 11-21　电话接线盒以及电话信息模块的实物外形

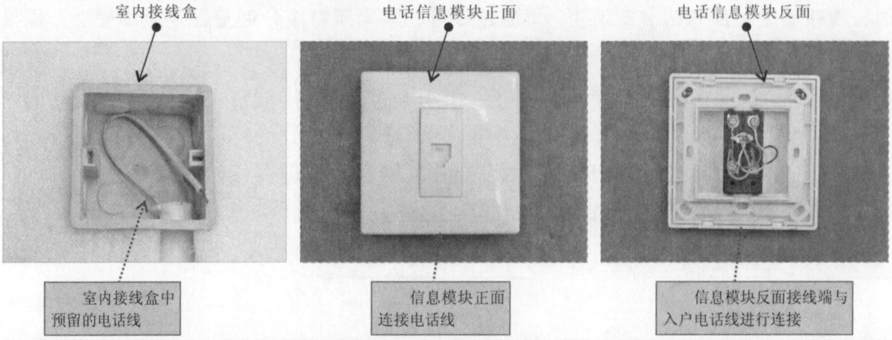
室内接线盒
电话信息模块正面
电话信息模块反面
室内接线盒中预留的电话线
信息模块正面连接电话线
信息模块反面接线端与入户电话线进行连接

图 11-22　剥落电话线的表皮绝缘层并对内部线芯进行加工

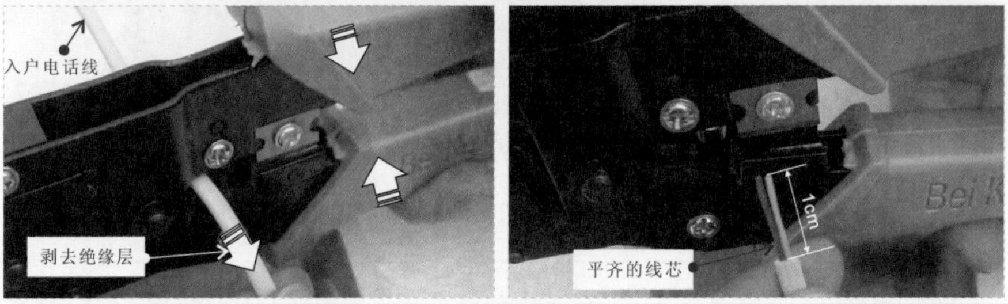
入户电话线
剥去绝缘层
1cm
平齐的线芯

当电话线加工完成后，应将其内部线芯与接线端子进行连接。将线芯与接线端子进行连接，具体操作如图 11-23 所示。

图 11-23　将线芯连接接线端子

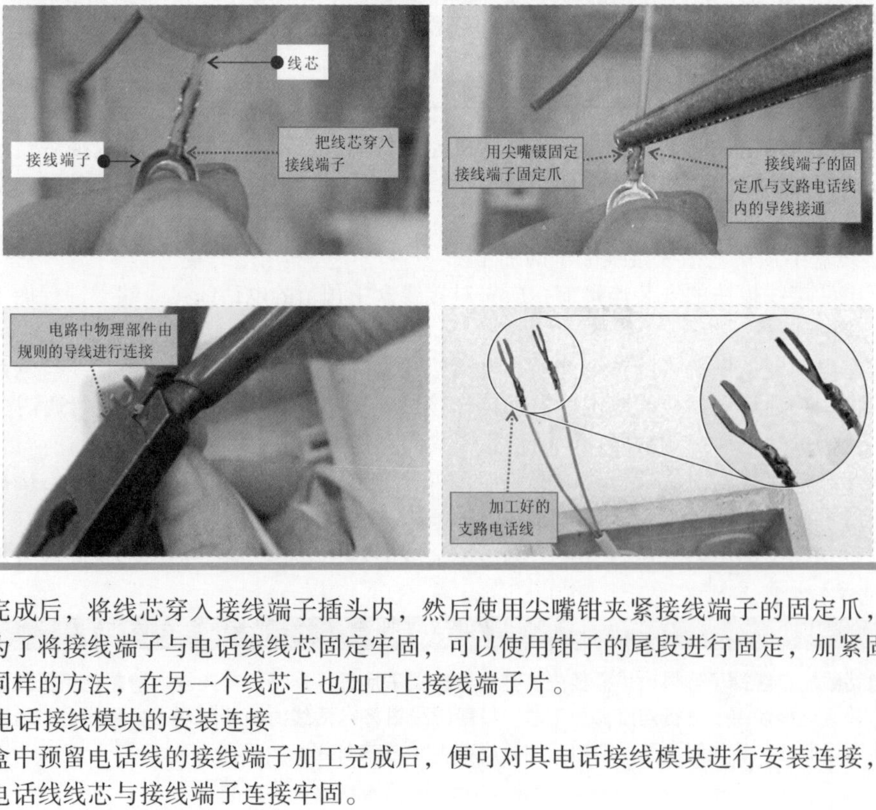
线芯
接线端子
把线芯穿入接线端子
用尖嘴镊固定接线端子固定爪
接线端子的固定爪与支路电话线内的导线接通
电路中物理部件由规则的导线进行连接
加工好的支路电话线

剥线完成后，将线芯穿入接线端子插头内，然后使用尖嘴钳夹紧接线端子的固定爪，包住电话线线芯。为了将接线端子与电话线线芯固定牢固，可以使用钳子的尾段进行固定，加紧固定爪，然后再使用同样的方法，在另一个线芯上也加工上接线端子片。

（2）电话接线模块的安装连接

接线盒中预留电话线的接线端子加工完成后，便可对其电话接线模块进行安装连接，连接时应保证预留电话线线芯与接线端子连接牢固。

将电话接线模块的面板打开，即可看到其固定螺钉，将螺钉取下。在电话线接线模块的反面中有四个连接端子，使用螺钉旋具将需要连接电话线端子接口处的螺钉拧开。

分别将红色导线和绿色导线连接到相同颜色的接线端子上，具体操作如图 11-24 所示。

图 11-24　连接同轴电缆的铜芯并将同轴电缆固定在金属扣内

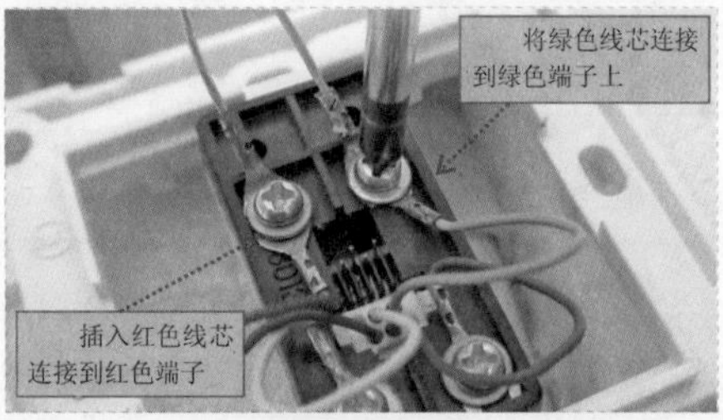
将绿色线芯连接
到绿色端子上
插入红色线芯
连接到红色端子

| 提示说明 |

在对接线端子进行连接时，应按照接线端的颜色将入户电话线相同颜色的分别进行连接。由于该入户电话线为红色和绿色，所以可以分别对其进行连接。分别将支路电话线红色线芯的接线端子连接插入电话接线模块红色引线的螺钉下面，绿色线芯连接到绿色端子上。

确认电话线连接无误后，将连接好的电话接线模块放到模块接线盒上，选择合适的螺钉将带有电话线的电话接线模块面板固定。固定好电话接线模块后，将护盖安装到模块上，即完成电话接线模块的安装，最后将带有水晶头的电话线插头插接到电话接线模块中即可。

11.3 网络布线

11.3.1 网络系统结构

目前，流行的网络线路结构根据网络接线形式的不同主要有两种。

1 借助有线电视构建的网络结构

借助有线电视线路实现宽带上网是目前常采用的一种网络形式。有线电视信号入户后，经 MODEM 将上网信号和电视信号隔离：MODEM 的一个输出端口连接机顶盒后，将电视信号送入电视机中；另一个输出端口连接计算机（或连接无线路由器后实现无线上网），如图 11-25 所示、

图 11-25　借助有线电视线路构建的网络系统

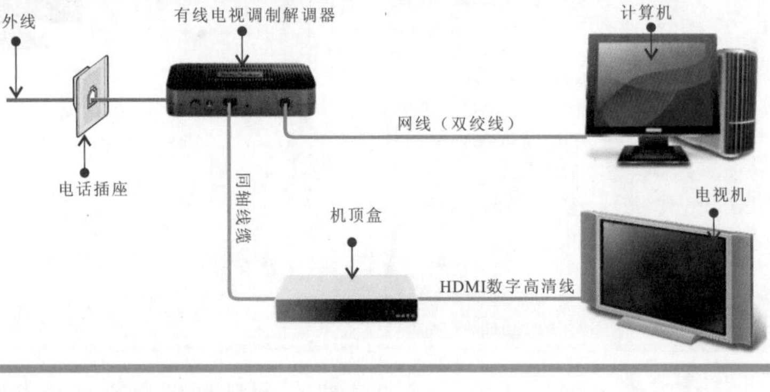
外线
有线电视调制解调器
计算机
网线（双绞线）
电话插座
同轴线缆
机顶盒
电视机
HDMI数字高清线

2 借助光纤构建的网络结构

如图 11-26 所示，光纤以其传输频率宽、通信量大、损耗低、不受电源干扰等特点已成为网络传输中的主要传输介质之一，采用光纤上网需要借助相应的光设备。

图 11-26　借助光纤构建的网络系统

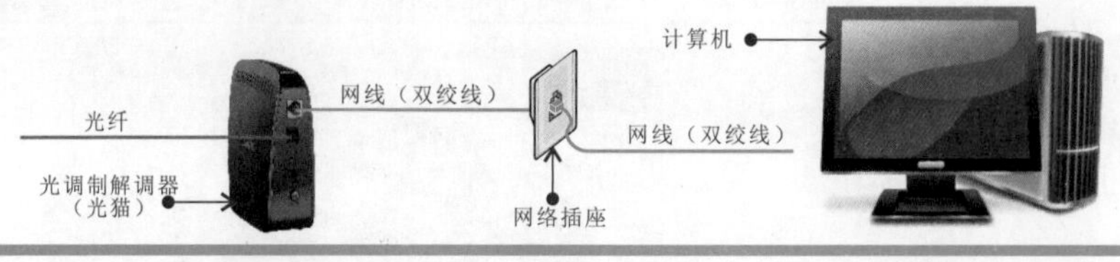
计算机
网线（双绞线）
光纤
网线（双绞线）
光调制解调器
（光猫）
网络插座

当需要多台设备连接网络时，可增设路由器进行分配。为避免增设路由器的电路敷设引起装修问题，家庭网络系统多采用无线路由器实现无线上网，如图 11-27 所示。

图 11-27　借助光纤构建的无线网络系统

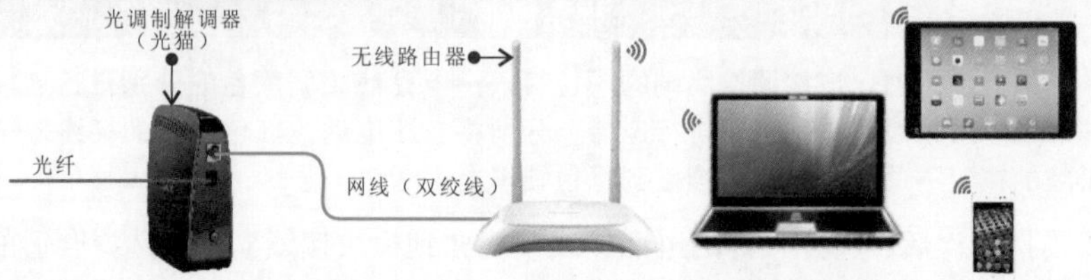
光调制解调器
（光猫）
无线路由器
光纤
网线（双绞线）

11.3.2　网络布线与连接

1　网络插座的安装连接

网络插座是网络通信系统与用户计算机连接的主要端口，安装前，应先了解室内网络插座的具体连接方式，然后根据连接方式进行安装操作。

如图 11-28 所示，网络插座背面的信息模块与入户线连接，正面的输出端口通过安装好水晶头的网线与计算机连接。

图 11-28　网络插座的连接方式

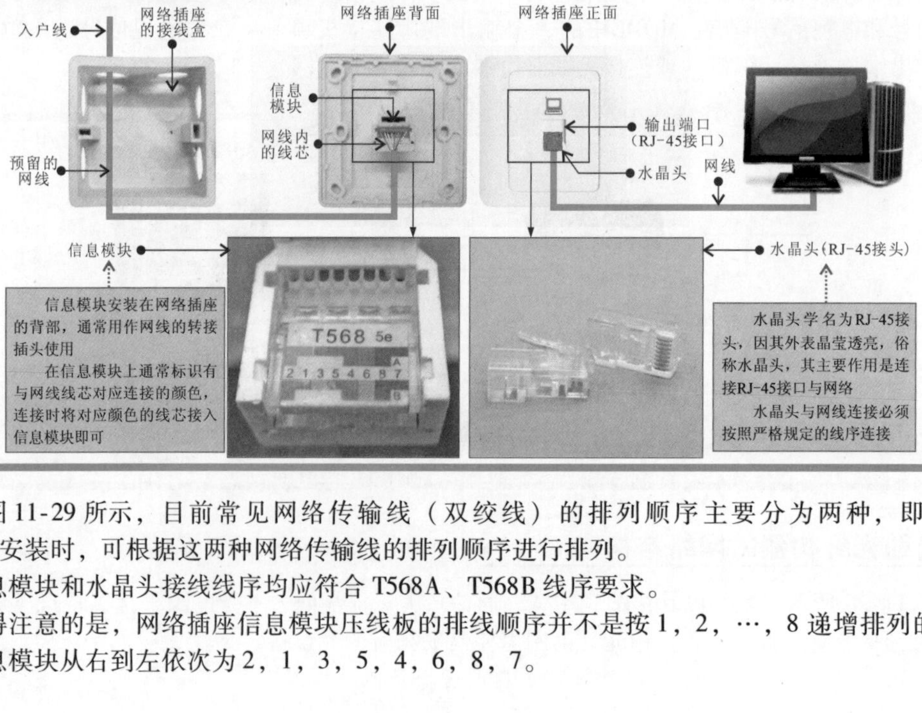
入户线
网络插座
的接线盒
网络插座背面
网络插座正面
信息
模块
网线内
的线芯
输出端口
（RJ-45接口）
预留的
网线
水晶头
网线
信息模块
水晶头（RJ-45接头）
T568 5e
A
2 1 3 5 4 6 8 7
B
信息模块安装在网络插座的背部，通常用作网线的转接插头使用
在信息模块上通常标识有与网线线芯对应连接的颜色，连接时将对应颜色的线芯接入信息模块即可
水晶头学名为RJ-45接头，因其外表晶莹透亮，俗称水晶头，其主要作用是连接RJ-45接口与网络
水晶头与网线连接必须按照严格规定的线序连接

如图 11-29 所示，目前常见网络传输线（双绞线）的排列顺序主要分为两种，即 T568A、T568B，安装时，可根据这两种网络传输线的排列顺序进行排列。

信息模块和水晶头接线线序均应符合 T568A、T568B 线序要求。

值得注意的是，网络插座信息模块压线板的排线顺序并不是按 1，2，…，8 递增排列的。网络插座信息模块从右到左依次为 2，1，3，5，4，6，8，7。

图 11-29　网络插座的接线线序

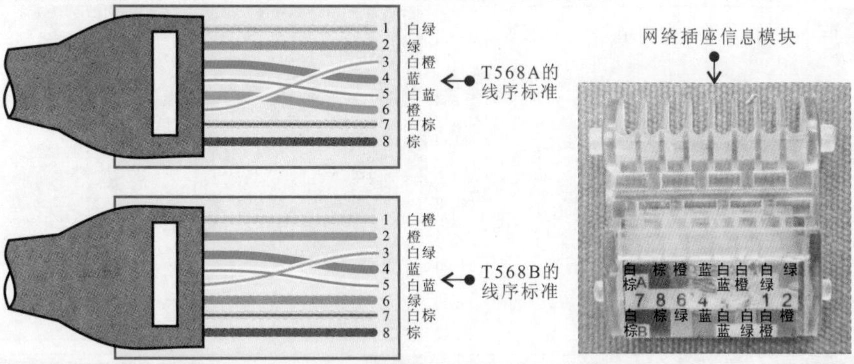
1 白绿
2 绿
3 白橙
4 蓝
5 白蓝
6 橙
7 白棕
8 棕
T568A的
线序标准
1 白橙
2 橙
3 白绿
4 蓝
5 白蓝
6 绿
7 白棕
8 棕
T568B的
线序标准
网络插座信息模块

2　网线与网络插座信息模块的连接

图 11-30 所示为网络入户预留网线与网络插座背部信息模块的连接方法。

图 11-30　网络入户预留网线与网络插座背部信息模块的连接方法

1

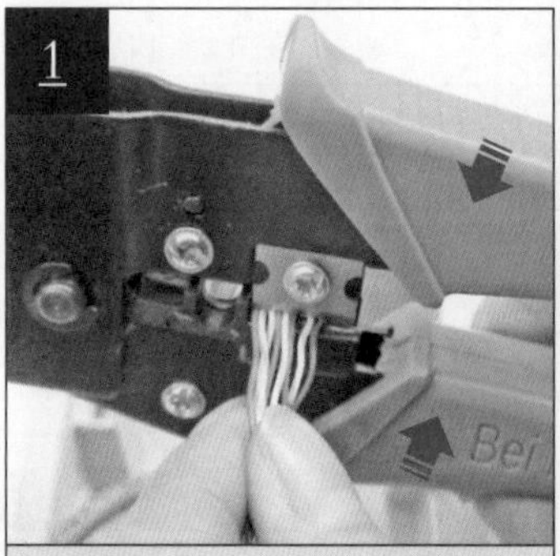

使用压线钳剪开网线的一段绝缘层，露出内部线芯，使用工具将露出的线芯剪切整齐。

2

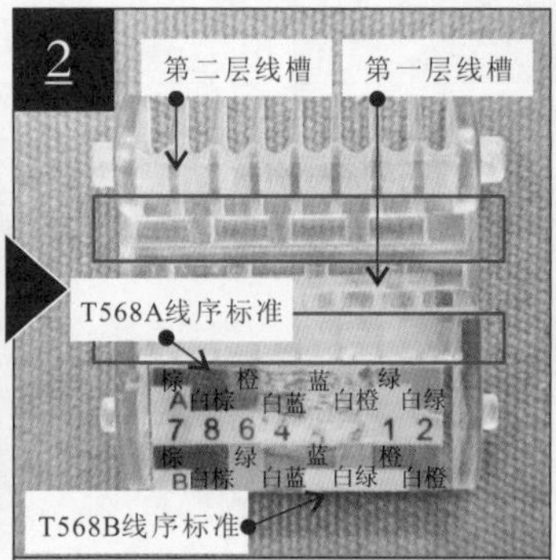
第二层线槽
第一层线槽
T568A线序标准
T568B线序标准

观察压线板的线槽和线槽的颜色标识。

3

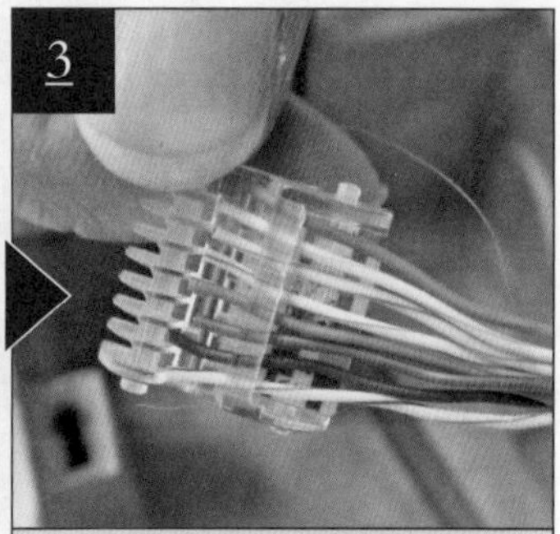

按照T568A的线序标准将网线依次插入压线板。将网线全部穿入压线板的线槽中。

4

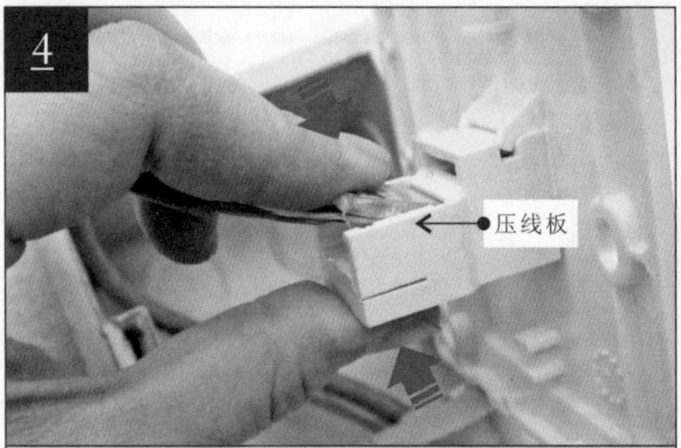
压线板

安装前，取下室内网络插座的护板。将穿好网线的压线板插回插座内的网络信息模块上。用力向下按压压线板。

5

检查压装好的压线板，确保接线及压接正常。将连接好的网络插座放到插座接线盒上，将连接好的网络插座放到插座接线盒上。把固定螺钉放入网络插座与接线盒的固定孔中拧紧。再将网络插座的护板安装到模块上。

3　网线与网络插座输出端口的连接

如图 11-31 所示，将另外一根网线两端分别连接水晶头，用于连接网络插座和计算机设备。

图 11-31　网线与网络插座输出端口的连接

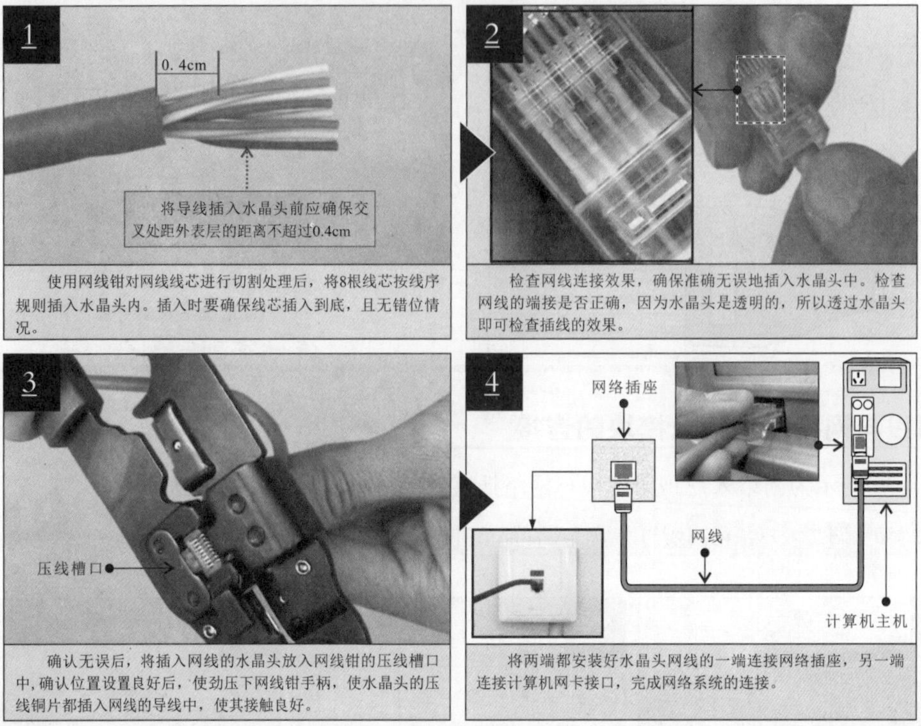
1
0.4cm
将导线插入水晶头前应确保交叉处距外表层的距离不超过0.4cm
使用网线钳对网线线芯进行切割处理后，将8根线芯按线序规则插入水晶头内。插入时要确保线芯插入到底，且无错位情况。
2
检查网线连接效果，确保准确无误地插入水晶头中。检查网线的端接是否正确，因为水晶头是透明的，所以透过水晶头即可检查插线的效果。
3
压线槽口
确认无误后，将插入网线的水晶头放入网线钳的压线槽口中，确认位置设置良好后，使劲压下网线钳手柄，使水晶头的压线铜片都插入网线的导线中，使其接触良好。
4
网络插座
网线
计算机主机
将两端都安装好水晶头网线的一端连接网络插座，另一端连接计算机网卡接口，完成网络系统的连接。

11.4 音响布线

11.4.1　音响系统结构

为了达到良好的影音播放效果，通常需要 AV 功放、扬声器（喇叭）、视频放映设备（大屏幕彩电或投影）及其他影音播放设备按照一定方式组合连接。图 11-32 所示为典型音响系统设备连接示意图。

图 11-32　典型音响系统设备连接示意图

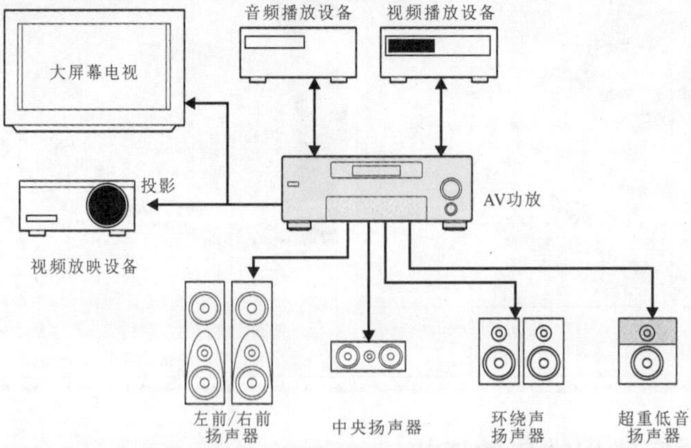
音频播放设备
视频播放设备
大屏幕电视
投影
AV功放
视频放映设备
左前/右前
扬声器
中央扬声器
环绕声
扬声器
超重低音
扬声器

其中，如图 11-33 所示，AV 功放是整个音响系统的核心。在视频信号处理方面，其功能主要表现在对多个视频信号的选择（开关控制）、分路和增强处理，使得视频信号经开关和分路后不至衰减。

在对音频信号的处理方面，主要是完成音频信号的解码处理。通常，音频和视频设备的音频输出只有左、右两个声道。采用多声道编码的节目源的输出也是以两个声道的形式输出的。音频解码的任务就是从两个声道中解码出多个声道，然后分别进行放大，最后输出多声道环绕立体声。

图 11-33　典型 AV 功放的实物外形

DOLBY HD B-ray

AV功放正面　　AV功放背面接口

| 提示说明 |

AV 功放大体可分为两类。一类是双声道环绕立体声，如 SRS（声音补偿环绕声系统）和 VDS（虚拟杜比环绕声系统）。另一类是多声道环绕立体声，如杜比定向逻辑环绕声系统、AC-3 数字环绕声系统及 THX 环绕声系统等。

扬声器也称为音箱，是音响系统中的主要放音设备。如图 11-34 所示，目前，家庭影院音响系统多采用 5.1 声道系统或 7.1 声道系统。其中，5.1 声道系统主要是由左、右两个前置扬声器、一个中央扬声器、一对左、右环绕扬声器和一个超重低音扬声器组成。7.1 声道系统中除上述扬声器外，还增添了一对左后和右后环绕扬声器。

图 11-34　5.1 声道和 7.1 声道扬声器系统

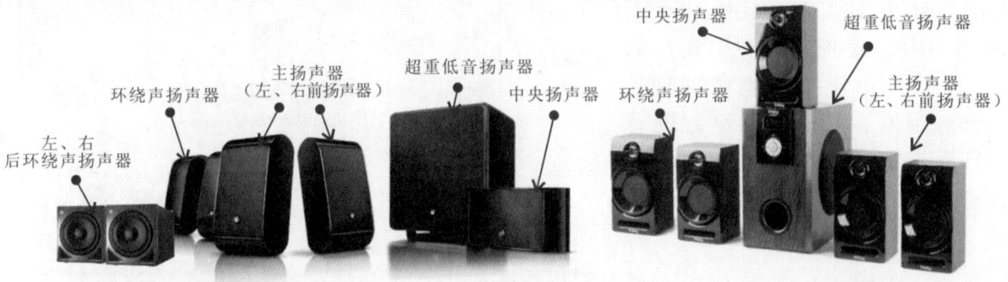
环绕声扬声器
主扬声器
（左、右前扬声器）
超重低音扬声器
中央扬声器
左、右
后环绕声扬声器
中央扬声器
超重低音扬声器
环绕声扬声器
主扬声器
（左、右前扬声器）

7.1声道扬声器系统　　5.1声道扬声器系统

11.4.2　音响设备布线与连接

1　扬声器分布与音响系统布线

如图 11-35 所示，音响系统为了实现良好的环绕立体声音效，常采用 5.1 声道或 7.1 声道系统的布局。

图 11-35　5.1 声道或 7.1 声道系统的布局示意图

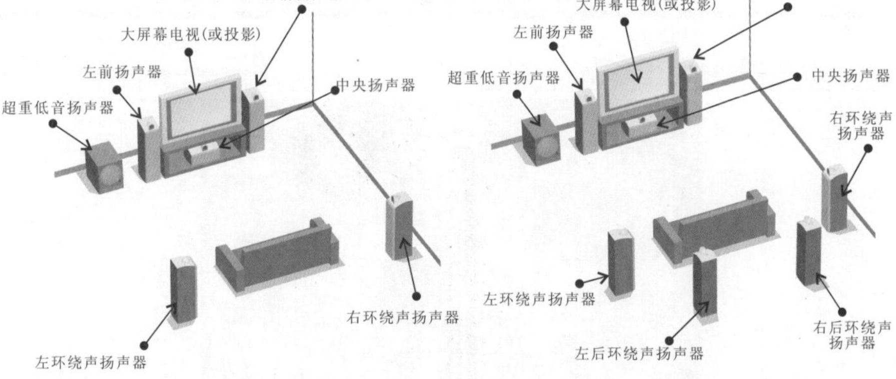
右前扬声器
大屏幕电视(或投影)
左前扬声器
中央扬声器
超重低音扬声器
右环绕声扬声器
左环绕声扬声器
右前扬声器
大屏幕电视(或投影)
左前扬声器
超重低音扬声器
中央扬声器
右环绕声
扬声器
左环绕声扬声器
右后环绕声
扬声器
左后环绕声扬声器

a）5.1声道系统　　b）7.1声道系统

如图 11-36 所示，音频线和音箱线是扬声器与 AV 功放之间的连接线缆。在布线时，需根据布局方案和实际需求选择线缆的敷设方式。

图 11-36　音频线和音箱线

音箱线接头
裸线接头
音频线
音箱线（裸线）
带接头的音箱线

图 11-37 所示为典型音响系统的布线方案（7.1 声道系统）。一般来说，如果音响系统范围较小，则可采用线缆明敷的方式。

如图 11-38 所示，直接在墙壁底端明敷线槽（线管），在相应位置设置音箱线插座，通过音箱线完成功放与音箱（扬声器）直接的连接。

如果音响系统方案固定，且影响范围较大，则可采用线管暗敷的方式，如图 11-39所示，将音箱连接线缆穿管暗敷于墙体或地面。通常，为了确保良好的音响效果，最好每一条音响线路单独敷设一条管路。且避免干扰，尽可能远离强电敷设线路。

图 11-37　典型音响系统的布线方案

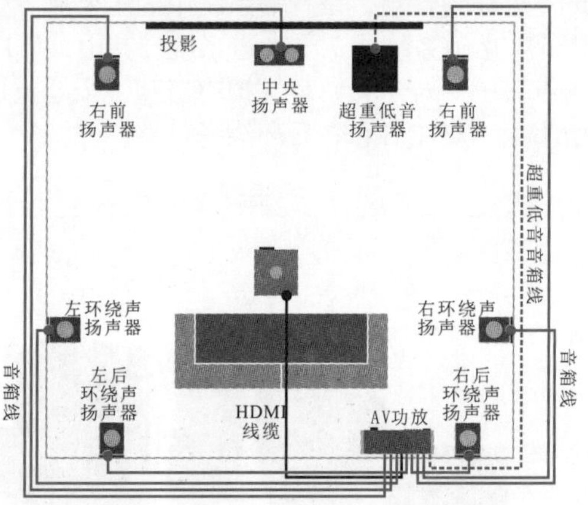
投影
右前
扬声器
中央
扬声器
超重低音
扬声器
右前
扬声器
超重低音音箱线
左环绕声
扬声器
右环绕声
扬声器
音箱线
左后
环绕声
扬声器
HDMI
线缆
AV功放
右后
环绕声
扬声器
音箱线

图 11-38　音响线路的明敷

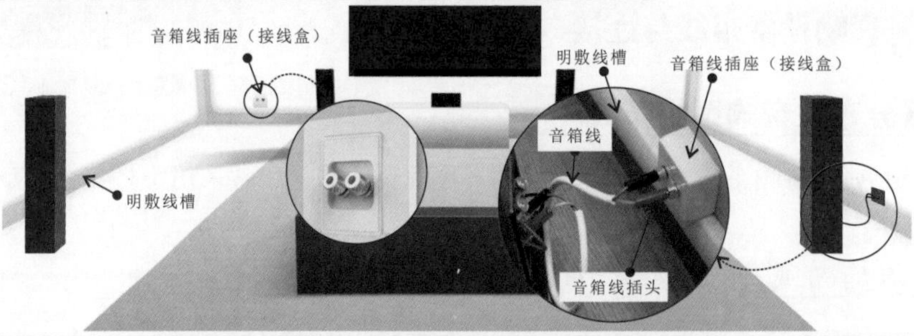
音箱线插座（接线盒）
明敷线槽
音箱线插座（接线盒）
音箱线
明敷线槽
音箱线插头

图 11-39　音响线路的暗敷

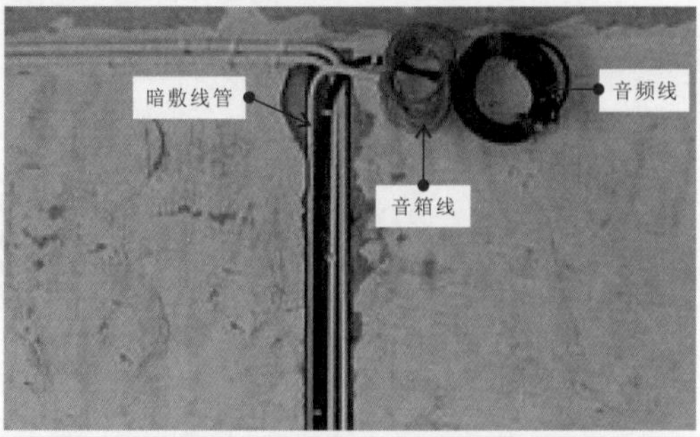
暗敷线管
音频线
音箱线

值得注意的是，如果音响敷设线路必须与强电交叉，则也要预留一定间隔，并在交叉处进行屏蔽处理。如图 11-40 所示，可在与强电线管交叉的部位包裹锡箔纸，以屏蔽强电对音响电路的电磁干扰。

图 11-40　音响线路的屏蔽处理

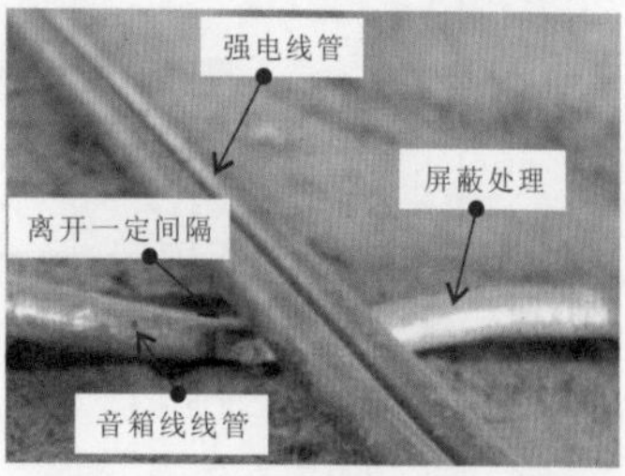
强电线管
屏蔽处理
离开一定间隔
音箱线线管

2　扬声器布线连接

一般来说，如果扬声器位置确定且用户需要较整洁的布线环境，则除超重低音扬声器外，AV 功放与其他各扬声器可采用暗敷的方式。如果音响环境不能确保稳固或考虑日后改造的需求，则可以采用明敷的方式，即通过明敷线槽沿墙壁底部敷设。

图 11-41 所示为扬声器与 AV 功放的连接示意图。

图 11-41　扬声器与 AV 功放的连接示意图

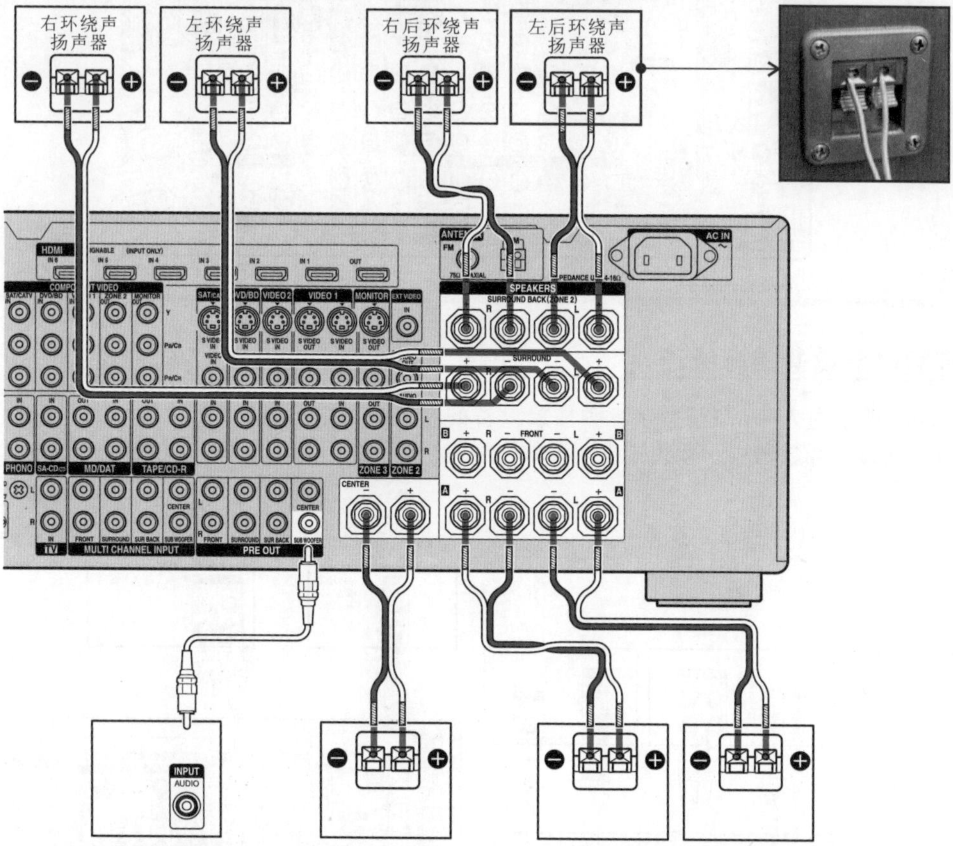
右环绕声扬声器
左环绕声扬声器
右后环绕声扬声器
左后环绕声扬声器
SPEAKERS
SURROUND BACK (ZONE 2)
SURROUND
FRONT
CENTER
AC IN
HDMI
PRE OUT
MULTI CHANNEL INPUT
INPUT
AUDIO
超重低音扬声器
中央扬声器
右前扬声器
左前扬声器

通常，超重低音扬声器与 AV 功放的连接采用音频线连接，而其他扬声器与 AV 功放的连接则采用音箱线（俗称喇叭线）连接。

3　视频放映设备的布线连接

图 11-42 所示为 AV 功放与视频放映设备的布线连接。通常，AV 功放与视频放映设备之间可以通过光纤数码线、音频线、HDMI 线缆、分量视频线、复合视频线、S-VIDEO 视频线等多种方式进行连接。连接时选择相应的连接线缆，对应插入视频放映设备和 AV 功放的输入、输出端口即可。

图 11-42　AV 功放与视频放映设备的布线连接

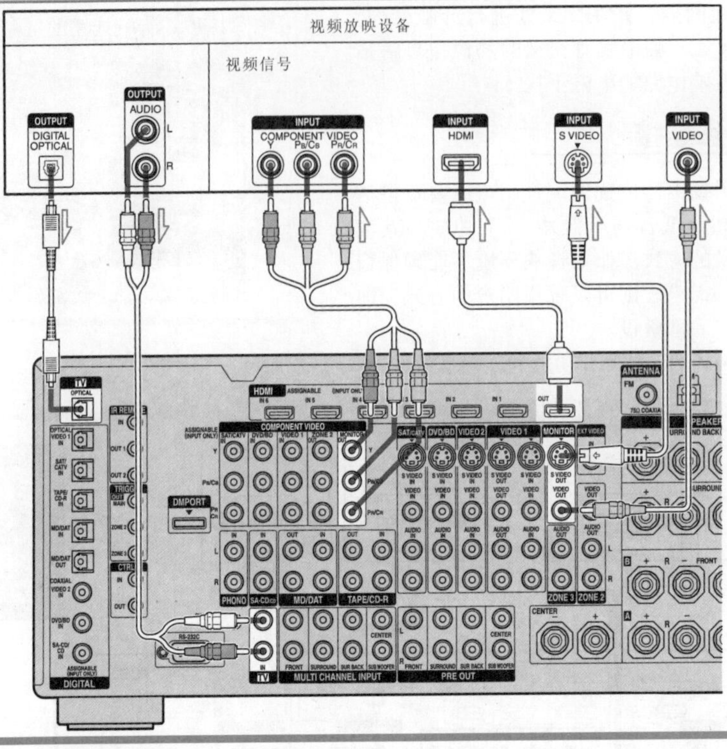
视频放映设备
视频信号
OUTPUT
DIGITAL
OPTICAL
OUTPUT
AUDIO
L
R
INPUT
COMPONENT VIDEO
Y
PB/CB
PR/CR
INPUT
HDMI
INPUT
S VIDEO
INPUT
VIDEO
ANTENNA
DMPORT
COMPONENT VIDEO
MD/DAT
TAPE/CD-R
MULTI CHANNEL INPUT
PRE OUT
DIGITAL

4　音频播放设备的布线连接

图 11-43 所示为 AV 功放与数字音频播放设备的布线连接。通常，AV 功放与数字音频播放设备之间可以通过光纤数码线、音频线或同轴数码线进行连接。连接时，将连接线缆的插头对应插入设备的相应端口即可。

图 11-43　AV 功放与数字音频播放设备、模拟音频播放设备的布线连接

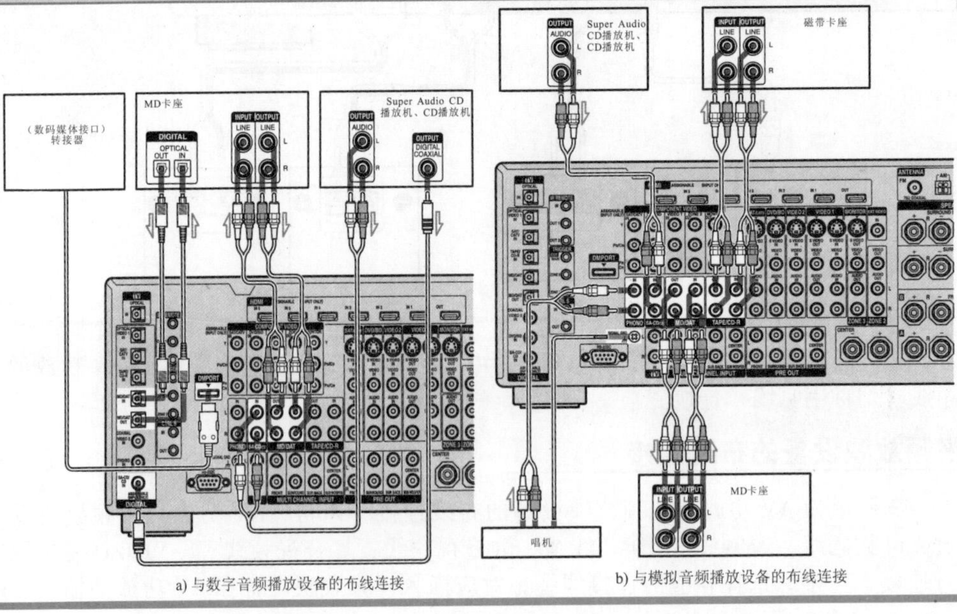
（数码媒体接口）
转接器
MD卡座
DIGITAL
OPTICAL
OUT
IN
INPUT
OUTPUT
LINE
LINE
L
R
Super Audio CD
播放机、CD播放机
OUTPUT
AUDIO
OUTPUT
DIGITAL
COAXIAL
Super Audio
CD播放机、
CD播放机
磁带卡座
唱机
MD卡座

a) 与数字音频播放设备的布线连接　　b) 与模拟音频播放设备的布线连接

图 11-44 所示为 AV 功放与模拟音频播放设备的布线连接。音响系统中常见的模拟音频播放设

备主要有磁带卡座、唱机等。模拟设备与 AV 功放都采用音频线或音箱线连接。

5 其他数字设备的布线连接

图 11-44 所示为 AV 功放与其他数字设备的布线连接。目前，很多数字设备都设有 HDMI 接口，通过 HDMI 接口连接可以保持最佳的播放品质。

图 11-44 AV 功放与其他数字设备的布线连接

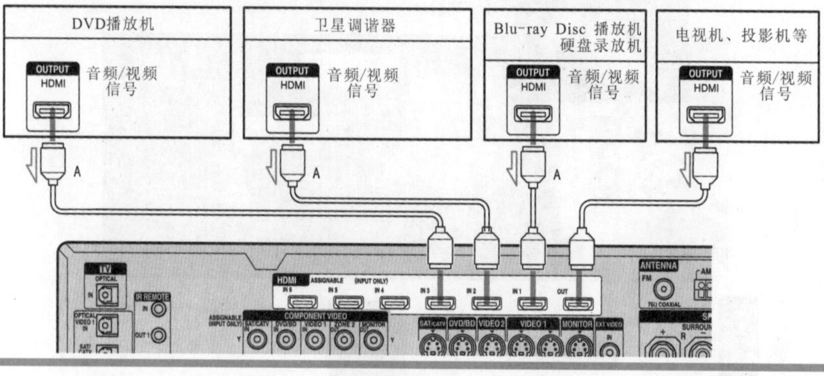
DVD播放机
OUTPUT
HDMI
音频/视频
信号
卫星调谐器
Blu-ray Disc 播放机
硬盘录放机
电视机、投影机等
A
HDMI
ANTENNA

11.5 智能家居系统

11.5.1 智能电器控制

智能家居就是利用综合布线技术、网络技术及自动控制技术将家居生活相关的设备集成，从而为家居提供自动化智能控制。

如图 11-45 所示，智能家居可以依托互联网，实现对家居内影音、照明、空气、清洁及安防等设备的智能化远程自动控制，使其能够自动完成工作。

图 11-45 智能家居系统

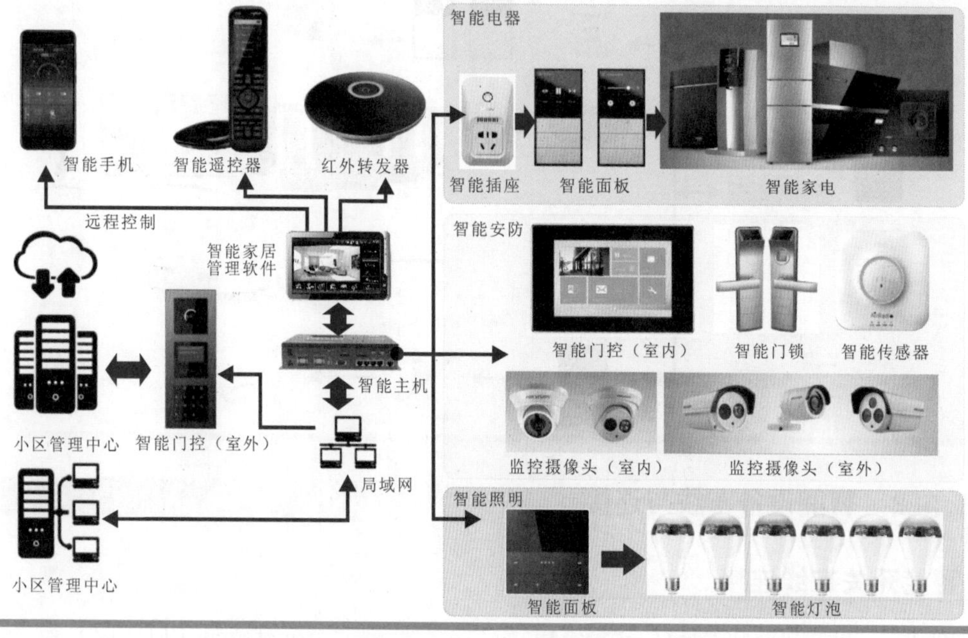
智能手机
智能遥控器
红外转发器
智能电器
智能插座
智能面板
智能家电
远程控制
智能家居
管理软件
智能安防
智能门控（室内）
智能门锁
智能传感器
智能主机
小区管理中心
智能门控（室外）
监控摄像头（室内）
监控摄像头（室外）
局域网
智能照明
小区管理中心
智能面板
智能灯泡

1 智能照明

如图 11-46 所示，在智能家居系统中，智能照明可以通过遥控等智能控制方式实现对住宅内灯光的控制。例如，远程启动或关闭住宅内的指定照明设备，在确保节能环保的同时为住户提供舒适、方便的体验。

图 11-46 智能照明系统

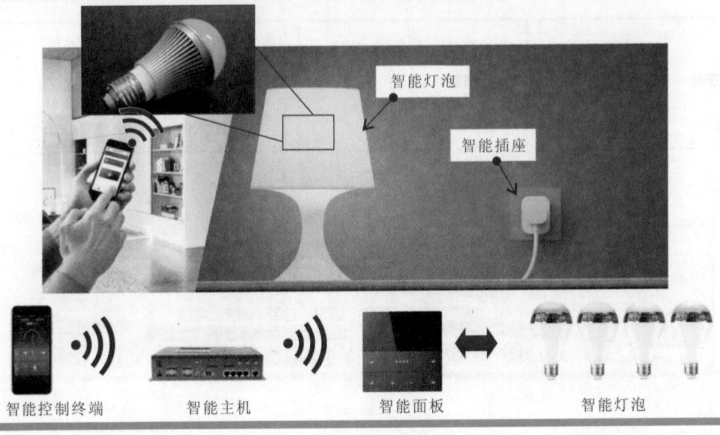
智能灯泡
智能插座
智能控制终端
智能主机
智能面板
智能灯泡

智能照明系统采用弱电控制强电的方式，电路中控制回路与负载回路分离，且智能灯光控制系统采用模块化结构设计，简单灵活，便于安装，如果需要调整照明效果，则通过软件即可实现修改设置。

2 智能电器

如图 11-47 所示，智能电器可以依托互联网，通过自动检测、手机终端遥控等多种控制方式实现对智能家电产品的自动控制。

图 11-47 智能电器控制

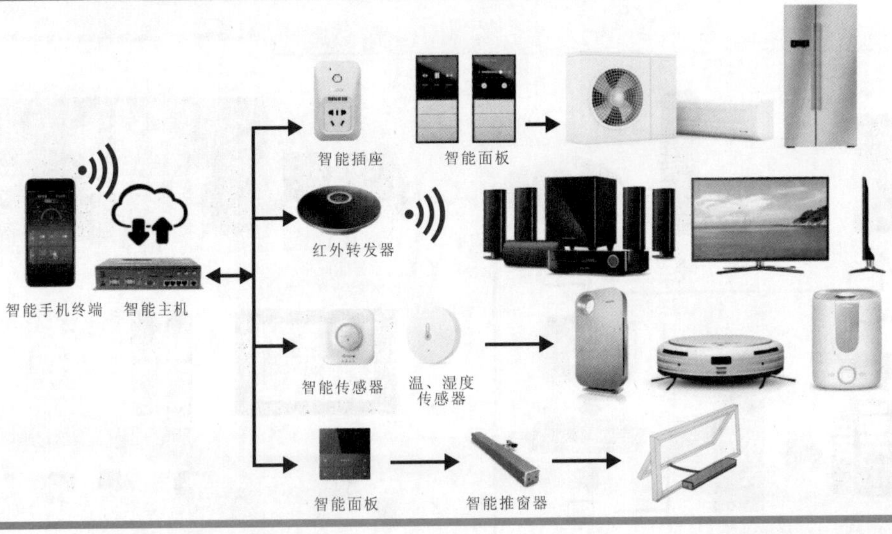
智能插座
智能面板
红外转发器
智能手机终端
智能主机
智能传感器
温、湿度
传感器
智能面板
智能推窗器

11.5.2 智能设备布线与连接

1 智能开关布线连接

智能开关：单联智能开关只有一路（L1）输出，双联智能开关有两路（L1、L2）输出，而三联智能开关有三路（L1、L2、L3）输出。图 11-48 所示为智能开关的接线方式。

图 11-48　智能开关的接线方式

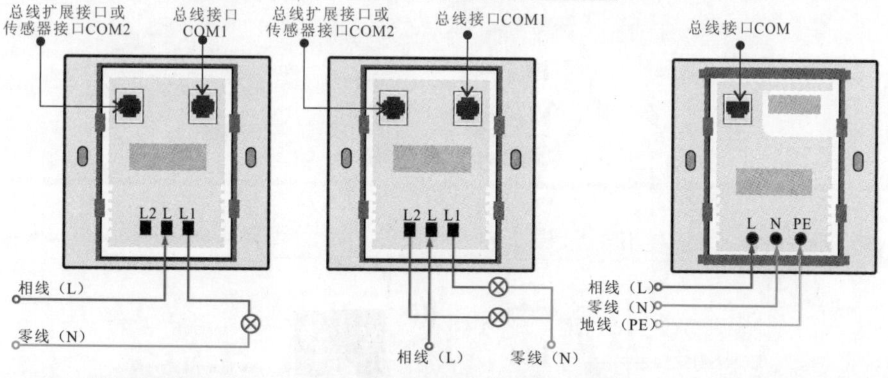
总线扩展接口或
传感器接口COM2
总线接口
COM1
L2 L L1
相线（L）
零线（N）
总线扩展接口或
传感器接口COM2
总线接口COM1
L2 L L1
相线（L）
零线（N）
总线接口COM
L N PE
相线（L）
零线（N）
地线（PE）

a）单联智能开关接线方式　　b）双联智能开关接线方式　　c）三联智能开关接线方式

| 提示说明 |

接线时，通信总线水晶头连接在 COM1 端口。当邻近安装有其他智能产品时，可通过总线扩展接口 COM2 连接到相邻智能产品的 COM1 端口。

为被控制设备为大功率设备（额定功率大于 1000W 而小于 2000W）时，可选用智能插座进行控制。

为被控制设备为大于 2000W 的超大功率设备时，需要选用继电器型智能开关驱动一个中间交流接触器，然后在由交流接触器转接驱动超大功率设备。

图 11-49 所示为智能开关与超大功率设备的接线方式。

2　智能插座布线连接

智能插座常用于对家电电源的智能控制。智能插座面板提供一个“开/关按钮”，方便手动操作。

如图 11-50 所示，智能插座接线端口的上方为通信总线接口，用来连接通信总线插头，而强电接线与传统插座的接线方式类似。

图 11-49　智能开关与超大功率设备的接线方式

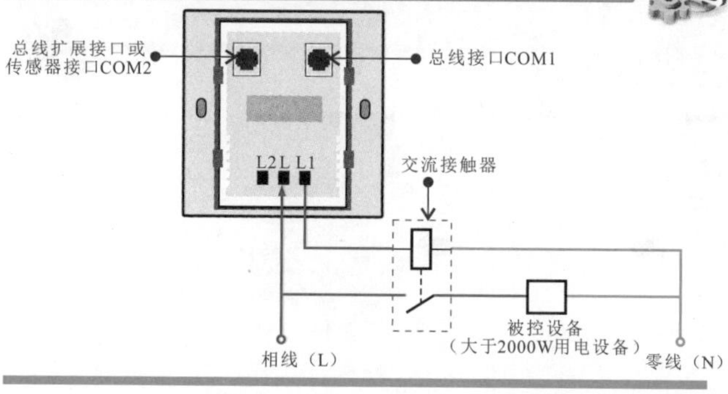
总线扩展接口或
传感器接口COM2
总线接口COM1
L2 L L1
交流接触器
被控设备
（大于2000W用电设备）
相线（L）
零线（N）

图 11-50　智能插座接线示意图

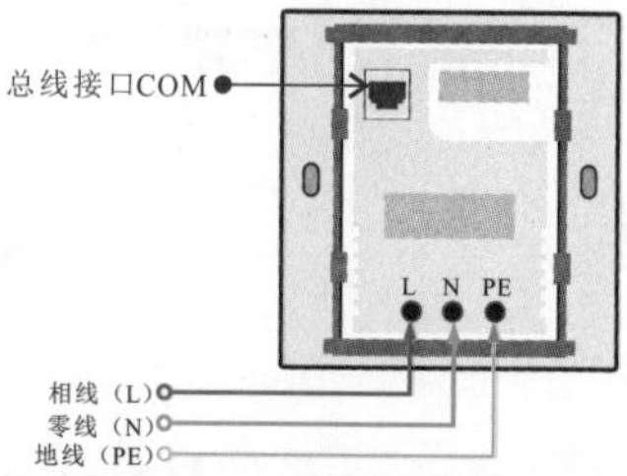
总线接口COM
L N PE
相线（L）
零线（N）
地线（PE）

智能插座种类多样，图 11-51 所示为典型无线智能插座。该类型插座使用方便，无须电路改造即可实现智能控制功能。

图 11-52 所示为无线智能插座的使用方法。使用时将无线智能插座直接插接到电源插座面板的相应供电接口，并与智能终端设备的管理软件进行配置连接后，便可以通过智能手机管理终端实现对无线智能插座的设置与使用管理。

以 MINI K 无线智能插座为例，首先，将无线智能插座插入到电源供电插座面板的供电端口。如图 11-53 所示，此时无线智能插座尚未与智能终端管理软件匹配连接，所以无线智能插座上方的

"开关/复位键"处的指示灯显示为红色。

图 11-51　典型无线智能插座

图 11-52　无线智能插座的使用方法

无线智能插座
智能手机管理终端
电源插座面板

图 11-53　插入无线智能插座

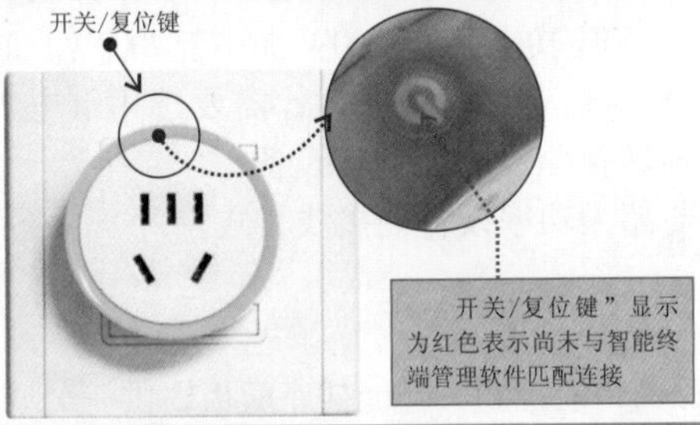
开关/复位键
开关/复位键"显示为红色表示尚未与智能终端管理软件匹配连接

此时，使用智能手机下载无线智能插座的终端管理软件（APP），启动管理软件后，如图 11-54 所示，在管理软件中的"添加设备"界面找到需要匹配连接的无线智能插座。然后，根据提示完成设备的匹配连接。

图 11-54　匹配连接无线智能插座

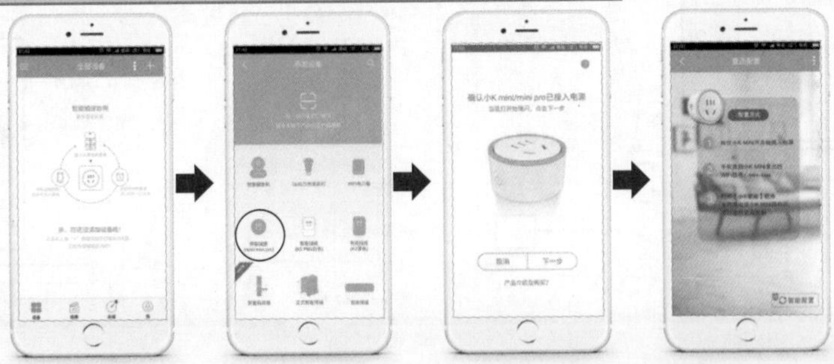

提示说明

通常，管理软件提供直连和 AP 配置两种连接方式。直连即将无线智能插座作为一个 WiFi 热点，由智能手机与热点连接的方式实现对智能插座的控制。AP 配置模式则是将设备作为一个接入点添加到设备管理中。

无线智能插座匹配连接完成，即可通过智能手机终端管理软件实现对电源插座的定时开启/关闭的设置，延时开启/关闭的设置及充电保护等管理功能。

第12章 供配电电路及其检修调试

12.1 供配电电路的结构特征

供配电电路用于提供、分配和传输电能。通常按其所承载电能类型的不同可分为高压供配电电路和低压供配电电路两种。

12.1.1 高压供配电电路的结构特征

高压供配电电路是指6~10kV的供电和配电电路，主要实现将电力系统中35~110kV供电电压降为6~10kV的高压配电电压，供给高压配电所、车间变电所及高压用电设备等使用。

图12-1所示为典型高压供配电电路的特点与控制关系。

图12-1　典型高压供配电电路的特点与控制关系

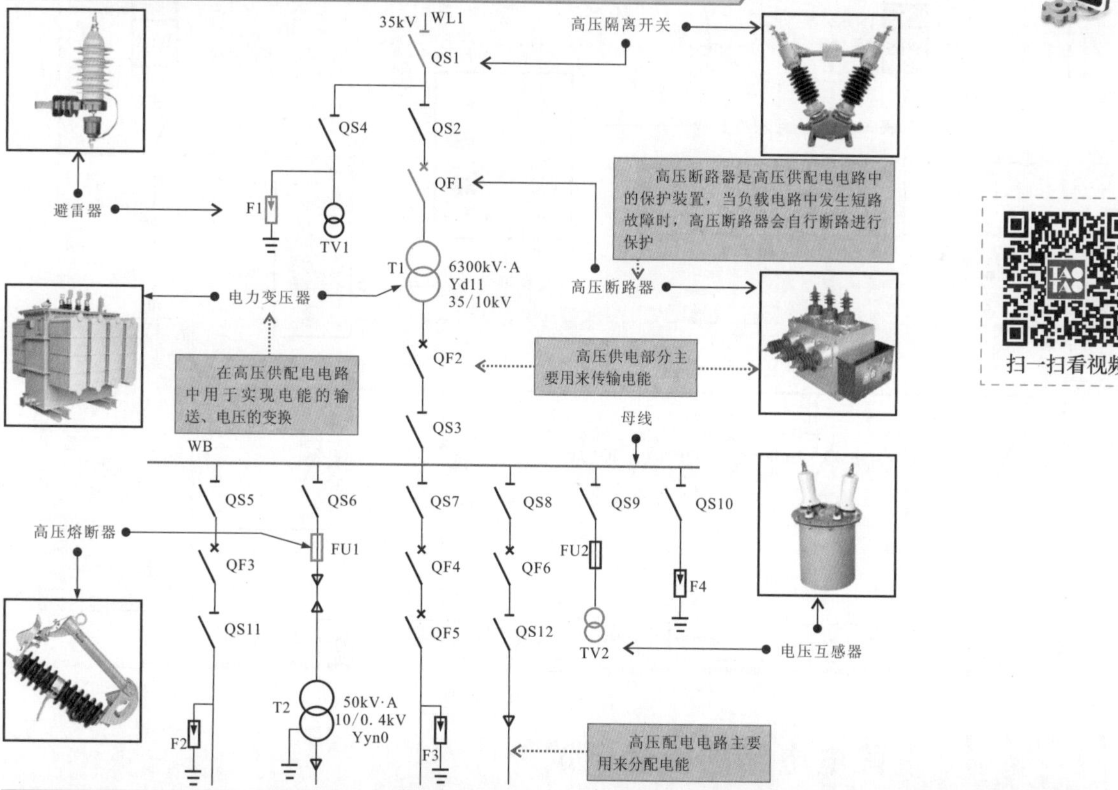

35kV
WL1
高压隔离开关
QS1
QS4
QS2
QF1
高压断路器是高压供配电电路中的保护装置，当负载电路中发生短路故障时，高压断路器会自行断路进行保护
避雷器
F1
TV1
T1
6300kV·A
Yd11
35/10kV
电力变压器
高压断路器
在高压供配电电路中用于实现电能的输送、电压的变换
QF2
高压供电部分主要用来传输电能
QS3
母线
WB
QS5
QS6
QS7
QS8
QS9
QS10
高压熔断器
FU1
QF3
QF4
QF6
FU2
F4
QS11
QF5
QS12
TV2
电压互感器
T2
50kV·A
10/0.4kV
Yyn0
F2
F3
高压配电电路主要用来分配电能

| 提示说明 |

供配电电路作为一种传输、分配电能的电路，与一般的电工电路有所区别。在通常情况下，供配电电路的连接关系比较简单，电路中电压或电流传输的方向也比较单一，基本上都是按照顺序关系从上到下或从左到右传输，且大部分组成部件只是简单地实现接通与断开两种状态，没有复杂的变换、控制和信号处理电路。

12.1.2 低压供配电电路的结构特征

低压供配电电路是指380/220V的供电和配电电路，主要实现交流低电压的传输和分配。低压供配电电路主要由各种低压供配电器件和设备按照一定的控制关系连接构成。图12-2所示为低压供配电电路的结构特点。

图12-2 低压供配电电路的结构特点

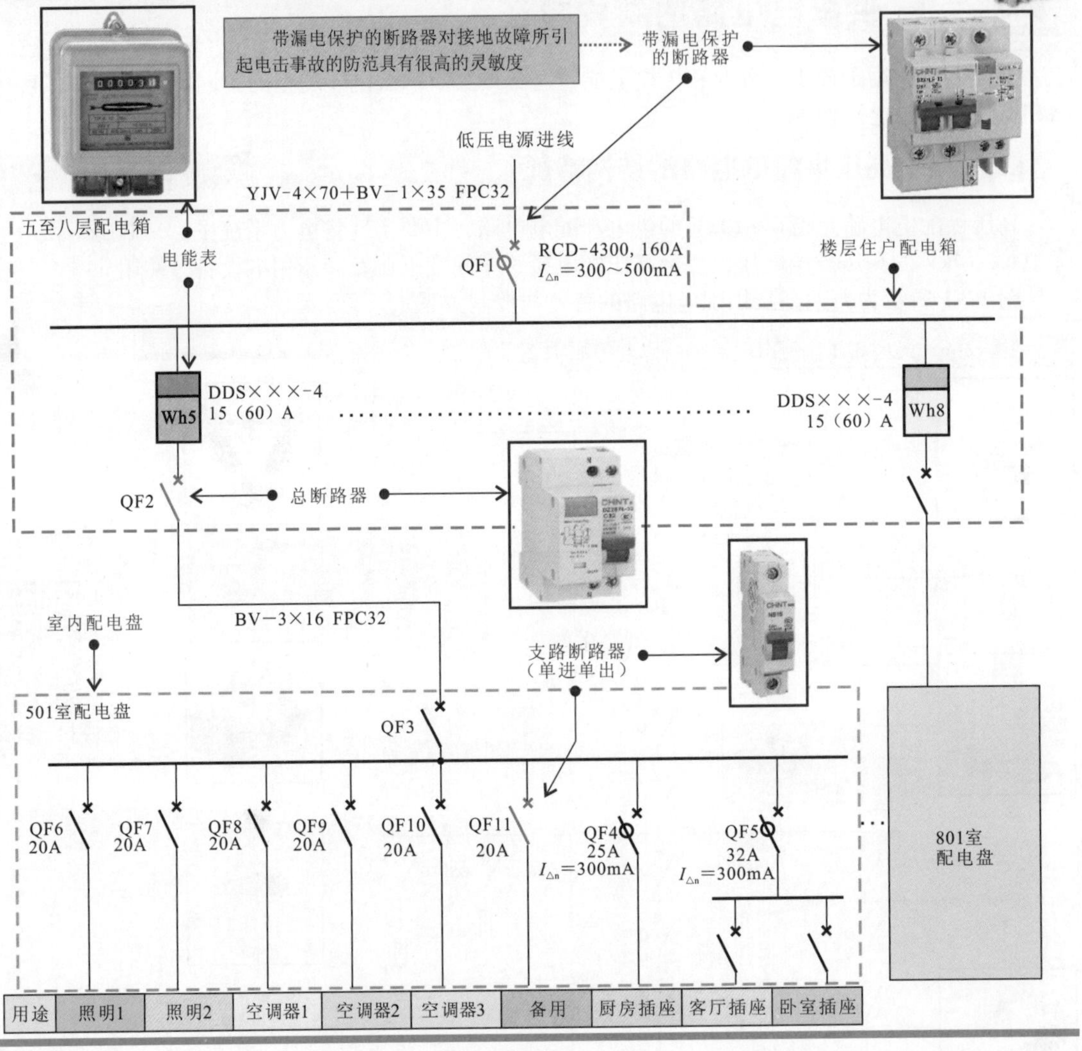

带漏电保护的断路器对接地故障所引起电击事故的防范具有很高的灵敏度
带漏电保护的断路器
低压电源进线
YJV-4×70+BV-1×35 FPC32
五至八层配电箱
电能表
QF1
RCD-4300, 160A
$I_{\Delta n}$=300～500mA
楼层住户配电箱
DDS×××-4
15（60）A
Wh5
Wh8
QF2
总断路器
室内配电盘
BV-3×16 FPC32
支路断路器（单进单出）
501室配电盘
QF3
QF6 20A
QF7 20A
QF8 20A
QF9 20A
QF10 20A
QF11 20A
QF4 25A $I_{\Delta n}$=300mA
QF5 32A $I_{\Delta n}$=300mA
801室配电盘
用途
照明1
照明2
空调器1
空调器2
空调器3
备用
厨房插座
客厅插座
卧室插座

12.2 供配电电路的检修调试

供配电电路出现异常会影响到整个电路的供电，在检修调试供配电电路之前，要做好供配电电路的故障分析。

12.2.1 高压供配电电路的检修调试

如图12-3所示，当高压供配电电路出现故障时，需要先通过故障现象分析整个高压供配电电路，缩小故障范围，锁定故障器件。

图 12-3 高压供配电电路的故障分析

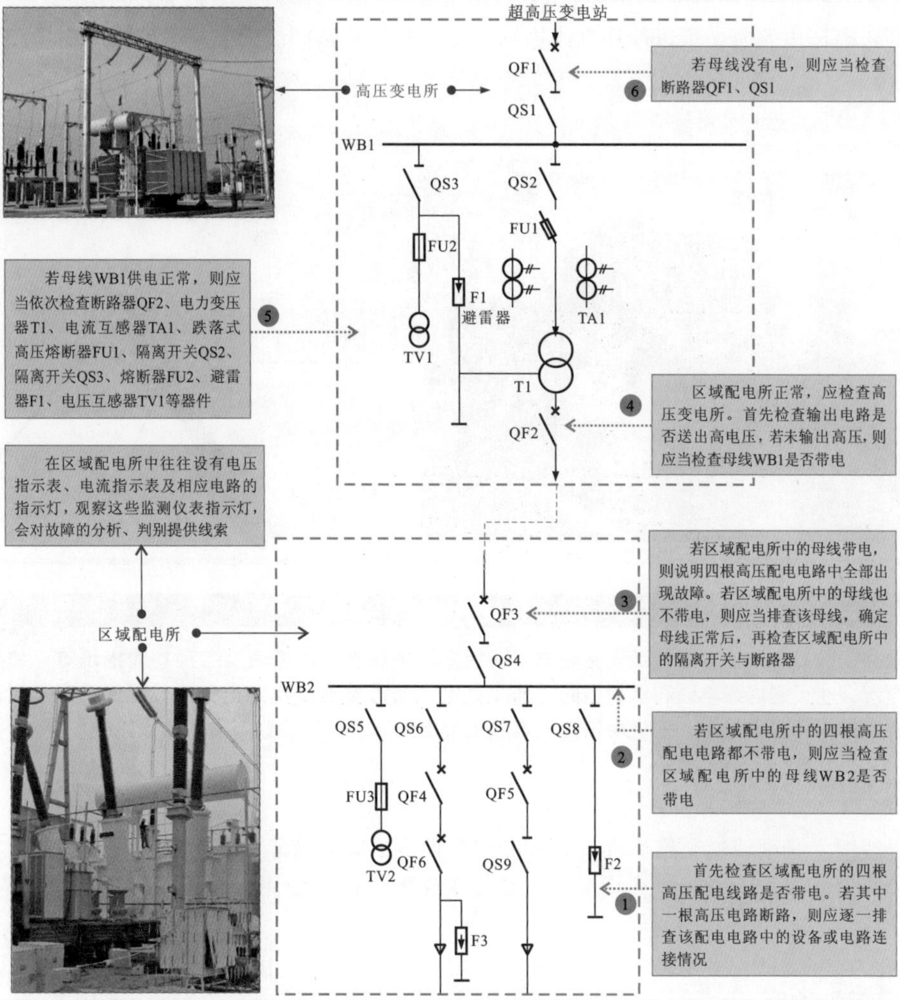
超高压变电站
QF1
QS1
高压变电所
若母线没有电，则应当检查断路器QF1、QS1
6
WB1
QS3
QS2
FU1
FU2
F1
避雷器
TA1
TV1
T1
QF2
若母线WB1供电正常，则应当依次检查断路器QF2、电力变压器T1、电流互感器TA1、跌落式高压熔断器FU1、隔离开关QS2、隔离开关QS3、熔断器FU2、避雷器F1、电压互感器TV1等器件
5
区域配电所正常，应检查高压变电所。首先检查输出电路是否送出高电压，若未输出高压，则应当检查母线WB1是否带电
4
在区域配电所中往往设有电压指示表、电流指示表及相应电路的指示灯，观察这些监测仪表指示灯，会对故障的分析、判别提供线索
若区域配电所中的母线带电，则说明四根高压配电电路中全部出现故障。若区域配电所中的母线也不带电，则应当排查该母线，确定母线正常后，再检查区域配电所中的隔离开关与断路器
3
QF3
区域配电所
QS4
WB2
QS5
QS6
QS7
QS8
若区域配电所中的四根高压配电电路都不带电，则应当检查区域配电所中的母线WB2是否带电
2
FU3
QF4
QF5
TV2
QF6
QS9
F2
F3
首先检查区域配电所的四根高压配电线路是否带电。若其中一根高压电路断路，则应逐一排查该配电电路中的设备或电路连接情况
1

当高压供配电电路的某一配电支路出现停电现象时，可以参考高压供配电电路的检修流程，查找故障部位，如图 12-4 所示。

图 12-4 高压供配电电路的检修流程

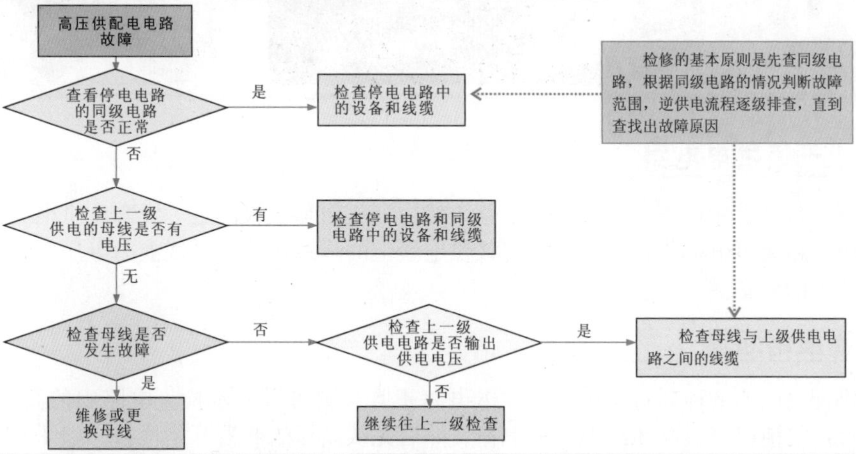
高压供配电电路故障
查看停电电路的同级电路是否正常
是
检查停电电路中的设备和线缆
检修的基本原则是先查同级电路，根据同级电路的情况判断故障范围，逆供电流程逐级排查，直到查找出故障原因
否
检查上一级供电的母线是否有电压
有
检查停电电路和同级电路中的设备和线缆
无
检查母线是否发生故障
否
检查上一级供电电路是否输出供电电压
是
检查母线与上级供电电路之间的线缆
是
维修或更换母线
否
继续往上一级检查

1 检查同级高压电路

检查同级高压电路时，可以使用高压钳形表检测与该电路同级的高压电路是否有电流通过，如图 12-5 所示。

图 12-5 检查同级高压电路

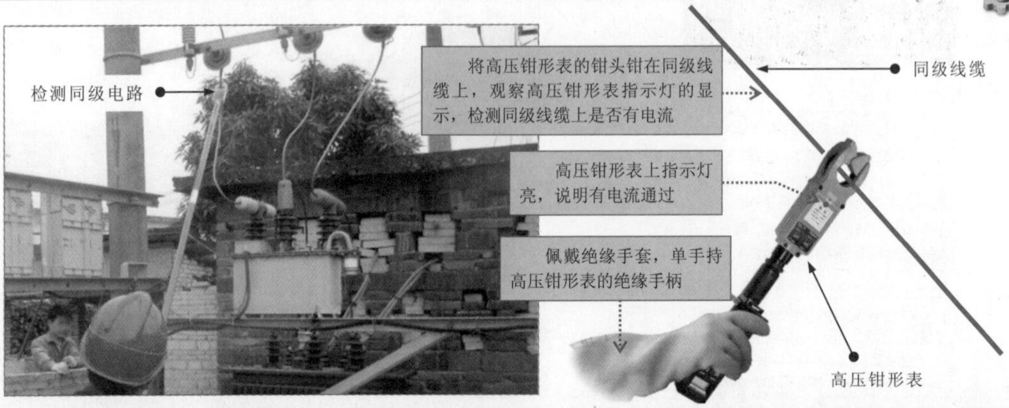
检测同级电路
将高压钳形表的钳头钳在同级线缆上，观察高压钳形表指示灯的显示，检测同级线缆上是否有电流
同级线缆
高压钳形表上指示灯亮，说明有电流通过
佩戴绝缘手套，单手持高压钳形表的绝缘手柄
高压钳形表

提示说明

供电电路的故障判别主要是借助设在配电柜面板上的电压表、电流表及各种功能指示灯。如判别是否有缺相的情况，也可通过继电器和保护器的动作来判断；当需要检测电路电流时，可使用高压钳形表；若高压钳形表上的指示灯无反应，则说明该停电电路上无电流通过，应检查与母线的连接端。

2 检查母线

检查母线时，必须使整个维修环境处在断路条件下，应先清除母线上的杂物、锈蚀，检查外套绝缘管上是否有破损，检查母线连接端，清除连接端的锈蚀，使用扳手重新固定母线的连接螺栓，如图 12-6 所示。

图 12-6 检查母线

检查母线
检查母线连接端，清除连接端的锈蚀
检查母线连接螺栓，并用扳手紧固

3 检查上一级供电电路

确定母线正常后，应检查上一级供电电路。使用高压钳形表检测上一级高压供电电路上是否有电，若上一级电路无供电电压，则应当检查该供电端上的母线。若该母线上的电压正常，则应当检查该供电电路中的设备。

4 检查高压熔断器

在高压供配电电路的检修过程中，若供电电路正常，则可进一步检查电路中的高压电气部件。检查时，先使用接地棒释放高压线缆中的电荷，然后先从高压熔断器开始检查，如图 12-7 所示。

图 12-7　检查高压熔断器

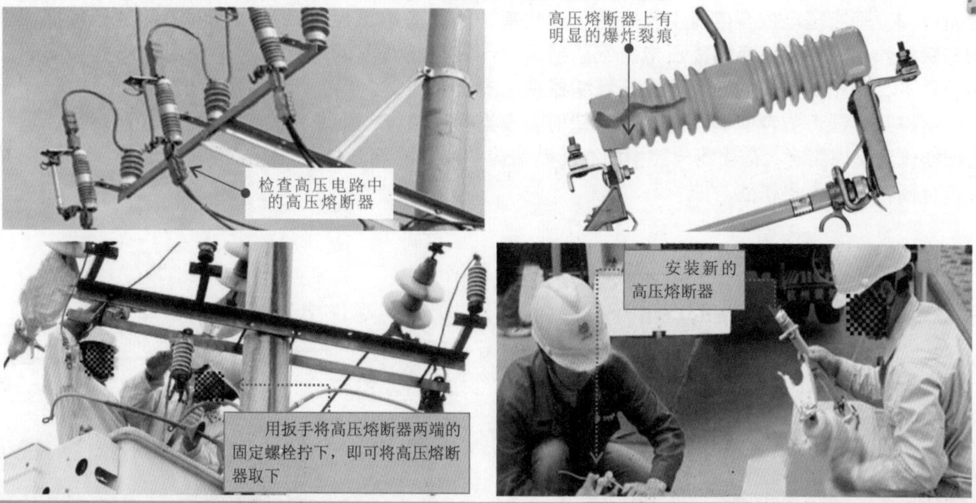
高压熔断器上有
明显的爆炸裂痕
检查高压电路中
的高压熔断器
安装新的
高压熔断器
用扳手将高压熔断器两端的
固定螺栓拧下，即可将高压熔断
器取下

| 提示说明 |

查看电路中的高压熔断器，经检查后，发现有两个高压熔断器已熔断并自动脱落，在绝缘支架上还有明显的击穿现象。高压熔断器支架出现故障就需要更换。断开电路后，将损坏的高压熔断器支架拆下，检查相同型号的新的高压熔断器及其支架并安装到电路中。

在更换高压器件之前，应使用接地棒释放高压线缆中原有的电荷，以免对维修人员造成人身伤害。

5　检查高压电流互感器

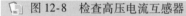

如果发现高压熔断器损坏，则说明该电路中曾发生过电流雷击等意外情况。如果电流指示失常，则应检查高压电流互感器等部件，如图 12-8 所示。

图 12-8　检查高压电流互感器

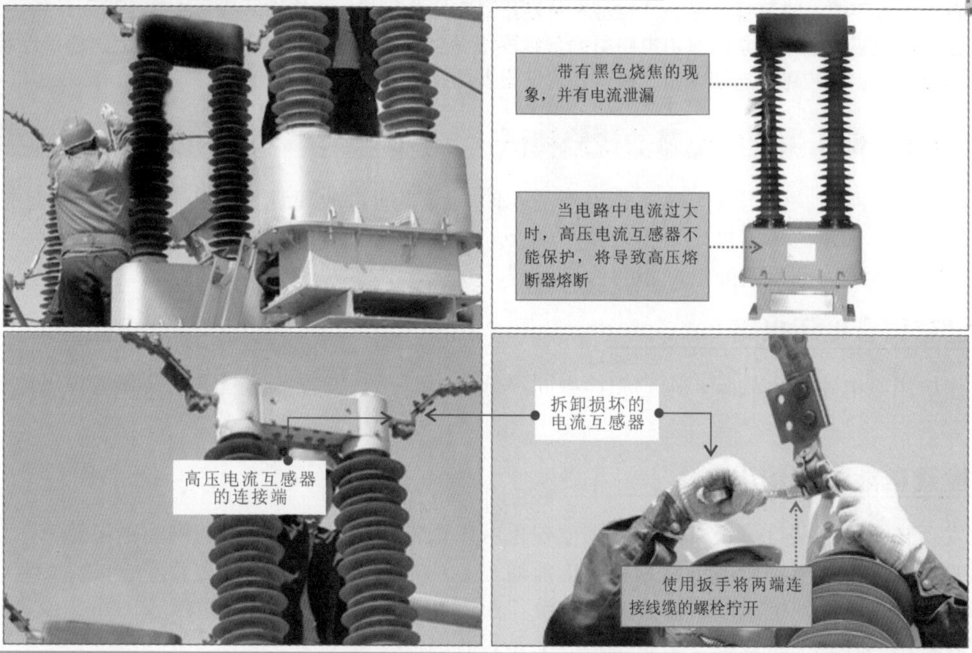
带有黑色烧焦的现
象，并有电流泄漏
当电路中电流过大
时，高压电流互感器不
能保护，将导致高压熔
断器熔断
拆卸损坏的
电流互感器
高压电流互感器
的连接端
使用扳手将两端连
接线缆的螺栓拧开

| 提示说明 |

经检查，发现高压电流互感器上带有黑色烧焦痕迹，并有电流泄漏现象，表明该器件已损坏，失去电流检测与保护作用。使用扳手将高压电流互感器两端连接高压线缆的螺栓拧下，使用吊车将损坏的高压电流互感器取下，将相同型号的新高压电流互感器重新安装。

高压电流互感器可能存有剩余电荷，拆卸前，应当使用绝缘棒接地释放电荷后，再检修和拆卸。

检修操作高压电路时，应当将电路中的高压断路器和高压隔离开关断开，放置安全警示牌，提示并防止其他人员合闸，导致人员伤亡。

6 检查高压隔离开关

高压隔离开关是高压电路的供电开关，如损坏，则会引起供电失常，如图 12-9 所示。

图 12-9 检查高压隔离开关

高压隔离开关上有黑色烧焦的痕迹并带有电弧
使用扳手拧下高压隔离开关底部的固定螺栓
将高压隔离开关上端的固定螺栓拧开

| 提示说明 |

经检查，高压隔离开关出现黑色烧焦的迹象，说明该高压隔离开关已损坏。使用扳手将高压隔离开关连接的线缆拆卸下来，拧下螺栓后，使用吊车将高压隔离开关吊起，更换相同型号的高压隔离开关。

高压供配电系统的故障常常是由电路中的避雷器损坏引起的，也有可能是由电线杆上的连接绝缘子发生损坏引起的，因此应做好定期维护和检查，保证设备的正常运行。

12.2.2 低压供配电电路的检修调试

如图 12-10 所示，低压供配电电路出现故障时，需要通过故障现象分析整个低压供配电电路，缩小故障范围，锁定故障器件。下面以典型楼宇配电系统的电路图为例进行故障分析。

图 12-11 所示为低压供配电电路的检修流程。

1 检查同级低压电路

若住户用电电路发生故障，则应先检查同级低压电路，如查看楼道照明电路和电梯供电电路是否正常。

2 检查电能表的输出

若发现楼道内照明灯可正常点亮，则电梯也可以正常运行，说明用户的供配电电路有故障，应当使用钳形表检查配电箱中的电路是否有电流通过，观察电能表是否正常运转。

如图 12-12 所示，将钳形表的档位调整至“AC 200A”电流档，按下钳形表的钳头扳机，钳住经电能表输出的任意一根线缆，查看钳形表上是否有电流读数。

图 12-10　低压供配电电路的故障分析

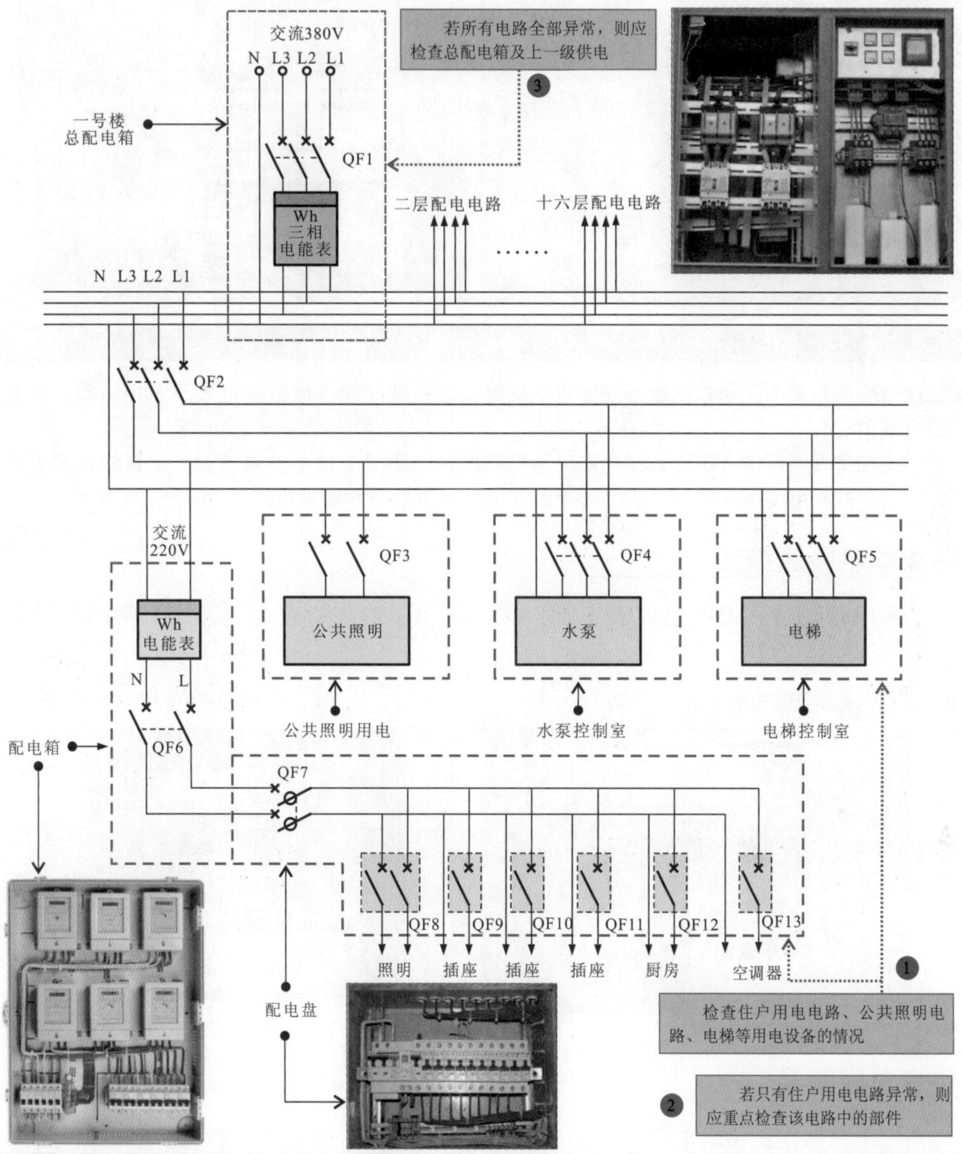

交流380V
N L3 L2 L1
一号楼
总配电箱
QF1
Wh
三相
电能表
若所有电路全部异常，则应检查总配电箱及上一级供电
3
二层配电电路
十六层配电电路
……
N L3 L2 L1
QF2
交流
220V
Wh
电能表
N
L
QF6
配电箱
QF3
公共照明
公共照明用电
QF4
水泵
水泵控制室
QF5
电梯
电梯控制室
QF7
QF8
QF9
QF10
QF11
QF12
QF13
照明
插座
插座
插座
厨房
空调器
配电盘
1
检查住户用电电路、公共照明电路、电梯等用电设备的情况
2
若只有住户用电电路异常，则应重点检查该电路中的部件

图 12-11　低压供配电电路的检修流程

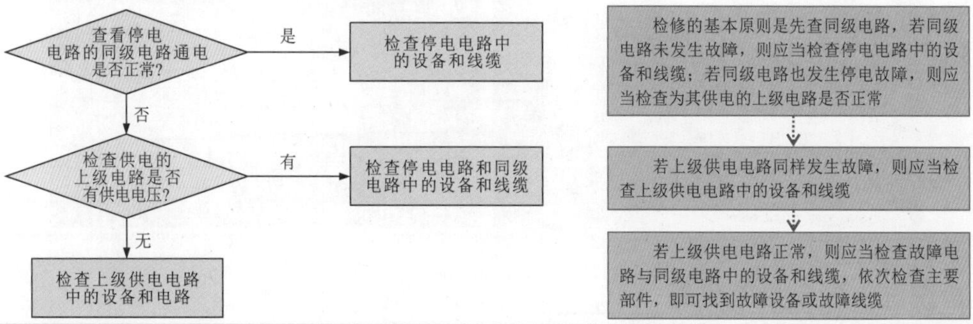

查看停电电路的同级电路通电是否正常?
是
检查停电电路中的设备和线缆
否
检查供电的上级电路是否有供电电压?
有
检查停电电路和同级电路中的设备和线缆
无
检查上级供电电路中的设备和电路
检修的基本原则是先查同级电路，若同级电路未发生故障，则应当检查停电电路中的设备和线缆；若同级电路也发生停电故障，则应当检查为其供电的上级电路是否正常
若上级供电电路同样发生故障，则应当检查上级供电电路中的设备和线缆
若上级供电电路正常，则应当检查故障电路与同级电路中的设备和线缆，依次检查主要部件，即可找到故障设备或故障线缆

图 12-12　检查电能表的输出

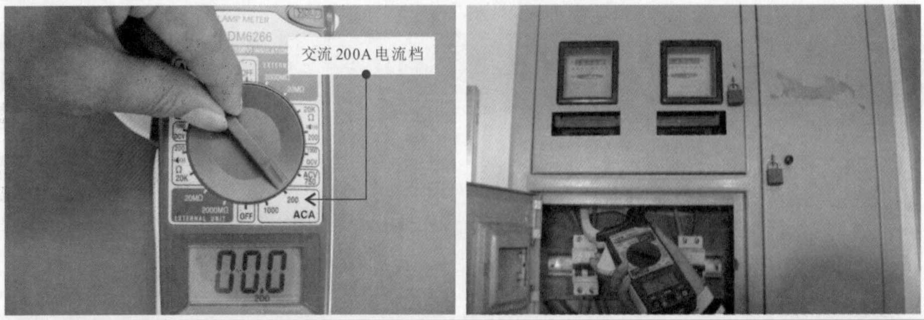
交流 200A 电流档

| 提示说明 |

当低压供配电系统中的用户电路出现停电现象时，应先从外观上观察电能表及连接电路，查看是否有损坏或烧损迹象。

另外，还应考虑是否是由电能表预存电耗尽引起的，检测配电盘中的电流前，应当检查电能表中的剩余电量，将用户的购电卡插入电能表的卡槽中，在显示屏上会显示剩余电量。

3　检查配电箱的输出

电能表有电流通过，说明电能表正常，继续使用钳形表检查配电箱中是否有电流输出，如图 12-13所示。

图 12-13　检查配电箱的输出

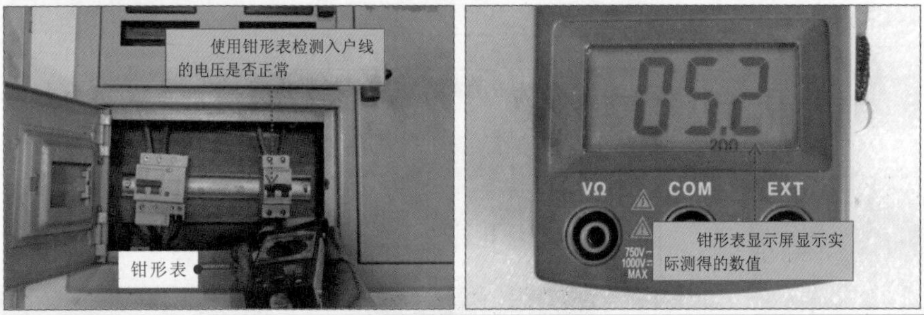
使用钳形表检测入户线的电压是否正常
钳形表
05.2
VΩ
COM
EXT
钳形表显示屏显示实际测得的数值

4　检查总断路器

当用户配电箱输出的供电电压正常时，应当继续检查用户配电盘中的总断路器，可以使用电子试电笔检查，如图 12-14 所示。

图 12-14　检查总断路器

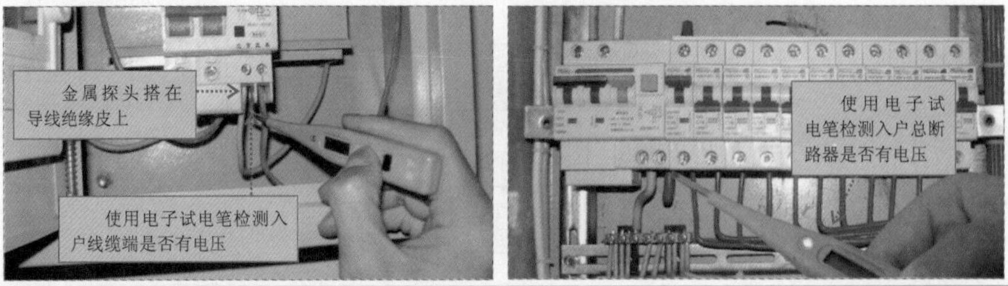
金属探头搭在导线绝缘皮上
使用电子试电笔检测入户线缆端是否有电压
使用电子试电笔检测入户总断路器是否有电压

5　检查进入配电盘的电路

若配电盘内的总断路器无电压，则可使用电子试电笔检测进入配电盘的供电电路是否正常，如

图 12-15所示，找到损坏的电路或部件，修复或更换，排除故障。

图 12-15　检查进入配电盘的电路

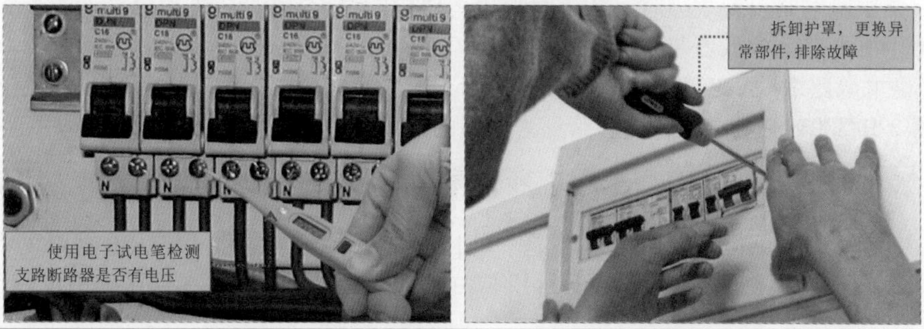
使用电子试电笔检测支路断路器是否有电压
拆卸护罩，更换异常部件，排除故障

12.3　常见高压供配电电路

12.3.1　小型变电所配电电路

小型变电所配电电路是一种可将 6～10kV 高压变为 220/380V 低压的配电电路，主要由两个供配电线路组成。这种接线方式的变电所可靠性较高，任意一条供电电路或电路中的部件有问题时，通过低压处的开关，可迅速恢复整个变电所的供电，实际应用过程如图 12-16 所示。

图 12-16　小型变电所配电电路的实际应用过程

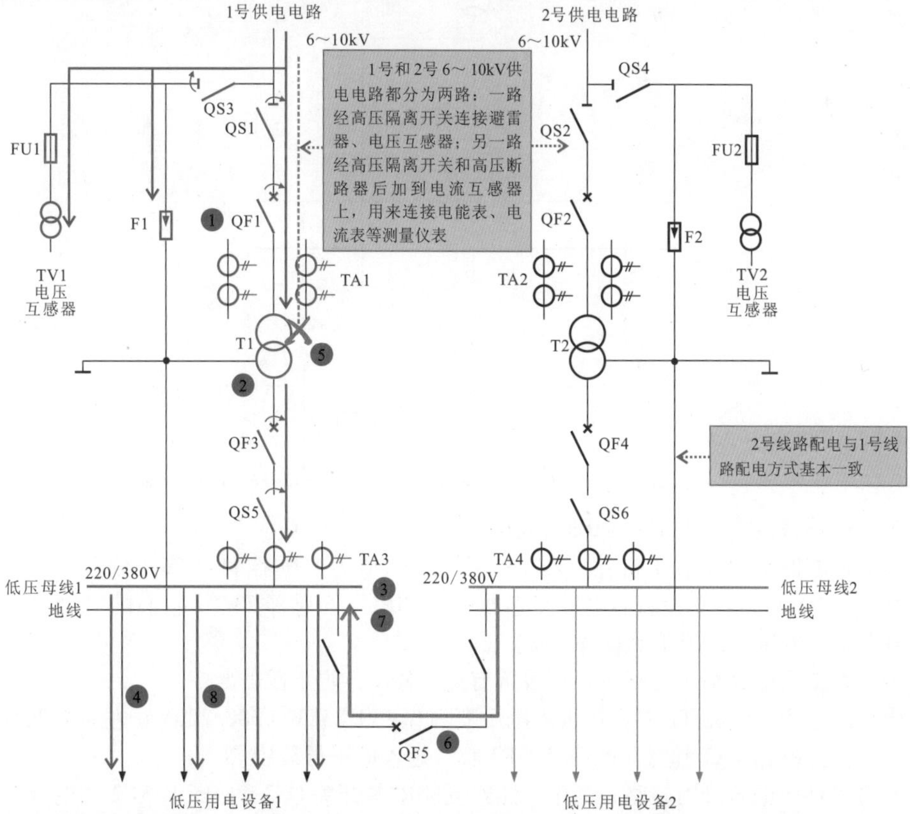
1号供电电路
2号供电电路
6～10kV
6～10kV
1号和2号6～10kV供电电路都分为两路：一路经高压隔离开关连接避雷器、电压互感器；另一路经高压隔离开关和高压断路器后加到电流互感器上，用来连接电能表、电流表等测量仪表
2号线路配电与1号线路配电方式基本一致
QS1
QS2
QS3
QS4
QS5
QS6
QF1
QF2
QF3
QF4
QF5
FU1
FU2
F1
F2
TA1
TA2
TA3
TA4
T1
T2
TV1
电压
互感器
TV2
电压
互感器
220/380V
220/380V
低压母线1
低压母线2
地线
地线
低压用电设备1
低压用电设备2

❶6～10kV 电压经电流互感器 TA1 加到电力变压器 T1 的输入端上。

❷电力变压器 T1 的输出端输出 220/380V 的交流低压。

❸交流低电压经低压断路器 QF3、电源开关 QS5 和电流互感器 TA3 后，加到低压母线 1 上。
❹低压母线 1 再将 220/380V 交流电压分为多路，为不同的设备供电。
❺当一条供电电路出现故障时（以 1 号供电电路中的电力变压器 T1 故障为例）。
❻合上供电电路上的低压断路器 QF5。
❼2 号供电电路中的 220/380V 交流电压经 QF5 送入低压母线 1 中。
❽再将 220/380V 交流电压分为多路，为不同的设备供电。

12.3.2 6～10/0.4kV 高压配电所供配电电路

6～10/0.4kV 高压配电所供配电电路是一种比较常见的配电电路。该配电电路先将来自架空线的 6～10kV 三相交流高压经变压器降为 400V 的交流低压后再分配，实际应用过程如图 12-17 所示。

图 12-17 6～10/0.4kV 高压配电所供配电电路的实际应用过程

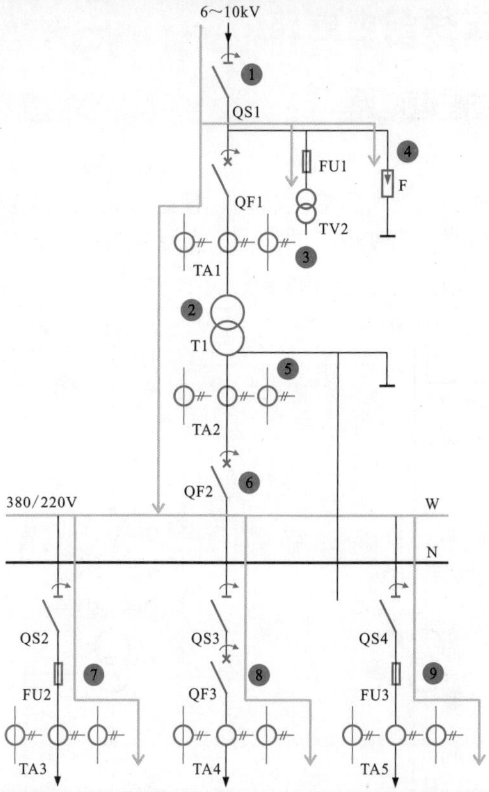

6～10kV
1
QS1
4
FU1
F
QF1
TV2
3
TA1
2
T1
5
TA2
QF2
6
380/220V
W
N
QS2
QS3
QS4
7
8
9
FU2
QF3
FU3
TA3
TA4
TA5

❶由架空电路或线缆引入的 6～10kV 电压，经高压隔离开关 QS1 后送入。
❷再经高压断路器 QF1 和电流互感器 TA1 后，送入电力变压器 T1 的高压侧。
❸在变压器 T1 的高压侧设置有电流互感器 TA1 和电压互感器 TV2，它们的二次线圈分别接到电能表、电流表、电压表，用于测量及保护。
❹此外，在架空电路高压电路中，还设置有避雷器 F，防止雷击。
❺高电压经电力变压器 T1 后，将输入电压变为 0.4/0.23kV（380/220V）左右的低电压。
❻再经电流互感器 TA2 和低压断路器 QF2 后，送入低压母线中。
❼低压母线将低电压分为多路，其中一路经支路电源开关 QS2、熔断器 FU2 和电流互感器 TA3 后，为后级电路供电。
❽第二路经支路电源开关 QS3、支路断路器 QF3 和电流互感器 TA4 后，为后级电路供电。
❾第三路经支路电源开关 QS4、熔断器 FU3 后和电流互感器 TA5 后，为后级电路供电。

如图 12-18 所示，当负荷小于 315kV · A 时，还可以在高压端采用跌落式熔断器、隔离开关 + 熔断器、负荷开关 + 熔断器三种控制电路对变压器实施高电压控制。

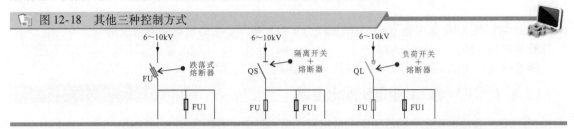

图 12-18 其他三种控制方式

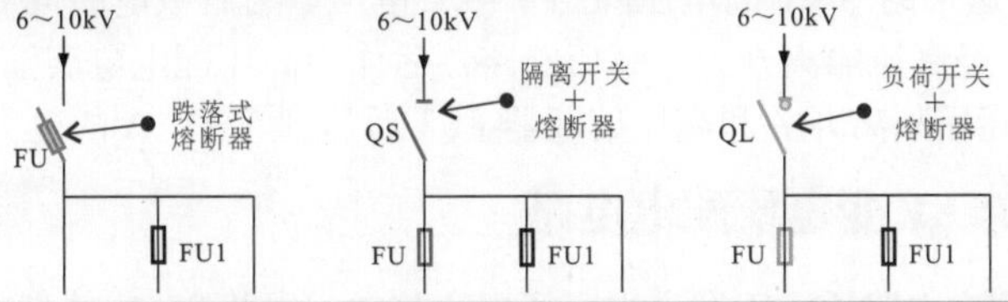
6~10kV
跌落式
熔断器
FU
FU1
6~10kV
隔离开关
+
熔断器
QS
FU
FU1
6~10kV
负荷开关
+
熔断器
QL
FU
FU1

12.3.3 总降压变电所供配电电路

总降压变电所供配电电路是高压供配电系统的重要组成部分，可实现将电力系统中的 35 ~ 110kV 电源电压降为 6 ~ 10kV 高压配电电压，并供给后级配电电路，实际应用过程如图 12-19 所示。

图 12-19 总降压变电所供配电电路的实际应用过程

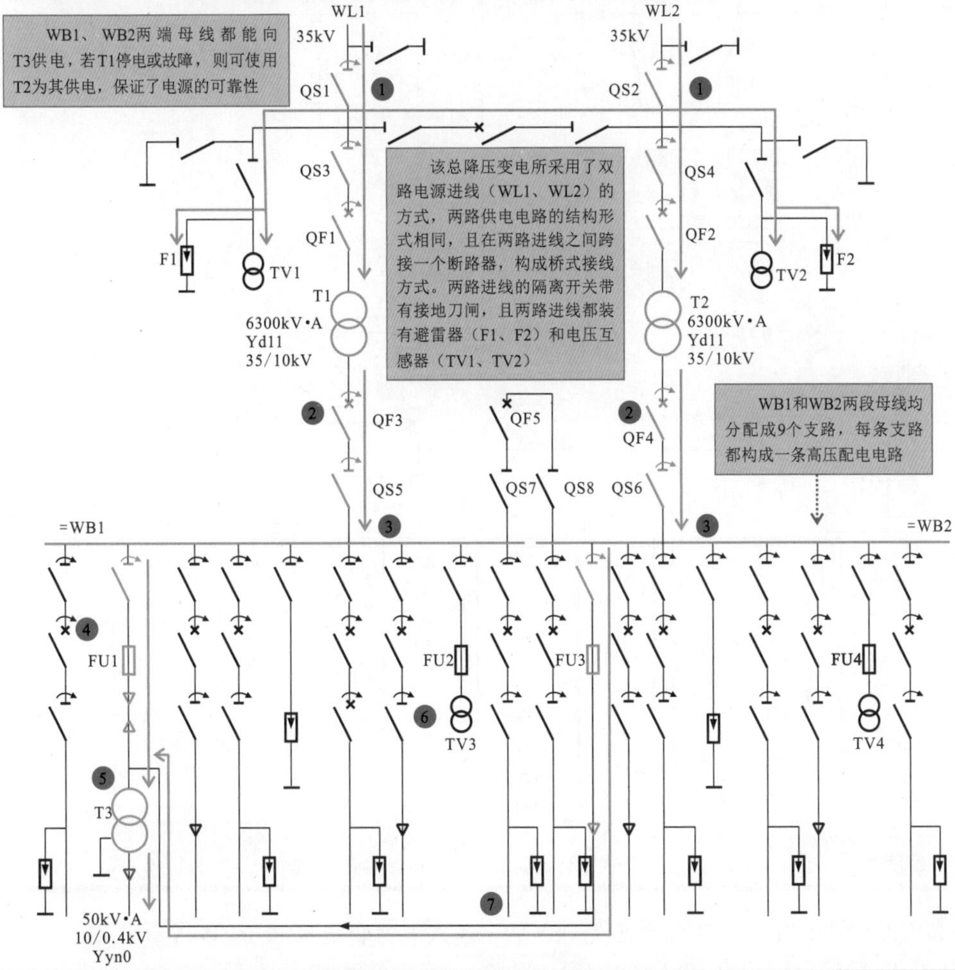
WB1、WB2两端母线都能向T3供电，若T1停电或故障，则可使用T2为其供电，保证了电源的可靠性
WL1
35kV
QS1
WL2
35kV
QS2
QS3
QS4
该总降压变电所采用了双路电源进线（WL1、WL2）的方式，两路供电电路的结构形式相同，且在两路进线之间跨接一个断路器，构成桥式接线方式。两路进线的隔离开关带有接地刀闸，且两路进线都装有避雷器（F1、F2）和电压互感器（TV1、TV2）
QF1
QF2
F1
TV1
TV2
F2
T1
6300kV·A
Yd11
35/10kV
T2
6300kV·A
Yd11
35/10kV
QF3
QF5
QF4
WB1和WB2两段母线均分配成9个支路，每条支路都构成一条高压配电电路
QS5
QS7
QS8
QS6
=WB1
=WB2
FU1
FU2
FU3
FU4
TV3
TV4
T3
50kV·A
10/0.4kV
Yyn0

扫一扫看视频

205

❶35kV 电源高压经架空电路引入，分别经高压隔离开关 QS1 ~ QS4、高压断路器 QF1、QF2 后送入两台容量为 6300kV·A 的电力变压器 T1 和 T2。

❷电力变压器 T1 和 T2 将 35kV 电源高电压降为 10kV。

❸10kV 电压再分别经高压断路器 QF3、QF4 和高压隔离开关 QS5、QS6 后，送到两段母线

WB1、WB2 上。

❹其中，WB1 母线的一条支路经高压隔离开关、高压熔断器 FU1 后，接入 50kV·A 的电力变压器 T3中。

❺T3 将母线 WB1 送来的 10kV 高电压降为 0.4kV 电压，为后级电路或低压用电设备供电。

❻其他各支路分别经高压隔离开关、高压断路器后作为高压配电电路输出或连接电压互感器。

❼母线 WB2 也经高压隔离开关和高压熔断器 FU3 后加到 50kV·A 的电力变压器上。

12.3.4 工厂 35kV 变电所配电电路

工厂 35kV 变电所配电电路适用于城市内高压电力传输，可将 35kV 的高电压经变压后变为 10kV 电压，送往各个车间的 10kV 变电室中，提供车间动力、照明及电气设备用电；再将 10kV 电压降到 0.4kV（380V），送往办公室、食堂、宿舍等公共用电场所。电路实际应用过程如图 12-20 所示。

图 12-20 工厂 35kV 变电所配电电路的实际应用过程

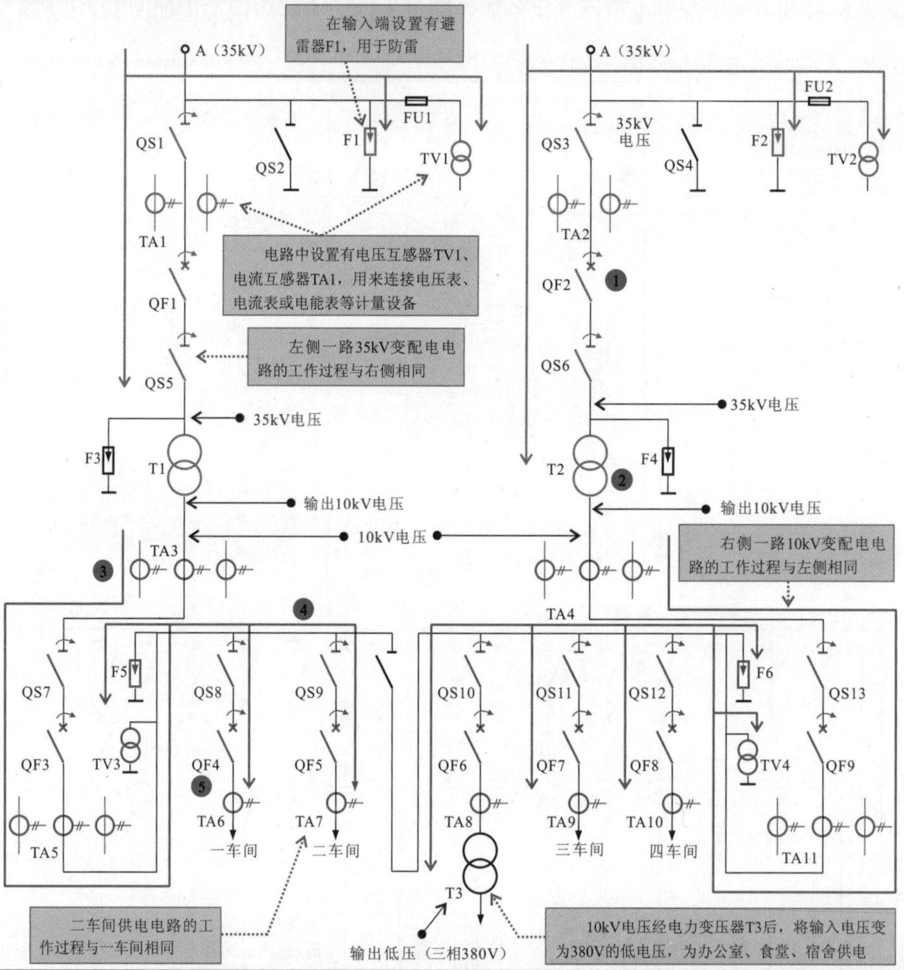
在输入端设置有避雷器F1，用于防雷
A（35kV）
A（35kV）
FU1
FU2
35kV电压
QS1
QS2
QS3
QS4
F1
F2
TV1
TV2
TA1
TA2
电路中设置有电压互感器TV1、电流互感器TA1，用来连接电压表、电流表或电能表等计量设备
QF1
QF2
左侧一路35kV变配电电路的工作过程与右侧相同
QS5
QS6
35kV电压
35kV电压
F3
F4
T1
T2
输出10kV电压
输出10kV电压
10kV电压
TA3
TA4
右侧一路10kV变配电电路的工作过程与左侧相同
QS7
QS8
QS9
QS10
QS11
QS12
QS13
F5
F6
QF3
TV3
QF4
QF5
QF6
QF7
QF8
TV4
QF9
TA5
TA6
TA7
TA8
TA9
TA10
TA11
一车间
二车间
三车间
四车间
T3
二车间供电电路的工作过程与一车间相同
输出低压（三相380V）
10kV电压经电力变压器T3后，将输入电压变为380V的低电压，为办公室、食堂、宿舍供电

❶35kV 经高压断路器 QF1 和高压隔离开关 QS5 后，送入电力变压器 T1 的 35kV 输入端。

❷电力变压器 T1 的输出端输出 10kV 的电压。

❸由电力变压器 T1 输出的 10kV 电压经电流互感器 TA3 后，送入后级电路中。

❹先经高压隔离开关 QS7、高压断路器 QF3 和电流互感器 TA5 后送入车间中。

❺一车间供电电路经高压隔离开关 QS8 和高压断路器 QF4 后，送入一车间的 10kV 变电室中。

12.3.5 工厂高压变电所配电电路

工厂高压变电所配电电路是一种由工厂将高压输电线送来的高压进行降压和分配，分为高压和低压部分，10kV 高电压经车间内的变电所后变为低压，为用电设备供电。电路实际应用过程如图 12-21 所示。

图 12-21 工厂高压变电所配电电路的实际应用过程

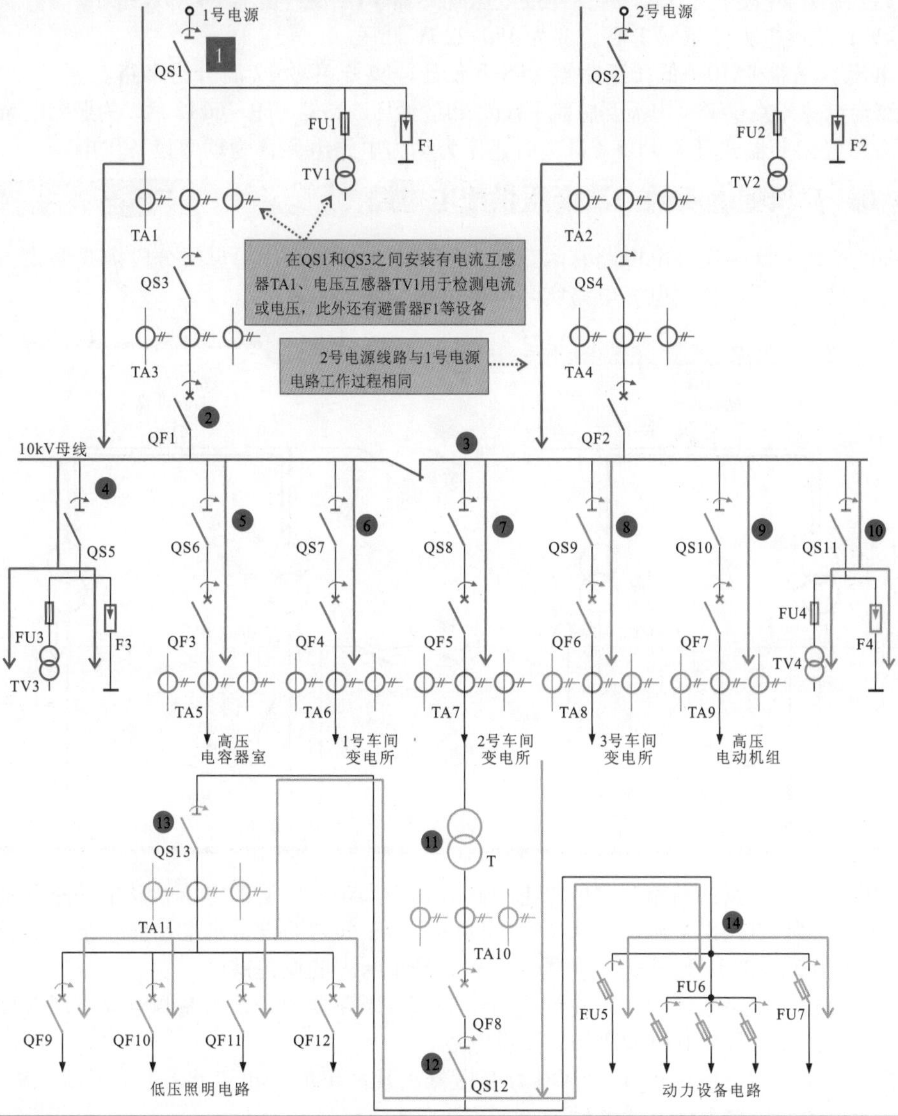

1号电源
2号电源
QS1
QS2
FU1
F1
TV1
FU2
F2
TV2
TA1
TA2
QS3
QS4
TA3
TA4
在QS1和QS3之间安装有电流互感器TA1、电压互感器TV1用于检测电流或电压，此外还有避雷器F1等设备
2号电源线路与1号电源电路工作过程相同
QF1
QF2
10kV母线
QS5
QS6
QS7
QS8
QS9
QS10
QS11
FU3
F3
TV3
QF3
QF4
QF5
QF6
QF7
FU4
F4
TV4
TA5
TA6
TA7
TA8
TA9
高压电容器室
1号车间变电所
2号车间变电所
3号车间变电所
高压电动机组
QS13
T
TA11
TA10
QF8
QS12
QF9
QF10
QF11
QF12
低压照明电路
FU5
FU6
FU7
动力设备电路

❶1 号电源 10kV 供电电路经高压隔离开关 QS1 和 QS3 送入。

❷再经高压断路器 QF1 送入 10kV 母线中。

❸10kV 电压送入母线后，被分为多路。

❹一路经高压隔离开关 QS5 后，连接电压互感器 TV3 及避雷器 F3 等设备。

❺一路经高压隔离开关 QS6、高压断路器 QF3 和电流互感器 TA5 后，送入高压电容器室，用于接高压补偿电容。

❻一路经高压隔离开关 QS7、高压断路器 QF4 和电流互感器 TA6 后，送入 1 号车间变电所，供 1 号车间使用。

❼一路经高压隔离开关 QS8、高压断路器 QF5 和电流互感器 TA7 后，送入 2 号车间变电所，供 2 号车间使用。

❽一路经高压隔离开关 QS9、高压断路器 QF6 和电流互感器 TA8 后，送入 3 号车间变电所，供 3 号车间使用。

❾一路经高压隔离开关 QS10、高压断路器 QF7 和电路互感器 TA9 后，送入高压电动机组，为高压电动机供电。

❿一路经高压隔离开关 QS11 后，连接电压互感器 TV4 及避雷器 F4 等设备。

⓫ 10kV 高压经电力变压器 T 后，变为 380/220V 低压。

⓬经电流互感器 TA10、低压断路器 QF8 和低压隔离开关 QS12 后分为多路。

⓭一路经电源开关 QS13、电流互感器 TA11，再经低压断路器 QF9 ~ QF12 后，为照明电路供电。

⓮另一路经熔断器式开关 FU5 ~ FU7 后，作为动力电路电源，为动力设备供电。

12.3.6 高压配电所的一次变压供配电电路

高压配电所的一次变压供电电路有两路独立的供电电路，采用单母线分段接线形式，当一路有故障时，可由另一路为设备供电。电路实际应用过程如图 12-22 所示。

图 12-22 高压配电所的一次变压供配电电路的实际应用过程

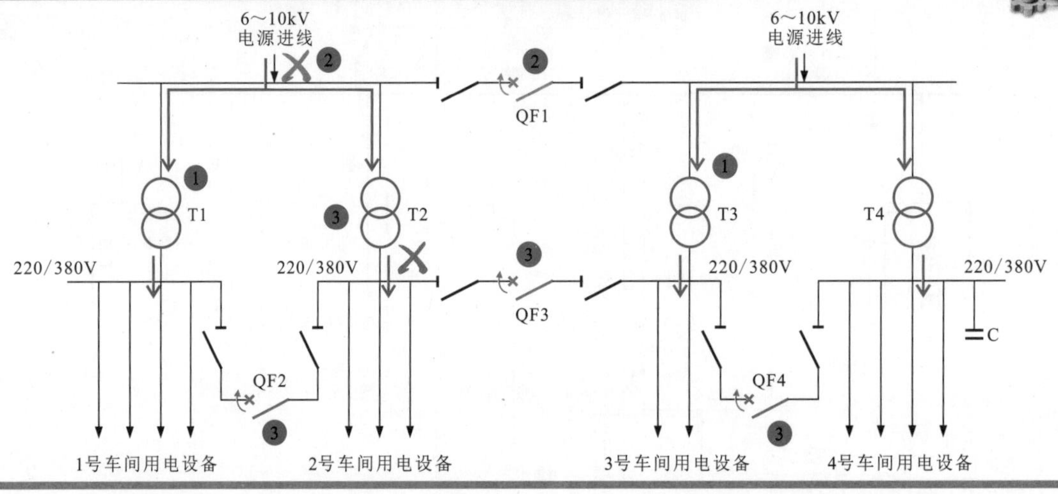
6～10kV
电源进线
6～10kV
电源进线
QF1
T1
T2
T3
T4
220/380V
220/380V
220/380V
220/380V
QF3
QF2
QF4
C
1号车间用电设备
2号车间用电设备
3号车间用电设备
4号车间用电设备

❶一次变压供电电路的两路独立的供电电路分别送入 6 ~ 10kV 的电压，其中一路分别经电力变压器 T1、T2 降压为 220/380V 电压，为 1 号车间和 2 号车间内的设备供电；另一路分别经电力变压器 T3、T4 降压为 220/380V 电压，为 2 号车间和 3 号车间内的设备供电。

❷当有一路供电出现故障时，可将配电所中的高压断路器闭合，当左侧电源出现故障时，闭合高压断路器 QF1，可由右侧电源为四条支路供电。

❸同样，当车间变电所中的某一台电力变压器出现故障时，也可将高压断路器 QF2 ~ QF4 闭合，用另一台电力变压器为该路设备供电。

12.4 常见低压供配电电路

12.4.1 单相电源双路互备自动供电电路

单相电源双路互备自动供电电路是为了防止电源出现故障时造成照明或用电设备停止工作的电路。电路工作时，先后按下两路电源供电电路的控制开关（先按下开关的一路即为主电源，后按下开关的一路为备用电源）。用电设备便会在主电源供电的情况下供电，一旦主电源供电出现故障，供电电路便会自动启动备用电源供电，确保用电设备的正常运行。电路实际应用过程如图 12-23 所示。

图 12-23 单相电源双路互备自动供电电路的实际应用过程

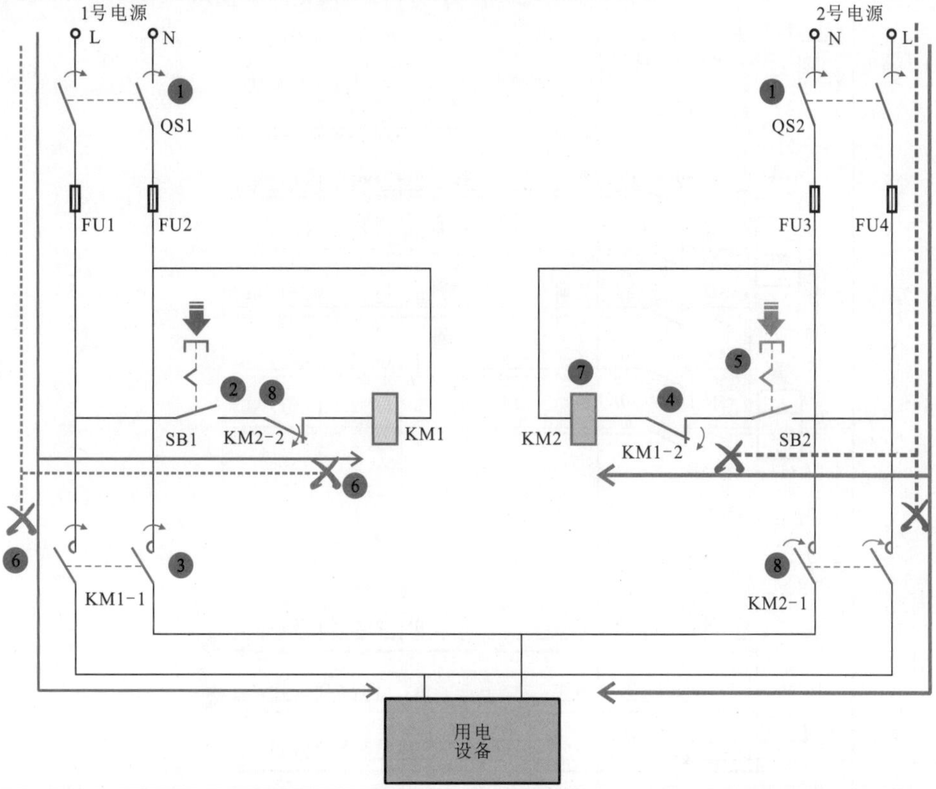
1号电源
L
N
2号电源
N
L
QS1
QS2
FU1
FU2
FU3
FU4
SB1
KM2-2
KM1
KM2
KM1-2
SB2
KM1-1
KM2-1
用电
设备

❶合上电源总开关 QS1 和 QS2，接通交流 220V 市电电源。

❷按下按钮开关 SB1，交流接触器 KM1 线圈得电。

❷→❸KM1 的常开主触点 KM1-1 闭合，用电设备接通 1 号交流电源。

❷→❹常闭辅助触点 KM1-2 断开，防止交流接触器 KM2 线圈得电。

❺按下按钮开关 SB2。由于常闭辅助触点 KM1-2 断开，交流接触器 KM2 线圈未得电，常开主触点 KM2-1 断开，用电设备不能接通 2 号交流电源，常闭辅助触点 KM2-2 保持闭合。

❻当 1 号单相交流电源出现故障后，交流接触器 KM1 线圈失电，常开主触点 KM1-1 复位断开，切断用电设备的 1 号交流电源，常闭辅助触点 KM1-2 复位闭合。

❼常闭辅助触点 KM1-2 闭合后，由于 SB2 已处于接通状态，交流接触器 KM2 线圈得电。

❽KM2 线圈得电，其常开主触点 KM2-1 闭合，用电设备接通 2 号交流电源，常闭辅助触点 KM2-2 断开。

| 提示说明 |

此外，若想让 2 号单相交流电源作为主电源，1 号单相交流电源作为备用电源，则应首先按下按钮开关 SB2，使交流接触器 KM2 线圈首先得电，再按下按钮开关 SB1，将 1 号作为备用电源。

12.4.2 低层楼宇供配电电路

低层楼宇供配电电路是一种适用于六层楼以下的供配电电路，主要是由低压配电室、楼层配线间及室内配电盘等部分构成的。

该配电线路中的电源引入线（380/220V 架空线）选用三相四线制，有三条相线和一条零线。进户线有三条，分别为一条相线、一条零线和一条地线。电路实际应用过程如图 12-24 所示。

图 12-24　低层楼宇供配电电路的实际应用过程

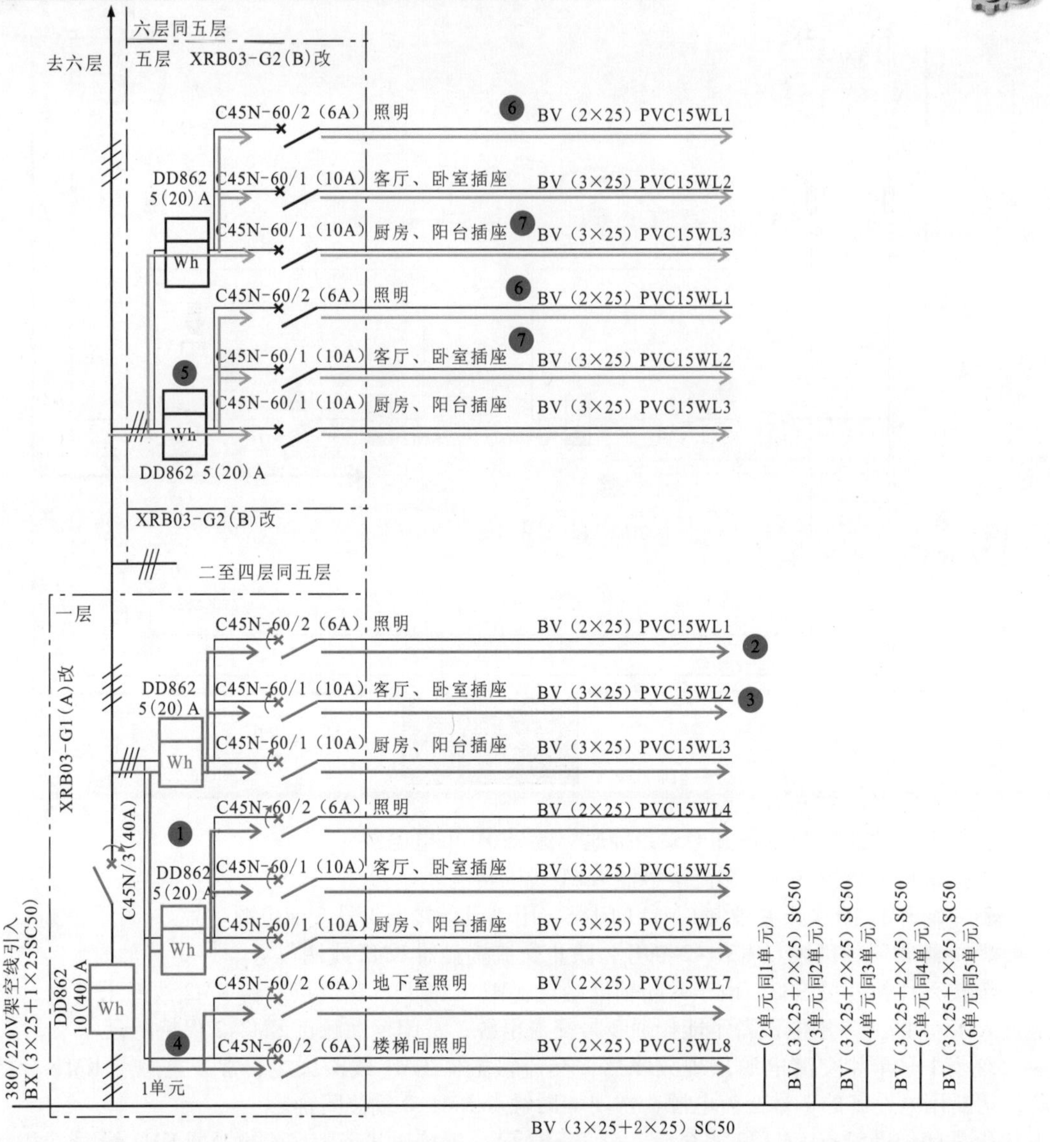
六层同五层
去六层
五层　XRB03-G2(B)改
C45N-60/2（6A）照明
BV（2×25）PVC15WL1
DD862
5(20) A
C45N-60/1（10A）客厅、卧室插座
BV（3×25）PVC15WL2
C45N-60/1（10A）厨房、阳台插座
BV（3×25）PVC15WL3
Wh
C45N-60/2（6A）照明
BV（2×25）PVC15WL1
C45N-60/1（10A）客厅、卧室插座
BV（3×25）PVC15WL2
C45N-60/1（10A）厨房、阳台插座
BV（3×25）PVC15WL3
Wh
DD862 5(20) A
XRB03-G2(B)改
二至四层同五层
一层
XRB03-G1(A)改
C45N-60/2（6A）照明
BV（2×25）PVC15WL1
DD862
5(20) A
C45N-60/1（10A）客厅、卧室插座
BV（3×25）PVC15WL2
C45N-60/1（10A）厨房、阳台插座
BV（3×25）PVC15WL3
Wh
C45N-60/2（6A）照明
BV（2×25）PVC15WL4
C45N/3（40A)
DD862
5(20) A
C45N-60/1（10A）客厅、卧室插座
BV（3×25）PVC15WL5
C45N-60/1（10A）厨房、阳台插座
BV（3×25）PVC15WL6
Wh
C45N-60/2（6A）地下室照明
BV（2×25）PVC15WL7
DD862
10(40) A
Wh
C45N-60/2（6A）楼梯间照明
BV（2×25）PVC15WL8
380/220V架空线引入
BX（3×25+1×25SC50)
1单元
BV（3×25+2×25）SC50
(2单元同1单元)
BV（3×25+2×25）SC50
(3单元同2单元)
BV（3×25+2×25）SC50
(4单元同3单元)
BV（3×25+2×25）SC50
(5单元同4单元)
BV（3×25+2×25）SC50
(6单元同5单元)

❶由于一个楼层有两个用户，所以将进户线分为两路，每一路都经过一个电能表 DD862。
❷一路经断路器 C45N-60/2（6A）为照明灯供电。
❸另外两路分别经断路器 C45N-60/1（10A）后，为客厅、卧式、厨房和阳台的插座供电。
❹此外，还有一条电路经两个断路器 C45N-60/2（6A）后，为地下室和楼梯的照明灯供电。
❺由于一个楼层有两个用户，所以将进户线分为两路，每一路都经过一个电能表 DD862。
❻一路经断路器 C45N-60/2（6A）为照明灯供电。
❼另外两路分支分别经断路器 C45N-60/1（10A）后，为客厅、卧室、厨房和阳台的插座供电。

12.4.3　低压配电柜供配电电路

如图 12-25 所示，低压配电柜供配电电路主要用来传输和分配低电压，为低压用电设备供电。该电路中，一路作为常用电源，另一路作为备用电源，当两路电源均正常时，黄色指示灯 HL1、HL2 均点亮，若指示灯 HL1 不能正常点亮，则说明常用电源出现故障或停电，此时需使用备用电源供电，使该低压配电柜能够维持正常工作。

图 12-25 低压配电柜供配电电路的实际应用过程

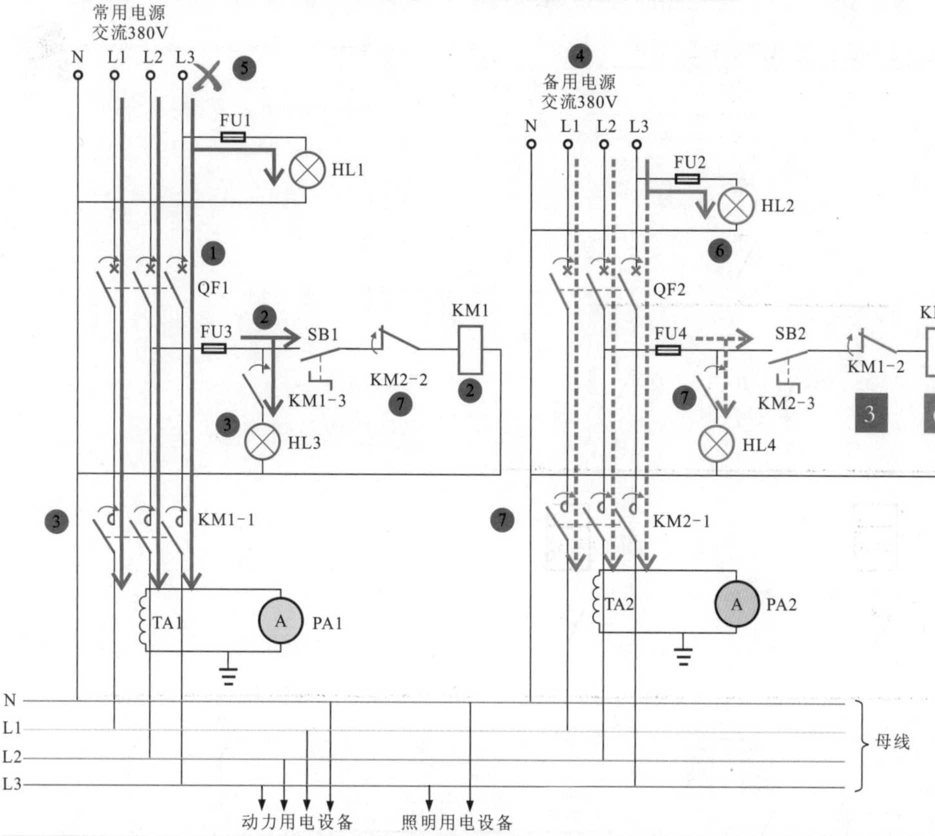
常用电源
交流380V
N L1 L2 L3
FU1
HL1
QF1
FU3
SB1
KM1
KM2-2
KM1-3
HL3
KM1-1
TA1
PA1
备用电源
交流380V
N L1 L2 L3
FU2
HL2
QF2
FU4
SB2
KM2
KM1-2
KM2-3
HL4
KM2-1
TA2
PA2
N
L1
L2
L3
母线
动力用电设备
照明用电设备

❶HL1 亮，常用电源正常。合上断路器 QF1，接通三相电源。

❷接通开关 SB1，交流接触器 KM1 线圈得电。

❸KM1 常开触点 KM1-1 接通，向母线供电；常闭触点 KM1-2 断开，防止备用电源接通，起联锁保护作用；常开触点 KM1-3 接通，红色指示灯 HL3 点亮。

❹常用电源供电电路正常工作时，KM1 的常闭触点 KM1-2 处于断开状态，因此备用电源不能接入母线。

❺当常用电源出现故障或停电时，交流接触器 KM1 线圈失电，常开、常闭触点复位。

❻此时接通断路器 QF2、开关 SB2，交流接触器 KM2 线圈得电。

❼KM2 常开触点 KM2-1 接通，向母线供电；常闭触点 KM2-2 断开，防止常用电源接通，起联锁保护作用；常开触点 KM2-3 接通，红色指示灯 HL4 点亮。

| 提示说明 |

当常用电源恢复正常后，由于交流接触器 KM2 的常闭触点 KM2-2 处于断开状态，因此交流接触器 KM1 不能得电，常开触点 KM1-1 不能自动接通，此时需要断开开关 SB2 使交流接触器 KM2 线圈失电，常开、常闭触点复位，为交流接触器 KM1 线圈再次工作提供条件，此时再操作 SB1 才起作用。

12.5 小区配电电路的布线及安装

12.5.1 小区配电电路的布线与分配

在配电方式上，小区供配电系统采用混合式接线，由低压配电柜送来的低压支路直接进入低压配电箱，然后由低压配电箱直接分配给动力配电箱、公共照明配电箱及各楼层配电箱。

图 12-26 所示为典型楼宇供配电电路的接线形式。

图 12-26　典型楼宇供配电电路的接线形式

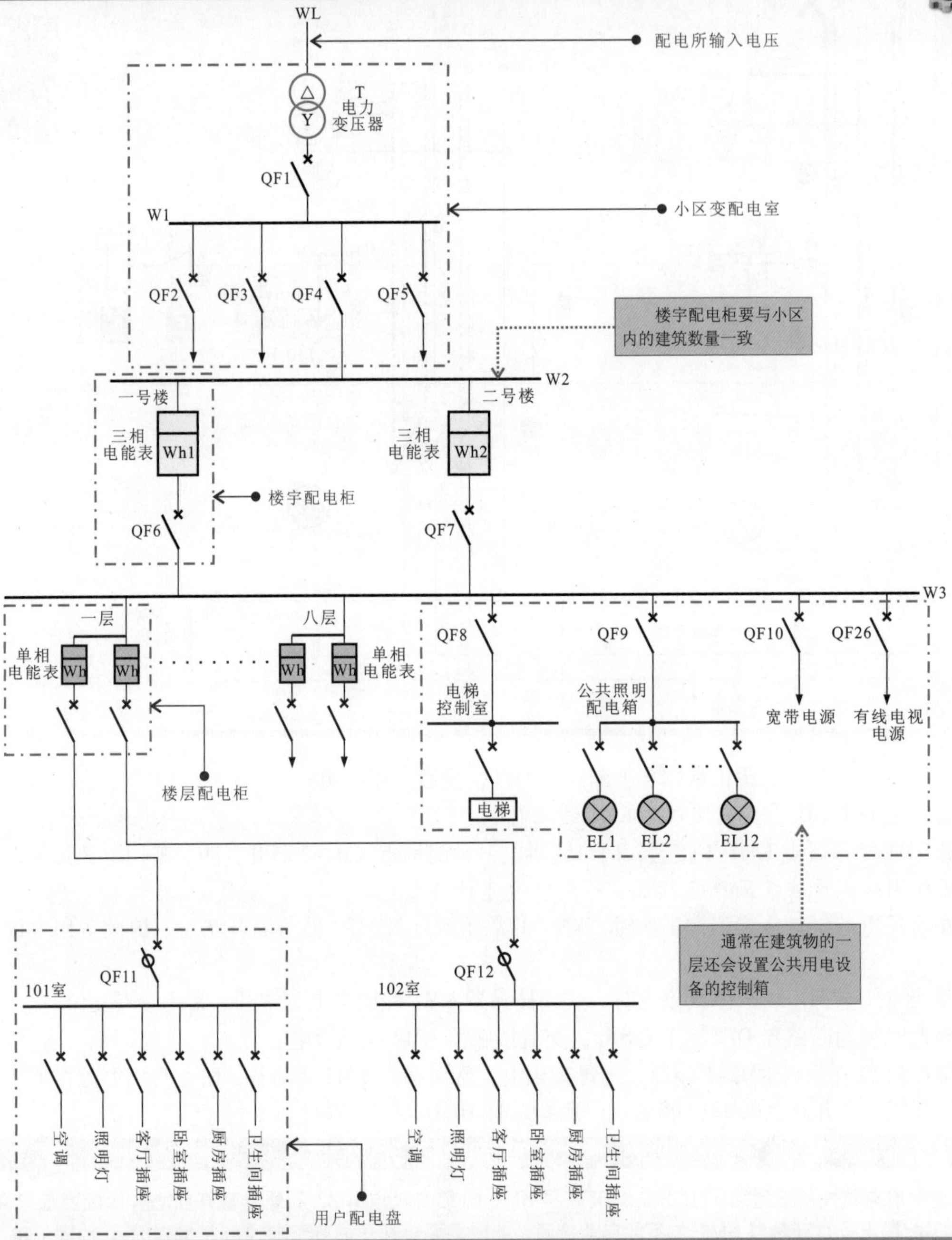
WL
配电所输入电压
T
电力
变压器
QF1
W1
小区变配电室
QF2
QF3
QF4
QF5
楼宇配电柜要与小区内的建筑数量一致
W2
一号楼
二号楼
三相
电能表
Wh1
Wh2
楼宇配电柜
QF6
QF7
W3
一层
八层
单相
电能表
Wh
QF8
QF9
QF10
QF26
电梯
控制室
公共照明
配电箱
宽带电源
有线电视
电源
楼层配电柜
电梯
EL1
EL2
EL12
通常在建筑物的一层还会设置公共用电设备的控制箱
QF11
QF12
101室
102室
空调
照明灯
客厅插座
卧室插座
厨房插座
卫生间插座
用户配电盘

如果是单元普通住宅楼，则在配电方式上会以单元作为单位进行配电，即由低压配电柜分出多组支路分别接到单元内的总配电箱，再由单元内的总配电箱向各楼层配电箱供电，如图 12-27 所示。

如果是高层建筑物，则在配电方式上会针对不同的用电特性采用不同的配电连接方式。用于住户用电的配电线路多采用放射式和链式混合的接线方式；用于公共照明的配电线路则采用树干式接线方式；对于用电不均衡部分，则会采用增加分区配电箱的混合配电方式，接线方式上也多为放射式与链式组合的形式，如图 12-28 所示。

图 12-27　普通住宅楼配电方式

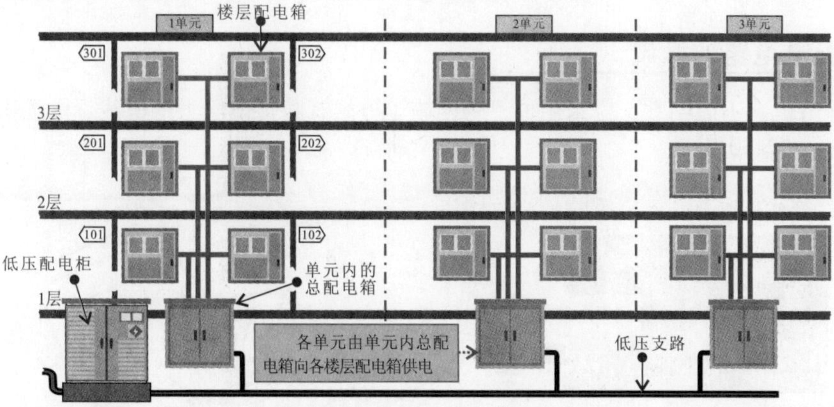

1单元
楼层配电箱
2单元
3单元
301
302
3层
201
202
2层
101
102
低压配电柜
单元内的总配电箱
1层
各单元由单元内总配电箱向各楼层配电箱供电
低压支路

图 12-28　高层住宅楼配电方式

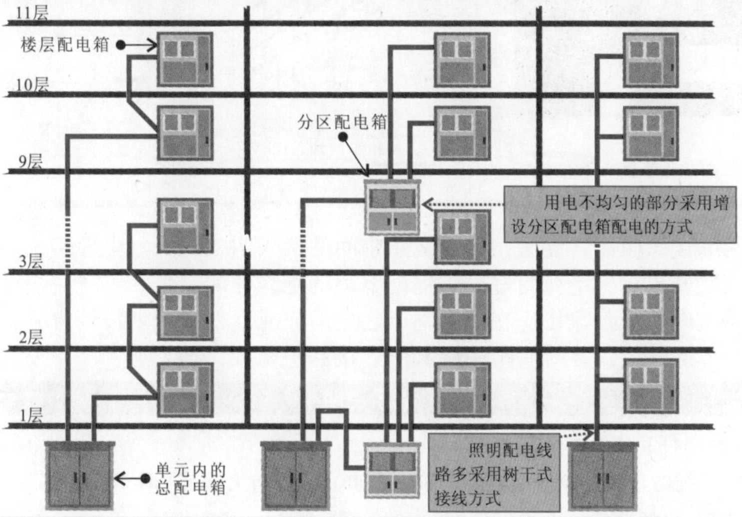

11层
楼层配电箱
10层
分区配电箱
9层
用电不均匀的部分采用增设分区配电箱配电的方式
3层
2层
1层
单元内的总配电箱
照明配电线路多采用树干式接线方式

图 12-29 所示为典型小区配电线路的主要设备与接线关系。楼宇配电系统的设计规划需要先对楼宇的用电负荷进行周密的考虑，通过科学的计算方法，计算出建筑物用户及公共设备的用电负荷范围，然后根据计算结果和安装需要选配适合的供配电器件和线缆。

图 12-29　典型小区配电电路的主要设备与接线关系

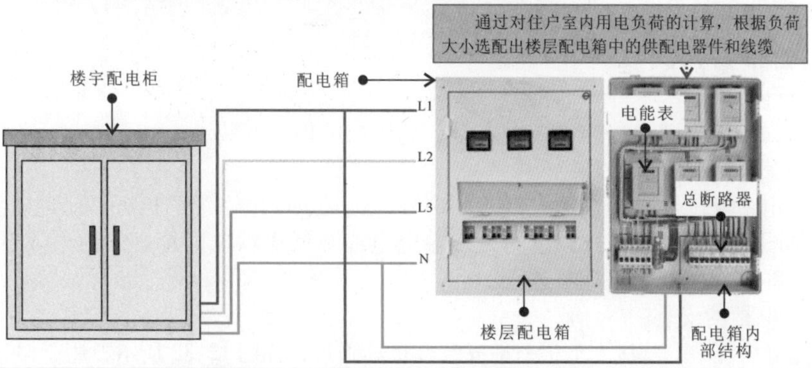

通过对住户室内用电负荷的计算，根据负荷大小选配出楼层配电箱中的供配电器件和线缆
楼宇配电柜
配电箱
L1
L2
L3
N
电能表
总断路器
楼层配电箱
配电箱内部结构

12.5.2 小区配电电路的安装

1 小区配电电路的敷设

小区供配电电路不能明敷，应采用地下管网施工方式，将传输电力的电线、电缆敷设在地下预埋管网中，如图 12-30 所示。

图 12-30 小区供配电系统中线路的敷设要求

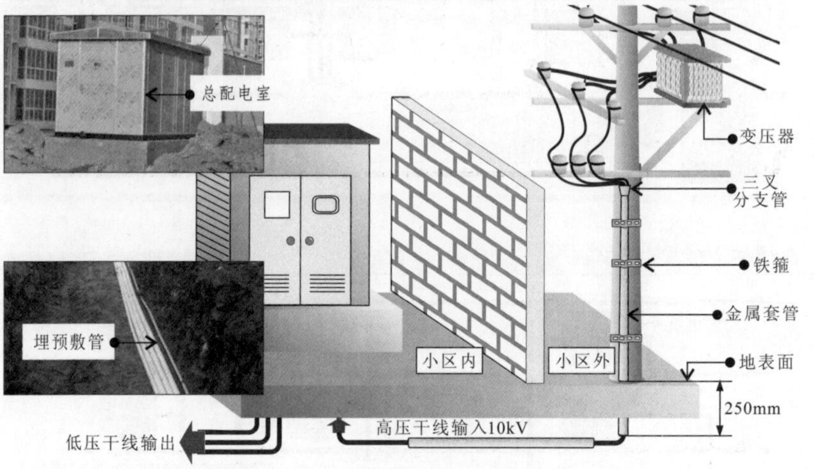
总配电室
变压器
三叉
分支管
铁箍
金属套管
埋预敷管
小区内
小区外
地表面
250mm
高压干线输入10kV
低压干线输出

电缆首、末端的接头叫作终端头，电缆线路中间的接头叫中间头。电缆接头的基本要求就是把接头处的线芯连接紧密牢靠，绝缘封好，以保证电缆的绝缘性能。

小区供配电系统中，线路敷设应在配电室土建之前完成，根据规划设计方案，需预埋管路，线缆敷设，并做好线缆的接线、终端头与中间头的连接和绝缘工作。

| 提示说明 |

小区供配电线路设计其他方面的要求：

① 防火要求。总配电室安装设计需要注意防火要求。建筑防火按照 GB 50016—2014《建筑设计防火规范》执行。

② 防水要求。小区供配电线路设计需要注意防水要求。电气室地面宜高于该层地面标高 0.1m（或设防水门槛）。电气室上方上层建筑内不得设置给排水装置或卫生间。

③ 隔离噪声及电磁屏蔽要求　总配电室正常工作会产生噪声及电磁辐射，设计要求屋顶及侧墙，内敷钢网及钢结构和阻音材料，以隔离噪声和电磁辐射，钢网及钢结构应焊接并可靠接地。

④ 通风要求。变配电室内宜采用自然通风。每台变压器的有效通风面积为 2.5 ~3m^2，并设置事故 排风。

⑤ 其他要求。配电室内不应有无关管线通过。

2 小区配电设备的安装

小区供配电设备的安装主要包括变配电室、低压配电柜的安装。

（1）变配电室的安装

小区的变配电室是配电系统中不可缺少的部分，也是供配电系统的核心。变配电室应架设在牢固的基座上，如图 12-31 所示，且敷设的高压输电电缆和低压输电电缆必须由金属套管进行保护，施工过程一定要注意在断电的情况下进行。

（2）低压配电柜的安装

在小区供配电系统中，低压配电柜一般安装在楼体附近，如图 12-32 所示，用于对送入的380V 或220V 交流低压进行进一步分配后，分别送入小区各楼宇中的各动力配电箱、照明（安防）配电箱及各楼层配电箱中。楼宇配电柜的安装、固定和连接应严格按照施工安全要求进行。

图 12-31 小区供配电系统中变配电室的架设与固定

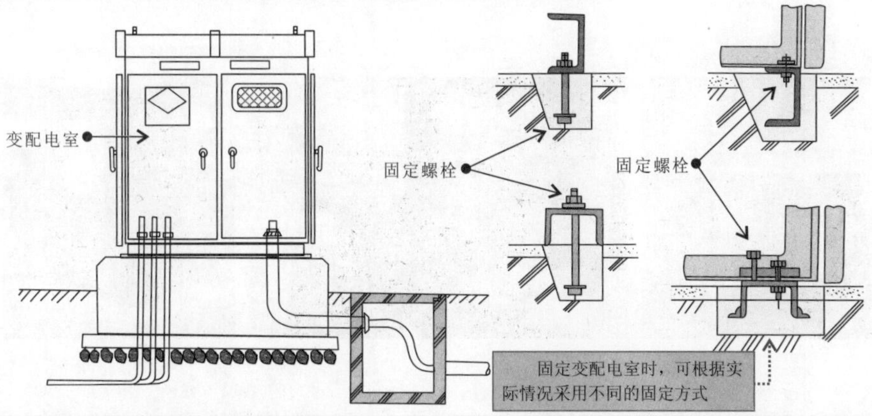
变配电室
固定螺栓
固定螺栓
固定变配电室时，可根据实际情况采用不同的固定方式

图 12-32 小区供配电系统中的低压配电柜

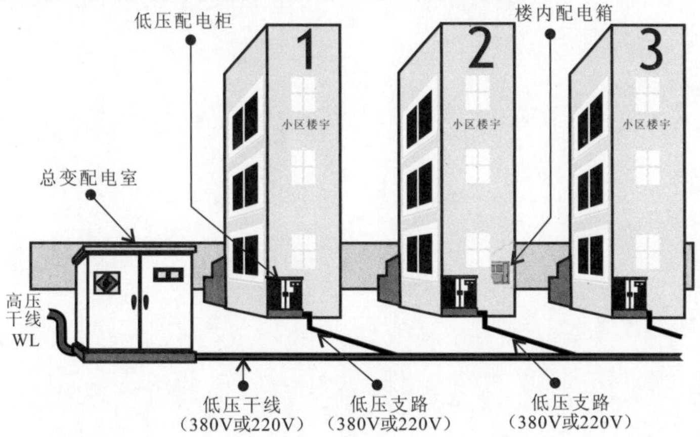
低压配电柜
楼内配电箱
1
2
3
小区楼宇
小区楼宇
小区楼宇
总变配电室
高压干线 WL
低压干线（380V或220V）
低压支路（380V或220V）
低压支路（380V或220V）

对小区配电柜进行安装连接时，应先确认安装位置、固定深度及固定方式等，然后根据实际的需求，确定所有选配的配电设备、安装位置并确定其安装数量等，如图 12-33 所示。

图 12-33 低压配电柜的固定与安装接线

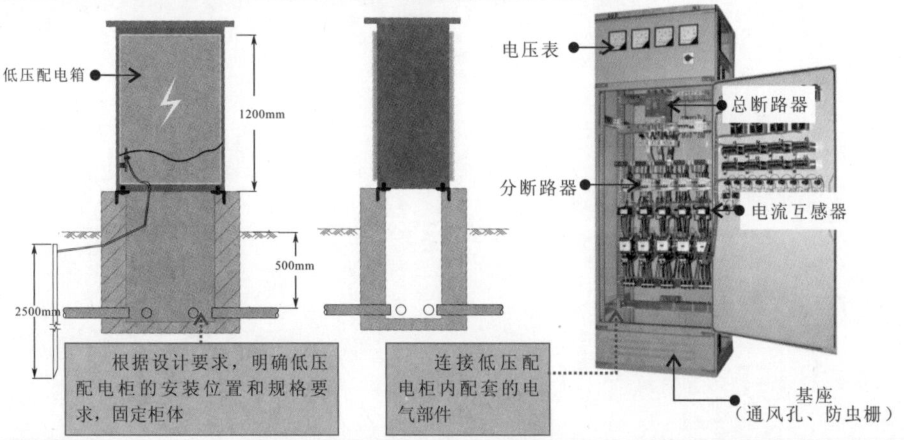
低压配电箱
1200mm
500mm
2500mm
根据设计要求，明确低压配电柜的安装位置和规格要求，固定柜体
连接低压配电柜内配套的电气部件
电压表
总断路器
分断路器
电流互感器
基座（通风孔、防虫栅）

固定低压配电柜时，可根据配电柜的外形尺寸进行定位，并使用起重机将配电柜吊起，并放在需要固定的位置，校正位置后，应用螺栓将柜体与基础型钢紧固，如图 12-34 所示，配电柜单独与

基础型钢连接时，可采用铜线将柜内接地排与接地螺栓可靠连接，并必须加弹簧垫圈进行防松处理。

图 12-34　低压配电柜的固定

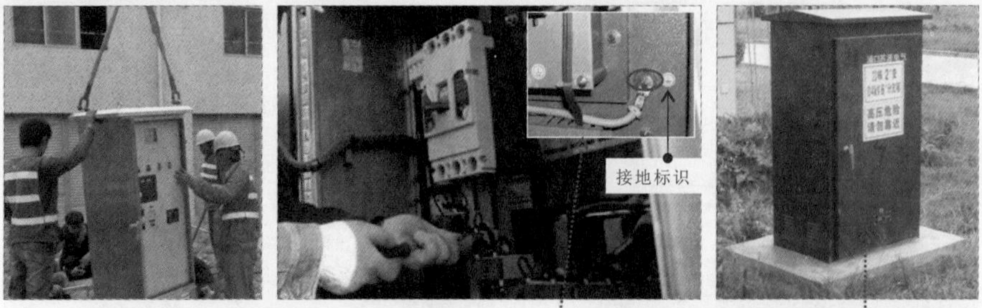
接地标识

配电柜内各部件连接完成后，应对配电柜的接地线进行连接，通常在配电柜的内侧有接地标识，可将导线与其进行连接

根据安装要求，将配电柜内的各部件安装固定在配电柜内部，并进行导线的连接，各部件连接完成后，即完成小区配电柜的安装连接

第13章 楼宇监控系统及其安装维护

13.1 消防联动控制及其维护

13.1.1 消防联动装置

消防联动装置是指消防报警系统中相关联的各种设备。消防联动装置包括火灾探测器、火灾报警控制器、消防报警设备和消防灭火联动设备等。

1 火灾探测器

图 13-1 所示为火灾探测器的实物外形。火灾探测器主要是用于检测火灾信号，根据火灾探测器探测类型的不同，主要分为感烟探测器、感温探测器、感光探测器和复合探测器几种。

图 13-1 火灾探测器的实物外形

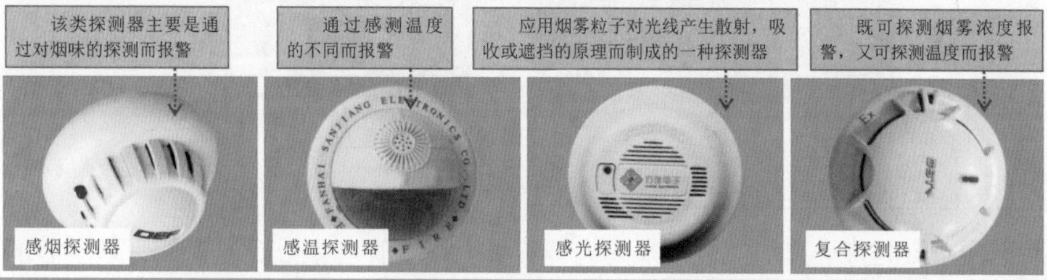

该类探测器主要是通过对烟味的探测而报警
通过感测温度的不同而报警
应用烟雾粒子对光线产生散射，吸收或遮挡的原理而制成的一种探测器
既可探测烟雾浓度报警，又可探测温度而报警
感烟探测器
感温探测器
感光探测器
复合探测器

火灾探测器可以将感知的信号转变成电信号传输给火灾报警控制器，并同时显示火灾的发生部件，记录火灾发生的时间。

相关资料

火灾探测器用于检测火灾信号，不同功能的火灾检测设备应用的场合也不相同：

① 对于发生火灾时可能产生大量烟雾、较少热量及很少火焰的场所，应选用感烟探测器。

② 对于发生火灾后火势将迅速扩展，且可能产生大量热量、烟雾和火焰辐射的场所，可以选用感温探测器、感烟探测器、感光探测器或复合探测器。

③ 对于发生火灾时可能产生强烈的火焰辐射和较少烟雾及热量的场所，宜选用感光探测器。

④ 对于发生火灾特点不可预料的场所，可先进行模拟试验，根据试验结果选用适宜的火灾探测器。

⑤ 在实际中配置探测器时，还应根据被保护分区的面积、高度以及物业小区的结构特点和具有的功能来确定探测器的类型和数量。

除了上述需要注意的几点原则外，还应注意要根据房屋面积、高度和被保护区的环境来选择火灾探测器。

2 消防报警设备

消防报警设备主要包括火灾报警按钮和火灾报警铃或声光报警器等。

火灾报警按钮是通过人工操作进行火灾报警的控制装置，其种类多种多样，但都是由电极、触点（动触点和定触点）、按钮部件以及外壳组成的。当用手按压火灾报警按钮时，便开始触发火灾报警控制器控制火灾报警铃发出警报声，并向消防联动控制器发出报警信号。选择火灾报警按钮时应保证每个保护区至少设置一个火灾报警按钮。

图 13-2 所示为火灾报警按钮的实物外形。

图 13-2　火灾报警按钮的实物外形

FIRE
擎碎玻璃
PRESS HERE
火灾报警按钮
火　警
按下报警
火灾报警按钮

火灾报警铃或声光报警器用于以声、光的方式发出警报，警示用户发生火灾，应采取安全疏散、灭火救灾措施。选择消防报警设备时应保证每个保护区至少设置一个火灾报警铃。图 13-3 所示为火灾报警铃和声光报警器的实物外形。

图 13-3　火灾报警铃和声光报警器的实物外形

ALARM BELL
火灾报警铃主要是发生报警铃声，因此可用于人口较多的环境中
FIRE
火灾报警铃
声光报警器

3　火灾报警控制器

火灾报警控制器能将火灾探测器送来的火警信号上传至管理中心，以保证管理中心的工作人员能够及时地掌握火灾发生的地点、时间等准确的信息，然后由工作人员发出消防灭火指令信号，再通过火灾报警控制器准确送往消防设备。图 13-4 所示为火灾报警控制器的实物外形。

图 13-4　火灾报警控制器的实物外形

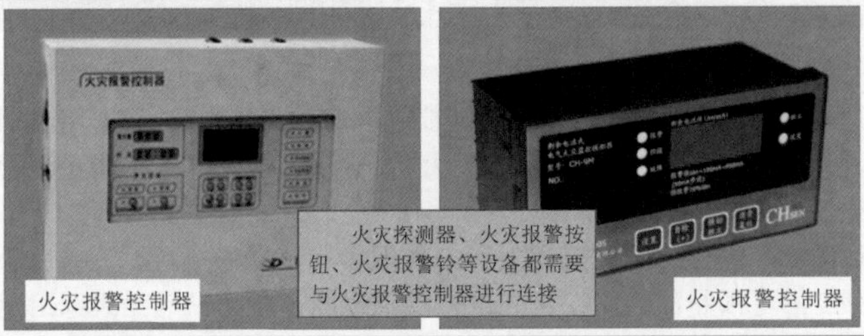
火灾报警控制器
火灾探测器、火灾报警按钮、火灾报警铃等设备都需要与火灾报警控制器进行连接
火灾报警控制器

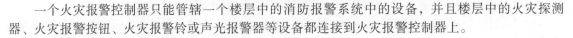

一个火灾报警控制器只能管辖一个楼层中的消防报警系统中的设备，并且楼层中的火灾探测器、火灾报警按钮、火灾报警铃或声光报警器等设备都连接到火灾报警控制器上。

4　消防灭火联动设备

消防灭火联动设备主要包括消防联动控制器以及消防控制主机，如图 13-5 所示。

消防联动控制器除了具有向火灾报警控制器提供电源、接收、显示、传输火警信号等功能外，还具有向消防灭火设备发出控制信号的作用，使消防灭火、火灾报警设备联合工作。它还可以控制火灾报警控制器、消防通信器件、电梯回降控制器件、火灾应急照明与疏散指示灯控制器等设备。

消防控制主机是中心消防报警系统的核心设备，设置在物业管理中心内。当物业管理中心接收到火警信号后，消防报警系统可以通过自动或手动启动消防控制主机，以控制与其所连接的设备投入到火灾报警和消防灭火的状态中。消防控制主机的控制功能大部分是通过消防联动控制器完成的。

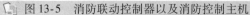

图 13-5　消防联动控制器以及消防控制主机

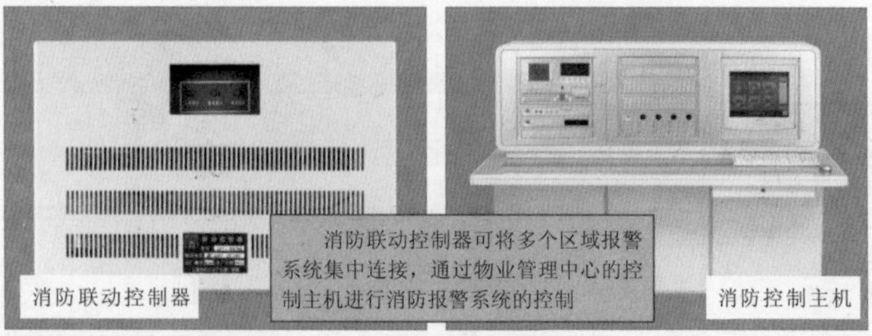
消防联动控制器
消防联动控制器可将多个区域报警系统集中连接，通过物业管理中心的控制主机进行消防报警系统的控制
消防控制主机

13.1.2　消防联动控制与维护

1　消防联动控制系统的结构

消防联动控制系统包括区域报警系统、集中报警系统和控制中心报警系统几种结构。

（1）区域报警系统

区域报警系统（Local Alarm System）主要是由区域火灾报警控制器和火灾探测器等构成的，是一种结构简单的火灾自动报警系统，该类系统主要适用于小型楼宇或针对性单一防火对象，通常情况下，在区域报警系统中使用火灾报警控制器的数量不得超过三台。

图 13-6 所示为典型的区域报警系统结构。

图 13-6　典型的区域报警系统结构

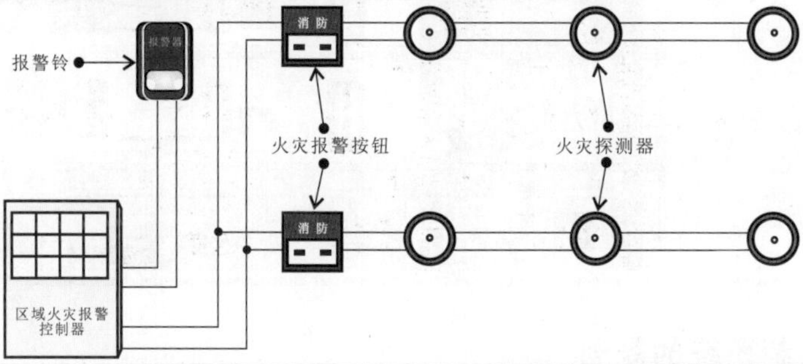
报警铃
报警器
消 防
火灾报警按钮
火灾探测器
消 防
区域火灾报警控制器

在区域报警系统中，火灾探测器与火灾报警按钮串联一起，同时与区域火灾报警控制器进行连接，再由火灾报警控制器与报警铃相连，若支路中一个探测器检测有火灾的情况，则通过火灾报警控制器控制报警铃发出警报。在该系统中每个部件均起着非常重要的作用。

（2）集中报警系统

集中报警系统（Remote Alarm System）主要是由集中火灾报警控制器、区域火灾报警控制器和火灾探测器等构成的，是一种功能较复杂的火灾自动报警系统。该类系统通常适用于高层宾馆、写字楼等楼宇中。图 13-7 所示为典型集中报警系统。

在集中报警系统中，区域火灾报警控制器和火灾探测器均与区域报警系统中的部件相同，只是在区域报警系统的基础上添加了集中火灾报警控制器，将整个火灾报警系统扩大化，适用的范围更广泛。

（3）控制中心报警系统

控制中心报警系统（Control Center Alarm System）主要是由消防控制室的消防控制设备、集中火灾报警控制器、区域火灾报警控制器和火灾探测器等构成的，是一种功能复杂的火灾自动报警系统，该类系统适合应用于小区楼宇中。

控制中心报警系统将各种灭火设施和通讯装置进行联动，从而形成控制中心报警系统，由自动报警、自动灭火、安全疏散诱导等组成一个完整的系统。图 13-8 所示为典型控制中心报警系统。

图 13-7　典型集中报警系统

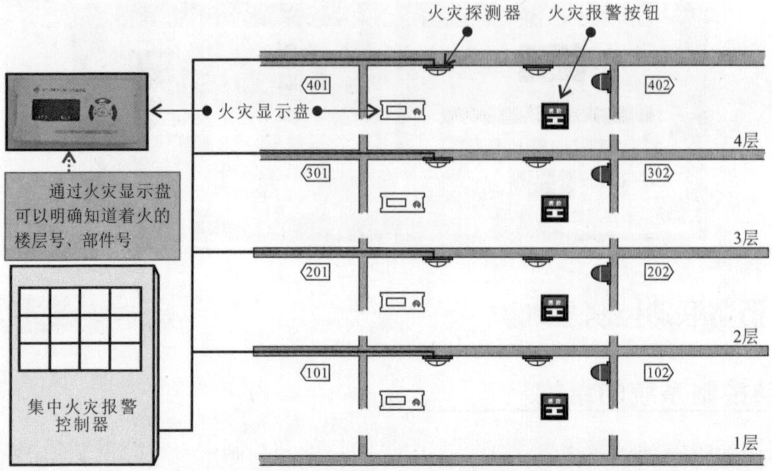
火灾探测器
火灾报警按钮
火灾显示盘
401
402
4层
通过火灾显示盘可以明确知道着火的楼层号、部件号
301
302
3层
201
202
2层
101
102
1层
集中火灾报警控制器

图 13-8　典型控制中心报警系统

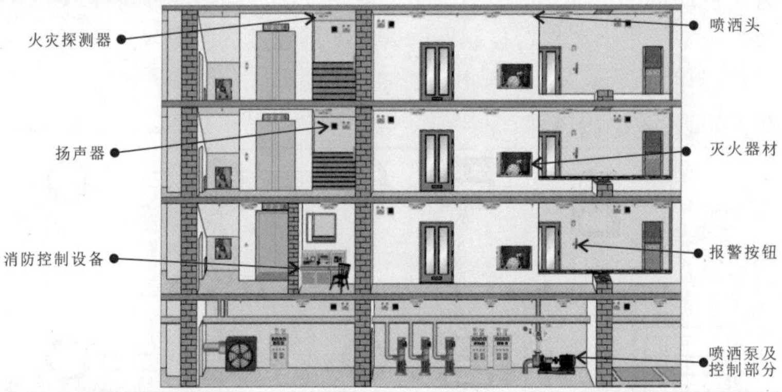
火灾探测器
喷洒头
扬声器
灭火器材
消防控制设备
报警按钮
喷洒泵及控制部分

2　消防联动控制系统的规划

以典型的小区楼宇为例，首先根据该小区的建筑规模和所需设备容量，对小区的火灾报警系统进行规划，如图 13-9 所示。

图 13-9　典型小区楼宇消防联动控制系统的规划

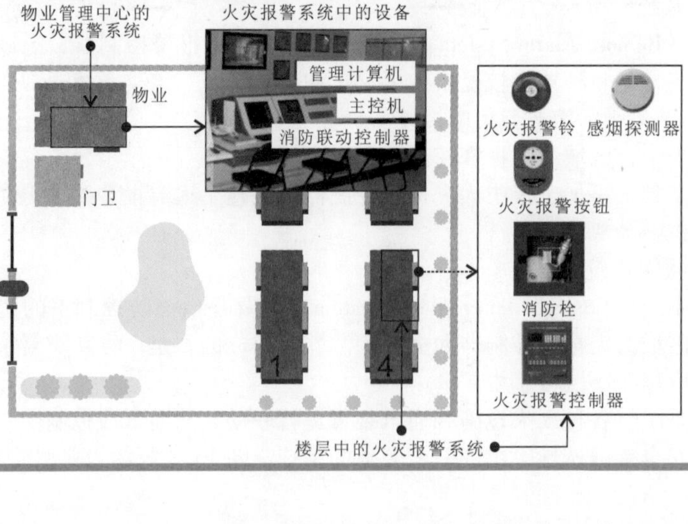
物业管理中心的火灾报警系统
火灾报警系统中的设备
管理计算机
主控机
消防联动控制器
物业
门卫
1
4
火灾报警铃
感烟探测器
火灾报警按钮
消防栓
火灾报警控制器
楼层中的火灾报警系统

由图 13-9 可知，在整体火灾报警系统中可细划分为物业管理中心内部的规划和楼层内部的规划。在物业管理中心内部的火灾报警系统中，主要有火灾报警按钮、火灾探测器、火灾报警铃、消火栓以及火灾报警控制器，当发生火灾时，通过火灾探测器进行自动报警，当有人发现火灾时还可以通过火灾报警按钮进行手动报警，通过控制主机启动各报警铃进行报警，并控制消防设备进行消防工作。

在规划过程中，应根据各部件的性能进行合理设计，如感烟探测器的安装位置，在每 500m 的探测区域内应有一个相应的探测器。

物业管理中心相对楼层较低，当发生火灾时，可以手动开启火灾报警系统，安排报警按钮时，应将其设置在各楼层的过道靠近楼梯出口处。

根据不同类型的探测器，规划时考虑的安装范围也应不同：红外光束线形感烟火灾探测器的探测区域范围不宜超过 $100m^2$；缆式感温火灾探测器的探测区域范围不宜超过 $200m^2$；空气管差温火灾探测器的探测区域范围宜在 $20 \sim 100m^2$ 之间。

在楼层的火灾报警系统中，主要是将每层都设置有火灾探测器、火灾报警按钮、报警铃、消火栓以及火灾报警控制器，如图 13-10 所示。由于楼层中用户较多，因此，在进行规划时，应在每楼层设置相应的部件，有必要时还可以增加火灾应急广播设备，即发生火灾时通过广播方式进行提示。

在对火灾报警系统进行规划时，还需要考虑电源的安装，该类电源应专门用来为火灾报警系统供电。供电电源可以分为主电源和备用电源：主电源是通过专用配电箱向火灾报警系统供电；而备用电源则是使用蓄电池、逆变器向火灾报警系统供电。

在楼宇的火灾报警系统中，其主电源与备用电源可以自动切换，以保证市电停电后消防报警系统可以依靠备用电源正常运行，从配电箱至消防设备应是放射式配电，每个回路的保护应分开设置，以免相互影响。

图 13-10 消防联动控制设备的分布

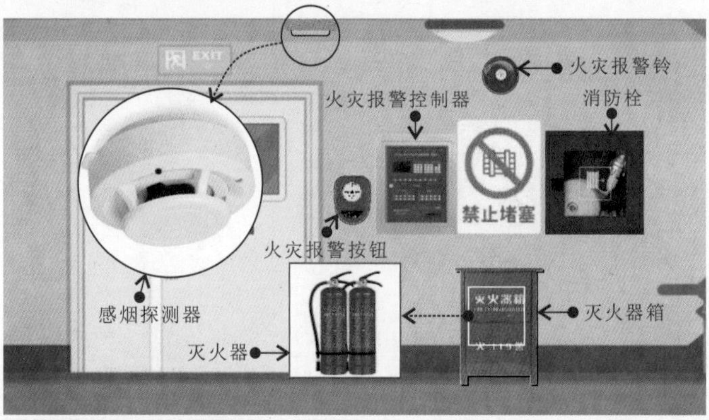
火灾报警铃
火灾报警控制器
消防栓
禁止堵塞
火灾报警按钮
感烟探测器
灭火器箱
灭火器

3 消防联动控制系统设备的安装

安装消防联动控制系统时，可根据火灾报警系统的先后顺序，先安装消防联动控制器和消防控制主机，然后安装火灾探测器、火灾报警铃、报警按钮以及控制器等。

（1）消防联动控制器和消防控制主机的安装

安装火灾报警系统时，需要先将消防联动控制器和消防控制主机安装在消防控制室内，安装时注意安装的方式：将消防联动控制器采用壁挂的方式安装在消防控制主机旁边的墙面上，然后将消防联动控制器与消防控制主机，以及消防控制主机与管理计算机进行连接，实现数据的传输；最后将消防联动控制器与火灾报警控制器的信号线分别连入各楼层的火灾报警设备中。

图 13-11 所示为消防联动控制器和消防控制主机的安装。

图 13-11　消防联动控制器和消防控制主机的安装

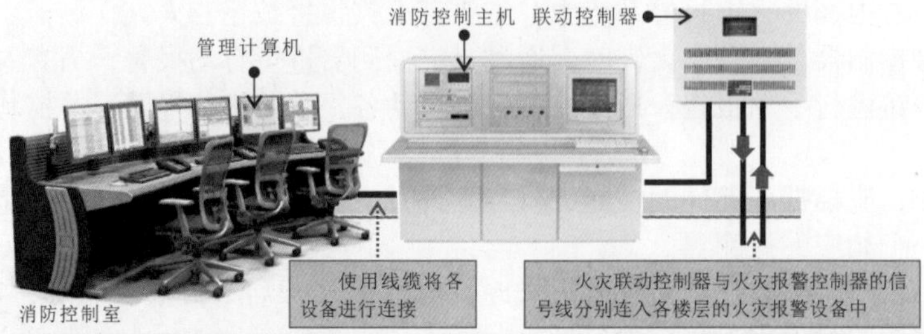
消防控制主机
联动控制器
管理计算机
消防控制室
使用线缆将各设备进行连接
火灾联动控制器与火灾报警控制器的信号线分别连入各楼层的火灾报警设备中

提示说明

消防联动控制器和消防控制主机应设置在消防中心或小区楼层中的值班室内，并且安装时，其显示操作面板应避免阳光直射，安装的房间内要保证无高温/湿、灰尘较少、无腐蚀性气体的房间内。在安装时，应注意以下几点：

① 消防联动控制器在墙上安装时，其底边距地面高度不应小于 1.5m。

② 固定安装时，可使用金属膨胀螺栓或埋注螺栓进行安装，固定要牢固、端正。

③ 安装在轻质墙上时应采取加固措施。

④ 靠近门轴的侧面距离不应小于 0.5m，正面操作距离不应小于 1.2m。

（2）火灾探测器安装连接

安装火灾探测器时需要进行的操作有线缆的敷设、线缆的连接以及火灾探测器的连线。

1）线缆的敷设。火灾报警线路通常采用暗敷的敷设方式对其电路进行敷设，但采用暗敷进行电路的敷设时，将电路敷设在不燃烧的结构中，即敷设在金属管内。如需要弯曲时，注意金属管弯曲的曲率半径必须大于金属管内径的 6 倍以上，否则管内壁会引起变形。矿物绝缘导线以及其他线缆不容易穿入。

图 13-12 所示为矿物绝缘电缆的敷设方式。

图 13-12　矿物绝缘电缆的敷设方式

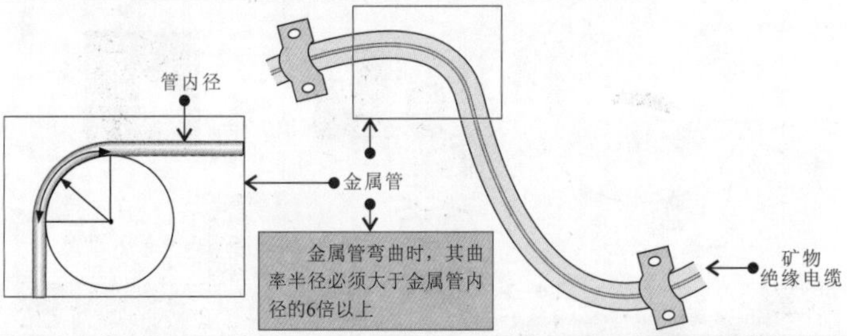
管内径
金属管
金属管弯曲时，其曲率半径必须大于金属管内径的6倍以上
矿物
绝缘电缆

2）中间连接器的连接。电缆敷设安装过程中，要在附件安装时进行割断分制操作，并且分制后及时进行终端的安装和连接。由于所采用的电缆为矿物绝缘电缆，所以在安装时会受到长度及不同电气回路电缆的影响，因此需要采用中间连接器将两根相同规格的电缆连接在一起。

图 13-13 所示为中间连接器的连接方法。

图 13-13　中间连接器的连接方法

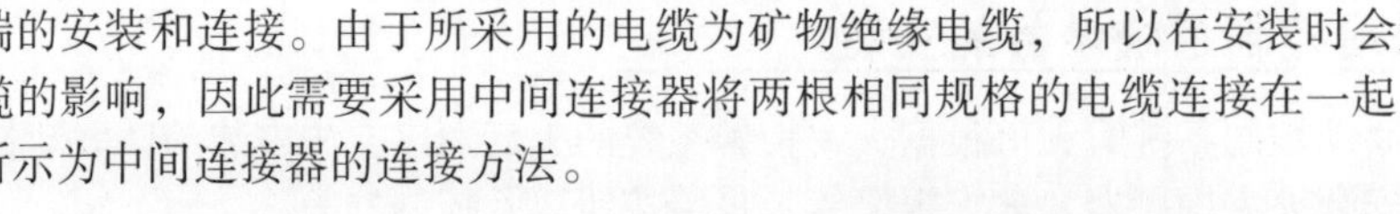
中间连接器
长度不够的线缆需要通过中间连接器进行连接
线缆
线缆

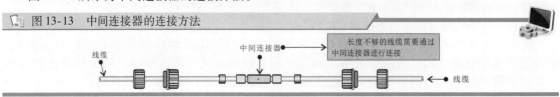

3）火灾探测器的安装及接线。将相关的线缆敷设完成后，将火灾探测器的接线盒安装到墙体内，再将火灾探测器的通用底座与接线盒通过固定螺钉进行连接固定，固定完成后，对火灾探测器

进行接线操作，即将火灾探测器的连接线与火灾探测器通用底座的接线柱进行连接，最后将火灾探测器接在火灾探测器的通用底座上，并使用固定螺钉拧紧。

图 13-14 所示为火灾探测器的安装及接线方法。

图 13-14　火灾探测器的安装及接线方法

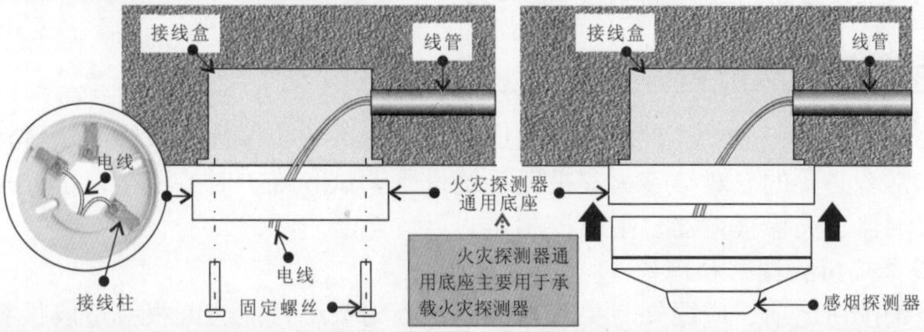
接线盒
线管
电线
火灾探测器
通用底座
火灾探测器通用底座主要用于承载火灾探测器
电线
接线柱
固定螺丝
接线盒
线管
感烟探测器

｜提示说明｜

火灾探测器在安装时，应符合下列安装规定：

① 安装火灾探测器时，探测器至天花板或房梁的距离应大于 0.5m，其周围 0.5m 内不应有遮挡物。

② 当安装感烟探测器时，探测器至送风口的水平距离应大于 1.5m，与多孔送风天花板孔口的水平距离应大于 0.5m。

③ 在宽度小于 3m 的内楼道天花板上设置火灾探测器时，应居中安装火灾探测器，并且火灾探测器的安装间距不应超过 10m，感烟探测器的安装间距不应超过 15m，探测器距墙面的距离不大于探测器安装间距的一半。

④ 火灾探测器应水平安装，若必须倾斜安装时，其倾斜角度不大于 45°。

⑤ 火灾探测器的底座应与接线盒固定牢固，其导线必须可靠压接或焊接，探测器的外接导线，应留有不小于 15cm 的余量。

⑥ 火灾探测器的指示灯应面向容易观察的主要入口方向。

⑦ 连接电线的线管或线槽内，不应有接头或扭结。电线的接头应在接线盒内焊接或用接线端子连接。

（3）火灾报警铃、火灾报警按钮、火灾报警控制器的安装及接线

火灾探测器安装完成后，将火灾报警铃、火灾报警按钮、火灾报警控制器安装到楼道墙面的预留位置上，并进行电路的连接。

图 13-15 所示为火灾报警系统中其他部件的安装及接线方法。

图 13-15　火灾报警系统中其他部件的安装及接线方法

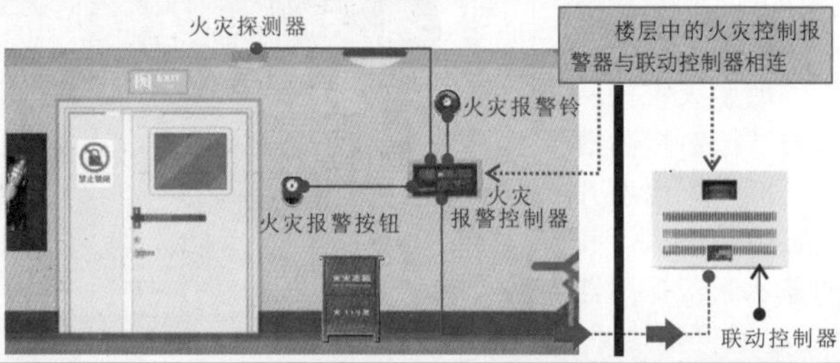
火灾探测器
楼层中的火灾控制报警器与联动控制器相连
火灾报警铃
火灾报警按钮
火灾
报警控制器
联动控制器

｜提示说明｜

由于火灾报警按钮是人工操作器件，因此，在安装时应将其安装在不可人为随意触碰的位置，否则将产生误报警的严重后果。

安装火灾报警按钮时，应注意以下几点：

① 安装时，每个保护区（防火单元）至少设置一只火灾报警按钮。

② 安装火灾报警按钮时，应安装在便于操作的出入口处，并且步行距离不得大于 30m。

③ 火灾报警按钮的安装高度应为 1.5m 左右。
④ 安装火灾报警按钮时，应设有明显的标志，以防止发生误触发现象。
安装火灾报警铃时，需要注意以下几点：
① 每个保护区至少应设置一个火灾报警铃。
② 火灾报警铃应设在各楼层楼道靠近楼梯出口处。

4 消防联动控制系统的调试和维护

根据楼宇火灾报警系统的设计规划要求完成安装，为进一步保证该系统的正常运行，对其进行调试和维护是非常有必要的。对楼宇火灾报警系统进行调试和维护时，应按以下几点进行，即手动报警器、火灾探测器、火警报警器、报警控制器。

（1）手动报警按钮的调试和维护

测试手动报警按钮之前，应通知有关管理部门，因为系统可能会因报警造成报警联动反应。测试时，如图 13-16 所示，按下手动报警按钮的按片，按下后红色火警指示灯会随即点亮。同时，火灾报警按钮会向火灾控制器发送报警信号。火灾控制器接收到报警信号后，会显示报警位置信息并向火灾报警铃发送驱动信号，驱动火灾报警铃报警。如果报警按钮工作异常，则应对其接线进行检查。如接线正常，则需要对报警按钮进行更换。

图 13-16　手动报警按钮的测试

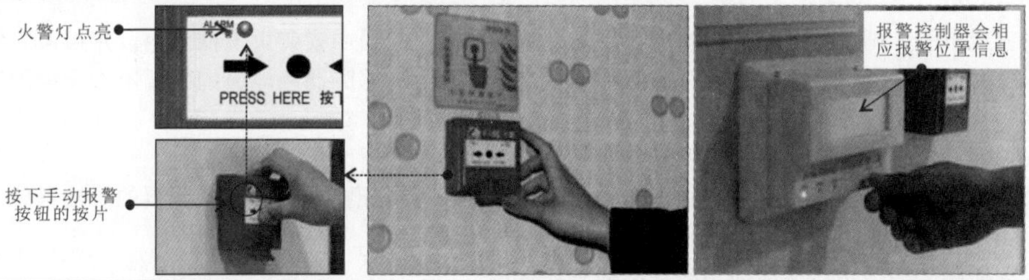
火警灯点亮
ALARM
PRESS HERE
按下手动报警按钮的按片
报警控制器会相应报警位置信息

（2）火灾探测器的调试和维护

在火灾报警系统中，火灾探测器是非常重要的报警器件之一。调试维护时要首先确认火灾探测器的安装环境。根据标准（火灾自动报警系统设计规范），火灾探测器周围 0.5m 内不应有任何遮挡物。距墙壁、梁边水平距离应大于 0.5m。如果遇空调送风口，则探测器距空调送风口的水平距离应不小于 1.5m。如图 13-17 所示，以感烟型火灾探测器为例，使用消防感温感烟测试枪对探测器进行检测。即在探测器附近模拟火灾温度并释放烟气。然后，观察探测器报警确认灯和火灾报警控制器火警信号的显示。若探测器正常，则会启动火灾报警状态。移开加热源，散尽烟气，手动复位火灾报警控制器，查看探测器报警确认灯在复位前后的变化情况。若探测器灵敏度下降或无反应，则应核查探测器的安装是否符合标准及探测器的电路性能，如损坏则需要更换。

图 13-17　感烟型火灾探测器的检测

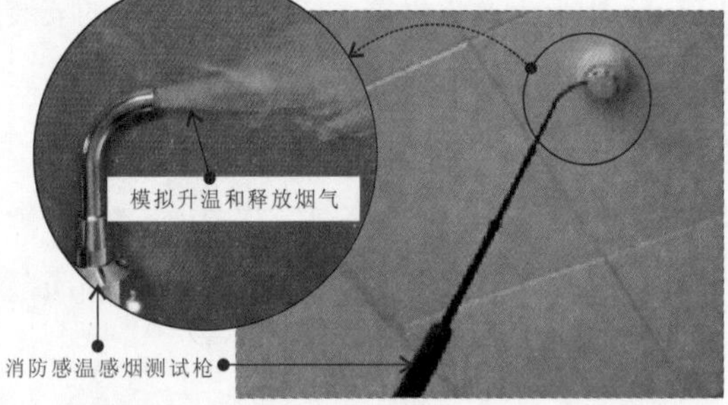
模拟升温和释放烟气
消防感温感烟测试枪

另外，为了确保感烟型火灾报警器的灵敏度，根据规定，感烟型火灾探测器应定期进行清洗（最好保持清洗间隔不超过一年）。清洗后应由具有相关资质的机构对探测器进行感应测试。如性能不良，则应及时更换。

（3）消防报警设备的调试与维护

火灾报警系统中，当发生火灾时，消防报警设备可发出报警声或广播提示，因此，在楼宇火灾报警系统中对该设备也应进行重点调试，如图 13-18 所示。

图 13-18　消防报警设备的调试与维护

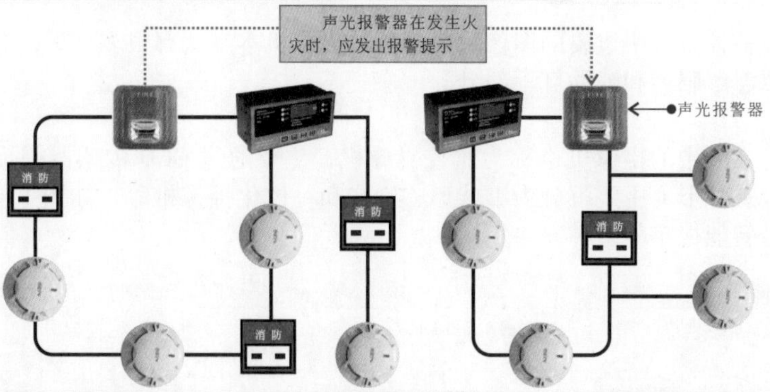
声光报警器在发生火灾时，应发出报警提示
声光报警器
消防
消防
消防
消防

在正常情况下，发生火灾时，报警装置的开启顺序和火灾事故的广播开启顺序应相同：火灾探测器报警信号或手动报警信号可以启动警铃或声光报警器。在高层楼宇中，当二层及二层以上楼层发生火灾时，应先接通火灾层及其相邻的上下层报警；当地下室发生火灾时，应先接通地下各层及首层报警，若是有多个防火分区的单层建筑，则应先接通着火的防火分区及相邻的防火分区。

（4）报警控制器的调试与维护

报警控制器是火灾报警系统中最为重要的控制部件之一，调试过程中，应查看报警控制器显示的火灾楼号、楼层是否正常。

报警控制器是火灾报警系统中的核心控制设备，若该设备有问题，则会造成整个火灾报警系统不能正常运行。因此，对报警控制器性能的调试与维护是保证整个系统正常运行的必要工作。调试报警控制器是否正常时，可分别从自检、报警功能检查、复位检查三方面进行判断。

1）自检主要是通过火灾报警控制器自身的自检功能，按下自检功能键，观察控制器面板上的所有指示灯指示是否正常。

2）报警功能检查是通过其他报警设备来启动报警控制器，观察报警器能否在规定的时间内报警并反馈出相应的报警信号。

3）复位检查是在故障报警或火灾报警的环境下，按下相应的复位或消音键，检查报警系统是否可以消除报警状态。

（5）联动控制调试

最后，需要对整个系统进行整体的调试，启动火灾报警按钮或对火灾探测器进行加烟报警，报警控制器控制报警设备进行火灾广播或警铃，开启排风、消防设备，同时开启应急照明等。

各受控设备将反馈信号送入报警控制器中，若能正常显示，则系统可以正常运行；若不能及时给出反馈信号，或反馈信号失误，则需要对火灾报警系统进行改正、调整。

调试过程中，在确保各部件可以正常工作的前提下，还需要对各信号总线进行调试、诊断，应确认电路没有短路的情况，各连接端应连接完好，不可以出现线缆裸露的情况。

13.2 防盗监控装置及其维护

13.2.1 防盗监控装置

楼宇防盗监控系统是指对重要的边界、进出口、过道、走廊、停车场、电梯等区域安装摄像设备，在监控中心通过监视器对这些位置进行全天候的监控，并自动进行录像。

楼宇防盗监控系统常用到的装置包括摄像机及其配件、DVR 数字硬盘录像机、视频分配器、矩阵主机、监视器、控制台等。

1 摄像机及其配件

摄像机是防盗监控系统中重要的图像采集部分，摄像机本身就有很多种类，而且摄像机还需要云台、镜头、护罩、解码器和辅助灯等部分。

（1）摄像机

用在防盗监控系统中的摄像机也称为监控摄像机，主要通过 CCD 传感器捕捉图像，输出模拟信号或数字信号，从外形上主要可分为半球形、枪式和一体化摄像机等，如图 13-19 所示，广泛应用于银行、交通、智能楼宇等多种安保领域。

图 13-19　摄像机

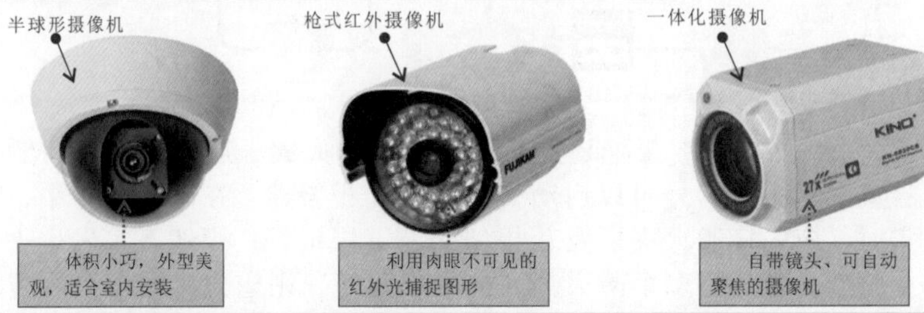
半球形摄像机
枪式红外摄像机
一体化摄像机
体积小巧，外型美观，适合室内安装
利用肉眼不可见的红外光捕捉图形
自带镜头、可自动聚焦的摄像机

摄像机的分类有多种方式，而且许多摄像机都具有特殊的功能，在监控系统中不是每种摄像机都需要，具体要看安装环境和防范要求。监控系统中比较常用到的摄像机包括红外摄像机、夜视摄像机、白光灯摄像机、卫星摄像机、云穿透摄像机、宽动态摄像机、热成像摄像机等。

（2）云台

云台是安装、固定摄像机的支撑设备，它分为电动云台和固定云台两种，如图 13-20 所示。固定云台适用于监视范围不大的环境，在固定云台上安装好摄像机后，调整好水平和俯仰的角度，达到最好的工作姿态后，锁定调整机构即可。电动云台适用于大范围进行扫描监视的环境，它可以自动或手动调节摄像机的监视范围。

图 13-20　云台

固定云台
电动云台

（3）摄像机镜头

摄像机镜头是捕捉图像的关键设备，它的质量（指标）直接影响摄像机的整机指标，镜头相当于人眼的晶状体，如果没有晶状体，人眼看不到任何物体；如果没有镜头，那么摄像头输出的图像就不清晰，是白茫茫的一片。镜头就光圈而言可分为手动光圈镜头和自动光圈镜头两种，就焦距而言又可分为定焦镜头和变焦镜头两种，如图 13-21 所示。

图 13-21　摄像机镜头

定焦镜头
变焦镜头
8mm 1/2.7"IR
CCTV LENS 12mm 1/2" IR

（4）护罩

摄像机是一种精密的电子设备，为了保证摄像机在不同环境下都能正常工作，常需要在摄像机外安装护罩，如图 13-22 所示，对摄像机起到保护作用，比较常见的护罩有防尘、防水、防爆这几类。

图 13-22　护罩

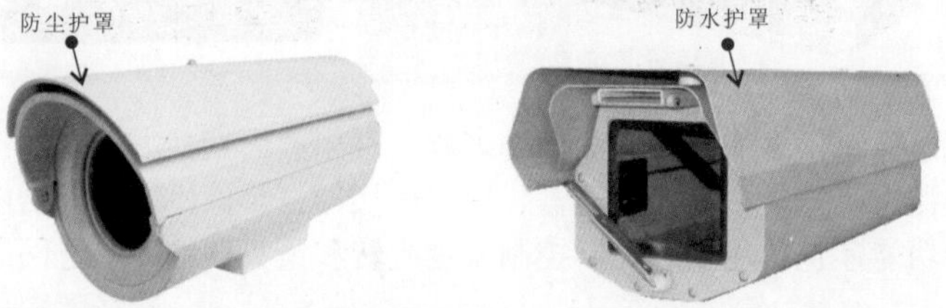
防尘护罩
防水护罩

（5）解码器

解码器是一个重要的前端控制设备，如图 13-23 所示。在监控台的控制下，可使前端设备（云台和镜头）产生相应的动作。此外解码器也可将输入的模拟信号转换为数字信号，因此使用模拟摄像机的场合需要安装解码器。

图 13-23　解码器

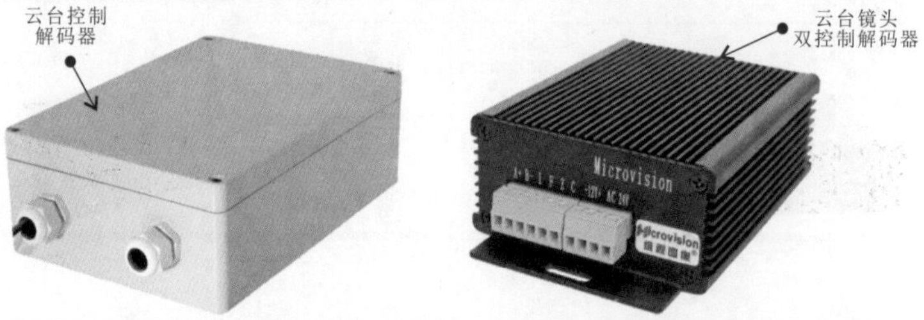
云台控制
解码器
云台镜头
双控制解码器
Microvision

（6）辅助灯

在夜晚，摄像机很难捕捉到图像（夜视摄像机和带有照明灯的摄像机除外），因此需要在摄像机的附近安装辅助灯，照亮周边环境，如图 13-24 所示。辅助灯安装在摄像机附近，照射范围符合摄像机采集范围。

图 13-24　辅助灯

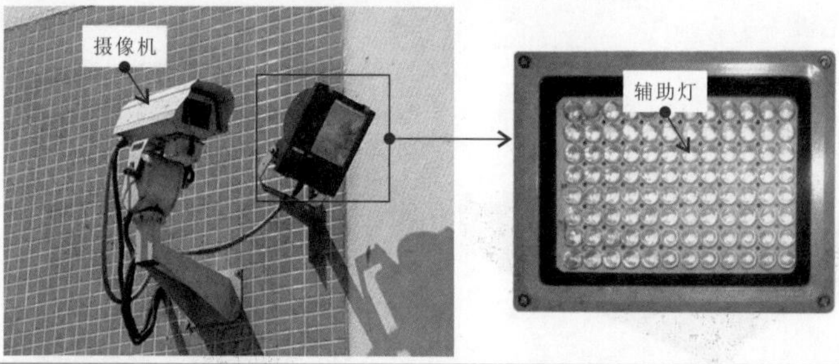
摄像机
辅助灯

2　DVR 数字硬盘录像机

DVR 数字硬盘录像机的基本功能是将模拟的音视频信号转变为 MPEG 数字信号存储在硬盘（HDD）上，并提供录制、播放和管理等功能，如图 13-25 所示。常见的类型有单路数字硬盘录像机、多画面数字硬盘录像机和数字硬盘录像监控主机。

单路数字硬盘录像机：如同一台长时间工作的录像机，只不过使用数字方式录像，可搭配一般的影像压缩处理器或分割器等设备使用。

图 13-25　DVR 数字硬盘录像机

DVR数字硬盘
录像机
可只作为存储
设备使用，也可作
为控制设备使用

多画面数字硬盘录像机：本身包含多画面处理器，可用画面切换方式同时记录多路图像。

数字硬盘录像监控主机：集多画面处理器、视频切换器、录像机的全部功能于一体，本身可连接报警探测器，其他功能还包括通过解码器控制云台旋转和镜头伸缩，通过网络传输图像和控制信号等。

3　视频分配器

一路视频信号对应一台监视器或录像机，若想一台摄像机的图像送给多个监视器，则建议选择视频分配器，如图 13-26 所示，因为并联视频信号衰减较大，所以送给多个输出设备后会由于阻抗不匹配等原因，图像严重失真，电路也不稳定。

图 13-26　视频分配器

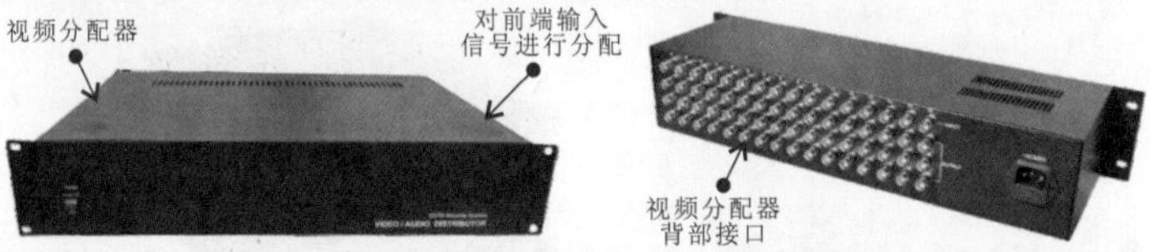
视频分配器
对前端输入
信号进行分配
视频分配器
背部接口

4　矩阵主机

矩阵主机是模拟设备，如图 13-27 所示，主要负责对前端视频源与控制线的切换控制，常配合监控墙使用，不具备录像功能。

矩阵主机最大的特点是实现对输入视频图像的切换输出，也就是将视频图像从任意一个输入通道切换到任意一个输出通道显示。一般来讲一个 $M \times N$ 矩阵，可以做到同时支持 M 路图像输入和 N 路图像输出，这里 $M > N$。

图 13-27　矩阵主机

中型矩阵主机
大型矩阵主机

大型防盗监控系统中，若矩阵主机不具有信号分配功能，那么在矩阵主机前端需要设置视频分配器，将前端摄像机采集来的视频信号送入矩阵主机的同时，再接入硬盘录像机等设备。若视频分配器与前端摄像机距离过远，为防止信号衰减，可在信号线路中加装视频放大器。

5　监视器

监视器是防盗监控系统的重要显示部分，有了监视器的显示才能观看前端送过来的图像。多台监视器组合在一起，便构成了监视墙，如图 13-28 所示。若需要在一台监视器上同时显示多个监控画面，则可在监视器前连接配备一台画面分割器。使用画面分割器可在一台监视器上进行 4 分割、9 分割、16 分割的显示。

6 控制台

控制台通常设置在监视器或监视墙的前面，如图 13-29 所示，通过观察监视图像可对某一摄像机的监控范围进行调整。通过监控软件控制摄像机，查看采集图像。

图 13-28　监视器

监控器组成
的监控墙
监控台

图 13-29　控制台

监控台

13.2.2　防盗监控系统与维护

1 防盗监控系统的结构

防盗监控系统的应用方式有很多，根据监控范围的大小、功能的多少以及复杂程度的不同，防盗监控系统所选用的设备也会不同。但总体上，防盗监控系统的总体结构比较相似，基本上是由前端摄像部分、信号传输部分、控制部分以及图像处理显示部分组成的。图 13-30 所示为防盗监控系统的结构。

前端摄像部分用来采集视频（以及音频）信号，通过信号电路传送到图像显示处理部分，在专用的设备控制下，通过调节摄像设备的角度及焦距，还可以改变采集图像的方位和大小。

信号传输部分用来传送采集的音/视频信号以及控制信号，是各设备之间重要的通信通道。

控制部分是整个系统的控制核心，它可以被理解为一部特殊的计算机，通过专用的视频监控软件对整个系统的监控工作、图像处理、图像显示等进行协调控制，保证整个系统能够正常工作。

图像处理显示部分主要用来显示处理好的监控画面，保证图像清晰完整地呈现在监控工作人员的眼前。

2 防盗监控系统的布线

为了保证安装后的防盗监控系统能够正常运行，有效监视周边及建筑物内的主要区域，减少火灾事故、盗窃案件的发生，并为日后的取证采集做好备份，在安装防盗监控系统前，需要对楼宇及周边环境进行仔细考察，确定视频监控区域，制定出合理的防盗监控系统布线安装规划。

图 13-31 所示为典型园区防盗监控系统的总体布线规划。园区内的全部摄像机通过并联的方式接在电源线和通信电路上，为减少电路负荷，可从监控中心分出多路干线，通过埋地敷设连接某区域内的几个摄像机。

图 13-32 所示为办公楼内的摄像机位置以及布线规划，合理布局各摄像机的位置，电路可暗敷在墙壁中。

图 13-30　防盗监控系统的结构

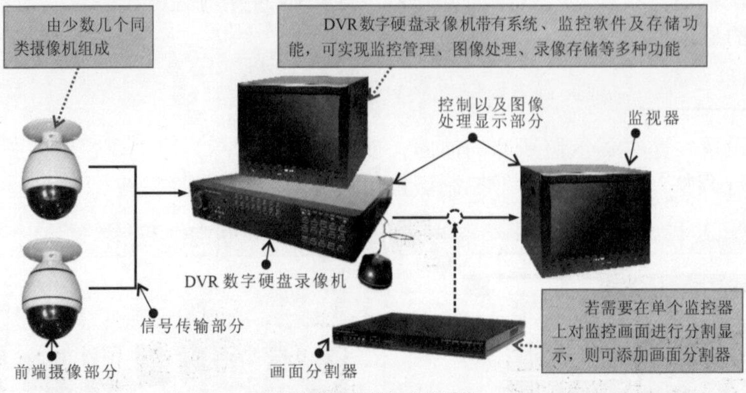

由少数几个同类摄像机组成
DVR数字硬盘录像机带有系统、监控软件及存储功能，可实现监控管理、图像处理、录像存储等多种功能
控制以及图像处理显示部分
监视器
DVR 数字硬盘录像机
信号传输部分
前端摄像部分
画面分割器
若需要在单个监控器上对监控画面进行分割显示，则可添加画面分割器

a）简单的防盗监控系统

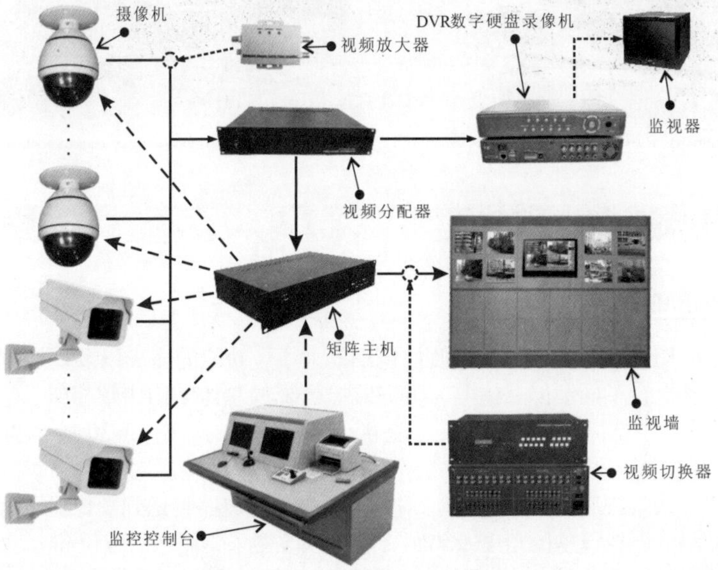

摄像机
视频放大器
DVR数字硬盘录像机
监视器
视频分配器
矩阵主机
监视墙
视频切换器
监控控制台

b）大型楼宇防盗监控系统

图 13-31　典型园区防盗监控系统的布线规划

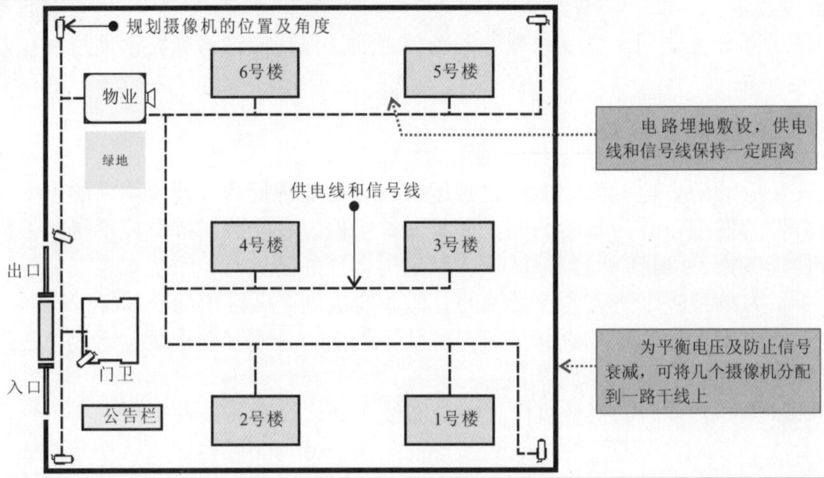

规划摄像机的位置及角度
6号楼
5号楼
物业
绿地
电路埋地敷设，供电线和信号线保持一定距离
供电线和信号线
4号楼
3号楼
出口
入口
门卫
为平衡电压及防止信号衰减，可将几个摄像机分配到一路干线上
公告栏
2号楼
1号楼

| 提示说明 |

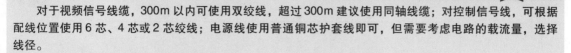

对于视频信号线缆，300m 以内可使用双绞线，超过 300m 建议使用同轴线缆；对控制信号线，可根据配线位置使用 6 芯、4 芯或 2 芯绞线；电源线使用普通铜芯护套线即可，但需要考虑电路的载流量，选择线径。

3 防盗监控系统设备的安装连接

（1）摄像机的安装

安装固定好支架或云台后，可对摄像机进行安装，先将摄像机护罩取下，然后使用螺钉将其固定到支架或云台上，再对摄像机进行接线，最后装回摄像机护罩。

图 13-32 办公楼内的摄像机位置以及布线规划

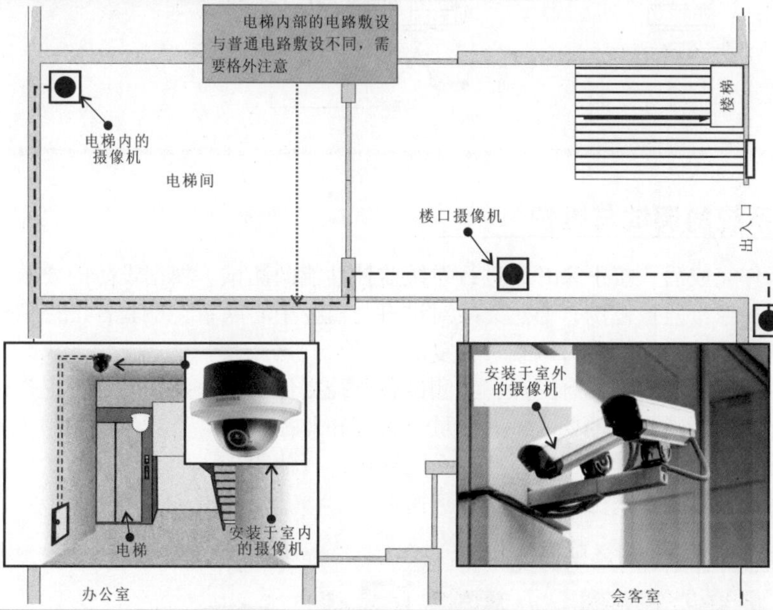

电梯内部的电路敷设与普通电路敷设不同，需要格外注意
电梯内的摄像机
电梯间
楼梯
楼口摄像机
出入口
室外的摄像头
安装于室外的摄像机
电梯
安装于室内的摄像机
办公室
会客室

如图 13-33 所示，护罩拆下后，可看到黑色的内球罩，再将其取下。固定好摄像机后，接下来进行接线。将视频线和电源线从支架孔中穿过，并按要求连接到摄像机上。一边观察监视器，一边调整水平、俯仰和方位，并检查摄像机动作是否正常，图像是否清晰。

图 13-33 摄像头的安装

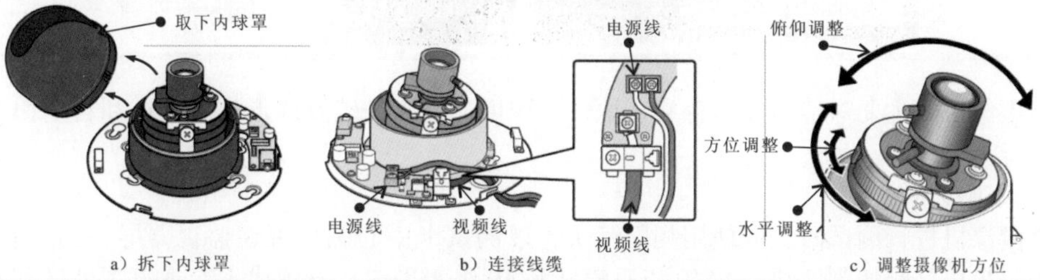

取下内球罩
电源线
视频线
电源线
视频线
俯仰调整
方位调整
水平调整
a）拆下内球罩
b）连接线缆
c）调整摄像机方位

所有调整和连接完成后，将内球罩安装到摄像机上，然后将护罩安装到摄像机上。最后使用十字螺钉旋具将面板螺钉上紧，并将遮挡橡皮帽装到螺钉孔上。

（2）解码器连接

解码器通常安装在云台附近，主要通过线缆与云台及摄像机镜头进行连接。图 13-34 所示为解码器与云台、镜头的连接示意图。

图 13-34 解码器与云台、镜头的连接示意图

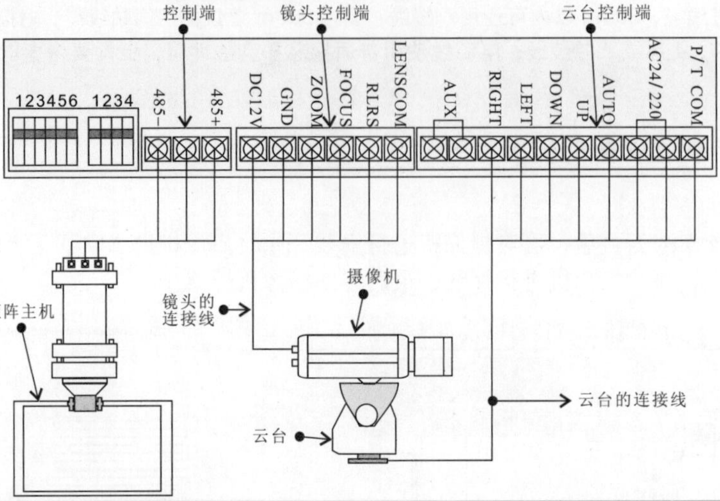
控制端
镜头控制端
云台控制端
123456 1234
485-
485+
DC12V
GND
ZOOM
FOCUS
RLRS
LENSCOM
AUX
RIGHT
LEFT
DOWN
UP
AUTO
AC24/220
P/T COM
矩阵主机
镜头的连接线
摄像机
云台
云台的连接线

4 防盗监控系统的调试与维护

在所有安装工作完成后，接下来开始进行系统监控性能的测试。根据设防的要求，测试人员在不同时段逐个巡视摄像机监控范围，通过无线对讲机与监控中心联系，检验各个摄像机的工作、控制调节、图像清晰度，发现问题及时调整、修复。

防盗监控系统调试的目的主要有三点：①测试各监控摄像机工作及控制是否正常；②测试摄像机图像显示是否能达到清晰观测的要求；③测试是否存在监控盲区。若摄像机控制正常、图像显示正常，监视范围符合防范要求，楼宇防盗监控系统即可运行使用。

图 13-35 所示为防盗监控系统的调试与维护操作。

图 13-35 防盗监控系统的调试与维护操作

监控画面
监控人员观察监视器画面，通过无线对讲机与调试人员交流，指挥调试人员对摄像机进行调整
调整摄像机

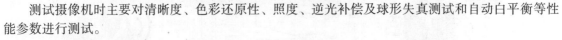

测试摄像机时主要对清晰度、色彩还原性、照度、逆光补偿及球形失真测试和自动白平衡等性能参数进行测试。

（1）清晰度的测试

多个摄像机进行测试时，应使用相同镜头，以测试卡中心圆出现在监视器屏幕的左右边为准，清晰准确地数出已给的刻度线，共 10 组垂直线和 10 组水平线，分别代表着垂直清晰度和水平清晰度，并相应地给出每组线数，如垂直 350 线、水平 800 线，此时最好用黑白监视器。测试时可在远景物聚焦，也可以一边测量一边进行聚焦，最好能两者兼用。

（2）彩色还原性的测试

选好彩色监视器。首先远距离观察人物、服饰，看有无颜色失真；与色彩鲜明的物体对比，看摄像机反应灵敏度；将彩色画册放在摄像机前，看画面勾勒的清晰程度，过淡还是过浓；再次对运动的彩色物体进行摄像，看有无彩色拖尾、延滞、模糊等情况。

(3) 照度的测试

首先将摄像机置于暗室，暗室前后各一个 220V 白炽灯，照明灯设置调压器，通过调压器的调节电压来改变照明灯的明暗，其中调压器的电压可以从 0V 调到 250V。测试时把摄像机光圈均开至最大，记录下一个最高照度值；再把光圈调至最小，记录下一个最高照度值；也可以将前后白炽灯进行各自的调节进行测量。

(4) 逆光补偿的测试

逆光补偿测试有两种方法：一种是在暗室内，把摄像机前侧调压灯打开，调至最亮，然后在灯的下方放置一个图画或文字，让摄像机迎光摄像，看图像和文字能否看清、画面是否刺眼，并调节 AL、AX 拨档开关，查看图像有无变化，并比较哪种效果最好。另一种是在阳光充足的情况下让摄像机向窗外照，查看图像和文字能否看清楚。

(5) 球型失真的测试

把测试卡置于摄像机前端，使整个球体出现在屏幕上，看圆球形是否变椭圆，把摄像机前移，看圆中心有无放大，再远距离测试边、角、框有无弧形失真等。

(6) 自动白平衡测试

自动白平衡是摄像机色彩还原和色调处理能力的重要指标，测试时可在摄像机拍摄景物的同时切换自然光、荧光灯、白炽灯等不同色温的光源，自动白平衡良好的摄像机会在很短时间内显示正确的颜色效果。如果白平衡不良，则切换不同色温光源，所拍摄的图像会呈现偏色效果。

13.3 楼道电子门及其维护

13.3.1 楼道电子门装置

楼道电子门控制系统是一种进行访客识别的电控信息管理系统，一般也称为楼道电子门控制系统。

楼道电子门控制系统包括对讲主机、对讲分机、电控锁、解码器、供电电源、传输线缆、管理中心、围墙机、联网管理器等装置。

1 对讲主机

对讲主机是指安装在楼宇单元防盗门入口处或附近墙壁上的对讲控制装置。它是楼道电子门控制系统中的控制核心部分，户内楼道电子门控制分机的传输信号、电控锁的控制信号等都通过主机进行控制。图 13-36 所示为对讲主机的功能示意图。

图 13-36 对讲主机的功能示意图

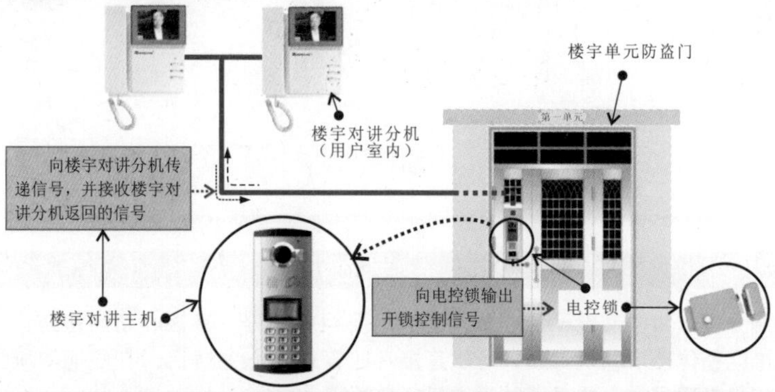
楼宇单元防盗门
第一单元
楼宇对讲分机
(用户室内)
向楼宇对讲分机传递信号，并接收楼宇对讲分机返回的信号
楼宇对讲主机
向电控锁输出开锁控制信号
电控锁

目前，常见的对讲主机按操作方式不同，主要有直按式对讲主机和数码式对讲主机；按功能不同主要分为非可视对讲主机和可视对讲主机。

图 13-37 所示为几种常见对讲主机的实物外形。

图 13-37　几种常见对讲主机的实物外形

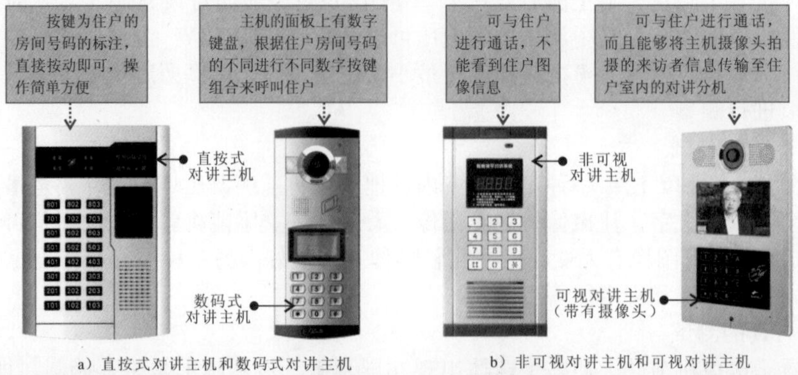
按键为住户的房间号码的标注，直接按动即可，操作简单方便
主机的面板上有数字键盘，根据住户房间号码的不同进行不同数字按键组合来呼叫住户
可与住户进行通话，不能看到住户图像信息
可与住户进行通话，而且能够将主机摄像头拍摄的来访者信息传输至住户室内的对讲分机
直按式对讲主机
数码式对讲主机
非可视对讲主机
可视对讲主机（带有摄像头）

a）直按式对讲主机和数码式对讲主机　　b）非可视对讲主机和可视对讲主机

相关资料

对讲主机可以根据个人要求加设密码，通常采用软编码方式，不受楼宇结构影响；具有联网功能，如果采用小区整体楼宇联网布线，则可以直接呼叫管理中心并通话；具有可视对讲功能；最主要的功能就是报警、防盗。

对讲主机的最大容量可达到 999 户，供电电压通常为 DC 15V，联网接线方式为并联接入，墙盒尺寸约为 328mm × 115mm × 45mm，面板尺寸约为 246mm × 130mm。

2　对讲分机

对讲分机是指安装在各住户内门口处的通话对讲及控制开锁的装置，其功能是接受访客呼叫并监视，经过确认后可经对讲主机后遥控开锁（楼宇单元防盗门处的电控锁）。

传统的对讲分机一般由分机底座、分机通话手柄、操作部分、控制部分和显示部分（具有可视功能的分机）等构成。

目前，常见的楼道电子门控制分机按功能不同，主要有非可视对讲分机和可视对讲分机两种类型。

图 13-38 所示为几种常见楼道电子门控制分机的实物外形。

图 13-38　几种常见对讲分机的实物外形

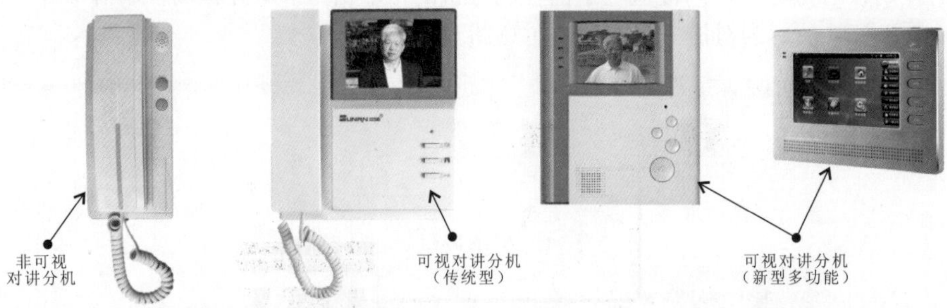
非可视对讲分机
可视对讲分机（传统型）
可视对讲分机（新型多功能）

资料补充

楼道电子门控制分机作为楼道电子门控制系统的重要组成部分，其核心功能是通话、监视和电控锁控制功能。如果采用小区整体楼宇联网布线，可以直接呼叫管理中心并通话；在任何待机情况下都可对楼下的情况进行监视，如果发现异常人或事可随时进行紧急报警。

另外，一些新型楼道电子门控制分机还具有图像存储、信息发布等功能。

3　电控锁

电控锁是一种由继电器控制的机械锁装置，它是整个楼道电子门控制系统中的动作执行部件。

电控锁的开关状态可由用户室内的对讲分机通过电信号进行控制，也可通过电控锁上的机械旋钮和钥匙进行控制。

电控锁作为一种智能电控开关，其质量好坏直接关系到整个系统的稳定性。目前，常见的电控锁主要根据所适用门类型不同进行分类，如电插锁、磁力锁、阳极锁和阴极锁。

图 13-39 所示为几种电控锁的实物外形。

图 13-39　几种电控锁的实物外形

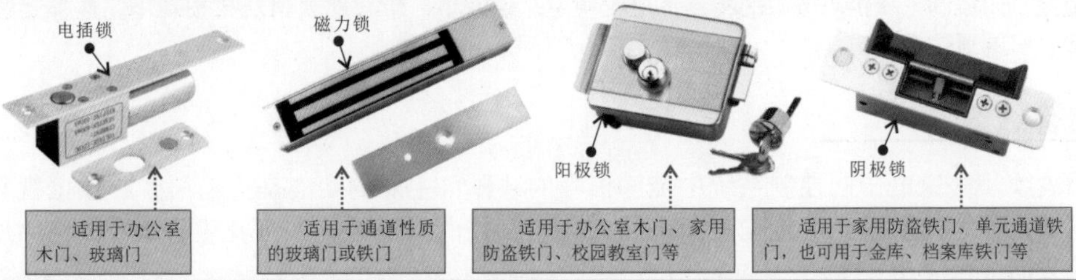
电插锁
磁力锁
阳极锁
阴极锁
适用于办公室木门、玻璃门
适用于通道性质的玻璃门或铁门
适用于办公室木门、家用防盗铁门、校园教室门等
适用于家用防盗铁门、单元通道铁门，也可用于金库、档案库铁门等

常见的楼道电子门控制系统中，多采用磁力锁，楼宇内住户可以通过钥匙打开，门内可以通过磁力锁上的旋钮打开，与普通门锁相同；有人来访时，则可通过对讲系统识别后，由住户通过对讲分机控制磁力锁打开。

| 相关资料 |

电控锁的正常工作电压通常为 12V，正常工作电流为 3A，正常工作温度范围为 -40 ~70℃。

通常根据电控锁在常态下是否通电，还可以将电控锁主要分为断电开门电控锁和断电闭门电控锁两种。

断电开门：在正常情况下，门是关着的，电控锁一直在通电，而呈现“锁门状态”，在受到控制系统发出的信号对电控锁进行断电时，电控锁就呈现出“开门状态”。

断电闭门：在正常情况下，门是关着的，电控锁并没有通电，而呈现“锁门状态”，在受到控制系统发出的信号对电控锁进行通电时，电控锁就呈现出“开门状态”。

在不同的场合所选用的电控锁的种类也不相同。断电开门电控锁通常适用于物业小区或楼道电子门控制系统中，因为在小区内一旦发生电路故障失火而停电，电控锁断电后就呈开门状态，住户比较容易逃离现场；而断电闭门电控锁则适用于一些机密场所或一些财产保险性较高的场所。

通常情况下，在实际应用中，通过闭门器与电控锁配套使用。当电控锁在相应控制下开启后，由闭门器（一种特殊的自动闭门连杆机构）实现自动闭门控制。

4 解码器

解码器是一种将模式信号转换为数字信号的设备，在楼道电子门控制系统中，用于解码及隔离保护，一般安装在楼层主干线与分机之间。

在楼道电子门控制系统中，每台对讲分机为一个可寻的地址，在对讲主机中输入这个可寻的地址后，通过解码器对相应的对讲分机选通，然后实现振铃、通话、开锁等功能。

图 13-40 所示为几种常见的楼道电子门控制系统解码器外形。

图 13-40　几种常见的楼道电子门控制系统解码器外形

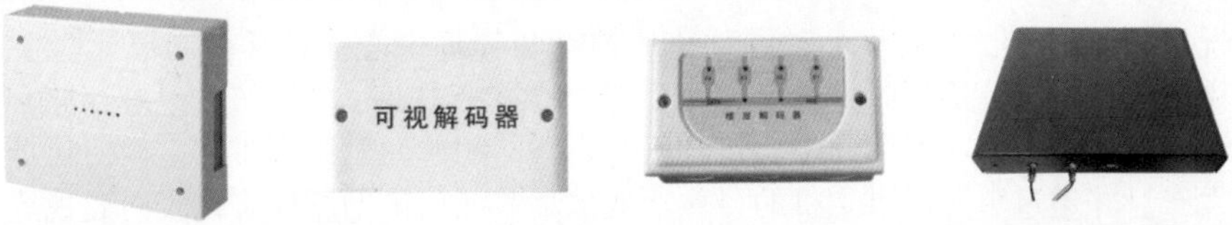
可视解码器

5 供电电源

楼道电子门控制系统的供电电源是指用于为系统提供工作电压，维持系统正常工作的设备。目

前，常见的楼道电子门控制系统供电电源多为直流 12V 或 18V 电源，最大电流为 3A，通过供电线缆为系统供电。

| 相关资料 |

供电电源是楼道电子门控制系统中十分重要的配套设备，目前的楼道电子门控制系统多采用集中供电模式，多台室内分机共用一台电源提供的能源，且有些供电电源内部设有蓄电池，停电时可以由电蓄池供电。

楼道电子门控制系统供电电源的特点是电压稳定、纹波小、带载能力强及自损耗小，这样就能保证对讲主机和分机的通信质量。

6 传输线缆

传输线缆是楼道电子门控制系统中传输信号的载体，主要的功能是传输语音、数据视频图像信号。不同的传输线缆所采用的传输材料不同，性能参数也不相同，主要表现在信号传输的质量和传输速率等方面。

目前，楼道电子门控制系统中常用的传输线缆主要有护套线（2~8 芯）和视频线两种。

（1）护套线

护套线是楼道电子门控制系统中常用的语音信号和报警信号传输线缆，它是指在线芯绝缘层外侧还套有一层胶皮的线缆。

在楼道电子门控制系统中多采用软护套线（RVV），按内部线芯数不同主要有 2 芯、3 芯、4 芯、6 芯和 8 芯几种。

（2）视频线

视频线是用于传输视频信号的线缆，是具有可视功能的楼道电子门控制系统中的重要线缆。视频线根据材质的不同分为 SYV 和 SYWV 两种，在楼道电子门控制系统中一般采用 SYV 视频线。

| 相关资料 |

楼道电子门控制系统中常用的 SYV 视频线主要有 SYV75-3、SYV75-5、75-3、75-5、75-7、75-9、75-12 等几种规格，其中 75 代表阻抗值（单位 Ω），3、5 等数字代表绝缘外径（3mm/5mm）。

一般 SYV75-3 传输距离在 300m 之内效果较好；

SYV75-5 传输距离在 800m 内效果更好；

75-3 传输距离 100m；

75-5 传输距离 300m；

75-7 传输距离 500~800m；

75-9 传输距离 1000~1500m；

75-12 传输距离 2000~3500m。

另外，SYV 视频线还通常以编数进行区分，一般常见 48 编、68 编、96 编、128 编等，线径也有不同，编数越大，线径越大的越好，楼道电子门控制系统常用的为 96 编视频线。

7 管理中心机

管理中心机通常也称为管理机、管理主机等，一般安装在小区管理中心，是具有联网功能的楼道电子门控制系统中的重要设备。

通常情况下，管理中心机是整个对讲系统的控制和管理中心，具有控制单元防盗门电控锁开启，接受对讲主机、对讲分机呼叫，接受联网系统中的报警求助、报警信息记录存储和查询等基本功能。另外，管理员还能够通过管理中心机呼叫与之联网的单元对讲主机和室内对讲分机，集中进行物业信息发布，并通过单元对讲主机的摄像功能采集单元门前的图像实现安防监视等功能。

| 相关资料 |

目前，在一些联网的楼道电子门控制系统中，省略了管理中心机，设计了管理软件，并安装在小区管理中心的计算机上，即将管理功能集成在计算机上，实现统一管理。

8 联网控制器

联网控制器通常也可称为联网器、联网转换器、联网路由器等，一般安装在管理中心机与对讲主机之间，主要用于在具有联网功能的对讲系统中切换联网系统与单元系统的语音信号、视频信号，实现管理中心机与对讲主机之间的数据传输；隔离保护单元系统与联网系统，避免一个设备异常导致整个对讲系统瘫痪，另外，还具有转换系统中的报警信息、故障信息等功能。

图 13-41 所示为常见楼道电子门控制系统中联网控制器的实物外形。

图 13-41 常见楼道电子门控制系统中联网控制器的实物外形

门禁控制器

| 相关资料 |

在实际应用中，楼道电子门控制系统中应用到的设备和线缆的数量、类型等可能因规划设计方案不同有所区别。一般情况下，除了上述几种常见的设备外，有些对讲系统中还设有集线器、分配器、中继器、信号放大器、信号隔离器、分线器（分支器）等，具体应用和系统结构根据实际情况而定。

13.3.2 楼道电子门控制系统与维护

楼道电子门控制系统的主要功能是确保楼门平时处于闭锁状态，可有效避免非本楼人员未经允许进入楼内。楼内的住户可以在楼内通过手动旋钮或控制开关控制楼门电控锁打开，也可以通过钥匙或密码开启电控锁进入楼内；当有访客需要进入楼宇时，需要通过楼道电子门控制系统呼叫楼内住户，当楼内住户通过对讲系统进行对话或图像对来访者进行身份识别后，由楼内住户控制门控锁打开，允许来访者进入。

除此之外，一些楼道电子门控制系统还具有一定的管理功能，通过管理部分实现对楼道电子门控制系统进行监视（电路故障报警或非法入侵报警）、管理部门与住户或住户与住户之间进行通话，住户可以在紧急情况下向楼宇管理部分报警求救等。

通常按是否可视主要分为非可视楼道电子门控制系统和可视楼道电子门控制系统两种。

1 非可视楼道电子门控制系统的规划布线

非可视楼道电子门控制系统是指能够实现语音通信（户内与室外的对讲）、楼门开关控制以及监控或报警功能的对讲系统。一般根据是否联网分为不联网的非可视楼道电子门控制系统和联网的非可视楼道电子门控制系统。

不联网的非可视楼道电子门控制系统是指结构相对独立的一种具有基本对讲功能、遥控开锁的简单对讲系统。一般比较适合相对独立的普通单户住宅、多户单元楼等类型的建筑楼宇中。

| 提示说明 |

由于楼道电子门控制系统的布线属于弱电系统，所以在布线时要按照一定的布线原则进行布线。小区楼道电子门控制系统的布线原则主要有以下几点：

① 对讲主机与电源供电系统连接时，宜采用 RVV4 ×0. 5mm^2、SYV75-5、UTP、RVV2 ×0. 75mm^2、SYV75-7 等多种电缆连接。

② 对讲主机与电控锁连接时，宜采用 RVV4 ×0. 5mm^2 型 4 芯线连接。

③ 对讲联网控制器与解码器连接时，采宜用 SYV75-3、RVV8 ×0. 5mm^2 等线连接。

④ 解码器与对讲分机连接时，宜采用 SYV75-3、RVV5 ×0.5mm^2 等线连接。

⑤ 视频线必须经过视频分配器后再连接延伸到各可视分机，入户视频线宜采用 SYV75-5，每层户数不多时可采用 SYV75-3 型；单元楼内垂直视频干线宜采用 75-5 视频线（楼层较低时可用 75-3），门口主机上的摄像机视频信号经过视频放大器后，再向各楼层的视频分配器传送（如楼层较低，每楼小于 14 户，也可不接视频放大器）。

⑥ 楼道电子门控制系统的语音信号、图像信号和控制信号线不得与其他系统的开关或电源线布设在同一根管槽内，以免发生信号串扰。

⑦ 联网布线时，从单元门口到管理中心的距离以 300m 以内为宜；网络点对点传输距离以 80m 左右为宜。另外，系统中应尽量铺设屏蔽线材，务必将每个断点的屏蔽网与该断点的系统地相连接好；尽可能远离强电。

⑧ 在楼道电子门控制系统的每一根视频或音频连接线的两端标上相同的标记，以方便连接。

⑨ 布线时要远离干扰源，如电力线、动力线等。走线时建议 PVC 线管或 PVC 槽单独走线。

⑩ 楼道电子门控制系统中的信号线布置在 PVC 线管内时，选择线管要按照对讲系统的型号选择管材种类和规格，如没有要求，可按线管内所敷设的导线的总截面积进行选管，选管要求在不超过线管内径截面积的 70% 的标准进行选配。

⑪ 线管在转弯处或在直线长度超过 1.5m 时应加上固定卡子。

为了方便线管的布线和以后的维护，线管的长度和位置要有一定的要求。

- 在管路长度超过 40m，并无弯曲时，中间应加装一个接线盒或拉线盒；
- 在管路长度超过 25m，并有一个弯时，中间应加装一个接线盒或拉线盒；
- 在管路长度超过 15m，并有两个弯时，中间应加装一个接线盒或拉线盒；
- 在管路长度超过 10m，并有三个弯时，中间应加装一个接线盒或拉线盒。

⑫ 一般情况下，楼道电子门控制系统线管宜采用暗敷布线方式，要求管路短、畅通、弯头少。

不联网的非可视楼道电子门控制系统的电路构成如图 13-42 所示。

图 13-42　不联网的非可视楼道电子门控制系统的电路构成

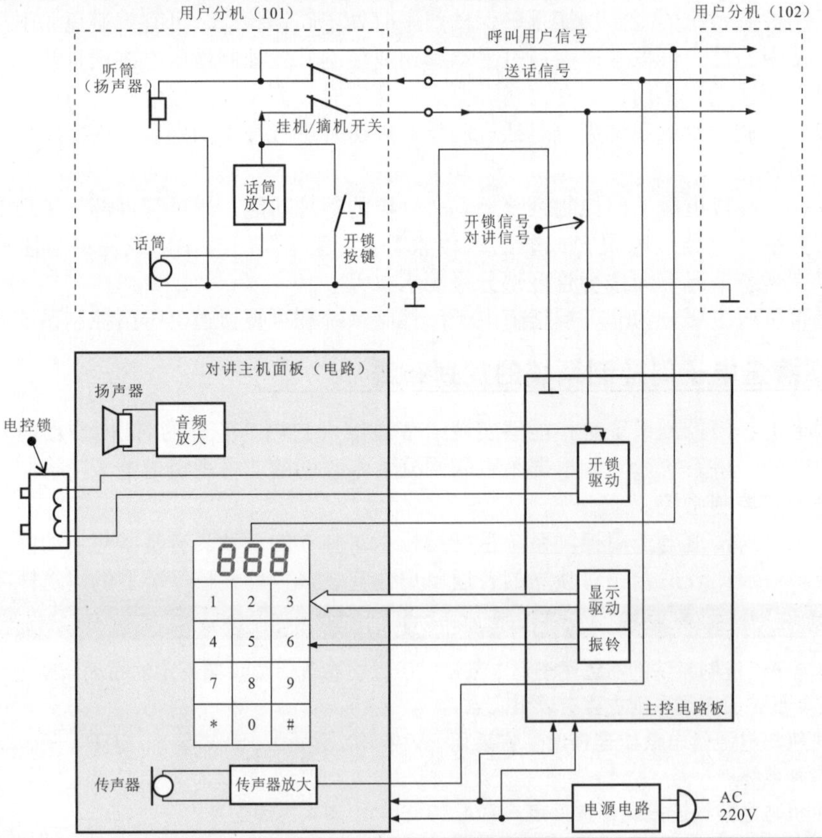
用户分机（101）
用户分机（102）
呼叫用户信号
送话信号
听筒（扬声器）
挂机/摘机开关
话筒放大
开锁按键
话筒
开锁信号
对讲信号
对讲主机面板（电路）
扬声器
音频放大
电控锁
开锁驱动
888
1
2
3
4
5
6
7
8
9
*
0
#
显示驱动
振铃
主控电路板
传声器
传声器放大
电源电路
AC 220V

典型非可视楼道电子门控制系统的接线与分配方法如图 13-43 所示。

图 13-43　典型非可视楼道电子门控制系统的接线与分配方法

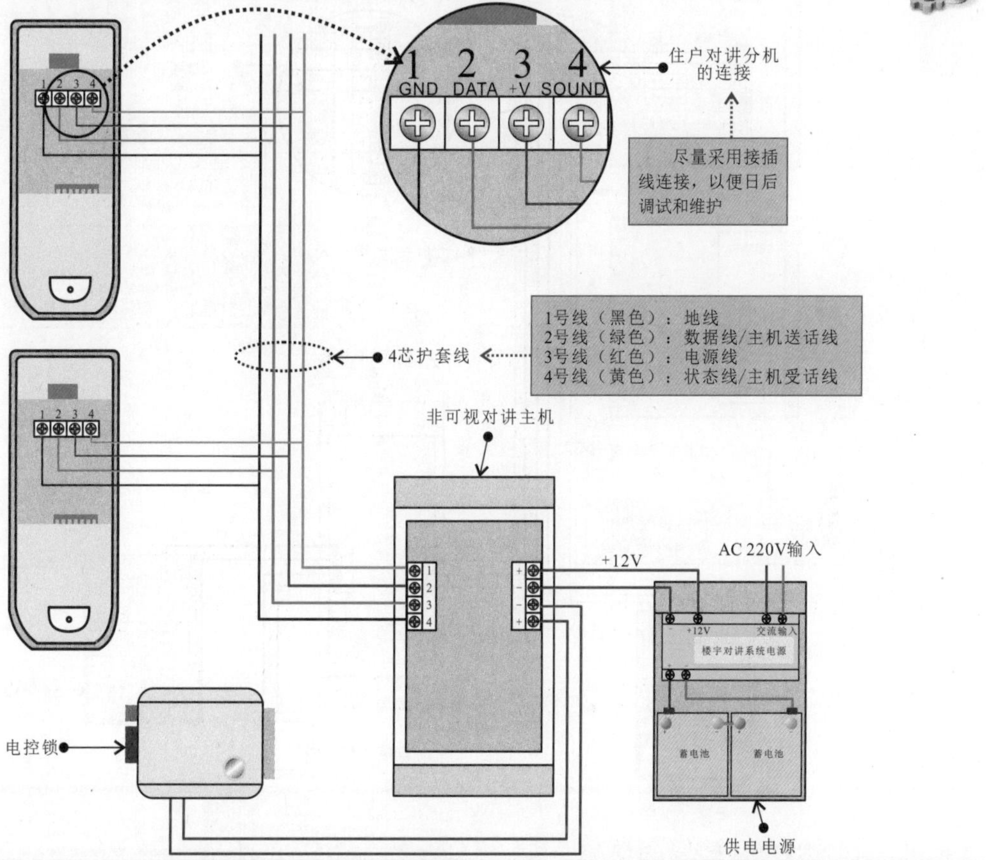
1 GND
2 DATA
3 +V
4 SOUND
住户对讲分机的连接
尽量采用接插线连接，以便日后调试和维护
4芯护套线
1号线（黑色）：地线
2号线（绿色）：数据线/主机送话线
3号线（红色）：电源线
4号线（黄色）：状态线/主机受话线
非可视对讲主机
+12V
AC 220V输入
楼宇对讲系统电源
交流输入
蓄电池
蓄电池
电控锁
供电电源

2　可视楼道电子门控制系统的规划布线

可视楼道电子门控制系统是指能够实现语音通信（户内与室外的对讲）、图像传输、楼门开关控制以及监控或报警功能的对讲系统。

可视楼道电子门控制系统的布线与分配方法与非可视楼道电子门控制系统的布线与分配方法相似，需要注意的是可视楼道电子门控制系统中对视频线布线和分配要求。

典型可视楼道电子门控制系统的接线与分配方法如图 13-44 所示。

在可视楼道电子门控制系统中，通常还需要在对讲主机与对讲分机之间连接解码器，实现信号的解码和寻址。

解码器的布线与分配方法如图 13-45 所示。

3　楼道电子门控制系统的安装

安装楼道电子门控制系统通常可先对设备的安装位置进行定位，然后按照布线和分配关系进行电路敷设，接着依次将系统中的各设备进行安装和固定，安装过程中可同时将设备与敷设好的电路进行接线，完成系统的安装。

（1）确定位置

在对楼道电子门控制系统进行安装前，首先确定各设备的安装位置，进行基本的规划定位，特别是对室外对讲主机和室内对讲分机的高度有一定要求，安装高度要求满足设备基本的语音和图像信息的采集功能。

图 13-46 所示为楼道电子门控制系统中室外对讲主机和室内对讲分机的定位。

图 13-44　典型可视楼道电子门控制系统的接线与分配方法

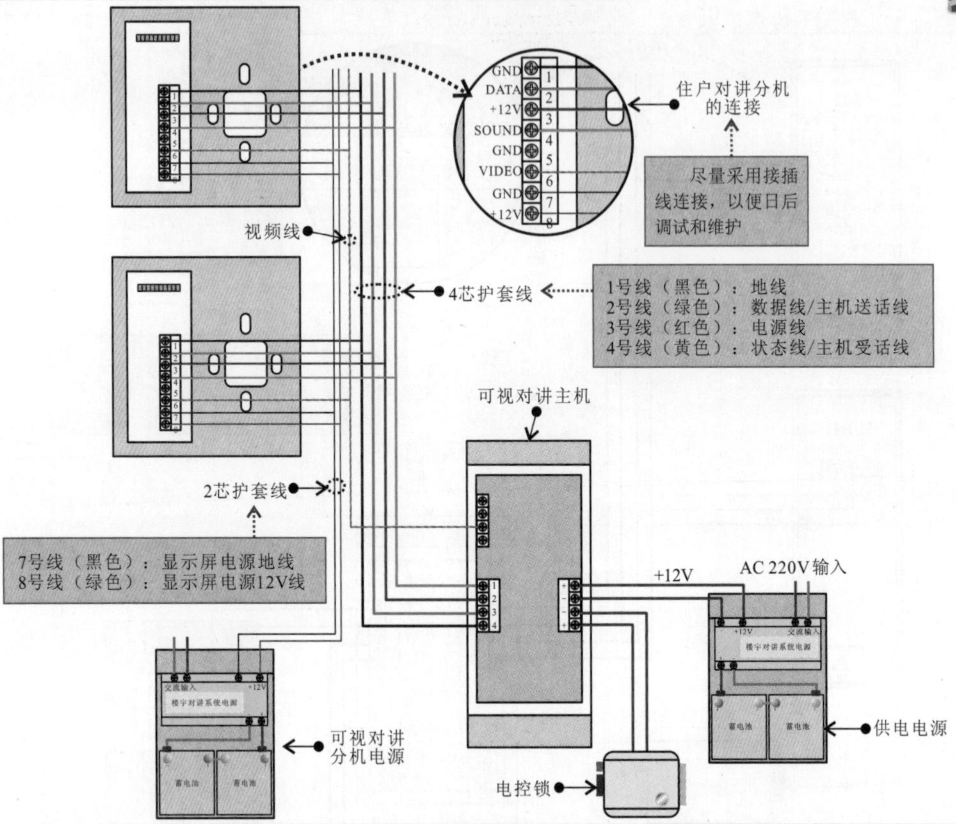
GND
DATA
+12V
SOUND
GND
VIDEO
GND
+12V
住户对讲分机的连接
尽量采用接插线连接，以便日后调试和维护
视频线
4芯护套线
1号线（黑色）：地线
2号线（绿色）：数据线/主机送话线
3号线（红色）：电源线
4号线（黄色）：状态线/主机受话线
可视对讲主机
2芯护套线
7号线（黑色）：显示屏电源地线
8号线（绿色）：显示屏电源12V线
+12V
AC 220V输入
可视对讲分机电源
供电电源
电控锁

图 13-45　解码器的布线与分配方法

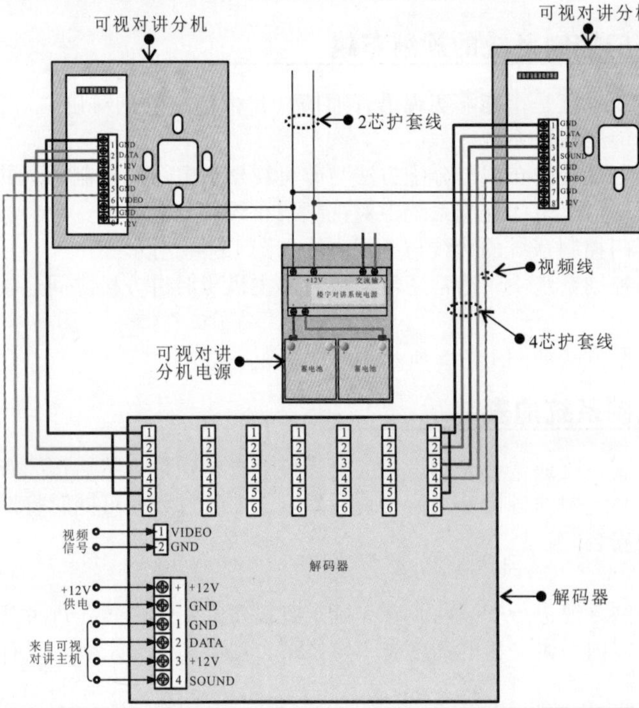
可视对讲分机
可视对讲分机
2芯护套线
视频线
4芯护套线
可视对讲分机电源
视频信号
VIDEO
GND
解码器
+12V供电
+12V
GND
来自可视对讲主机
GND
DATA
+12V
SOUND
解码器

图 13-46　楼道电子门控制系统中室外对讲主机和室内对讲分机的定位

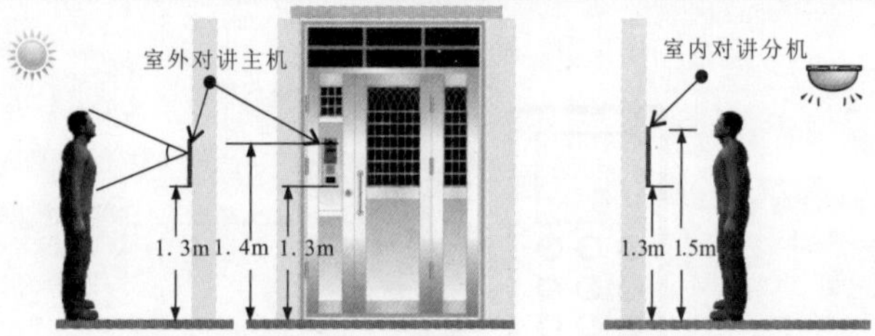
室外对讲主机
1. 3m
1. 4m
1. 3m
室内对讲分机
1.3m
1.5m

a）室外对讲主机定位（数据可作为参考）　b）室内对讲分机定位

（2）电路敷设

楼道电子门控制系统在楼内敷设线管时通常采用暗敷方式，所以在敷线和敷管时要求电路必须简明，具体操作步骤如下：

① 首先要对线管的安装位置进行定位，并在墙上画出预设电路；

② 选择合适的线管，检查线管是否符合电路敷设要求；

③ 量好电路所需尺寸长度，并估算出各段线管需要预留出的长度；

④ 在线管要裁剪的位置用笔做上标记，然后用裁管工具进行裁切，裁切时要注意将管口剪齐；

⑤ 接下来进行穿墙打眼，通常用到的工具是冲击钻。使用冲击钻时需要注意，在进行室内和室外之间打眼时，最好由室内向室外进行打眼，以避免破坏室内装修因为在冲击钻穿出墙时，会将墙的外皮带下。

⑥ 最后将裁切好的线管敷到管槽内，并将连接线缆穿到线管内，敷线要尽量简短。

（3）室内对讲分机的安装

可视对讲分机或非可视对讲分机通常安装于用户户内大厅门口，具体操作步骤如下：

① 先用螺钉将对讲分机的挂板固定在墙上（分机位置距地 1. 3 ~ 1. 5m），对应机体后面的槽口；

② 将对讲分机与敷设、预埋好的电路进行连接（视频线和音频线分别接在对讲分机相应的接口上）；

③ 最后将室内机挂在挂板上，并摇动检查安装是否牢固。

室内对讲分机的安装方法如图 13-47 所示。

图 13-47　室内对讲分机的安装方法

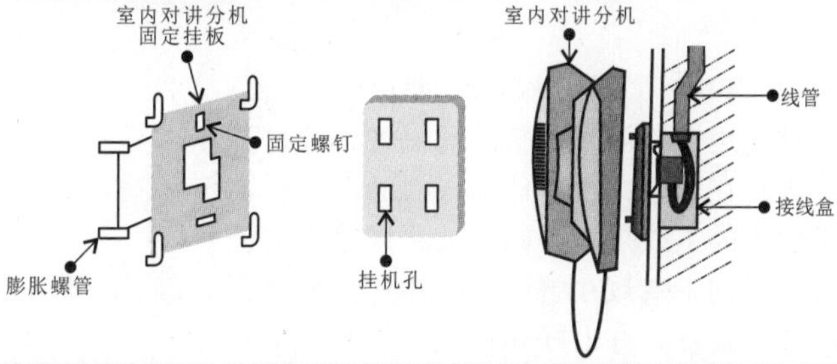
室内对讲分机
固定挂板
固定螺钉
膨胀螺管
挂机孔
室内对讲分机
线管
接线盒

（4）室外对讲主机的安装

室外对讲主机通常安装在楼宇的单元防盗门上或单元楼外的墙壁上，具体操作步骤如下：

① 用螺钉将对讲主机的挂板固定在墙上，对讲主机位置距地 1. 4 ~ 1. 5m；

② 把室外对讲主机后被接线柱标记端与预埋好的线缆一一对应接好（信号线、电源线、视频线等）。

③ 用螺钉将对讲主机的固定架安装固定在对讲主机的挂板上，并检查安装是否牢固。

室外对讲主机的安装方法如图 13-48 所示。

图 13-48　室外对讲主机的安装方法

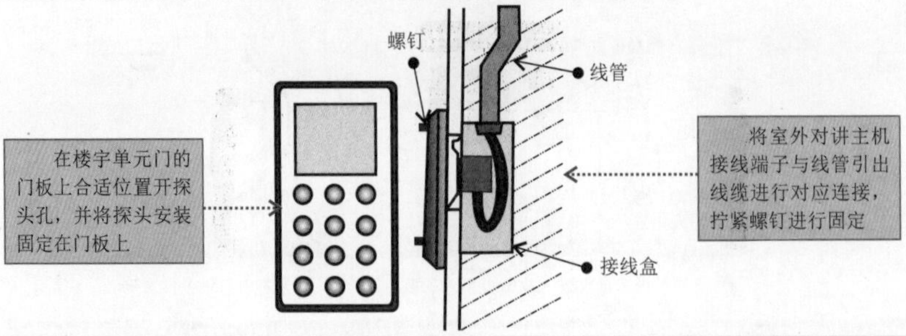
螺钉
线管
在楼宇单元门的门板上合适位置开探头孔，并将探头安装固定在门板上
将室外对讲主机接线端子与线管引出线缆进行对应连接，拧紧螺钉进行固定
接线盒

（5）电控锁的安装

电控锁在安装时，所选用的型号要适合单元防盗门的类型，通常情况下电控锁安装在单元门靠近扶手的门板边缘，具体操作步骤如下：

① 在楼宇单元门的门板上合适位置开探头孔，并将探头安装固定在门板上；

② 打开电控锁的后盖板，用螺钉旋具将电控锁用螺钉固定在门板上；

③ 选好合适的线缆，并将线缆的各控制线及电源线接到相应的接头；

④ 然后盖上后盖板，并将端面螺钉拧紧。

图 13-49 所示为电控锁的安装示意图。

图 13-49　电控锁的安装示意图

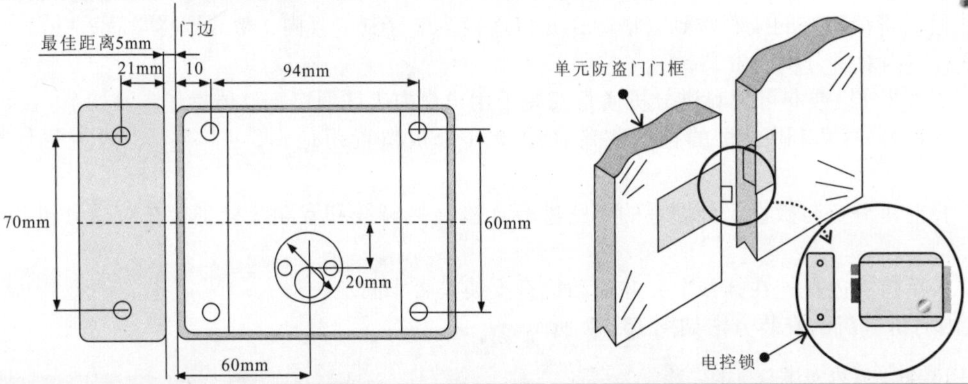
门边
最佳距离5mm
21mm
10
94mm
70mm
60mm
20mm
60mm
单元防盗门门框
电控锁

（6）解码器的安装

解码器通常安装于弱电井内，具体操作步骤如下：

① 对解码器的安装首先用螺钉旋具将解码器的外盖螺钉拆下；

② 用螺钉将解码器固定在墙上，距离地面或楼面保持在 1.5m 左右；

③ 将连接对讲主机输入的主线接在解码器的主线接头上；

④ 将连接对讲分机输出的主线接在解码器的用户分线接头上；

⑤ 最后将解码器的外盖盖好，并上好螺钉。

（7）供电电源的安装

对讲系统电源箱等通常安装于弱电井内，具体操作步骤如下：

① 在距离地面 2m 左右，用螺钉把电源箱固定在墙上，然后打开电源箱箱门，并检查固定是否牢固；

② 关闭系统电源开关；

③ 将市电的 220V 输出线连接到对讲系统的电源上。接线要分清极性，相线接在电源箱的相线输入端，零线接在电源箱的零线输入端；

④ 锁好电源箱的箱门。

| 提示说明 |

安装供电电源时需要注意，供电电源应安装在距离单元对讲主机最近的地方，一般不可超过 10m，以保证系统正常工作。

| 提示说明 |

在安装楼道电子门控制系统时，需要注意：

① 在安装楼道电子门控制系统过程中严禁带电操作；

② 不可将对讲系统（特别是对讲主机）安装于太阳直接曝晒、高温、雪霜、化学物质腐蚀及灰尘太多的地方；

③ 在安装完成后，应仔细检查连接是否正常，确保安装无误后才可通电。

4 楼道电子门控制系统的调试与检测

楼道电子门控制系统安装完成后，并不能立即通电使用，还要对安装后的线路进行调试与检测，以免系统中存在安装不到位、接线错误等情况，造成系统中设备的损坏或为日后整个系统的稳定运行埋下隐患。

由此可知，调试与检测是楼道电子门控制系统安装完成后必须进行的一个操作环节。根据调试范围不同，通常可分成供电状态测试、单机调试、单元调试和统一调试四个基本调试步骤。

（1）供电状态测试

在对系统进行调试前，首先要确保系统供电条件满足，即用万用表的直流电压档检测供电电源的输出及室外对讲分机供电端子上的直流电压是否正常。

系统供电条件的测试方法如图 13-50 所示。

图 13-50 系统供电条件的测试方法

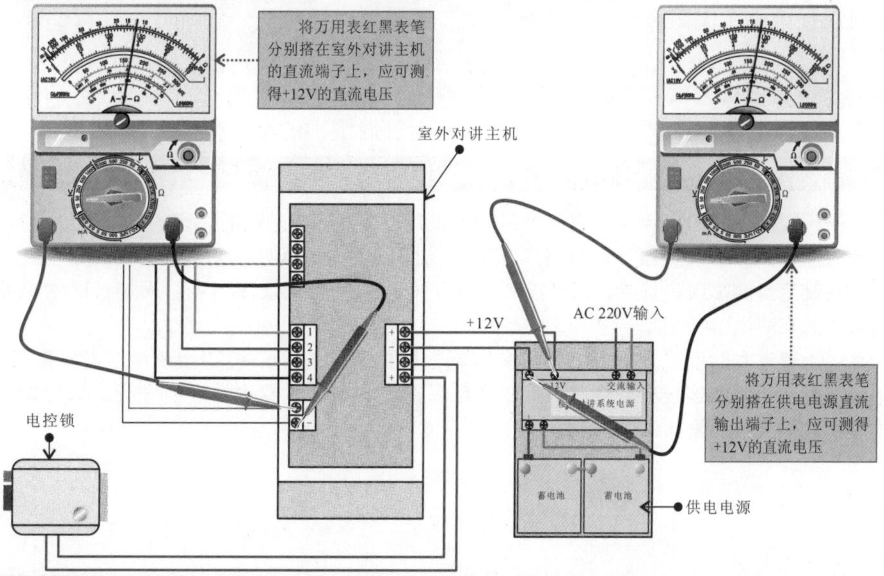
将万用表红黑表笔分别搭在室外对讲主机的直流端子上，应可测得+12V的直流电压
室外对讲主机
+12V
AC 220V输入
交流输入
将万用表红黑表笔分别搭在供电电源直流输出端子上，应可测得+12V的直流电压
电控锁
蓄电池
蓄电池
供电电源

（2）单机调试

单机调试是指在满足电源供电正常的前提下，先测试一台对讲分机和对讲主机之间的呼叫、对讲、开锁功能是否正常。

例如，在室外对讲主机处呼叫测试的室内对讲分机，检查室内对讲分机是否提示、响铃，应接后是否可以进行双方通话，若属于可视对讲系统，则还需检查显示屏图像显示是否正常、清晰等。如有问题则需要对两个设备之间的线路进行调整或重新连接。

当进行单机测试出现主机啸叫、无响铃、主机无法送话等异常时的调试方法如图 13-51 所示。

图 13-51　单机调试方法

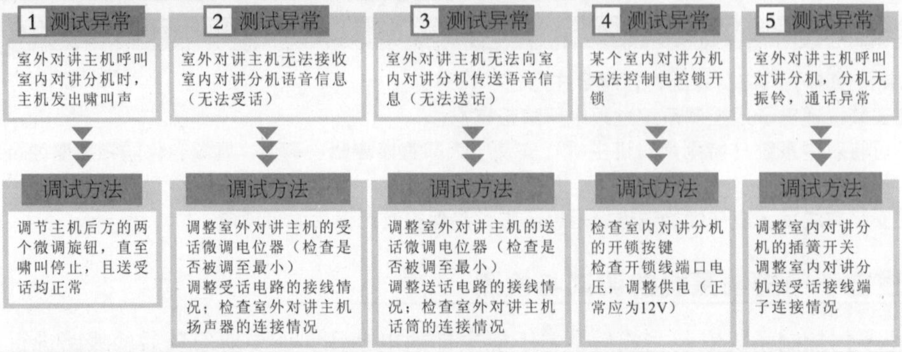
1 测试异常
室外对讲主机呼叫室内对讲分机时，主机发出啸叫声
调试方法
调节主机后方的两个微调旋钮，直至啸叫停止，且送受话均正常
2 测试异常
室外对讲主机无法接收室内对讲分机语音信息（无法受话）
调试方法
调整室外对讲主机的受话微调电位器（检查是否被调至最小）
调整受话电路的接线情况；检查室外对讲主机扬声器的连接情况
3 测试异常
室外对讲主机无法向室内对讲分机传送语音信息（无法送话）
调试方法
调整室外对讲主机的送话微调电位器（检查是否被调至最小）
调整送话电路的接线情况；检查室外对讲主机话筒的连接情况
4 测试异常
某个室内对讲分机无法控制电控锁开锁
调试方法
检查室内对讲分机的开锁按键
检查开锁线端口电压，调整供电（正常应为12V）
5 测试异常
室外对讲主机呼叫对讲分机，分机无振铃，通话异常
调试方法
调整室内对讲分机的插簧开关
调整室内对讲分机送受话接线端子连接情况

（3）单元调试

单元调试是在分机调试基础上的扩展调试，它是指在一个单元门内所有的设备安装完成后，对一个单元系统的调整和测试。

例如，在供电正常的前提下，从室外对讲主机逐一呼叫单元室内的每一台对讲分机，检查每一个对讲电路中的呼叫、振铃、对讲、图像显示等是否正常，然后针对异常电路有针对性地进行调试，直到系统完全正常。

例如，利用室外对讲主机呼叫室内对讲分机时，如果分机无振铃，则应调整主机至分机之间的数据电路；

当振铃正常，无法对讲或声音较小时，除应调试设备内部与声音有关的电位器等元器件外，还需检查设备之间语音电路；

若可视对讲系统中，无图像或图像质量不佳，则需要对视频线、解码器等进行调试。

（4）统一调试

统一调试是指在单机调试和单元调试分别完成后，再统一将整个系统调试一遍，并在确定整个系统全部正常使用时的各项测试参数做好记录，作为日后维护的参考依据。

|资料补充|

在楼道电子门控制系统的实际应用中，很多时候安装与调试环节是同时进行的，如在进行系统安装时，每安装一层就检测调试一下（相当于单机调试环节），出现问题立即解决，可有效缩小电路检测范围，大大减少工作量。在确定当前楼层正常后，再连接和安装上一层，直到每层正常后，再进行一次单元调试，可有效提高调试的效率。

另外，除了上述基本的调试方法外，在具有联网功能的楼道电子门控制系统中，需要进行联网调试，即对每个单元与管理机网络连接进行调试，直至全部通过。在调试过程中，需要进行数据传输调试、声音调试、图像调试和联网信息发布调试等。

第14章 小区广播系统及其安装维护

14.1 广播系统的组成

14.1.1 广播系统的结构

广播系统主要用于将播放的音乐或发出的声音信号传送到各个区域。小区广播系统主要包括广播室设备和各音区扬声器。

图14-1为典型楼宇广播系统的基本结构组成。

图14-1 典型楼宇广播系统的基本结构组成

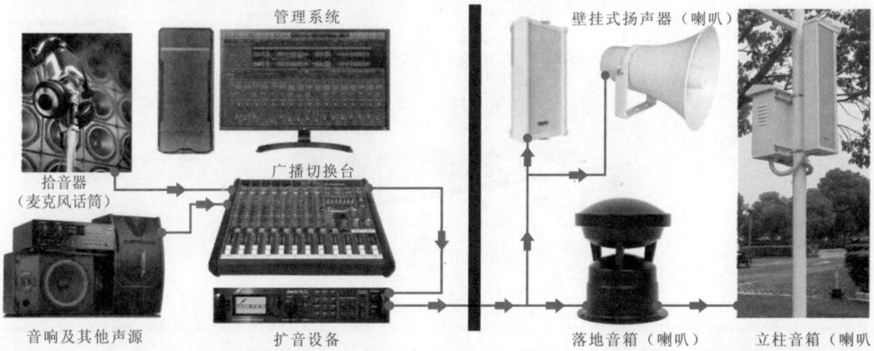
管理系统
壁挂式扬声器（喇叭）
拾音器
（麦克风话筒）
广播切换台
音响及其他声源
扩音设备
落地音箱（喇叭）
立柱音箱（喇叭）

14.1.2 广播系统的主要设备

广播系统包括广播室设备和音区扬声器两部分。其中广播室设备包括话筒、扩音器设备、音响、管理系统等；楼宇音区主要设备就是用来发出声音的扬声器。话筒、音响机、其他音源与广播切换设备相连由管理系统统一控制，输出的声音，经扩音放大后，通过音频输出线送到各扬声器。图14-2为广播系统中的主要设备。

图14-2 广播系统中的主要设备

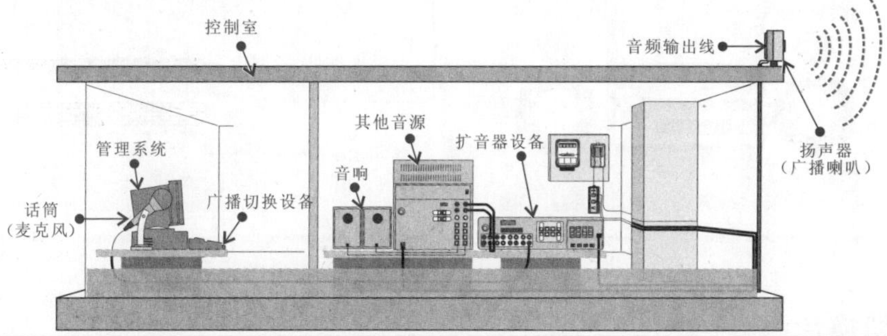
控制室
音频输出线
管理系统
其他音源
扩音器设备
扬声器
（广播喇叭）
音响
话筒
（麦克风）
广播切换设备

1 话筒

如果楼宇发生意外（如火灾），物业工作人员需要使用广播扩音系统进行扩音喊话以便疏散人群，此时就需要使用采集声音的话筒。话筒的主要作用是将声能转变为电能，通过电线、电缆传输声音信号。图 14-3 为典型的实物图。

图 14-3 典型麦克风的实物图

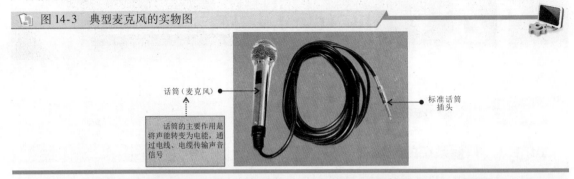

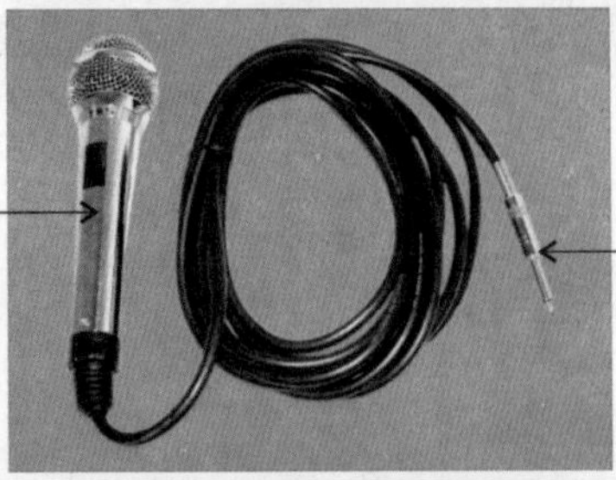
话筒（麦克风）
标准话筒插头
话筒的主要作用是将声能转变为电能，通过电线、电缆传输声音信号

相关资料

话筒将声波转变成电波后，电波的电压比较微弱，此时即可使用话筒放大器对微弱的电压加以放大，放大后的电波信号（声音信号）就可记录到相应的媒介中。图 14-4 为典型的话筒放大器。

图 14-4 典型的话筒放大器

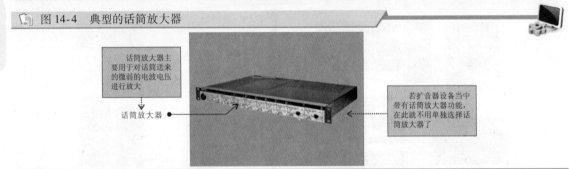

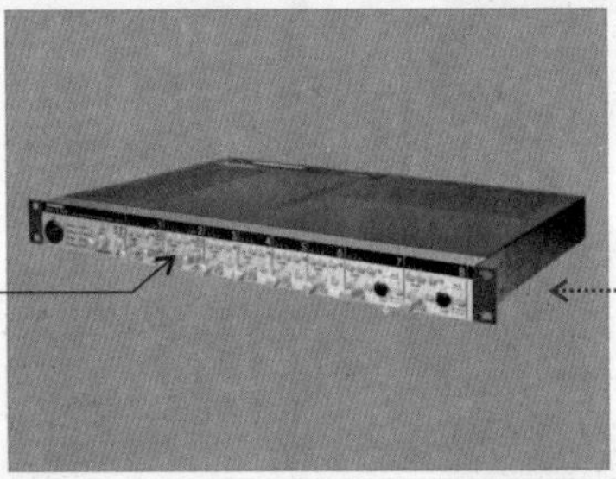
话筒放大器主要用于对话筒送来的微弱的电波电压进行放大
话筒放大器
若扩音器设备当中带有话筒放大器功能，在此就不用单独选择话筒放大器了

在楼宇广播系统中，为了能播放各种背景音乐，因此需要能过播放音频文件的播放器，如音响机、组合音响等。图 14-5 为典型的音响机。

2 扩音器设备

扩音器设备具有功率放大器和音频放大器的功能，是广播扩音系统中必不可少的重要部件之一。图 14-6 为典型的扩音器设备。

图 14-5 典型的音响机

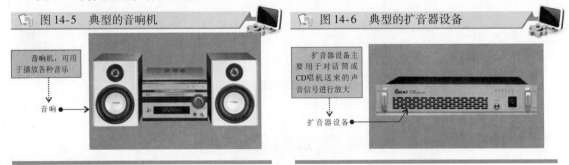

音响机，可用于播放各种音乐
音响

图 14-6 典型的扩音器设备

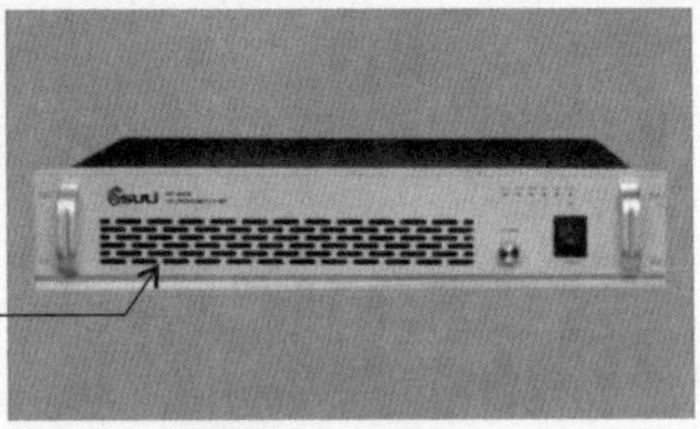
扩音器设备主要用于对话筒或CD唱机送来的声音信号进行放大
扩音器设备

3 广播切换台

由于楼宇广播扩音系统中有许多不同的音源，如话筒采集的声音、音响机播放的音乐以及一些其他声音的来源等。为了便于管理，便于播放，楼宇广播扩音系统中还需要广播切换台进行各种声源的切换管理。广播切换台具有多个通道进行声音的输入和输出，每一路的声音信号都可以单独进行处理。图 14-7 为典型的广播切换台。

4 管理系统

管理系统是楼宇广播扩音系统的核心组成部件，通过一套软件程序将楼宇广播扩音系统合理地进行整合和管理。图 14-8 为广播管理系统。

图 14-7 典型的广播切换台

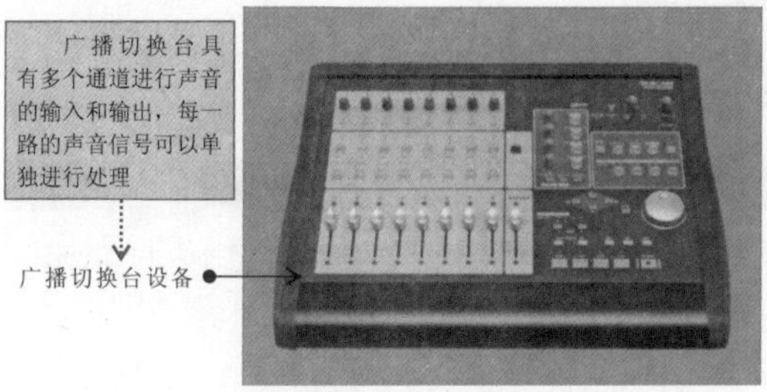
广播切换台具有多个通道进行声音的输入和输出，每一路的声音信号可以单独进行处理
广播切换台设备

图 14-8 广播管理系统

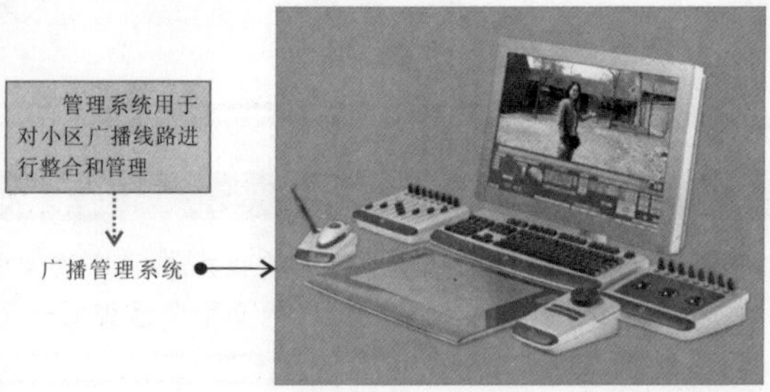
管理系统用于对小区广播线路进行整合和管理
广播管理系统

5 音区扬声器

音区扬声器是楼宇声音输出的设备，通过扬声器居民可以收听到广播室内放出的各种音乐以及紧急报警的提示。图 14-9 为几种广播系统中常见扬声器的实物外形。

图 14-9 几种广播系统中常见扬声器的实物外形

高空扬声器　休闲区扬声器　绿地扬声器

14.2 扩音设备的配接与维护

14.2.1 扩音设备的配接

广播系统扩音设备配接前需要首先了解系统的布线规划或原则。广播系统的设计规划需要根据具体的施工环境，考虑广播设备、控制部件的安装方式以及数量，然后从实用的角度出发，选配合适的器件及线缆。

整个楼宇安装的扬声器应做到音区基本上能够覆盖楼宇内各楼层，能够在紧急报警的情况下通知到所有的居民，楼宇外扬声器及小区内的户外扬声器应确保所组成的音区能够覆盖整个小区，不要过多地安装扬声器以免造成资源浪费。图 14-10 为楼宇内扬声器的安装规划示意图。

楼宇建设时，应该根据实际情况选择适合该楼宇主体风格的扬声器，使扬声器也能成为楼宇内部环境的一部分，避免扬声器与楼宇环境发生冲突，显得不自然。

设置在通道上的扬声器可以安装在楼宇外墙上或也可以单独架设直杆进行安装，而在楼宇内部则应多采用吸顶式扬声器，安装在楼顶掉板上，不论是哪种安装方式，都应避免妨碍生活。

设置在地面等安装位置较低的扬声器在安装接线时要严格按照施工要求进行，不能留有安全隐患，以免在休闲区活动居民不慎接触出现触电事故。

在楼宇内部所安装的扬声器多采用吸顶式扬声器，在安装时应充分考虑每个扬声器之间的安放距离，以确保所有扬声器（广播喇叭）所形成的音区覆盖整个楼层。

图 14-10 楼宇内扬声器的安装规划示意图

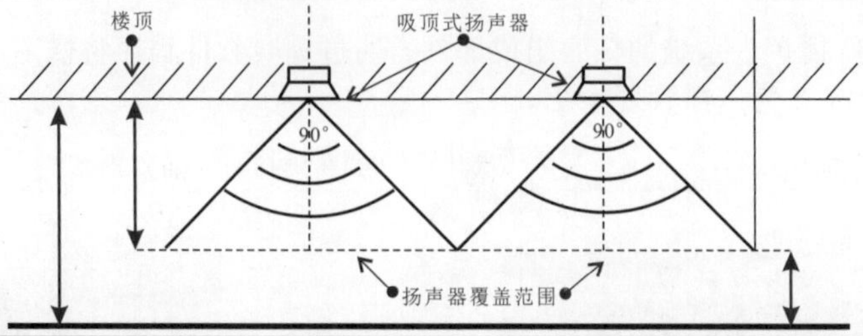
楼顶
吸顶式扬声器
90°
90°
扬声器覆盖范围

提示说明

为便于维护和日常检修，楼宇内的扬声器（广播喇叭）可采用并联方式进行连接，如图 14-11 所示。这样可以避免某个扬声器出现故障，而使整个系统瘫痪。

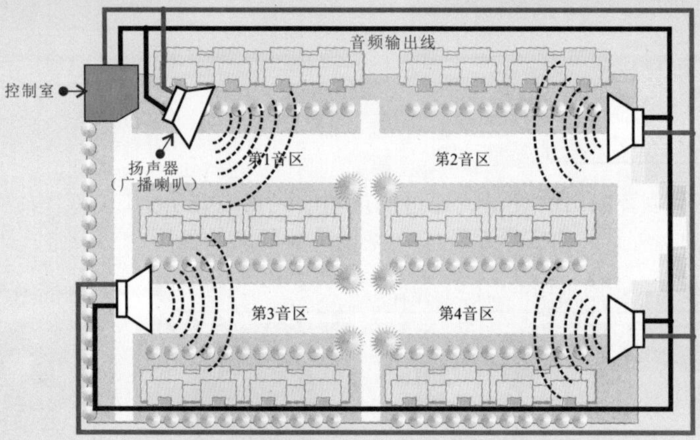
音频输出线
控制室
扬声器
（广播喇叭）
第1音区
第2音区
第3音区
第4音区

图 14-11 楼宇广播扩音系统布线图

1 扬声器的安装与配线

小区内安装的外放扬声器形成的音区应能够覆盖不同的区域，因此安装扬声器时应根据设计要求选择扬声器的具体安装位置和方式，然后根据具体安装位置进行线路的连接。

（1）扬声器的布线连接

确定扬声器的安装位置以后，就可以进行布线操作了。由于广播线路是通过地下管网敷设的，在楼宇供电线路的敷设时，已同楼宇内的其他供电线路敷设在一起，而从地下管网引出地面的线路则需通过明敷的方式引入扬声器。

使用保护管将广播线路从地下管网中引出地面，使用塑料卡子或铝皮卡子在楼宇外墙上对引出的广播线路进行固定，如图 14-12 所示。

如果线路敷设过长，可以使用布线护管进行线路的敷设。敷设时，一定要按照施工参数进行施工，将线路引到扬声器安装的位置，并进行线路连接。图 14-13 为楼宇外部扬声器的安装。

外放扬声器线路敷设完成后，接下来便可进行外放扬声器的固定安装了，外放扬声器的安装方式有多种，可以安装在楼顶、壁挂、电杆等物体上。

（2）楼顶固定式扬声器的安装

外放扬声器安装在楼顶时，需要使用沉头式膨胀螺栓固定支架，如图 14-14 所示。

如图 14-15 所示，使用冲击钻按照扬声器的固定孔位置在楼顶上打一个孔，将沉头式膨胀螺栓穿过扬声器固定孔装入墙孔中。在沉头式膨胀螺栓上套入垫圈、弹簧垫，然后旋紧螺母，使沉头式膨胀螺栓涨开，使其卡紧，从而固定扬声器。

图 14-12 扬声器的布线方法

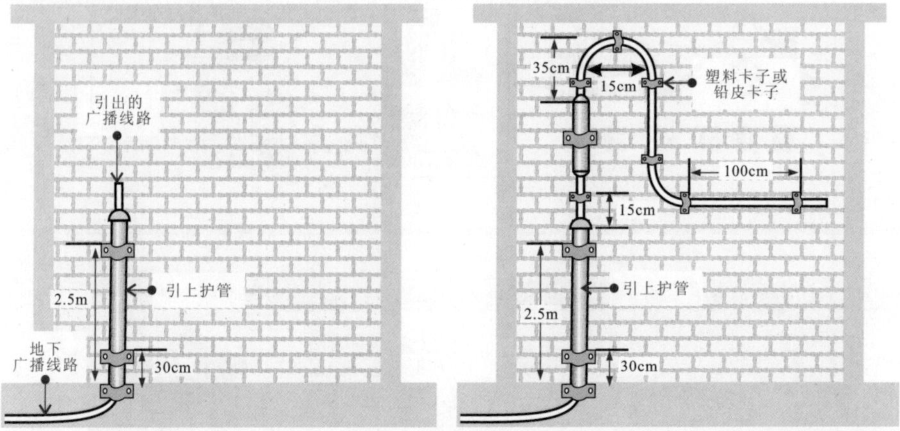
引出的
广播线路
2.5m
引上护管
地下
广播线路
30cm
35cm
15cm
塑料卡子或
铅皮卡子
100cm
15cm
引上护管
2.5m
30cm

图 14-13 扬声器的布线及连接

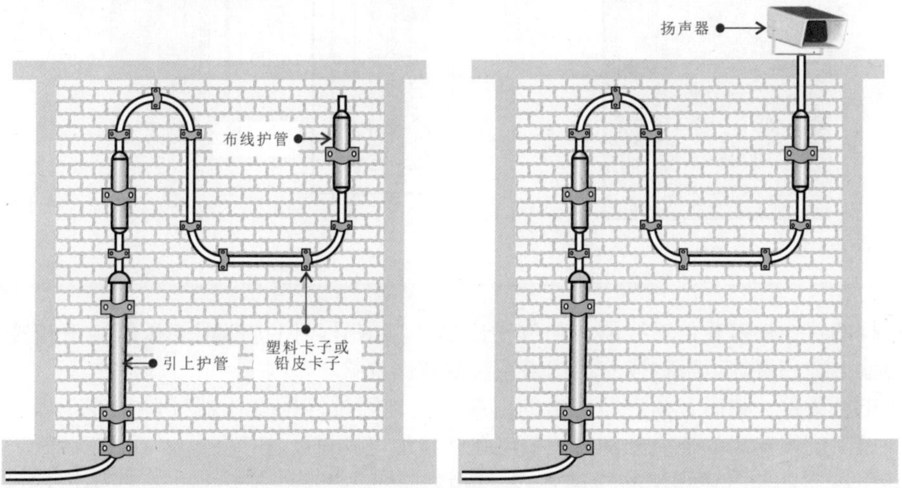
扬声器
布线护管
引上护管
塑料卡子或
铅皮卡子

图 14-14 楼顶固定式扬声器的安装示意图

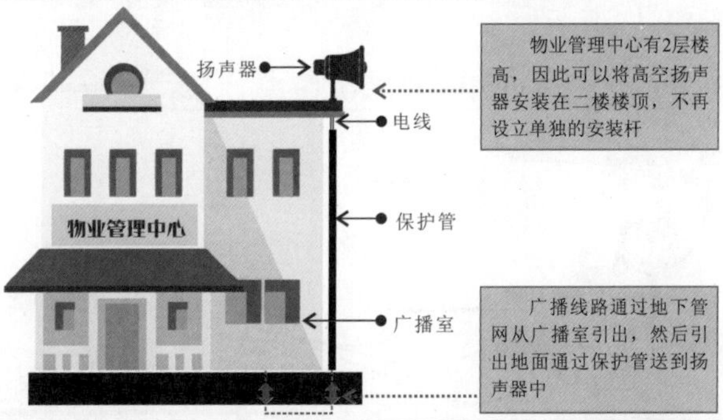
扬声器
电线
保护管
广播室
物业管理中心
物业管理中心有2层楼高，因此可以将高空扬声器安装在二楼楼顶，不再设立单独的安装杆
广播线路通过地下管网从广播室引出，然后引出地面通过保护管送到扬声器中

（3）壁挂固定式扬声器的安装

外放扬声器若采用壁挂固定式时，只需将户外扬声器（音箱或音柱）固定在墙体上，然后将所需连接的音频线缆插接在户外扬声器（音箱或音柱）的相应接口上即可，如图 14-16 所示。

（4）电杆固定式扬声器的安装

采用电杆固定扬声器时，可将扬声器固定在横担上。

图 14-15　楼宇外部扬声器的安装固定

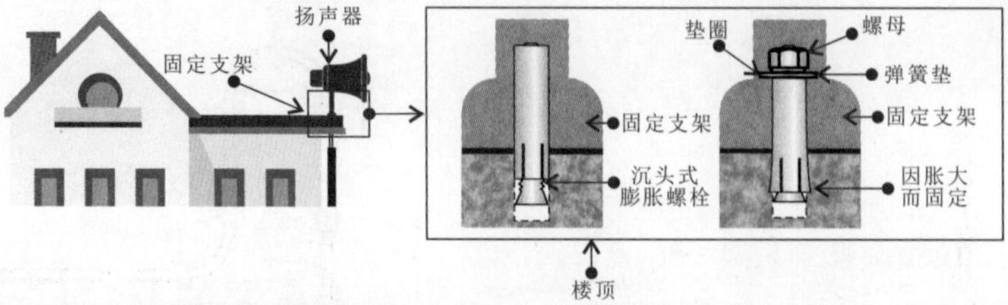
扬声器
固定支架
垫圈
螺母
弹簧垫
固定支架
固定支架
沉头式
膨胀螺栓
因胀大
而固定
楼顶

图 14-16　壁挂固定式扬声器的安装示意图

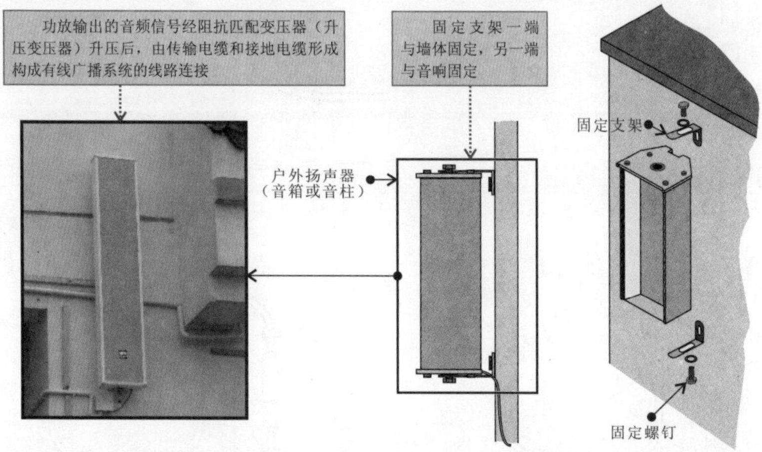
功放输出的音频信号经阻抗匹配变压器（升压变压器）升压后，由传输电缆和接地电缆形成构成有线广播系统的线路连接
固定支架一端与墙体固定，另一端与音响固定
户外扬声器
（音箱或音柱）
固定支架
固定螺钉

利用电杆的接线柱搭建传输线路，功放输出的音频信号经阻抗匹配变压器（升压变压器）升压后，由传输电缆和接地电缆构成有线广播系统的线路连接。

以一根电杆为例，将高音扬声器输出的引线连接到阻抗匹配变压器（降压变压器）的低阻抗端，然后由高阻抗端输出的连线分别与传输电缆和接地电缆进行连接。

高音扬声器如果采用接线柱的连接方式，应将供电线与接线柱接牢。有些扬声器设有外接焊盘，应先将导线与焊盘焊牢。连接线路的连接将由广播站输送出来的传输电缆和接地电缆经阻抗匹配变压器与高音扬声器进行连接，并将电缆延伸到电线杆的接线柱上。接着将扩音器接地电缆与电杆另一接线柱相连，如图 14-17 所示。

图 14-17　户外扬声器（喇叭）与扩音器的连接示意图

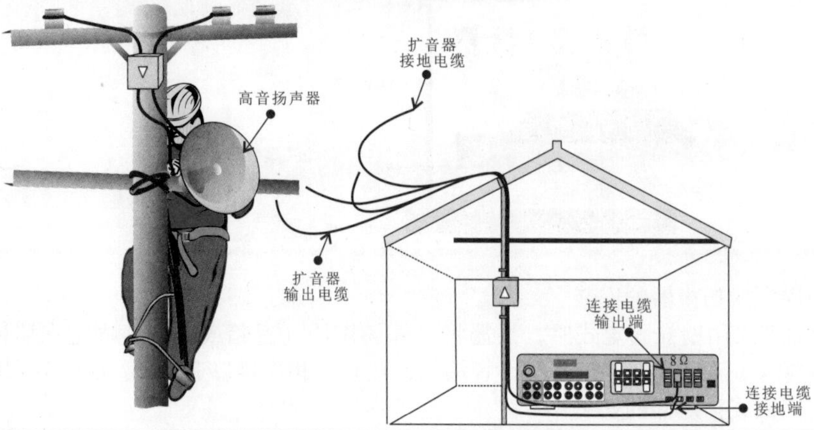
扩音器
接地电缆
高音扬声器
扩音器
输出电缆
连接电缆
输出端
8Ω
连接电缆
接地端

连接两个串联扬声器时，第一个高音扬声器连接完毕，由扬声器 1 的一根引线连接到扬声器 2 的一端，然后扬声器 2 的另一端接扩音器的接地线（将第一根电线杆的接地线延长），如图 14-18 所示。

图 14-18　两个串联扬声器连接示意图

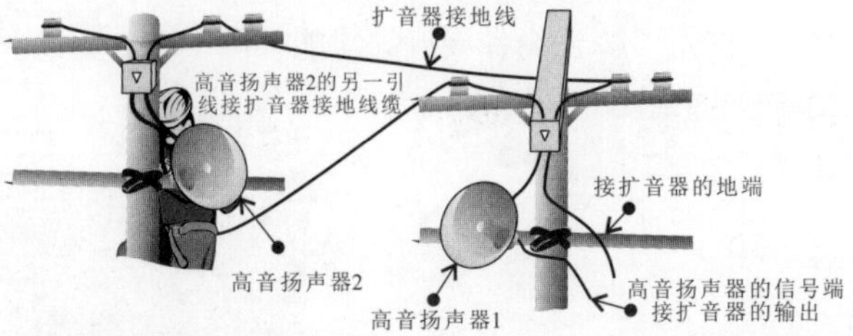
扩音器接地线
高音扬声器2的另一引线接扩音器接地线缆
接扩音器的地端
高音扬声器2
高音扬声器1
高音扬声器的信号端接扩音器的输出

扩音器的输出线要与高音扬声器的引脚接牢。高音扬声器如采用接线柱的连接方式，应将供电线与接线柱接牢。有些扬声器设有外接焊盘，应先将导线与焊盘焊牢，再与扩音器输出的电线接好即可。

2　广播中心设备间的安装与配线

扬声器安装固定完成后应进一步对广播中心设备进行连接。图 14-19 为广播系统中各扩音设备的连接关系。

图 14-19　广播系统中各扩音设备的连接关系

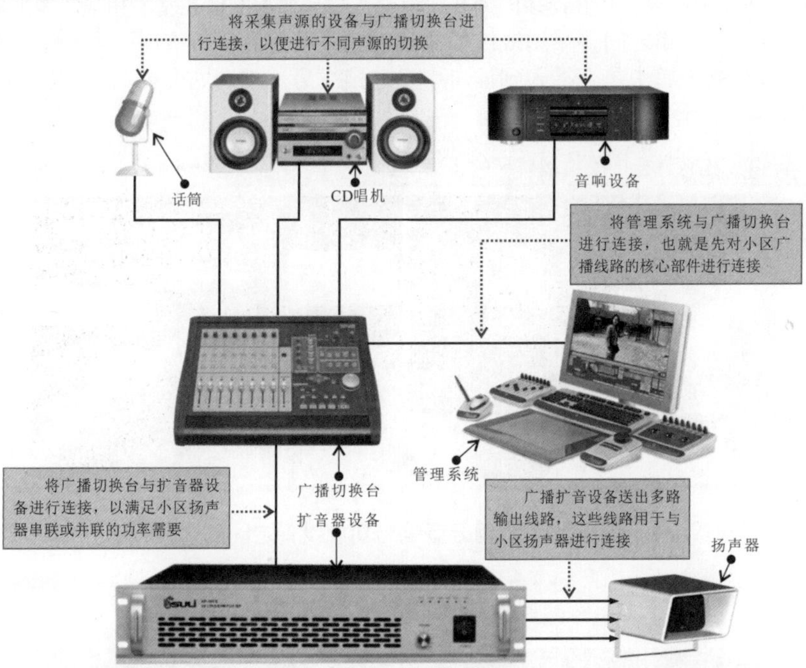
将采集声源的设备与广播切换台进行连接，以便进行不同声源的切换
话筒
CD唱机
音响设备
将管理系统与广播切换台进行连接，也就是先对小区广播线路的核心部件进行连接
管理系统
将广播切换台与扩音器设备进行连接，以满足小区扬声器串联或并联的功率需要
广播切换台
扩音器设备
广播扩音设备送出多路输出线路，这些线路用于与小区扬声器进行连接
扬声器

14.2.2　扩音设备的维护

扩音设备的维护主要是指对广播系统中各设备之间线路连接情况进行检查和维护，对各设备本身进行检查和维护，若检查中发现接线异常或设备损坏，应及时调整和更换。

1　检查功放设备的连接

功放设备的标准话筒（麦克风）插头应对应插入到功放设备的话筒输入插口，检查插接是否牢固，如图 14-20 所示。

2 检查音响设备与功放的连接

将组合音响与功放设备进行连接，这样就可以将组合音响的信号源通过功放传输到户外扬声器中，播放出来。

检查音响设备连接，需要首先了解音响各接口的功能，图 14-21 为组合音响的背部接口。

图 14-20 功放设备的标准话筒输入接口插接情况的检查

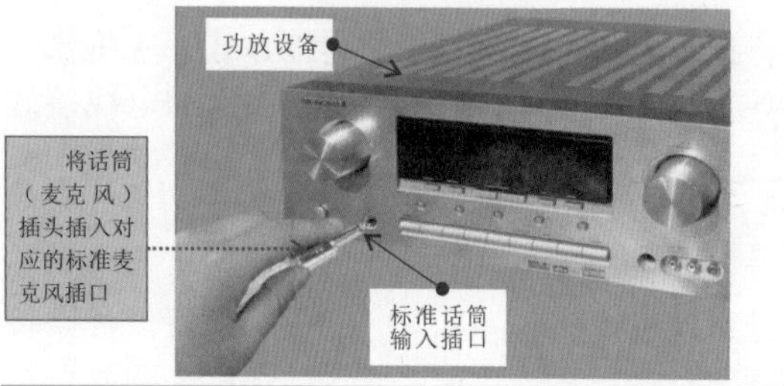

功放设备
将话筒（麦克风）插头插入对应的标准麦克风插口
标准话筒输入插口

图 14-21 组合音响的背部接口

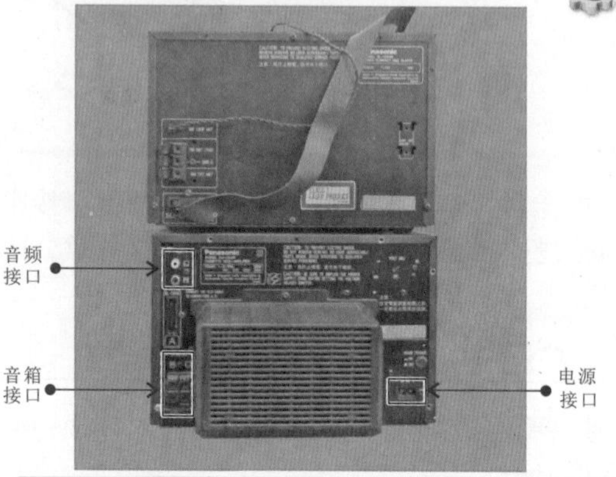

音频接口
音箱接口
电源接口

组合音响和音箱背部都设有相互连接的插孔，组合音响与音箱的插孔基本相同，多采用卡夹式设计。

通常，组合音响与音箱之间多采用线缆插接的方式进行连接。检查时，可按动音箱背部接口处的卡夹，观察连接线的金属头是否插入到插口中。连接线另一端的两个插头以同样的方法检查连接是否牢固，如图 14-22 所示。

图 14-22 音箱、音响与连接线连接效果的检查

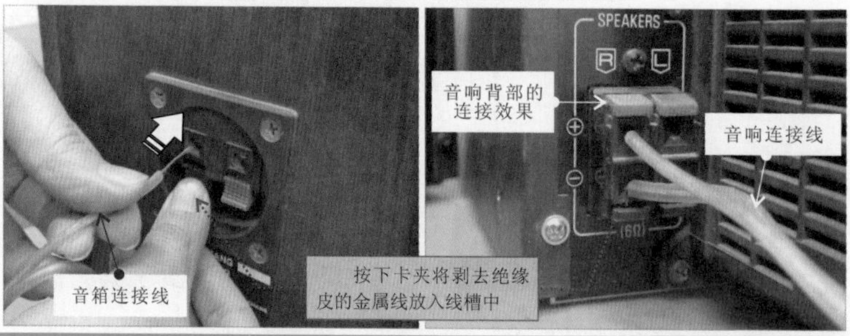

音箱连接线
按下卡夹将剥去绝缘皮的金属线放入线槽中
SPEAKERS
音响背部的连接效果
音响连接线

组合音响与音箱连接检查无误后，检查组合音响与功放设备之间的连接。图 14-23 为功放背部接口。

图 14-23 功放背部接口

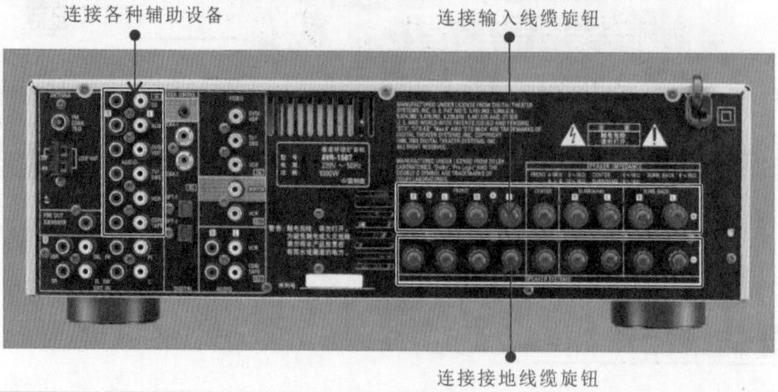

连接各种辅助设备
连接输入线缆旋钮
连接接地线缆旋钮

组合音响与功放之间通过音频线进行信号传输。它的插头为标准莲花插头，两个插头分别用白色和红色标识。连接时，将音频线一端的两个接头接到组合音响音频输出接口上，习惯上将白色插头接左声道，红色插头接右声道。组合音响的音频接口用文字（L、R 或左、右）和白红两色对接口进行标识。图 14-24 为音频线与组合音响连接情况的检查。

图 14-24　组合音响与功放设备连接效果的检查

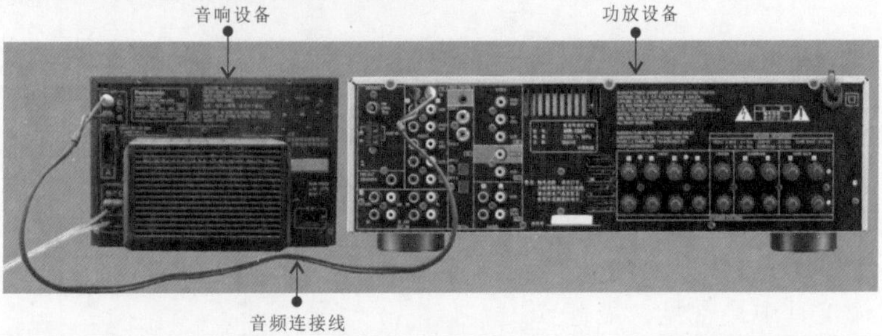
音响设备
功放设备
音频连接线

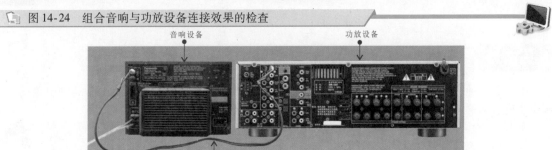

3 检查功放及阻抗匹配变压器与扬声器连接

由功放输出的音频线缆先接在阻抗匹配变压器（升压变压器）的低阻抗端，然后由高阻抗端的引线再与传输电缆和接地电缆相连。

图 14-25 为功放与阻抗匹配变压器的连接。

图 14-25　功放与阻抗匹配变压器的连接

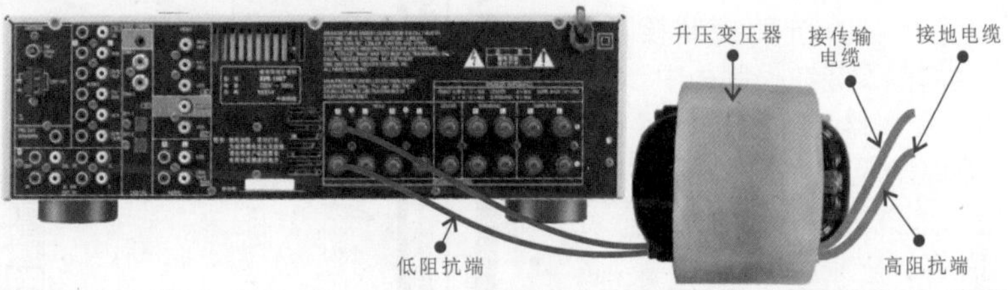
升压变压器
接传输电缆
接地电缆
低阻抗端
高阻抗端

该功放提供了前置、中置、后置、环绕等多个扬声器接口，从接口处的文字标识我们可以知道，这些接口输出的额定阻抗为 6 ~ 16Ω，完全符合输出要求。

连接功放的输出线缆与连接音箱时的线缆基本类似，所不同的是，音箱线缆的连接采用的是插接卡紧方式，而功放处的线缆连接采用的是绕接锁紧方式。因此，检查线缆连接时，重点检查功放背部的旋钮是否将绕接在接线柱上的线缆压紧。

图 14-26 为功放背部旋钮的背部连接效果的检查。

图 14-26　功放背部旋钮的背部连接效果的检查

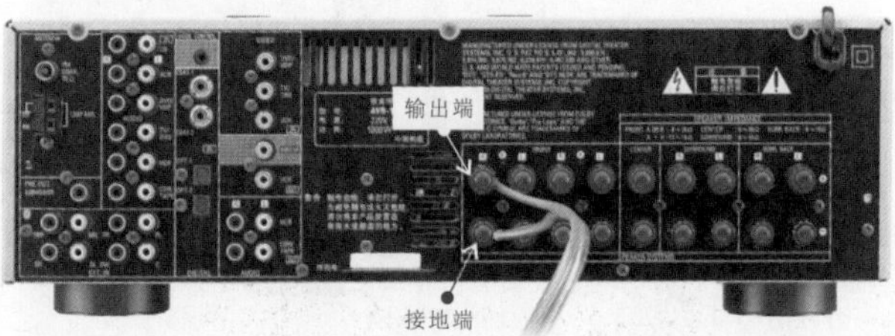
输出端
接地端

按照同样方法，完成阻抗匹配变压器高阻抗端引线与传输电缆和接地电缆的连接检查，若存在虚接或压接不紧的情况，需要重新连接或更换连接线缆。

若检查设备连接无误，整个扩音设备无法正常实现广播功能时，则可能扩音设备异常，逐级检查话筒、功放、音响、扬声器等设备，若有损坏，应及时更换。

第15章 电梯的结构及检修

15.1 电梯的整体结构和组成

电梯是一种较为复杂的机电一体化电气设备。其主要功能是通过曳引电动机驱动曳引轮动作，从而通过曳引钢丝绳牵引轿厢，使轿厢可以沿导轨移动。

图15-1为典型电梯系统的整体结构。该电梯系统是典型曳引式电梯系统。这是垂直交通运输工具中最常见，最普遍的一种电梯，具有安全、可靠性高、允许提升高度大等特点。

图15-1 曳引式电梯系统的整体结构

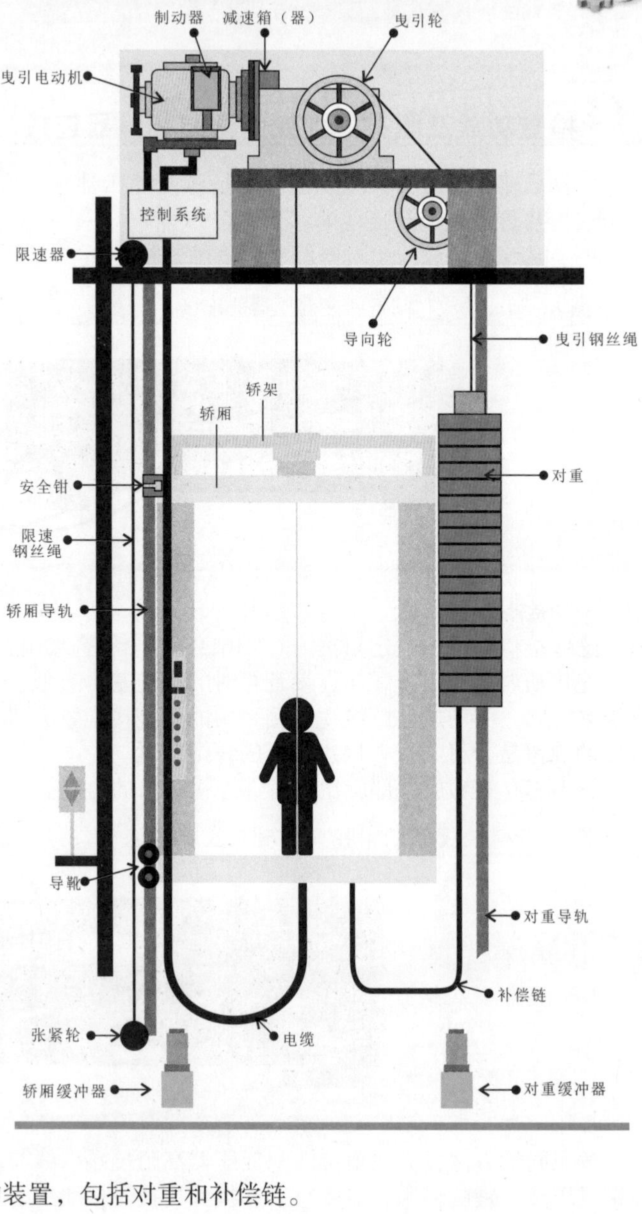

制动器
减速箱（器）
曳引轮
曳引电动机
控制系统
限速器
导向轮
曳引钢丝绳
轿架
轿厢
安全钳
对重
限速
钢丝绳
轿厢导轨
导靴
对重导轨
补偿链
张紧轮
电缆
轿厢缓冲器
对重缓冲器

从图中可以看到，这种电梯系统采用曳引机作为驱动机构。钢丝绳挂在曳引机的曳引轮上，一端悬吊轿厢，另一端悬吊对重装置。曳引机转动时，由钢丝绳与绳轮之间的摩擦力产生曳引力来驱使轿厢上下运动。

控制系统是整个电梯系统的控制核心，该部分核心电路部件安装在控制柜中，主要由微机控制器、变频器、接触器等部分构成，负责对电梯驱动运行的升降起停控制，同时随时检测来自轿厢的位置及安全信息，一旦出现故障，立刻启动保护。

整个电梯系统按照功能可以划分成六个部分，分别为曳引系统、导向系统、轿厢系统、重量平衡系统、控制系统和安全保护系统。

（1）曳引系统

曳引系统指输出与传递动力，驱动电动机运行的部分，主要包括曳引电动机、曳引钢丝绳、减速箱（器）、导向轮、制动器等。

（2）导向系统

导向系统是指限制轿厢和对重的活动空间部件，主要包括导轨和导轨支架。

（3）轿厢系统

轿厢系统是指用来运送乘客或货物的设备，主要包括轿厢、轿架和门系统。

（4）重量平衡系统

重量平衡系统是指相对平衡轿厢重量以及补偿高层电梯中曳引绳长度影响的装置，包括对重和补偿链。

（5）控制系统

控制系统是指对电梯的运行进行操纵和控制的装置，包括控制柜、平层装置、操纵箱、召唤盒、操作装置等。

（6）安全保护系统

安全保护系统是用于保证电梯安全使用，防止事故发生的装置，包括机械安全装置和电气安全装置。机械安全装置主要有限速器和安全钳（起超速保护作用）、缓冲器（起冲顶和撞底保护作用）、切断总电源的极限保护等。

| 相关资料 |

电梯的种类多种多样，除曳引式电梯外，还有强制驱动电梯和液压电梯。

图 15-2 为强制驱动电梯的结构。这种电梯是通过钢丝绳将轿厢与卷筒连接，运行时由电动机带动卷筒旋转，钢丝绳随着卷筒旋转缠绕在卷筒上，通过滑轮来实现另一侧轿厢的升降运动。

图 15-3 为液压电梯的结构示意图。液压电梯是指依靠液压油缸顶升的方式，实现轿厢的升降运动。这种电梯多应用于低层站或载重大吨位的场所。

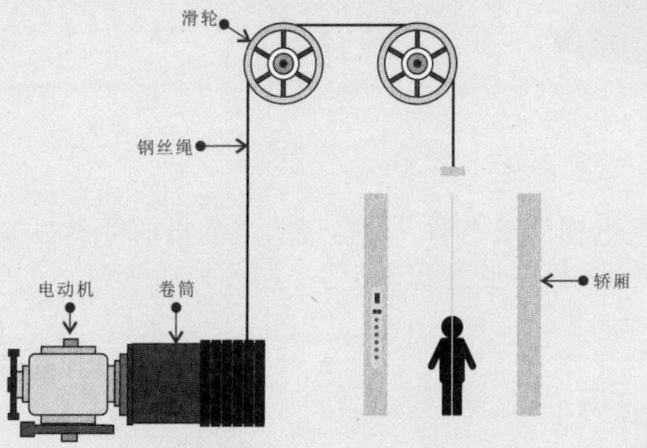
滑轮
钢丝绳
电动机
卷筒
轿厢

图 15-2　强制驱动电梯的结构

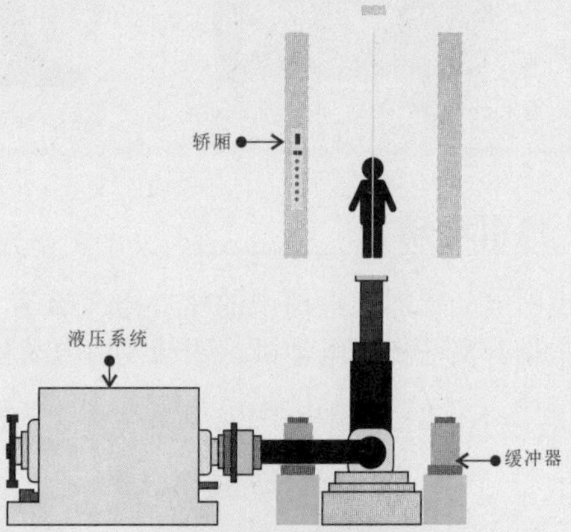
轿厢
液压系统
缓冲器

图 15-3　液压电梯的结构

15.2 电梯的主要装置

15.2.1 曳引机

曳引机又称电梯主机，是电梯的主要拖动机构，主要用于输送和传递动力使电梯完成轿厢及对重装置的升降运行。该机构主要由曳引电动机、减速箱（器）、制动器、曳引轮等部分组成。根据其结构的不同，曳引机可分为有齿轮曳引机和无齿轮曳引机两种。

有齿轮曳引机由曳引电动机、制动器、减速箱、曳引轮及底座等组成，如图 15-4 所示。该类曳引机的电动机动力通过减速箱（器）传递到曳引轮上，多用于货梯，其传动比大、运行平稳、噪声较低、体积较小。

图 15-4　有齿轮曳引机的实物外形及结构

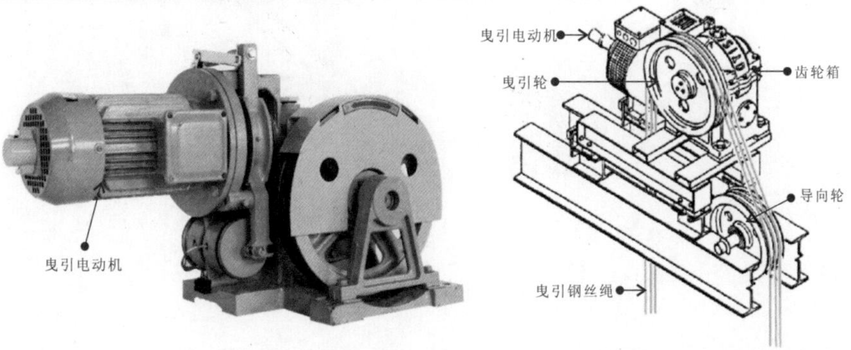
曳引电动机
曳引电动机
曳引轮
齿轮箱
导向轮
曳引钢丝绳

无齿轮曳引机也称为一体化曳引机，其曳引电动机与制动轮和曳引机同轴连接，不通过减速器而是直接将电动机动力传动到曳引轮上，如图 15-5 所示。一般用于高速和超高速电梯（常用于客梯），其传送效率高、噪声小、传动平稳，但能耗大、造价高。

图 15-5　无齿轮曳引机的实物外形及结构

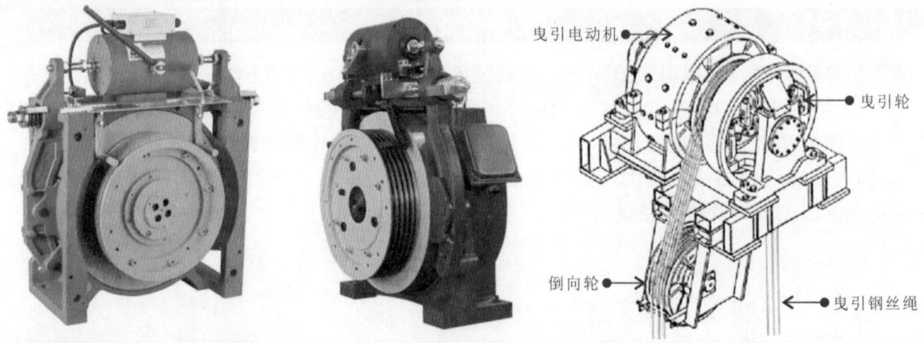
曳引电动机
曳引轮
倒向轮
曳引钢丝绳

1 曳引电动机

曳引电动机属于电梯中的核心电气装置，是电梯的动力源。电梯曳引电动机的种类很多，目前，常见有交流曳引电动机、变频曳引电动机和永磁同步曳引电动机等，如图 15-6 所示。

图 15-6　电梯曳引机常用电动机类型

交流异步曳引机
变频曳引机
永磁同步曳引机

| 相关资料 |

在电梯系统中，除了曳引电动机外，一般还设有门机电动机。门机电动机是安装在电梯门上的控制电梯门开和关的传动装置。目前，在电梯系统中，门机电动机主要采用永磁同步电动机，如图 15-7 所示。

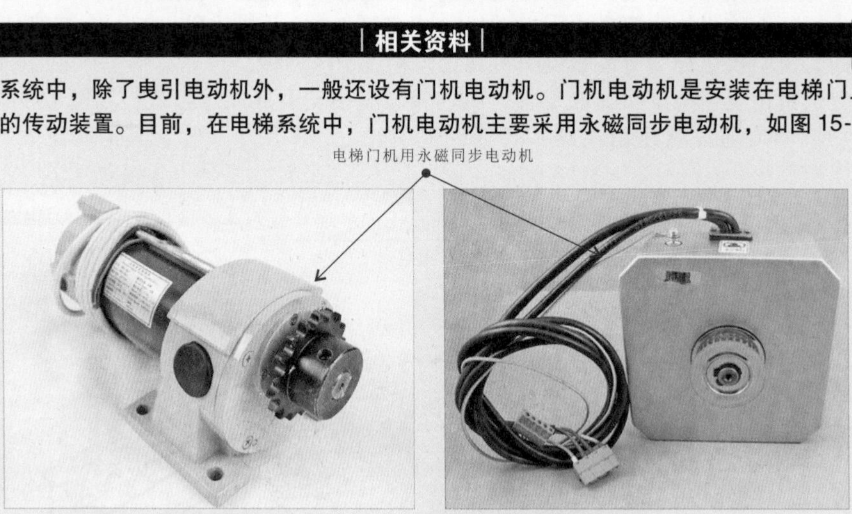
电梯门机用永磁同步电动机

图 15-7　门机中采用的永磁同步电动机

门机电动机采用永磁同步电动机具有可以直接驱动、安装结构简单、故障率低、噪声低、体积小、控制精度高等特点。

另外，早期的电梯门机电动机多为直流电动机和交流电动机。由于直流电动机的体积大，安装方式复杂且故障率高，逐渐被市场淘汰。交流电动机安装比直流电动机简单，在精确程度上相比直流电动机也有大幅提高，但相对永磁同步电动机来说，其控制精度不高，耗能较大。因此，目前在电梯门机系统中，逐渐由永磁同步电动机取代其他两种电动机。

2 减速箱（器）

在有齿轮曳引机中，曳引电动机转轴和曳引轮准轴之间安装减速箱（器），用于将电动机轴输出的较高转速降低到曳引轮所需的较低转速，并输出较大的曳引转矩，适应电梯运行要求。

减速箱（器）按传动方式分为蜗轮蜗杆传动和斜齿轮传动，如图 15-8 所示。

图 15-8 有齿轮曳引机中减速箱（器）的不同传动方式

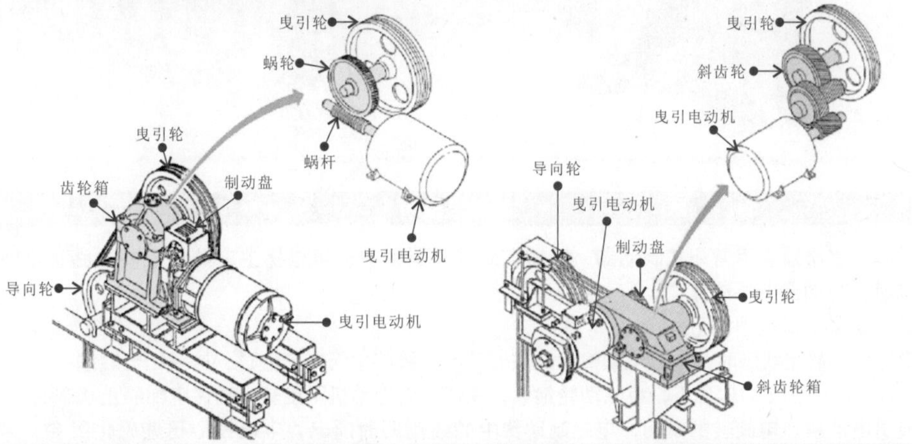
曳引轮
蜗轮
蜗杆
曳引轮
齿轮箱
制动盘
曳引电动机
导向轮
曳引电动机
曳引轮
斜齿轮
曳引电动机
导向轮
曳引电动机
制动盘
曳引轮
斜齿轮箱

蜗轮蜗杆传动减速箱（器），即蜗杆减速器，是目前电梯曳引系统中常见的类型，通过带主动轴的蜗杆与安装在壳体轴承上的带从动轴的蜗轮组成。

斜齿轮传动减速箱（器），即齿轮减速器，该类减速率传动效率相对较高。

3 制动器

制动器是用于保证电梯安全运行的机电装置。制动器安装在曳引电动机和减速箱（器）之间，即安装在高速转轴上，如图 15-9 所示。其制动轮就是曳引电动机和减速箱（器）之间的联轴器圆盘。在正常断电或异常的情况下均可实现制动停车。

图 15-9 制动器在曳引机中的安装位置

减速箱
制动器
曳引轮
联轴器
曳引电动机
惯性轮
曳引机底座

在电梯曳引系统中，制动器一般采用常闭式双瓦块型直流电磁制动器，如图 15-10 所示。从图中可以看到电梯制动器主要由制动电磁铁、制动臂组件、制动瓦组件、制动杆组件和制动轮等构成。

图 15-10　电梯中常用制动器的实物外形

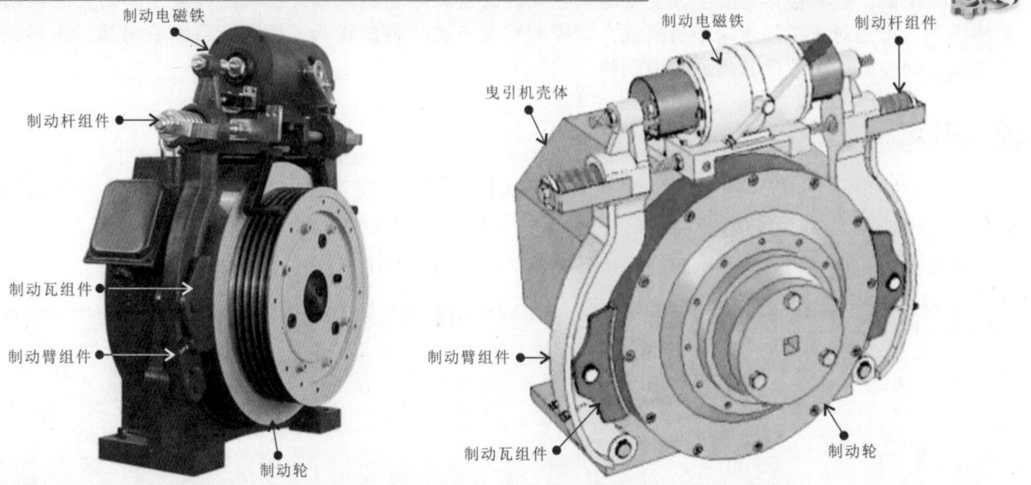
制动电磁铁
制动杆组件
制动瓦组件
制动臂组件
制动轮
制动电磁铁
制动杆组件
曳引机壳体
制动臂组件
制动瓦组件
制动轮

|提示说明|

电梯制动器必须采用常闭式制动器，即通电时制动器释放；当电梯主电路或控制电路正常断电或电路异常断电时，制动器必须动作。

电梯制动器工作过程如下：

当电梯处于静止状态时，曳引电动机、电磁制动器的线圈均无电流通过，这时因电磁铁心间没有吸引力、制动瓦块在制动弹簧压力作用下，将制动轮抱紧，保证曳引电动机不旋转，确保电梯静止状态的安全性。

当曳引电动机通电旋转的瞬间，电磁制动器中的线圈同时通电，电磁铁心迅速磁化吸合，带动制动臂使其制动弹簧受作用力，制动瓦块张开，与制动轮完全脱离，电梯开始运行。

当电梯轿厢到达所需停站时，曳引电动机失电、电磁制动器中的线圈也同时失电，电磁铁心中的磁力迅速消失，铁心在制动弹簧的作用下通过制动臂复位，使制动瓦块再次将制动轮抱住，电梯停止运行。

综上所述，当电梯无论因何种原因失电时，制动器均处于抱闸抱紧状态，确保电梯安全，只有在通电后，制动器松开，使电梯可以运行。

4 曳引轮

曳引轮是指曳引机上的驱动轮，是用于嵌挂钢丝绳的装置，如图 15-11 所示。因其要承受轿厢、负载、对重装置等，要求其具有强度大、韧性好、耐磨损、耐冲击的特性。

图 15-11　曳引轮的实物外形

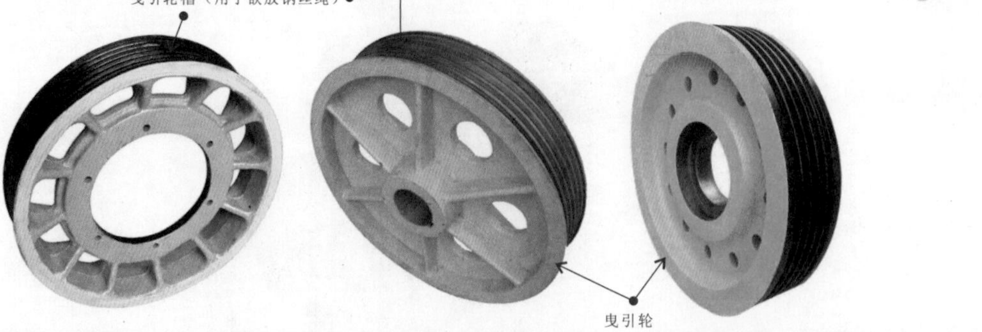
曳引轮槽（用于嵌放钢丝绳）
曳引轮

在有齿轮曳引机中，曳引轮安装在减速器中的蜗轮轴上。在无齿轮曳引机中，曳引轮装在制动器的旁侧，与电动机轴、制动器轴在同一轴线上。

当曳引轮转动时，通过曳引钢丝绳和曳引轮之间的摩擦力（也称为曳引力）驱动轿厢和对重装置上下运动。

15.2.2 曳引钢丝绳

钢丝绳是机械传动中常用的柔性传力构件，一般由若干根钢丝捻成股，再由若干股捻成绳，具有柔性高、机械强度高等特点。在电梯机械装置中，曳引用钢丝绳多为圆形股钢丝绳，如图 15-12 所示。

图 15-12 曳引钢丝绳的实物外形

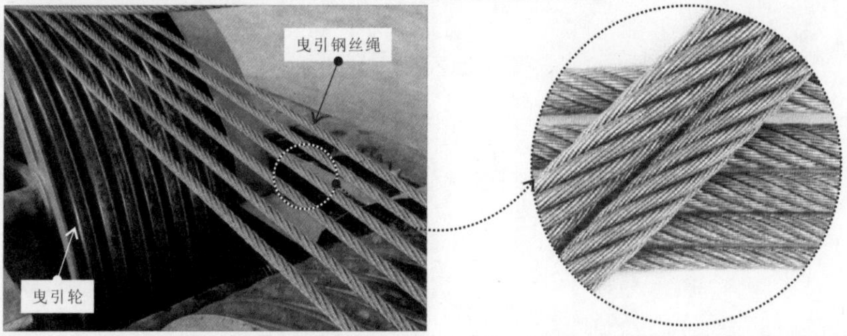
曳引钢丝绳
曳引轮

曳引用钢丝绳承受电梯全部的悬挂重量，并且需要绕着曳引轮、导向轮或反绳轮单向或交变弯曲，因此要求曳引用钢丝绳必须具备较高的强度、挠性和耐磨性。

15.2.3 导向轮

导向轮用于将曳引钢丝绳引向对重或轿厢的钢丝绳轮，可分开轿厢和对重的间距，一般安装在曳引机架或机架下的承重梁上，如图 15-13 所示。

图 15-13 导向轮

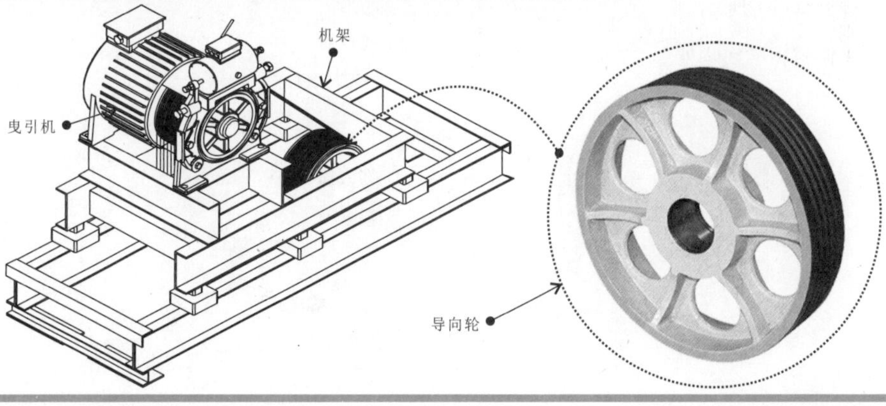
机架
曳引机
导向轮

15.2.4 限速器和安全钳

限速器和安全钳是在电梯中配套使用的安全装置。限速器是一种当电梯运行速度超过额定速度一定值时，其立即动作切断安全回路或进一步使安全钳或上行超速装置起作用，使电梯减速直到停止的自动安全装置。

在电梯中，一般在轿厢侧设置限速器和安全钳，如图 15-14 所示，该安全系统中一般还配套设有张紧轮。

当电梯在运行中无论何种原因（如超载、打滑、断绳和控制失控）使轿厢发生超速，甚至发生坠落的危险，而所有其他安全保护装置不起作用的情况下，则限速器和安全钳发生联动动作，使电梯轿厢卡在导轨之间，实现安全保护。

图 15-14　限速器和安全钳等装置构成的安全系统

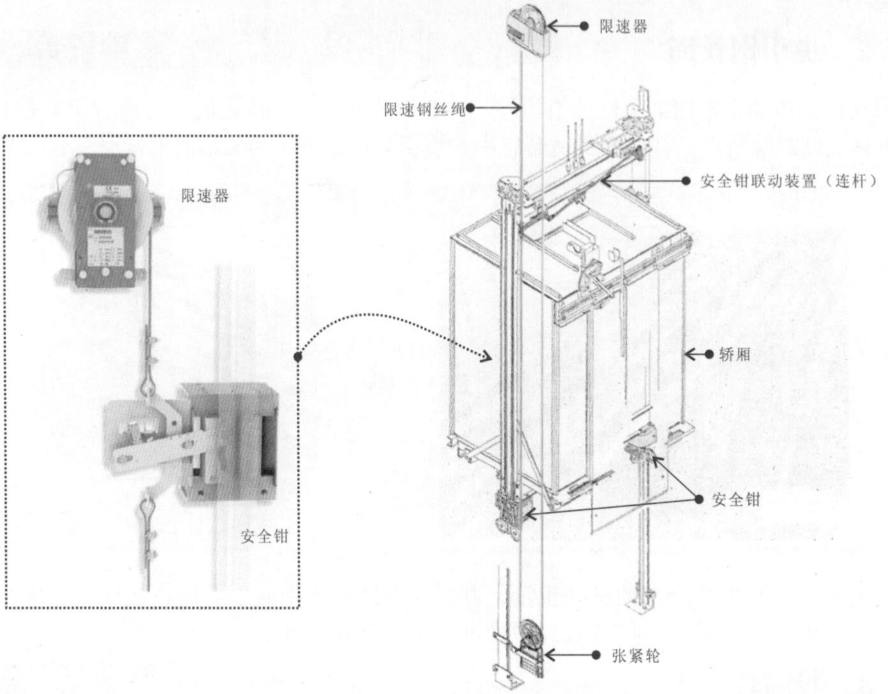
限速器
安全钳
限速器
限速钢丝绳
安全钳联动装置（连杆）
轿厢
安全钳
张紧轮

1　限速器

限速器用于限制电梯的运行速度，一般安装在电梯机房的地面上。限速器包括单向限速器和双向限速器，如图 15-15 所示。

图 15-15　限速器的实物外形

单向限速器

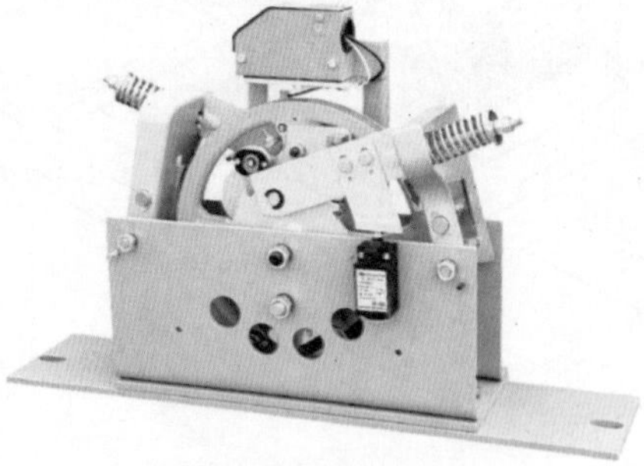
双向限速器

单向限速器一般用于在电梯下行时限制速度。双向限速器可用于限制电梯下行和上行速度。目前，为了防止电梯上行冲顶情况，大都采用双向限速器。

提示说明

当电梯轿厢上行或下行超速时，限速器上的电气开关先动作，切断电气安全回路，曳引电动机和制动器线圈失电，制动器动作并抱闸制动，使电梯停止运行。当下行超速时，电气开关仍不能使电梯停止，速度达到 115% 时，限速器机械动作，拉动安全钳夹住导轨使轿厢停止。

电梯的限速器和安全钳动作后，必须将轿厢提起，并经专业人员调整后才能恢复使用。

2 安全钳

安全钳是一种使电梯轿厢停止向下运动的机械装置，一般安装在轿厢两侧，贴近电梯导轨，其联动装置设在轿顶。目前，常见的安全钳主要有瞬时式安全钳和渐进式安全钳两种，如图 15-16 所示。

图 15-16　安全钳的实物外形

瞬时式安全钳

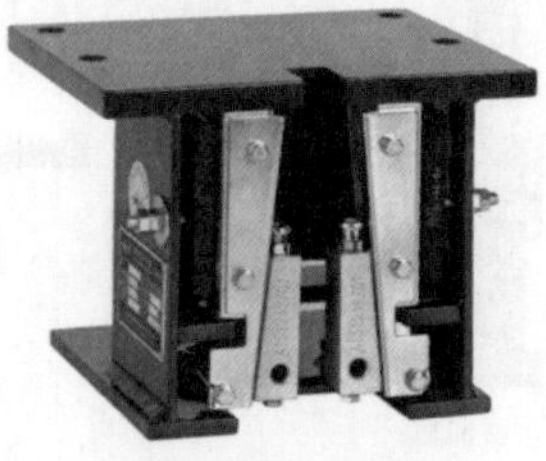

渐进式安全钳

瞬时式安全钳是指能瞬时使夹紧力达到最大值，并能完全夹紧在轨道上的安全钳。该类安全钳制动距离短，动作时轿厢受到的冲击力较大，一般适用于安装在额定速度不大于 0.63m/s 的电梯中。

渐进式安全钳采取弹性元件，使夹紧力逐渐达到最大值，最终能完全夹紧在导轨上的安全钳。一般额定速度大于 0.63m/s 的电梯中必须采用该类安全钳。

提示说明

所有由钢丝绳或链条悬挂的电梯轿厢均应设置安全钳；当电梯底坑下有人能进入的空间时，对重也应设有安全钳。

3 限速器张紧轮

限速器张紧轮是用于张紧限速器钢丝绳的绳轮装置，一般安装在电梯井道底坑内，固定在电梯轿厢导轨背面，如图 15-17 所示。

图 15-17　限速器张紧轮的实物外形

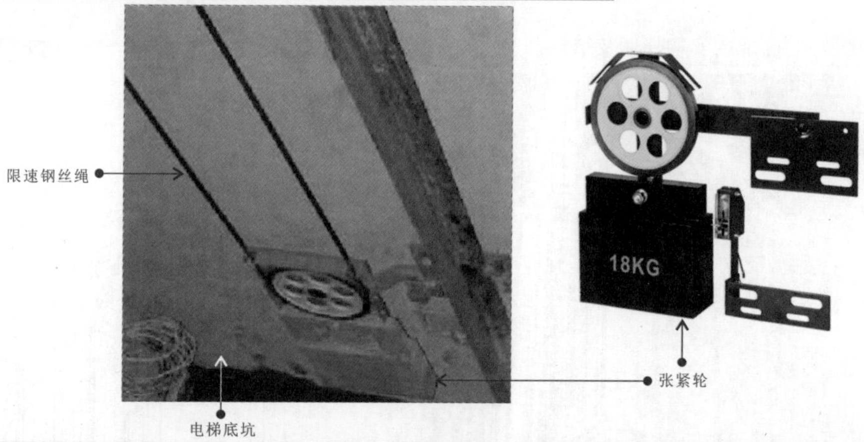
限速钢丝绳
18KG
张紧轮
电梯底坑

15.2.5 缓冲器

缓冲器的安装在行程端部，是一种用来吸收轿厢或对重动能的缓冲安全装置。当电梯超越底层或顶层时，轿厢或对重冲击缓冲器，从而使轿厢安全减速直到停止，实现电梯极限位置的安全保护。

常见的缓冲器主要有液压缓冲器、弹簧缓冲器和非线性缓冲器，如图 15-18 所示。

图 15-18　液压缓冲器、弹簧缓冲器和非线性缓冲器的实物外形

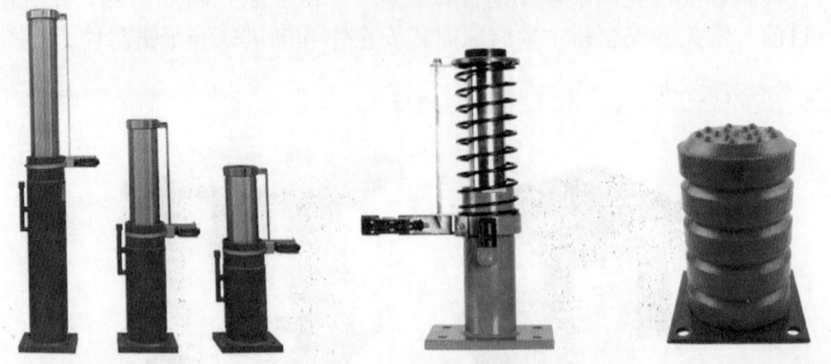
液压缓冲器
弹簧缓冲器
非线性（聚氨酯）缓冲器

液压缓冲器是以液体作为介质吸收轿厢或对重动能的一种耗能型缓冲器。该类缓冲器随着压缩行程的增加，制动力也增大，利用液体的阻尼，有良好的缓冲性能，适用于任何速度的电梯。

弹簧缓冲器是以弹簧变形来吸收轿厢或对重动能的一种蓄能型缓冲器。该类缓冲器有弹簧产生反弹力，撞击速度越大，反弹力越大，只适用于额定速度不大于 1.0m/s 的低速电梯。

非线性缓冲器是以非线性变形材料（如聚氨酯）来吸收轿厢或对重动能的一种蓄能型缓冲器。

| 提示说明 |

缓冲器是电梯最后一道保护装置，电梯由于控制失灵、曳引力不足或制动失灵等情况发生轿厢或对重蹲底时，缓冲器将吸收轿厢或对重的动能，提供最后的保护，实现对人员和电梯结构的安全保护作用。

一般情况下，缓冲器安装在底坑内，2t 以下的电梯轿厢下安装一个缓冲器；2t 以上的电梯轿厢下需要安装安装两个缓冲器，对重侧一般只安装一个缓冲器。

15.2.6　轿厢

轿厢是电梯中用以运载乘客或其他载荷的箱形装置。目前，轿厢主要由轿厢架和轿厢体构成，如图 15-19 所示。

图 15-19　电梯轿厢的实物外形及结构

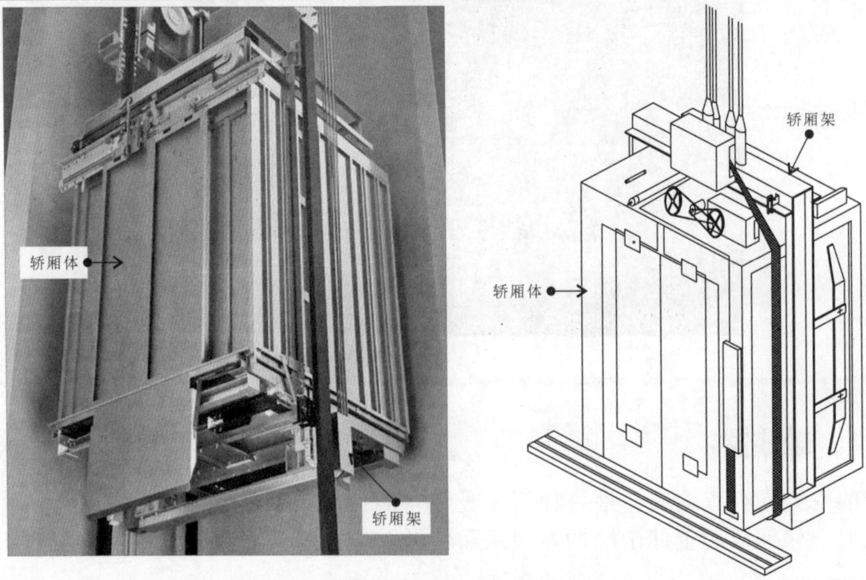
轿厢体
轿厢架
轿厢架
轿厢体

轿厢架是轿厢的承载架构，主要由上梁、立柱和拉条、下梁构成，如图 15-20 所示。

图 15-20 轿厢的轿厢架

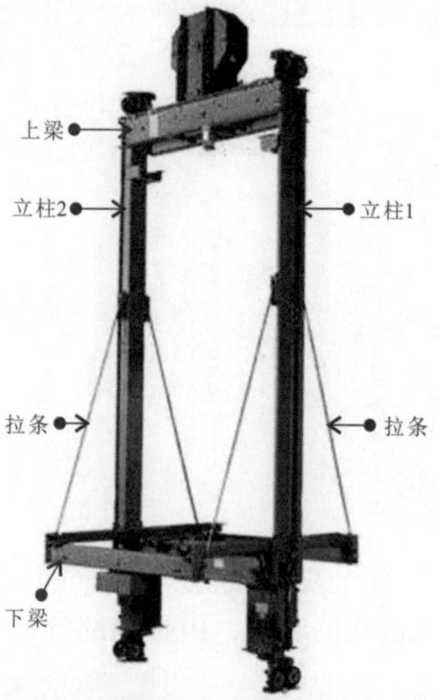
上梁
立柱2
立柱1
拉条
拉条
下梁

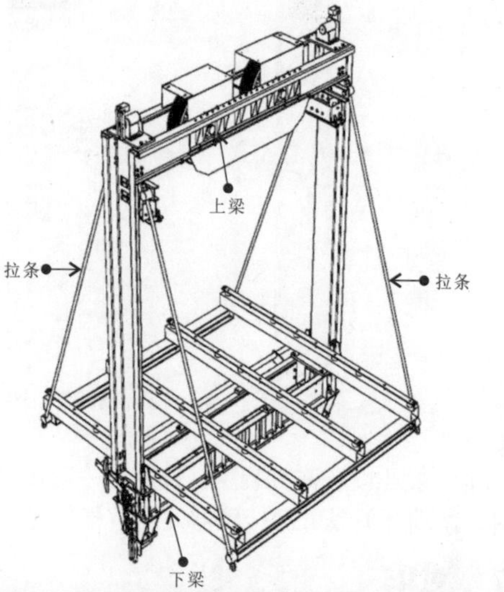
上梁
拉条
拉条
下梁

相关资料

轿厢架上梁一般由钢板弯折或型材加工而成，包含有上梁本体、上导靴、安全钳连杆装置、反绳轮、轿顶检修盒、位置传感器和电梯空调器等。

轿厢架立柱（侧梁）由侧梁本体、极限开关碰铁、位置传感器和斜拉条等构成。

轿厢架下梁由下梁本体（由钢板弯折或型材加工而成）、下导靴、安全钳、超载装置等构成。

轿厢体是形成轿厢空间的封闭围壁，主要由轿厢底、轿厢壁、轿厢顶和轿厢门构成。轿厢体内部设有轿厢操纵箱等装置，如图 15-21 所示。

轿厢顶
轿厢操纵箱
轿厢门
轿厢前侧板
轿厢壁（轿厢侧板）
轿厢护脚板
轿厢底（轿厢地板）

图 15-21 轿厢内部结构

相关资料

轿厢操作箱是轿厢体中的重要操纵装置，一般设置在轿厢内轿门旁的围壁上，包含选层按钮、开关门按钮、检修面板、电梯运行方向的指示和楼层显示等，如图 15-22 所示。

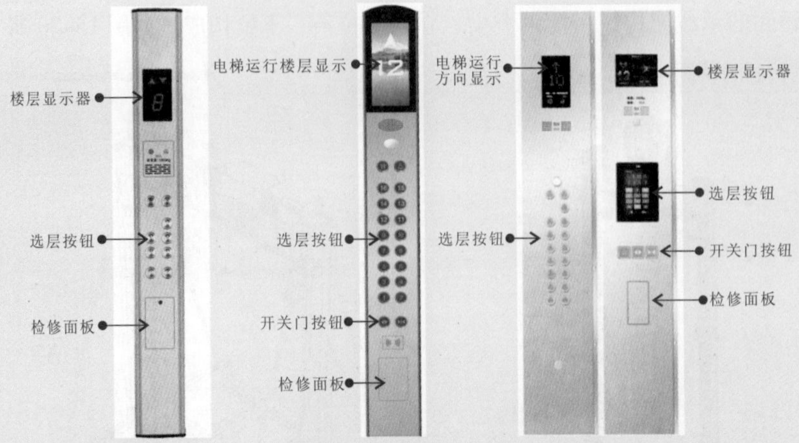
楼层显示器
选层按钮
检修面板
电梯运行楼层显示
选层按钮
开关门按钮
检修面板
电梯运行
方向显示
选层按钮
楼层显示器
选层按钮
开关门按钮
检修面板

图 15-22　轿厢操作箱

在轿厢底部一般还设有称重装置，该装置一般由若干个微动开关（触点）或重量传感器构成，当轿厢载荷增加时，微动开关或重量传感器发出重量信号。当出现超载情况时，由控制部分发出超重提醒。

15.2.7　对重

对重是由曳引钢丝绳经曳引轮、导向轮与轿厢连接，在曳引式电梯运行过程中保持曳引能力的装置，也是电梯的重量平衡装置。

图 15-23 为对重与轿厢、曳引轮、导向轮的关系。

图 15-23　对重与轿厢、曳引轮、导向轮的关系

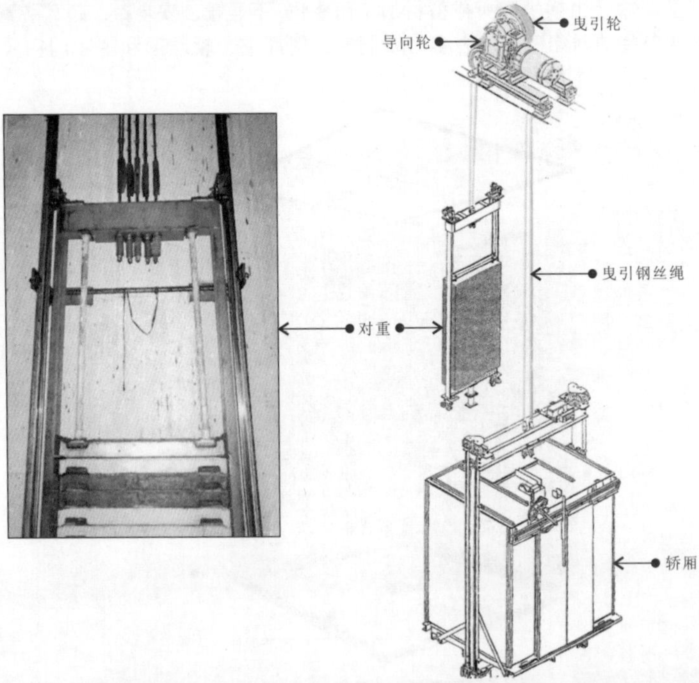
曳引轮
导向轮
曳引钢丝绳
对重
轿厢

| 提示说明 |

对重是曳引式电梯中不可缺少的部分，在电梯运行过程中，对重通过对重导靴在对重导轨上滑行，用于平衡轿厢的重量和部分载荷重量，可有效减少曳引电动机的功率损耗。

对重一般由对重架、对重块和导靴构成，有些还设有对重轮，如图 15-24 所示。

图 15-24 对重的实物外形及结构

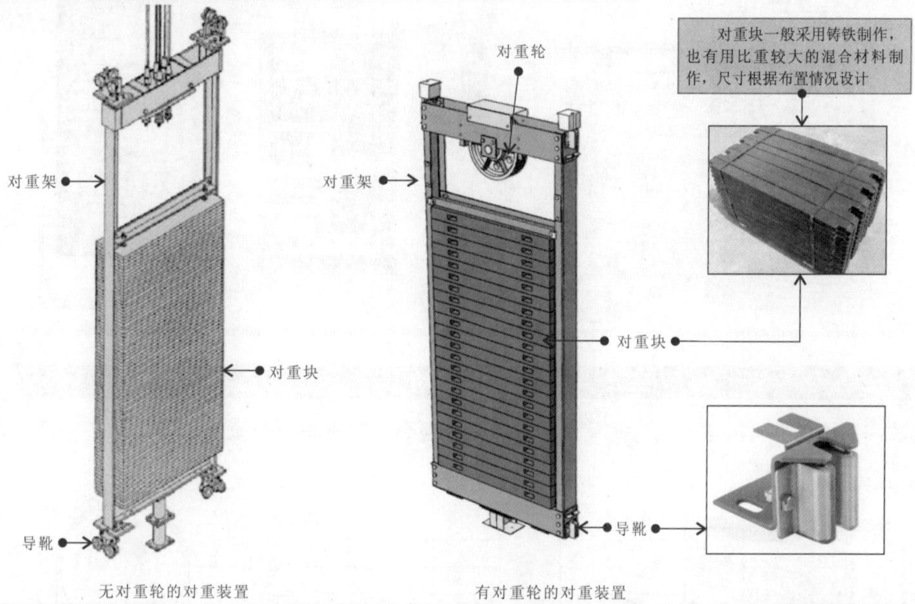
对重架
对重块
导靴
无对重轮的对重装置
对重轮
对重架
对重块
导靴
有对重轮的对重装置
对重块一般采用铸铁制作，也有用比重较大的混合材料制作，尺寸根据布置情况设计

15.2.8 控制柜

控制柜是指将各种电子器件和电气元件安装在一个有防护作用的柜形结构内的电控设备。电梯的控制柜一般安装在机房内，曳引机旁边，是电梯电气装置和信号控制中心，如图 15-25 所示。

图 15-25 电梯机房中的控制柜

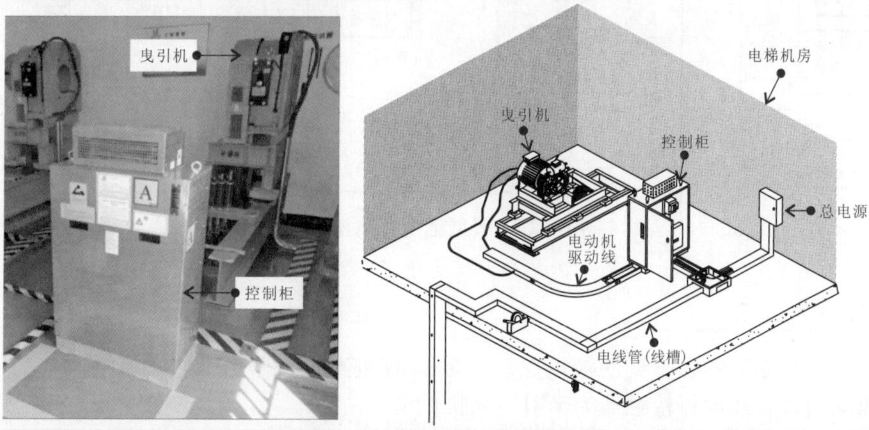
曳引机
控制柜
电梯机房
曳引机
控制柜
总电源开关
电动机驱动线
电线管(线槽)

| 提示说明 |

控制柜的电源由机房的总电源开关引入，电梯的各种控制信号由电线管或线槽引出，进入井道再由随性电缆传输。由控制柜接触器引出的驱动信号，由电线管直接送至曳引机的电动机接线端子中。

电梯控制柜是整个电梯的核心控制系统，电梯轿厢位置、行程方向、速度、门的开关、电梯运行和等待时间、系统故障等均由控制柜控制。

较早期的控制柜内部还设有接触器、控制继电器、信号继电器、电容器、电阻器、供电变压器、整流器等。目前，电梯控制柜智能化程度较高，大多由 PLC、变频器、接触器或全电脑板控制，如图 15-26 所示。

图 15-26 电梯控制柜

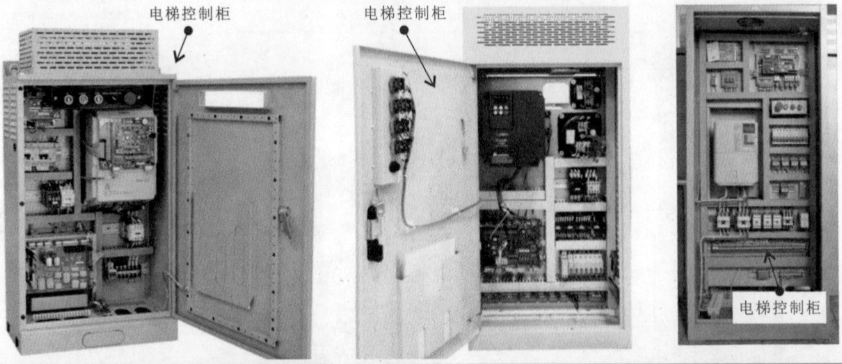
电梯控制柜
电梯控制柜
电梯控制柜

| 提示说明 |

电梯的控制不仅是机械与电气的简单机电一体化，整个控制过程十分复杂。图 15-27 为典型电梯控制框图。

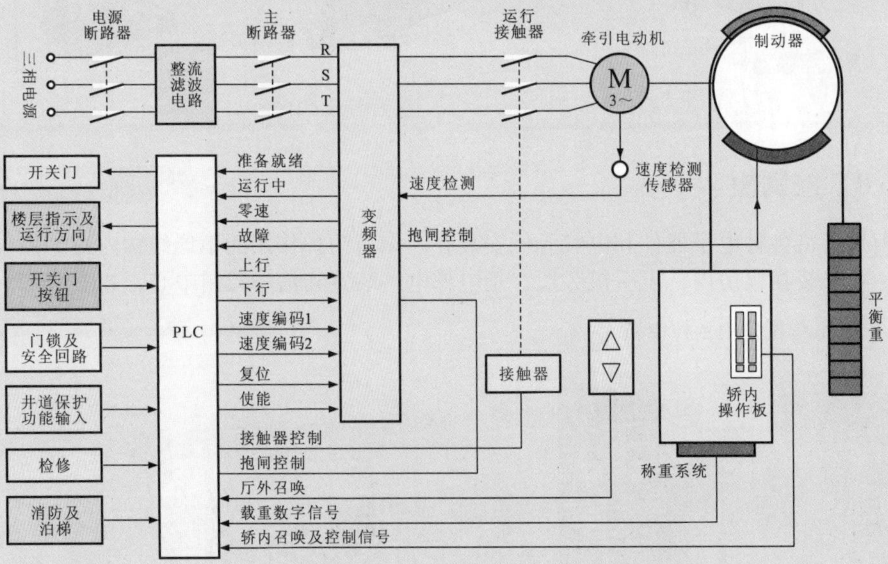
电源断路器
主断路器
运行接触器
牵引电动机
制动器
三相电源
整流滤波电路
R
S
T
M 3~
开关门
准备就绪
运行中
速度检测
速度检测传感器
楼层指示及运行方向
零速
故障
变频器
抱闸控制
开关门按钮
上行
下行
门锁及安全回路
PLC
速度编码1
速度编码2
平衡重
复位
接触器
井道保护功能输入
使能
轿内操作板
接触器控制
检修
抱闸控制
称重系统
厅外召唤
消防及泊梯
载重数字信号
轿内召唤及控制信号

图 15-27 典型电梯控制框图

1 主电源供电

三相交流电源经断路器、整流滤波电路、主断路器加到变频器的 R、S、T 端，经变频器变频后输出变频驱动信号，经运行接触器为牵引电动机供电。

2 变频器

在电梯控制系统中，变频器用于完成调速功能。

3 PLC（可编程控制器）

为了实现多功能多环节的控制和自动保护功能，在控制系统中设置了 PLC，PLC 负责处理各种信号（如指令信号、传感信号和反馈信号）的逻辑关系，从而向变频器发出起停信号，同时变频器也将本身的工作状态输送给 PLC，形成双向联络关系。

15.3 电梯故障检修

15.3.1 电梯反复开门故障检修

图 15-28 为电梯反复开门故障的检修方法。

15.3.2 电梯不关门故障检修

图 15-29 为电梯不关门故障的检修方法。

图 15-28 电梯反复开门故障的检修方法

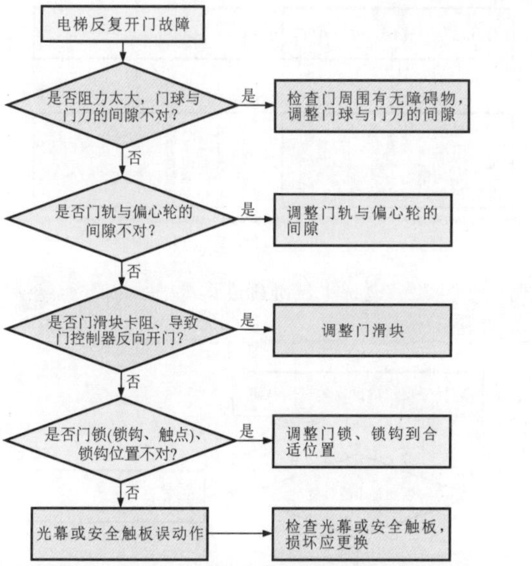

电梯反复开门故障
是否阻力太大，门球与门刀的间隙不对？
是
检查门周围有无障碍物，调整门球与门刀的间隙
否
是否门轨与偏心轮的间隙不对？
是
调整门轨与偏心轮的间隙
否
是否门滑块卡阻、导致门控制器反向开门？
是
调整门滑块
否
是否门锁(锁钩、触点)、锁钩位置不对？
是
调整门锁、锁钩到合适位置
否
光幕或安全触板误动作
检查光幕或安全触板，损坏应更换

图 15-29 电梯不关门故障的检修方法

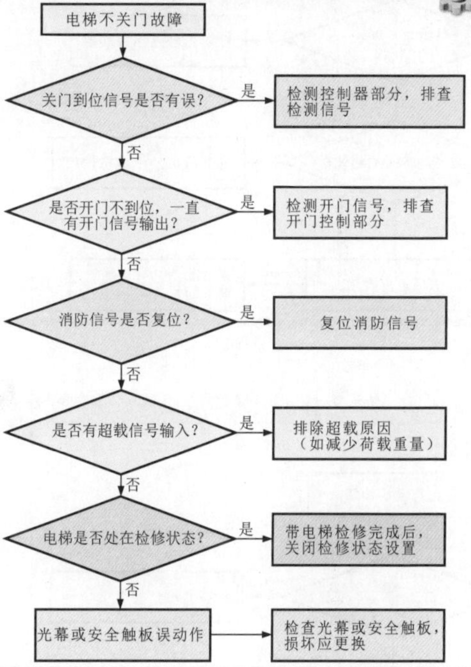

电梯不关门故障
关门到位信号是否有误？
是
检测控制器部分，排查检测信号
否
是否开门不到位，一直有开门信号输出？
是
检测开门信号，排查开门控制部分
否
消防信号是否复位？
是
复位消防信号
否
是否有超载信号输入？
是
排除超载原因（如减少荷载重量）
否
电梯是否处在检修状态？
是
带电梯检修完成后，关闭检修状态设置
否
光幕或安全触板误动作
检查光幕或安全触板，损坏应更换

15.3.3 电梯关门时夹人故障检修

图 15-30 为电梯关门时夹人故障的检修方法。

15.3.4 电梯到站不开门故障检修

图 15-31 为电梯到站不开门故障的检修方法。

15.3.5 电梯乱层故障检修

图 15-32 为电梯乱层故障的检修方法。

15.3.6 电梯平层准确度误差过大故障检修

图 15-33 为电梯平层准确度误差过大故障的检修方法。

15.3.7 电梯运行时轿厢内有异常噪声或振动故障检修

图 15-34 为电梯运行时轿厢内有异常噪声或振动故障的检修方法。

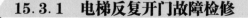

图 15-30　电梯关门时夹人故障的检修方法

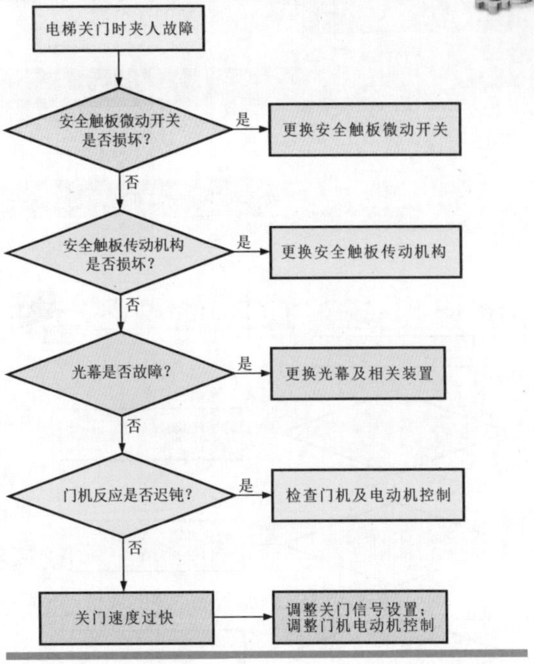
电梯关门时夹人故障
安全触板微动开关是否损坏?
是
更换安全触板微动开关
否
安全触板传动机构是否损坏?
是
更换安全触板传动机构
否
光幕是否故障?
是
更换光幕及相关装置
否
门机反应是否迟钝?
是
检查门机及电动机控制
否
关门速度过快
调整关门信号设置;
调整门机电动机控制

图 15-31　电梯到站不开门故障的检修方法

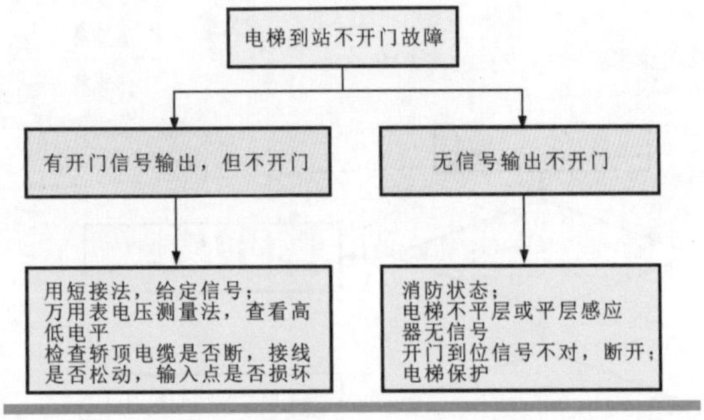
电梯到站不开门故障
有开门信号输出，但不开门
无信号输出不开门
用短接法，给定信号;
万用表电压测量法，查看高低电平
检查轿顶电缆是否断，接线是否松动，输入点是否损坏
消防状态;
电梯不平层或平层感应器无信号
开门到位信号不对，断开;
电梯保护

图 15-32　电梯乱层故障的检修方法

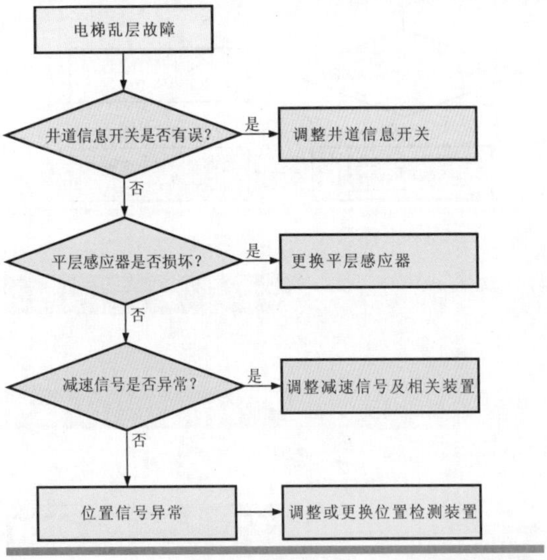
电梯乱层故障
井道信息开关是否有误?
是
调整井道信息开关
否
平层感应器是否损坏?
是
更换平层感应器
否
减速信号是否异常?
是
调整减速信号及相关装置
否
位置信号异常
调整或更换位置检测装置

图 15-33　电梯平层准确度误差过大故障的检修方法

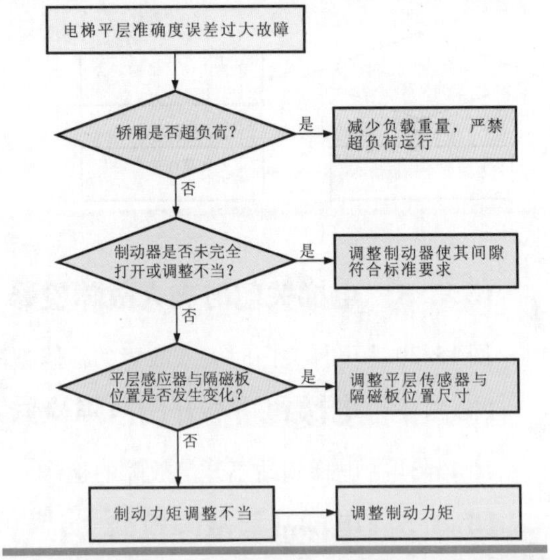
电梯平层准确度误差过大故障
轿厢是否超负荷?
是
减少负载重量，严禁超负荷运行
否
制动器是否未完全打开或调整不当?
是
调整制动器使其间隙符合标准要求
否
平层感应器与隔磁板位置是否发生变化?
是
调整平层传感器与隔磁板位置尺寸
否
制动力矩调整不当
调整制动力矩

15.3.8　电梯起动困难或运行速度明显降低故障检修

图 15-35 为电梯起动困难或运行速度明显降低故障的检修方法。

15.3.9　电梯显示不正常，但运行正常故障检修

图 15-36 为电梯显示不正常，但运行正常故障的检修方法。

图 15-34 电梯运行时轿厢内有异常噪声或震动故障的检修方法

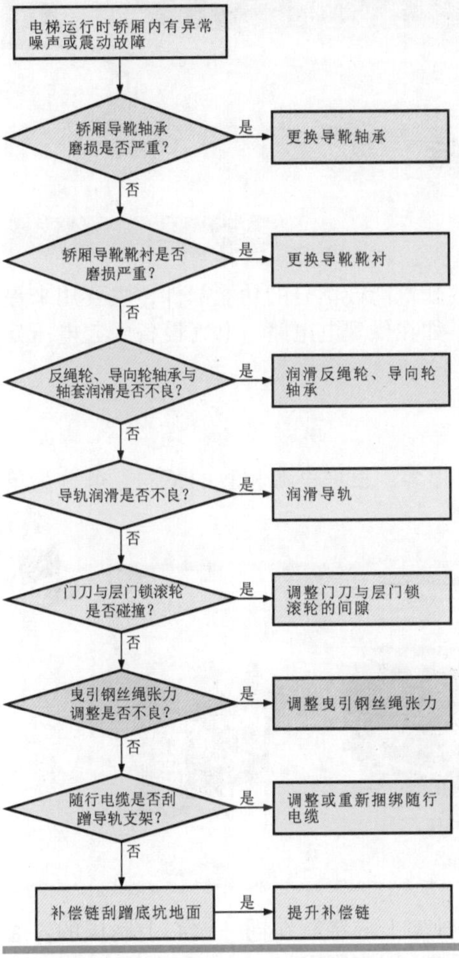
电梯运行时轿厢内有异常噪声或震动故障
轿厢导靴轴承磨损是否严重?
是
更换导靴轴承
否
轿厢导靴靴衬是否磨损严重?
是
更换导靴靴衬
否
反绳轮、导向轮轴承与轴套润滑是否不良?
是
润滑反绳轮、导向轮轴承
否
导轨润滑是否不良?
是
润滑导轨
否
门刀与层门锁滚轮是否碰撞?
是
调整门刀与层门锁滚轮的间隙
否
曳引钢丝绳张力调整是否不良?
是
调整曳引钢丝绳张力
否
随行电缆是否刮蹭导轨支架?
是
调整或重新捆绑随行电缆
否
补偿链刮蹭底坑地面
是
提升补偿链

图 15-35 电梯起动困难或运行速度明显降低故障的检修方法

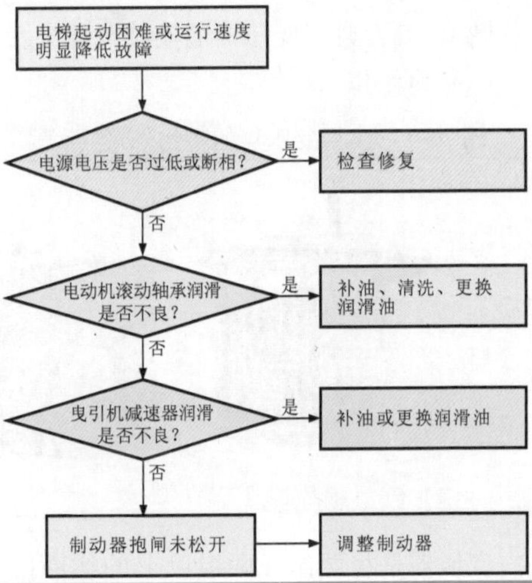
电梯起动困难或运行速度明显降低故障
电源电压是否过低或断相?
是
检查修复
否
电动机滚动轴承润滑是否不良?
是
补油、清洗、更换润滑油
否
曳引机减速器润滑是否不良?
是
补油或更换润滑油
否
制动器抱闸未松开
调整制动器

图 15-36 电梯显示不正常，但运行正常故障的检修方法

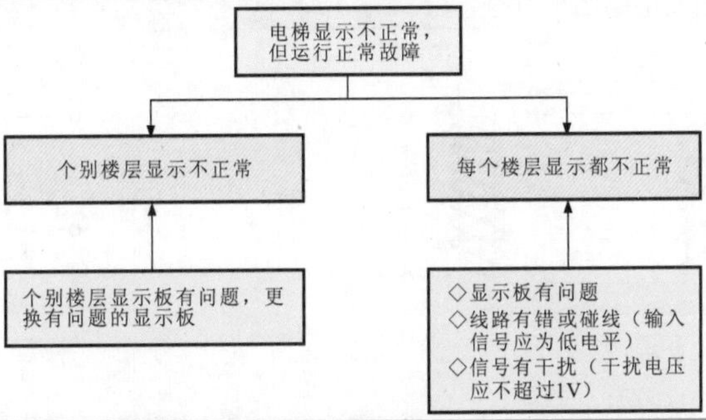
电梯显示不正常，但运行正常故障
个别楼层显示不正常
每个楼层显示都不正常
个别楼层显示板有问题，更换有问题的显示板
◇显示板有问题
◇线路有错或碰线（输入信号应为低电平）
◇信号有干扰（干扰电压应不超过1V）

第16章 变压器和电动机的维护与检测

16.1 变压器的结构原理与检测技能

16.1.1 变压器的结构原理

变压器是一种利用电磁感应原理制成的，可以传输、改变电能或信号的功能部件，主要用来提升或降低交流电压、变换阻抗等。变压器的应用十分广泛，如在供配电电路、电气设备中起电压变换、电流变换、阻抗变换或隔离等作用。

1 变压器的结构特点

图16-1为典型变压器的实物外形。变压器的分类方式很多，根据电源相数的不同，可分为单相变压器和三相变压器。

图16-1 典型变压器的实物外形

单相变压器
三相油浸式变压器
三相干式变压器
单相电源变压器

变压器是将两组或两组以上的线圈绕制在同一个线圈骨架上或绕制在同一铁心上制成的。通常，与电源相连的线圈被称为一次侧绕组，其余的线圈被称为二次侧绕组。

图16-2为变压器的结构及电路图形符号。

图16-2 变压器的结构及电路图形符号

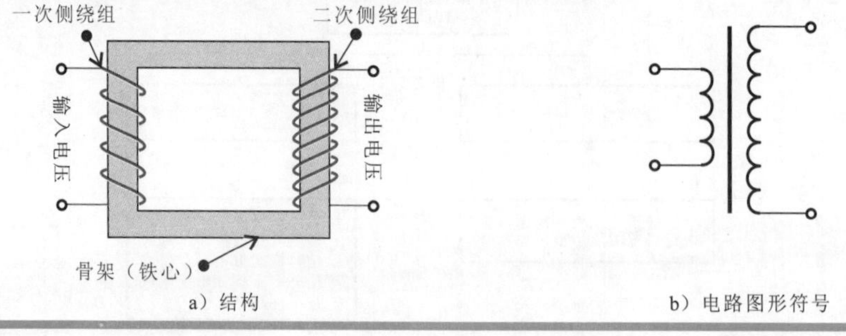

一次侧绕组
二次侧绕组
输入电压
输出电压
骨架（铁心）
a）结构
b）电路图形符号

（1）单相变压器的结构特点

单相变压器是一次侧绕组为单相绕组的变压器。单相变压器的一次侧绕组和二次侧绕组均绕制在铁心上，一次侧绕组为交流电压输入端，二次侧绕组为交流电压输出端。二次侧绕组的输出电压与线圈的匝数成正比。图16-3为单相变压器的结构特点。

图 16-3 单相变压器的结构特点

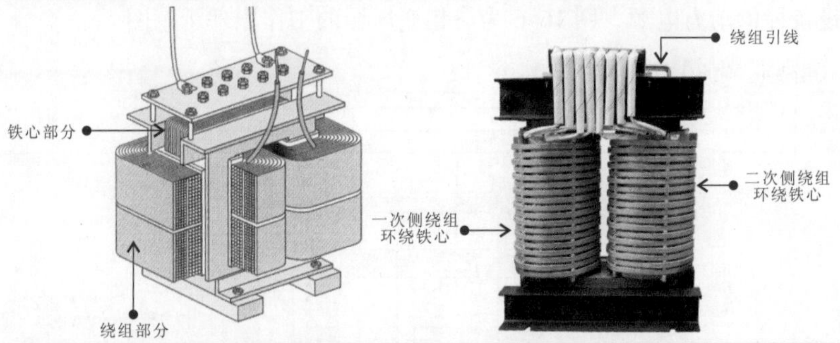
铁心部分
绕组部分
绕组引线
二次侧绕组
环绕铁心
一次侧绕组
环绕铁心

(2) 三相变压器的结构特点

三相变压器是在电力设备中应用得比较多的一种变压器。三相变压器实际上是由 3 个相同容量的单相变压器组合而成的。一次侧绕组（高压线圈）为三相，二次侧绕组（低压线圈）也为三相。图 16-4 为三相变压器的结构特点。

图 16-4 三相变压器的结构特点

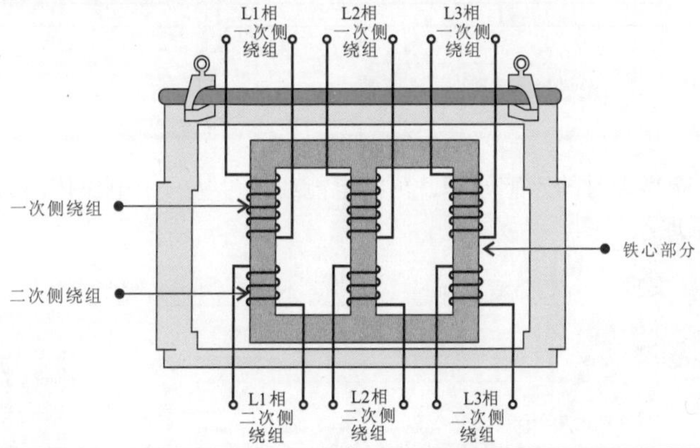
L1相
一次侧
绕组
L2相
一次侧
绕组
L3相
一次侧
绕组
一次侧绕组
铁心部分
二次侧绕组
L1相
二次侧
绕组
L2相
二次侧
绕组
L3相
二次侧
绕组

2 变压器的工作原理

单相变压器可将单相高压变成单相低压供各种设备使用，如可将交流 6600V 高压变成交流 220V 低压为照明灯或其他设备供电。单相变压器具有结构简单、体积小、损耗低等优点，适宜在负荷较小的低压配电电路（60 Hz 以下）中使用。图 16-5 为单相变压器的工作原理示意图。

图 16-5 单相变压器的工作原理示意图

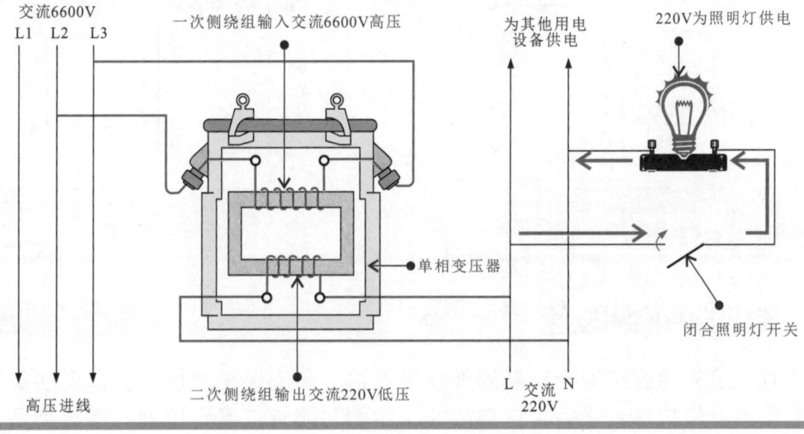
交流6600V
L1 L2 L3
一次侧绕组输入交流6600V高压
为其他用电
设备供电
220V为照明灯供电
单相变压器
闭合照明灯开关
高压进线
二次侧绕组输出交流220V低压
L 交流 N
220V

三相变压器主要用于三相供电系统中的升压或降压，常用的就是将几千伏的高压变为380V的低压，为用电设备提供动力电源。图16-6为三相变压器的工作原理示意图。

图16-6 三相变压器的工作原理示意图

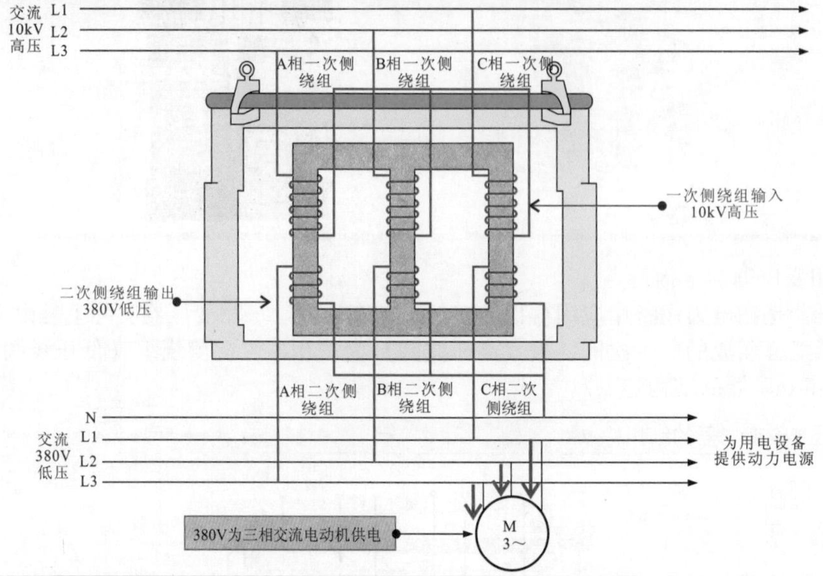
交流
10kV
高压
L1
L2
L3
A相一次侧绕组
B相一次侧绕组
C相一次侧绕组
一次侧绕组输入10kV高压
二次侧绕组输出380V低压
A相二次侧绕组
B相二次侧绕组
C相二次侧绕组
N
交流
380V
低压
为用电设备提供动力电源
380V为三相交流电动机供电
M
3～

变压器利用电感线圈靠近时的互感原理，可将电能或信号从一个电路传向另一个电路。图16-7为变压器电压变换工作原理示意图。

图16-7 变压器电压变换工作原理示意图

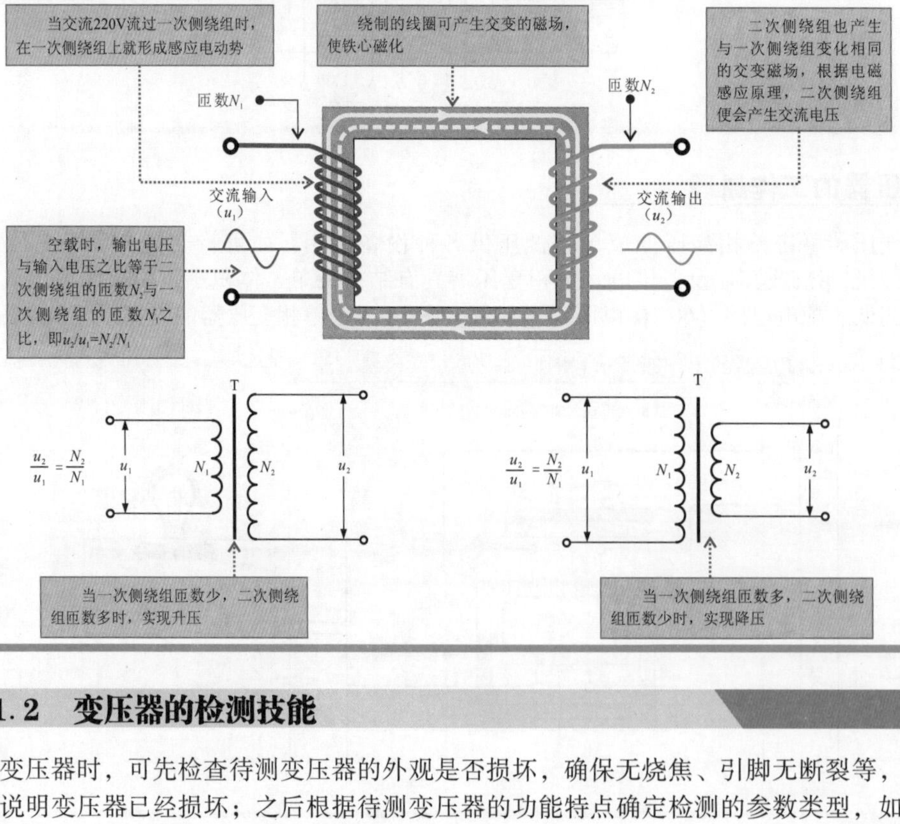
当交流220V流过一次侧绕组时，在一次侧绕组上就形成感应电动势
绕制的线圈可产生交变的磁场，使铁心磁化
二次侧绕组也产生与一次侧绕组变化相同的交变磁场，根据电磁感应原理，二次侧绕组便会产生交流电压
匝数N1
匝数N2
交流输入（u1）
交流输出（u2）
空载时，输出电压与输入电压之比等于二次侧绕组的匝数N2与一次侧绕组的匝数N1之比，即u2/u1=N2/N1
T
u2/u1 = N2/N1
u1
N1
N2
u2
当一次侧绕组匝数少，二次侧绕组匝数多时，实现升压
当一次侧绕组匝数多，二次侧绕组匝数少时，实现降压

16.1.2 变压器的检测技能

检测变压器时，可先检查待测变压器的外观是否损坏，确保无烧焦、引脚无断裂等，如有上述情况，则说明变压器已经损坏；之后根据待测变压器的功能特点确定检测的参数类型，如检测变压

器的绝缘电阻、检测变压器绕组电阻、检测变压器输入和输出电压等。

1 变压器绝缘电阻的检测方法

使用兆欧表测量变压器的绝缘电阻，能有效发现设备受潮、部件局部脏污、绝缘击穿、瓷件破裂、引线接外壳及老化等问题。

三相变压器绝缘电阻的测量主要分为低压绕组对外壳绝缘电阻的测量、高压绕组对外壳绝缘电阻的测量和高压绕组对低压绕组绝缘电阻的测量。以低压绕组对外壳绝缘电阻的测量为例，如图 16-8所示，将低压侧绕组桩头用短接线连接，并连接好兆欧表，按 120r/min 的速度顺时针摇动兆欧表的摇杆，读取 15s 和 1min 时的绝缘电阻，将实测数据与标准值进行比对，即可完成测量。

图 16-8 三相变压器低压绕组对外壳绝缘电阻的测量

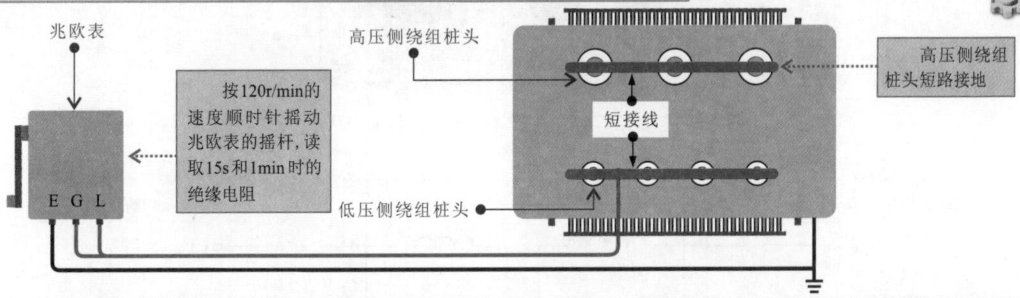
兆欧表
按120r/min的速度顺时针摇动兆欧表的摇杆，读取15s和1min时的绝缘电阻
E G L
高压侧绕组桩头
短接线
低压侧绕组桩头
高压侧绕组桩头短路接地

高压绕组对外壳绝缘电阻的测量与图 16-8 所示的操作方法相同，只是将高压侧绕组桩头与兆欧表连接即可。

| 相关资料 |

在使用兆欧表测量变压器的绝缘电阻前要断开电源，并拆除或断开外接的连接线缆，使用绝缘棒等工具将变压器充分放电（约为 5min）。

测量时，要确保测试线的连接准确无误，测试线必须为单股线独立连接，不得使用双股绝缘线或绞线。

在测量完毕断开兆欧表时，要先将电路端的测试线与绕组桩头分开，再降低兆欧表的摇速，否则会烧坏兆欧表。测量完毕，应在对变压器进行充分放电后方可拆下测试线。

使用兆欧表测量变压器的绝缘电阻时，要根据变压器的电压等级选择相应规格的兆欧表，见表 16-1。

表 16-1 不同变压器的电压等级应选择兆欧表的规格

变压器	100V 以下	100 ~ 500V	500 ~ 3000V	3000 ~ 10000V	10000V 及其以上
兆欧表	250V/50MΩ 及其以上	500V/100MΩ 及其以上	1000V/2000MΩ 及其以上	2500V/10000MΩ 及其以上	5000V/10000MΩ 及其以上

2 变压器绕组电阻的测量方法

变压器绕组电阻的测量主要用来检查变压器绕组接头的焊接质量是否良好、绕组层匝间有无短路、分接开关各个位置的接触是否良好及绕组或引出线有无折断等情况。通常，中、小型三相变压器多采用直流电桥法测量，如图 16-9 所示。

在测量前，将待测变压器的绕组与接地装置连接进行放电操作，在放电完成后，拆除一切连接线，将直流电桥分别与待测变压器各相绕组连接。

估计待测变压器绕组的电阻，将直流电桥的倍率旋钮置于适当位置，将检流计灵敏度旋钮调至最低位置，将不测量的绕组接地，打开直流电桥的电源开关按钮（B）充电，充足后，按下检流计开关按钮（G），迅速调节测量臂，使检流计指针向检流计刻度中间的零位线方向移动，增大灵敏度，待指针平稳停在零位线上时记录数值（被测数值 = 倍率数 × 测量臂数值）。

图 16-9　变压器绕组电阻的检测方法

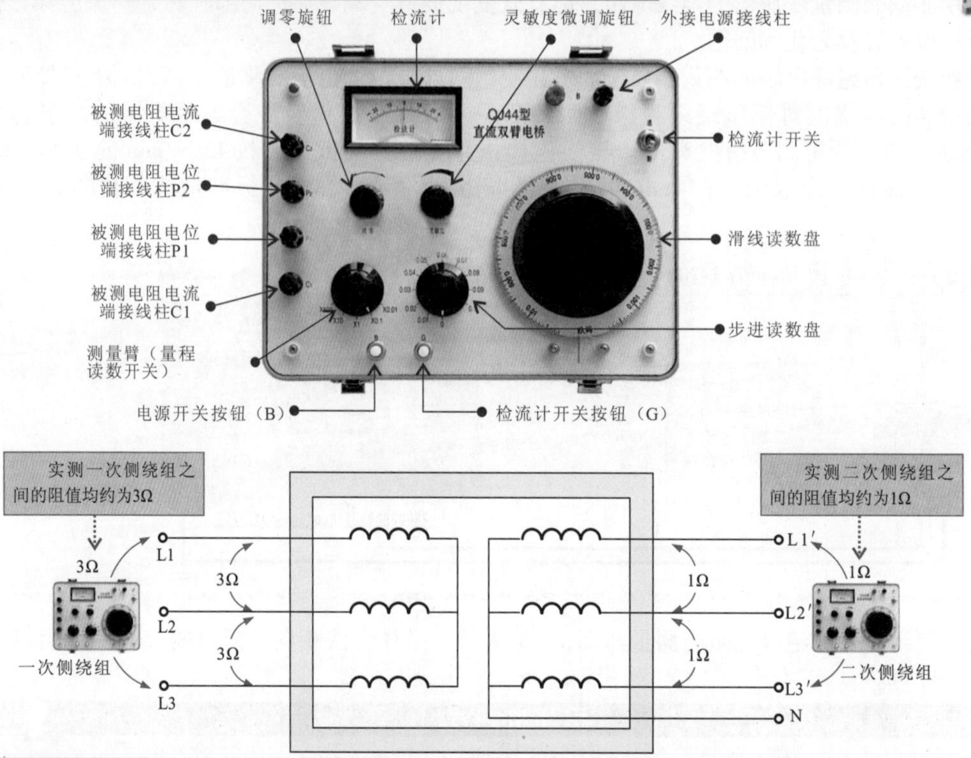
调零旋钮
检流计
灵敏度微调旋钮
外接电源接线柱
QJ44型
直流双臂电桥
被测电阻电流端接线柱C2
被测电阻电位端接线柱P2
被测电阻电位端接线柱P1
被测电阻电流端接线柱C1
测量臂（量程读数开关）
检流计开关
滑线读数盘
步进读数盘
电源开关按钮（B）
检流计开关按钮（G）
实测一次侧绕组之间的阻值均约为3Ω
实测二次侧绕组之间的阻值均约为1Ω
3Ω
L1
L2
L3
3Ω
3Ω
一次侧绕组
1Ω
L1′
1Ω
L2′
1Ω
L3′
N
二次侧绕组

测量完毕，为防止在测量具有电感的电阻时损坏检流计，应先按下检流计开关按钮（G），再按下电源开关按钮（B）。

| 提示说明 |

由于测量精度及接线方式的误差，测出的三相绕组的电阻也不相同，此时可使用误差公式进行判别，即

$$\Delta R\% = [R_{max} - R_{min}/R_P] \times 100\%$$

$$R_P = (R_{ab} + R_{bc} + R_{ca})/3$$

式中，$\Delta R\%$ 为误差百分数；R_{max} 为实测中的最大值（Ω）；R_{min} 为实测中的最小值（Ω）；R_P 为三相绕组的实测平均值（Ω）；R_{ab} 为 a、b 相间电阻；R_{bc} 为 b、c 相间电阻；R_{ca} 为 a、c 相间电阻。

在比对分析当次测量值与前次测量值时，一定要在相同的温度下，如果温度不同，则要按下式换算至20℃时的电阻，即

$$R_{20℃} = R_t K$$

$$K = (T+20)/(T+t)$$

式中，$R_{20℃}$ 为 20℃时的电阻（Ω）；R_t 为 t℃时的电阻（Ω）；T 为常数（铜导线为 234.5，铝导线为 225）；t 为测量时的温度；K 为温度系数。

3　变压器输入、输出电压的检测方法

变压器输入、输出电压的检测主要是在通电情况下，检测输入电压和输出电压。

以检测电源变压器为例，在检测前，应先了解电源变压器输入电压和输出电压的具体数值和检测方法，如图 16-10 所示。

图 16-10　电源变压器输入、输出电压的具体数值和检测方法

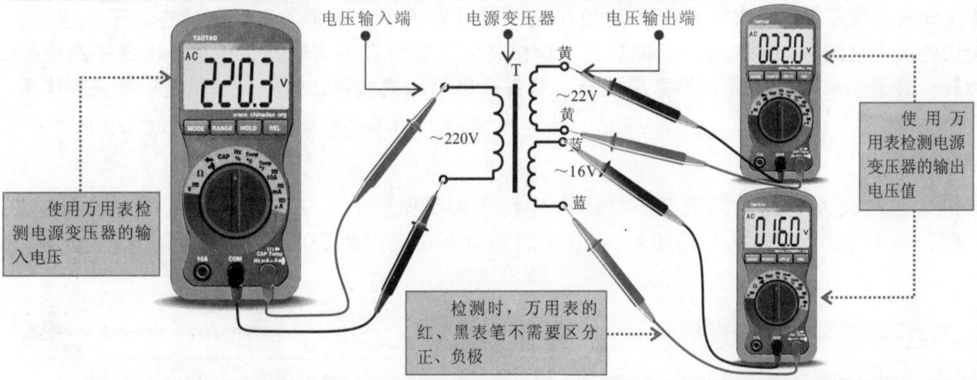
电压输入端
电源变压器
电压输出端
T
黄
~22V
黄
~220V
蓝
~16V
蓝
220.3
022.0
016.0
使用万用表检测电源变压器的输入电压
检测时，万用表的红、黑表笔不需要区分正、负极
使用万用表检测电源变压器的输出电压值

扫一扫看视频

图 16-11 为检测电源变压器输入、输出电压的实际操作。

图 16-11　检测电源变压器输入、输出电压的实际操作

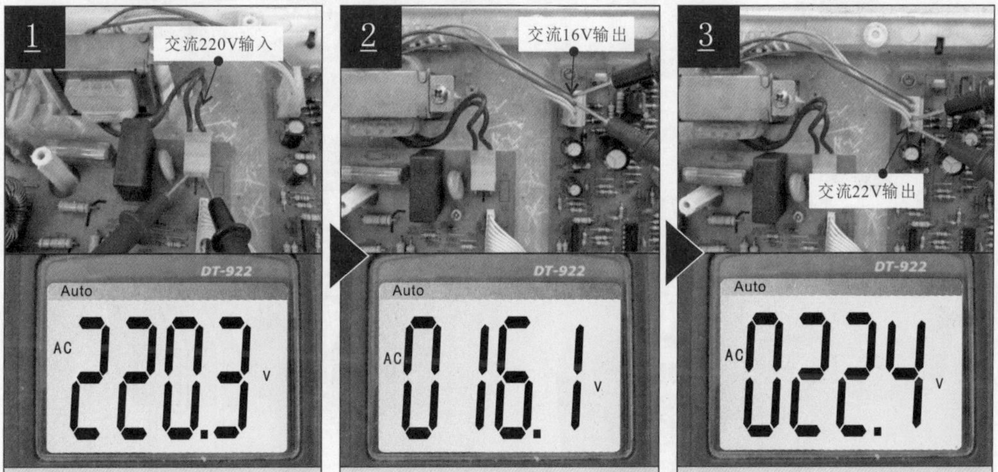
1
交流220V输入
DT-922
Auto
AC
220.3
V
2
交流16V输出
DT-922
Auto
AC
016.1
V
3
交流22V输出
DT-922
Auto
AC
022.4
V

搭建电路模拟实际工作条件，将万用表的红、黑表笔分别搭在待测电源变压器交流输入端的两个引脚上。万用表的显示屏上显示实测输入电压为交流220.3V，正常。

将万用表的红、黑表笔分别搭在待测电源变压器的交流16V输出端的两个蓝色引脚上。在万用表的显示屏上显示实测输出电压为交流16.1V，正常。

将万用表的红、黑表笔分别搭在待测电源变压器的交流22V输出端的两个黄色引脚上。在万用表的显示屏上显示实测输出电压为交流22.4V，正常。

16.2　电动机的结构原理与检测技能

16.2.1　电动机的结构原理

1　电动机的结构特点

电动机是利用电磁感应原理将电能转换为机械能的动力部件，广泛应用在电气设备、控制线路或电子产品中。按照电动机供电类型的不同，电动机可分为直流电动机和交流电动机。

（1）直流电动机的结构特点

直流电动机是通过直流电源（有正、负极）供给电能，并能够将电能转变为机械能的一类电动机。

常见的直流电动机可分为有刷直流电动机和无刷直流电动机。这两种直流电动机的外形相似，主要通过内部是否包含电刷和换向器进行区分。图 16-12 为常见直流电动机的实物外形。

| 提示说明 |

有刷直流电动机的定子是永磁体；转子由绕组和换向器（整流子）构成；电刷安装在定子机座上；通过电刷及换向器实现电流方向的变化。无刷直流电动机将绕组安装在不旋转的定子上，由定子产生磁场驱动转子旋转；转子由永磁体制成，不需要供电，可省去电刷和换向器；转子磁极受定子磁场的作用会转动。

(2) 交流电动机的结构特点

交流电动机是通过交流电源供给电能，并将电能转变为机械能的一类电动机。交流电动机根据供电方式的不同，可分为单相交流电动机和三相交流电动机。图 16-13 为常见交流电动机的实物外形。

图 16-12　常见直流电动机的实物外形

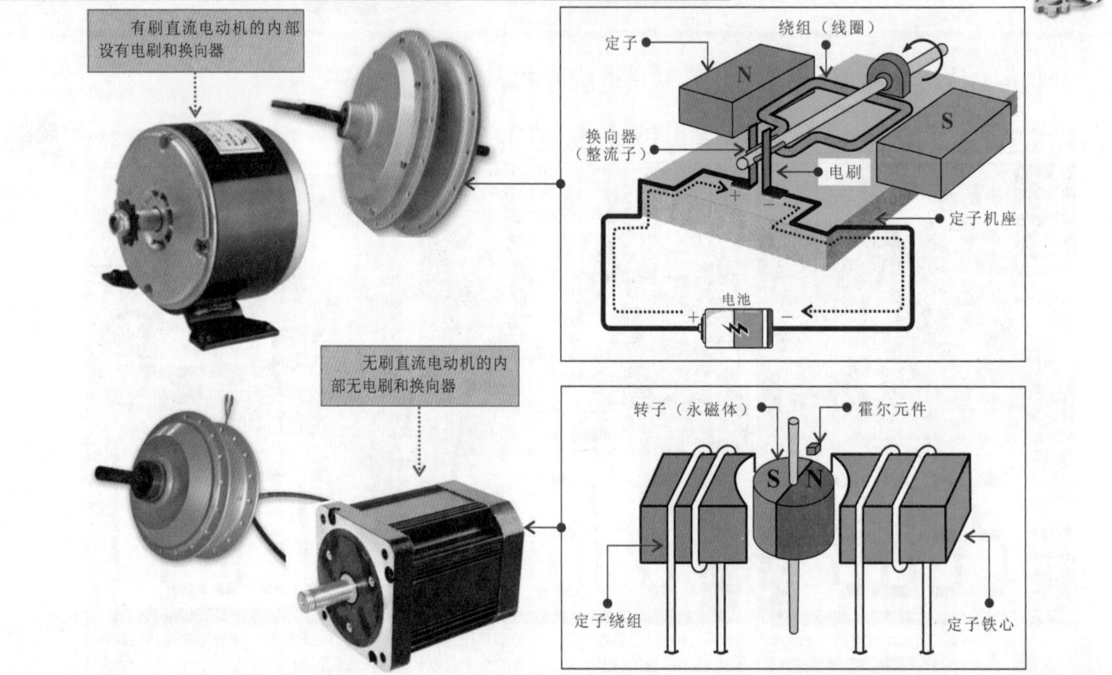
有刷直流电动机的内部设有电刷和换向器
绕组（线圈）
定子
N
S
换向器（整流子）
电刷
定子机座
电池
无刷直流电动机的内部无电刷和换向器
转子（永磁体）
霍尔元件
S
N
定子绕组
定子铁心

图 16-13　常见交流电动机的实物外形

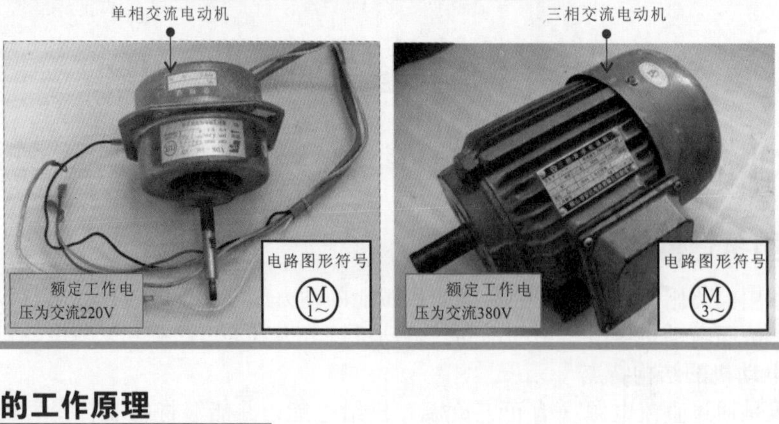
单相交流电动机
三相交流电动机
额定工作电压为交流220V
电路图形符号
M 1～
额定工作电压为交流380V
电路图形符号
M 3～

2　电动机的工作原理

电动机是将电能转换成机械能的电气部件，不同的供电方式，具体的工作原理也不同。下面以典型直流电动机和交流电动机为例介绍电动机的工作原理。

(1) 直流电动机的工作原理

直流电动机可分为有刷直流电动机和无刷直流电动机。工作时，有刷直流电动机的转子（绕组）和换向器旋转，主磁极（定子）和电刷不旋转，直流电源经电刷加到转子（绕组）上，绕组上电流方向的交替变化是随电动机转动的换向器及与其相关电刷位置的变化而变化的。图 16-14 为典型有刷直流电动机的工作原理。

图 16-14　典型有刷直流电动机的工作原理

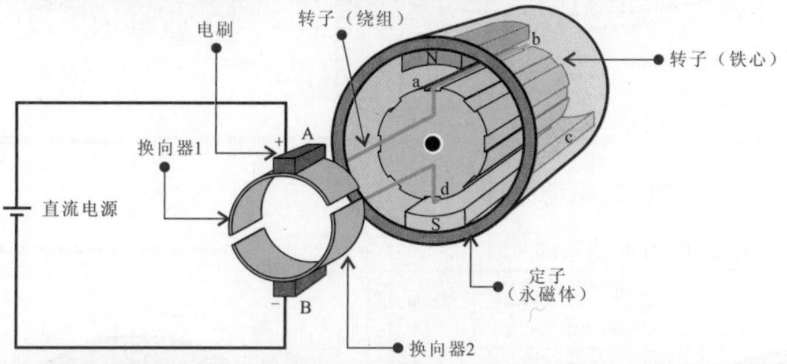
电刷
转子（绕组）
转子（铁心）
换向器1
直流电源
A
B
N
S
a
b
c
d
定子
（永磁体）
换向器2

扫一扫看视频

提示说明

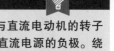

在有刷直流电动机接通直流电源瞬间，直流电源的正、负两极通过电刷 A 和 B 与直流电动机的转子（绕组）接通，直流电流经电刷 A、换向器 1、绕组 ab 和 cd、换向器 2、电刷 B 返回直流电源的负极。绕组 ab 中的电流方向为由 a 到 b；绕组 cd 中的电流方向为由 c 到 d。两个绕组的受力方向均为逆时针方向。这样就产生一个转矩，使转子（铁心）逆时针方向旋转。

当有刷直流电动机的转子（绕组）转到 90°时，两个绕组处于磁场物理中性面，电刷不与换向器接触，绕组中没有电流流过，受力为 0，转矩消失。

由于机械惯性的作用，有刷直流电动机的转子（绕组）将冲过 90°继续旋转至 180°，这时绕组中又有电流流过，此时直流电流经电刷 A、换向器 2、绕组 dc 和 ba、换向器 1、电刷 B 返回电源的负极。根据左手定则可知，两个绕组的受力方向仍是逆时针，转子（绕组）依然逆时针旋转。

无刷直流电动机的转子由永磁体构成，圆周设有多对磁极（N、S），绕组绕制在定子上，当接通直流电源时，直流电源为定子绕组供电，转子受定子磁场的作用而产生转矩并旋转。

图 16-15 为典型无刷直流电动机的工作原理。

图 16-15　典型无刷直流电动机的工作原理

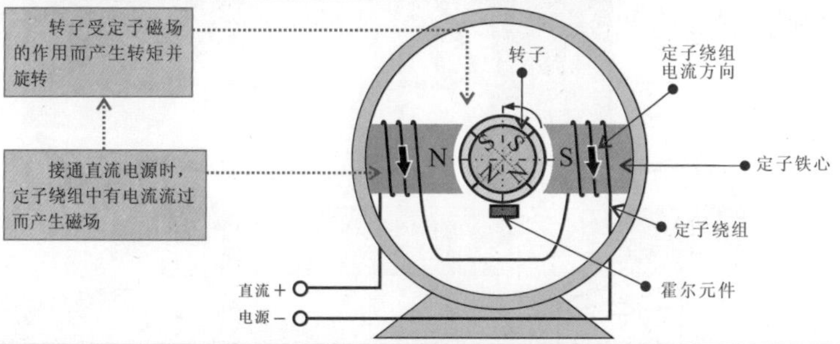
转子受定子磁场的作用而产生转矩并旋转
接通直流电源时，定子绕组中有电流流过而产生磁场
转子
定子绕组电流方向
定子铁心
定子绕组
霍尔元件
N
S
直流 +
电源 −

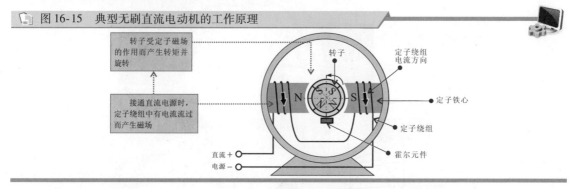

无刷直流电动机的定子绕组必须根据转子的磁极方位切换其中的电流方向才能使转子连续旋转，因此必须设置一个转子磁极位置的传感器。这种传感器通常采用霍尔元件。

(2) 交流电动机的工作原理

图 16-16 为典型交流同步电动机的工作原理。电动机的转子是一个永磁体，具有 N、S 磁极，当置于定子磁场中时，定子磁场的磁极 n 吸引转子磁极 S，定子磁极 S 吸引转子磁极 N。如果此时使定子磁极转动，则由于磁力的作用，转子会与定子磁场同步转动。

图 16-16 典型交流同步电动机的工作原理

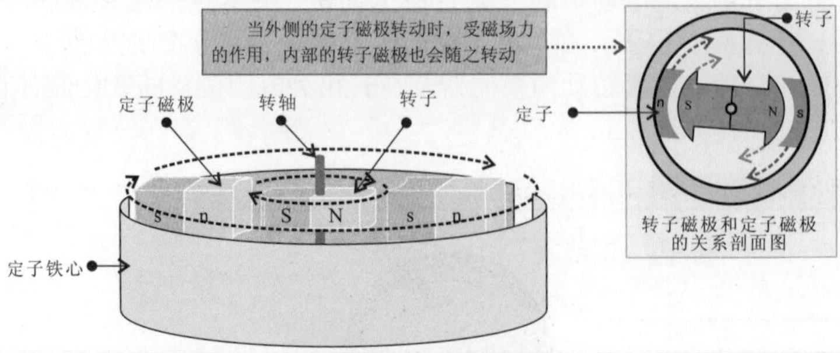
当外侧的定子磁极转动时，受磁场力的作用，内部的转子磁极也会随之转动
定子磁极
转轴
转子
S
N
定子铁心
转子
定子
S
N
转子磁极和定子磁极的关系剖面图

图 16-17 为典型交流同步电动机的驱动原理。

图 16-17 典型交流同步电动机的驱动原理

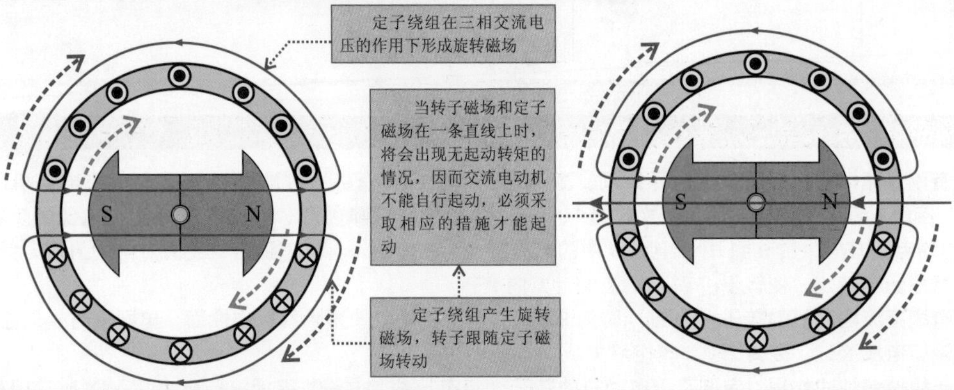
定子绕组在三相交流电压的作用下形成旋转磁场
当转子磁场和定子磁场在一条直线上时，将会出现无起动转矩的情况，因而交流电动机不能自行起动，必须采取相应的措施才能起动
定子绕组产生旋转磁场，转子跟随定子磁场转动
S
N
S
N

图 16-18 为单相交流异步电动机的工作原理。

图 16-18 单相交流异步电动机的工作原理

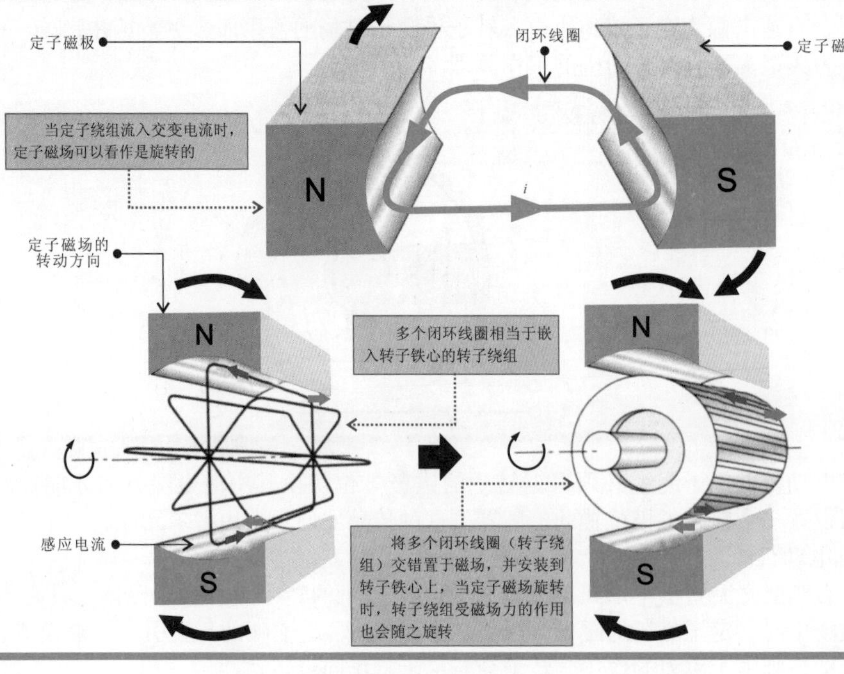
定子磁极
闭环线圈
定子磁极
当定子绕组流入交变电流时，定子磁场可以看作是旋转的
N
S
i
定子磁场的转动方向
N
多个闭环线圈相当于嵌入转子铁心的转子绕组
N
感应电流
S
将多个闭环线圈（转子绕组）交错置于磁场，并安装到转子铁心上，当定子磁场旋转时，转子绕组受磁场力的作用也会随之旋转
S

| 提示说明 |

单相交流电压是频率为 50Hz 的正弦交流电压。如果电动机的定子只有一个运行绕组，则当单相交流电压加到电动机的定子绕组上时，定子绕组就会产生交变的磁场。该磁场的强弱和方向是随时间按正弦规律变化的，但在空间上是固定的。

三相交流异步电动机在三相交流电压的供电条件下工作。图 16-19 为三相交流异步电动机的工作原理。三相交流异步电动机的定子是圆筒形的，套在转子的外部，转子是圆柱形的，位于定子的内部。

图 16-19　三相交流异步电动机的工作原理

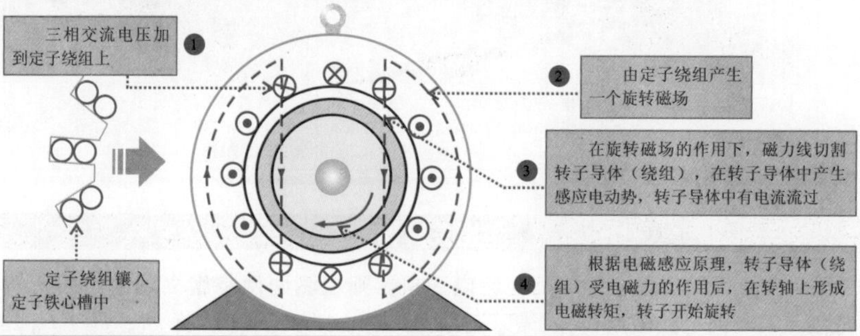

三相交流电压加到定子绕组上
1
2
由定子绕组产生一个旋转磁场
3
在旋转磁场的作用下，磁力线切割转子导体（绕组），在转子导体中产生感应电动势，转子导体中有电流流过
4
根据电磁感应原理，转子导体（绕组）受电磁力的作用后，在转轴上形成电磁转矩，转子开始旋转
定子绕组镶入定子铁心槽中

三相交流异步电动机需要三相交流电压提供工作条件。当满足工作条件后，三相交流异步电动机的转子之所以会旋转、实现能量转换，是因为转子气隙内有一个沿定子内圆旋转的磁场。

| 提示说明 |

在三相交流异步电动机接通三相电源后，定子绕组有电流流过，产生一个转速为 n_0 的旋转磁场。在旋转磁场的作用下，电动机的转子受电磁力的作用，以转速 n 开始旋转。这里的 n 始终不会加速到 n_0，因为只有这样，转子导体（绕组）与旋转磁场之间才会有相对运动而切割磁力线，转子导体（绕组）中才能产生感应电动势和电流，从而产生电磁转矩，使转子按照旋转磁场的方向连续旋转。定子磁场对转子的异步转矩是异步电动机工作的必要条件。“异步”的名称也由此而来。

16.2.2　电动机的检测技能

电动机作为一种以绕组（线圈）为主要电气部件的动力设备，在检测时，主要是对绕组及传动状态进行的，包括绕组电阻、绝缘电阻、空载电流及转速等。

1　电动机绕组电阻的检测

绕组是电动机的主要组成部件，在电动机的实际应用中，损坏的概率相对较高。在检测时，一般可用万用表的电阻档进行粗略检测，也可以使用万用电桥进行精确检测，进而判断绕组有无短路或断路故障。

普通直流电动机是通过电源和换向器为绕组供电的，有两根引线。检测时，相当于检测一个电感线圈的电阻，如图 16-20 所示，应能检测到一个固定的数值，当检测一些小功率直流电动机时，会因其受万用表内部电流的驱动而旋转。

图 16-20　直流电动机绕组电阻的检测原理示意图

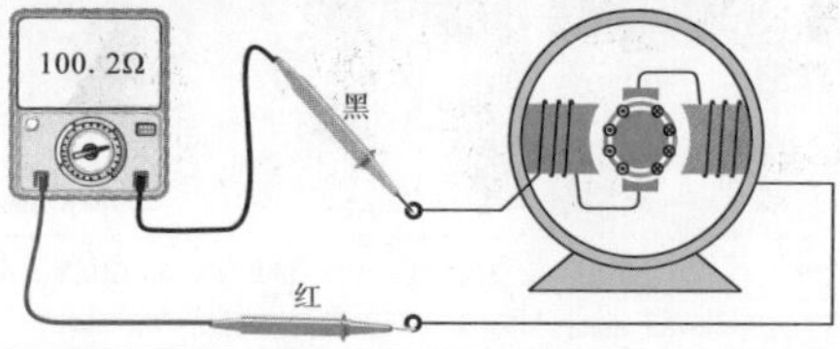

100. 2Ω
黑
红

单相交流电动机绕组电阻的检测方法如图 16-21 所示。

图 16-21　单相交流电动机绕组电阻的检测方法

扫一扫看视频

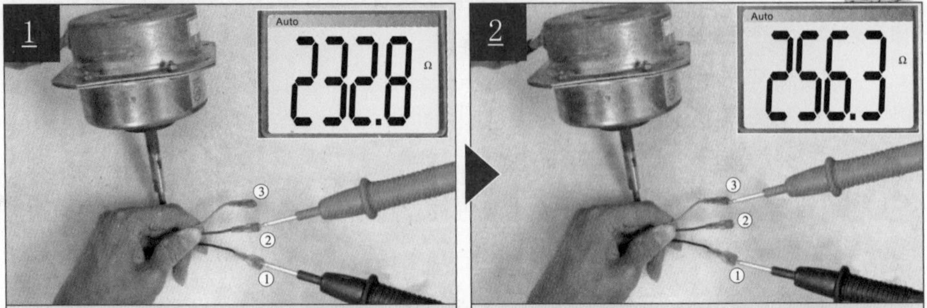
1
Auto
232.8
Ω
③
②
①
2
Auto
256.3
Ω
③
②
①

将万用表的红、黑表笔分别搭在单相交流电动机两组绕组的引出线上（①、②）。从万用表的显示屏上读取实测第一组绕组的电阻R_1为232. 8Ω。

保持黑表笔不动，将红表笔搭在另一组绕组的引出线上（①、③）。从万用表的显示屏上读取实测第二组绕组的电阻值R_2为256. 3Ω。

| 相关资料 |

如图 16-22 所示，若所测电动机为单相交流电动机，则检测两两绕组之间的电阻所得到的三个数值 R_1、R_2、R_3，应满足其中两个数值之和等于第三个数值（$R_1+R_2=R_3$）。若 R_1、R_2、R_3 中的任意一个数值为无穷大，则说明绕组内部存在断路故障。若所测电动机为三相交流电动机，则检测两两绕组之间的电阻得到的三个数值应相等（$R_1=R_2=R_3$）。若 R_1、R_2、R_3 中的任意一个数值为无穷大，则说明绕组内部存在断路故障。

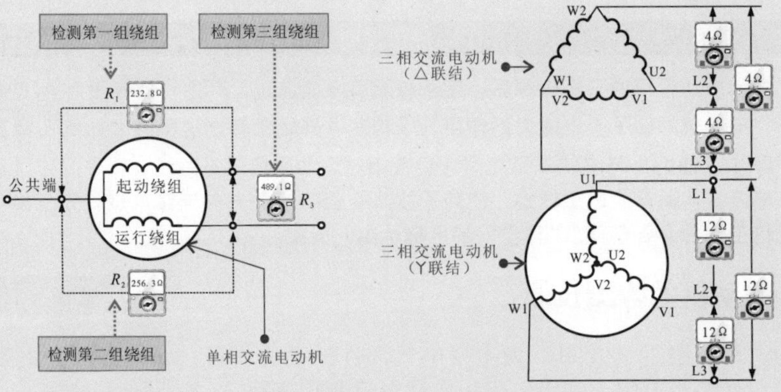
检测第一组绕组
检测第三组绕组
R1
232. 8Ω
公共端
起动绕组
运行绕组
489. 1Ω
R3
R2
256. 3Ω
检测第二组绕组
单相交流电动机
三相交流电动机
（△联结）
W2
U2
W1
V2
V1
L2
L3
4Ω
4Ω
4Ω
U1
L1
三相交流电动机
（Y联结）
W2
U2
V2
W1
V1
L2
L3
12Ω
12Ω
12Ω

图 16-22　单相交流电动机与三相交流电动机绕组电阻的关系

借助万用电桥检测电动机绕组的电阻如图 16-23 所示。

图 16-23　借助万用电桥检测电动机绕组的电阻

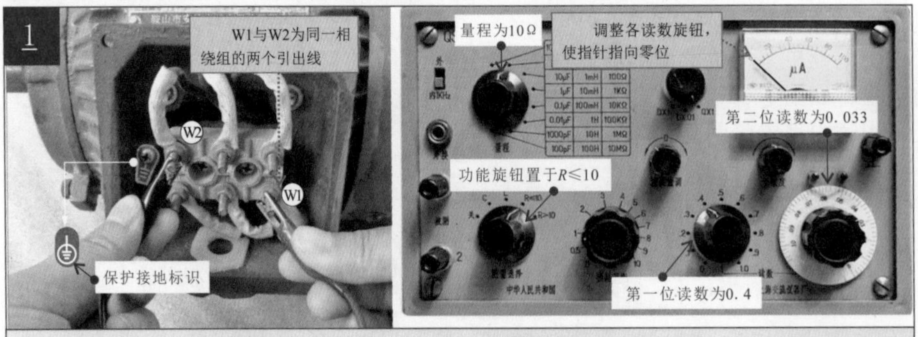
1
W1与W2为同一相绕组的两个引出线
W2
W1
保护接地标识
量程为10Ω
调整各读数旋钮，使指针指向零位
第二位读数为0. 033
功能旋钮置于R≤10
第一位读数为0. 4
μA

将万用电桥测试线的鳄鱼夹夹在电动机一组绕组的两端引出线上，实测数值为0. 433×10Ω=4. 33Ω。

图 16-23 借助万用电桥检测电动机绕组的电阻（续）

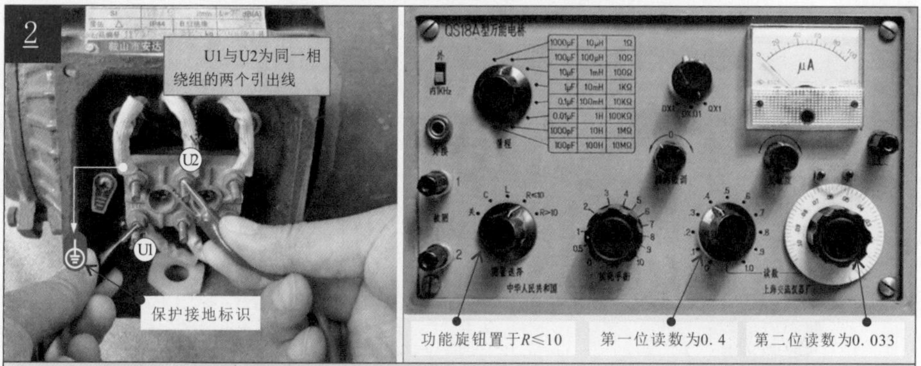
2
U1与U2为同一相绕组的两个引出线
U2
U1
保护接地标识
QS18A型万能电桥
功能旋钮置于R≤10
第一位读数为0. 4
第二位读数为0. 033

使用相同的方法，将鳄鱼夹夹在电动机另一组绕组的两端引出线上，实测数值为0. 433×10Ω=4. 33Ω。

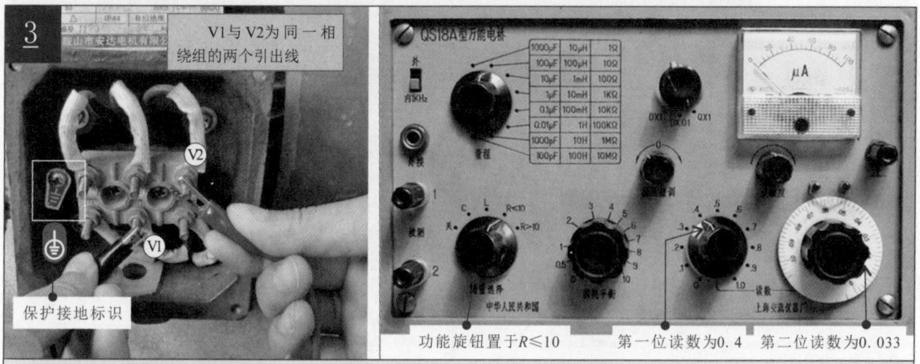
3
V1与V2为同一相绕组的两个引出线
V2
V1
保护接地标识
QS18A型万能电桥
功能旋钮置于R≤10
第一位读数为0. 4
第二位读数为0. 033

将万用电桥测试线的鳄鱼夹夹在电动机第三组绕组的两端引出线上，实测数值为0. 433×10Ω=4. 33Ω。

2 电动机绝缘电阻的检测

电动机的绝缘电阻一般借助兆欧表进行检测，可有效发现设备受潮、部件局部脏污、绝缘击穿、引线接外壳及老化等问题。

（1）电动机绕组与外壳之间绝缘电阻的检测方法

图 16-24 为借助兆欧表检测三相交流电动机绕组与外壳之间的绝缘电阻。

图 16-24 借助兆欧表检测三相交流电动机绕组与外壳之间的绝缘电阻

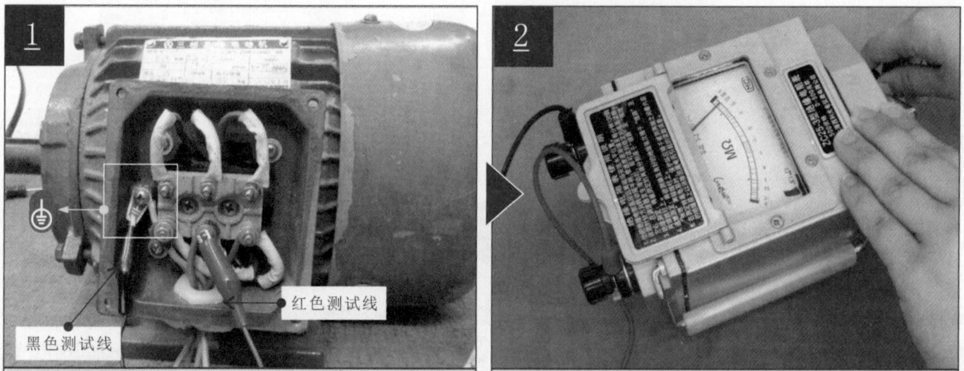
1
红色测试线
黑色测试线
2

将黑色测试线接在三相交流电动机的接地端，红色测试线接在其中一相绕组的出线端。

顺时针匀速转动兆欧表的摇杆，观察兆欧表指针的摆动情况，实测绝缘电阻大于1MΩ。

| 提示说明 |

借助兆欧表检测三相交流电动机绕组与外壳之间的绝缘电阻时，应匀速转动兆欧表的摇杆，并观察指针的摆动情况。在图 16-24 中，实测绝缘电阻大于 1MΩ。

为确保测量的准确性，需要待兆欧表的指针慢慢回到初始位置后，再检测其他绕组与外壳的绝缘电阻，若检测结果远小于 1MΩ，则说明三相交流电动机的绝缘性能不良或内部导电部分与外壳之间有漏电情况。

（2）电动机绕组与绕组之间绝缘电阻的检测方法

图 16-25 为借助兆欧表检测三相交流电动机绕组与绕组之间的绝缘电阻（分别检测 U—V、U—W、V—W 之间的电阻）。

图 16-25　借助兆欧表检测三相交流电动机绕组与绕组之间的绝缘电阻

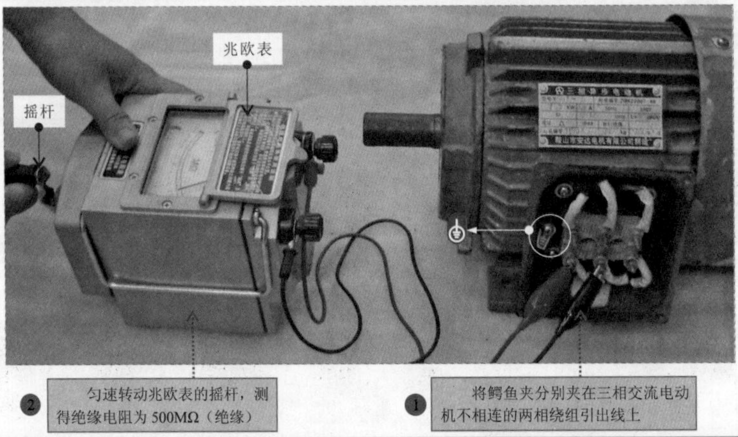
兆欧表
摇杆
2 匀速转动兆欧表的摇杆，测得绝缘电阻为 500MΩ（绝缘）
1 将鳄鱼夹分别夹在三相交流电动机不相连的两相绕组引出线上

| 提示说明 |

在检测绕组之间的绝缘电阻时，需取下绕组间的接线片，即确保绕组之间没有任何连接关系。若测得的绝缘电阻为零或阻值较小，则说明绕组之间存在短路现象。

3　电动机空载电流的检测

电动机的空载电流是在未带任何负载情况下运行时绕组中的运行电流，一般使用钳形表进行检测，如图 16-26 所示。

图 16-26　电动机空载电流的检测方法

扫一扫看视频

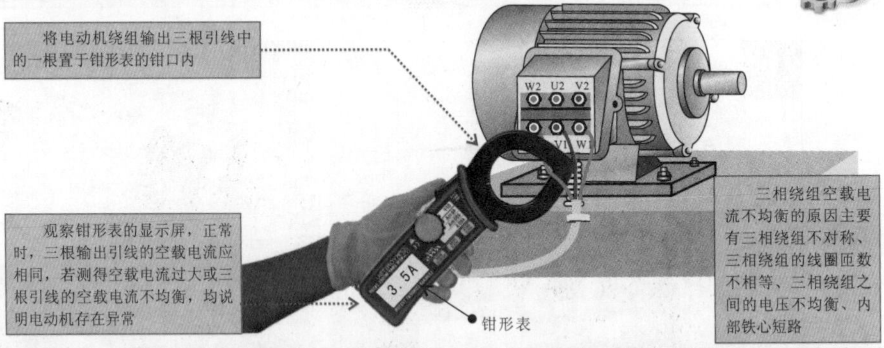
将电动机绕组输出三根引线中的一根置于钳形表的钳口内
W2 U2 V2
V1 W1
3.5A
观察钳形表的显示屏，正常时，三根输出引线的空载电流应相同，若测得空载电流过大或三根引线的空载电流不均衡，均说明电动机存在异常
钳形表
三相绕组空载电流不均衡的原因主要有三相绕组不对称、三相绕组的线圈匝数不相等、三相绕组之间的电压不均衡、内部铁心短路

| 提示说明 |

若测得三根绕组引线中的一根空载电流过大或三根绕组引线的空载电流不均衡，均说明电动机存在异常。在一般情况下，空载电流过大的原因主要是电动机内部铁心不良、电动机转子与定子之间的间隙过大、电动机线圈的匝数过少、电动机绕组连接错误。

4 电动机转速的检测

电动机的转速是电动机在运行时每分钟旋转的转数。图 16-27 为使用专用的电动机转速表检测电动机的转速。

图 16-27 电动机转速的检测方法

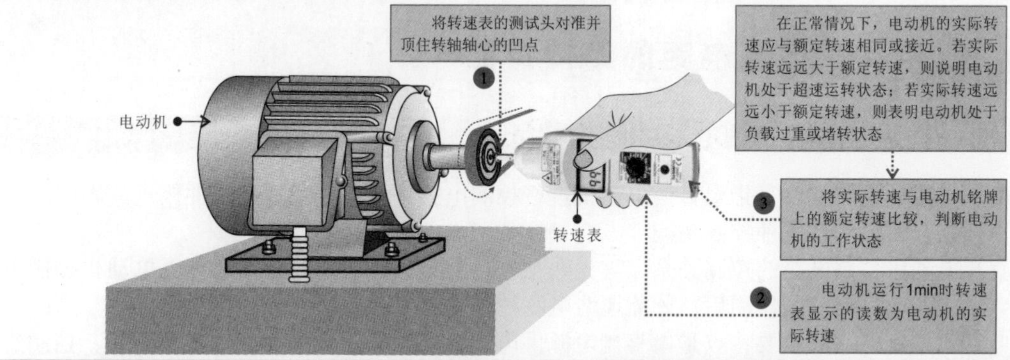
将转速表的测试头对准并顶住转轴轴心的凹点
①
电动机
转速表
在正常情况下，电动机的实际转速应与额定转速相同或接近。若实际转速远远大于额定转速，则说明电动机处于超速运转状态；若实际转速远远小于额定转速，则表明电动机处于负载过重或堵转状态
③
将实际转速与电动机铭牌上的额定转速比较，判断电动机的工作状态
②
电动机运行1min时转速表显示的读数为电动机的实际转速

| 提示说明 |

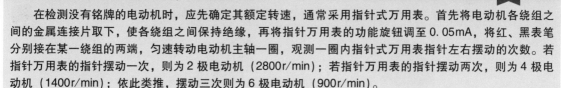

在检测没有铭牌的电动机时，应先确定其额定转速，通常采用指针式万用表。首先将电动机各绕组之间的金属连接片取下，使各绕组之间保持绝缘，再将指针万用表的功能旋钮调至 0.05mA，将红、黑表笔分别接在某一绕组的两端，匀速转动电动机主轴一圈，观测一圈内指针式万用表指针左右摆动的次数。若指针万用表的指针摆动一次，则为 2 极电动机（2800r/min）；若指针万用表的指针摆动两次，则为 4 极电动机（1400r/min）；依此类推，摆动三次则为 6 极电动机（900r/min）。

第17章 电动机常用控制电路及检修调试

17.1 电动机控制电路的结构特征

17.1.1 直流电动机控制电路的结构特征

直流电动机控制电路主要是指对直流电动机进行控制电路，根据选用控制部件数量的不同及不同部件的不同组合，可实现多种控制功能。

了解直流电动机控制电路的控制关系，需先熟悉电路的结构组成。只有知晓直流电动机控制电路的功能、结构及电气部件的作用后，才能厘清电路控制关系。

直流电动机控制电路的主要特点是由直流电源供电，由控制部件和执行部件协同作用，控制直流电动机的起、停等工作状态。

图 17-1 为直流电动机控制电路的结构组成。

图 17-1 直流电动机控制电路的结构组成

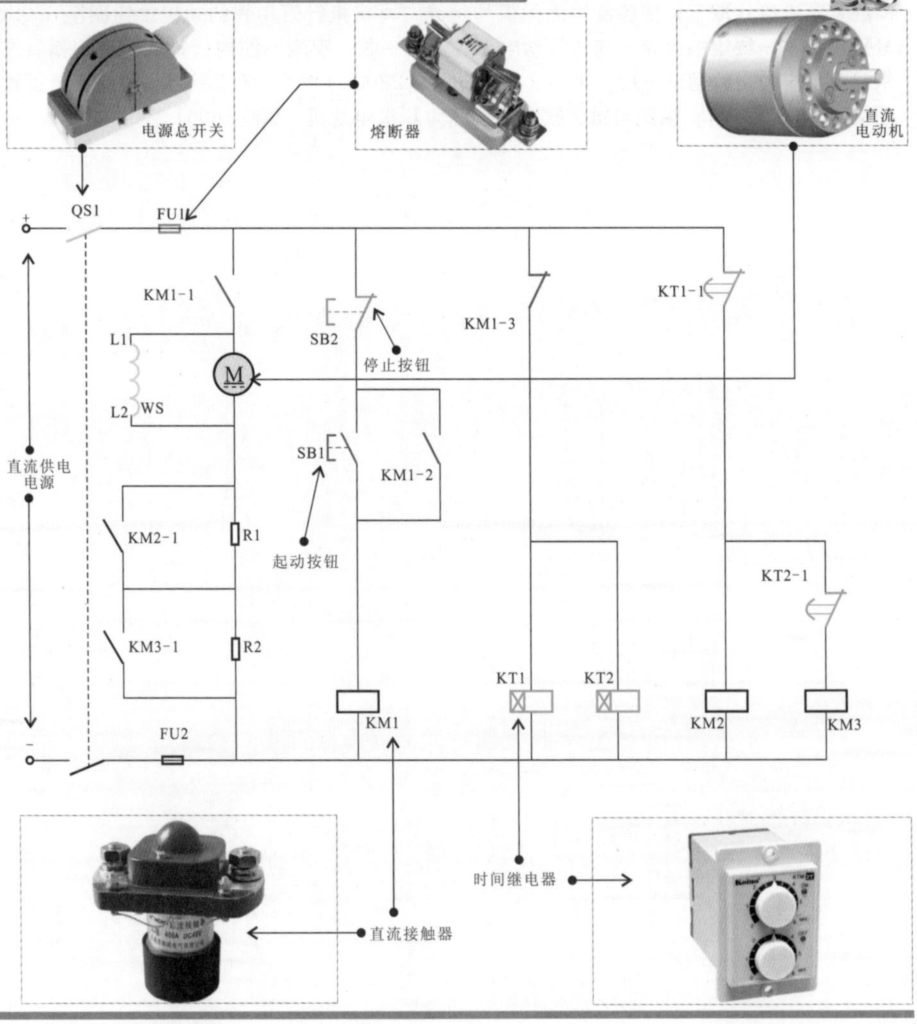

电源总开关
熔断器
直流
电动机
QS1
FU1
KM1-1
SB2
停止按钮
KM1-3
KT1-1
L1
L2
WS
M
SB1
KM1-2
直流供电
电源
起动按钮
KM2-1
R1
KM3-1
R2
KT2-1
KT1
KT2
KM1
KM2
KM3
FU2
时间继电器
直流接触器

扫一扫看视频

直流电动机控制电路通过连线清晰地表达了各主要部件的连接关系。为了更好地理解直流电动机控制电路的结构关系，可以将电路图还原成电路接线图如图 17-2 所示。

图 17-2　直流电动机控制电路的接线图

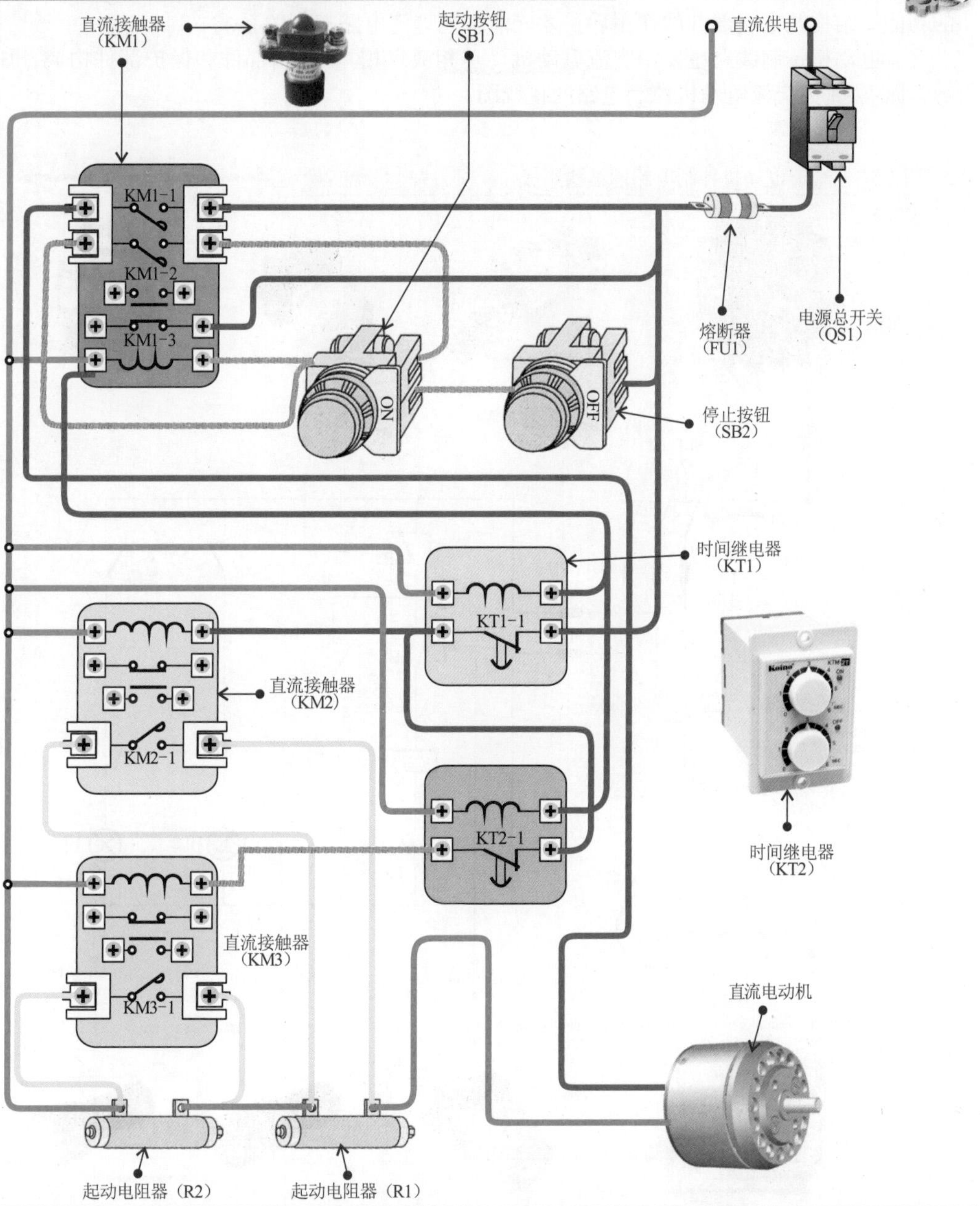
直流接触器
(KM1)
起动按钮
(SB1)
直流供电
KM1-1
KM1-2
KM1-3
ON
OFF
熔断器
(FU1)
电源总开关
(QS1)
停止按钮
(SB2)
时间继电器
(KT1)
KT1-1
直流接触器
(KM2)
KM2-1
KT2-1
时间继电器
(KT2)
直流接触器
(KM3)
KM3-1
直流电动机
起动电阻器（R2）
起动电阻器（R1）

17.1.2 交流电动机控制电路的结构特征

交流电动机控制电路是指对交流电动机进行控制的电路，根据选用控制部件数量的不同及不同部件的不同组合，以及电路的连接差异，可实现多种控制功能。

了解交流电动机控制电路的控制关系，需先熟悉电路的结构组成。只有知晓交流电动机控制电路的功能、结构及电气部件的作用后，才能清晰地理清电路控制关系。

交流电动机控制线路主要由交流电动机（单相或三相）、控制部件和保护部件构成，如图 17-3 所示。图 17-4 为交流电动机控制电路的接线图。

图 17-3 交流电动机控制电路的结构组成

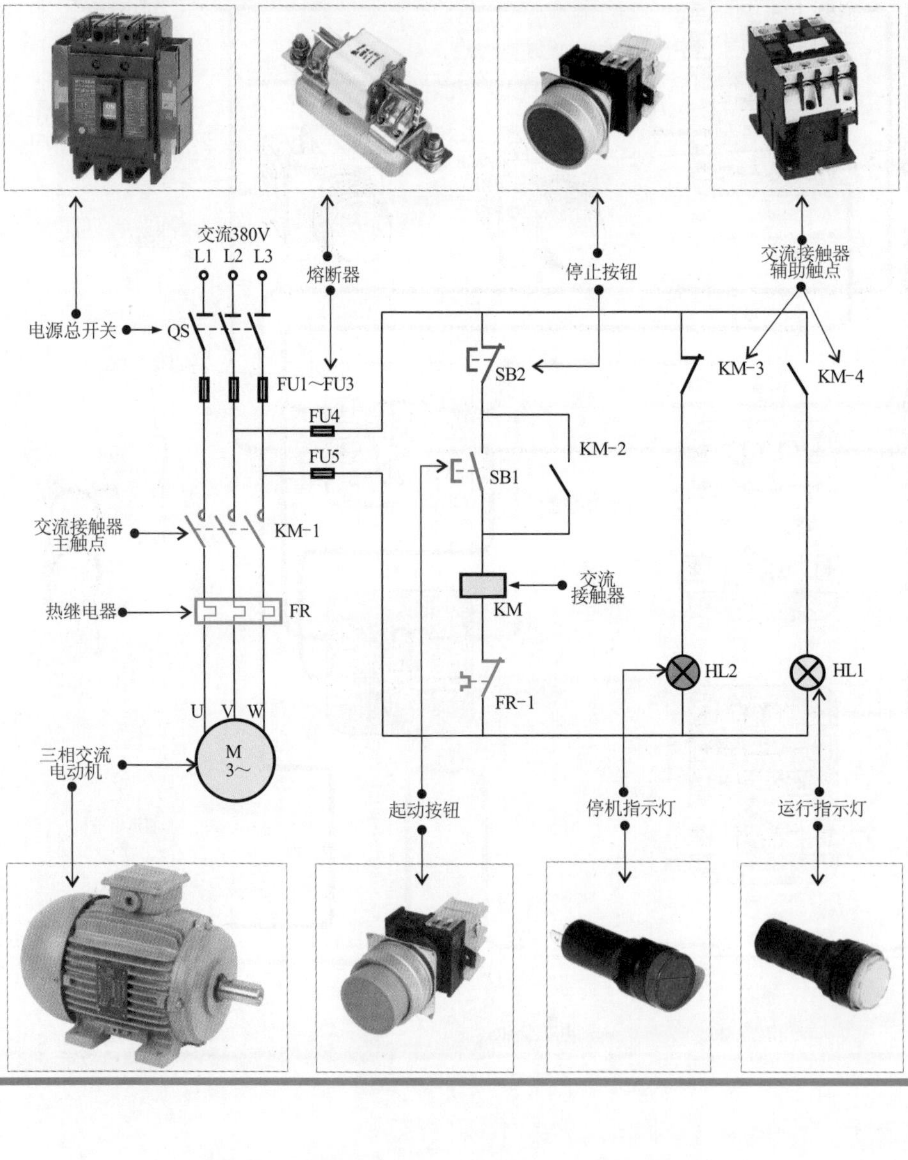
交流380V
L1 L2 L3
熔断器
停止按钮
交流接触器
辅助触点
电源总开关
QS
SB2
KM-3
KM-4
FU1～FU3
FU4
FU5
KM-2
SB1
交流接触器
主触点
KM-1
交流
接触器
KM
热继电器
FR
HL2
HL1
FR-1
U V W
M
3～
三相交流
电动机
起动按钮
停机指示灯
运行指示灯

图 17-4 交流电动机控制电路的接线图

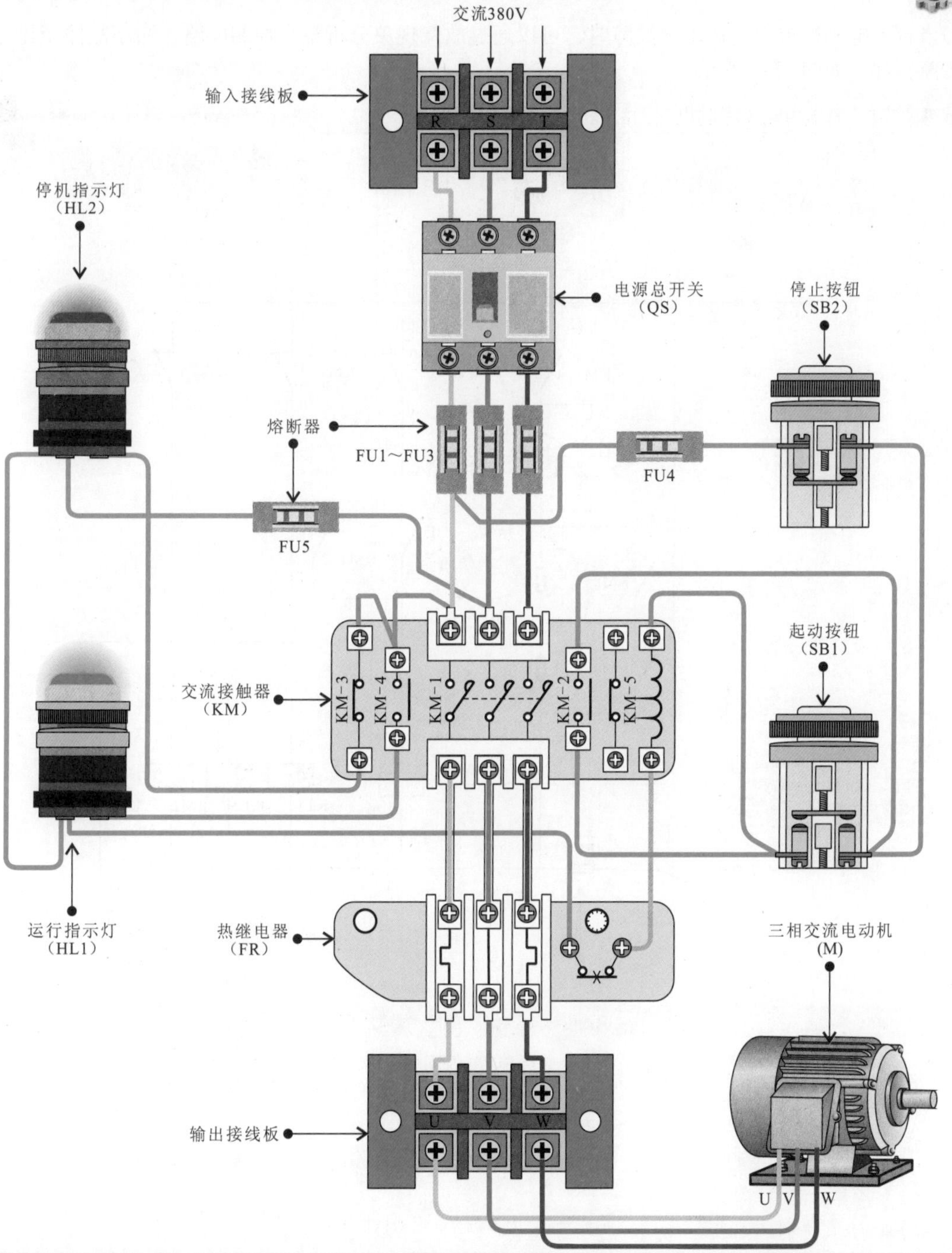
交流380V
输入接线板
R
S
T
停机指示灯
（HL2）
电源总开关
（QS）
停止按钮
（SB2）
熔断器
FU1～FU3
FU4
FU5
起动按钮
（SB1）
交流接触器
（KM）
KM-3
KM-4
KM-1
KM-2
KM-5
运行指示灯
（HL1）
热继电器
（FR）
三相交流电动机
（M）
输出接线板
U
V
W
U
V
W

17.2 电动机控制电路的检修调试

当电动机控制电路出现异常时，会影响到电动机的工作，检修调试之前，先要做好电路的故障分析，为检修调试做好铺垫。

17.2.1 直流电动机控制电路的检修调试

当直流电动机控制电路出现故障时，可以通过故障现象分析整个控制电路，缩小故障范围，锁定故障器件，如图 17-5 所示。

图 17-5 直流电动机控制电路的故障分析及检修流程

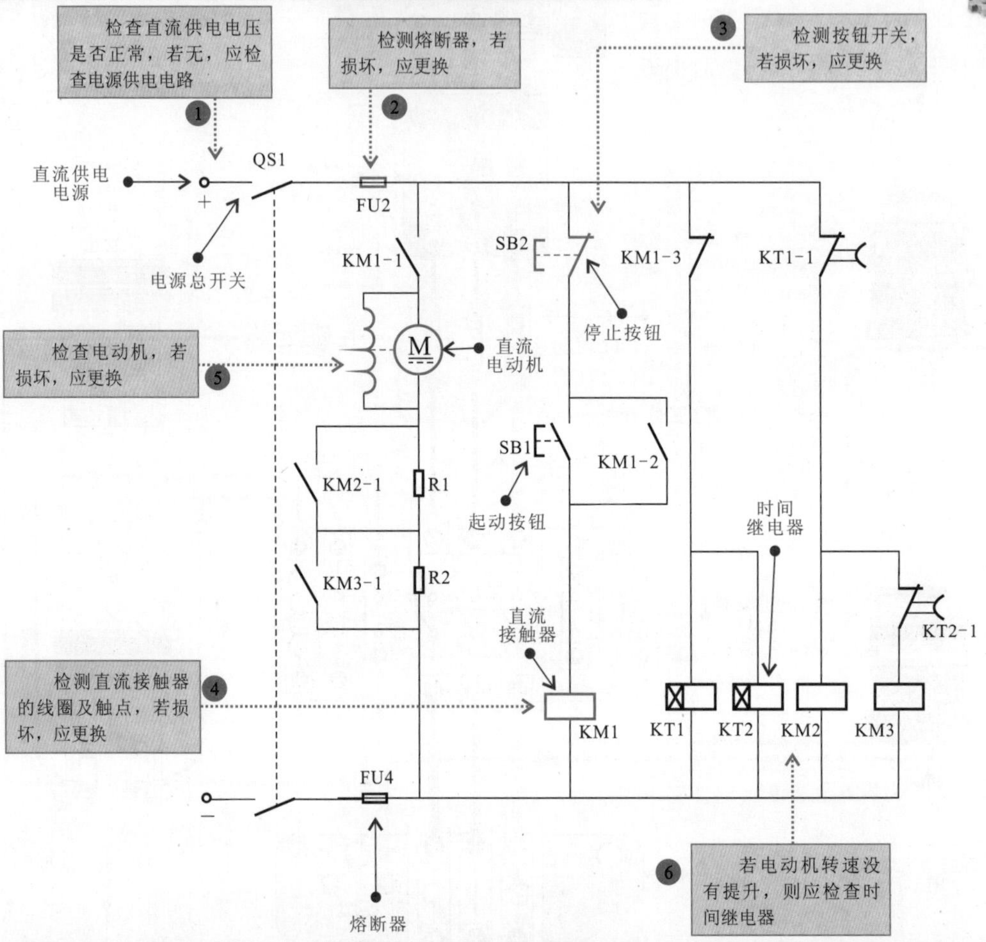
检查直流供电电压是否正常，若无，应检查电源供电电路
1
检测熔断器，若损坏，应更换
2
3
检测按钮开关，若损坏，应更换
直流供电电源
QS1
+
FU2
电源总开关
KM1-1
SB2
KM1-3
KT1-1
停止按钮
检查电动机，若损坏，应更换
5
M
直流电动机
SB1
KM1-2
KM2-1
R1
起动按钮
时间继电器
KM3-1
R2
KT2-1
直流接触器
检测直流接触器的线圈及触点，若损坏，应更换
4
KM1
KT1
KT2
KM2
KM3
FU4
−
熔断器
6
若电动机转速没有提升，则应检查时间继电器

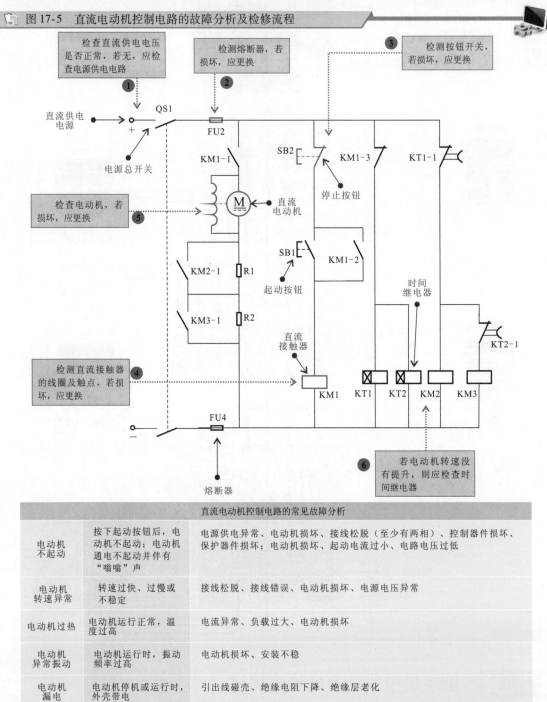

直流电动机控制电路的常见故障分析		
电动机不起动	按下起动按钮后，电动机不起动；电动机通电不起动并伴有“嗡嗡”声	电源供电异常、电动机损坏、接线松脱（至少有两相）、控制器件损坏、保护器件损坏；电动机损坏、起动电流过小、电路电压过低
电动机转速异常	转速过快、过慢或不稳定	接线松脱、接线错误、电动机损坏、电源电压异常
电动机过热	电动机运行正常，温度过高	电流异常、负载过大、电动机损坏
电动机异常振动	电动机运行时，振动频率过高	电动机损坏、安装不稳
电动机漏电	电动机停机或运行时，外壳带电	引出线碰壳、绝缘电阻下降、绝缘层老化

17.2.2 交流电动机控制电路的检修调试

当交流电动机控制电路出现故障时，可以通过故障现象分析整个控制电路，缩小故障范围，锁

定故障器件，如图 17-6 所示。

图 17-6　交流电动机控制电路的故障分析及检修流程

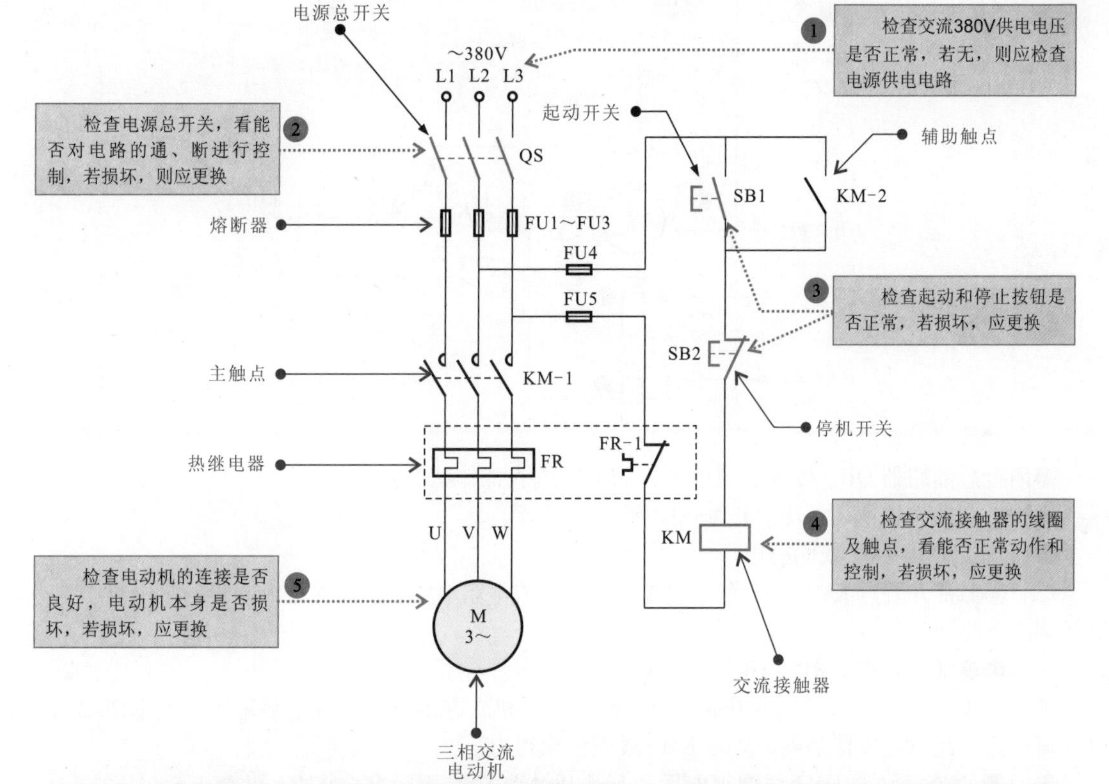
电源总开关
~380V
L1 L2 L3
1 检查交流380V供电电压是否正常，若无，则应检查电源供电电路
2 检查电源总开关，看能否对电路的通、断进行控制，若损坏，则应更换
QS
起动开关
辅助触点
SB1
KM-2
熔断器
FU1~FU3
FU4
FU5
3 检查起动和停止按钮是否正常，若损坏，应更换
主触点
KM-1
SB2
停机开关
热继电器
FR
FR-1
U V W
KM
4 检查交流接触器的线圈及触点，看能否正常动作和控制，若损坏，应更换
5 检查电动机的连接是否良好，电动机本身是否损坏，若损坏，应更换
M
3~
交流接触器
三相交流
电动机

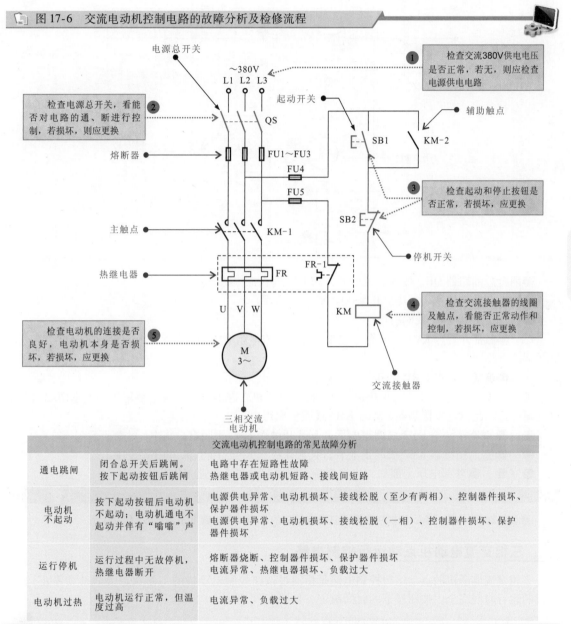

交流电动机控制电路的常见故障分析		
通电跳闸	闭合总开关后跳闸。 按下起动按钮后跳闸	电路中存在短路性故障 热继电器或电动机短路、接线间短路
电动机不起动	按下起动按钮后电动机不起动；电动机通电不起动并伴有“嗡嗡”声	电源供电异常、电动机损坏、接线松脱（至少有两相）、控制器件损坏、保护器件损坏 电源供电异常、电动机损坏、接线松脱（一相）、控制器件损坏、保护器件损坏
运行停机	运行过程中无故停机，热继电器断开	熔断器烧断、控制器件损坏、保护器件损坏 电流异常、热继电器损坏、负载过大
电动机过热	电动机运行正常，但温度过高	电流异常、负载过大

17.3 常见电动机控制电路

17.3.1 电动机起停控制电路

1 根据速度控制直流电动机的起动控制电路

图 17-7 为根据速度控制直流电动机的起动控制电路。在电路中设置两个直流接触器 KM2、KM3，用于检测直流电动机电枢端的反电势，从而根据速度短路电枢中串联的电阻。

图 17-7　根据速度控制直流电动机的起动控制电路

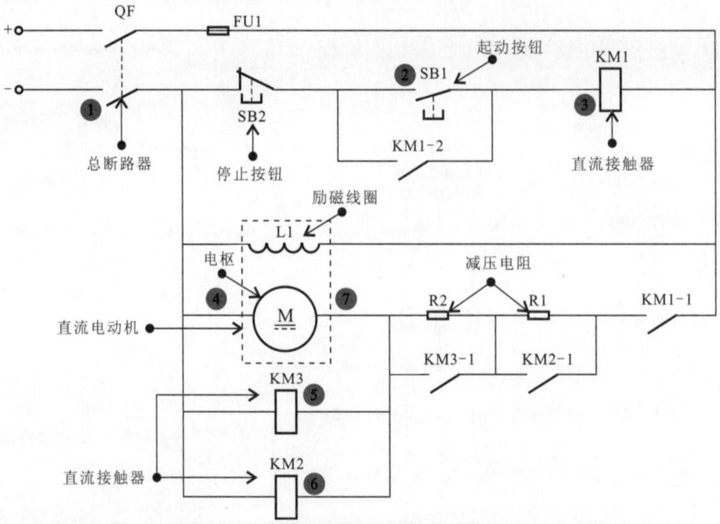
QF
FU1
起动按钮
KM1
SB1
SB2
总断路器
停止按钮
KM1-2
直流接触器
励磁线圈
L1
电枢
减压电阻
R2
R1
KM1-1
M
直流电动机
KM3-1
KM2-1
KM3
KM2
直流接触器

❶闭合总断路器 QF，接入直流电源，为电路进入工作状态做好准备。

❷按下起动按钮 SB1，其常开触点闭合。

❸直流接触器 KM1 线圈得电。

3-1 常开触点 KM1-1 闭合，直流电源经限流电阻 R1、R2 为直流电动机的电枢供电，电动机开始减压起动。

3-2 常开触点 KM1-2 闭合，实现自锁。

❹直流电动机起动后，速度开始上升，随着电动机转速的升高，反电势增大，电枢两端的电压也逐渐升高。此时直流接触器 KM2、KM3 线圈依次得电。

❹→❺直流接触器 KM2 线圈得电后，其常开触点 KM2-1 闭合，将 R1 短接。

❹→❻直流接触器 KM3 线圈得电后，其常开触点 KM3-1 闭合，将 R2 短接。

❺＋❻→❼外部电压全部加到电枢两端，完成起动进入全速工作状态。

提　示

直流接触器 KM2、KM3 的规格应根据直流电动机的工作特点，选取适当的吸合电压。

2　三相交流电动机点动运行控制电路

三相交流电动机的点动运行控制电路是指通过按钮控制电动机的工作状态（起动和停止）。电动机的运行时间完全由按钮按下的时间决定，如图 17-8 所示。

图 17-8　三相交流电动机点动运行控制电路

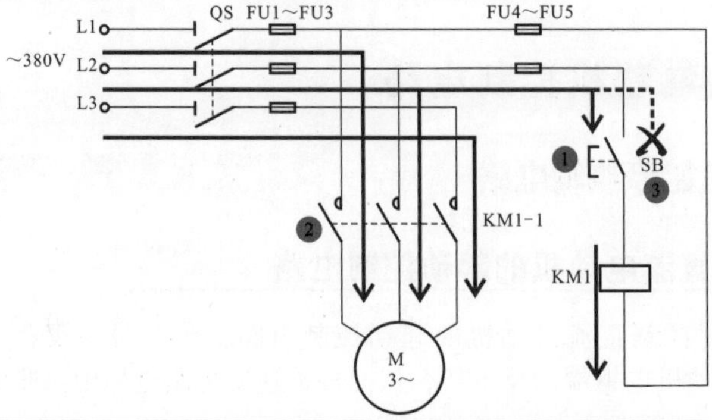
L1
~380V
L2
L3
QS
FU1~FU3
FU4~FU5
SB
KM1-1
KM1
M
3~

❶当需要三相交流电动机工作时，闭合电源总开关 QS，按下起动按钮 SB，交流接触器 KM 线圈得电吸合，触点动作。

❷交流接触器主触点 KM1-1 闭合，三相交流电源通过接触器主触点 KM1-1 与电动机接通，电动机起动运行。

❸当松开起动按钮 SB 时，由于接触器线圈断电，吸力消失，接触器便释放，电动机断电停止运行。

17.3.2 电动机减压起动控制电路

1 直流电动机的串电阻减压起动控制电路

图 17-9 是直流电动机的减压起动控制电路。为了避免起动电流过大给电路器件造成不良的影响，直流电动机在起动时，可先串入限流降压电阻，待起动后再将电阻短路，恢复额定电压进入正常工作状态。

图 17-9 直流电动机的减压起动控制电路

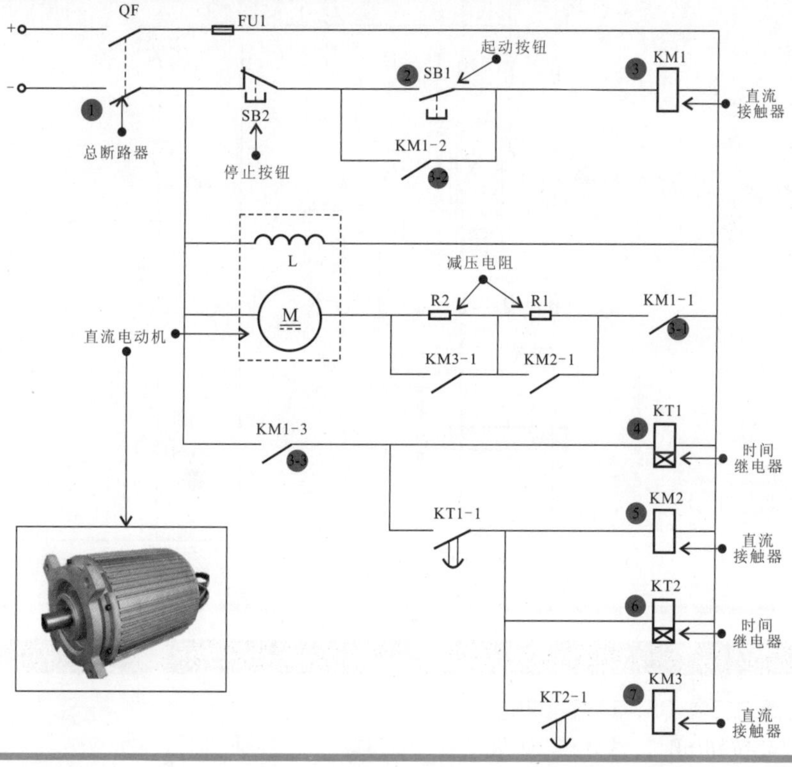

QF
FU1
起动按钮
SB1
KM1
直流
接触器
SB2
总断路器
停止按钮
KM1-2
L
减压电阻
R2
R1
KM1-1
M
直流电动机
KM3-1
KM2-1
KT1
KM1-3
时间
继电器
KT1-1
KM2
直流
接触器
KT2
时间
继电器
KM3
KT2-1
直流
接触器

❶闭合总断路器 QF，接入直流电源，为电路进入工作状态做好准备。

❷按下起动按钮 SB1，其常开触点闭合。

❸直流接触器 KM1 线圈得电。

3-1 常开触点 KM1-1 闭合，直流电源经限流电阻 R1、R2 为直流电动机的电枢供电，电动机开始起动。

3-2 常开触点 KM1-2 闭合，实现自锁。

3-3 常开触点 KM1-3 闭合。

3-3 →❹时间继电器 KT1 线圈得电，KT1-1 延迟一定时间后闭合。

❹→❺直流接触器 KM2 线圈得电，其常开触点 KM2-1 闭合，将串联电阻 R1 短路，使电动机的供电电压上升。

❹→❻时间继电器 KT2 线圈得电，延迟一段时间后 KT2-1 闭合。

❻→❼直流接触器 KM3 线圈得电，其常开触点 KM3-1 闭合，将串联电阻 R2 短路，使供电电压完全加到电动机的电枢上，电动机全压运转，起动完成。

2 三相交流电动机的串电阻减压起动控制电路

图 17-10 为时间继电器控制的三相交流电动机串电阻减压起动控制电路。从图中可以看到，该电路主要由电源总开关 QS、起动按钮 SB1、停止按钮 SB2、交流接触器 KM1/KM2、时间继电器 KT、熔断器 FU1 ~ FU3、电阻器 R1 ~ R3、热继电器 FR、三相交流电动机等构成。

图 17-10　时间继电器控制的三相交流电动机串电阻减压起动控制电路的工作过程分析

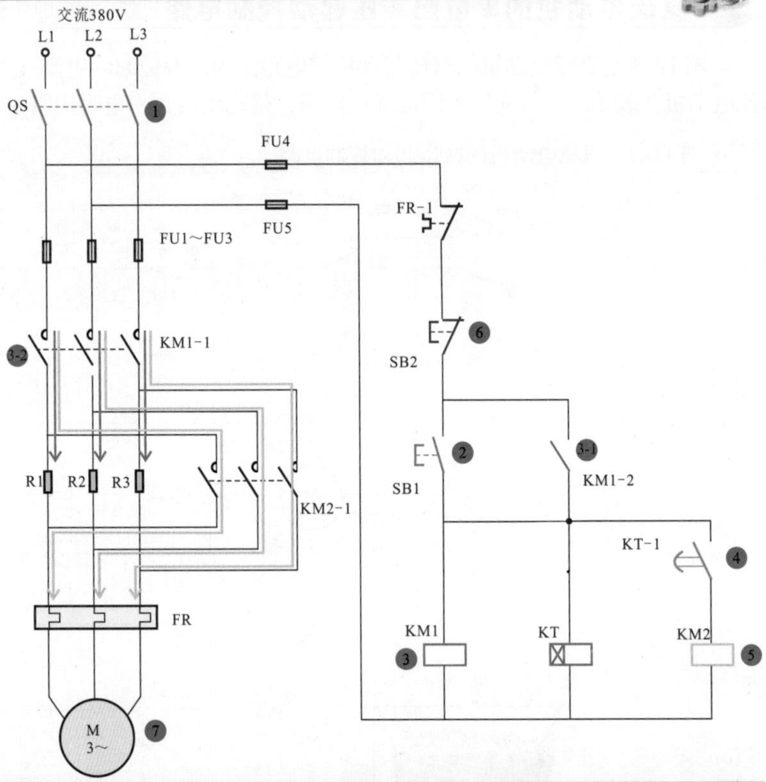

交流380V
L1
L2
L3
QS
FU4
FU5
FR-1
FU1~FU3
KM1-1
SB2
SB1
KM1-2
R1
R2
R3
KM2-1
KT-1
FR
KM1
KT
KM2
M
3~

292

扫一扫看视频

图　解

❶合上电源总开关 QS，接通三相电源。

❷按下起动按钮 SB1，常开触点闭合。

❸交流接触器 KM1 线圈得电，时间继电器 KT 线圈得电。

3-1 常开辅助触点 KM1-2 闭合，实现自锁功能。

3-2 常开主触点 KM1-1 闭合，电源经电阻器 R1、R2、R3 为三相交流电动机 M 供电，三相交流电动机减压起动。

❹当时间继电器 KT 达到预定的延时时间后，常开触点 KT-1 延时闭合。

❹→❺交流接触器 KM2 线圈得电，常开主触点 KM2-1 闭合，短接电阻器 R1、R2、R3，三相交流电动机在全压状态下运行。

❻当需要三相交流电动机停机时，按下停止按钮 SB2，交流接触器 KM1、KM2 和时间继电器 KT 线圈均失电，触点全部复位。

❻→❼KM1、KM2 的常开主触点 KM1-1、KM2-1 复位断开，切断三相交流电动机供电电源，三相交流电动机停止运转。

3 三相交流电动机Y—△减压式起动控制电路

图 17-11 为三相交流电动机Y—△减压起动控制电路。该电路主要由供电电路、保护电路、控制电路和三相交流异步电动机 M 构成。其中供电电路包括电源总开关 QS；保护电路包括熔断器 FU1 ~ FU5、热继电器 FR；控制电路包括交流接触器 KM1、KM△、KMY、停止按钮 SB3、起动按钮 SB1、全压起动按钮 SB2。

图 17-11 三相交流电动机Y—△减压起动控制电路

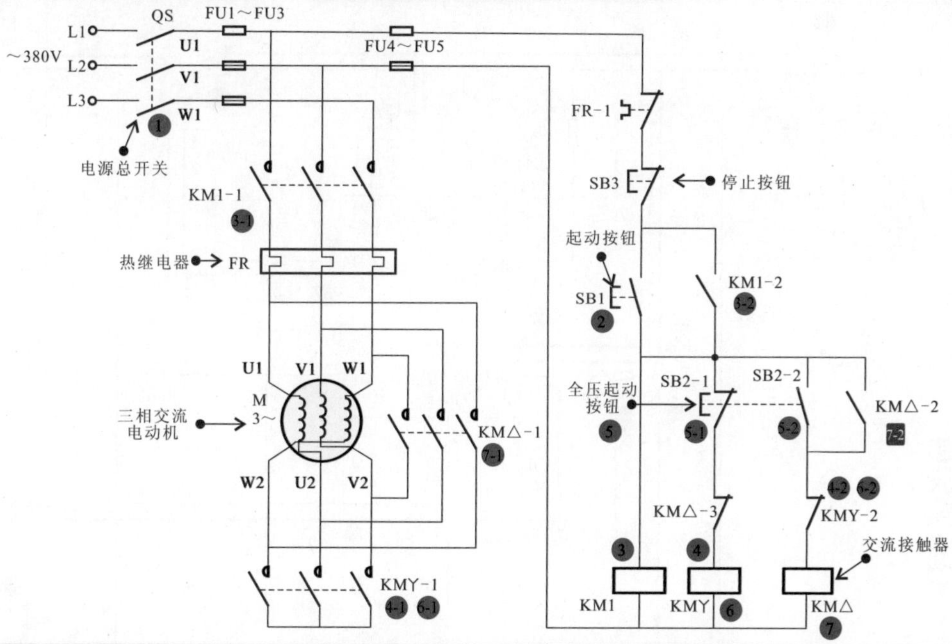

QS
FU1～FU3
FU4～FU5
L1
L2
L3
～380V
U1
V1
W1
电源总开关
KM1-1
热继电器
FR
FR-1
SB3
停止按钮
起动按钮
SB1
KM1-2
三相交流电动机
M 3～
U1 V1 W1
W2 U2 V2
KM△-1
全压起动按钮
SB2-1
SB2-2
KM△-2
KM△-3
KMY-2
交流接触器
KMY-1
KM1
KMY
KM△

❶合上电源总开关 QS，接通三相电源。

❷按下起动按钮 SB1。

❷→❸交流接触器 KM1 线圈得电。

3-1 常开主触点 KM1-1 接通，为减压起动做好准备；

3-2 常开辅助触点 KM1-2 接通实现自锁功能。

❷→❹交流接触器 KMY线圈得电。

4-1 常开主触点 KMY-1 接通；

4-2 常闭辅助触点 KMY-2 断开，保证 KM△的线圈不会得电，此时电动机以Y联结接通电路，电动机减压起动运转。

❺当电动机转速接近额定转速时，按下全压起动按钮 SB2。

5-1 常闭触点 SB2-1 断开；

5-2 常开触点 SB2-2 闭合。

5-1 →❻接触器 KMY线圈失电。

6-1 常开主触点 KMY-1 复位断开；

6-2 常闭辅助触点 KMY-2 复位闭合。

5-2 + 6-2 →❼接触器 KM△的线圈得电。

7-1 常开触点 KM△-1 接通，此时电动机以△联结接通电路，电动机在全压状态下开始运转；

7-2 常闭触点 KM△-2 断开，保证 KMY 的线圈不会得电。

17.3.3 电动机调速控制电路

1 直流电动机调速控制电路

如图 17-12 所示，直流电动机调速控制电路是一种可在负载不变的条件下，控制直流电动机稳速旋转和旋转速度的电路。

图 17-12 直流电动机调速控制电路

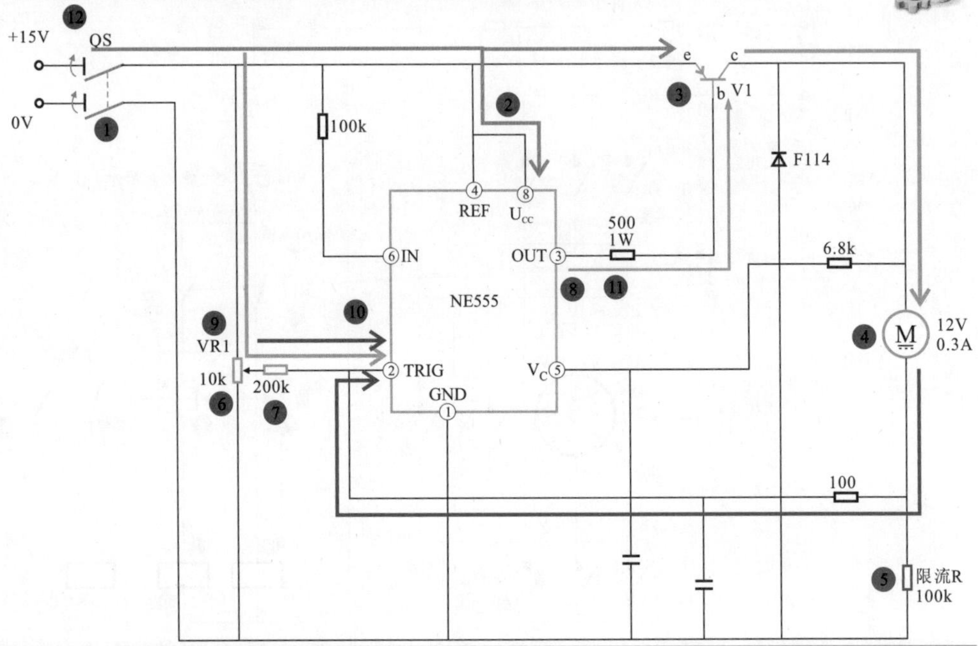

+15V
QS
0V
100k
e
c
b
V1
F114
REF
Ucc
NE555
IN
OUT
TRIG
GND
VC
500
1W
6.8k
12V
0.3A
VR1
10k
200k
100
限流R
100k

❶合上总电源开关 QS，接直流 15V 电源。

❷15V 直流为 NE555 的 8 脚提供工作电源，NE555 开始工作。

❸NE555 的 3 脚输出驱动脉冲信号，送往驱动晶体管 V1 的基极，经放大后，其集电极输出脉冲电压。

❹15V 直流电压经 V1 变成脉冲电流为直流电动机供电，电动机开始运转。

❺直流电动机的电流在限流电阻 R 上产生电压降，经电阻器反馈到 NE555 的 2 脚，并由 3 脚输出脉冲信号的宽度，对电动机稳速控制。

❻将速度调整电阻器 VR1 的阻值调至最下端。

❼15V 直流电压经过 VR1 和 200kΩ 电阻器串联电路后送入 NE555 的 2 脚。

❽NE555 芯片内部电路控制 3 脚输出的脉冲信号宽度最小，直流电动机转速达到最低。

❾将速度调整电阻器 VR1 的阻值调至最上端。

❿15V 直流电压则只经过 200kΩ 的电阻器后送入 NE555 的 2 脚。

⓫NE555 芯片内部电路控制 3 脚输出的脉冲信号宽度最大，直流电动机转速达到最高。

⓬若需要直流电动机停机时，只需将电源总开关 QS 关闭即可切断控制电路和直流电动机的供电回路，直流电动机停转。

2 单相交流电动机的晶闸管调速电路

图 17-13 为单相交流电动机的晶闸管调速电路，该电路也是由双向晶闸管实现单相交流电动机调速控制的。

图 17-13　单相交流电动机的晶闸管调速电路

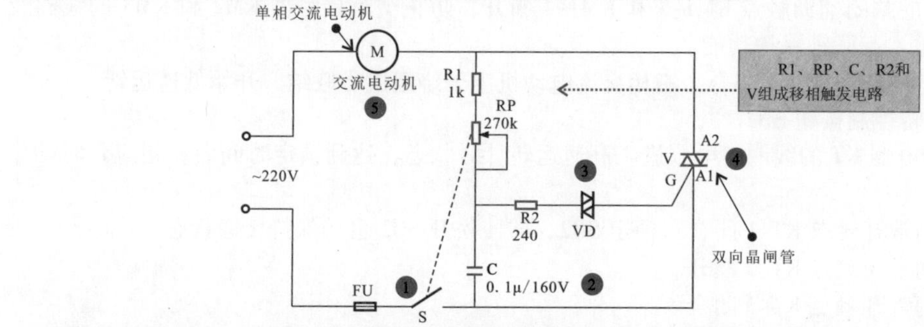

单相交流电动机
M
交流电动机
~220V
FU
S
R1
1k
RP
270k
R2
240
VD
C
0. 1μ/160V
V
A2
G
A1
双向晶闸管
R1、RP、C、R2和
V组成移相触发电路

❶闭合开关 S，单相电源接入电路中。

❷220V 交流电源经电阻器 R1、可变电阻 RP 向电容 C 充电，电容 C 两端电压上升。

❸当电容 C 两端电压升高到大于双向触发二极管 VD 的阻断值时，VD 和双向晶闸管 V 才相继导通。

❹双向晶闸管 V 在交流电压零点时截止，待下一个周期重复动作。

❺双向晶闸管 V 的触发角由 RP、R1、C 的阻值或容量的乘积决定，调节电位器 RP 便可改变。

3　三相交流电动机的调速控制电路

时间继电器控制的三相交流电动机调速控制电路是指利用时间继电器控制电动机的低速或高速运转，通过低速运转按钮和高速运转按钮实现对电动机低速和高速运转的切换控制。

图 17-14 为时间继电器控制的三相交流电动机调速控制电路的工作过程。

图 17-14　时间继电器控制的三相交流电动机调速控制电路的工作过程

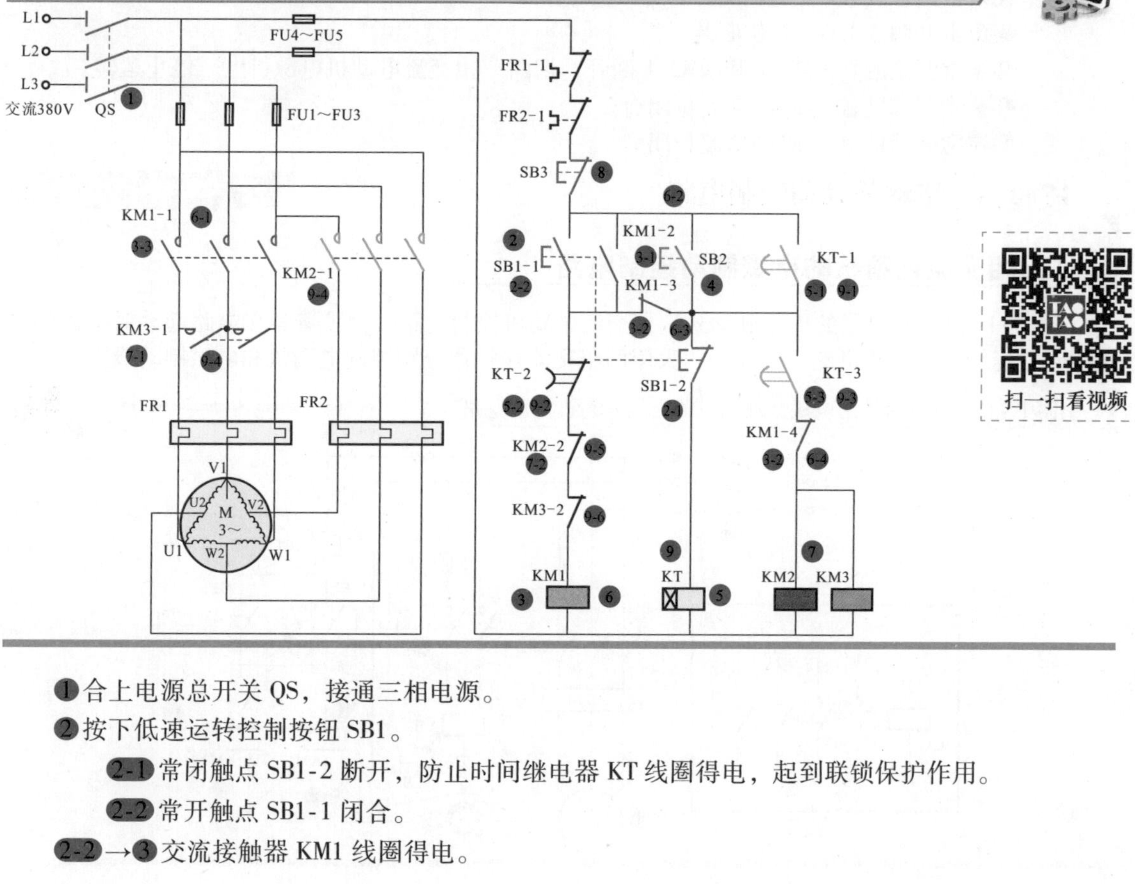

L1
L2
L3
交流380V
QS
FU4~FU5
FU1~FU3
KM1-1
KM2-1
KM3-1
FR1
FR2
V1
U2
V2
M
3~
U1
W2
W1
FR1-1
FR2-1
SB3
KM1-2
SB1-1
SB2
KM1-3
KT-1
KT-2
SB1-2
KT-3
KM1-4
KM2-2
KM3-2
KM1
KT
KM2
KM3

扫一扫看视频

❶合上电源总开关 QS，接通三相电源。

❷按下低速运转控制按钮 SB1。

　　2-1 常闭触点 SB1-2 断开，防止时间继电器 KT 线圈得电，起到联锁保护作用。

　　2-2 常开触点 SB1-1 闭合。

2-2→❸交流接触器 KM1 线圈得电。

3-1 KM1 的常开辅助触点 KM1-2 闭合自锁。

3-2 KM1 的常闭辅助触点 KM1-3 和 KM1-4 断开，防止交流接触器 KM2 和 KM3 的线圈及时间继电器 KT 得电，起联锁保护功能。

3-3 常开主触点 KM1-1 闭合，三相交流电动机定子绕组成△联结，开始低速运转。

❹ 按下高速运转控制按钮 SB2。

❹→❺ 时间继电器 KT 的线圈得电，进入高速运转计时状态，达到预定时间后，相应延时动作的触点发生动作。

5-1 KT 的常开触点 KT-1 闭合，锁定 SB2，即使松开 SB2 也仍保持接通状态。

5-2 KT 的常闭触点 KT-2 断开。

5-3 KT 的常开触点 KT-3 闭合。

5-2→❻ 交流接触器 KM1 线圈失电。

6-1 常开主触点 KM1-1 复位断开，切断三相交流电动机的供电电源。

6-2 常开辅助触点 KM1-2 复位断开，解除自锁。

6-3 常开辅助触点 KM1-3 复位闭合。

6-4 常开辅助触点 KM1-4 复位闭合。

5-3→❼ 交流接触器 KM2 和 KM3 线圈得电。

7-1 常开主触点 KM3-1 和 KM2-1 闭合，使三相交流电动机定子绕组成 YY 联结，三相交流电动机开始高速运转。

7-2 常闭辅助触点 KM2-2 和 KM3-2 断开，防止 KM1 线圈得电，起联锁保护作用。

❽ 当需要停机时，按下停止按钮 SB3。

❽→❾ 交流接触器 KM2/KM3 和时间继电器 KT 线圈均失电，触点全部复位。

9-1 常开触点 KT-1 复位断开，解除自锁。

9-2 常闭触点 KT-2 复位闭合。

9-3 常开触点 KT-3 复位断开。

9-4 常开主触点 KM3-1 和 KM2-1 断开，切断三相交流电动机电源供电，停止运转。

9-5 常开辅助触点 KM2-2 复位闭合。

9-6 常开辅助触点 KM3-2 复位闭合。

17.3.4 电动机制动控制电路

1 三相交流电动机的电磁制动控制电路

图 17-15 是一种可靠的电磁制动式三相交流电动机控制电路。为了避免在电路起动时电磁制动机构动作迟缓影响电动机的正常起动，采用两个交流接触器分别控制电动机和电磁制动线圈。

图 17-15 一种可靠的电磁制动式三相交流电动机控制电路

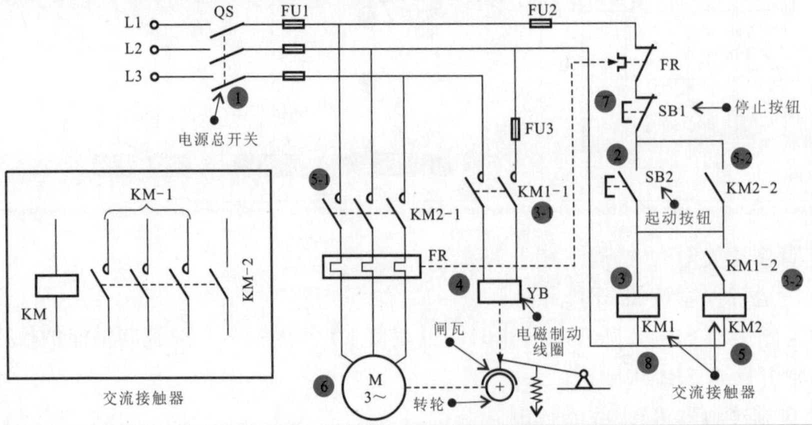

L1
L2
L3
QS
FU1
FU2
FR
SB1
停止按钮
电源总开关
FU3
KM-1
KM-2
KM
交流接触器
KM2-1
KM1-1
SB2
起动按钮
KM2-2
KM1-2
YB
闸瓦
电磁制动线圈
KM1
KM2
M
3~
转轮
交流接触器

❶闭合电源总开关 QS，接通三相电源，为电路工作做好准备。

❷按下起动按钮 SB2，其常开触点闭合。

❸交流接触器 KM1 线圈得电。

3-1 常开主触点 KM1-1 闭合。

3-2 常开主触点 KM1-2 闭合。

3-1 →❹电磁制动的线圈 YB 得电，靠电磁力拉开抱闸，解除制动。

3-2 →❺交流接触器 KM2 线圈得电。

5-1 常开主触点 KM2-1 闭合。

5-2 常开辅助触点 KM2-2 闭合自锁。

❹ + 5-1 →❻电动机得电，开始起动运转（先解除制动，再起动电动机，比较可靠）。

❼当需要停机时，按下停止按钮 SB1，其常闭触点断开。

❼→❽交流接触器 KM1、KM2 同时断电，电动机断电，制动机构同时动作，抱闸靠弹簧的力量进行制动。

2 三相交流电动机的绕组短路制动控制电路

图 17-16 是一种三相交流电动机绕组短路式制动控制电路。为了吸收在电动机制动时，由于惯性产生的再生电能，在电动机制动时，利用两个常闭触点将三相交流电动机的三个绕组端进行短路控制。使电动机绕组在断电时，定子绕组所产生的电流通过触点断路，迫使电动机转子停转。

图 17-16 三相交流电动机绕组短路式制动控制电路

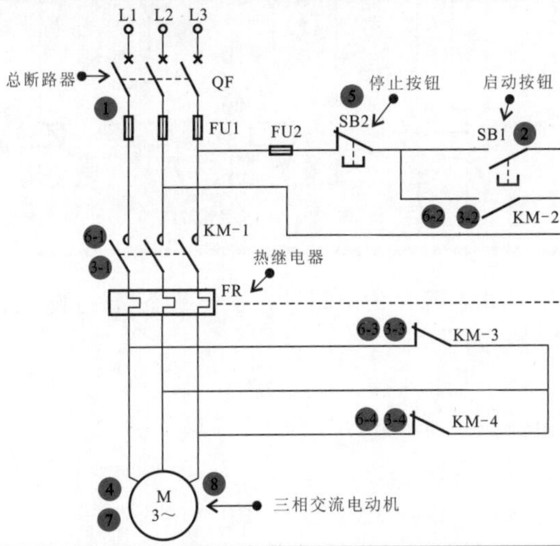
L1 L2 L3
总断路器
QF
FU1
FU2
停止按钮
SB2
启动按钮
SB1
KM
KM-2
FR-1
KM-1
热继电器
FR
KM-3
KM-4
M
3~
三相交流电动机

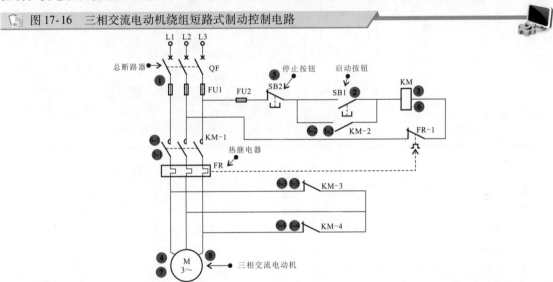

❶闭合总断路器 QF，接通三相电源，为电路工作做好准备。

❷按下起动按钮 SB1，其常开触点闭合。

❸交流接触器 KM1 线圈得电。

3-1 常开主触点 KM-1 闭合，接通电动机三相交流电源。

3-2 常开辅助触点 KM-2 闭合自锁。

3-3 常闭辅助触点 KM-3 断开。

3-4 常闭辅助触点 KM-4 断开。

3-1 + 3-2 →❹三相交流电动机连续运转。

❺当需要电动机停转时，按下停止按钮 SB2，其常闭触点断开。

❻交流接触器 KM1 线圈失电。

6-1 常开主触点 KM-1 复位断开，切断电动机三相交流电源。

6-2 常开辅助触点 KM-2 复位断开，解除自锁。

6-3 常闭辅助触点 KM-3 复位闭合。

6-4 常闭辅助触点 KM-4 复位闭合。

6-1 + 6-2 → 7 电动机停转。

6-3 + 6-4 → 8 将电动机三相绕组短路，吸收绕组产生的电流。这种制动方式适用于较小功率的电动机，且对制动要求不高的情况。

3 三相交流电动机的半波整流制动控制电路

图 17-17 是一种三相交流电动机的半波整流制动控制电路，它采用了交流接触器与时间继电器组合的制动控制电路。起动时与一般电动机的起动方式相同。

图 17-17　三相交流电动机的半波整流制动控制电路

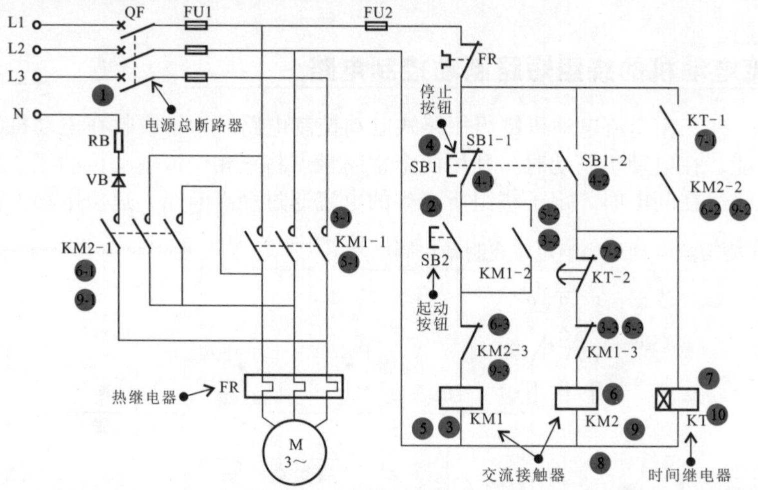

L1
L2
L3
N
QF
FU1
FU2
FR
电源总断路器
RB
VB
KM2-1
KM1-1
停止按钮
SB1-1
SB1
SB1-2
KT-1
KM2-2
SB2
起动按钮
KM1-2
KT-2
KM2-3
KM1-3
热继电器
FR
M
3～
KM1
KM2
KT
交流接触器
时间继电器

1 闭合电源总断路器 QF，接通三相电源，为电路进入工作状态做好准备。

2 按下起动按钮 SB2，其常开触点闭合。

3 交流接触器 KM1 线圈得电。

3-1 常开主触点 KM1-1 闭合，电动机起动运转。

3-2 常开辅助触点 KM1-2 闭合自锁。

3-3 常闭辅助触点 KM1-3 断开，防止 KM2 线圈得电，实现互锁。

4 当需要电动机停机时，按下停机按键 SB1，其触点动作。

4-1 常闭触点 SB1-1 断开。

4-2 常开触点 SB1-2 闭合。

4-1 → 5 交流接触器 KM1 线圈断电。

5-1 常开主触点 KM1-1，复位断开，电动机断电。

5-2 常开辅助触点 KM1-2 复位断开，解除自锁。

5-3 常闭辅助触点 KM1-3 复位断开。

4-2 + 5-3 → 6 交流接触器 KM2 线圈得电。

6-1 常开主触点 KM2-1 闭合，使电动机的两相绕组短接，第三相绕组接半波整流电路到达中性端 N，形成直流能耗制动形式，进行电气制动。

6-2 常开辅助触点 KM2-2 闭合自锁。

6-3 常闭辅助触点 KM2-3 断开，防止 KM1 线圈得电。

4-2 →7 时间继电器 KT 线圈得电。

7-1 立即常开触点 KT-1 立即闭合。

7-2 延时断开的常闭触点 KT-2 延时一段时间后断开。

6-2 + 7-1 →8 交流接触器 KM2 线圈保持得电状态。

7-2 →9 交流接触器 KM2 线圈实现延迟失电。

9-1 常开主触点 KM2-1 复位断开，制动电路复位。

9-2 常开辅助触点 KM2-2 复位断开，解除自锁。

9-3 常闭辅助触点 KM2-3 复位闭合。

9-2 →10 时间继电器 KT 线圈失电，所有触点复位。

4 三相交流电动机的反接制动控制电路

三相交流电动机反接制动控制电路通过反接电动机的供电相序改变电动机的旋转方向，降低电动机转速，最终达到停机的目的。电动机在反接制动时，电路会改变电动机定子绕组的电源相序，使之有反转趋势而产生的较大制动力矩，使电动机的转速降低，最后通过速度继电器自动切断制动电源，确保电动机不会反转。

图 17-18 为一种简单的三相交流电动机反接制动控制电路。在该电路中，三相交流电动机绕组相序改变由控制按钮控制，在电路需要制动时，手动操作实现。

图 17-18 简单的三相交流电动机反接制动控制电路

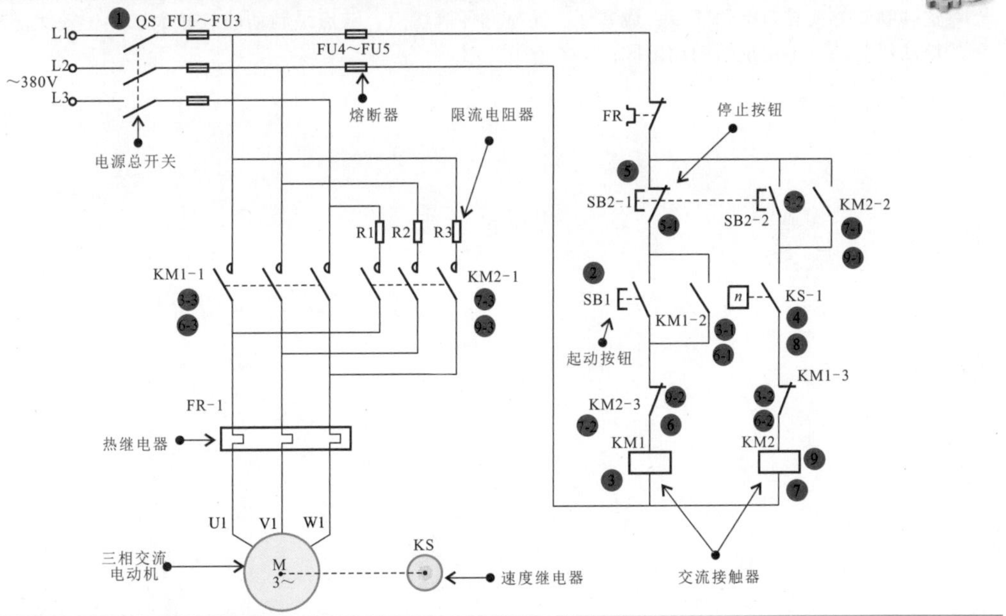
QS
FU1~FU3
L1
L2
L3
~380V
FU4~FU5
熔断器
限流电阻器
电源总开关
FR
停止按钮
SB2-1
SB2-2
KM2-2
R1
R2
R3
KM1-1
KM2-1
SB1
KM1-2
KS-1
n
起动按钮
KM1-3
FR-1
KM2-3
KM1
KM2
热继电器
U1
V1
W1
三相交流电动机
M 3~
KS
速度继电器
交流接触器

1 合上电源总开关 QS，接通三相交流电源。

2 按下起动按钮 SB1。

2 →3 交流接触器 KM1 线圈得电。

3-1 常开辅助触点 KM1-2 接通，实现自锁功能；

3-2 常闭辅助触点 KM1-3 断开，防止接触器 KM2 线圈得电，实现联锁功能；

3-3 常开主触点 KM1-1 接通，电动机接通交流 380V 电源，开始运转。

3-3 →4 速度继电器 KS 与电动机连轴同速度运转，KS-1 接通。

5 当电动机需要停机时，按下停止按钮 SB2。

5-1 SB2 内部的常闭触点 SB2-1 断开；

5-2 SB2 内部的常开触点 SB2-2 闭合。

5-1 →6 接触器 KM1 线圈失电。

6-1 常开辅助触点 KM1-2 断开，解除自锁功能；

6-2 常闭辅助触点 KM1-3 闭合，解除联锁功能；

6-3 常开主触点 KM1-1 断开，电动机断电，惯性运转。

5-2 →7 交流接触器 KM2 线圈得电。

7-1 常开触点 KM2-2 闭合，实现自锁功能；

7-2 常闭触点 KM2-3 断开，防止接触器 KM1 线圈得电，实现连锁功能；

7-3 常开主触点 KM2-1 闭合，电动机串联限流电阻器 R1 ~ R3 反接制动。

8 按下停止按钮 SB2 后，制动作用使电动机和速度继电器转速减小到零，速度继电器 KS 常开触点 KS-1 断开，切断电源。

8 →9 接触器 KM2 线圈失电。

9-1 常开辅助触点 KM2-2 断开，解除自锁功能；

9-2 常开辅助触 KM2-3 闭合复位；

9-3 KM2-1 断开，电动机切断电源，制动结束，电动机停止运转。

提　示

当电动机转速在反接制动力矩的作用下急速下降到零后，若反接电源不及时断开，电动机将从零开始反向运转，电路的目标是制动，因此电路必须具备及时切断反接电源的功能。

这种制动方式具有电路简单、成本低、调整方便等优点，缺点是制动能耗较大、冲击较大。对 4kW 以下的电动机制动可不用反接制动电阻。

第18章 变频器的使用与调试

18.1 变频器的种类和特点

18.1.1 变频器的种类

变频器的英文名称为 VFD 或 VVVF，它是一种利用逆变电路的方式将恒频恒压的电源变成频率和电压可变的电源，进而对电动机进行调速控制的电器装置。图 18-1 为变频器的实物外形。

图 18-1 变频器的实物外形

变频器种类很多，其分类方式也是多种多样，按照不同的分类方式，具体的类别也不相同。

1 按变换方式分类

变频器按照变换方式的不同主要分为：交-直-交变频器和交-交变频器。

如图 18-2 所示，交-直-交变频器又称间接式变频器，该变频器是先将工频交流电通过整流单元转换成脉动的直流电，再经过中间电路的电容平滑滤波，为逆变电路供电，在控制系统的控制下，逆变电路将直流电源转换成频率和电压可调的交流电，然后提供给负载（电动机）进行变速控制。

图 18-2 交-直-交变频器

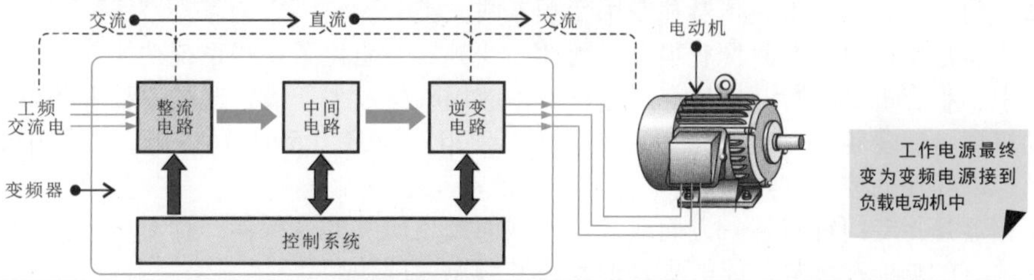
交流
直流
交流
电动机
工频
交流电
整流
电路
中间
电路
逆变
电路
变频器
控制系统
工作电源最终
变为变频电源接到
负载电动机中

如图 18-3 所示，交-交变频器又称直接式变频器，该变频器是将工频交流电直接转换成频率和电压可调的交流电，提供给负载（电动机）进行变速控制。

图 18-3 交-交变频器

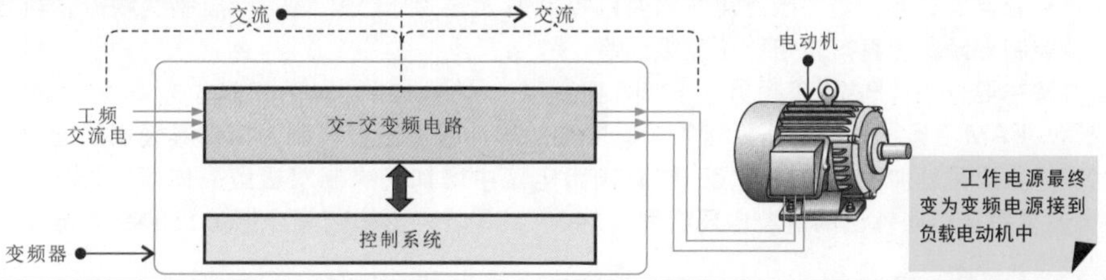
交流
交流
电动机
工频
交流电
交-交变频电路
控制系统
变频器
工作电源最终
变为变频电源接到
负载电动机中

2 按电源性质分类

在交-直-交变频器中，根据中间电路部分电源性质的不同，可将变频器分为电压型变频器和电流型变频器。

如图 18-4 所示，电压型变频器的特点是中间电路采用电容器作为直流储能元件，缓冲负载的无功功率。直流电压比较平稳，直流电源内阻较小，相当于电压源，故电压型变频器常用于负载电压变化较大的场合。

图 18-4 电压型变频器

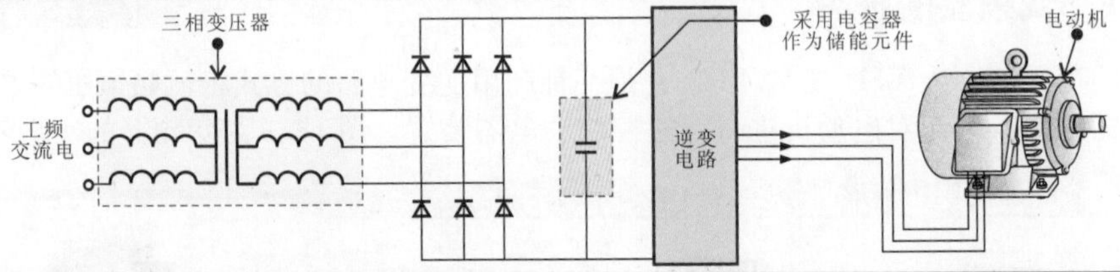
三相变压器
采用电容器
作为储能元件
电动机
工频
交流电
逆变
电路

如图 18-5 所示，电流型变频器的特点是中间电路采用电感器作为直流储能元件，用以缓冲负载的无功功率，即扼制电流的变化，使电压接近正弦波，由于该直流内阻较大，可扼制负载电流频繁且急剧的变化，因此，电流型变频器常用于负载电流变化较大的场合。

图 18-5 电流型变频器

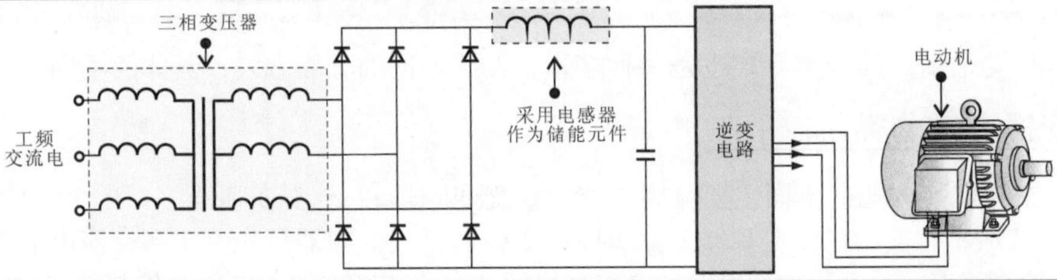
三相变压器
电动机
采用电感器
作为储能元件
工频
交流电
逆变
电路

3 按用途分类

变频器按用途可分为通用变频器和专用变频器两大类。

通用变频器是指在很多方面具有很强通用性的变频器，简化了一些系统功能，并以节能为主要目的，多为中、小容量变频器，是目前工业领域中应用数量最多、最普遍的一种变频器，适用于工业通用电动机和一般变频电动机，一般由交流低压 220V/380V（50Hz）供电，对使用的环境没有严格的要求，以简便的控制方式为主。

专用变频器是指专门针对某一方面或某一领域而设计研发的变频器，针对性较强，具有适用于所针对领域独有的功能和优势，能够更好地发挥变频调速的作用。

目前，较常见的专用变频器主要有风机专用变频器、电梯专用变频器、恒压供水（水泵）专用变频器、卷绕专用变频器、线切割专用变频器等。

相关资料

除上述几种分类方式外，变频器还可按照变频控制方式分为压/频（*U*/*f*）控制变频器、转差频率控制变频器、矢量控制变频器、直接转矩控制变频器等。

按调压方法主要分为：PAM 变频器和 PWM 变频器。PAM 是 Pulse Amplitude Modulation（脉冲幅度调制）的缩写。PAM 变频器是按照一定规律对脉冲列的脉冲幅度进行调制，控制其输出的量值和波形。实际上就是能量的大小用脉冲的幅度来表示，整流输出电路中增加绝缘栅双极型晶体管（IGBT），通过对该 IGBT 的控制改变整流电路输出的直流电压幅度（140～390V），这样变频电路输出的脉冲电压不但宽度可变，而且幅度也可变。

PWM 是 Pulse Width Modulation（脉冲宽度调制）的缩写。PWM 变频器同样是按照一定规律对脉冲列的脉冲宽度进行调制，控制其输出量和波形。实际上就是能量的大小用脉冲的宽度来表示，此种驱动方式，整流电路输出的直流供电电压基本不变，变频器功率模块的输出电压幅度恒定，脉冲的宽度受微处理器控制。

按输入电流的相数分为三进三出、单进三出。其中，三进三出是指变频器的输入侧和输出侧都是三相交流电，大多数变频器属于该类。单进三出是指变频器的输入侧为单相交流电，输出侧是三相交流电，一般家用电器设备中的变频器为该类方式。

18.1.2 变频器的结构

图 18-6 为变频器的结构组成。从图中可以看到，变频器主要由操作显示面板、主电路接线端子、控制接线端子、控制逻辑切换跨接器、PU 接口、电流/电压切换开关、冷却风扇及内部电路等构成的。

图 18-6 变频器的结构组成

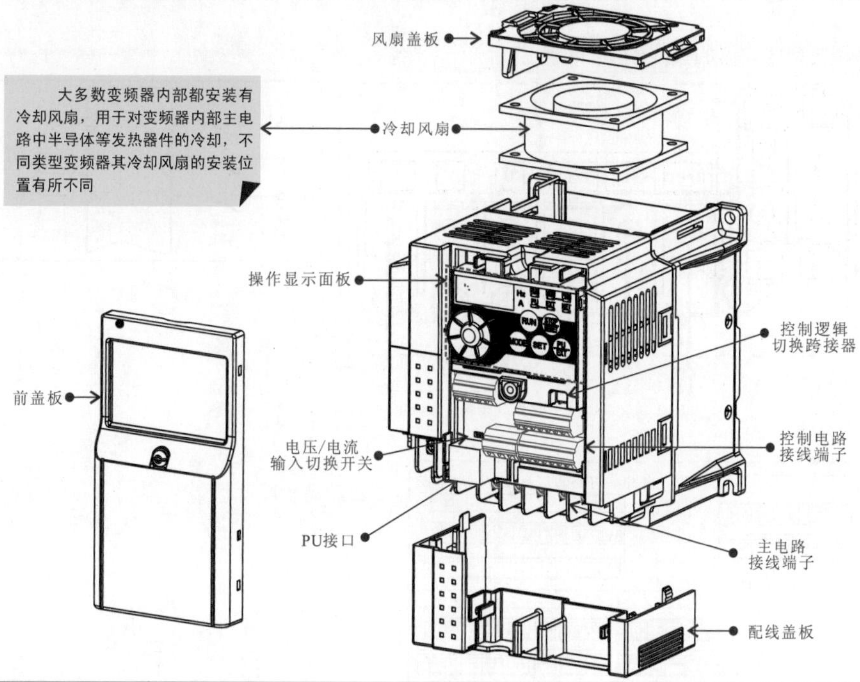
风扇盖板
大多数变频器内部都安装有冷却风扇，用于对变频器内部主电路中半导体等发热器件的冷却，不同类型变频器其冷却风扇的安装位置有所不同
冷却风扇
操作显示面板
控制逻辑切换跨接器
前盖板
电压/电流输入切换开关
控制电路接线端子
PU接口
主电路接线端子
配线盖板

1 操作显示面板

操作显示面板是变频器与外界实现交互的关键部分，目前多数变频器都是通过操作显示面板上的显示屏、操作按键或键钮、指示灯等进行相关参数的设置及运行状态的监视。图 18-7 为典型变频器的操作显示面板结构图。

2 接线端子

变频器的接线端子有两种：一种为主电路接线端子；一种为控制电路接线端子。其中电源侧的主电路接线端子主要用于连接三相供电电源，而负载侧的主电路接线端子主要用于连接电动机。

图 18-8 为典型变频器的接线端子。

3 内部电路

变频器的内部电路主要是由整流单元（电源电路板）、控制单元（控制电路板）、其他单元（通信电路板）、高容量电容、电流互感器等部分构成的。图 18-9 为典型变频器的内部电路。

图 18-7 典型变频器的操作显示面板结构图

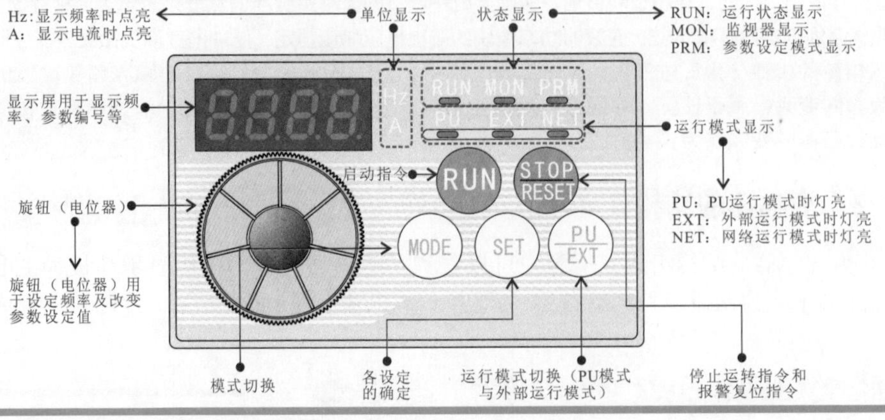
Hz:显示频率时点亮
A: 显示电流时点亮
单位显示
状态显示
RUN: 运行状态显示
MON: 监视器显示
PRM: 参数设定模式显示
显示屏用于显示频率、参数编号等
Hz
A
RUN MON PRM
PU EXT NET
运行模式显示
启动指令
RUN
STOP RESET
旋钮（电位器）
MODE
SET
PU EXT
PU: PU运行模式时灯亮
EXT: 外部运行模式时灯亮
NET: 网络运行模式时灯亮
旋钮（电位器）用于设定频率及改变参数设定值
模式切换
各设定的确定
运行模式切换（PU模式与外部运行模式）
停止运转指令和报警复位指令

图 18-8 典型变频器的接线端子

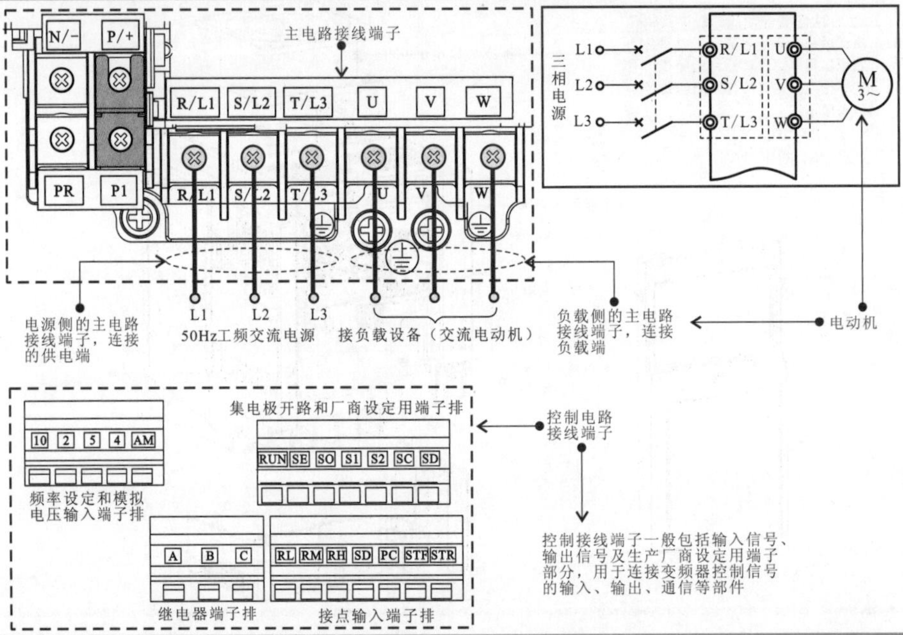
N/-
P/+
PR
P1
主电路接线端子
R/L1 S/L2 T/L3 U V W
L1 L2 L3
50Hz工频交流电源
接负载设备（交流电动机）
电源侧的主电路接线端子，连接的供电端
负载侧的主电路接线端子，连接负载端
电动机
三相电源
M 3~
集电极开路和厂商设定用端子排
10 2 5 4 AM
RUN SE SO S1 S2 SC SD
频率设定和模拟电压输入端子排
A B C
RL RM RH SD PC STF STR
继电器端子排
接点输入端子排
控制电路接线端子
控制接线端子一般包括输入信号、输出信号及生产厂商设定用端子部分，用于连接变频器控制信号的输入、输出、通信等部件

图 18-9 典型变频器的内部电路

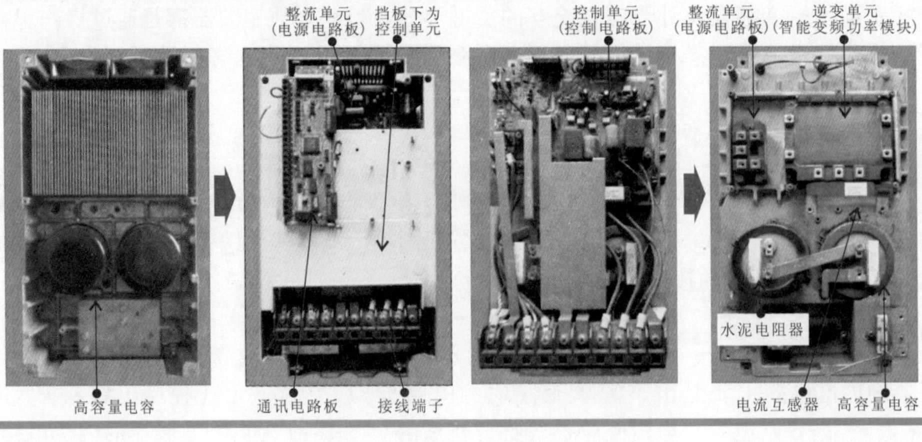
整流单元（电源电路板）
挡板下为控制单元
控制单元（控制电路板）
整流单元（电源电路板）
逆变单元（智能变频功率模块）
水泥电阻器
高容量电容
通讯电路板
接线端子
电流互感器
高容量电容

18.1.3 变频器的功能特点

变频器的作用是改变电动机驱动电流的频率和幅值，进而改变其旋转磁场的周期，从而达到平滑控制电动机转速的目的。变频器的出现，使得复杂的调速控制简单化，变频器与交流笼型异步电动机组合，替代了大部分原来只能用直流电动机完成的工作，缩小了体积，降低了故障发生的概率，使传动技术发展到了新阶段。

图 18-10 为变频器的功能原理图。由于变频器既可以改变输出电压又可以改变频率（即可改变电动机的转速），所以可以对电动机的起动及转速进行控制。

图 18-10 变频器的功能原理图

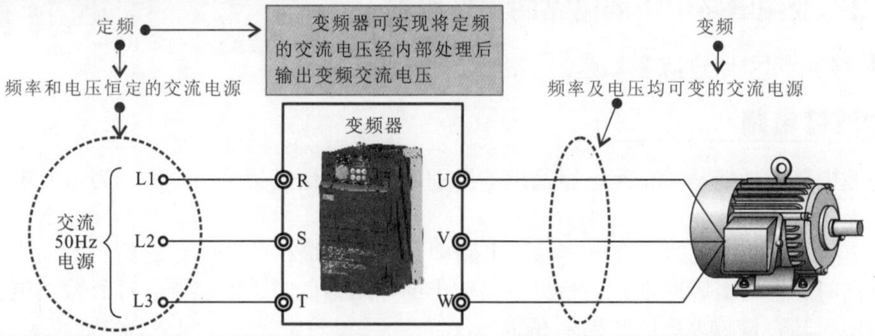
定频
变频器可实现将定频的交流电压经内部处理后输出变频交流电压
变频
频率和电压恒定的交流电源
频率及电压均可变的交流电源
变频器
交流 50Hz 电源
L1
L2
L3
R
S
T
U
V
W

变频器是将起停控制、变频调速、显示及按键设置功能、保护功能等于一体的控制装置。

1 起停控制功能

变频器受到起动和停止指令后，可根据预先设定的起动和停车方式控制电动机的起动与停机，其主要控制功能包含软起动控制、加/减速控制、停机及制动控制等。

2 变频调速功能

变频器的变频调速功能是其最基本的功能。在传统电动机控制系统中，电动机直接由工频电源（50Hz）供电，其供电电源的频率 f_1 是恒定不变的，因此，其转速也是恒定的；而在电动机的变频控制系统中，电动机的调速控制是通过改变变频器的输出频率实现的，通过改变变频器的输出频率，很容易实现电动机工作在不同电源频率下，从而自动完成电动机调速控制。

3 监控和故障诊断功能

变频器前面板上一般都设有显示屏、状态指示灯及操作按键，可对变频器各项参数进行设定以及对设定值、运行状态等进行监控显示。

大多变频器内部设有故障诊断功能，该功能可对系统构成、硬件状态、指令的正确性等进行诊断，当发现异常时，会控制报警系统发出报警提示声，同时在显示屏上显示错误信息，当故障严重时则会发出控制指令停止运行，从而提高变频器控制系统的安全性。

4 保护功能

变频器内部设有保护电路，可实现对其自身及负载电动机的各种异常保护功能，其中主要实现过载保护和防失速保护。

5 通信功能

为了便于通信以及人机交互，变频器上通常设有不同的通信接口，可用于与 PLC 自动控制系统以及远程操作器、通信模块、计算机等进行通信连接。

18.2 变频器的工作原理

18.2.1 变频电路中整流电路的工作原理

整流电路是一种把工频交流电整流成直流电的部分。在单相供电的变频电路中多采用单相桥式整流堆，把220V工频交流电整流为300V左右的直流电；在三相供电的变频电路中则一般是由三相整流桥构成的，可将380V的工频交流电整流为500～800V直流电。图18-11为变频器主电路部分的单相整流桥和三相整流桥。

18.2.2 变频电路中中间电路的工作原理

变频电路的中间电路包括平滑滤波电路和制动电路两部分。

1 平滑滤波电路

平滑滤波电路的功能是对整流电路输出的脉动电压或电流进行平滑滤波，为逆变电路提供平滑稳定的直流电压或电流。

图18-12为电容滤波电路。在电容滤波电路中，电容器接在整流电路的输出端，当整流电路输出的电压较高时，会对电容充电；当整流电路输出的电压偏低时，电容器会对负载放电，因而会起到稳压的作用，其容量越大稳压效果越好。

图18-11 变频器主电路部分的单相整流桥和三相整流桥

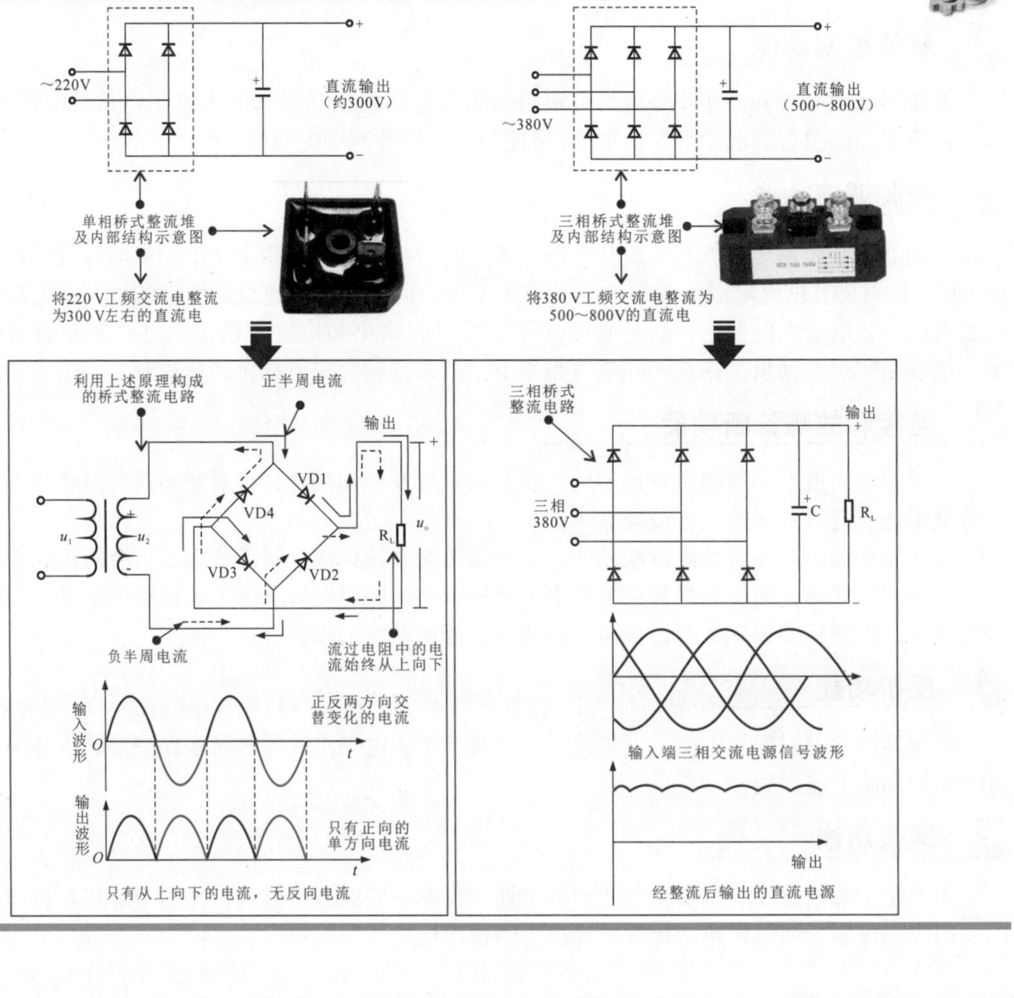

~220V
直流输出
（约300V）
单相桥式整流堆
及内部结构示意图
将220V工频交流电整流
为300V左右的直流电
~380V
直流输出
（500~800V）
三相桥式整流堆
及内部结构示意图
将380V工频交流电整流为
500~800V的直流电
利用上述原理构成
的桥式整流电路
正半周电流
输出
VD1
VD4
VD3
VD2
负半周电流
流过电阻中的电
流始终从上向下
输入波形
正反两方向交
替变化的电流
输出波形
只有正向的
单方向电流
只有从上向下的电流，无反向电流
三相桥式
整流电路
三相
380V
输入端三相交流电源信号波形
输出
经整流后输出的直流电源

图 18-12 电容滤波电路

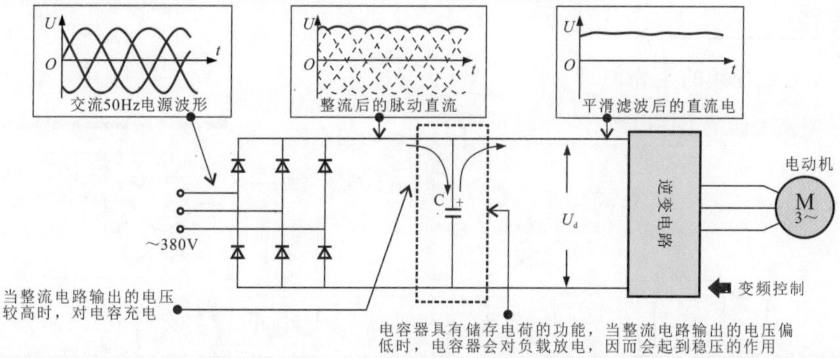
交流50Hz电源波形
整流后的脉动直流
平滑滤波后的直流电
电动机
逆变电路
~380V
变频控制
当整流电路输出的电压较高时，对电容充电
电容器具有储存电荷的功能，当整流电路输出的电压偏低时，电容器会对负载放电，因而会起到稳压的作用

图 18-13 为电感滤波电路。电感滤波电路是在整流电路的输入端接入一个电感量很大的电感线圈（电抗器）作为滤波元件。由于电感线圈具有阻碍电流变化的功能，当起动电源时，冲击电流首先进入电感线圈 L，此时电感线圈会产生反电动势，阻止电流的增强，从而起到抗冲击的作用，当外部输入电源波动时，电流有减小的情况，电感线圈会产生正向电动势，维持电流，从而实现稳流作用。

图 18-13 电感滤波电路

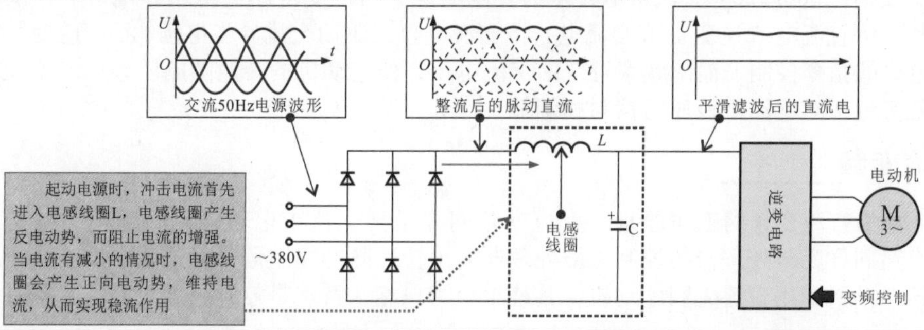
交流50Hz电源波形
整流后的脉动直流
平滑滤波后的直流电
起动电源时，冲击电流首先进入电感线圈L，电感线圈产生反电动势，而阻止电流的增强。当电流有减小的情况时，电感线圈会产生正向电动势，维持电流，从而实现稳流作用
~380V
电感线圈
电动机
逆变电路
变频控制

2 制动电路

图 18-14 为变频器中的制动电路的工作原理。在变频器控制系统中，电动机由正常运转状态转入停机状态时需要断电制动，但惯性电动机会继续旋转，这时由于电磁感应的作用会在电动机绕组中产生感应电压，该电压会反向送到驱动电路中，并通过逆变电路对电容器进行反充电。为防止反充电电压过高，提高减速制动的速度，需要在此期间由晶体管和电阻 R1 对电动机产生的电能进行吸收，从而顺利完成电动机的制动过程。

图 18-14 变频器中的制动电路的工作原理

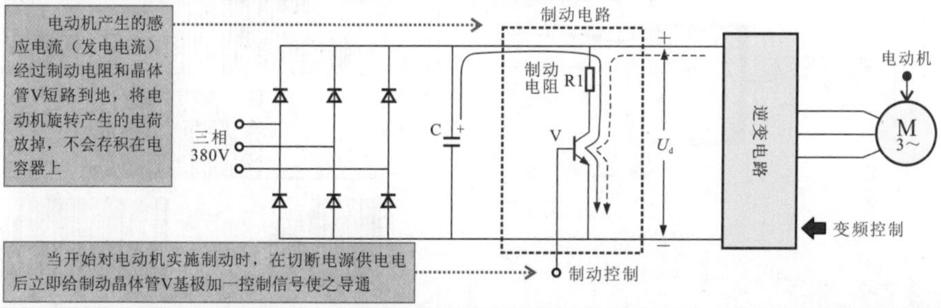
电动机产生的感应电流（发电电流）经过制动电阻和晶体管V短路到地，将电动机旋转产生的电荷放掉，不会存积在电容器上
制动电路
制动电阻 R1
三相 380V
电动机
逆变电路
变频控制
当开始对电动机实施制动时，在切断电源供电电后立即给制动晶体管V基极加一控制信号使之导通
制动控制

18.2.3 变频电路中转速控制电路的工作原理

转速控制电路主要通过对逆变电路中半导体器件的开关控制，使输出电压频率发生变化，进而

实现控制电动机转速的目的。转速控制电路主要有交流变频和直流变频两种方式。

1 交流变频

图 18-15 为交流变频的工作原理。

图 18-15 交流变频的工作原理

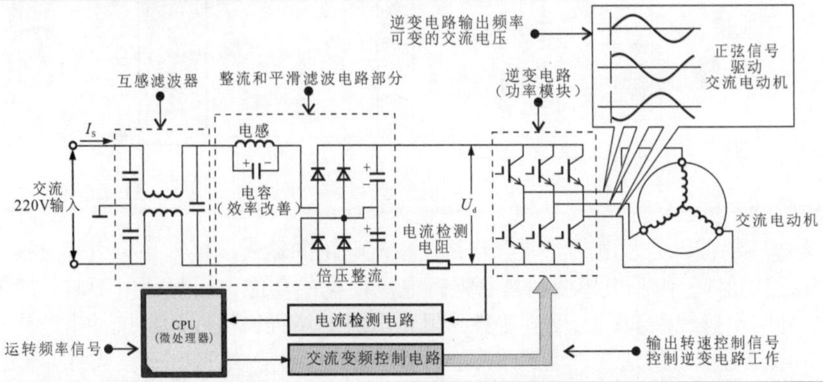
逆变电路输出频率
可变的交流电压
正弦信号
驱动
交流电动机
互感滤波器
整流和平滑滤波电路部分
逆变电路
（功率模块）
电感
电容
（效率改善）
交流
220V输入
倍压整流
电流检测
电阻
交流电动机
CPU
（微处理器）
电流检测电路
交流变频控制电路
运转频率信号
输出转速控制信号
控制逆变电路工作

交流变频是把 380/220V 交流市电转换为直流电源，为逆变电路提供工作电压。逆变电路在变频器的控制下将直流电“逆变”成交流电，该交流电再去驱动交流异步电动机，“逆变”的过程受转速控制电路的指令控制，输出频率可变的交流电压，使电动机的转速随电压频率的变化而相应改变，这样就实现了对电动机转速的控制和调节。

2 直流变频

图 18-16 为直流变频的工作原理。直流变频同样是把交流市电转换为直流电，并送至逆变电路，逆变电路同样受微处理器的控制。微处理器输出转速脉冲控制信号经逆变电路变成驱动电动机的信号，该电动机采用直流无刷电动机，其绕组也为三相，特点是控制精度更高。

图 18-16 直流变频的工作原理

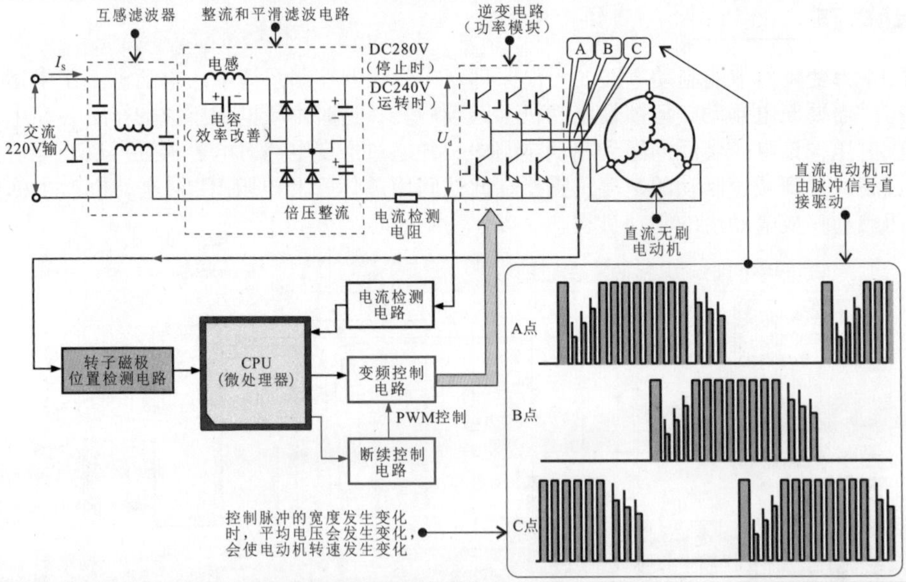
互感滤波器
整流和平滑滤波电路
逆变电路
（功率模块）
电感
电容
（效率改善）
DC280V
（停止时）
DC240V
（运转时）
交流
220V输入
倍压整流
电流检测
电阻
A
B
C
直流无刷
电动机
直流电动机可
由脉冲信号直
接驱动
电流检测
电路
转子磁极
位置检测电路
CPU
（微处理器）
变频控制
电路
PWM控制
断续控制
电路
A点
B点
C点
控制脉冲的宽度发生变化
时，平均电压会发生变化，
会使电动机转速发生变化

18.2.4 变频电路中逆变电路的工作原理

逆变电路的工作过程实际就是将直流电压变为频率可调的交流电压的过程，即逆变过程，实现逆变功能的电路称为逆变电路或逆变器。

逆变电路的逆变过程可分解成三个周期。第一个周期是 U + 和 V - 两只 IGBT 导通；第二个周期是 V + 和 W - 两只 IGBT 导通；第三个周期是 W + 和 U - 两只 IGBT 导通。

1 U + 和 V - 两只 IGBT 导通

图 18-17 为 U + 和 V - 两只 IGBT 导通周期的工作过程。

图 18-17　U + 和 V - 两只 IGBT 导通周期的工作过程

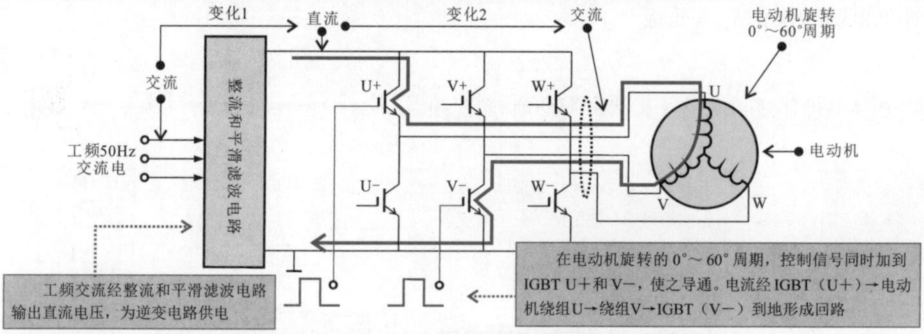

变化1
直流
变化2
交流
电动机旋转
0°～60°周期
交流
工频50Hz
交流电
整流和平滑滤波电路
U+
V+
W+
U−
V−
W−
U
V
W
电动机
工频交流经整流和平滑滤波电路输出直流电压，为逆变电路供电
在电动机旋转的 0°～60° 周期，控制信号同时加到IGBT U+和V−，使之导通。电流经IGBT（U+）→电动机绕组U→绕组V→IGBT（V−）到地形成回路

扫一扫看视频

2 V + 和 W - 两只 IGBT 导通

图 18-18 为 V + 和 W - 两只 IGBT 导通周期的工作过程。

图 18-18　V + 和 W - 两只 IGBT 导通周期的工作过程

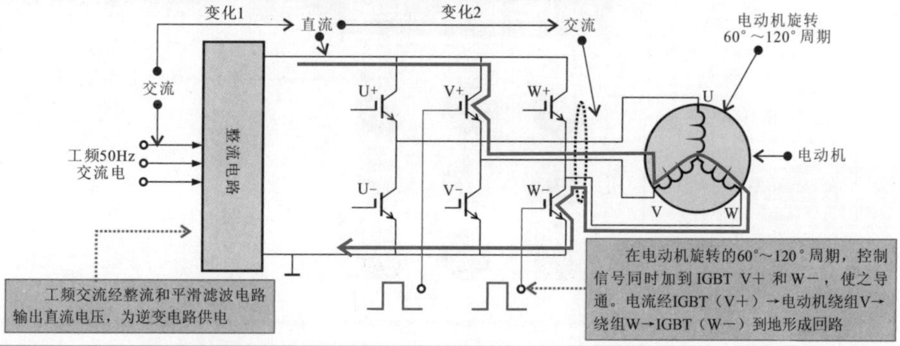

变化1
直流
变化2
交流
电动机旋转
60°～120°周期
交流
工频50Hz
交流电
整流电路
U+
V+
W+
U−
V−
W−
U
V
W
电动机
工频交流经整流和平滑滤波电路输出直流电压，为逆变电路供电
在电动机旋转的60°～120°周期，控制信号同时加到IGBT V+和W−，使之导通。电流经IGBT（V+）→电动机绕组V→绕组W→IGBT（W−）到地形成回路

3 W + 和 U - 两只 IGBT 导通

图 18-19 为 W + 和 U - 两只 IGBT 导通周期的工作过程。

图 18-19　W + 和 U - 两只 IGBT 导通周期的工作过程

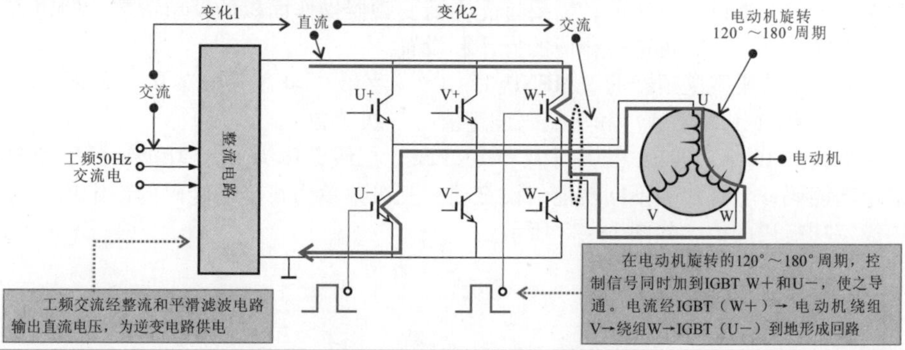

变化1
直流
变化2
交流
电动机旋转
120°～180°周期
交流
工频50Hz
交流电
整流电路
U+
V+
W+
U−
V−
W−
U
V
W
电动机
工频交流经整流和平滑滤波电路输出直流电压，为逆变电路供电
在电动机旋转的120°～180°周期，控制信号同时加到IGBT W+和U−，使之导通。电流经IGBT（W+）→电动机绕组V→绕组W→IGBT（U−）到地形成回路

18.3 变频器的使用

18.3.1 变频器的操作显示面板

操作显示面板是变频器与外界实现交互的关键部分，多数变频器都是通过操作显示面板上的显示屏、操作按键或按钮、指示灯等进行参数设定、状态监视和运行控制等操作的。

图18-20为典型变频器的操作显示面板。

图18-20 典型变频器的操作显示面板（艾默生TD3000型变频器）

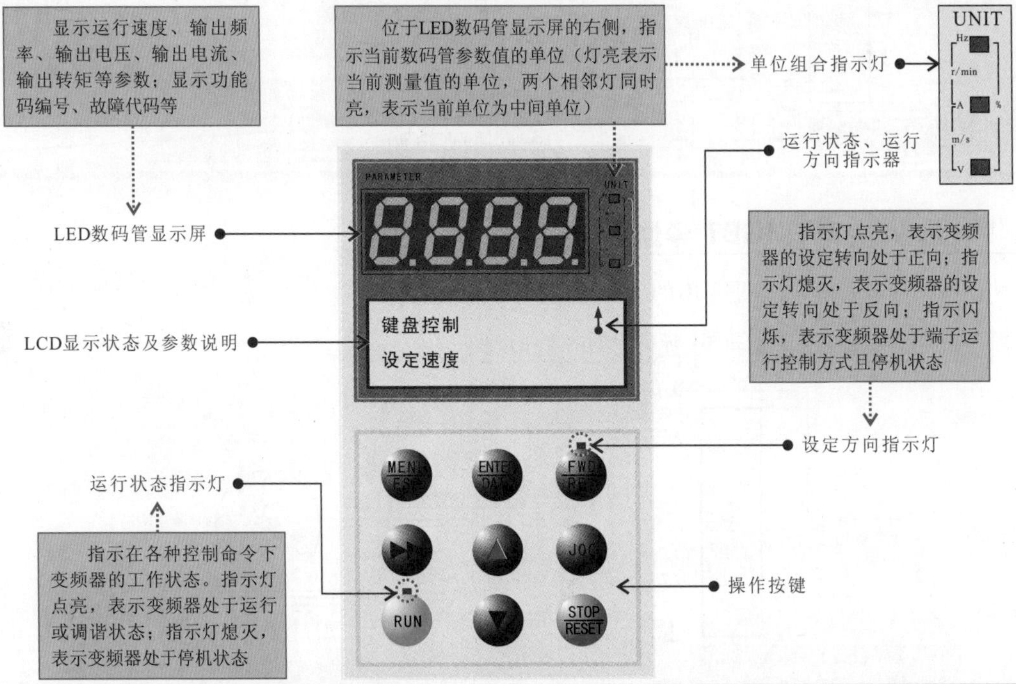
显示运行速度、输出频率、输出电压、输出电流、输出转矩等参数；显示功能码编号、故障代码等
位于LED数码管显示屏的右侧，指示当前数码管参数值的单位（灯亮表示当前测量值的单位，两个相邻灯同时亮，表示当前单位为中间单位）
单位组合指示灯
UNIT
Hz
r/min
A
%
m/s
V
运行状态、运行方向指示器
PARAMETER
LED数码管显示屏
指示灯点亮，表示变频器的设定转向处于正向；指示灯熄灭，表示变频器的设定转向处于反向；指示闪烁，表示变频器处于端子运行控制方式且停机状态
LCD显示状态及参数说明
键盘控制
设定速度
设定方向指示灯
运行状态指示灯
MENU ESC
ENTER DATA
FWD REV
JOG
RUN
STOP RESET
操作按键
指示在各种控制命令下变频器的工作状态。指示灯点亮，表示变频器处于运行或调谐状态；指示灯熄灭，表示变频器处于停机状态

操作按键用于向变频器输入人工指令，包括参数设定指令、运行状态指令等。不同操作按键的控制功能不同。

18.3.2 变频器的使用方法

了解操作面板的参数设置方法前，需要首先弄清变频器操作面板的菜单级数，即包含几层菜单及每级菜单的功能含义，然后再进行相应的操作和设置。

如图18-21所示，典型变频器的“MENU/ESC”（菜单）包含三级菜单，分别为功能参数组（一级菜单）、功能码（二级菜单）和功能码设定值（三级菜单）。

一级菜单下包含16个功能项（F0~F9、FA~FF）。二级菜单为16个功能项的子菜单项，每项中又分为多个功能码，分别代表不同功能的设定项。三级菜单为每个功能码的设定项，可在功能码设定范围内设定功能码的值，如图18-22所示。

图 18-21 典型变频器参数设定中的菜单功能

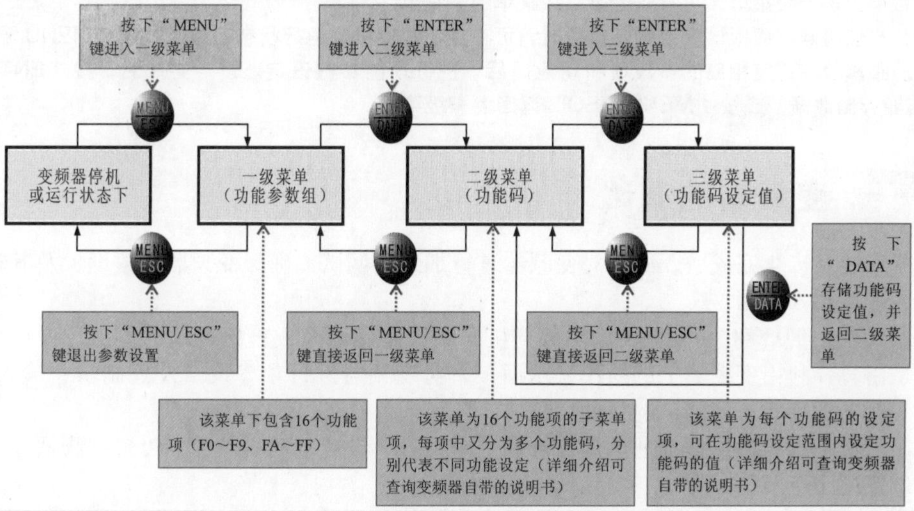
按下“MENU”键进入一级菜单
按下“ENTER”键进入二级菜单
按下“ENTER”键进入三级菜单
变频器停机或运行状态下
一级菜单（功能参数组）
二级菜单（功能码）
三级菜单（功能码设定值）
按下“DATA”存储功能码设定值，并返回二级菜单
按下“MENU/ESC”键退出参数设置
按下“MENU/ESC”键直接返回一级菜单
按下“MENU/ESC”键直接返回二级菜单
该菜单下包含16个功能项（F0～F9、FA～FF）
该菜单为16个功能项的子菜单项，每项中又分为多个功能码，分别代表不同功能设定（详细介绍可查询变频器自带的说明书）
该菜单为每个功能码的设定项，可在功能码设定范围内设定功能码的值（详细介绍可查询变频器自带的说明书）

图 18-22 典型（艾默生 TD3000 型）变频器三级菜单操作示意图

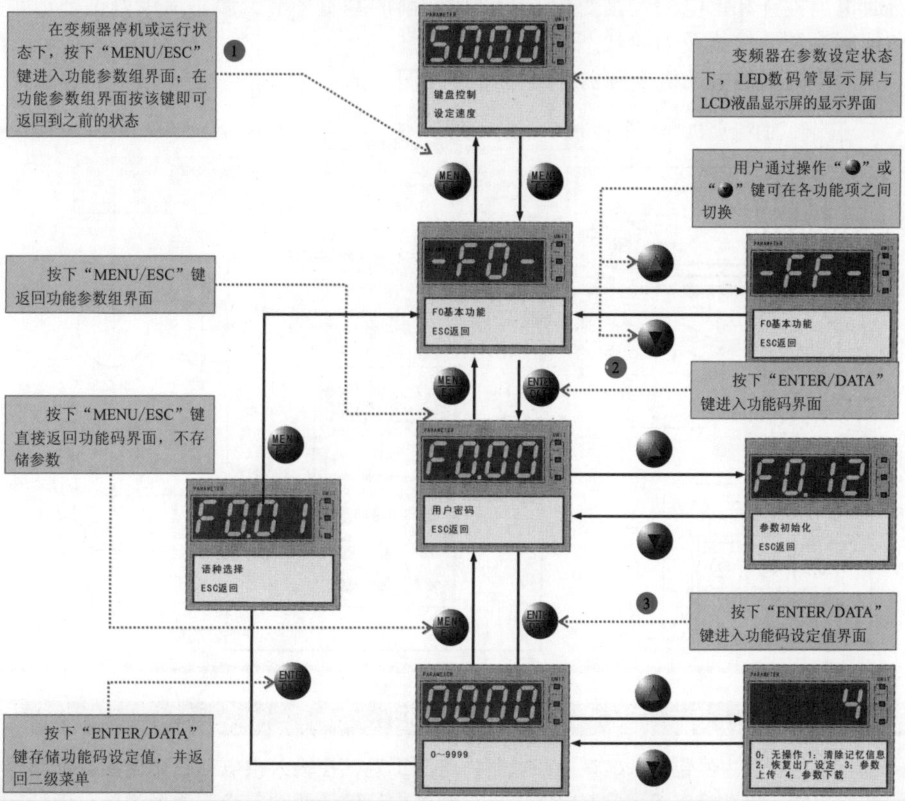
在变频器停机或运行状态下，按下“MENU/ESC”键进入功能参数组界面；在功能参数组界面按该键即可返回到之前的状态
变频器在参数设定状态下，LED数码管显示屏与LCD液晶显示屏的显示界面
键盘控制
设定速度
用户通过操作“●”或“●”键可在各功能项之间切换
按下“MENU/ESC”键返回功能参数组界面
F0基本功能
ESC返回
按下“ENTER/DATA”键进入功能码界面
按下“MENU/ESC”键直接返回功能码界面，不存储参数
用户密码
参数初始化
语种选择
按下“ENTER/DATA”键进入功能码设定值界面
按下“ENTER/DATA”键存储功能码设定值，并返回二级菜单
0~9999
0：无操作 1：清除记忆信息 2：恢复出厂设定 3：参数上传 4：参数下载

| 提示说明 |

在变频器停机或运行状态下，按动一下“MENU/ESC”，即会进入第一级菜单，用户可选择所需要的参数组（功能项）。

选定相应的参数组（功能项），再按“MENU/ESC”，便会进入第二级菜单，第二级菜单是第一级菜单的子选项菜单，主要提供针对 16 个功能项（第一级菜单）的功能码设定（如 F0. 00、F0. 01、…、F0. 12、F1. 00、F1. 01、…、F1. 16）。

设定好功能码后，再按“MENU/ESC”，便进入第三级菜单，第三级菜单是针对第二级菜单中功能码的参数设定项，这一级菜单又可看成是第二级菜单的子菜单。

由此，当使用操作面板设定变频器参数时，可在变频器停机或运行状态下，通过按“MENU/ESC”键进入相应的菜单级，选定相应的参数项和功能码后，进行功能参数设定。设定完成后，按“ENTER/DATA”存储键存储数据，或按“MENU/ESC”返回上一级菜单。

18.4 变频器的调试

变频器安装及接线完成后，必须对变频器进行细致的调试，确保变频器参数设置及其控制系统正确无误后才可投入使用。

下面以艾默生 TD3000 型变频器为操作样机介绍操作显示面板直接调试的方法。操作显示面板直接调试是指直接利用变频器上的操作显示面板，对变频器进行频率设定及控制指令输入等操作，达到调整变频器运行状态和测试的目的。

操作显示面板直接调试包括通电前检查和上电检查、设置电动机参数、设置变频器参数及空载试运行调试等几个环节。

18.4.1 变频器通电前检查和上电检查

变频器通电前检查和上电检查是变频器调试操作前的基本环节，属于简单调试环节，主要是检查变频器和控制系统的接线及初始状态。

图 18-23 为待调试的电动机变频器控制系统接线图。

图 18-23 待调试的电动机变频器控制系统接线图

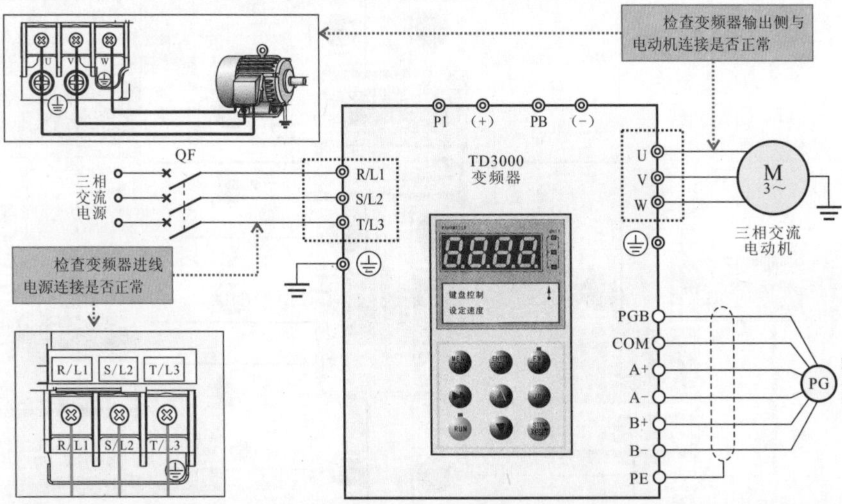
检查变频器输出侧与
电动机连接是否正常
U
V
W
P1
(+)
PB
(−)
QF
三相
交流
电源
R/L1
S/L2
T/L3
TD3000
变频器
M
3~
三相交流
电动机
检查变频器进线
电源连接是否正常
键盘控制
设定速度
RUN
PGB
COM
A+
A−
B+
B−
PE
PG
编码器

| 提示说明 |

变频器通电前的检查主要包括：确认电源供电的电压正确，在输入供电回路中连接好断路器；确认变频器接地、电源电缆、电动机电缆、控制电缆连接正确可靠；确认变频器冷却通风通畅；确认接线完成后变频器的盖子盖好；确定当前电动机处于空载状态（电动机与机械负载未连接）。

另外，在通电前的检查环节中，明确被控电动机性能参数也是调试前的重要准备工作，可根据被控电动机的铭牌识读参数信息。该参数信息是变频器参数设置过程中的重要参考依据。

闭合断路器，变频器通电，检查变频器是否有异常声响、冒烟、异味等情况；检查变频器操作显示面板有无故障报警信息，确认上电初始化状态正常。若有异常现象，应立即断开电源。

18.4.2 设置电动机参数

根据电动机铭牌参数信息在变频器中设置电动机的参数信息并自动调谐，如图 18-24 所示。

图 18-24 设置电动机参数信息并自动调谐

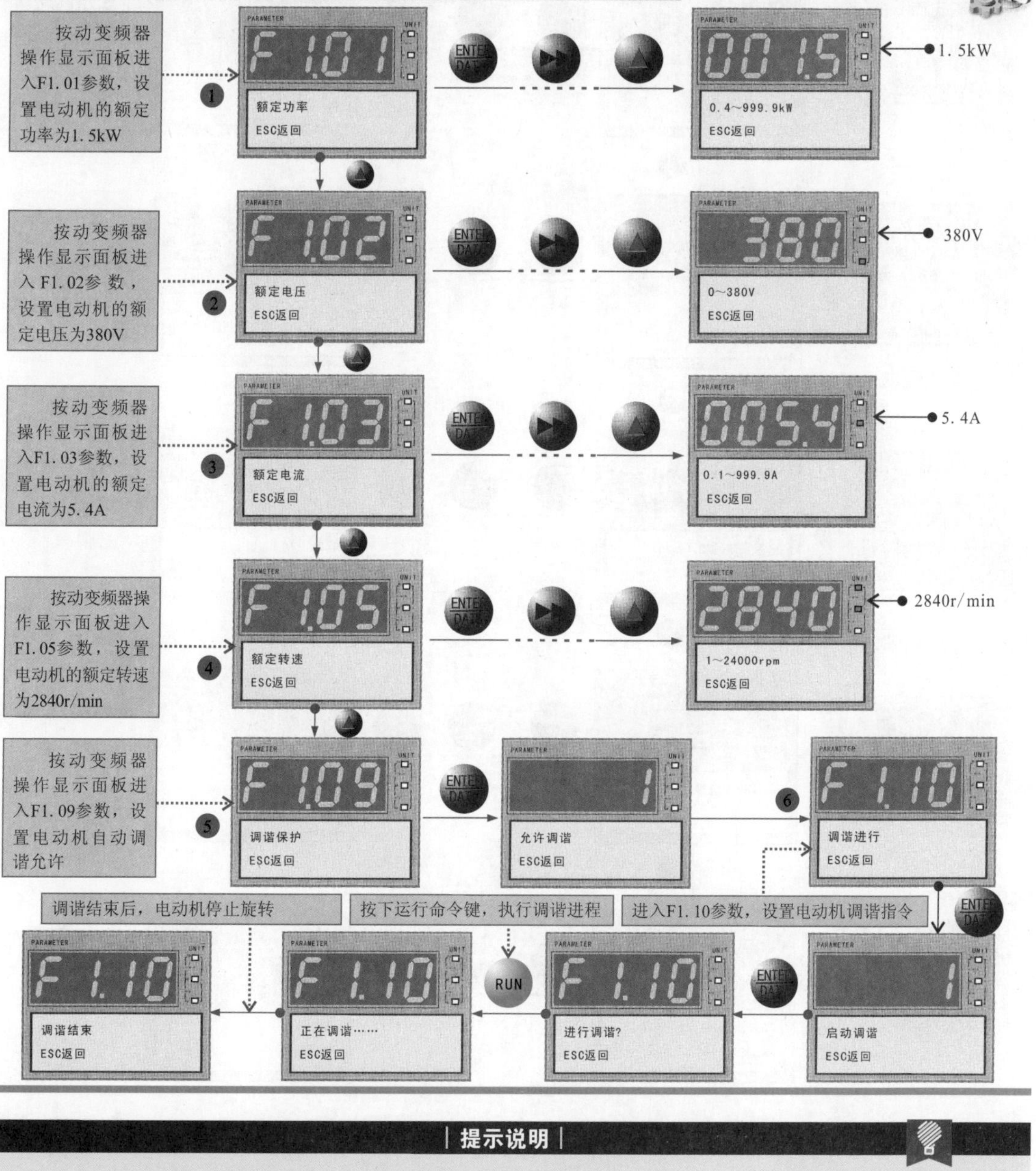
按动变频器操作显示面板进入F1.01参数，设置电动机的额定功率为1.5kW
F1.01
额定功率
ESC返回
0015
0.4~999.9kW
ESC返回
1.5kW
按动变频器操作显示面板进入F1.02参数，设置电动机的额定电压为380V
F1.02
额定电压
ESC返回
380
0~380V
ESC返回
380V
按动变频器操作显示面板进入F1.03参数，设置电动机的额定电流为5.4A
F1.03
额定电流
ESC返回
0054
0.1~999.9A
ESC返回
5.4A
按动变频器操作显示面板进入F1.05参数，设置电动机的额定转速为2840r/min
F1.05
额定转速
ESC返回
2840
1~24000rpm
ESC返回
2840r/min
按动变频器操作显示面板进入F1.09参数，设置电动机自动调谐允许
F1.09
调谐保护
ESC返回
允许调谐
ESC返回
F1.10
调谐进行
ESC返回
调谐结束后，电动机停止旋转
按下运行命令键，执行调谐进程
进入F1.10参数，设置电动机调谐指令
调谐结束
正在调谐……
进行调谐?
启动调谐
RUN

| 提示说明 |

电动机的自动调谐是变频器自动获得电动机准确性能参数的一种方法。在一般情况下，在采用变频器控制电动机的系统中，在设定变频器控制运行方式前，应准确输入电动机的铭牌参数信息，变频器可根据参数信息匹配标准的电动机参数。但如果要获得更好的控制性能，则在设置完电动机参数信息后，可起动变频器自动调谐电动机，获得被控电动机的准确参数。需要注意的是，在执行自动调谐前，必须确保电动机处于空载、停转状态。

18.4.3 设置变频器参数

正确设置变频器的运行控制参数，即在“F0”参数组下设定控制方式、频率设定方式、频率设定、运行选择等功能信息，如图 18-25 所示。

图 18-25　设置变频器的参数信息

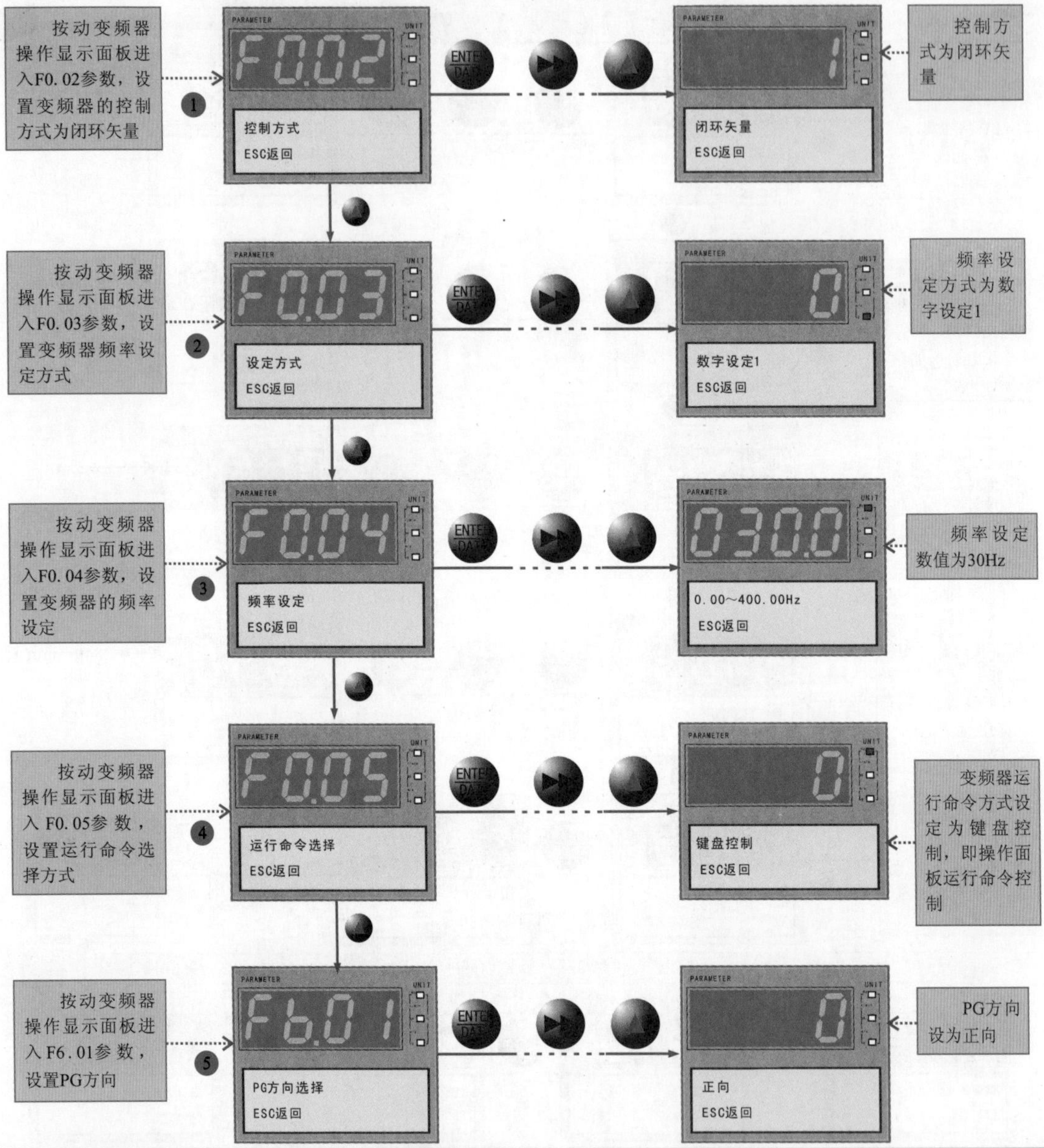
按动变频器操作显示面板进入F0.02参数，设置变频器的控制方式为闭环矢量
1
PARAMETER
UNIT
F0.02
控制方式
ESC返回
ENTER DATA
1
闭环矢量
ESC返回
控制方式为闭环矢量
按动变频器操作显示面板进入F0.03参数，设置变频器频率设定方式
2
F0.03
设定方式
ESC返回
0
数字设定1
ESC返回
频率设定方式为数字设定1
按动变频器操作显示面板进入F0.04参数，设置变频器的频率设定
3
F0.04
频率设定
ESC返回
030.0
0.00～400.00Hz
ESC返回
频率设定数值为30Hz
按动变频器操作显示面板进入F0.05参数，设置运行命令选择方式
4
F0.05
运行命令选择
ESC返回
0
键盘控制
ESC返回
变频器运行命令方式设定为键盘控制，即操作面板运行命令控制
按动变频器操作显示面板进入F6.01参数，设置PG方向
5
F6.01
PG方向选择
ESC返回
0
正向
ESC返回
PG方向设为正向

提示说明

变频器应根据实际需求设置极限参数、保护参数及保护方式等，如最大频率、上限频率、下限频率、电动机过载保护、变频器过载保护等，具体设置方法可参考变频器中各项功能参数组、功能码含义。

18.4.4　借助变频器的操作显示面板空载调试

参数设置完成后，在电动机空载状态下，借助变频器的操作显示面板进行直接调试操作，如图 18-26 所示。

| 提示说明 |

在图 18-26 所示的控制关系下还可通过变频器的操作显示面板进行点动控制调试，如图 18-27 所示。在调试过程中，上电检查、电动机参数设置均与上述相同，不同的是设置变频器参数，除了设置变频器的参数信息外，还需设置变频器辅助参数（F2）。

图 18-26　借助变频器的操作显示面板直接进行调试

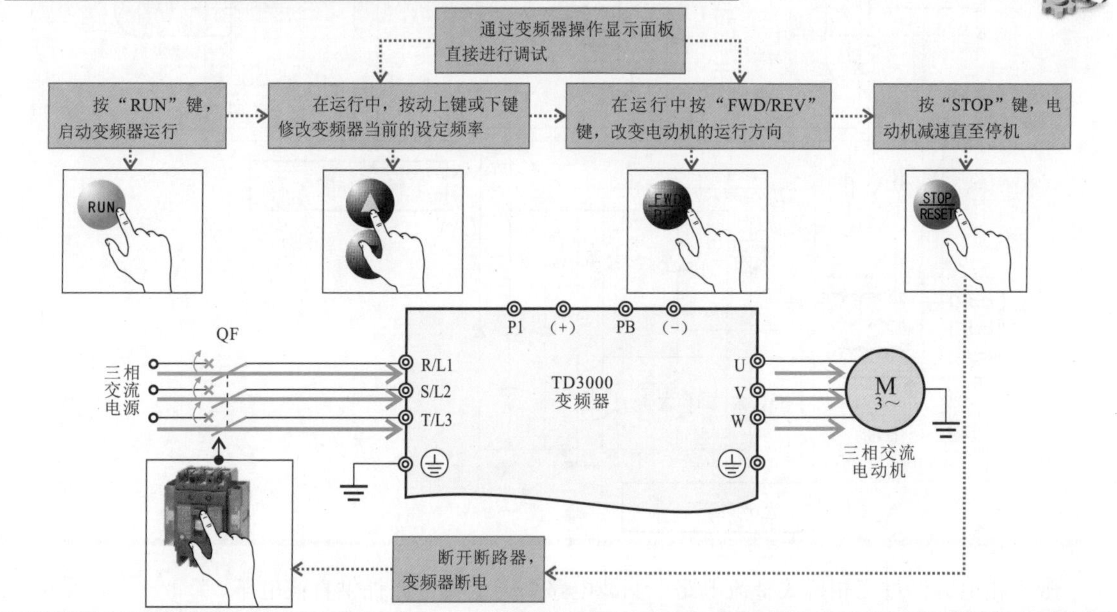

通过变频器操作显示面板直接进行调试
按“RUN”键，启动变频器运行
在运行中，按动上键或下键修改变频器当前的设定频率
在运行中按“FWD/REV”键，改变电动机的运行方向
按“STOP”键，电动机减速直至停机
RUN
FWD REV
STOP RESET
QF
三相交流电源
P1
(+)
PB
(−)
R/L1
S/L2
T/L3
TD3000 变频器
U
V
W
M 3~
三相交流电动机
断开断路器，变频器断电

图 18-27　借助变频器的操作显示面板进行点动调试

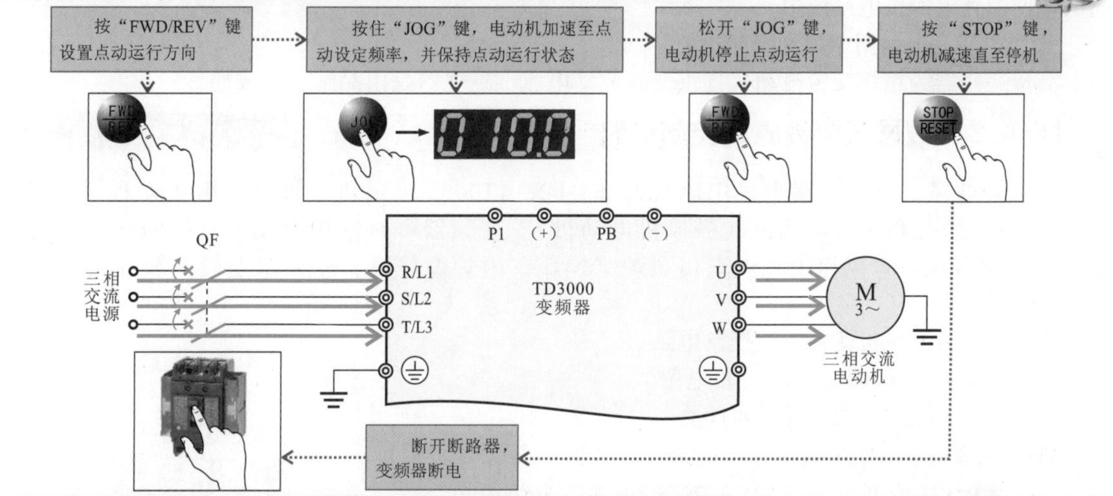

按“FWD/REV”键设置点动运行方向
按住“JOG”键，电动机加速至点动设定频率，并保持点动运行状态
松开“JOG”键，电动机停止点动运行
按“STOP”键，电动机减速直至停机
FWD REV
JOG
0 10.0
STOP RESET
QF
三相交流电源
P1
(+)
PB
(−)
R/L1
S/L2
T/L3
TD3000 变频器
U
V
W
M 3~
三相交流电动机
断开断路器，变频器断电

18.5 变频器控制综合应用电路

18.5.1 升降机变频驱动控制电路

图 18-28 为升降机变频驱动控制电路。

图 18-28　升降机变频驱动控制电路

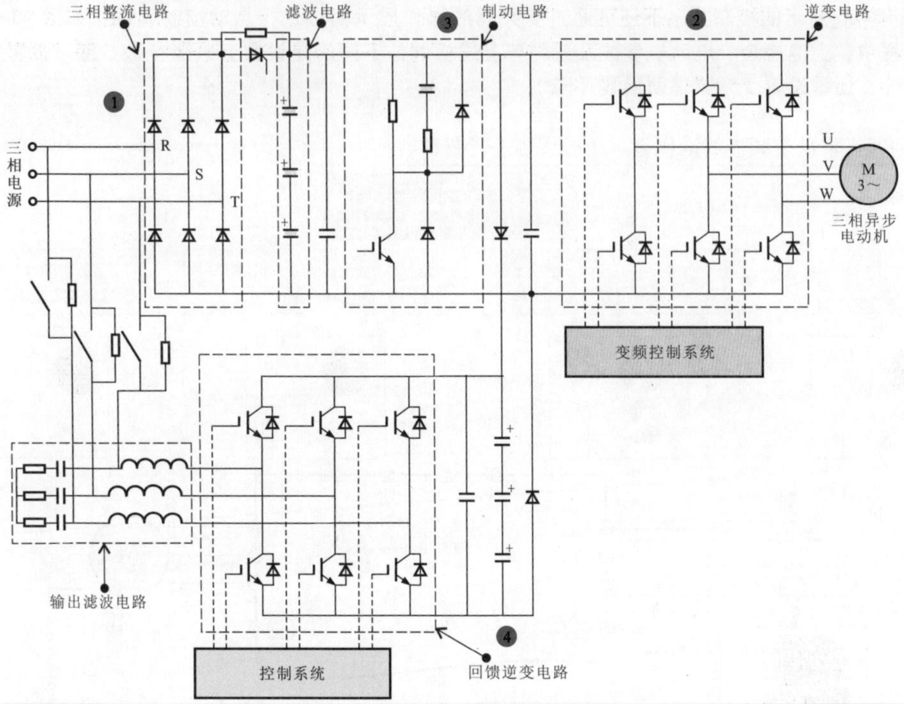
三相整流电路
滤波电路
制动电路
逆变电路
三相电源
R
S
T
U
V
W
M
3~
三相异步电动机
变频控制系统
输出滤波电路
控制系统
回馈逆变电路

❶三相电源经过三相桥式整流电路、滤波电路为逆变器电路提供直流电压。

❷逆变器电路在变频控制系统的作用下输出变频电流驱动电动机旋转。

❸制动电路用于吸收制动过程中电动机产生的电能，回馈逆变器电路用于将制动时电动机产生的电能回馈到电源供电系统中。

❹回馈逆变电路用于检测变频电路。

高压逆变器为三相交流电动机提供变频驱动电流。逆变器是由晶闸管构成的。

18.5.2　鼓风机变频驱动控制电路

燃煤炉鼓风机变频电路中采用康沃 CVF—P2—4T0055 型风机、水泵专用变频器，控制对象为 5.5kW 的三相交流电动机（鼓风机电动机）。变频器可对三相交流电动机的转速进行控制，从而调节风量。风速大小要求由司炉工操作，因炉温较高，故要求变频器放在较远处的配电柜内。

图 18-29 为鼓风机变频驱动控制电路。

❶合上总断路器 QF，接通三相电源。

❷按下起动按钮 SB2，其触点闭合。

❸交流接触器 KM 线圈得电

3-1 KM 常开主触点 KM-1 闭合，接通变频器电源。

3-2 KM 常开触点 KM-2 闭合自锁。

3-3 KM 常开触点 KM-3 闭合，为 KA 得电做好准备。

3-2 →❹变频器通电指示灯点亮。

❺按下运行按钮 SF，其常开触点闭合。

3-3 +❺→❻中间继电器 KA 线圈得电。

6-1 KA 常开触点 KA-1 闭合，向变频器送入正转运行指令。

6-2 KA 常开触点 KA-2 闭合，锁定系统停机按钮 SB1。

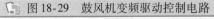

图 18-29 鼓风机变频驱动控制电路

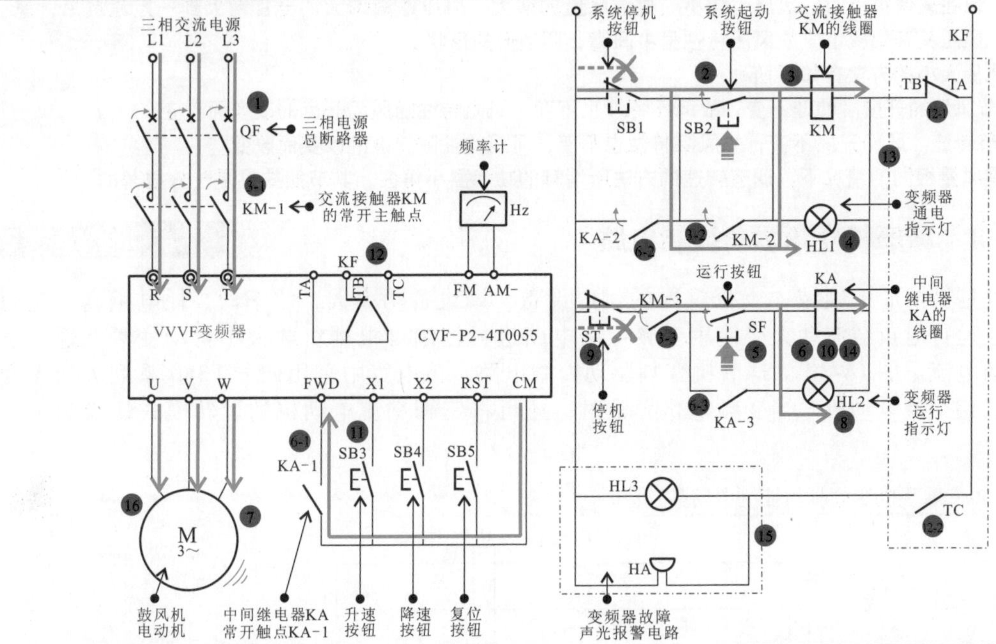
三相交流电源
L1 L2 L3
QF
三相电源总断路器
KM-1
交流接触器KM的常开主触点
频率计
Hz
KF
TA TB TC
FM AM-
R S T
VVVF变频器
CVF-P2-4T0055
U V W
FWD X1 X2 RST CM
KA-1
SB3 SB4 SB5
M
3~
鼓风机电动机
中间继电器KA常开触点KA-1
升速按钮
降速按钮
复位按钮
系统停机按钮
系统起动按钮
交流接触器KM的线圈
SB1
SB2
KM
KA-2
KM-2
HL1
变频器通电指示灯
运行按钮
KM-3
KA
ST
SF
中间继电器KA的线圈
停机按钮
KA-3
HL2
变频器运行指示灯
HL3
HA
TC
变频器故障声光报警电路

6-3 KA 常开触点 KA-3 闭合自锁。

6-1→7 变频器起动工作，向鼓风机电动机输出变频驱动电源，电动机开机正向起动，并在设定频率下正向运转。

3-3 + 5→8 变频器运行指示灯点亮。

9 当需要停机时，首先按下停止按钮 ST。

10 中间继电器 KA 线圈失电释放，其所有触点均复位：常开触点 KA-1 复位断开，变频器正转运行端 FED 指令消失，变频器停止输出；常开触点 KA-2 复位断开，解除对停机按钮 SB1 的锁定；常开触点 KA-3 复位断开，解除对运行按钮 SF 的锁定。

11 当需要调整鼓风机电动机转速时，可通过操作升速按钮 SB3、降速按钮 SB4 向变频器送入调速指令，由变频器控制鼓风机电动机转速。

12 当变频器或控制电路出现故障时，其内部故障输出端子 TA-TB 断开，TA-TC 闭合。

12-1 TA-TB 触点断开，切断起动控制电路供电。

12-2 TA-TC 触点闭合，声光报警电路接通电源。

12-1 →13 交流接触器 KM 线圈失电；变频器通电指示灯熄灭。

12-1 →14 中间继电器 KA 线圈失电；变频器运行指示灯熄灭。

12-2 →15 报警指示灯 HL3 点亮、报警器 HA 发出报警声，进行声光报警。

16 变频器停止工作，鼓风机电动机停转，等待检修。

提　示

在鼓风机变频电路中，交流接触器 KM 和中间继电器 KA 之间具有联锁关系。例如，当交流接触器 KM 未得电之前，由于其常开触点 KM-3 串联在 KA 电路中，KA 无法通电。

当中间继电器 KA 得电工作后，由于其常开触点 KA-2 并联在停机按钮 SB1 两端，使其不起作用，因此，在 KA-2 闭合状态下，交流接触器 KM 也不能断电。

资　料

鼓风机是一种压缩和输送气体的机械。风压和风量是风机运行过程中的两个重要参数。其中风压（P_F）是管路中单位面积上风的压力；风量（G_F）即空气的流量，指单位时间内排出气体的总量。

在转速不变的情况下，风压 P_F 和风量 Q_F 之间的关系曲线称为风压特性曲线，风压特性与水泵的扬程特性相当，但在风量很小时，风压也较小。随着风量的增大，风压逐渐增大，当其增大到一定程度后，风量再增大，风压又开始减小。故风压特性呈中间高、两边低的形状。

调节风量大小的方法有如下两种：

◇ 调节风门的开度。转速不变，故风压特性也不变，风阻特性随风门开度的改变而改变。

◇ 调节转速。风门开度不变，故风阻特性也不变，风压特性随转速的改变而改变。

在所需风量相同的情况下，调节转速的方法所消耗的功率要小得多，其节能效果是十分显著的。

18.5.3 球磨机变频驱动控制电路

球磨机是机械加工领域中十分重要的生产设备，该设备功率大、效率低、耗电量高、起动时负载大且运行时负载波动大，使用变频控制电路进行控制可根据负载大小自动变频调速，还可降低起动电流。图 18-30 为球磨机变频驱动控制电路。该电路中采用四方 E380 系列大功率变频器控制三相交流电动机。当变频电路异常时，还可将三相交流电动机的运转模式切换为工频运转模式。

图 18-30 球磨机变频驱动控制电路

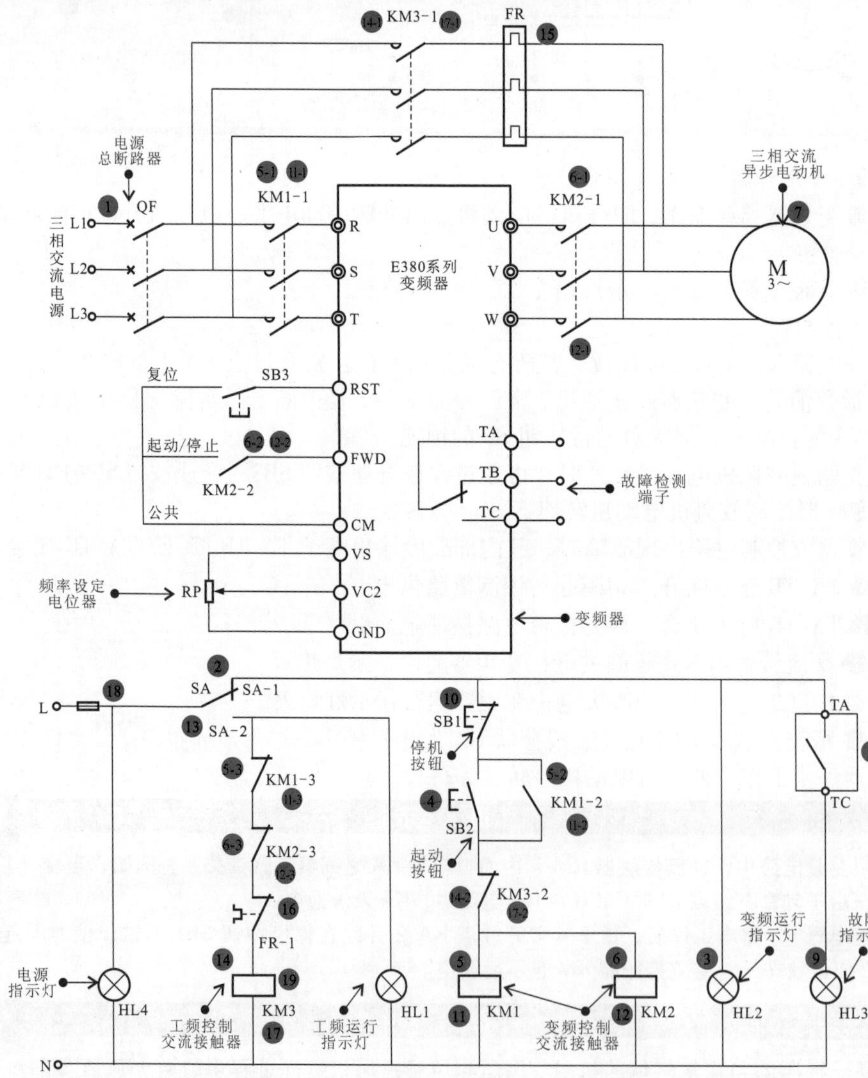

KM3-1
FR
电源
总断路器
QF
三相交流电源
L1
L2
L3
KM1-1
R
S
T
E380系列
变频器
U
V
W
KM2-1
三相交流
异步电动机
M
3~
复位
SB3
RST
起动/停止
FWD
KM2-2
公共
CM
VS
频率设定
电位器
RP
VC2
GND
TA
TB
TC
故障检测
端子
变频器
L
SA
SA-1
SA-2
KM1-3
KM2-3
FR-1
SB1
停机
按钮
SB2
起动
按钮
KM1-2
KM3-2
电源
指示灯
HL4
工频控制
交流接触器
KM3
工频运行
指示灯
HL1
KM1
变频控制
交流接触器
KM2
变频运行
指示灯
HL2
故障
指示灯
HL3
N

❶合上总断路器 QF，接通三相电源，电源指示灯 HL4 点亮。

❷将转换开关 SA 拨至变频运行位置，SA-1 闭合。

❸变频运行指示灯 HL2 点亮。

❹按下起动按钮 SB2。

❹→❺交流接触器 KM1 线圈得电。

5-1 常开主触点 KM1-1 闭合，变频器的主电路输入端 R、S、T 得电。

5-2 常开辅助触点 KM1-2 闭合自锁。

5-3 常闭辅助触点 KM1-3 断开，防止交流接触器 KM3 线圈得电，起联锁保护作用。

❹→❻交流接触器 KM2 线圈同时得电。

6-1 常开主触点 KM2-1 闭合，为三相交流电动机的变频起动做好准备。

6-2 常开辅助触点 KM2-2 闭合，变频器 FWD 端子与 CM 端子短接，变频器接收到起动指令（正转）。

6-3 常闭辅助触点 KM2-3 断开，防止交流接触器 KM3 线圈得电，起联锁保护作用。

5-1 + 6-1 + 6-2 →❼变频器内部主电路开始工作，U、V、W 端输出变频电源，经 KM2-1 后加到三相交流电动机的三相绕组上，三相交流电动机开始起动，起动完成后达到指定的速度运转。变频器按给定的频率驱动电动机，如需要微调频率可调整电位器 RP。

❽当球磨机变频控制线路出现过载、过电流、过热等故障时，变频器故障输出端子 TA 和 TC 短接。

❾故障指示灯 HL3 点亮，指示球磨机变频控制线路出现故障。

❿当需要停机时，按下停止按钮 SB1。

❿→⓫交流接触器 KM1 线圈失电。

11-1 常开主触点 KM1-1 复位断开，切断变频器的主电路输入端 R、S、T 的供电，变频器内部主电路停止工作，三相交流电动机失电停转。

11-2 常开辅助触点 KM1-2 复位断开，解除自锁。

11-3 常闭辅助触点 KM1-3 复位闭合，解除对交流接触器 KM3 线圈的联锁保护。

❿→⓬交流接触器 KM2 线圈失电。

12-1 常开主触点 KM2-1 复位断开，切断三相交流电动机的变频供电电路。

12-2 常开辅助触点 KM2-2 复位断开，变频器 FWD 端子与 CM 端子断开，切断起动指令的输入，变频器内部控制电路停止工作。

11-3 常闭辅助触点 KM2-3 复位闭合，解除对交流接触器 KM3 线圈的联锁保护。

⓭当三相交流电动机不需要调速时，可直接将三相交流电动机的运转模式切换至工频运转。即将转换开关 SA 拨至工频运行位置，SA-2 闭合。

⓮交流接触器 KM3 线圈得电。

14-1 常开主触点 KM3-1 闭合，三相交流电动机接通电源，工频起动运转。

14-2 常闭辅助触点 KM3-2 断开，防止交流接触器 KM1、KM2 线圈得电，起联锁保护作用。

⓯在工频运行过程中，当热继电器检测到三相交流电动机出现过载、断相、电流不平衡以及过热故障时，热继电器 FR 动作。

⓰常闭触点 FR-1 断开。

⓱交流接触器 KM3 线圈失电。

17-1 常开主触点 KM3-1 复位断开，切断电动机供电电源，电动机停止运转。

17-2 常闭辅助触点 KM3-2 复位闭合，解除对交流接触器 KM1、KM2 线圈的联锁保护。

⓲当需要电动机工频运行停止时，将转换开关 SA 拨至变频运行位置，SA-1 闭合，SA-2 断开。

⓳交流接触器 KM3 线圈失电，常开触点 KM3-1 复位断开，常闭触点 KM3-2 复位闭合，三相交流电动机停止运转。

18.5.4 离心机变频驱动控制电路

离心机是利用物体做圆周运动时所产生的离心力分离液体与固体、液体与液体混合物的机械，在工作过程中需要对其速度进行调节，来完成不同的工艺过程。用变频调速可避免手动调速的不安全性和随机性，也可提高系统运行的平稳性、可靠性。

图 18-31 为采用西门子 MM440 型变频器的离心机变频驱动控制电路。

❶合上总断路器 QF，接通三相电源。

❷按下起动按钮 SB2。

❸交流接触器 KM 线圈得电。

3-1 常开主触点 KM-1 闭合，变频器的主电路输入端 R、S、T 得电。

3-2 常开辅助触点 KM-2 闭合，实现自锁功能。

3-3 常开辅助触点 KM-3 闭合，为中间继电器 KA1 线圈得电做好准备。

❹按下起动按钮 SB4。

❺中间继电器 KA1 线圈得电。

5-1 常开触点 KA1-1 闭合，实现自锁功能。

5-2 常开触点 KA1-2 闭合，变频器 Din5 端子与 +24V（9）端子短接，变频器接收到起动指令。

❻变频器内部控制电路开始工作，变频器 RL2-B（21）端子与 RL2-C（22）端子短接，中间继电器 KA3 线圈得电。

6-1 常开触点 KA3-1 闭合。

6-2 常开触点 KA3-2 闭合，运行指示灯 HL1 点亮。

6-1 →❼时间继电器 KT1 线圈得电，时间继电器 KT1 的常开触点 KT1-1 闭合。

❽变频器 Din1（5）端子与 +24V（9）端子短接，变频器接收到低速运转指令。

❾变频器内部主电路开始工作，U、V、W 端输出变频电源，加到电动机的三相绕组上，电源频率按预置的升速时间上升至频率给定电位器设定的数值，电动机按照给定的频率低速运转。

❼→❿当到达时间继电器 KT1 的延时时间后，延时闭合的常开触点 KT1-2 闭合。

⓫时间继电器 KT2 线圈得电。

11-1 普通常开触点 KT2-2 闭合，实现自锁功能。

11-2 延时闭合的常闭触点 KT2-3 立即断开。

11-3 普通常开触点 KT2-1 闭合，变频器 Din2（6）端子与 +24V（9）端子短接，变频器接收到中速运转指令。

11-4 延时闭合的常开触点 KT2-4 进入延时状态。

11-2 →⓬时间继电器 KT1 线圈失电。

12-1 普通常开触点 KT1-1 复位断开，变频器 Din1（5）端子与 +24V（9）端子断开，禁止变频器低速运转指令的输入。

12-2 延时闭合的常开触点 KT1-2 复位断开。

⓭变频器内部主电路 U、V、W 端输出变频电源，加到三相交流电动机的三相绕组上。

⓮电源频率按预置的升速时间上升至频率给定电位器设定的数值，三相交流电动机按照给定的频率中速运转。

11-4 →⓯当到达时间继电器 KT2 的延时时间后，延时闭合的常开触点 KT2-4 闭合。

⓰时间继电器 KT3 线圈得电。

16-1 常开触点 KT3-2 闭合，实现自锁功能。

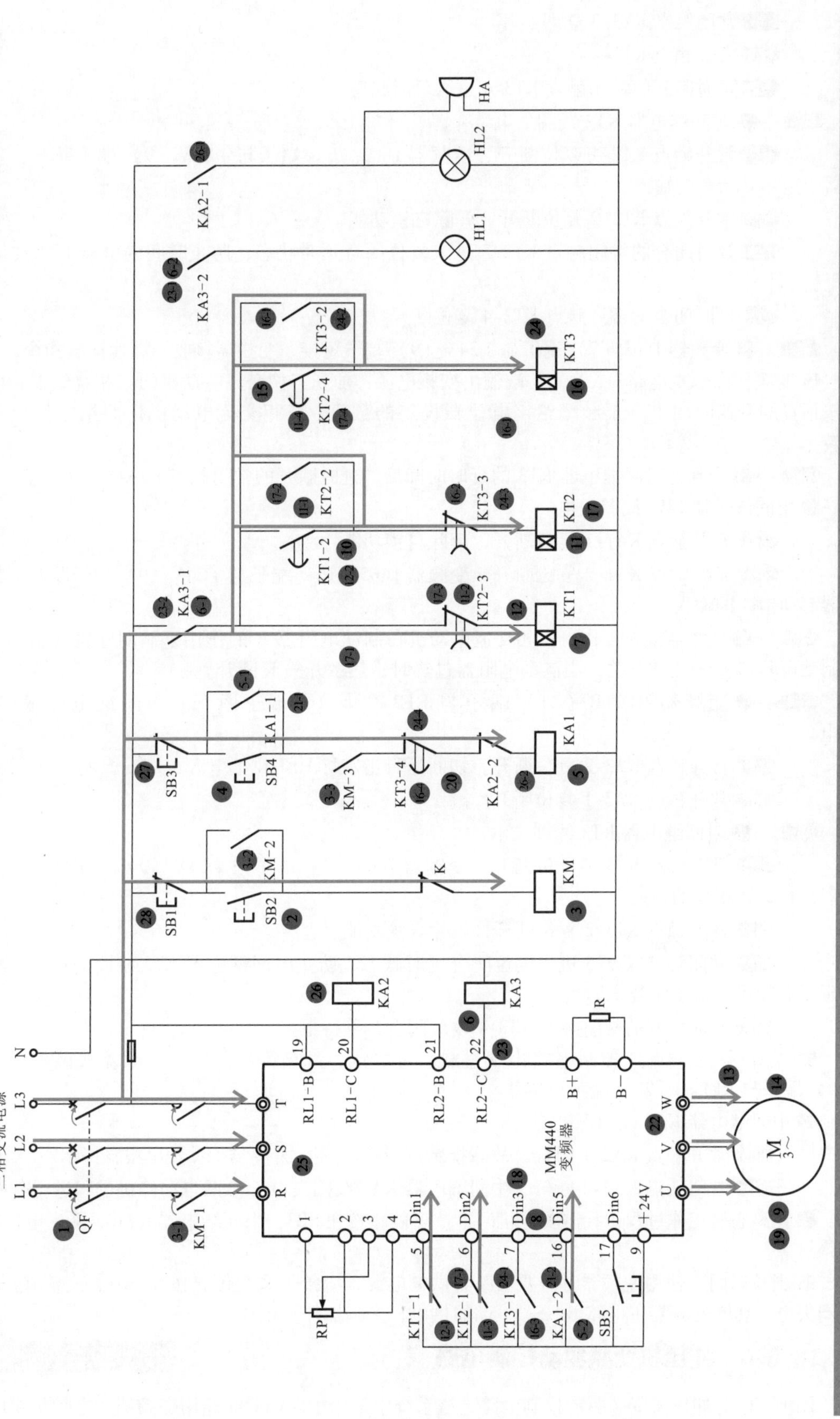

三相交流电源
L1
L2
L3
N
QF
KM-1
R
S
T
MM440
变频器
RL1-B
RL1-C
RL2-B
RL2-C
B+
B-
R
U
V
W
M
3~
RP
Din1
Din2
Din3
Din5
Din6
+24V
KT1-1
KT2-1
KT3-1
KA1-2
SB5
KA2
KA3
SB1
SB2
KM-2
KM
K
SB3
SB4
KA1-1
KM-3
KT3-4
KA2-2
KA1
KA3-1
KT2-3
KT1
KT1-2
KT3-3
KT2-2
KT2
KT2-4
KT3-2
KT3
KA3-2
HL1
KA2-1
HL2
HA

图 18-31 采用西门子 MM440 型变频器的离心机变频驱动控制电路

16-2 常闭触点 KT3-3 立即断开。

16-3 常开触点 KT3-1 闭合

16-4 延时断开的常闭触点 KT3-4 进入延时状态。

16-2 →⑰ 时间继电器 KT2 线圈失电。

17-1 常开触点 KT2-1 复位断开，变频器 Din2（6）端子与 +24V（9）端子断开，禁止变频器中速运转指令的输入。

17-2 常开触点 KT2-2 复位断开，解除自锁功能。

17-3 延时闭合的常闭触点 KT2-3 进入复位闭合延时状态，防止时间继电器 KT1 线圈立即得电。

17-4 延时闭合的常开触点 KT2-4 复位断开。

16-3 →⑱ 变频器 Din3（7）端子与 +24V（9）端子短接，变频器接收到高速运转指令。

⑲ 变频器内部主电路 U、V、W 端输出变频电源，加到三相交流电动机的三相绕组上，电源频率按预置的升速时间上升至频率给定电位器设定的数值，三相交流电动机按照给定的频率高速运转。

16-4 →⑳ 当到达时间继电器 KT3 的延时时间后，延时断开的常闭触点 KT3-4 断开。

㉑ 中间继电器 KA1 线圈失电。

21-1 常开触点 KA1-1 复位断开，解除自锁功能。

21-2 常开触点 KA1-2 复位断开，变频器 Din5（16）端子与 +24V（9）端子断开，禁止变频器起动指令的输入。

21-2 →㉒ 变频器停止工作，三相交流电动机在制动电阻器 R 的作用下制动停机（常闭触点 K 为制动电阻器 R 的热敏开关，当制动电阻器过热时，热敏开关 K 断开）。

21-2 →㉓ 变频器 RL2-B（21）端子与 RL2-C（22）端子断开，中间继电器 KA3 线圈失电。

23-1 常开触点 KA3-2 复位断开，切断运行指示灯 HL1 供电电源，HL1 熄灭。

23-2 常开触点 KA3-1 复位断开。

23-2 →㉔ 时间继电器 KT3 线圈失电。

24-1 常开触点 KT3-1 复位断开，变频器 Din3（7）端子与 +24V（9）端子断开，禁止变频器高速运转指令的输入。

24-2 常开触点 KT3-2 复位断开，解除自锁功能。

24-3 常闭触点 KT3-3 进入复位闭合延时状态，防止时间继电器 KT2 线圈立即得电。当到达延时时间后，自动闭合。

24-4 延时断开的常闭触点 KT3-4 复位闭合，等待下一次的起动运行。

㉕ 当离心机变频调速控制电路出现过载、过电流、过热等故障时，变频器故障输出 RL1-B（19）端子与 RL1-C（20）端子短接。

㉖ 中间继电器 KA2 线圈得电。

26-1 常开触点 KA2-1 闭合，故障指示灯 HL2 点亮，蜂鸣器 HA 发出报警提示声。

26-2 常闭触点 KA2-2 断开，中间继电器 KA1 线圈失电（参照自动停机过程进行分析）。

㉗ 在离心机工作过程中，需要停机时，按下停止按钮 SB3，中间继电器 KA1 线圈失电，即可实现停机。

㉘ 当长时间不使用变频器时需要切断其供电电源，应按下系统停止按钮 SB1，交流接触器 KM 线圈失电，切断变频器主电路 R、S、T 端的供电，变频器停止工作。

18.5.5 冲压机变频驱动控制电路

图 18-32 为冲压机变频驱动控制电路，该系统中采用了 VVVF05 通用变频器为电动机供电。

图 18-32　冲压机变频驱动控制电路

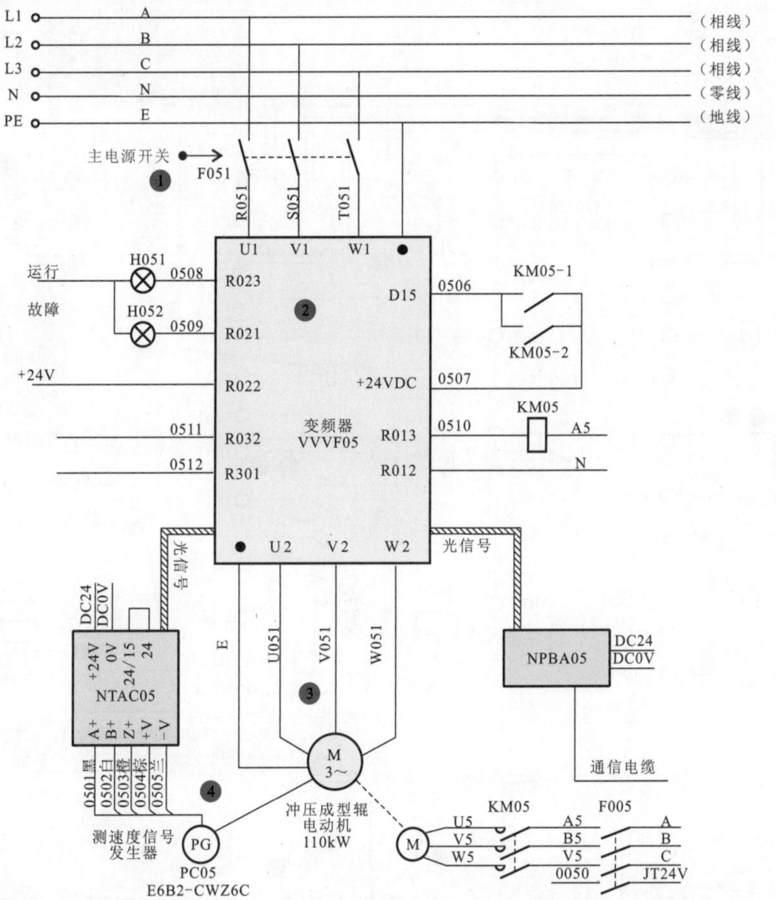
L1
L2
L3
N
PE
A
B
C
N
E
（相线）
（相线）
（相线）
（零线）
（地线）
主电源开关
F051
R051
S051
T051
U1
V1
W1
运行
故障
H051
H052
0508
0509
R023
R021
+24V
R022
0511
R032
0512
R301
D15
0506
KM05-1
KM05-2
+24VDC
0507
KM05
0510
R013
A5
R012
N
变频器
VVVF05
光信号
U2
V2
W2
光信号
DC24
DC0V
+24V
0V
24/15
24
NTAC05
A+
B+
Z+
+V
−V
E
U051
V051
W051
NPBA05
DC24
DC0V
通信电缆
M
3～
冲压成型辊
电动机
110kW
0501
0502
0503
0504
0505
测速度信号
发生器
PG
PC05
E6B2-CWZ6C
M
U5
V5
W5
KM05
F005
A5
B5
V5
0050
A
B
C
JT24V

❶三相交流电源经主电源开关 F051 为变频器供电，将三相电源加到变频器的 U1、V1、W1 端。

❷经变频器转换控制后，变成频率可变的驱动电流。

❸由变频器的 U2、V2、W2 端输出加到电动机的三相绕组上。

❹测速信号发生器 PG 为变频器提供速度检测信号。

18.5.6　拉线机变频驱动控制电路

拉线机属于工业线缆行业的一种常用设备，该设备对收线速度的稳定性要求比较高，使用变频控制电路可很好地控制前后级的线速度同步，可有效保证出线线径的质量。同时，主传动变频器可有效控制主传动电动机的加减速时间，实现平稳加减速，不仅能避免起动时的负载波动，实现节能效果，还可保证系统的可靠性和稳定性。图 18-33 为拉线机变频驱动控制电路。

❶合上总断路器 QF，接通三相电源。

❷电源指示灯 HL1 点亮。

❸按下起动按钮 SB1。

❹交流接触器 KM2 线圈得电。

❺变频运行指示灯 HL3 点亮。

　5-1 常开触点 KM2-1 闭合自锁。

　5-2 常开触点 KM2-2 闭合，主传动用变频器执行起动指令。

　5-3 常开触点 KM2-3 闭合，收卷用变频器执行起动指令。

图 18-33 拉线机变频驱动控制电路

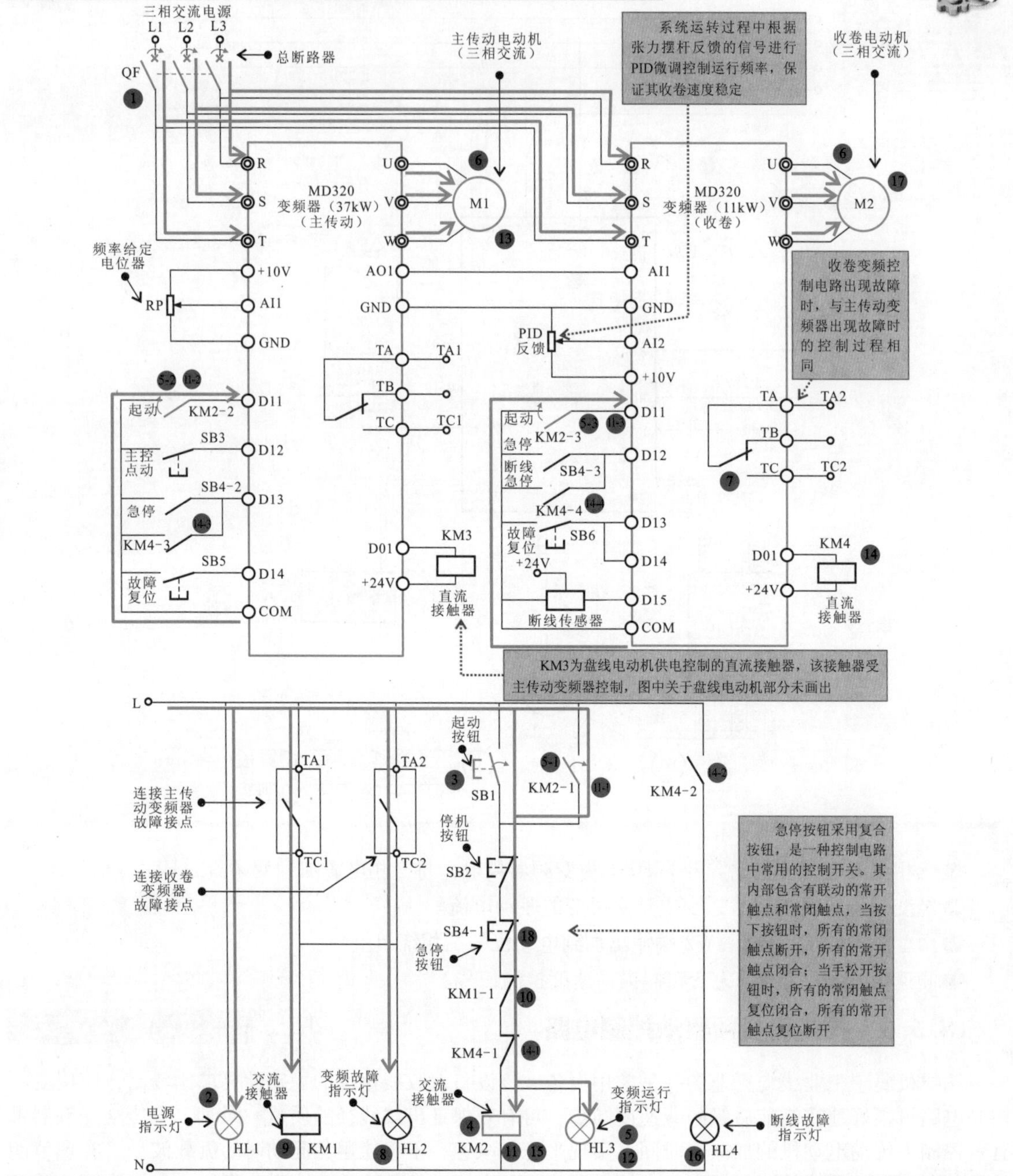

三相交流电源
L1 L2 L3
总断路器
QF
主传动电动机
（三相交流）
系统运转过程中根据张力摆杆反馈的信号进行PID微调控制运行频率，保证其收卷速度稳定
收卷电动机
（三相交流）
MD320
变频器（37kW）
（主传动）
M1
MD320
变频器（11kW）
（收卷）
M2
频率给定
电位器
RP
+10V
AI1
GND
AO1
AI2
PID
反馈
收卷变频控制电路出现故障时，与主传动变频器出现故障时的控制过程相同
TA TA1
TB
TC TC1
TA TA2
TC TC2
起动 KM2-2
SB3
主控
点动
SB4-2
急停
KM4-3
SB5
故障
复位
COM
D01
KM3
+24V
直流
接触器
KM2-3
断线
急停
SB4-3
KM4-4
SB6
断线传感器
KM4
KM3为盘线电动机供电控制的直流接触器，该接触器受主传动变频器控制，图中关于盘线电动机部分未画出
L
N
起动
按钮
SB1
KM2-1
KM4-2
连接主传
动变频器
故障接点
连接收卷
变频器
故障接点
停机
按钮
SB2
SB4-1
急停
按钮
KM1-1
KM4-1
急停按钮采用复合按钮，是一种控制电路中常用的控制开关。其内部包含有联动的常开触点和常闭触点，当按下按钮时，所有的常闭触点断开，所有的常开触点闭合；当手松开按钮时，所有的常闭触点复位闭合，所有的常开触点复位断开
电源
指示灯
HL1
交流
接触器
KM1
变频故障
指示灯
HL2
交流
接触器
KM2
变频运行
指示灯
HL3
断线故障
指示灯
HL4

❻主传动和收卷用变频器内部主电路开始工作，U、V、W 端输出变频电源，电源频率按预置的升速时间上升至与频率给定电位器设定的数值，主传动电动机 M1 和收卷电动机按 M2 照给定的频率正向运转。

❼若主传动变频控制电路出现过载、过电流等故障，主传动变频器故障输出端子 TA 和 TC 短接。

❼→❽故障指示灯 HL2 点亮。

❼→❾交流接触器 KM1 的线圈得电。

❿常闭触点 KM1-1 断开。

❿→⓫交流接触器 KM2 线圈失电。

11-1 常开触点 KM2-1 复位断开解除自锁。

11-2 常开触点 KM2-2 复位断开，切断主传动用变频器起动指令输入。

11-3 常开触点 KM2-3 复位断开，切断收卷用变频器启动指令输入。

10 → 12 变频运行指示灯 HL3 熄灭。

11-2 + 11-3 → 13 主传动和收卷用变频器内部电路退出运行，主传动电动机和收卷电动机失电而停止工作，由此实现自动保护功能。

当系统运行过程中出现断线，收卷电动机驱动变频器外接断线传感器将检测到的断线信号送至变频器中。

14 变频器 DO1 端子输出控制指令，直流接触器 KM4 的线圈得电。

14-1 常闭触点 KM4-1 断开。

14-2 常开触点 KM4-2 闭合。

14-3 常开触点 KM4-3 闭合，为主传动用变频器提供紧急停机指令。

14-4 常开触点 KM4-4 闭合，为收卷用变频器提供紧急停机指令。

14-1 → 15 交流接触器 KM2 线圈失电，触点全部复位，切断变频器起动指令输入。

14-2 → 16 断线故障指示灯 HL4 点亮。

14-3 + 14-4 → 17 主传动和收卷用变频器执行急停车指令，主传动电动机和收卷电动机停转。

18 该变频控制电路还可通过按下急停按钮 SB4 实现紧急停机。常闭触点 SB4-1 断开，交流接触器 KM2 失电，触点全部复位断开，切断主传动变频器和收卷变频器启动指令的输入。同时，常开触点 SB4-2、SB4-3 闭合，分别为两只变频器送入急停机指令，控制主传动及收卷电动机紧急停机。

工作人员完成接线处理后，可分别按动复位按钮 SB5、SB6，变频器即可复位恢复正常工作。

18.5.7 传送带变频驱动控制电路

图 18-34 是传送带变频驱动控制电路。该系统采用变频器进行调速，继电器、开关按钮作为外围器件进行操作和控制。为了提高自动化控制程度，在系统中加入 PLC 程序控制器，如图 18-35 所示。

将 VVVF 变频器、PLC 控制器加入控制系统中，由三相交流电源为变频器供电，在变频器中经整流滤波电路、变频控制电路和功率输出电路（逆变器电路）后，由 U、V、W 端输出变频驱动信号，并加到进料电动机的三相绕组上。

图 18-34 传送带变频器控制电路

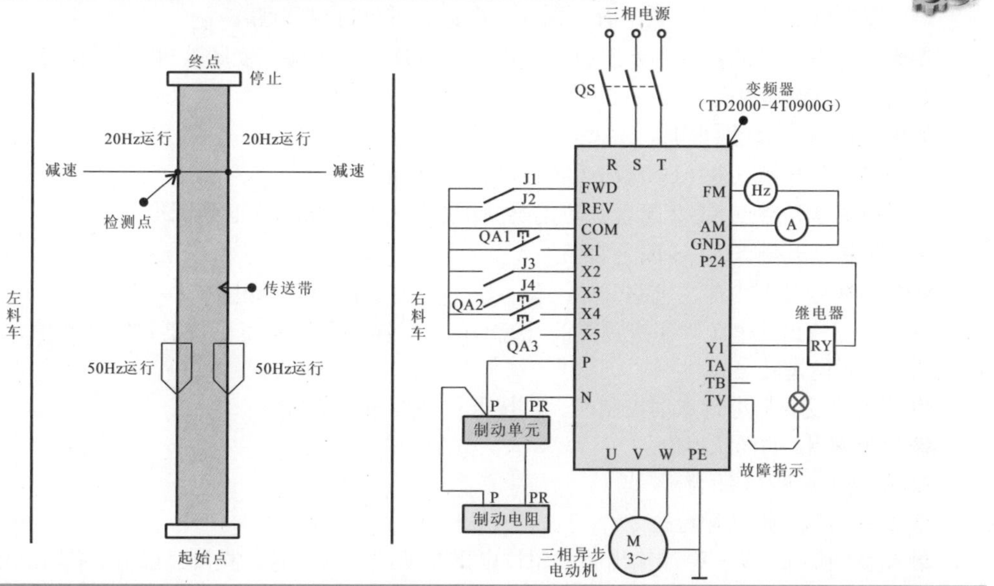
终点
停止
20Hz运行
20Hz运行
减速
减速
检测点
传送带
左料车
右料车
50Hz运行
50Hz运行
起始点
三相电源
QS
变频器
(TD2000-4T0900G)
R S T
J1
J2
FWD
REV
COM
X1
X2
X3
X4
X5
QA1
J3
J4
QA2
QA3
P
N
FM
Hz
AM
A
GND
P24
继电器
Y1
RY
TA
TB
TV
故障指示
P PR
制动单元
P PR
制动电阻
U V W PE
M 3~
三相异步电动机

图 18-35 传送带 PLC 及变频器控制电路

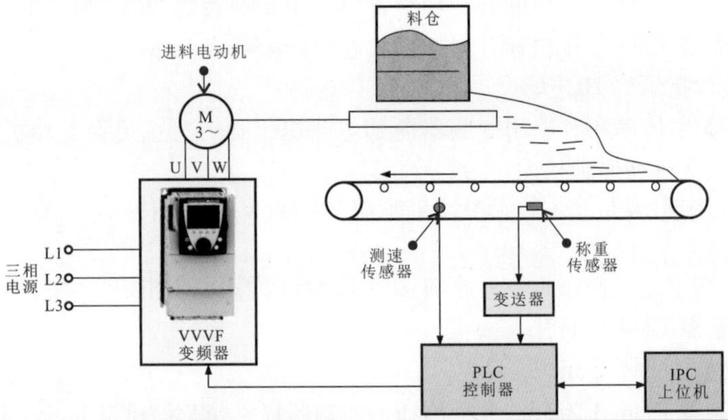
料仓
进料电动机
M
3~
U V W
L1
L2
L3
三相
电源
VVVF
变频器
测速
传感器
称重
传感器
变送器
PLC
控制器
IPC
上位机

变频器内的微处理器根据 PLC 的指令或外部设定开关，为变频器提供变频器控制信号，电动机起动后，传输带的转速信号经速度检测电路检测后，为 PLC 提供速度反馈信号，作为 PLC 的参考信号。经处理后由 PLC 为变频器提供实时控制信号。

18.5.8 物料传输机变频驱动控制电路

物料传输机是一种通过电动机带动传动设备来向定点位置输送物料的工业设备。该设备要求传输的速度可以根据需要改变，以保证物料的正常传送。在传统控制电路中一般由电动机通过齿轮或电磁离合器进行调速控制，其调速控制过程较硬，制动功耗较大，使用变频器进行控制可有减小起动及调速过程中的冲击，有效降低耗电量，同时还大大提高了调速控制的精度。图 18-36 为物料传输机变频驱动控制电路。

❶合上总断路器 QF，接通三相电源。

❷按下起动按钮 SB2。

❷→❸变频指示灯 HL 点亮。

❷→❹交流接触器 KM1 的线圈得电。

4-1 常开触点 KM1-1 闭合。

4-2 常开触点 KM1-2 闭合自锁。

4-3 常开触点 KM1-3 闭合，接入正向运转/停机控制电路。

4-1→❺三相电源接入变频器的主电路输入端 R、S、T 端，变频器进入待机状态。

❻按下正转起动按钮 SB3。

❼继电器 K1 的线圈得电。

7-1 常开触点 K1-1 闭合，变频器执行正转起动指令。

7-2 常开触点 K1-2 闭合，防止误操作系统停机按钮 SB1 时切断电路。

7-3 常开触点 K1-3 闭合自锁。

7-1→❽变频器内部主电路开始工作，U、V、W 端输出变频电源。

❾变频器输出的电源频率按预置的升速时间上升至与频率给定电位器设定的数值，电动机按照给定的频率正向运转。

❿当需要变频器进行点动控制时，可按下点动控制按钮 SB5。

⓫继电器 K2 的线圈得电。

⓬常开触点 K2-1 闭合。

⓭变频器执行点动运行指令。

⓮当变频器 U、V、W 端输出频率超过电磁制动预置频率时，直流接触器 KM2 的线圈得电。

⓯常开触点 KM2-1 闭合。

图 18-36 物料传输机变频驱动控制电路

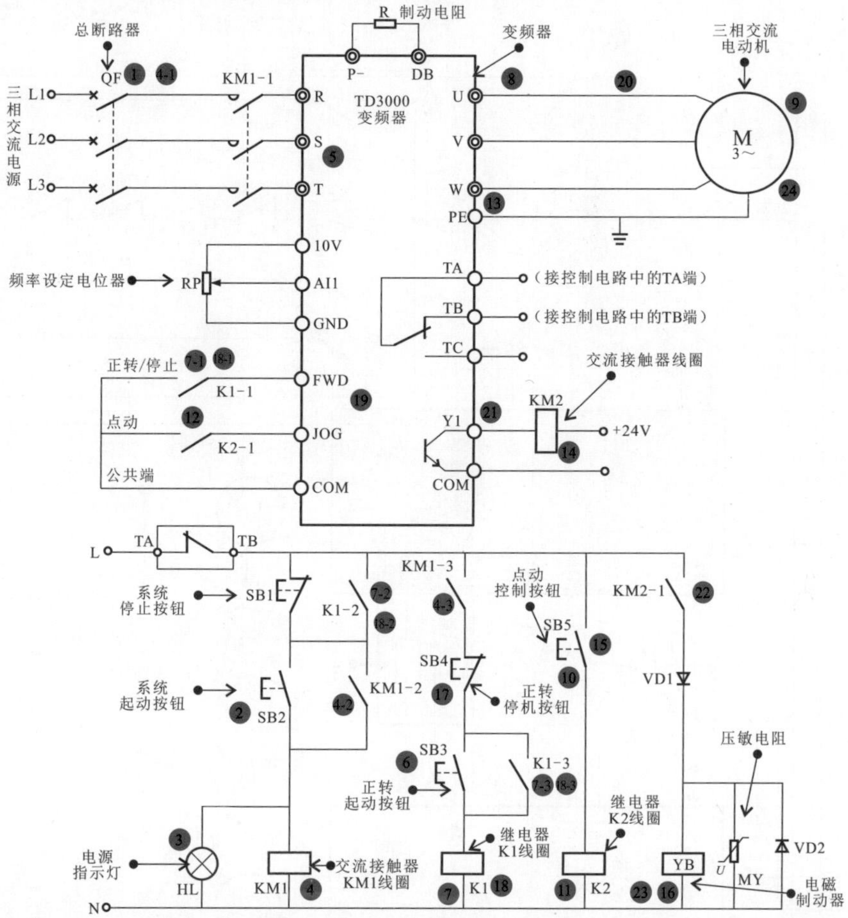

R 制动电阻
总断路器
变频器
三相交流
电动机
QF
KM1-1
P-
DB
三相交流电源
L1
L2
L3
R
S
T
TD3000
变频器
U
V
W
PE
M
3~
10V
频率设定电位器
RP
AI1
GND
TA
（接控制电路中的TA端）
TB
（接控制电路中的TB端）
TC
正转/停止
FWD
K1-1
点动
JOG
K2-1
公共端
COM
交流接触器线圈
KM2
Y1
+24V
COM
L
TA
TB
KM1-3
点动
控制按钮
KM2-1
系统
停止按钮
SB1
K1-2
SB5
SB4
VD1
系统
起动按钮
SB2
KM1-2
正转
停机按钮
压敏电阻
SB3
K1-3
正转
起动按钮
继电器
K2线圈
继电器
K1线圈
VD2
电源
指示灯
交流接触器
KM1线圈
YB
MY
电磁
制动器
HL
KM1
K1
K2
N

⑯ 电磁制动器 YB 的线圈得电，释放电磁抱闸，电动机起动运转。

⑰ 按下正转停止按钮 SB4。

⑱ 继电器 K1 的线圈失电。

18-1 常开触点 K1-1 复位断开。

18-2 常开触点 K1-2 复位断开解除联锁。

18-3 常开触点 K1-3 复位断开解除自锁。

18-1 → ⑲ 切断变频器正转运转指令输入。

⑳ 变频器执行停机指令，由其 U、V、W 端输出变频停机驱动信号，加到三相交流电动机的三相绕组上，三相交流电动机转速开始下降。

㉑ 在变频器输出停机指令过程中，当 U、V、W 端输出频率低于电磁制动预置频率（如 0.5Hz）时，直流接触器 KM2 的线圈失电。

㉒ 常开触点 KM2-1 复位断开。

㉓ 电磁制动器 YB 线圈失电，电磁抱闸制动将电动机抱紧。

㉔ 电动机停止运转。

18.5.9 多电动机变频驱动控制电路

图 18-37 是一种多电动机变频驱动控制电路。为了安装调试方便，每台电动机由一台变频器控制。该系统采用的是 MD320 变频器，该变频器被制成标准化的电路单元。两组操作控制电路分别控制变频器 2 和变频器 3，为收卷电动机 M2 和 M3 调速，而变频器 1 则是为主动轴电动机调速的。

图 18-37　多电动机变频驱动控制电路

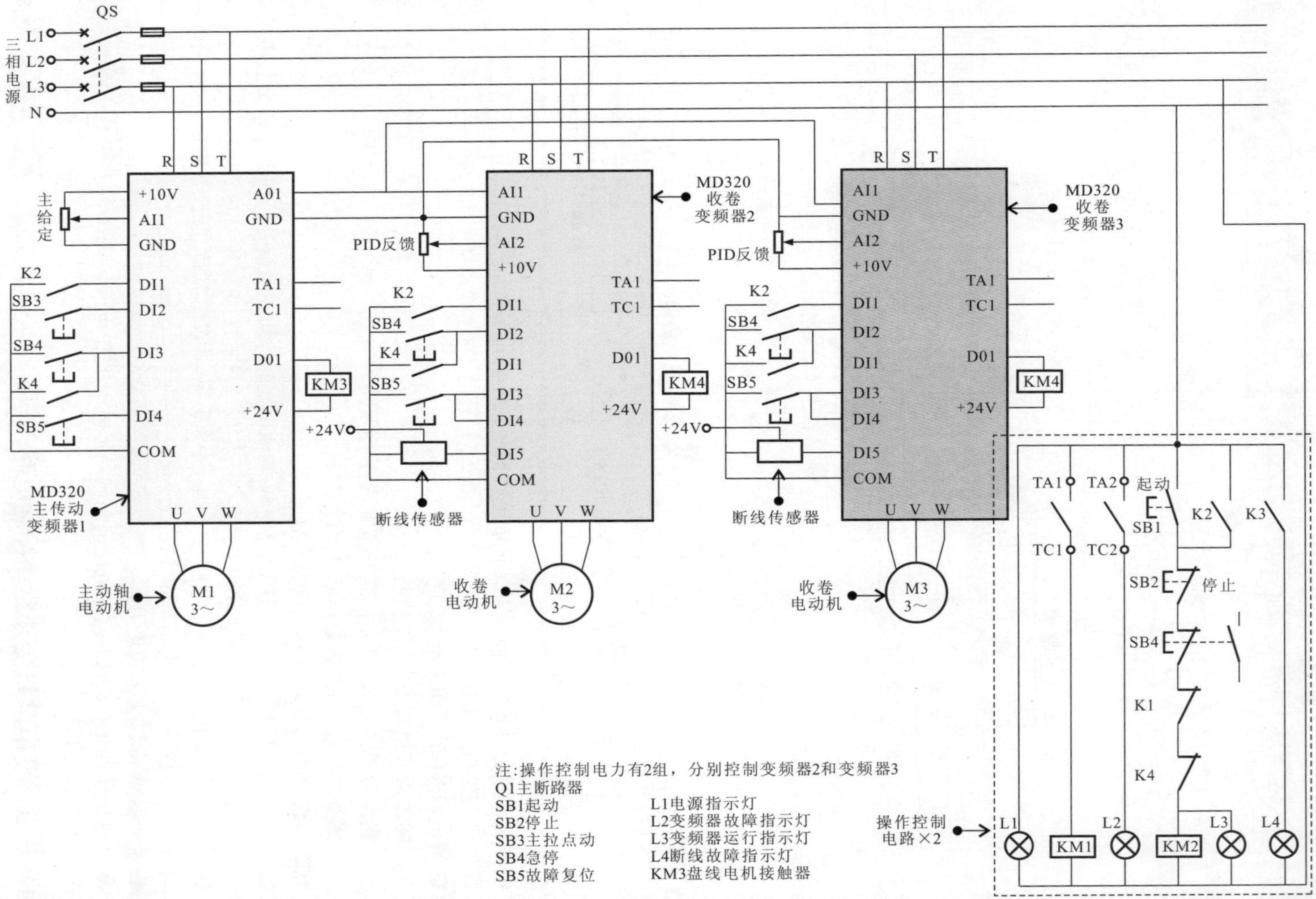
QS
三相电源
L1
L2
L3
N
R S T
+10V
AI1
GND
A01
TA1
TC1
D01
+24V
DI1
DI2
DI3
DI4
DI5
COM
AI2
主给定
K2
SB3
SB4
K4
SB5
KM3
KM4
PID反馈
断线传感器
MD320 主传动变频器1
MD320 收卷变频器2
MD320 收卷变频器3
U V W
M1 3~
M2 3~
M3 3~
主动轴电动机
收卷电动机
TA1
TA2
TC1
TC2
起动
SB1
K2
K3
SB2
停止
K1
L1
L2
L3
L4
KM1
KM2
操作控制电路×2

注:操作控制电力有2组，分别控制变频器2和变频器3

Q1主断路器
SB1起动
SB2停止
SB3主拉点动
SB4急停
SB5故障复位

L1电源指示灯
L2变频器故障指示灯
L3变频器运行指示灯
L4断线故障指示灯
KM3盘线电机接触器

第19章 PLC及其常用控制电路

19.1 PLC的种类和结构

19.1.1 PLC的种类

目前，PLC在全世界的工业控制中被大范围采用。PLC的生产厂商不断涌现，推出的产品种类繁多，功能各具特色。其中，美国的AB公司、通用电气公司，德国的西门子公司，法国的TE公司，日本的欧姆龙、三菱、富士等公司，都是目前市场上非常主流且极具有代表性的生产厂商。目前国内也自行研制、开发、生产出许多小型PLC，应用于各类需求的自动化控制系统中。

1 西门子PLC

德国西门子（SIEMENS）公司的PLC系列产品在我国的推广较早，在很多的工业生产自动化控制领域，都曾有过经典的应用。从某种意义上说，西门子系列PLC决定了现代可编程序控制器发展的方向。

西门子公司为了满足用户的不同要求，推出了多种PLC产品，这里主要以西门子S7类PLC（包括S7-200系列、S7-300系列和S7-400系列）产品为例介绍。

西门子S7类PLC产品主要有PLC主机（CPU模块）、电源模块（PS）、信号模块（SM）、通信模块（CP）、功能模块（FM）、接口模块（IM）等部分，如图19-1所示。

图19-1 西门子S7类PLC产品的实物外形

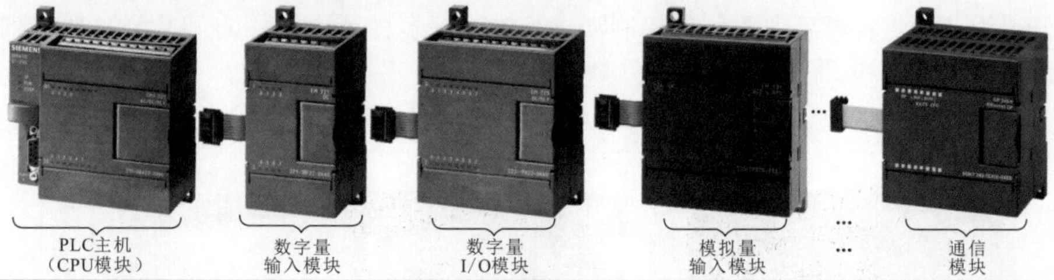
PLC主机（CPU模块）
数字量输入模块
数字量I/O模块
模拟量输入模块
通信模块

（1）PLC主机

PLC的主机（也称CPU模块）是将CPU、基本输入/输出和电源等集成封装在一个独立、紧凑的设备中，从而构成了一个完整的微型PLC系统。因此，该系列的PLC主机可以单独构成一个独立的控制系统，并实现相应的控制功能。

（2）电源模块（PS）

电源模块是指由外部为PLC供电的功能单元，在西门子S7-300系列、西门子S7-400系列中比较多见。

提示说明

不同型号的PLC所采用的电源模块不相同，西门子S7-300系列PLC采用的电源模块主要有PS305和PS307两种，西门子S7-400系列PLC采用的电源模块主要有PS405和PS407两种。不同类型的电源模块，其供电方式也不相同，可根据产品附带的参数表了解。

（3）信号扩展模块

各类型的西门子PLC在实际应用中，为了实现更强的控制功能可以采用扩展I/O点的方法扩展其系统配置和控制规模，其中各种扩展用的I/O模块统称为信号扩展模块（SM）。不同类型的PLC采用的信号扩展模块不同，但基本都包含了数字量扩展模块和模拟量扩展模块两种。

西门子各系列PLC中除本机集成的数字量I/O端子外，还可连接数字量扩展模块（DI/DO）用以扩展更多的数字量I/O端子。

在PLC系统中，不能输入和处理连续的模拟量信号，但在很多自动控制系统所控制的量为模拟量，因此为使PLC的数字系统可以处理更多的模拟量，除本机集成的模拟量I/O端子外，可连接模拟量扩展模块（AI/AO）用以扩展更多的模拟量I/O端子。

（4）通信模块（CP）

西门子PLC有很强的通信功能，除其CPU模块本身集成的通信接口外，还扩展连接通信模块，用以实现PLC与PLC之间、PLC与计算机之间、PLC与其他功能设备之间的通信。

（5）功能模块（FM）

功能模块（FM）主要用于要求较高的特殊控制任务。西门子PLC中常用的功能模块主要有计数器模块、进给驱动位置控制模块、步进电动机定位模块、伺服电动机定位模块、定位和连续路径控制模块、闭环控制模块、称重模块、位置输入模块和超声波位置解码器等。

（6）接口模块（IM）

接口模块（IM）用于组成多机架系统时连接主机架（CR）和扩展机架（ER），多应用于西门子S7-300/400系列PLC系统中。

（7）其他扩展模块

西门子PLC系统中，除上述的基本组成模块和扩展模块外，还有一些其他功能的扩展模块，该类模块一般作为一系列PLC专用的扩展模块。

例如，热电偶或热电阻扩展模块（EM231），该模块是专门与S7-200（CPU224、CPU224XP、CPU226、CPU226XM）PLC匹配使用的，它是一种特殊的模拟量扩展模块，可以直接连接热电偶（TC）或热电阻（RTD）以测量温度。该温度值可通过模拟量通道直接被用户程序访问。

2 三菱PLC

三菱公司为了满足各行各业不同的控制需求，推出了多种系列型号的PLC，如Q系列、AnS系列、QnA系列、A系列和FX系列等，如图19-2所示。

图19-2 三菱各系列型号的PLC

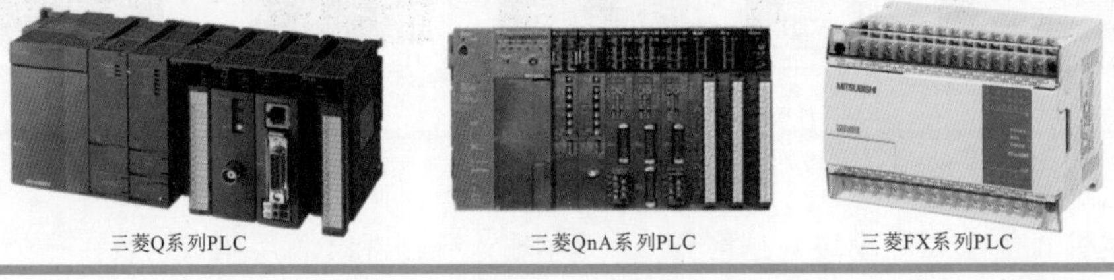
三菱Q系列PLC
三菱QnA系列PLC
三菱FX系列PLC

同样，三菱公司为了满足用户的不同要求，也在PLC主机的基础上，推出了多种PLC产品，这里主要以三菱FX系列PLC产品为例进行介绍。

三菱FX系列PLC产品中，除了PLC基本单元（相当于我们上述的PLC主机）外，还包括扩展单元、扩展模块以及特殊功能模块等，这些产品可以构成不同的控制系统，如图19-3所示。

（1）基本单元

三菱PLC的基本单元是PLC的控制核心，也称为主单元，主要由CPU、存储器、输入接口、输出接口及电源等构成，是PLC硬件系统中的必选单元。

（2）扩展单元

扩展单元是一个独立的扩展设备，通常接在PLC基本单元的扩展接口或扩展插槽上，用于增加PLC的I/O点数及供电电流的装置，内部设有电源，但无CPU，因此需要与基本单元同时使用。当扩展组合供电电流总容量不足时，可在PLC硬件系统中增设扩展单元进行供电电流容量的扩展。

图 19-3　三菱 FX 系列 PLC 产品

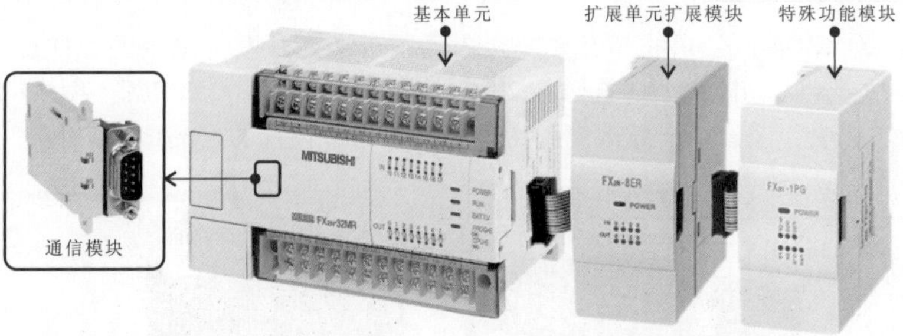
基本单元
扩展单元扩展模块
特殊功能模块
通信模块
MITSUBISHI
FX2N-32MR
FX2N-8ER
FX2N-1PG
POWER

（3）扩展模块

三菱 PLC 的扩展模块是用于增加 PLC 的 I/O 点数及改变 I/O 比例的装置，内部无电源和 CPU，因此需要与基本单元配合使用，并由基本单元或扩展单元供电。

（4）特殊功能模块

特殊功能模块是 PLC 中的一种专用的扩展模块，如模拟量 I/O 模块、通信扩展模块、温度控制模块、定位控制模块、高速计数模块、热电偶温度传感器输入模块、凸轮控制模块等。

3 松下 PLC

松下 PLC 是目前国内比较常见的 PLC 产品之一，其功能完善，性价比较高。

图 19-4 为松下 PLC 不同系列产品的实物外形图。松下 PLC 可分为小型的 FP-X、FP0、FP1、FPΣ、FP-e 系列产品；中型的 FP2、FP2SH、FP3 系列；大型的 EP5 系列等。

图 19-4　松下 PLC 不同系列产品的实物外形图

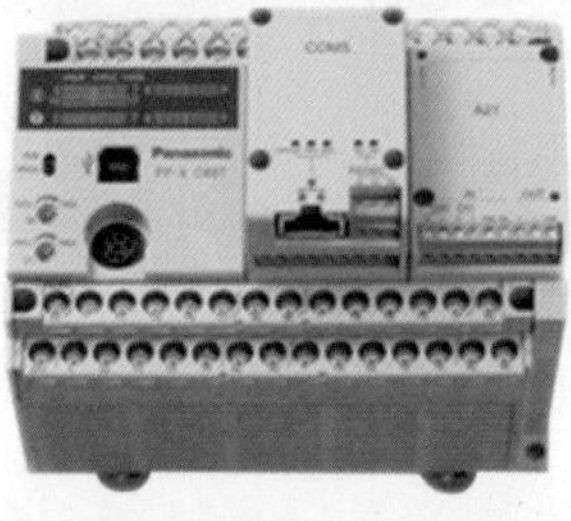
Panasonic
PSA1
FP2-C1
NAIS
FP2
松下FP-X系列的PLC

松下FP系列的PLC

| 提示说明 |

松下 PLC 的主要功能特点如下：

◇ 具有超高速处理功能，处理基本指令只需 0.32μs，还可快速扫描。

◇ 程序容量大，容量可达到 32k 步。

◇ 具有广泛的扩展性，I/O 最多为 300 点。还可通过功能扩展插件、扩展 FP0 适配器，使扩展范围更进一步扩大。

◇ 可靠性和安全性保证，8 位密码保护和禁止上传功能，可以有效地保护系统程序。

◇ 通过普通 USB 电缆线（AB 型）即可与计算机实现连接。

◇ 部分产品具有指令系统，功能十分强大。

◇ 部分产品采用了可以识别 FP-BASIC 语言的 CPU 及多种智能模块，可以设计十分复杂的控制系统。

◇ FP 系列都配置通信机制，并且使用的应用层通信协议具有一致性，可以设计多级 PLC 网络控制系统。

4 欧姆龙 PLC

日本欧姆龙（OMRON）公司的 PLC 较早进入我国市场，开发了最大的 I/O 点数在 140 点以下的 C20P、C20 等微型 PLC；最大 I/O 点数在 2048 点的 C2000H 等大型 PLC。图 19-5 为欧姆龙 PLC 系列产品的实物外形图，该公司产品被广泛用于自动化系统设计的产品中。

图 19-5　欧姆龙的 PLC 产品实物外形

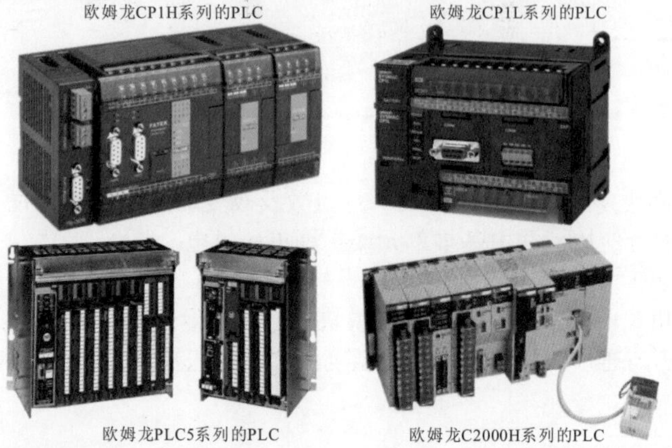
欧姆龙CP1H系列的PLC
欧姆龙CP1L系列的PLC
欧姆龙PLC5系列的PLC
欧姆龙C2000H系列的PLC

提示说明

欧姆龙公司对可编程序控制器及其软件的开发有自己的特殊风格。例如，C2000H 大型 PLC 是将系统存储器、用户存储器、数据存储器和实际的输入输出接口、功能模块等，统一按绝对地址形式组成系统。它把数据存储和电器控制使用的术语合二为一。命名数据区为 I/O 继电器、内部负载继电器、保持继电器、专用继电器、定时器/计数器。

19.1.2　PLC 的结构

PLC 的含义全称是可编程序逻辑控制器，是在继电器-接触器控制和计算机技术的基础上，逐渐发展起来的以微处理器为核心，集微电子技术、自动化技术、计算机技术、通信技术为一体，以工业自动化控制为目标的新型控制装置。

图 19-6 为典型西门子 PLC 拆开外壳后的内部结构图。PLC 内部主要由三块电路板构成，分别是 CPU 电路板、输入/输出接口电路板和电源电路板。

图 19-6　典型西门子 PLC 拆开外壳后的内部结构图

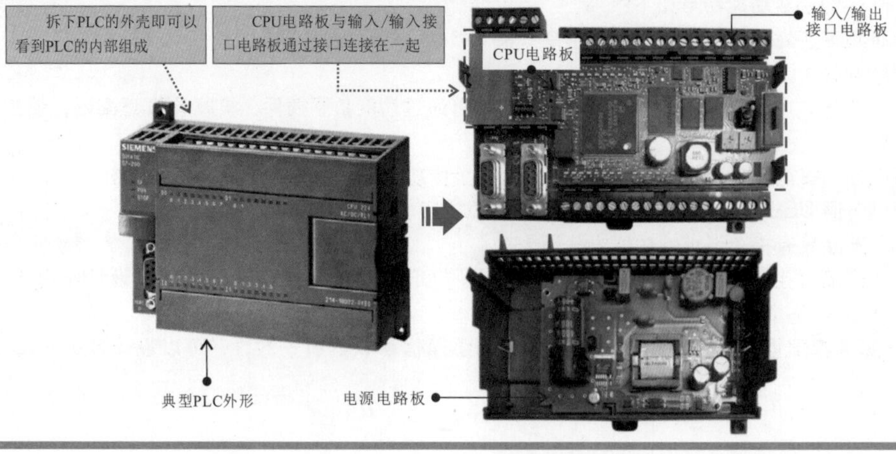
拆下PLC的外壳即可以看到PLC的内部组成
CPU电路板与输入/输入接口电路板通过接口连接在一起
CPU电路板
输入/输出接口电路板
典型PLC外形
电源电路板

1 CPU 电路板

CPU 电路板主要用于完成 PLC 的运算、存储和控制功能。图 19-7 为 CPU 电路板结构。从图中可以看到，该电路板上设有微处理器芯片、存储器芯片、PLC 状态指示灯、输出 LED 指示灯、输入 LED 指示灯、模式选择转换开关、模拟量调节电位器、电感器、电容器、与输入/输出接口电路板连接的接口等。

图 19-7　CPU 电路板结构

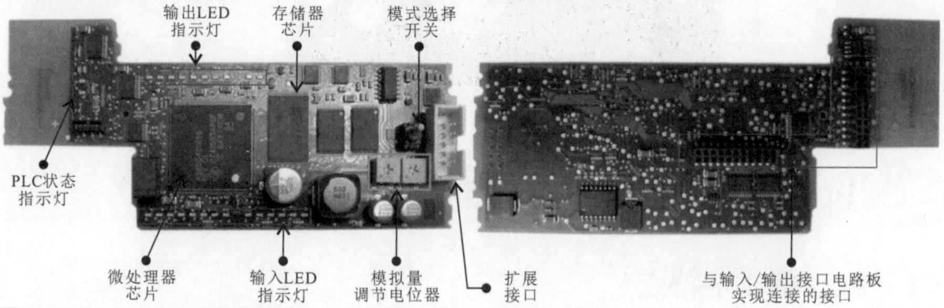
输出LED
指示灯
存储器
芯片
模式选择
开关
PLC状态
指示灯
微处理器
芯片
输入LED
指示灯
模拟量
调节电位器
扩展
接口
与输入/输出接口电路板
实现连接的接口

2 输入/输出接口电路板

输入/输出接口电路板主要用于对 PLC 输入、输出信号的处理。图 19-8 为输入/输出接口电路板结构。从图中可以看到，该电路板主要由输入接口、输出接口、电源输入接口、传感器输出接口、与 CPU 电路板的接口、与电源电路板的接口、RS-232/RS-485 通信接口、输出继电器、光电耦合器等构成。

图 19-8　输入/输出接口电路板结构

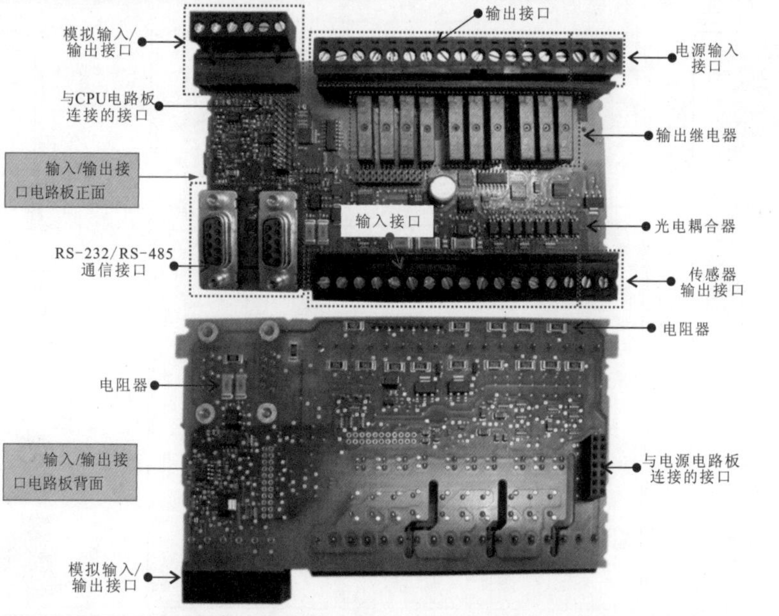
模拟输入/
输出接口
输出接口
电源输入
接口
与CPU电路板
连接的接口
输出继电器
输入/输出接
口电路板正面
输入接口
光电耦合器
RS-232/RS-485
通信接口
传感器
输出接口
电阻器
电阻器
输入/输出接
口电路板背面
与电源电路板
连接的接口
模拟输入/
输出接口

3 电源电路板

电源电路板主要用于为 PLC 内部各电路提供所需的工作电压。图 19-9 为电源电路板结构。从图中可以看到，该电路板主要由桥式整流堆、压敏电阻器、电容器、变压器、输入/输出接口电路板的接口等构成。

图 19-9 电源电路板结构

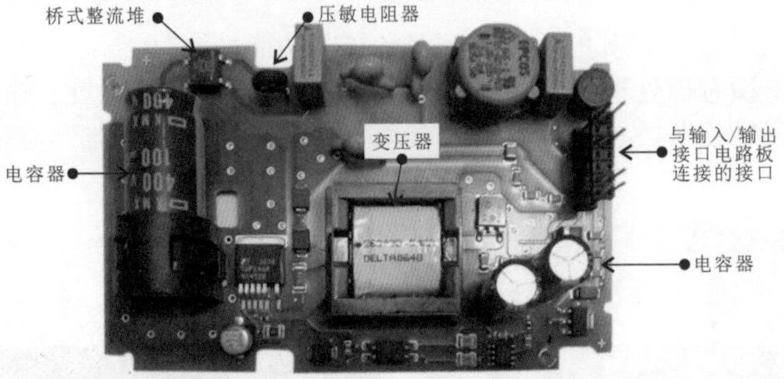
桥式整流堆
压敏电阻器
变压器
电容器
与输入/输出
接口电路板
连接的接口
电容器

19.2 PLC 的技术特点与应用

19.2.1 PLC 的技术特点

图 19-10 为 PLC 的整机工作原理示意图。从图中可以看到，PLC 可以划分成 CPU 模块、存储器、通信接口、基本 I/O 接口、电源 5 部分。

控制及传感部件发出的状态信息和控制指令通过输入接口（I/O 接口）送入到存储器的工作数据存储器中。在 CPU 的控制下，这些数据信息会从工作数据存储器中调入 CPU 的寄存器，与 PLC 认可的编译程序结合，由运算器进行数据分析、运算和处理。最终，将运算结果或控制指令通过输出接口传送给继电器、电磁阀、指示灯、蜂鸣器、电磁线圈、电动机等外部设备及功能部件。这些外部设备及功能部件即会执行相应的工作。

图 19-10 PLC 的整机工作原理示意图

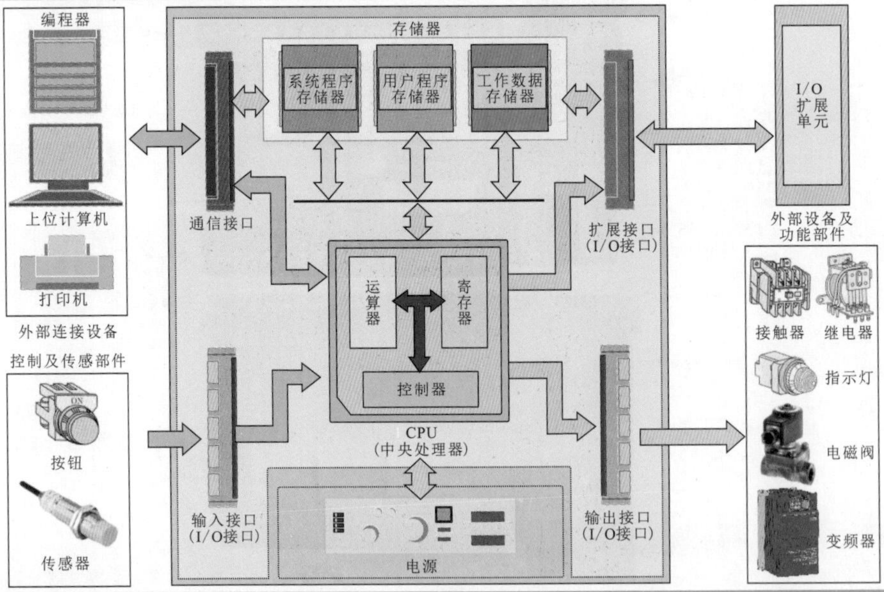
编程器
上位计算机
打印机
外部连接设备
控制及传感部件
按钮
传感器
存储器
系统程序
存储器
用户程序
存储器
工作数据
存储器
通信接口
扩展接口
(I/O接口)
运算器
寄存器
控制器
CPU
(中央处理器)
输入接口
(I/O接口)
输出接口
(I/O接口)
电源
I/O
扩展
单元
外部设备及
功能部件
接触器
继电器
指示灯
电磁阀
变频器

1 CPU

CPU（中央处理器）是 PLC 的控制核心，它主要由控制器、运算器和寄存器三部分构成。通过数据总线、控制总线和地址总线与其内部存储器及 I/O 接口相连。

CPU 的性能决定了 PLC 的整体性能。不同的 PLC 配有不同的 CPU，其主要作用是接收、存储由编程器输入的用户程序和数据，对用户程序进行检查、校验、编译，并执行用户程序。

2 存储器

PLC 的存储器一般分为系统程序存储器、用户程序存储器和工作数据存储器。其中，系统程序存储器为只读存储器（ROM），用于存储系统程序。系统程序是由 PLC 制造厂商设计编写的，用户不能直接读写和更改。一般包括系统诊断程序、输入处理程序、编译程序、信息传送程序、监控程序等。

用户程序存储器为随机存储器（RAM），用于存储用户程序。用户程序是用户根据控制要求，按系统程序允许的编程规则，用相应的编程语言编写的程序。

当用户编写的程序存入后，CPU 会向存储器发出控制指令，从系统程序存储器中调用解释程序将用户编写的程序进行进一步的编译，使之成为 PLC 认可的编译程序。

工作数据存储器也为随机存储器（RAM），用来存储工作过程中的指令信息和数据。

3 通信接口

通信接口通过编程电缆与编程设备（计算机）连接或 PLC 与 PLC 之间连接，计算机通过编程电缆对 PLC 进行编程、调试、监视、试验和记录。

4 基本 I/O 接口

基本 I/O 接口是 PLC 与外部各设备联系的桥梁，可以分为 PLC 输入接口和 PLC 输出接口两种。

（1）输入接口

输入接口主要为输入信号采集部分，其作用是将被控对象的各种控制信息及操作命令转换成 PLC 输入信号，然后送给 CPU 的运算控制电路。

（2）输出接口

输出接口即开关量的输出单元，由 PLC 输出接口电路、连接端子和外部设备及功能部件构成，CPU 完成的运算结果由该电路提供给被控负载，用以完成 PLC 主机与工业设备或生产机械之间的信息交换。

当 PLC 内部电路输出的控制信号，经输出接口电路（光电耦合器、晶体管或晶闸管或继电器、电阻器等构成）、PLC 输出接线端子后，送至外接的执行部件，用以输出开关量信号，控制外接设备或功能部件的状态。

PLC 的输出电路根据输出接口所用开关器件不同，主要有晶体管输出接口、晶闸管输出接口和继电器输出接口三种。

5 电源

PLC 内部配有一个专用开关式稳压电源，始终为各部分电路提供工作所需的电压，确保 PLC 工作的顺利进行。

PLC 电源部分主要是将外加的交流电压或直流电压转换成微处理器、存储器、I/O 电路等部分所需要的工作电压。

图 19-11 为其工作过程示意图。

图 19-11 PLC 电源电路的工作过程示意图

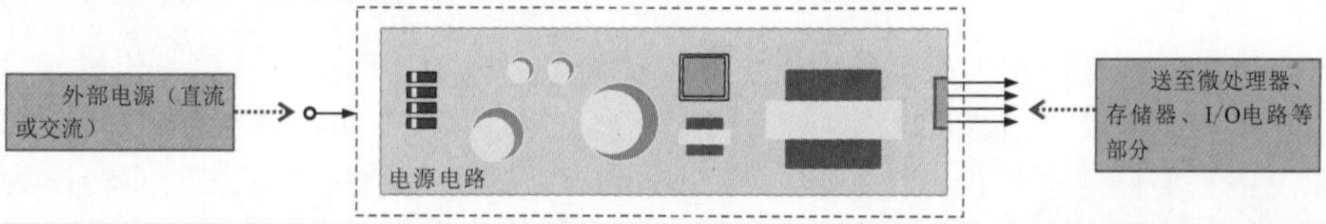
外部电源（直流或交流）
电源电路
送至微处理器、存储器、I/O电路等部分

19.2.2 PLC 的应用

PLC 在近年来发展极为迅速，随着技术的不断更新其 PLC 的控制功能，数据采集、存储、处理功能，可编程、调试功能，通信联网功能、人机界面功能等也逐渐变得强大，这些使得 PLC 的应用领域得到进一步的扩展，广泛应用于各行各业的控制系统中。

1 PLC 在电动机控制系统中的应用

PLC 应用于电动机控制系统中，用于实现自动控制，并且能够在不大幅度改变外接部件的前提下，仅修改内部的程序便实现多种多样的控制功能，使电气控制更加灵活高效。

图 19-12 为 PLC 在电动机控制系统中的应用示意图。

图 19-12　PLC 在电动机控制系统中的应用示意图

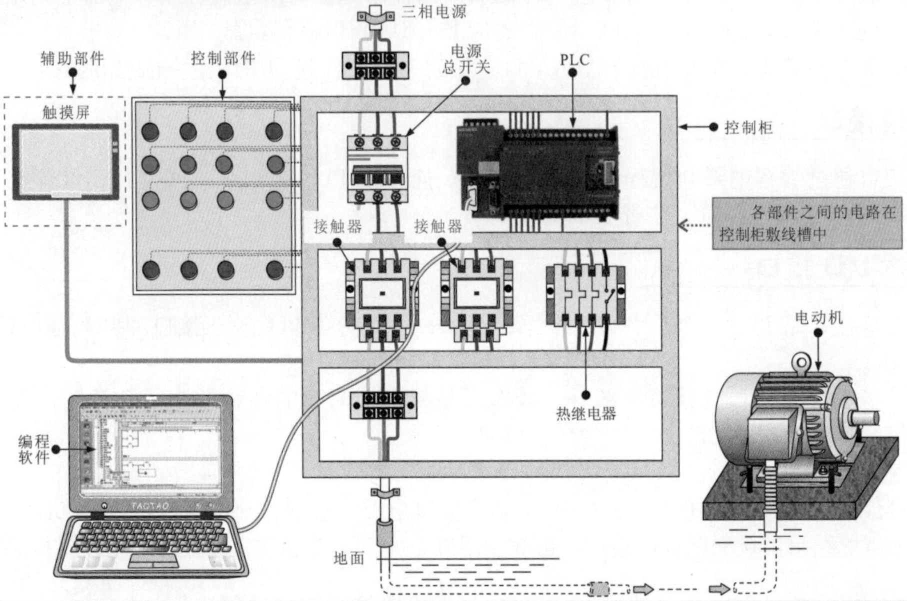
三相电源
辅助部件
控制部件
电源
总开关
PLC
触摸屏
控制柜
各部件之间的电路在
控制柜敷线槽中
接触器
接触器
电动机
热继电器
编程
软件
地面

从图中可以看到，该系统主要是由操作部件、控制部件和电动机以及一些辅助部件构成的。

其中，各种操作部件用于为该系统输入各种人工指令，包括各种按钮开关、传感器件等；控制部件主要包括总电源开关（总断路器）、PLC、接触器、热继电器等，用于输出控制指令和执行相应动作；电动机是将电能转换为机械能的输出部件，其执行的各种动作是该控制系统实现的最终目的。

2 PLC 在复杂机床设备中的应用

众所周知，机床设备是工业领域中的重要设备之一，也更是由于其功能的强大、精密，使得对它的控制要求更高，普通的继电器控制虽然能够实现基本的控制功能，但早已无法满足其安全可靠、高效的管理要求。

用 PLC 对机床设备进行控制，不仅能提高自动化水平，还在实现相应的切削、磨削、钻孔、传送等功能中具有突出的优势。

图 19-13 为 PLC 在复杂机床设备中的应用示意图。该系统主要是由操作部件、控制部件和机床设备构成的。

其中，各种操作部件用于为该系统输入各种人工指令，包括各种按钮开关、传感器件等；控制部件主要包括电源总开关（总断路器）、PLC、接触器、变频器等，用于输出控制指令和执行相应动作；机床设备主要包括电动机、传感器、检测电路等，通过电动机将系统电能转换为机械能输出，从而控制机械部件完成相应的动作，最终实现相应的加工操作。

3 PLC 在复杂机床设备中的应用

PLC 在自动化生产制造设备中应用主要用来实现自动控制功能。PLC 在电子元件加工、制造设备中作为控制中心，使元件的输送定位驱动电动机、加工深度调整电动机、旋转电动机和输出电动机能够协调运转，相互配合实现自动化工作。

图 19-13　PLC 在复杂机床设备中的应用示意图

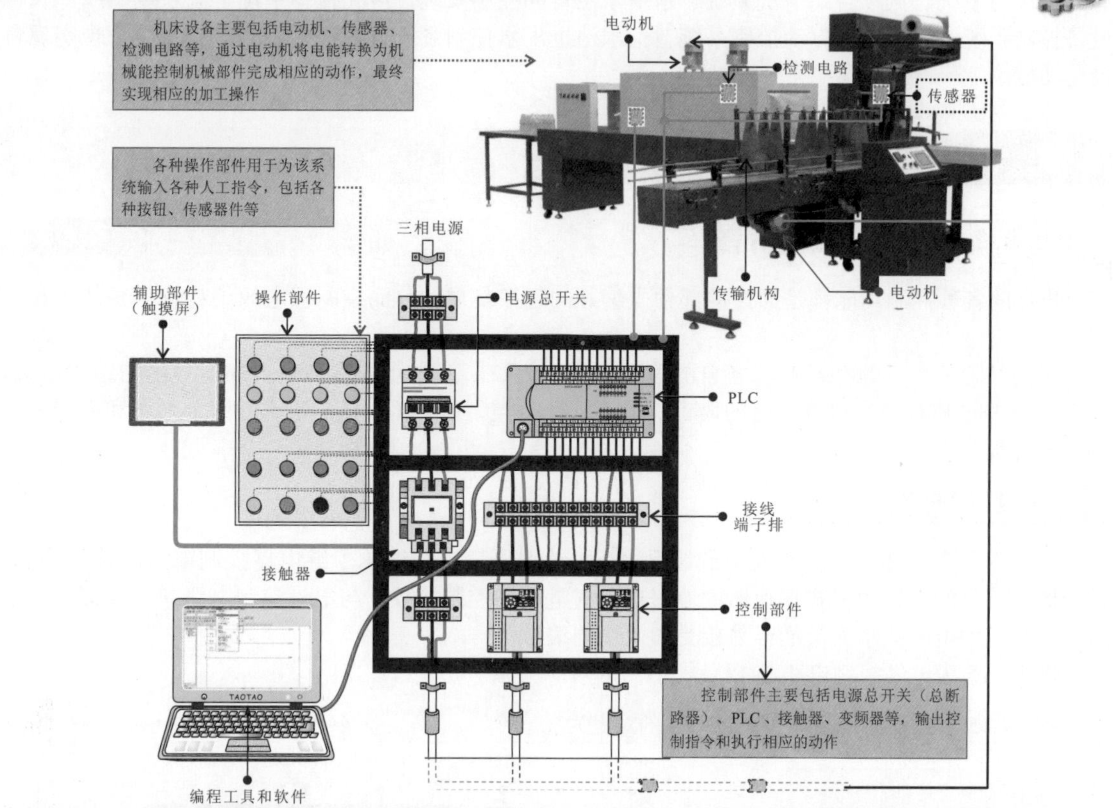
机床设备主要包括电动机、传感器、检测电路等，通过电动机将电能转换为机械能控制机械部件完成相应的动作，最终实现相应的加工操作
电动机
检测电路
传感器
各种操作部件用于为该系统输入各种人工指令，包括各种按钮、传感器件等
三相电源
传输机构
电动机
辅助部件（触摸屏）
操作部件
电源总开关
PLC
接线端子排
接触器
控制部件
控制部件主要包括电源总开关（总断路器）、PLC、接触器、变频器等，输出控制指令和执行相应的动作
TAOTAO
编程工具和软件

PLC 在自动化生产制造设备中的应用如图 19-14 所示。

图 19-14　PLC 在自动化生产制造设备中的应用

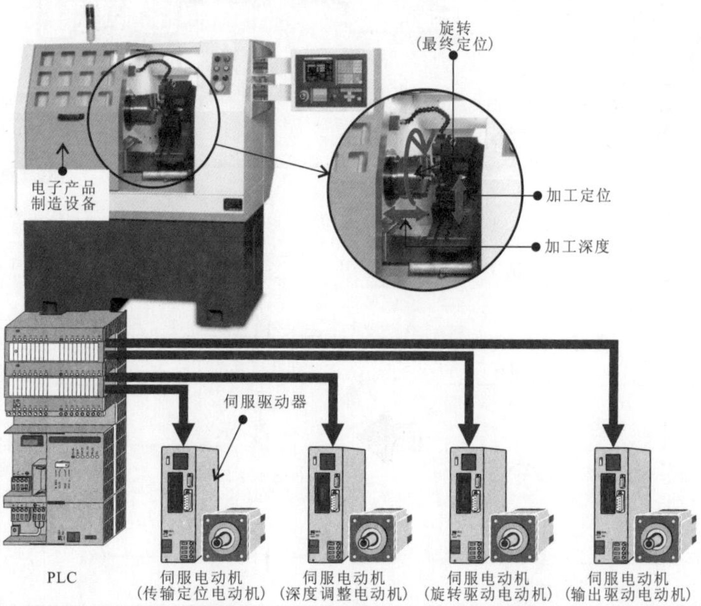
旋转（最终定位）
电子产品制造设备
加工定位
加工深度
伺服驱动器
PLC
伺服电动机（传输定位电动机）
伺服电动机（深度调整电动机）
伺服电动机（旋转驱动电动机）
伺服电动机（输出驱动电动机）

4 PLC在民用生产生活中的应用

PLC不仅在电子、工业生产中广泛应用，在很多民用生产生活领域中也得到的迅速发展。如常见的自动门系统、汽车自动清洗系统、水塔水位自动控制系统、声光报警系统、流水生产线、农机设备控制系统、库房大门自动控制系统、蓄水池进出水控制系统等，都可由PLC控制、管理实现自动化功能。

19.3 PLC编程

19.3.1 PLC的编程语言

PLC的各种控制功能都是通过内部预先编好的程序实现的，而控制程序的编写就需要使用相应的编程语言。

不同品牌和型号的PLC都有各自的编程语言。例如，三菱公司的PLC产品有自己的编程语言，西门子公司的PLC产品也有自己的语言。但不管什么类型的PLC，基本上都包含梯形图和语句表两种基础编程语言。

1 PLC梯形图

PLC梯形图是PLC程序设计中最常用的一种编程语言。它继承了继电器控制电路的设计理念，采用图形符号的连通图形式直观形象地表达电气电路的控制过程，与电气控制电路非常类似，易于理解，是广大电气技术人员最容易接受和使用的编程语言。

图19-15为电气控制电路与PLC梯形图的对应关系。

图19-15 电气控制电路与PLC梯形图的对应关系

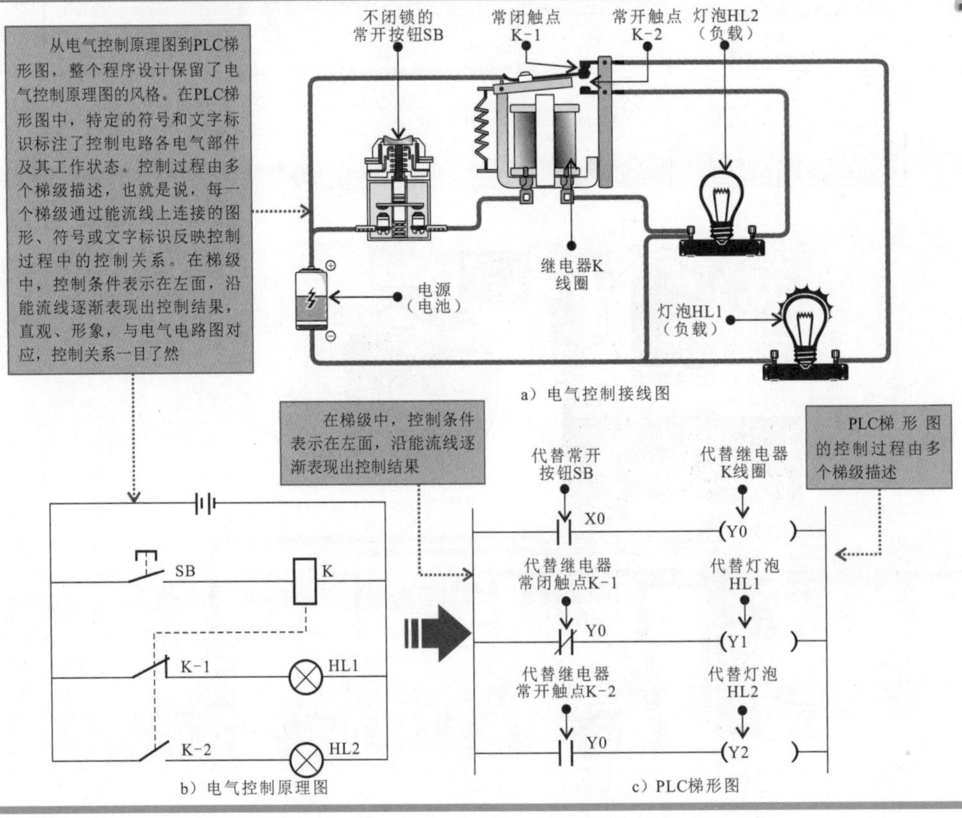
从电气控制原理图到PLC梯形图，整个程序设计保留了电气控制原理图的风格。在PLC梯形图中，特定的符号和文字标识标注了控制电路各电气部件及其工作状态。控制过程由多个梯级描述，也就是说，每一个梯级通过能流线上连接的图形、符号或文字标识反映控制过程中的控制关系。在梯级中，控制条件表示在左面，沿能流线逐渐表现出控制结果，直观、形象，与电气电路图对应，控制关系一目了然
不闭锁的常开按钮SB
常闭触点K-1
常开触点K-2
灯泡HL2（负载）
继电器K线圈
电源（电池）
灯泡HL1（负载）
a）电气控制接线图
在梯级中，控制条件表示在左面，沿能流线逐渐表现出控制结果
PLC梯形图的控制过程由多个梯级描述
SB
K
K-1
HL1
K-2
HL2
b）电气控制原理图
代替常开按钮SB
代替继电器K线圈
X0
Y0
代替继电器常闭触点K-1
代替灯泡HL1
Y0
Y1
代替继电器常开触点K-2
代替灯泡HL2
Y0
Y2
c）PLC梯形图

| 提示说明 |

搞清 PLC 梯形图可以非常快速地了解整个控制系统的设计方案（编程），洞悉控制系统中各电气部件的连接和控制关系，为控制系统的调试、改造提供帮助。若控制系统出现故障，从 PLC 梯形图入手也可准确快捷地做出检测分析，有效完成对故障的排查。可以说，PLC 梯形图在电气控制系统的设计、调试、改造及检修中有重要的意义。

梯形图主要是由母线、触点、线圈构成的。其中，梯形图中两侧的竖线为母线；触点和线圈是梯形图中的重要组成元素，如图 19-16 所示。

图 19-16　梯形图的结构和特点

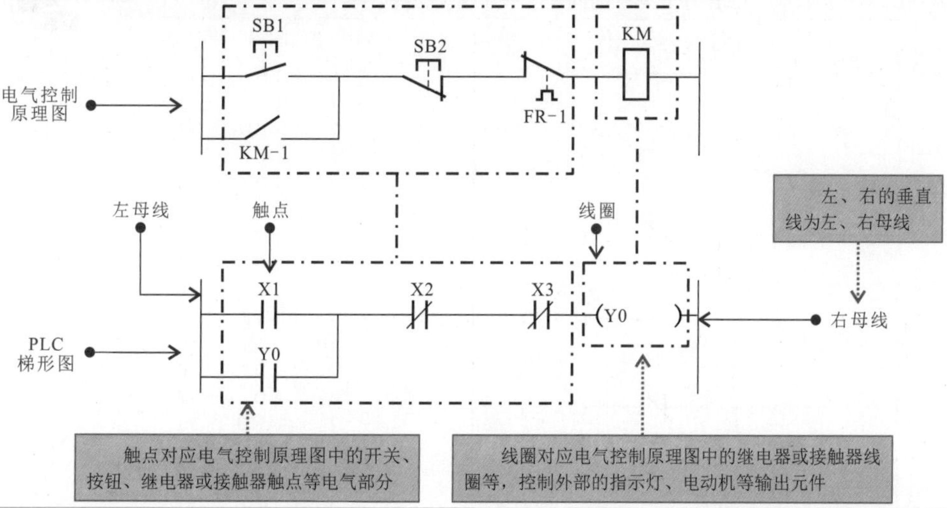
电气控制原理图
SB1
SB2
KM
FR-1
KM-1
左母线
触点
线圈
左、右的垂直线为左、右母线
X1
X2
X3
Y0
Y0
右母线
PLC梯形图
触点对应电气控制原理图中的开关、按钮、继电器或接触器触点等电气部分
线圈对应电气控制原理图中的继电器或接触器线圈等，控制外部的指示灯、电动机等输出元件

扫一扫看视频

| 提示说明 |

PLC 梯形图的内部是由许多不同功能元件构成的。它们并不是真正的硬件物理元件，而是由电子电路和存储器组成的软元件，如 X 代表输入继电器，是由输入电路和输入映像寄存器构成的，用于直接输入给 PLC 的物理信号；Y 代表输出继电器，是由输出电路和输出映像寄存器构成的，用于从 PLC 直接输出物理信号；T 代表定时器、M 代表辅助继电器、C 代表计数器、S 代表状态继电器、D 代表数据寄存器，都是由存储器组成的，用于 PLC 内部的运算。

由于 PLC 生产厂商的不同，梯形图中所定义的触点符号、线圈符号及文字标识等所表示的含义都会有所不同。例如，三菱公司生产的 PLC 就要遵循三菱 PLC 梯形图编程标准，西门子公司生产的 PLC 就要遵循西门子 PLC 梯形图编程标准，如图 19-17 所示，具体要以设备生产厂商的标准为依据。

三菱PLC梯形图基本标识和符号

继电器符号	继电器标识	符号
常开触点	X0	─┤├─
常闭触点	X1	─┤/├─
线圈	Y0	─(Y1)─

西门子PLC梯形图基本标识和符号

继电器符号	继电器标识	符号
常开触点	I0.0	─┤├─
常闭触点	I0.1	─┤/├─
线圈	Q0.0	─( )

图 19-17　PLC 梯形图基本标识和符号

2 PLC 语句表

PLC 语句表是另一种重要的编程语言，形式灵活、简洁，易于编写和识读，深受很多电气工程技术人员的欢迎。因此，无论是 PLC 的设计，还是 PLC 的系统调试、改造、维修，都会用到 PLC 语句表。

PLC 语句表是指运用各种编程指令实现控制对象控制要求的语句表程序。针对 PLC 梯形图直观形象的图示化特色，PLC 语句表正好相反，编程最终以“文本”的形式体现。

图 19-18 是用 PLC 梯形图和 PLC 语句表编写的同一个控制系统的程序。

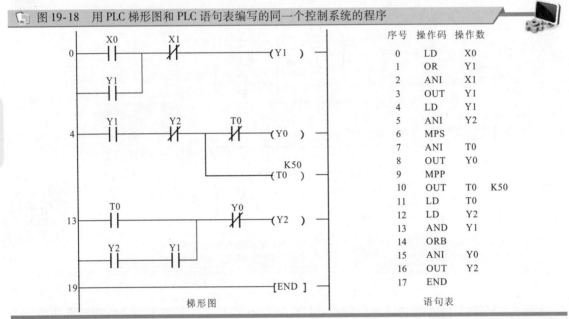

图 19-18 用 PLC 梯形图和 PLC 语句表编写的同一个控制系统的程序

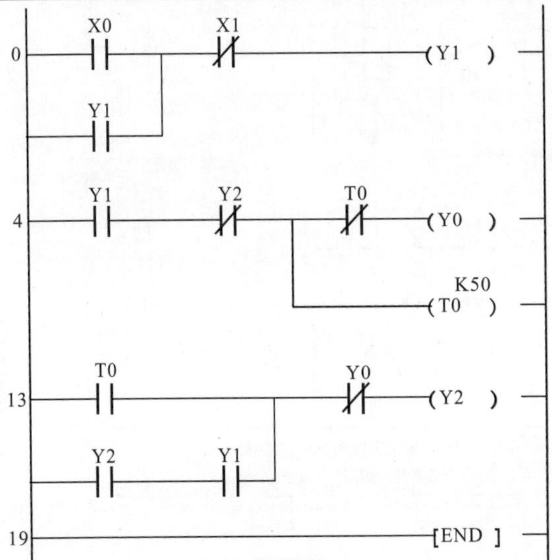
X0
X1
Y1
0
Y1
Y2
T0
4
Y0
K50
T0
T0
Y0
13
Y2
Y2
Y1
19
END

梯形图

序号	操作码	操作数	
0	LD	X0	
1	OR	Y1	
2	ANI	X1	
3	OUT	Y1	
4	LD	Y1	
5	ANI	Y2	
6	MPS		
7	ANI	T0	
8	OUT	Y0	
9	MPP		
10	OUT	T0	K50
11	LD	T0	
12	LD	Y2	
13	AND	Y1	
14	ORB		
15	ANI	Y0	
16	OUT	Y2	
17	END		

语句表

PLC 语句表虽没有 PLC 梯形图直观、形象，但表达更加精练、简洁。如果了解了 PLC 语句表和 PLC 梯形图的含义后，就会发现，PLC 语句表和 PLC 梯形图是一一对应的。

如图 19-19 所示，PLC 语句表是由序号、操作码和操作数构成的。

图 19-19 PLC 语句表的结构组成和特点

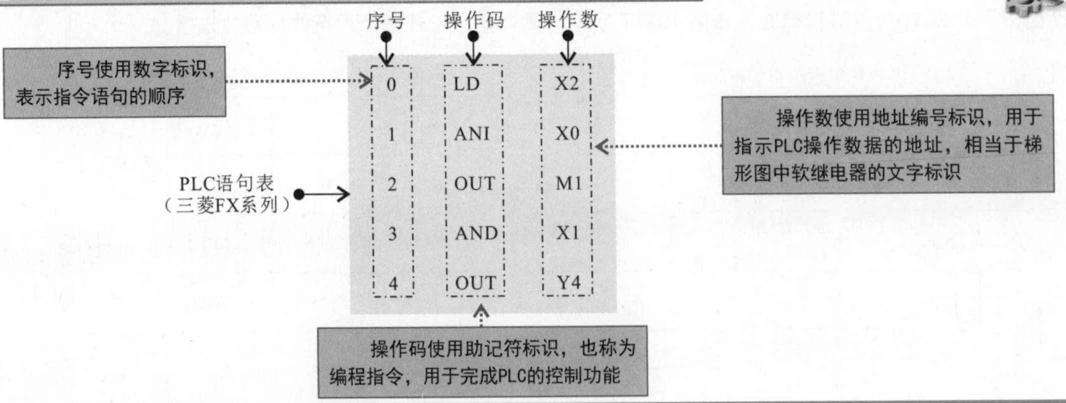
序号
操作码
操作数
序号使用数字标识，表示指令语句的顺序
0
1
2
3
4
LD
ANI
OUT
AND
OUT
X2
X0
M1
X1
Y4
操作数使用地址编号标识，用于指示PLC操作数据的地址，相当于梯形图中软继电器的文字标识
PLC语句表（三菱FX系列）
操作码使用助记符标识，也称为编程指令，用于完成PLC的控制功能

| 提示说明 |

不同厂商生产的 PLC，其语句表使用的助记符（编程指令）也不相同，对应语句表使用的操作数（地址编号）也有差异，具体可参考 PLC 的编程说明，见表 19-1。

表 19-1 PLC 梯形图基本标识和符号

三菱FX系列常用操作码（助记符）		西门子S7-200系列常用操作码（助记符）	
名称	符号	名称	符号
读指令（逻辑段开始-常开触点）	LD	读指令（逻辑段开始-常开触点）	LD
读反指令（逻辑段开始-常闭触点）	LDI	读反指令（逻辑段开始-常闭触点）	LDN
输出指令（驱动线圈指令）	OUT	输出指令（驱动线圈指令）	=
与指令	AND	与指令	A
与非指令	ANI	与非指令	AN
或指令	OR	或指令	O
或非指令	ORI	或非指令	ON
电路块与指令	ANB	电路块与指令	ALD
电路块或指令	ORB	电路块或指令	OLD
置位指令	SET	置位指令	S
复位指令	RST	复位指令	R
进栈指令	MPS	进栈指令	LPS
读栈指令	MRD	读栈指令	LRD
出栈指令	MPP	出栈指令	LPP
上升沿脉冲指令	PLS	上升沿脉冲指令	EU
下降沿脉冲指令	PLF	下降沿脉冲指令	ED

三菱FX系列常用操作数		西门子S7-200系列常用操作数	
名称	符号	名称	符号
输入继电器	X	输入继电器	I
输出继电器	Y	输出继电器	Q
定时器	T	定时器	T
计数器	C	计数器	C
辅助继电器	M	通用辅助继电器	M
状态继电器	S	特殊标志继电器	SM
		变量存储器	V
		顺序控制继电器	S

19.3.2 PLC 的编程方式

PLC 所实现的各项控制功能是根据用户程序实现的。各种用户程序需要编程人员根据控制的具体要求编写。通常，PLC 用户程序的编写方式主要有软件编写和手持式编程器编程。

1 软件编程

软件编程是指借助 PLC 专用的编程软件编写程序。

采用软件编程的方式需将编程软件安装在匹配的计算机中，在计算机上根据编程软件的使用规则编写具有相应控制功能的 PLC 控制程序（梯形图程序或语句表程序），最后借助通信电缆将编写好的程序写入 PLC 内部即可。

图 19-20 为 PLC 的软件编程方式。

| 提示说明 |

不同类型 PLC 可采用的编程软件不相同，甚至有些相同品牌不同系列 PLC 使用的编程软件也不相同。表 19-2 为几种常用 PLC 可用的编程软件汇总。随着 PLC 的不断更新换代，对应的编程软件及版本都有不同的升级和更换，在实际选择编程软件时，应首先按品牌和型号对应查找匹配的编程软件。

表 19-2　几种常用 PLC 可用的编程软件汇总

PLC的品牌	编辑软件	
三菱	GX-Developer	三菱通用
	FXGP-WIN-C	FX系列
	Gx Work2（PLC综合编程软件）	Q、QnU、L、FX等系列
西门子	STEP 7-Micro/WIN	S7-200
	STEP7 V系列	S7-300/400
松下	FPWIN-GR	
欧姆龙	CX-Programmer	
施耐德	unity pro XL	
台达	WPLSoft或ISPSoft	
AB	Logix5000	

图 19-20　PLC 的软件编程方式

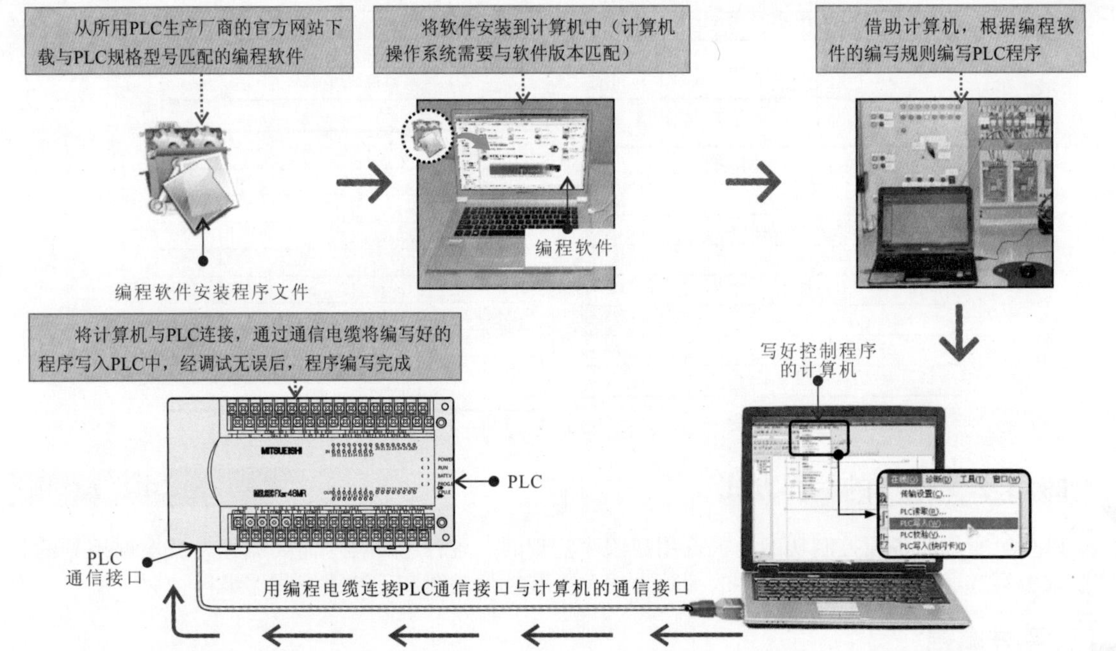
从所用PLC生产厂商的官方网站下载与PLC规格型号匹配的编程软件
将软件安装到计算机中（计算机操作系统需要与软件版本匹配）
借助计算机，根据编程软件的编写规则编写PLC程序
编程软件安装程序文件
编程软件
将计算机与PLC连接，通过通信电缆将编写好的程序写入PLC中，经调试无误后，程序编写完成
写好控制程序的计算机
PLC
PLC通信接口
用编程电缆连接PLC通信接口与计算机的通信接口

2　编程器编程

编程器编程是指借助 PLC 专用的编程器设备直接在 PLC 中编写程序。在实际应用中，编程器多为手持式编程器，具有体积小、质量轻、携带方便等特点，在一些小型 PLC 的用户程序编制、现场调试、监视等场合应用十分广泛。

如图 19-21 所示，编程器编程是一种基于指令语句表的编程方式。首先需要根据 PLC 的规格、型号选择匹配的编程器，然后借助通信电缆将编程器与 PLC 连接，通过操作编程器上的按键直接向 PLC 中写入语句表指令。

| 提示说明 |

不同品牌或不同型号 PLC 所采用的编程器类型不相同，在将指令语句表程序写入 PLC 时，应注意选择合适的编程器。表 19-3 为各种 PLC 对应匹配的手持式编程器型号汇总。

表 19-3 各种 PLC 对应匹配的手持式编程器型号汇总

PLC		手持式编程器型号
三菱（MITSUBISHI）	F/F1/F2系列	F1—20P—E、GP—20F—E、GP—80F—2B—E
		F2—20P—E
	Fx系列	FX—20P—E
西门子（SIEMENS）	S7-200系列	PG702
	S7-300/400系列	一般采用编程软件进行编程
欧姆龙（OMRON）	C**P/C200H系列	C120—PR015
	C**P/C200H/C1000H/C2000H系列	C500—PR013、C500—PR023
	C**P系列	PR027
	C**H/C200H/C200HS/C200Ha/CPM1/CQM1系列	C200H—PR 027
光洋（KOYO）	KOYO SU—5/SU—6/SU—6B系列	S—01P—EX
	KOYO SR21系列	A—21P

图 19-21 PLC 的编程器编程

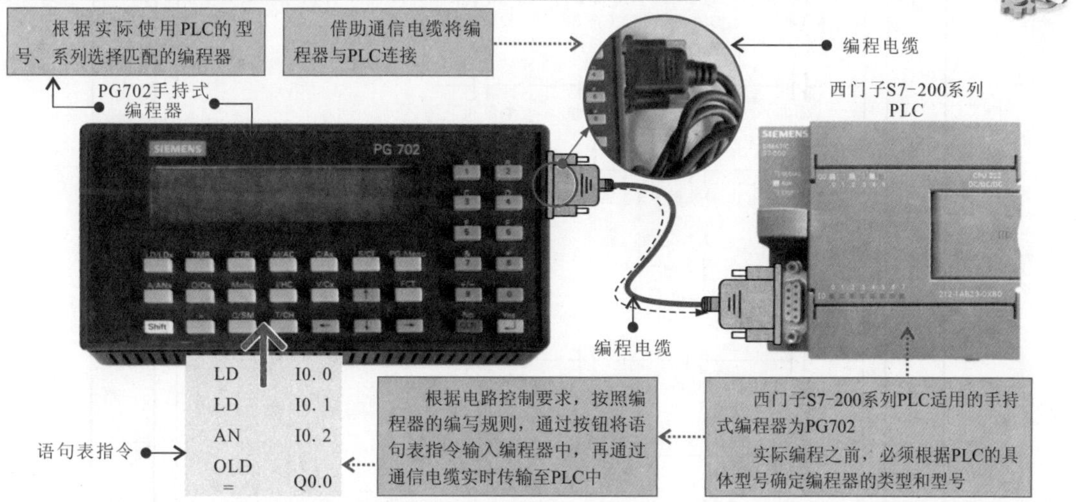
根据实际使用PLC的型号、系列选择匹配的编程器
借助通信电缆将编程器与PLC连接
编程电缆
PG702手持式编程器
西门子S7-200系列PLC
SIEMENS
PG 702
编程电缆
语句表指令
LD I0. 0
LD I0. 1
AN I0. 2
OLD
= Q0.0
根据电路控制要求，按照编程器的编写规则，通过按钮将语句表指令输入编程器中，再通过通信电缆实时传输至PLC中
西门子S7-200系列PLC适用的手持式编程器为PG702
实际编程之前，必须根据PLC的具体型号确定编程器的类型和型号

19.4 PLC 控制综合应用电路

19.4.1 通风报警 PLC 控制电路

图 19-22 为由三菱 PLC 控制的通风报警 PLC 控制电路。该电路主要是由风机运行状态检测传感器 A、B、C、D，三菱 PLC，红色、绿色、黄色三个指示灯等构成的。

风机 A、B、C、D 运行状态传感器和指示灯分别连接 PLC 相应的 I/O 接口上，所连接的接口名称对应 PLC 内部程序的编程地址编号，见表 19-4，由设计之初确定的 I/O 分配表设定。

在通风系统中，4 台电动机驱动 4 台风机运转。为了确保通风状态良好，设有通风报警系统，即由绿、黄、红指示灯对电动机的运行状态进行指示。当 3 台以上风机同时运行时，绿色指示灯亮，表示通风状态良好；当2台电动机同时运转时，黄色指示灯亮，表示通风不佳；当仅有一台风机运转时，红色指示灯亮起，并闪烁发出报警指示，警告通风太差。

图 19-22　三菱 PLC 控制的通风报警控制电路

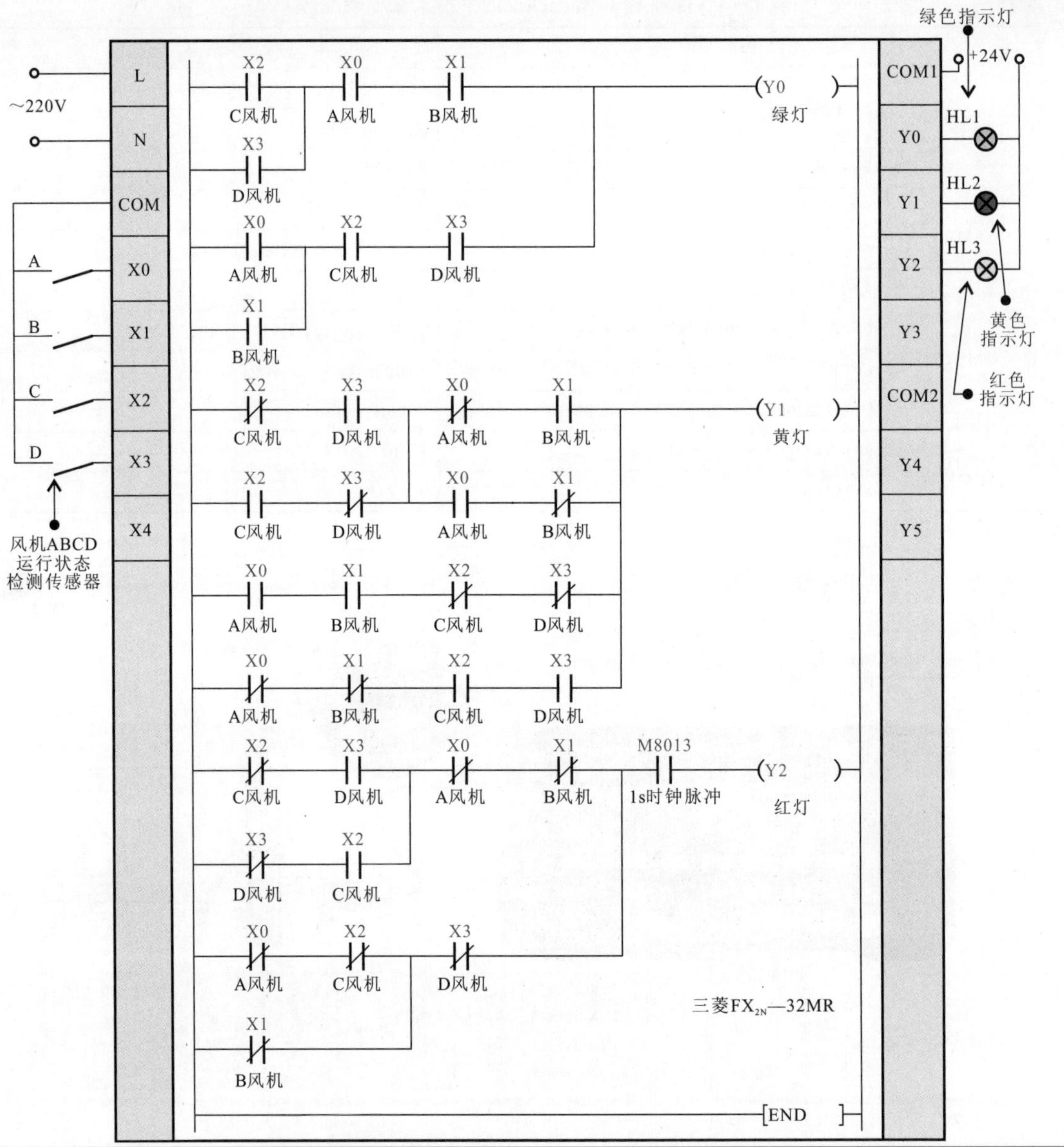

绿色指示灯
+24V
~220V
L
N
COM
X0
X1
X2
X3
X4
A
B
C
D
风机ABCD
运行状态
检测传感器
X2 C风机
X0 A风机
X1 B风机
X3 D风机
Y0 绿灯
Y1 黄灯
M8013 1s时钟脉冲
Y2 红灯
END
三菱FX2N—32MR
COM1
Y0
Y1
Y2
Y3
COM2
Y4
Y5
HL1
HL2
HL3
黄色
指示灯
红色
指示灯

表 19-4　三菱 PLC 控制的通风报警控制电路的 I/O 地址编号（三菱 FX_{2N} 系列 PLC）

输入信号及地址编号			输出信号及地址编号		
名称	代号	输入点地址编号	名称	代号	输出点地址编号
风机A运行状态检测传感器	A	X0	通风良好指示灯（绿）	HL1	Y0
风机B运行状态检测传感器	B	X1	通风不佳指示灯（黄）	HL2	Y1
风机C运行状态检测传感器	C	X2	通风太差指示灯（红）	HL3	Y2
风机D运行状态检测传感器	D	X3			

图 19-23 为由三菱 PLC 控制的通风报警控制电路中绿色指示灯点亮的控制过程。

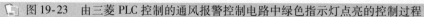

图 19-23 由三菱 PLC 控制的通风报警控制电路中绿色指示灯点亮的控制过程

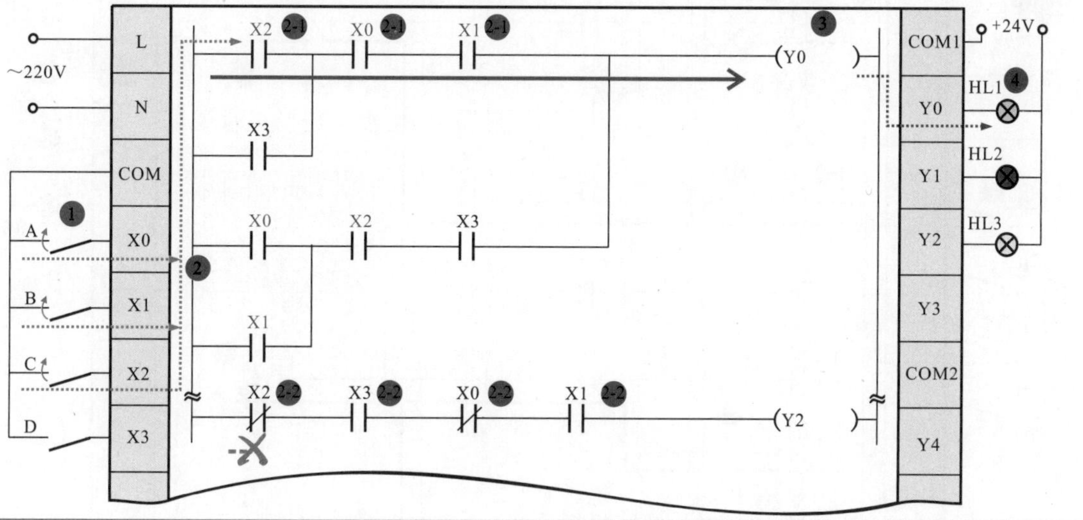

~220V
L
N
COM
X0
X1
X2
X3
A
B
C
D
X2
X0
X1
X3
Y0
Y2
COM1
Y0
Y1
Y2
Y3
COM2
Y4
+24V
HL1
HL2
HL3

当 3 台以上风机均运转时，风机 A、B、C、D 传感器中至少有 3 只传感器闭合，向 PLC 中送入传感信号。根据 PLC 内控制绿色指示灯的梯形图程序可知，X0 ~ X3 任意三个输入继电器触点闭合，总有一条程序能控制输出继电器 Y0 线圈得电，使 HL1 得电点亮。例如，当 A、B、C3 个传感器获得运转信息而闭合时。

❶当风机 A、B、C 传感器测得风机运转信息闭合时，常开触点闭合。

❷PLC 内相应输入继电器触点动作。

2-1 将 PLC 内输入继电器 X0、X1、X2 的常开触点闭合。

2-2 同时，输入继电器 X0、X1、X2 的常闭触点断开，使输出继电器 Y1、Y2 线圈不可得电。

2-1 →❸输出继电器 Y0 线圈得电。

❹控制 PLC 外接绿色指示灯 HL1 点亮，指示目前通风状态良好。

图 19-24 为由三菱 PLC 控制的通风报警控制电路中黄色指示灯、红色指示灯点亮的控制过程。当 2 台风机运转时，风机 A、B、C、D 传感器中至少有 2 只传感器闭合，向 PLC 中送入传感信号。根据 PLC 内控制黄灯的梯形图程序可知，X0 ~ X3 任意两个输入继电器触点闭合，总有一条程序能控制输出继电器 Y1 线圈得电，从而使 HL2 得电点亮。

❺当风机 A、B 传感器测得风机运转信息闭合时，常开触点闭合。

❻PLC 内相应输入继电器触点动作。

6-1 将 PLC 内输入继电器 X0、X1 的常开触点闭合。

6-2 同时，输入继电器 X0、X1 的常闭触点断开，使输出继电器 Y2 线圈不可得电。

6-1 →❼输出继电器 Y1 线圈得电。

❽控制 PLC 外接黄色指示灯 HL2 点亮，指示目前通风状态不佳。

当少于 2 台风机运转时，风机 A、B、C、D 传感器中无传感器闭合或仅有 1 只传感器闭合，向 PLC 中送入传感信号。根据 PLC 内控制红色指示灯的梯形图程序可知，X0 ~ X3 任意 1 个输入继电器触点闭合或无触点闭合送入信号，总有一条程序能控制输出继电器 Y2 线圈得电，从而使 HL3 得电点亮。

❾当风机 C 传感器测得风机运转信息而闭合时，其常开触点闭合。

图 19-24　由三菱 PLC 控制的通风报警控制电路中黄色指示灯、红色指示灯点亮的控制过程

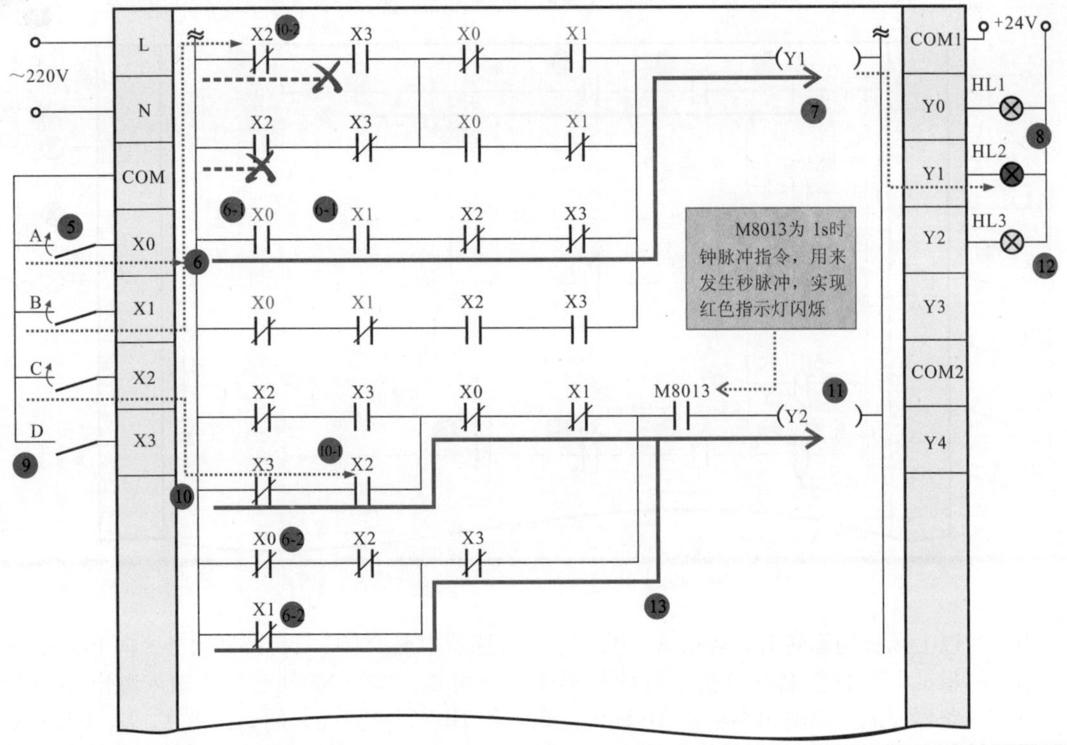
L
N
COM
X0
X1
X2
X3
~220V
A
B
C
D
COM1
Y0
Y1
Y2
Y3
COM2
Y4
+24V
HL1
HL2
HL3
M8013为 1s时钟脉冲指令，用来发生秒脉冲，实现红色指示灯闪烁
M8013

⑩ PLC 内相应输入继电器触点动作。

10-1 将 PLC 内输入继电器 X2 的常开触点闭合。

10-2 同时，输入继电器 X2 的常闭触点断开，使输出继电器 Y0、Y1 线圈不可得电。

10-1 →⑪ 输出继电器 Y2 线圈得电。

⑫ 控制 PLC 外接红色指示灯 HL3 点亮。同时，在 M8013 的作用下发出 1s 时钟脉冲，使红色指示灯闪烁，发出报警指示目前通风太差。

⑬ 当无风机运转时，风机 A、B、C、D 传感器都不动作，PLC 内梯形图程序中 Y2 线圈得电，控制红色指示灯 HL3 点亮，在 M8013 控制下闪烁发出报警。

19.4.2　电动葫芦的 PLC 控制电路

电动葫芦是起重运输机械的一种，主要用来提升或下降、平移重物。图 19-25 为电动葫芦的 PLC 控制电路。该控制电路主要由三菱 FX 系列 PLC、按钮、行程开关、交流接触器、交流电动机等构成。

电路主要由 PLC、与 PLC 输入接口连接的控制部件（SB1 ~ SB4、SQ1 ~ SQ4）、与 PLC 输出接口连接的执行部件（KM1 ~ KM4）等构成。

在该电路中，PLC 控制器采用的是三菱 FX_{2N}—32MR 型 PLC，外部的控制部件和执行部件都是通过 PLC 控制器预留的 I/O 接口连接到 PLC 上的，各部件之间没有复杂的连接关系。

PLC 输入接口外接的按钮、行程开关等控制部件和交流接触器线圈（即执行部件）分别连接到 PLC 相应的 I/O 接口上，它是根据 PLC 控制系统设计之初建立的 I/O 分配表进行连接分配的，其所连接的接口名称也对应于 PLC 内部程序的编程地址编号，见表 19-5。

从控制部件、梯形图程序与执行部件的控制关系入手，逐一分析各组成部件的动作状态即可弄清电动葫芦 PLC 控制电路的控制过程。

图 19-25 电动葫芦的 PLC 控制电路

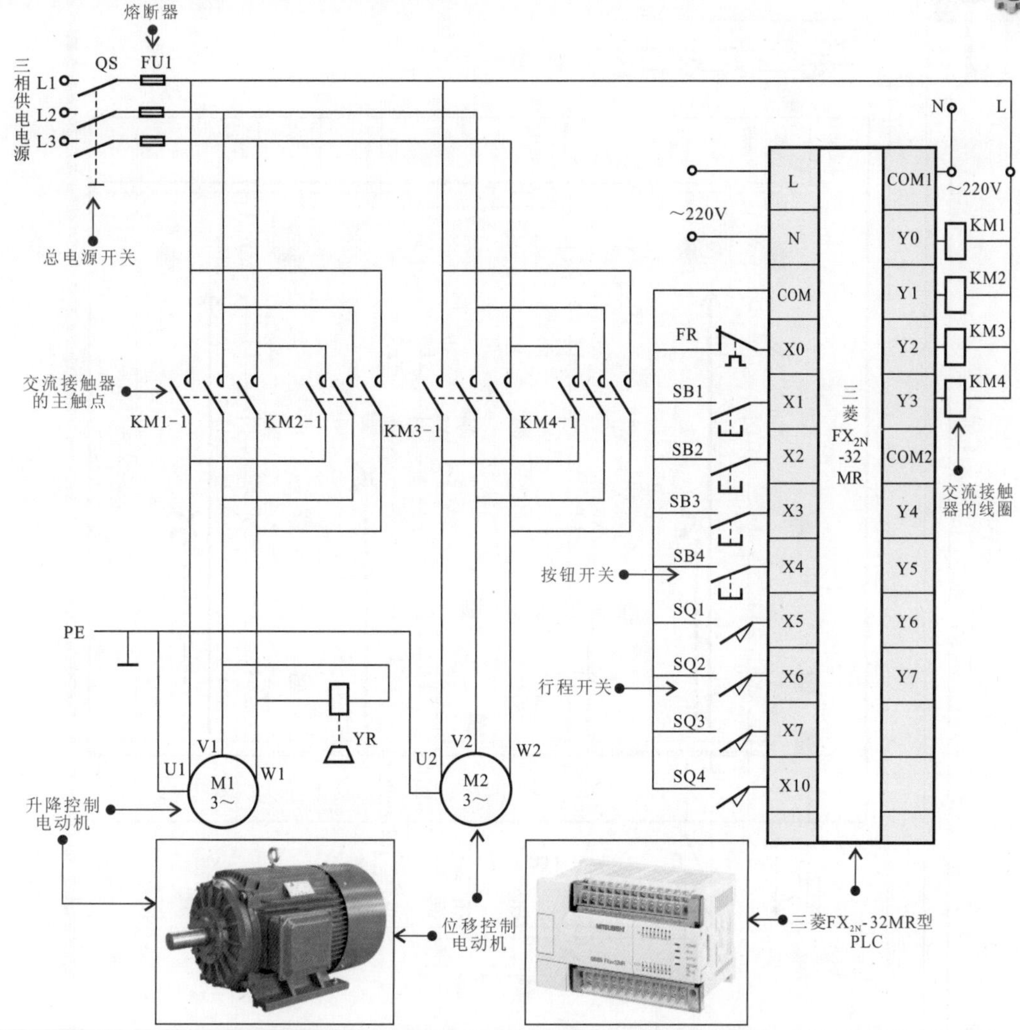
熔断器
三相供电电源
QS
FU1
L1
L2
L3
总电源开关
N
L
~220V
L
N
COM
X0
X1
X2
X3
X4
X5
X6
X7
X10
COM1
Y0
Y1
Y2
Y3
COM2
Y4
Y5
Y6
Y7
KM1
KM2
KM3
KM4
交流接触器的线圈
三菱 FX2N -32 MR
FR
SB1
SB2
SB3
SB4
按钮开关
SQ1
SQ2
SQ3
SQ4
行程开关
交流接触器的主触点
KM1-1
KM2-1
KM3-1
KM4-1
PE
YR
U1
V1
W1
M1 3~
U2
V2
W2
M2 3~
升降控制电动机
位移控制电动机
三菱FX2N-32MR型 PLC

表 19-5 电动葫芦 PLC 控制线路中 PLC（三菱 FX_{2N}-32MR）I/O 分配表

输入信号及地址编号			输出信号及地址编号		
名　　称	代号	输入点地址编号	名称	代号	输出点地址编号
电动葫芦上升点动按钮	SB1	X1	电动葫芦上升接触器	KM1	Y0
电动葫芦下降点动按钮	SB2	X2	电动葫芦下降接触器	KM2	Y1
电动葫芦左移点动按钮	SB3	X3	电动葫芦左移接触器	KM3	Y2
电动葫芦右移点动按钮	SB4	X4	电动葫芦右移接触器	KM4	Y3
电动葫芦上升限位行程开关	SQ1	X5			
电动葫芦下降限位行程开关	SQ2	X6			
电动葫芦左移限位行程开关	SQ3	X7			
电动葫芦右移限位行程开关	SQ4	X10			

图 19-26 为电动葫芦 PLC 控制电路的控制过程。

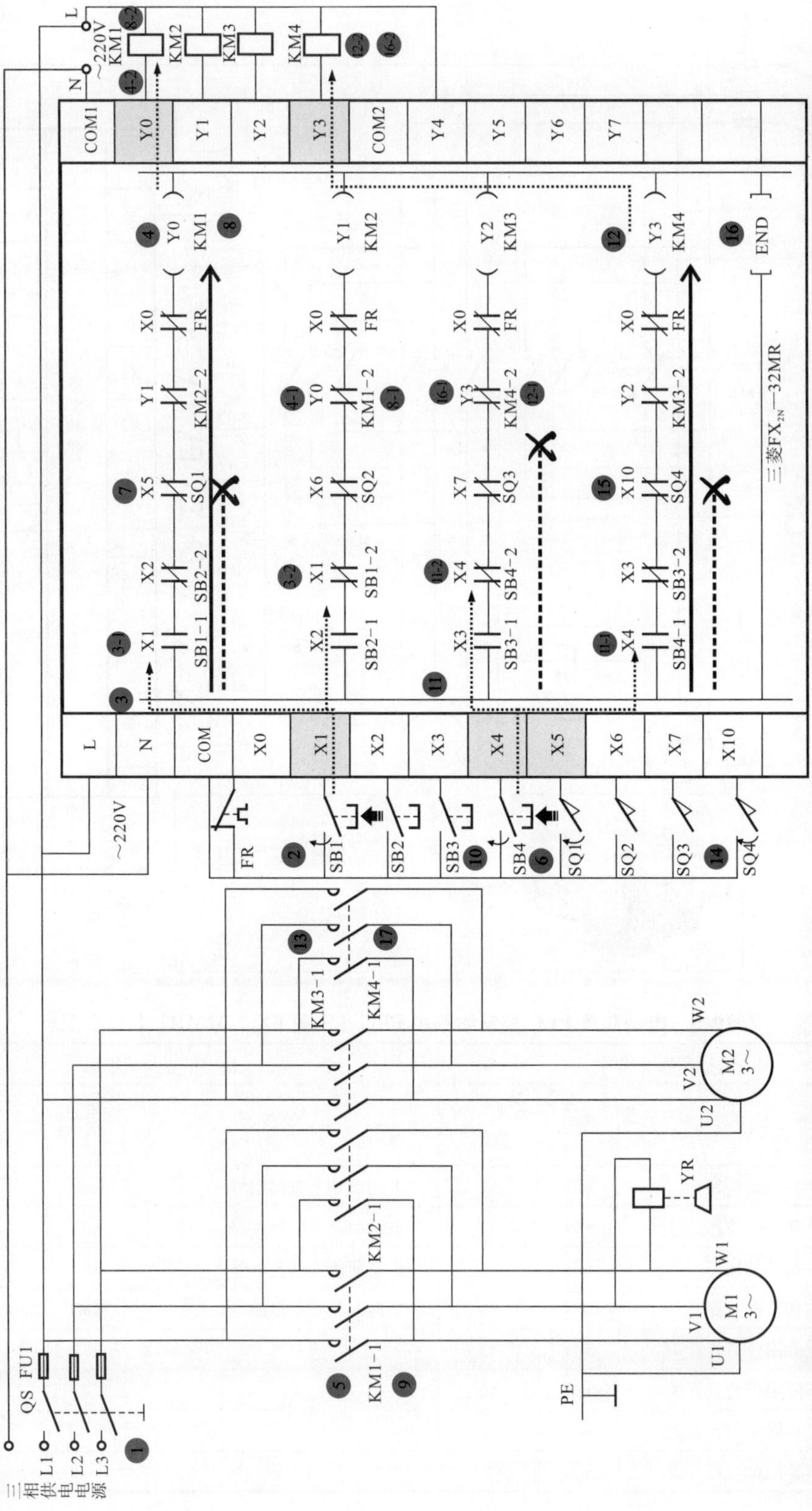
三相供电电源
L1
L2
L3
QS
FU1
KM1-1
KM2-1
KM3-1
KM4-1
M1 3~
M2 3~
U1
V1
W1
U2
V2
W2
YR
PE
~220V
FR
SB1
SB2
SB3
SB4
SQ1
SQ2
SQ3
SQ4
L
N
COM
X0
X1
X2
X3
X4
X5
X6
X7
X10
COM1
Y0
Y1
Y2
Y3
COM2
Y4
Y5
Y6
Y7
SB1-1
SB2-2
SQ1
KM2-2
FR
KM1
SB2-1
SB1-2
SQ2
KM1-2
KM2
SB3-1
SB4-2
SQ3
KM4-2
KM3
SB4-1
SB3-2
SQ4
KM3-2
KM4
END
三菱FX2N—32MR
N ~220V L

图19-26　电动葫芦PLC控制电路的控制过程

| 图 解 |

❶闭合电源总开关 QS，接通三相电源。

❷按下上升点动按钮 SB1，其常开触点闭合。

❸将 PLC 程序中输入继电器常开触点 X1 置 1，常闭触点 X1 置 0。

3-1控制输出继电器 Y0 的常开触点 X1 闭合。

3-2控制输出继电器 Y1 的常闭触点 X1 断开，实现输入继电器互锁。

3-1→❹输出继电器 Y0 线圈得电。

4-1常闭触点 Y0 断开实现互锁，防止输出继电器 Y1 线圈得电。

4-2控制 PLC 外接交流接触器 KM1 线圈得电。

4-1→❺带动主电路中的常开主触点 KM1-1 闭合，接通升降电动机正向电源，电动机正向起动运转，开始提升重物。

❻当电动机上升到限位开关 SQ1 位置时，限位开关 SQ1 动作。

❼将 PLC 程序中输入继电器常闭触点 X5 置 1，即常闭触点 X5 断开。

❽输出继电器 Y0 失电。

8-1控制 Y1 电路中的常闭触点 Y0 复位闭合，解除互锁，为输出继电器 Y1 得电做好准备。

8-2控制 PLC 外接交流接触器线圈 KM1 失电。

8-2→❾带动主电路中常开主触点断开，断开升降电动机正向电源，电动机停转，停止提升重物。

❿按下右移点动按钮 SB4。

⓫将 PLC 程序中输入继电器常开触点 X4 置 1，常闭触点 X4 置 0。

11-1 控制输出继电器 Y3 的常开触点 X4 闭合。

11-2 控制输出继电器 Y2 的常闭触点 X4 断开，实现输入继电器互锁。

11-1 →⓬输出继电器 Y3 线圈得电。

12-1 常闭触点 Y3 断开实现互锁，防止输出继电器 Y2 线圈得电。

12-2 控制 PLC 外接交流接触器 KM4 线圈得电。

12-2 →⓭带动主电路中的常开主触点 KM4-1 闭合，接通位移电动机正向电源，电动机正向启动运转，开始带动重物向右平移。

⓮当电动机右移到限位开关 SQ4 位置时，限位开关 SQ4 动作。

⓯将 PLC 程序中输入继电器常闭触点 X10 置 1，即常闭触点 X10 断开。

⓰输出继电器 Y3 线圈失电。

16-1 控制输出继电器 Y3 的常闭触点 Y3 复位闭合，解除互锁，为输出继电器 Y2 得电做好准备。

16-2 控制 PLC 外接交流接触器 KM4 线圈失电。

16-2 →⓱带动常开主触点 KM4-1 断开，断开位移电动机正向电源，电动机停转，停止平移重物。

19.4.3 工控机床的 PLC 控制电路

图 19-27 为由西门子 S7-200 系列 PLC 控制的工控机床电路（C650 型卧式车床）。

表 19-6 为西门子 S7-200 系列 PLC 控制的 C650 型卧式车床控制电路的 I/O 地址分配表。

图 19-27　由西门子 S7-200 型 PLC 控制的工控机床电路（C650 型卧式车床）

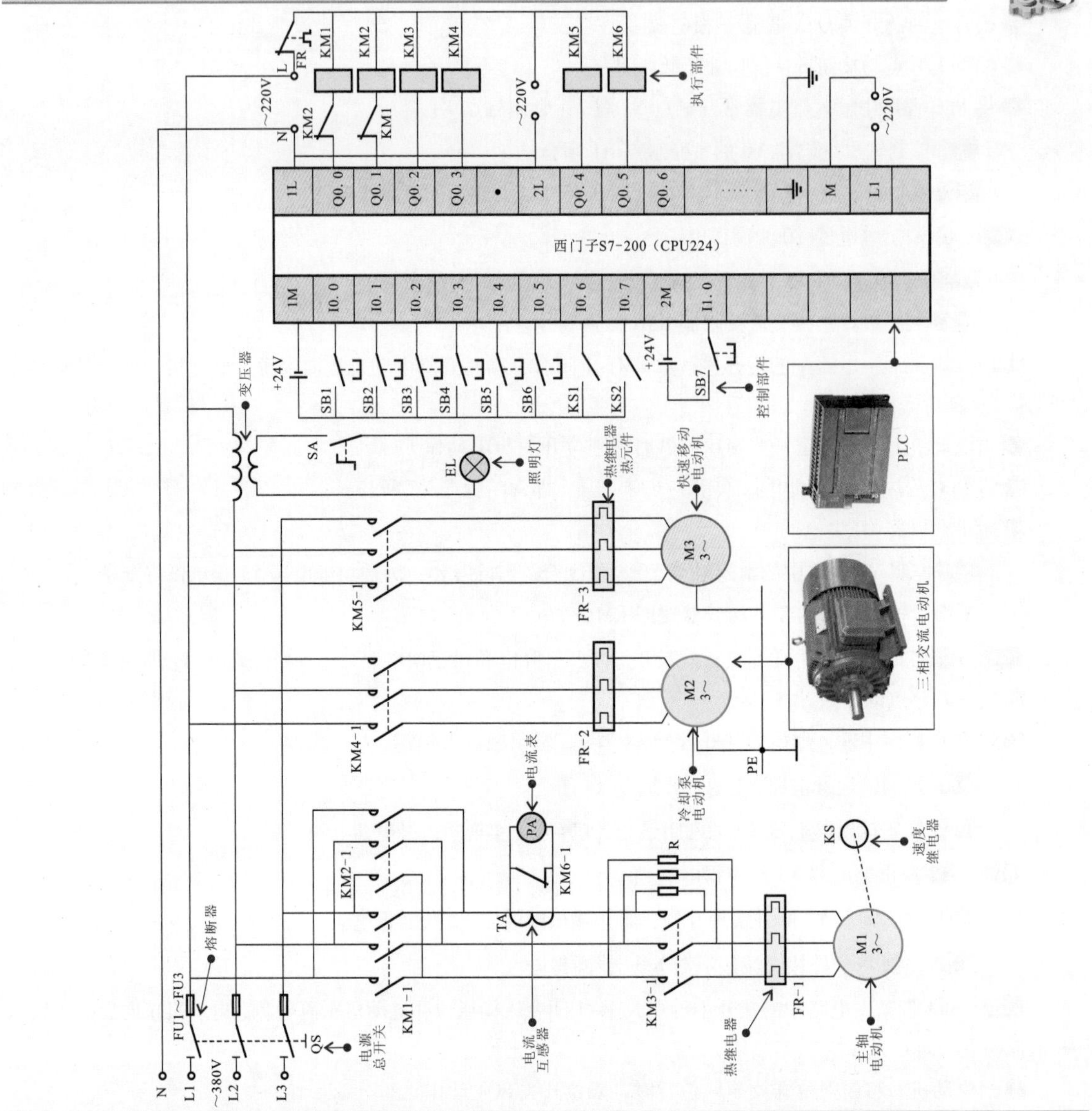
西门子S7-200（CPU224）
1L
Q0.0
Q0.1
Q0.2
Q0.3
2L
Q0.4
Q0.5
Q0.6
M
L1
1M
I0.0
I0.1
I0.2
I0.3
I0.4
I0.5
I0.6
I0.7
2M
I1.0
KM1
KM2
KM3
KM4
KM5
KM6
FR
~220V
执行部件
+24V
SB1
SB2
SB3
SB4
SB5
SB6
KS1
KS2
SB7
控制部件
变压器
SA
EL
照明灯
PLC
热继电器热元件
快速移动电动机
三相交流电动机
M3 3~
M2 3~
M1 3~
KM5-1
KM4-1
FR-3
FR-2
FR-1
PE
冷却泵电动机
电流表
PA
KM2-1
KM6-1
TA
R
KS
速度继电器
熔断器
FU1~FU3
KM1-1
KM3-1
QS
电源总开关
电流互感器
热继电器
主轴电动机
N
L1
L2
L3
~380V

表 19-6　西门子 S7-200 系列 PLC 控制的 C650 型卧式车床控制电路的 I/O 地址分配表

输入信号及地址编号			输出信号及地址编号		
名称	代号	输入点地址编号	名称	代号	输出点地址编号
停止按钮	SB1	I0.0	主轴电动机M1正转接触器	KM1	Q0.0
点动按钮	SB2	I0.1	主轴电动机M2反转接触器	KM2	Q0.1
正转起动按钮	SB3	I0.2	切断电阻接触器	KM3	Q0.2
反转起动按钮	SB4	I0.3	冷却泵接触器	KM4	Q0.3
冷却泵起动按钮	SB5	I0.4	快速电动机接触器	KM5	Q0.4
冷却泵停止按钮	SB6	I0.5	电流表接入接触器	KM6	Q0.5
速度继电器正转触点	KS1	I0.6			
速度继电器反转触点	KS2	I0.7			
刀架快速移动点动按钮	SB7	I1.0			

结合 PLC 梯形图程序分析西门子 S7-200 型控制的 C650 型卧式车床的控制电路控制过程如图 19-28所示。

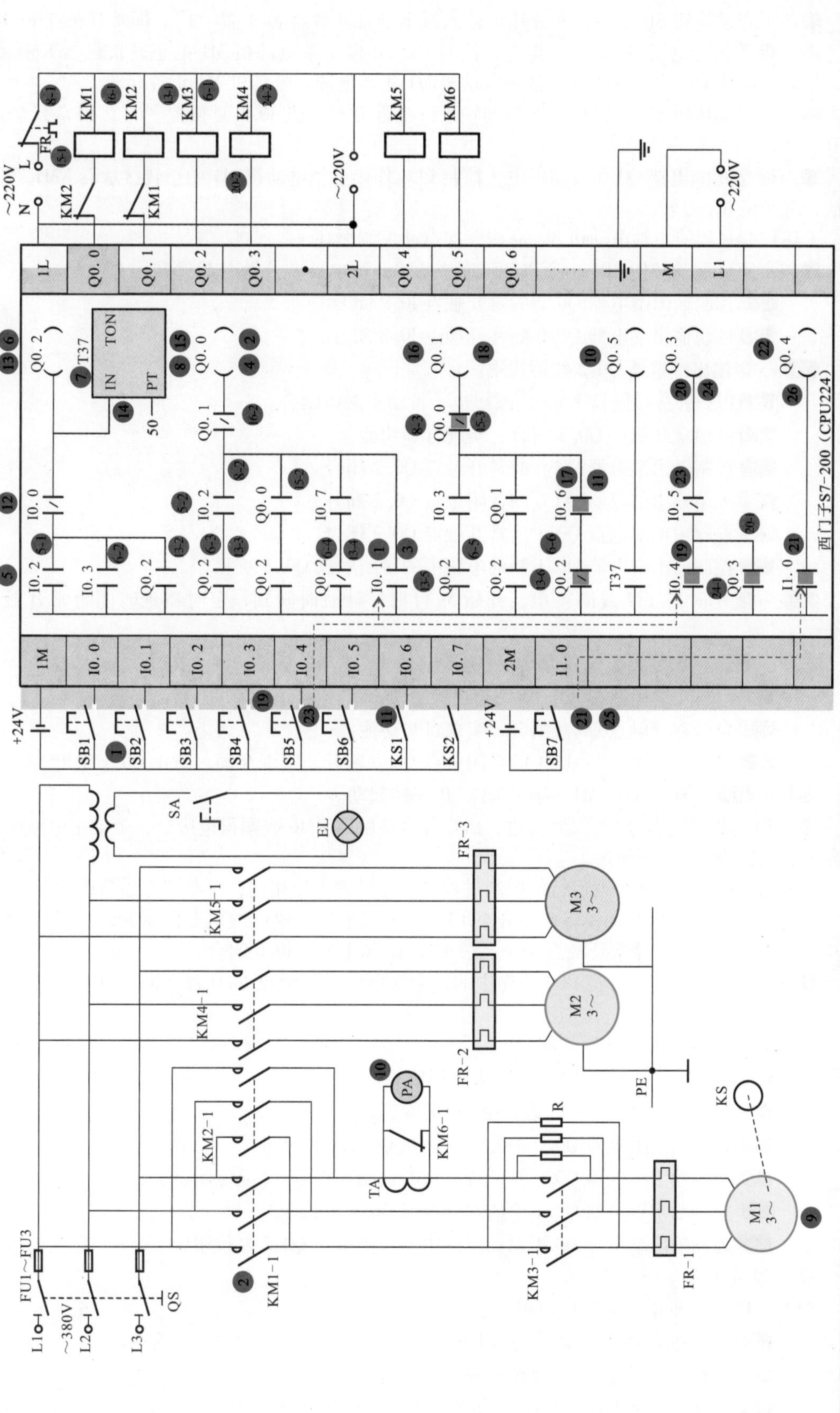
~220V
N
L
KM2
KM1
FR
KM1
KM2
KM3
KM4
KM5
KM6
1L
Q0.0
Q0.1
Q0.2
Q0.3
2L
Q0.4
Q0.5
Q0.6
M
L1
T37
IN
TON
PT
50
1M
I0.0
I0.1
I0.2
I0.3
I0.4
I0.5
I0.6
I0.7
2M
I1.0
+24V
SB1
SB2
SB3
SB4
SB5
SB6
KS1
KS2
SB7
西门子S7-200（CPU224）
SA
EL
FR-3
FR-2
FR-1
KM5-1
KM4-1
KM2-1
KM1-1
KM3-1
KM6-1
M3 3~
M2 3~
M1 3~
PA
TA
PE
R
KS
FU1~FU3
QS
L1
L2
L3
~380V

图 19-28 PLC 控制的 C650 型卧式车床控制电路的控制过程

❶按下点动按钮 SB2，PLC 程序中的输入继电器常开触点 I0.1 置“1”，即常开触点 I0.1 闭合。

❶→❷输出继电器 Q0.0 线圈得电，控制 PLC 外接主轴电动机 M1 的正转接触器 KM1 线圈得电，带动主电路中的主触点闭合，接通电动机 M1 正转电源，电动机 M1 正转起动。

❸松开点动按钮 SB2，PLC 程序中的输入继电器常开触点 I0.1 复位置“0”，即常开触点 I0.1 断开。

❸→❹输出继电器 Q0.0 线圈失电，控制 PLC 外接主轴电动机 M1 的正转接触器 KM1 线圈失电释放，电动机 M1 停转。

上述控制过程使主轴电动机 M1 完成一次点动控制循环。

❺按下正转起动按钮 SB3，将 PLC 程序中的输入继电器常开触点 I0.2 置“1”。

5-1 控制输出继电器 Q0.2 的常开触点 I0.2 闭合。

5-2 控制输出继电器 Q0.0 的常开触点 I0.2 闭合。

5-1 →❻输出继电器 Q0.2 线圈得电。

6-1 PLC 外接接触器 KM3 线圈得电，带动主触点闭合。

6-2 自锁常开触点 Q0.2 闭合，实现自锁功能。

6-3 控制输出继电器 Q0.0 的常开触点 Q0.2 闭合。

6-4 控制输出继电器 Q0.0 的常闭触点 Q0.2 断开。

6-5 控制输出继电器 Q0.1 的常开触点 Q0.2 闭合。

6-6 控制输出继电器 Q0.1 制动电路中的常闭触点 Q0.2 断开。

5-1 →❼ 定时器 T37 线圈得电，开始 5s 计时。计时时间到，定时器延时闭合常开触点 T37 闭合。

5-2 + 6-3 →❽输出继电器 Q0.0 线圈得电。

8-1 PLC 外接接触器 KM1 线圈得电吸合。

8-2 自锁常开触点 Q0.0 闭合，实现自锁功能。

8-3 控制输出继电器 Q0.1 的常闭触点 Q0.0 断开，实现互锁，防止 Q0.1 得电。

6-1 + 8-1 →❾电动机 M1 短接电阻器 R 正转起动。

❼→❿输出继电器 Q0.5 线圈得电，PLC 外接接触器 KM6 线圈得电吸合，带动主电路中常闭触点断开，电流表 PA 投入使用。

主轴电动机 M1 反转起动运行的控制过程与上述过程大致相同，可参照上述分析进行了解。

⓫ 主轴电动机正转起动，转速上升至 130r/min 以上后，速度继电器的正转触点 KS1 闭合，将 PLC 程序中的输入继电器常开触点 I0.6 置“1”，即常开触点 I0.6 闭合。

⓬ 按下停止按钮 SB1，将 PLC 程序中的输入继电器常闭触点 I0.0 置“0”，即梯形图中的常闭触点 I0.0 断开。

⓬ →⓭ 输出继电器 Q0.2 线圈失电。

13-1 PLC 外接接触器 KM3 线圈失电释放。

13-2 自锁常开触点 Q0.2 复位断开，解除自锁。

13-3 控制输出继电器 Q0.0 中的常开触点 Q0.2 复位断开。

13-4 控制输出继电器 Q0.0 制动线路中的常闭触点 Q0.2 复位闭合。

13-5 控制输出继电器 Q0.1 中的常开触点 Q0.2 复位断开。

13-6 控制输出继电器 Q0.1 制动线路中的常闭触点 Q0.2 复位闭合。

⓬ →⓮ 定时器线圈 T37 失电。

13-3 →⓯ 输出继电器 Q0.0 线圈失电。

15-1 PLC 外接接触器 KM1 线圈失电释放，带动主电路中常开触点复位断开。

15-2 自锁常开触点 Q0.0 复位断开，解除自锁。

15-3 控制输出继电器 Q0.1 的互锁常闭触点 Q0.0 闭合。

⑪ + 13-6 + 15-3 →⑯ 输出继电器 Q0.1 线圈得电。

16-1 控制 PLC 外接接触器 KM2 线圈得电，电动机 M1 串电阻 R 反接起动。

16-2 控制输出继电器 Q0.0 的互锁常闭触点 Q0.1 断开，防止 Q0.0 得电。

16-1 →⑰ 当电动机转速下降至 130r/min 以下时，速度继电器正转触点 KS1 断开，PLC 程序中的输入继电器常开触点 I0.6 复位置“0”，即常开触点 I0.6 断开。

⑰ →⑱ 输出继电器 Q0.1 线圈失电，PLC 外接接触器 KM2 线圈失电释放，其触点全部复位，电动机停转，反接制动结束。

⑲ 按下冷却泵起动按钮 SB5，PLC 程序中的输入继电器常开触点 I0.4 置“1”，即 PLC 梯形图程序中的常开触点 I0.4 闭合。

⑲ →⑳ 输出继电器线圈 Q0.3 得电。

20-1 自锁常开触点 Q0.3 闭合，实现自锁功能。

20-2 PLC 外接接触器 KM4 线圈得电吸合，带动主电路中主触点闭合，冷却泵电动机 M2 起动，提供冷却液。

㉑ 按下刀架快速移动点动按钮 SB7，PLC 程序中的输入继电器常开触点 I1.0 置“1”，即常开触点 I1.0 闭合。

㉑ →㉒ 输出继电器线圈 Q0.4 得电，PLC 外接接触器 KM5 线圈得电吸合，带动主电路中主触点闭合，快速移动电动机 M3 起动，带动刀架快速移动。

㉓ 按下冷却泵停止按钮 SB6，PLC 程序中的输入继电器常闭触点 I0.5 置“0”，即 PLC 梯形图程序常闭触点 I0.5 断开。

㉓ →㉔ 输出继电器线圈 Q0.3 失电。

24-1 自锁常开触点 Q0.3 复位断开，解除自锁。

24-2 PLC 外接接触器 KM4 线圈失电释放，其所有触点复位，主电路中主触点断开，冷却泵电动机 M2 停转。

㉕ 松开刀架快速移动点动按钮 SB7，PLC 程序中的输入继电器常闭触点 I1.0 置“0”，即常闭触点 I1.0 断开。

㉕ →㉖ 输出继电器线圈 Q0.4 失电，PLC 外接接触器 KM5 线圈失电释放，主电路中主触点断开，快速移动电动机 M3 停转。

第20章 机电设备综合应用控制

20.1 工业电气设备的自动化控制

20.1.1 工业电气设备的自动化控制特点

工业电气设备是指使用在工业生产中所需要的设备，随着技术的发展和人们生活水平的提升，工业电气设备的种类越来越多。不同工业电气设备所选用的控制器件、功能部件、连接部件以及电动机等基本相同，但根据选用部件数量的不同以及对不同器件间的不同组合，便可以实现不同的功能。图 20-1 所示为典型工业电气设备的电气控制电路。

图 20-1 典型工业电气设备的电气控制电路

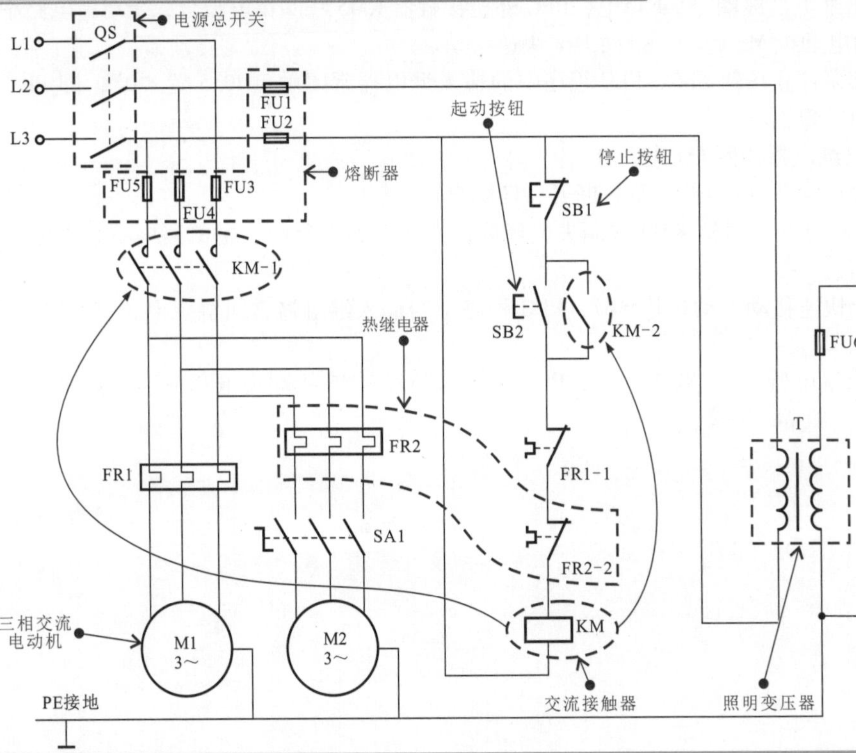

电源总开关
L1
L2
L3
QS
FU1
FU2
起动按钮
停止按钮
熔断器
FU5
FU4
FU3
SB1
KM-1
SB2
KM-2
热继电器
FU6
SA2
FR2
T
FR1
FR1-1
36V
EL
SA1
FR2-2
三相交流电动机
M1 3~
M2 3~
KM
照明灯
PE接地
交流接触器
照明变压器

典型工业电气设备的电气控制电路主要是由电源总开关、熔断器、热继电器、转换开关、交流接触器、起动按钮（不闭锁的常开按钮）、停止按钮、照明灯、三相交流电动机等构成的，根据该电气控制电路图通过导线将相关的部件进行连接后，即构成了工业电气设备的电气控制电路，如图 20-2所示。

20.1.2 工业电气设备的自动化控制过程

工业电气设备的是依靠起动按钮、停止按钮、转换开关、交流接触器、热继电器等控制部件来对电动机进行控制，再由电动机带动电气设备中的机械部件动作，从而实现对电气设备的控制。图 20-3为典型工业电气设备的电气控制图。

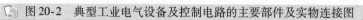

图 20-2 典型工业电气设备及控制电路的主要部件及实物连接图

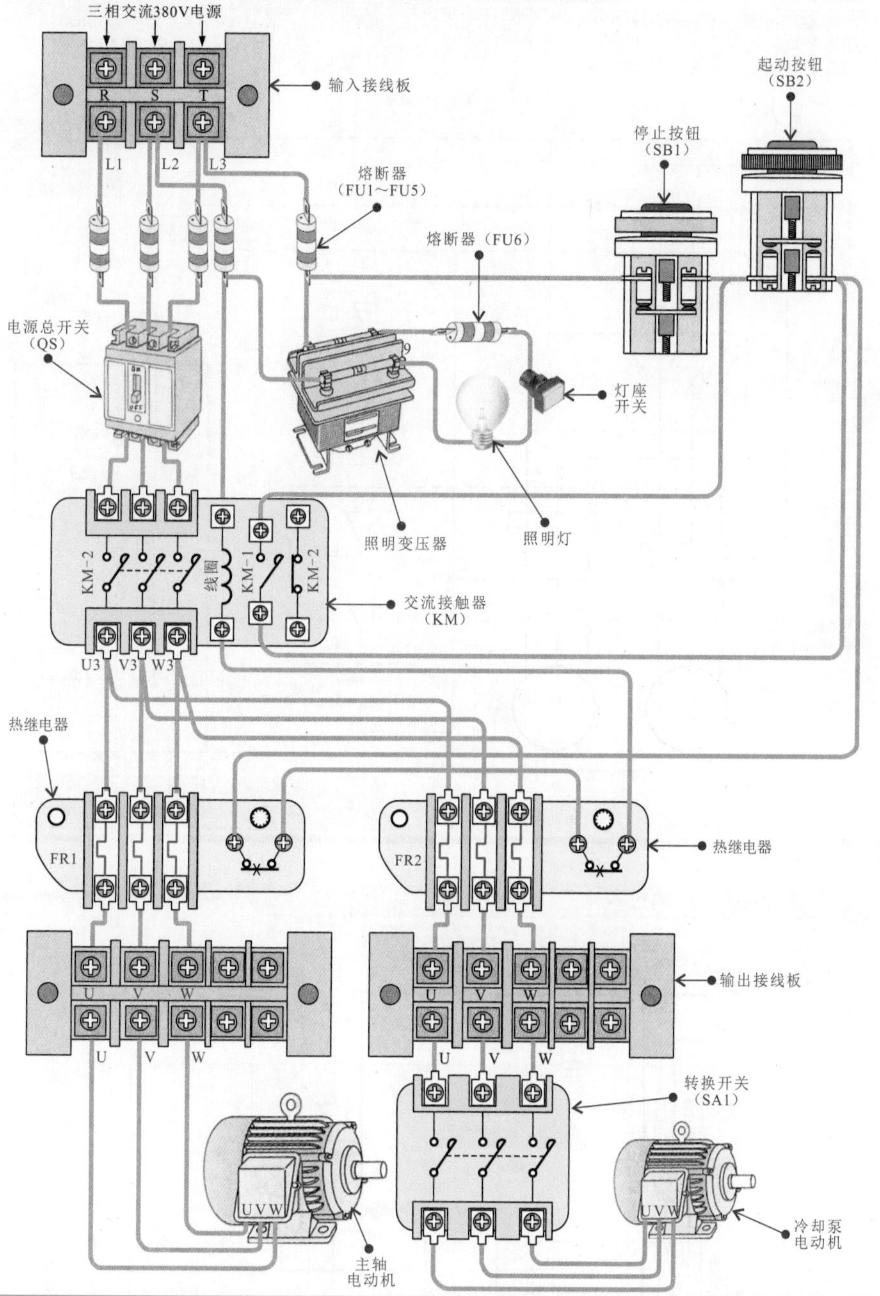

三相交流380V电源
R
S
T
输入接线板
L1
L2
L3
熔断器（FU1～FU5）
熔断器（FU6）
停止按钮（SB1）
起动按钮（SB2）
电源总开关（QS）
灯座开关
照明变压器
照明灯
KM-2
线圈
KM-1
KM-2
交流接触器（KM）
U3
V3
W3
热继电器
FR1
FR2
热继电器
U
V
W
输出接线板
U
V
W
转换开关（SA1）
UVW
主轴电动机
UVW
冷却泵电动机

该电气控制电路可以划分为供电电路、保护电路、控制电路、照明灯电路等，各电路之间相互协调，通过控制部件最终实现合理地对各电气设备进行控制。

1 主轴电动机的起动过程

当控制主轴电动机起动时，需要先合上电源总开关 QS，接通三相电源，如图 20-4 所示。然后按下起动按钮 SB2，其内部常开触点闭合，此时交流接触器 KM 线圈得电。

当交流接触器 KM 线圈得电后，常开辅助触点 KM-2 闭合自锁，使 KM 线圈保持得电。常开主触点 KM-1 闭合，电动机 M1 接通三相电源，开始运转。

图 20-3　典型工业电气设备的电气控制图

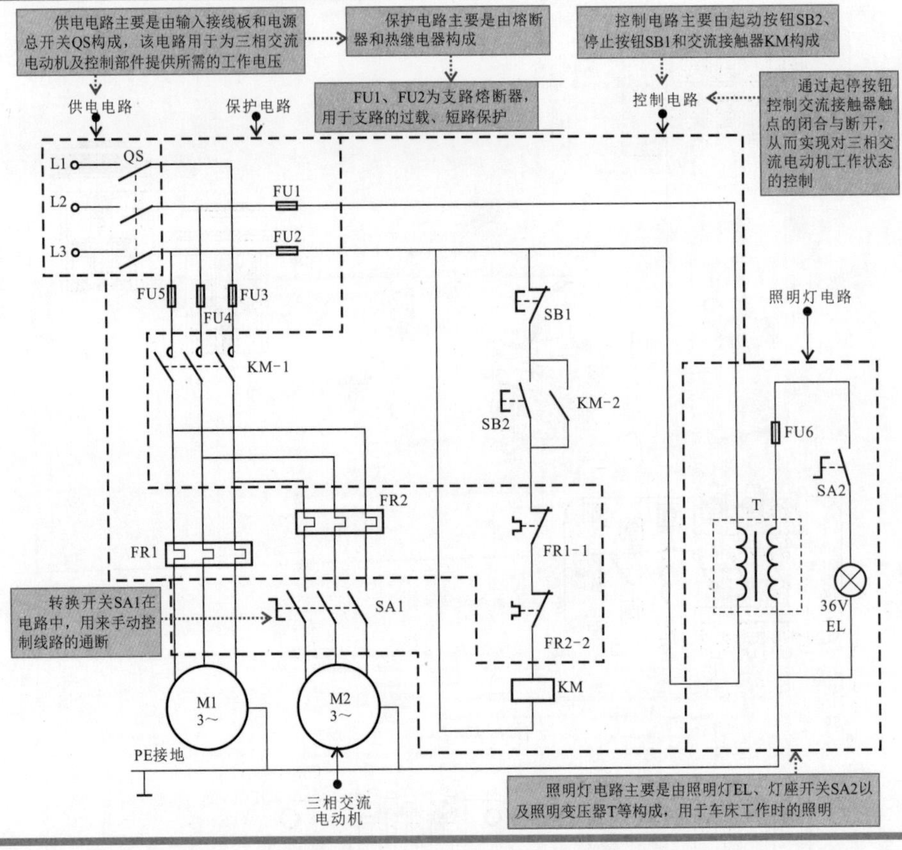
供电电路主要是由输入接线板和电源总开关QS构成，该电路用于为三相交流电动机及控制部件提供所需的工作电压
保护电路主要是由熔断器和热继电器构成
控制电路主要由起动按钮SB2、停止按钮SB1和交流接触器KM构成
FU1、FU2为支路熔断器，用于支路的过载、短路保护
供电电路
保护电路
控制电路
通过起停按钮控制交流接触器触点的闭合与断开，从而实现对三相交流电动机工作状态的控制
L1
L2
L3
QS
FU1
FU2
FU5
FU4
FU3
SB1
KM-1
SB2
KM-2
照明灯电路
FU6
SA2
T
FR2
FR1
FR1-1
转换开关SA1在电路中，用来手动控制线路的通断
SA1
FR2-2
36V
EL
KM
M1
3～
M2
3～
PE接地
三相交流电动机
照明灯电路主要是由照明灯EL、灯座开关SA2以及照明变压器T等构成，用于车床工作时的照明

图 20-4　主轴电动机的起动过程

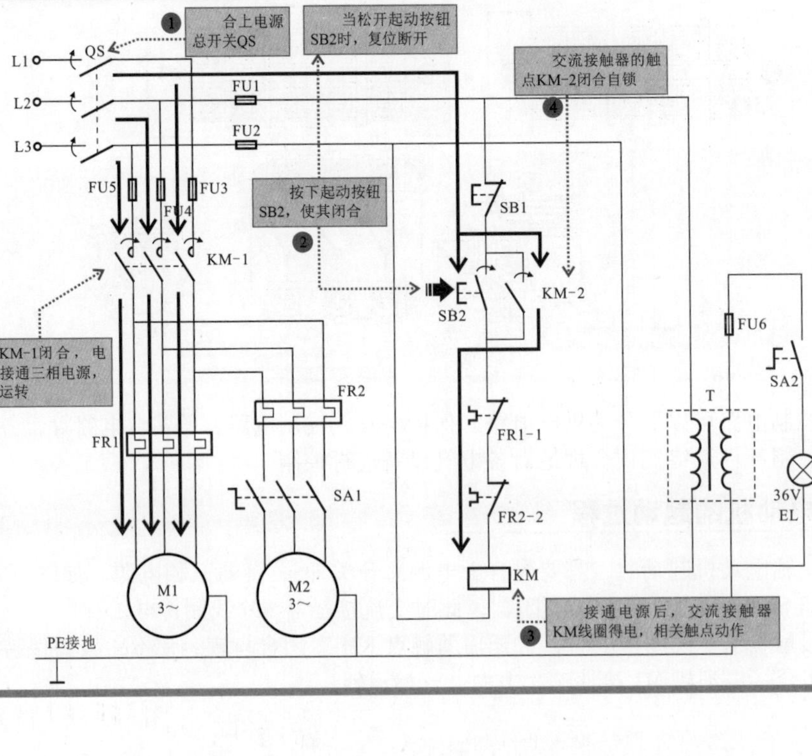
1 合上电源总开关QS
当松开起动按钮SB2时，复位断开
交流接触器的触点KM-2闭合自锁
4
L1
L2
L3
QS
FU1
FU2
FU5
FU4
FU3
按下起动按钮SB2，使其闭合
2
SB1
KM-1
SB2
KM-2
KM-1闭合，电动机接通三相电源，开始运转
FU6
SA2
T
FR2
FR1
FR1-1
SA1
FR2-2
36V
EL
KM
M1
3～
M2
3～
PE接地
接通电源后，交流接触器KM线圈得电，相关触点动作
3

2 冷却泵电动机的控制过程

通过电气控制图可知，只有在主轴电动机 M1 得电运转后，转换开关 SA1 才能起作用，才可以对冷却泵电动机 M2 进行控制，如图 20-5 所示。

图 20-5 冷却泵电动机的控制过程

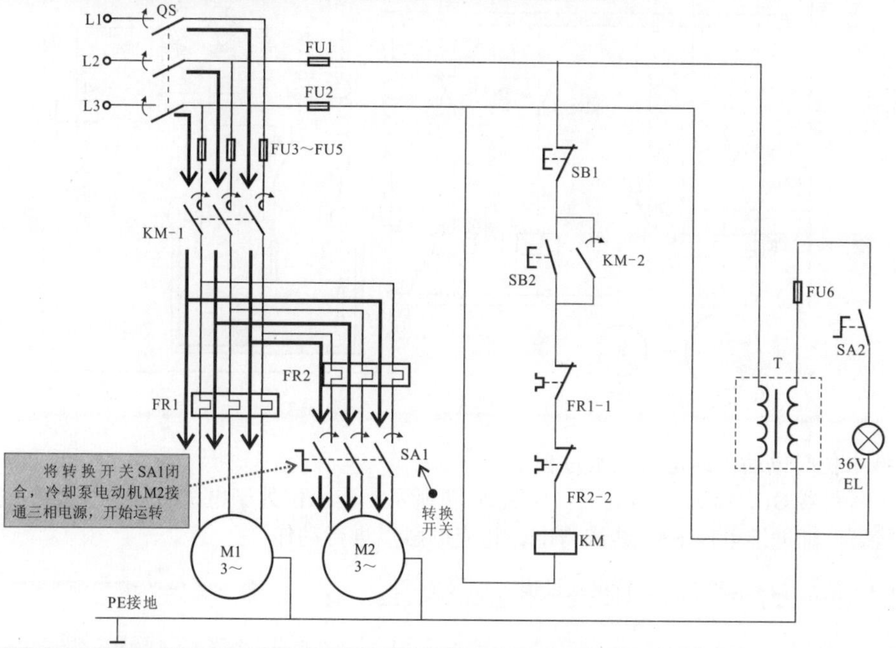
L1
L2
L3
QS
FU1
FU2
FU3～FU5
KM-1
SB1
KM-2
SB2
FU6
SA2
FR2
FR1
T
FR1-1
将转换开关SA1闭合，冷却泵电动机M2接通三相电源，开始运转
SA1
转换开关
FR2-2
36V
EL
M1
3～
M2
3～
KM
PE接地

转换开关 SA1 在断开状态时，冷却泵电动机 M2 处于待机状态；转换开关 SA1 闭合，冷却泵电动机 M2 接通三相电源，开始启动运转。

3 照明灯的控制过程

在该电路中，照明灯的 36 V 供电电压是由照明变压器 T 次级输出的。

照明灯 EL 的状态受灯座开关 SA2 的控制，在需要照明灯时，可将 SA2 旋至接通的状态，此时照明变压器二次侧形成通路，照明灯 EL 亮。将 SA2 旋至断开的状态，照明灯处于灭的状态。

4 电动机的停机过程

若是需要对该电路进行停机操作时，按下停止按钮 SB1，切断电路的供电电源，此时交流接触器 KM 线圈失电，其触点全部复位。

常开主触点 KM-1 复位断开，切断电动机供电电源，停止运转。常开触助触点 KM-2 复位断开，解除自锁功能。

20.1.3 工业电气设备自动化控制电路

1 供水电路的自动化控制

带有继电器的电动机供水控制电路是通过液位检测传感器检测水箱内水的高度，当水箱内的水量过低时，电动机带动水泵运转，向水箱内注水；当水箱内的水量过高时，则电动机自动停止运转，停止注水。图 20-6 为带有继电器的电动机供水控制电路的电路图。

带有继电器的电动机供水控制电路主要由供电电路、保护电路、控制电路和三相交流电动机等构成。

图 20-6　带有继电器的电动机供水控制电路的电路图

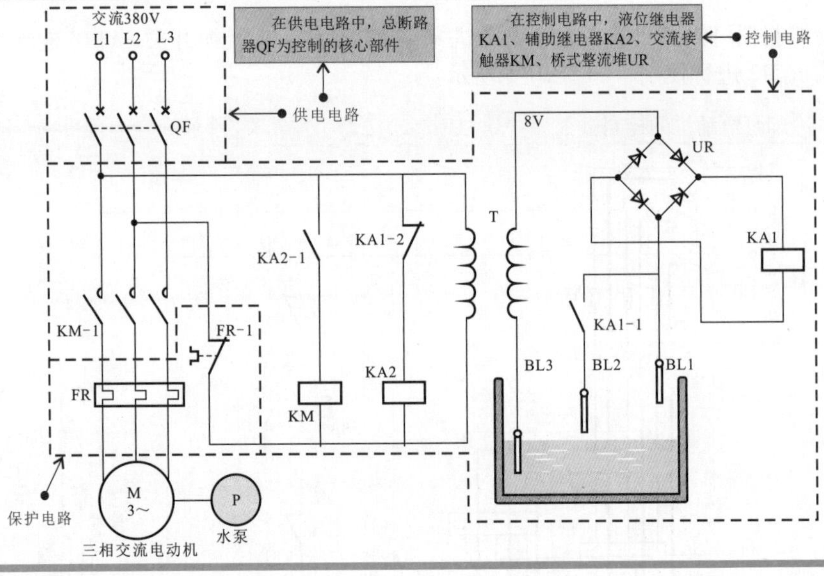
交流380V
L1 L2 L3
QF
在供电电路中，总断路器QF为控制的核心部件
供电电路
在控制电路中，液位继电器KA1、辅助继电器KA2、交流接触器KM、桥式整流堆UR
控制电路
8V
UR
T
KA2-1
KA1-2
KA1
KM-1
FR-1
KA1-1
FR
KM
KA2
BL3
BL2
BL1
保护电路
M
3~
P
水泵
三相交流电动机

（1）低水位时电动机的运行供水过程

合上总断路器 QF，接通三相电源，如图 20-7 所示，当水位处于电极 BL1 以下时，各电极之间处于开路状态。辅助继电器 KA2 线圈得电，相应的触点进行动作。

图 20-7　低水位时电动机的运行供水过程

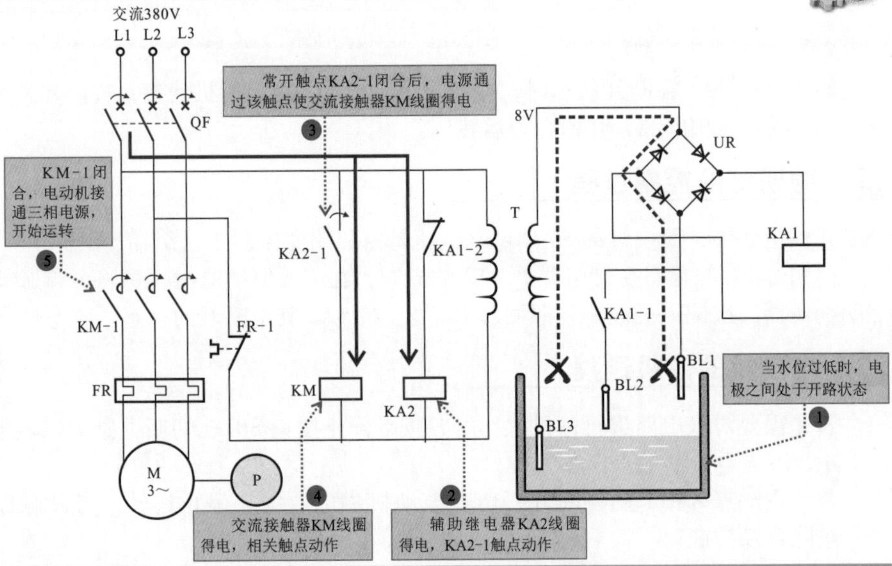
交流380V
L1 L2 L3
常开触点KA2-1闭合后，电源通过该触点使交流接触器KM线圈得电
3
QF
8V
UR
KM-1闭合，电动机接通三相电源，开始运转
5
T
KA2-1
KA1-2
KA1
KM-1
FR-1
KA1-1
BL1
当水位过低时，电极之间处于开路状态
1
FR
KM
KA2
BL2
BL3
M
3~
P
4
2
交流接触器KM线圈得电，相关触点动作
辅助继电器KA2线圈得电，KA2-1触点动作

扫一扫看视频

由图中可知，当辅助继电器 KA2 线圈得电后，常开触点 KA2-1 闭合，交流接触器 KM 线圈得电，常开主触点 KM-1 闭合，电动机接通三相电源，三相交流电动机带动水泵运转，开始供水。

（2）高水位时电动机的停止供水过程

当水位处于电极 BL1 以上时，由于水的导电性，各电极之间处于通路状态，如图 20-8 所示，此时 8V 交流电压经桥式整流堆 UR 整流后，为液位继电器 KA1 线圈供电。

其常开触点 KA1-1 闭合；常闭触点 KA1-2 断开，使辅助继电器 KA2 线圈失电。辅助继电器 KA2 线圈失电，常开触点 KA2-1 复位断开。交流接触器 KM 线圈失电，常开主触点 KM-1 复位断开，电动机切断三相电源，停止运转，供水作业停止。

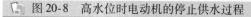

图 20-8 高水位时电动机的停止供水过程

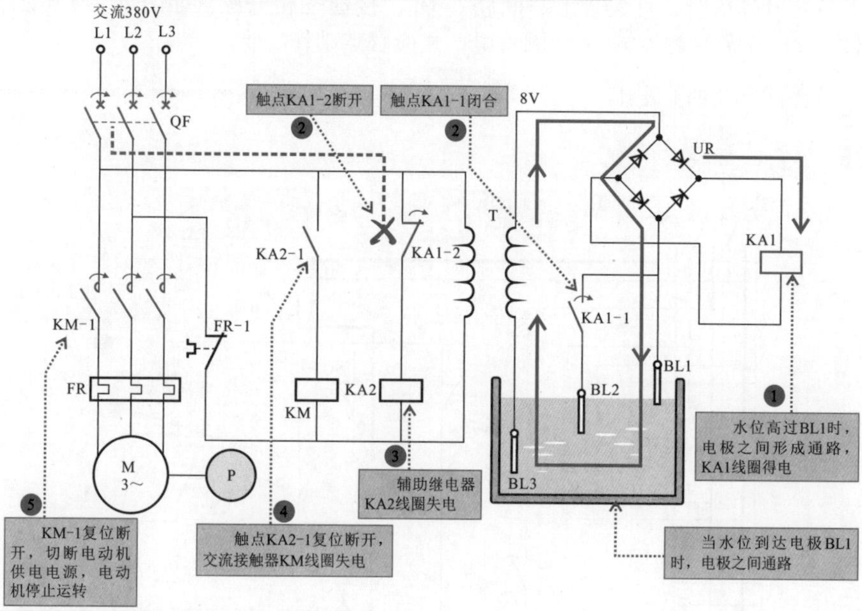
交流380V
L1 L2 L3
QF
触点KA1-2断开
触点KA1-1闭合
8V
UR
T
KA2-1
KA1-2
KA1
KM-1
FR-1
KA1-1
BL1
FR
KA2
BL2
KM
M 3~
P
BL3
水位高过BL1时，电极之间形成通路，KA1线圈得电
辅助继电器KA2线圈失电
KM-1复位断开，切断电动机供电电源，电动机停止运转
触点KA2-1复位断开，交流接触器KM线圈失电
当水位到达电极BL1时，电极之间通路

2 升降机的自动化控制

货物升降机的自动运行控制电路主要是通过一个控制按钮控制升降机自动在两个高度升降作业（例如两层楼房），即将货物提升到固定高度，等待一段时间后，升降机会自动下降到规定的高度，以便进行下一次提升搬运。图 20-9 为典型货物升降机的自动运行控制电路。

图 20-9 典型货物升降机的自动运行控制电路

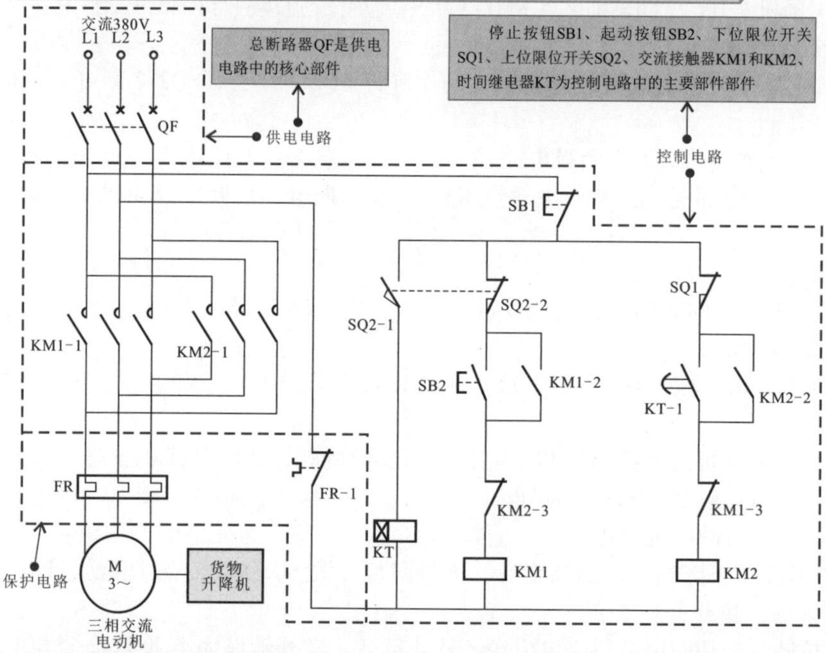
交流380V
L1 L2 L3
QF
总断路器QF是供电电路中的核心部件
供电电路
停止按钮SB1、起动按钮SB2、下位限位开关SQ1、上位限位开关SQ2、交流接触器KM1和KM2、时间继电器KT为控制电路中的主要部件部件
控制电路
SB1
SQ1
SQ2-2
SQ2-1
KM1-1
KM2-1
SB2
KM1-2
KT-1
KM2-2
FR-1
FR
KM2-3
KM1-3
KT
KM1
KM2
保护电路
M 3~
货物升降机
三相交流电动机

扫一扫看视频

货物升降机的自动运行控制电路主要由供电电路、保护电路、控制电路、三相交流电动机和货物升降机等构成。

(1) 货物升降机的上升过程

若要上升货物升降机时，首先合上总断路器 QF，接通三相电源，如图 20-10 所示，然后按下起动按钮 SB2，此时交流接触器 KM1 线圈得电，相应触点动作。

图 20-10 货物升降机的上升过程

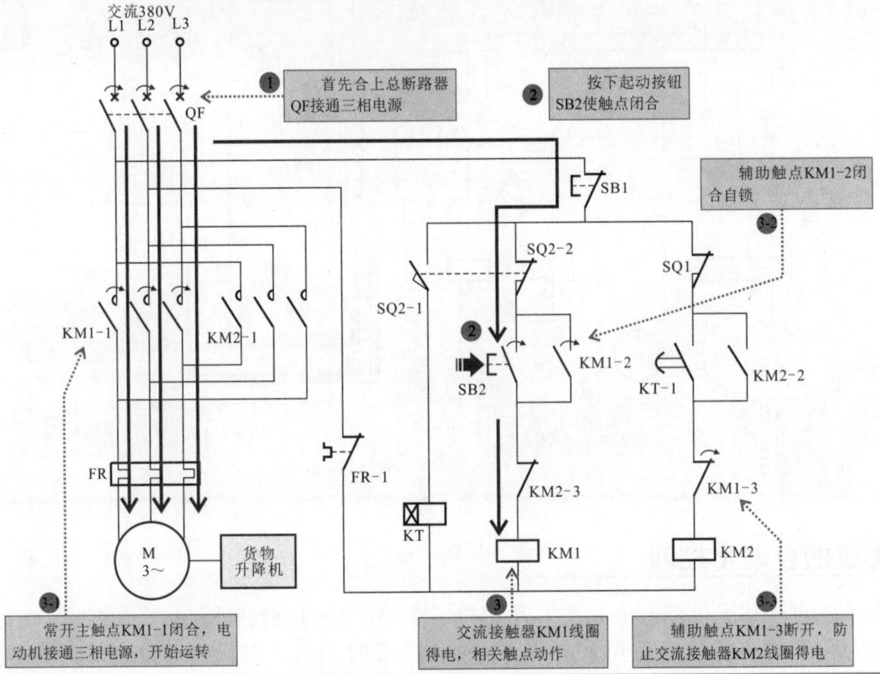
交流380V
L1 L2 L3
QF
1 首先合上总断路器QF接通三相电源
2 按下起动按钮SB2使触点闭合
SB1
辅助触点KM1-2闭合自锁
3-2
SQ2-2
SQ1
SQ2-1
KM1-1
KM2-1
2
SB2
KM1-2
KT-1
KM2-2
FR-1
FR
KM2-3
KM1-3
KT
KM1
KM2
M
3~
货物升降机
3-1 常开主触点KM1-1闭合，电动机接通三相电源，开始运转
3 交流接触器KM1线圈得电，相关触点动作
3-3 辅助触点KM1-3断开，防止交流接触器KM2线圈得电

常开辅助触点 KM1-2 闭合自锁，使 KM1 线圈保持得电。常开主触点 KM1-1 闭合，电动机接通三相电源，开始正向运转，货物升降机上升。常闭辅助触点 KM1-3 断开，防止交流接触器 KM2 线圈得电。

(2) 货物升降机上升至 SQ2 时的停机过程

当货物升降机上升到规定高度时，上位限位开关 SQ2 动作（即 SQ2-1 闭合，SQ2-2 断开），如图 20-11 所示。

常开触点 SQ2-1 闭合，时间继电器 KT 线圈得电，进入定时计时状态。常闭触点 SQ2-2 断开，交流接触器 KM1 线圈失电，触点全部复位。常开主触点 KM1-1 复位断开，切断电动机供电电源，停止运转。

(3) 货物升降机的下降过程

当时间达到时间继电器 KT 设定的时间后，其触点进行动作，常开触点 KT-1 闭合，使交流接触器 KM2 线圈得电，如图 20-12 所示。

由图中可知，交流接触器 KM2 线圈得电，常开辅助触点 KM2-2 闭合自锁，维持交流接触器 KM2 的线圈一直处于得电的状态。

常开主触点 KM2-1 闭合，电动机反向接通三相电源，开始反向旋转，货物升降机下降。常闭辅助触点 KM2-3 断开，防止交流接触器 KM1 线圈得电。

(4) 货物升降机下降至 SQ1 时的停机过程

如图 20-13 所示，货物升降机下降到规定的高度后，下位限位开关 SQ1 动作，常闭触点断开，此时交流接触器 KM2 线圈失电，触点全部复位。

常开主触点 KM2-1 复位断开，切断电动机供电电源，停止运转。常开辅助触点 KM2-2 复位断开，解除自锁功能；常闭辅助触点 KM2-3 复位闭合，为下一次的上升控制做好准备。

(5) 工作时的停机过程

当需停机时，按下停止按钮 SB1，交流接触器 KM1 或 KM2 线圈失电。

图 20-11　货物升降机上升至 SQ2 时停机过程

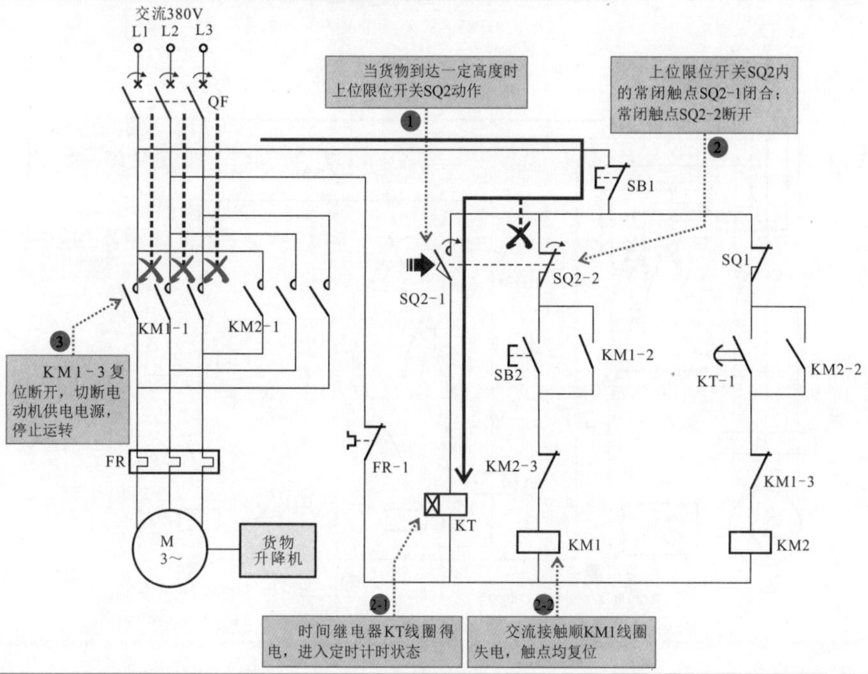
交流380V
L1 L2 L3
QF
当货物到达一定高度时上位限位开关SQ2动作
上位限位开关SQ2内的常闭触点SQ2-1闭合；常闭触点SQ2-2断开
SB1
SQ1
SQ2-1
SQ2-2
KM1-1
KM2-1
KM1-3复位断开，切断电动机供电电源，停止运转
SB2
KM1-2
KT-1
KM2-2
FR
FR-1
KM2-3
KM1-3
KT
KM1
KM2
M 3～
货物升降机
时间继电器KT线圈得电，进入定时计时状态
交流接触顺KM1线圈失电，触点均复位

图 20-12　货物升降机的下降过程

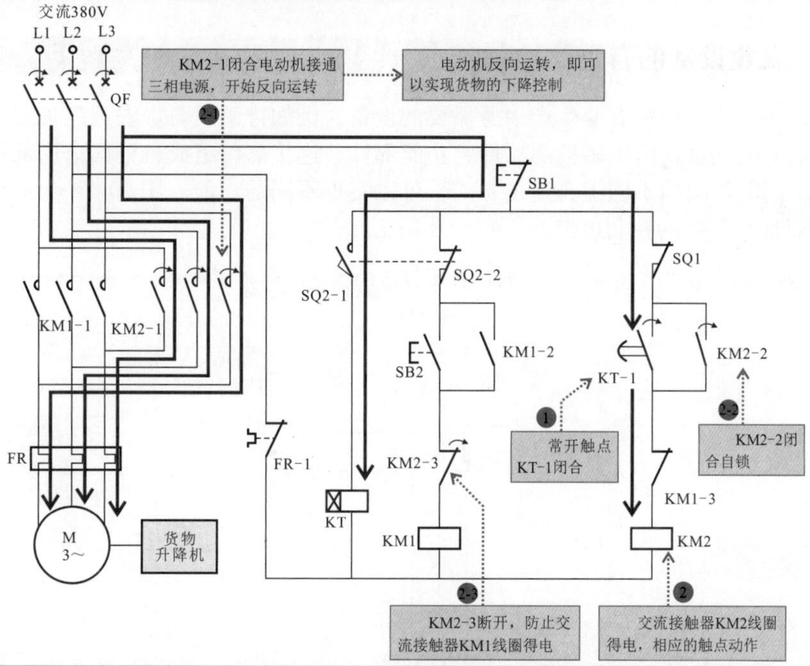
交流380V
L1 L2 L3
QF
KM2-1闭合电动机接通三相电源，开始反向运转
电动机反向运转，即可以实现货物的下降控制
SB1
SQ1
SQ2-1
SQ2-2
KM1-1
KM2-1
SB2
KM1-2
KT-1
KM2-2
常开触点KT-1闭合
KM2-2闭合自锁
FR
FR-1
KM2-3
KM1-3
KT
KM1
KM2
M 3～
货物升降机
KM2-3断开，防止交流接触器KM1线圈得电
交流接触器KM2线圈得电，相应的触点动作

交流接触器 KM1 和 KM2 线圈失电后，相关的触点均进行复位。

常开主触点 KM1-1 或 KM2-2 复位断开，切断电动机的供电电源，停止运转。

常开辅助触点 KM1-2 或 KM2-2 复位断开，解除自锁。

常闭辅助触点 KM1-3 或 KM2-3 复位闭合，为下一次动作做准备。

图 20-13　货物升降机下降至 SQ1 时的停机过程

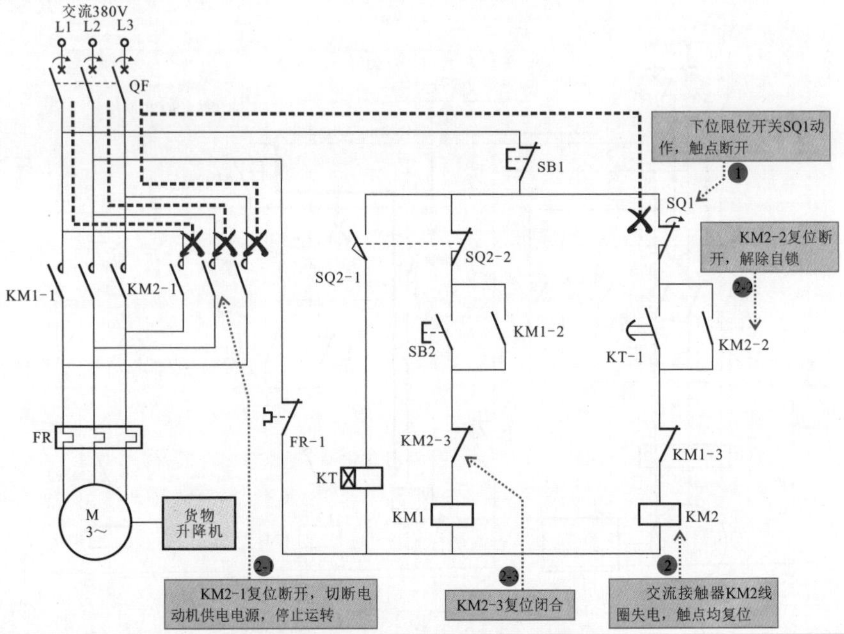

交流380V
L1 L2 L3
QF
下位限位开关SQ1动作，触点断开
SB1
SQ1
KM2-2复位断开，解除自锁
SQ2-2
SQ2-1
KM1-1
KM2-1
KM1-2
SB2
KT-1
KM2-2
FR
FR-1
KM2-3
KM1-3
KT
M
3～
货物升降机
KM1
KM2
KM2-1复位断开，切断电动机供电电源，停止运转
KM2-3复位闭合
交流接触器KM2线圈失电，触点均复位

20.2 农业设备的自动化控制

20.2.1 农业设备的自动化控制特点

农业电气设备是指使用在农业生产中所需要的设备，例如排灌设备、农产品加工设备、养殖和畜牧设备等。农业电气设备由很多控制器件、功能部件、连接部件组成，根据选用部件种类和数量的不同以及对不同器件间的不同组合连接方式，可以实现不同的功能。图 20-14 为典型的农业电气控制电路（农业抽水设备的控制电路）。

图 20-14　典型的农业电气控制电路（农业抽水设备的控制电路）

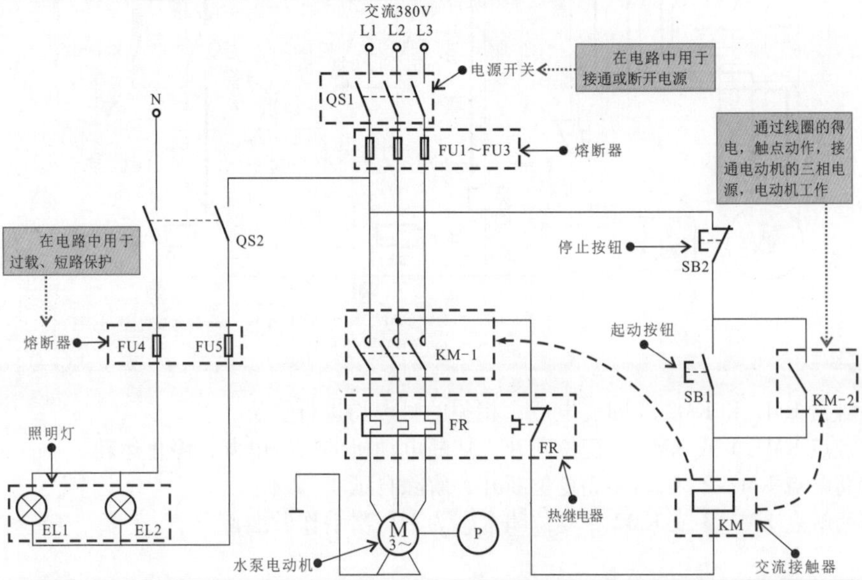

交流380V
L1 L2 L3
电源开关
在电路中用于接通或断开电源
N
QS1
FU1～FU3
熔断器
通过线圈的得电，触点动作，接通电动机的三相电源，电动机工作
QS2
在电路中用于过载、短路保护
停止按钮
SB2
熔断器
FU4
FU5
KM-1
起动按钮
SB1
KM-2
FR
照明灯
FR
热继电器
EL1
EL2
M
3～
P
KM
水泵电动机
交流接触器

典型农业电气设备的电气控制电路主要是由电源开关（QS）、熔断器（FU）、起动按钮（SB）、停止按钮（SB）、交流接触器（KM）、热继电器（FR）、照明灯（EL）、水泵电动机（三相交流电动机）等构成的，根据该电气控制电路图通过连接导线将相关的部件进行连接后，即构成了农业电气设备的电气控制电路，如图 20-15 所示。

图 20-15　典型农业抽水设备控制电路的主要部件及实物连接图

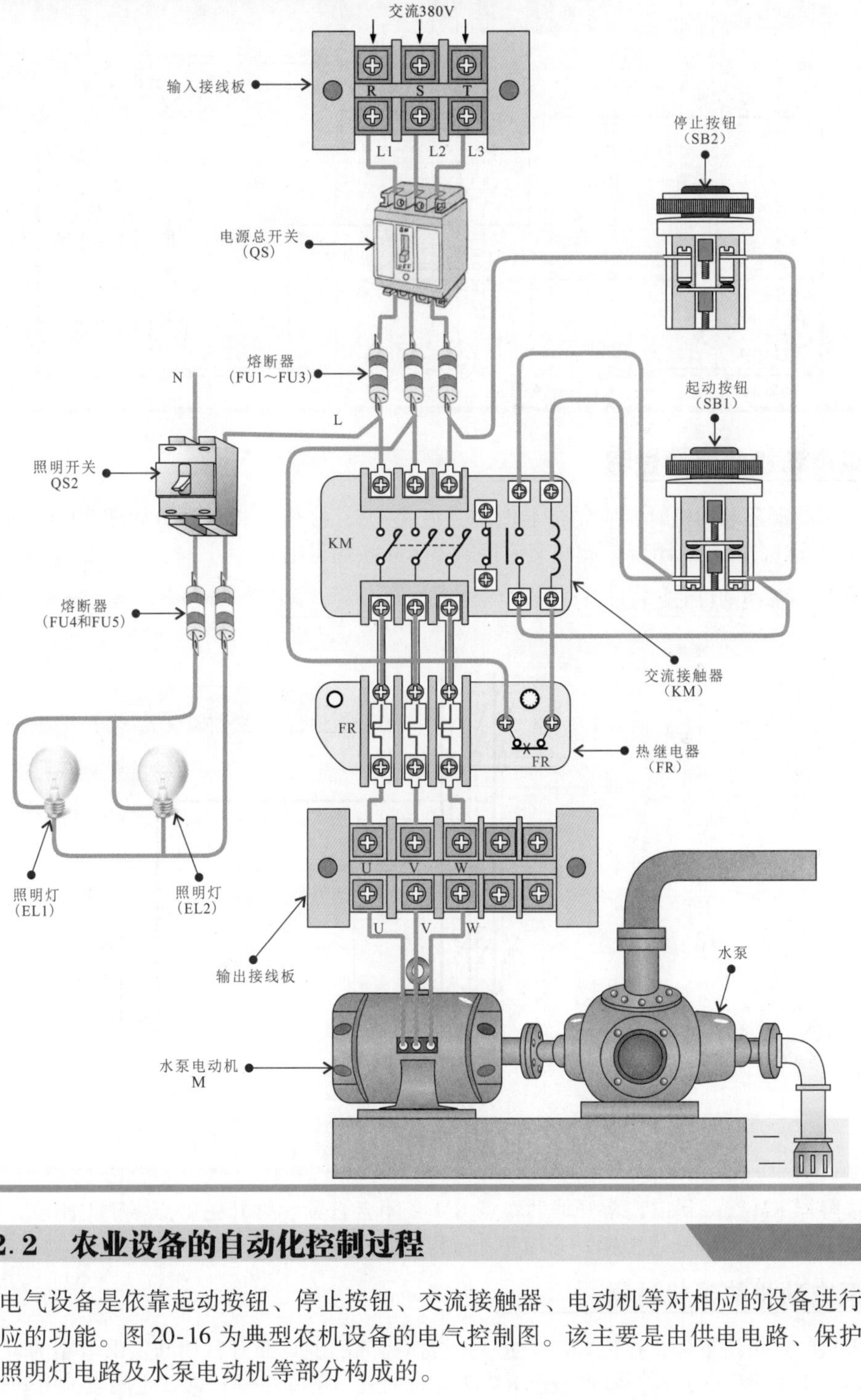
交流380V
输入接线板
R
S
T
L1
L2
L3
停止按钮
(SB2)
电源总开关
(QS)
熔断器
(FU1~FU3)
N
L
起动按钮
(SB1)
照明开关
QS2
KM
熔断器
(FU4和FU5)
交流接触器
(KM)
FR
FR
热继电器
(FR)
照明灯
(EL1)
照明灯
(EL2)
U
V
W
U
V
W
水泵
输出接线板
水泵电动机
M

20.2.2　农业设备的自动化控制过程

农业电气设备是依靠起动按钮、停止按钮、交流接触器、电动机等对相应的设备进行控制，从而实现相应的功能。图 20-16 为典型农机设备的电气控制图。该主要是由供电电路、保护电路、控制电路、照明灯电路及水泵电动机等部分构成的。

图 20-16　典型农业设备的电气控制图

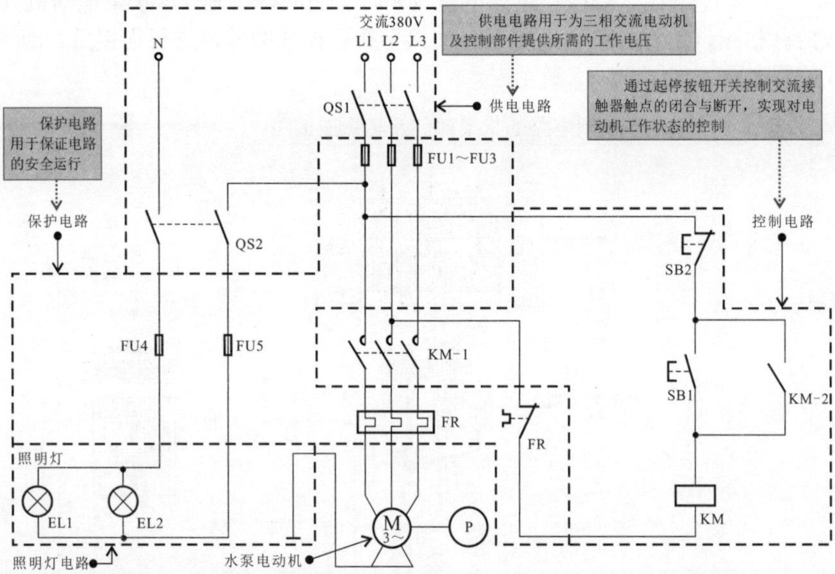
交流380V
L1 L2 L3
N
供电电路用于为三相交流电动机及控制部件提供所需的工作电压
供电电路
通过起停按钮开关控制交流接触器触点的闭合与断开，实现对电动机工作状态的控制
控制电路
保护电路用于保证电路的安全运行
保护电路
QS1
FU1～FU3
QS2
SB2
FU4
FU5
KM-1
SB1
KM-2
FR
FR
照明灯
EL1
EL2
KM
照明灯电路
水泵电动机
M
3～
P

1　水泵电动机的起动过程

当需要起动水泵电动机时，应先合上电源总开关 QS，接通三相电源，如图 20-17 所示，然后按下起动按钮 SB1，使触点闭合，此时交流接触器 KM 线圈得电。

图 20-17　水泵电动机的起动过程

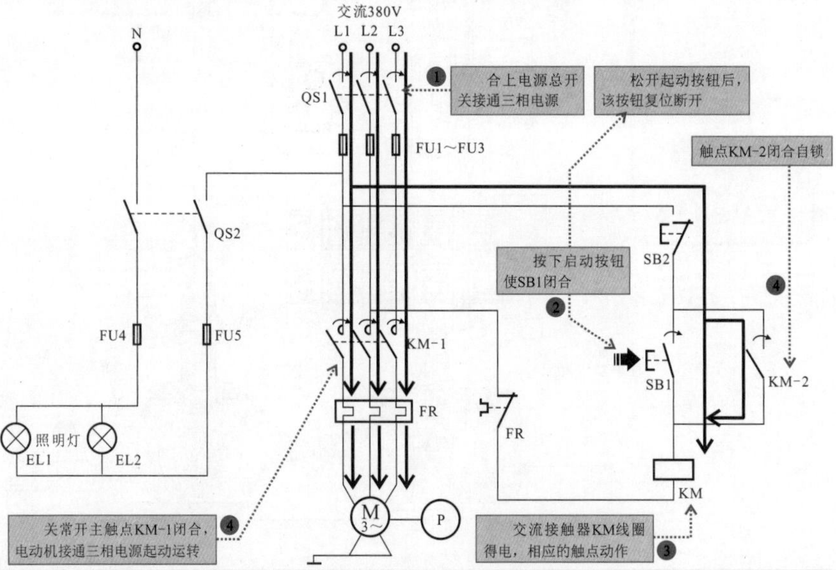
交流380V
L1 L2 L3
N
合上电源总开关接通三相电源
松开起动按钮后，该按钮复位断开
触点KM-2闭合自锁
QS1
FU1～FU3
QS2
SB2
按下启动按钮使SB1闭合
FU4
FU5
KM-1
SB1
KM-2
FR
FR
照明灯
EL1
EL2
KM
关常开主触点KM-1闭合，电动机接通三相电源起动运转
交流接触器KM线圈得电，相应的触点动作
M
3～
P

交流接触器 KM 线圈得电，常开辅助触点 KM-2 闭合自锁。常开主触点 KM-1 闭合，电动机接通三相电源，水泵电动机开始工作，完成起动过程。

2　水泵电动机的停机过程

需要停机时，可按下停止按钮 SB2，使停止按钮内部的触点断开，切断供电电路的电源，此时交流接触器 KM 线圈失电，常开辅助触点 KM-2 复位断开，解除自锁；常开主触点 KM-1 复位闭合，切断电动机供电电源，停止运转。

3 照明灯的控制过程

在对该电路中的电气设备进行控制的同时，若是需要照明时，可以合上电源开关 QS2 照明灯 EL1、EL2 接通电源，开始点亮；若不需要照明时，可关闭电源总开关 QS2，使照明灯熄灭。

20.2.3 农业设备自动化控制电路

1 禽蛋孵化设备的自动化控制

禽蛋孵化恒温箱控制电路是指控制恒温箱内的温度保持恒定温度值，当恒温箱内的温度降低时，自动启动加热器进行加热工作；当恒温箱内的温度达到预定的温度时，自动停止加热器工作，从而保证恒温箱内温度的恒定。

图 20-18 为典型禽蛋孵化恒温箱控制电路。该电路主要由供电电路、温度控制电路和加热器控制电路等构成。其中，电源变压器 T、桥式整流堆 VD1 ~ VD4、滤波电容器 C、稳压二极管 VZ、温度传感器集成电路 IC1、电位器 RP、晶体管 VT、继电器 K、加热器 EE 等为禽蛋孵化恒温箱温度控制电路的核心部件。

图 20-18 典型禽蛋孵化恒温箱控制电路

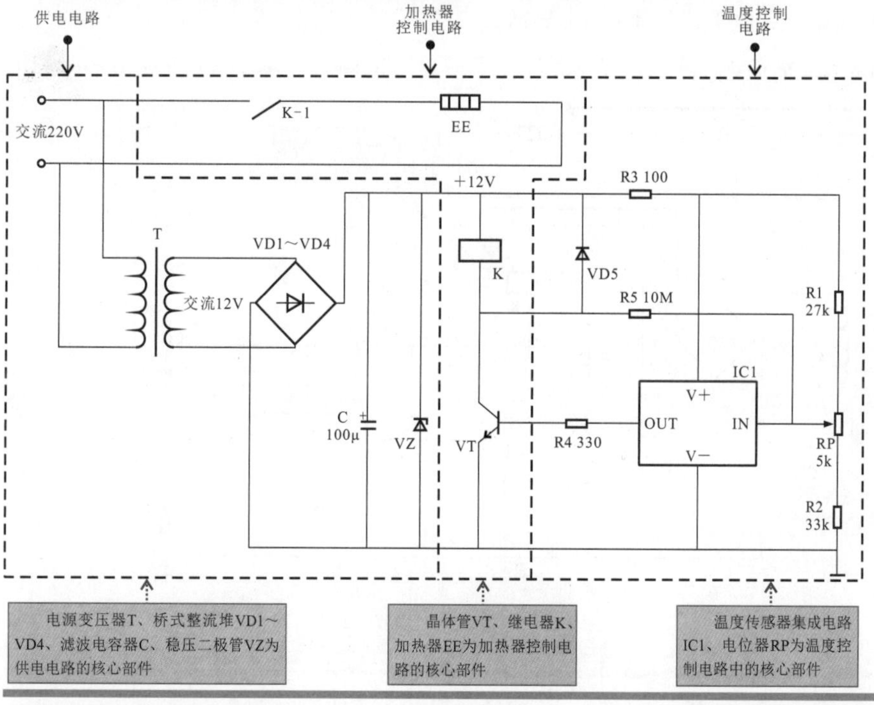
供电电路
加热器控制电路
温度控制电路
交流220V
K-1
EE
+12V
R3 100
T
VD1～VD4
交流12V
K
VD5
R5 10M
R1 27k
IC1
V+
OUT
IN
V−
C 100μ
VZ
VT
R4 330
RP 5k
R2 33k
电源变压器T、桥式整流堆VD1～VD4、滤波电容器C、稳压二极管VZ为供电电路的核心部件
晶体管VT、继电器K、加热器EE为加热器控制电路的核心部件
温度传感器集成电路IC1、电位器RP为温度控制电路中的核心部件

提示说明

IC1 是一种温度检测传感器与接口电路集于一体的集成电路，IN（输入）端为启控温度设定端。当 IC1 检测的环境温度达到设定启控温度时，OUT（输出）端输出高电平，起到控制的作用。

扫一扫看视频

（1）禽蛋孵化恒温箱的加热过程

在对禽蛋孵化恒温箱进行加热控制时，应先通过电位器 RP 预先调节好禽蛋孵化恒温箱内的温控值。

然后接通电源，如图 20-19 所示，交流 220V 电压经电源变压器 T 降压后，由二次输出交流 12V 电压，交流 12V 电压经桥式整流堆 VD1 ~ VD4 整流、滤波电容器 C 滤波、稳压二极管 VZ 稳压后，输出 +12V 直流电压，为温度控制电路供电。

图 20-19　禽蛋孵化恒温箱的供电过程

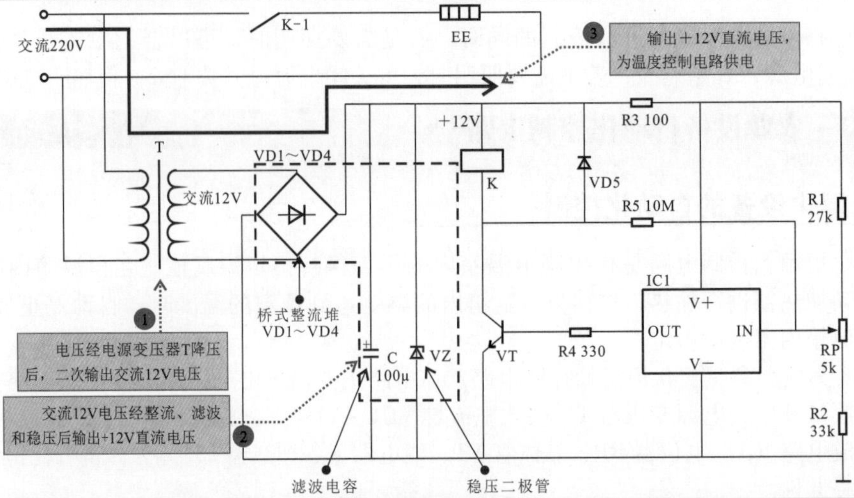
K-1
EE
交流220V
输出＋12V直流电压，为温度控制电路供电
T
+12V
R3 100
VD1～VD4
K
VD5
交流12V
R5 10M
R1 27k
IC1
V+
OUT
IN
桥式整流堆 VD1～VD4
VT
R4 330
RP 5k
C 100μ
VZ
V−
电压经电源变压器T降压后，二次输出交流12V电压
交流12V电压经整流、滤波和稳压后输出+12V直流电压
R2 33k
滤波电容
稳压二极管

如图 20-20 所示，当禽蛋孵化恒温箱内的温度低于电位器 RP 预先设定的温控值时，温度传感器集成电路 IC1 的 OUT 端输出高电平，晶体管 VT 导通。

图 20-20　禽蛋孵化恒温箱的加热过程

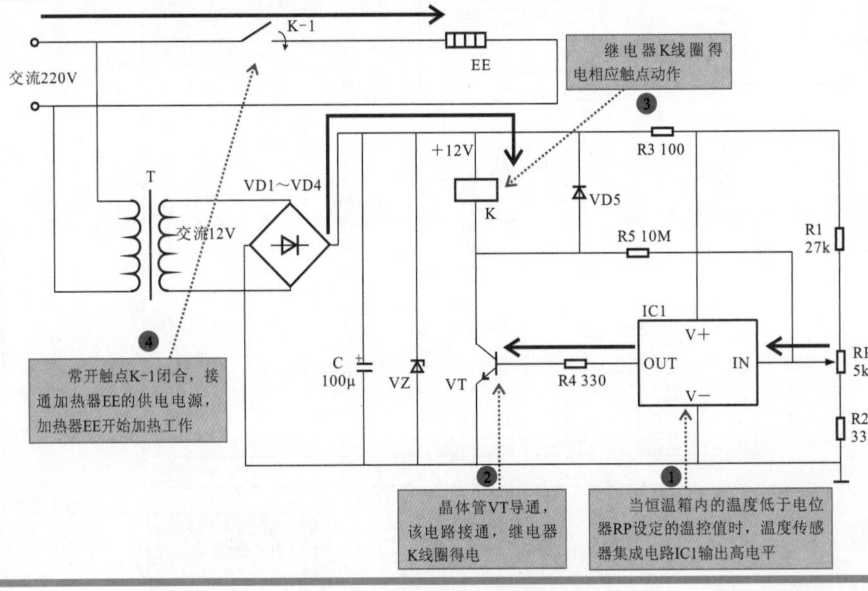
K-1
EE
交流220V
继电器K线圈得电相应触点动作
+12V
R3 100
T
VD1～VD4
VD5
K
交流12V
R5 10M
R1 27k
IC1
V+
OUT
IN
RP 5k
C 100μ
VZ
VT
R4 330
V−
常开触点K-1闭合，接通加热器EE的供电电源，加热器EE开始加热工作
R2 33k
晶体管VT导通，该电路接通，继电器K线圈得电
当恒温箱内的温度低于电位器RP设定的温控值时，温度传感器集成电路IC1输出高电平

此时，继电器 K 线圈得电。常开触点 K-1 闭合，接通加热器 EE 的供电电源，加热器 EE 开始加热工作。

（2）禽蛋孵化恒温箱的停止加热过程

当禽蛋孵化恒温箱内的温度上升至电位器 RP 预先设定的温控值时，温度传感器集成电路 IC 的 OUT 端输出低电平。此时晶体管 VT 截止，继电器 K 线圈失电。常开触点 K-1 复位断开，切断加热器 EE 的供电电源，加热器 EE 停止加热工作。

| 提示说明 |

加热器停止加热一段时间后，禽蛋孵化恒温箱内的温度缓慢下降，当禽蛋孵化恒温箱内的温度再次低于电位器 RP 预先设定的温控值时，温度传感器集成电路 IC1 的 OUT 端再次输出高电平。

晶体管 VT 再次导通。继电器 K 线圈再次得电：常开触点 K-1 闭合，再次接通加热器 EE 的供电电源，加热器 EE 开始加热工作。

如此反复循环，保证禽蛋孵化恒温箱内的温度恒定。

2 养殖设备的自动化控制

养殖孵化室湿度控制电路是指控制孵化室内的湿度需要维持在一定范围内：当孵化室内的湿度低于设定的湿度时，应自动起动加湿器进行加湿工作；当孵化室内的湿度达到设定的湿度时，应自动停止加湿器工作，从而保证孵化室内湿度保持在一定范围内。

图 20-21 为典型养殖孵化室湿度控制电路的控制电路图。该电路主要是由供电电路、湿度检测电路、湿度控制电路等构成。

图 20-21 典型禽类养殖孵化室湿度控制电路

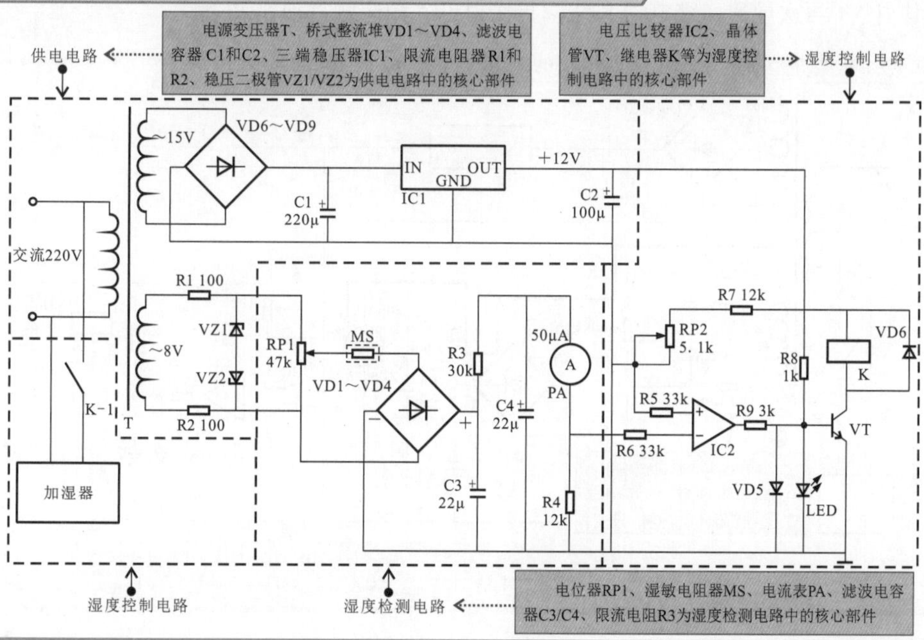

电源变压器T、桥式整流堆VD1～VD4、滤波电容器C1和C2、三端稳压器IC1、限流电阻器R1和R2、稳压二极管VZ1/VZ2为供电电路中的核心部件
供电电路
电压比较器IC2、晶体管VT、继电器K等为湿度控制电路中的核心部件
湿度控制电路
～15V
VD6～VD9
IN
OUT
GND
IC1
+12V
C1
220μ
C2
100μ
交流220V
R1 100
VZ1
VZ2
～8V
R2 100
T
K-1
加湿器
RP1
47k
MS
VD1～VD4
R3
30k
50μA
A
PA
C4
22μ
C3
22μ
R4
12k
R7 12k
RP2
5.1k
R8
1k
VD6
K
R5 33k
R9 3k
R6 33k
IC2
VT
VD5
LED
湿度控制电路
湿度检测电路
电位器RP1、湿敏电阻器MS、电流表PA、滤波电容器C3/C4、限流电阻R3为湿度检测电路中的核心部件

（1）禽类养殖孵化室的加湿过程

在增加孵化室的湿度前，应先接通电源。如图 20-22 所示，交流 220V 电压经电源变压器 T 降压后，由二次侧分别输出交流 15V、8V 电压。

其中，交流 15V 电压经桥式整流堆 VD6 ~ VD9 整流、滤波电容器 C_1 滤波、三端稳压器 IC1 稳压后，输出 +12V 直流电压，为湿度控制电路供电，指示灯 LED 点亮。

交流 8V 经限流电阻器 R1、R2 限流，稳压二极管 VZ1、VZ2 稳压后输出交流电压，经电位器 RP1 调整取样，湿敏电阻器 MS 降压，桥式整流堆 VD1 ~ VD4 整流、限流电阻器 R3 限流，滤波电容器 C3、C4 滤波后，加到电流表 PA 上。

各供电电压准备好后，如图 20-23 所示，当禽类养殖孵化室内的环境湿度较低时，湿敏电阻器 MS 的阻值变大，桥式整流堆输出电压减小（流过电流表 PA 上的电流就变小，进而流过电阻器 R4 的电流也变小）。

此时电压比较器 IC2 的反相输入端（-）的比较电压低于正向输入端（+）的基准电压，因此由其电压比较器 IC2 的输出端输出高电平，晶体管 VT 导通，继电器 K 线圈得电，相应的触点动作。常开触点 K-1 闭合，接通加湿器的供电电源，加湿器开始加湿工作。

（2）禽类养殖孵化室的停止加湿过程

当禽类养殖孵化室内的环境湿度逐渐增高时，湿敏电阻器 MS 的阻值逐渐变小，整流电路输出电压升高（流过电流表 PA 上的电流逐渐变大，进而流过电阻器 R4 的电流也逐渐变大），此时电压比较器 IC2 反相输入端（－）的比较电压也逐渐变大，如图 20-24 所示。

由图中可知，当禽类养殖孵化室内的环境湿度达到设定的湿度时，电压比较器 IC2 的反相输入端（－）的比较电压要高于正向输入端（＋）的基准电压，因此由其电压比较器 IC2 的输出端输出低电平，使晶体管 VT 截止，从而继电器 K 线圈失电，相应的触点复位。

常开触点 K-1 复位断开，切断加湿器的供电电源，加湿器停止加湿工作。

（3）禽类养殖孵化室的再次加湿过程

孵化室的湿度随着加湿器的停止逐渐降低时，温敏电阻器 MS 的阻值逐渐变大，流过电流表 PA 上的电流就逐渐变小，进而流过电阻器 R4 的电流也逐渐变小，如图 20-25 所示，此时电压比较器 IC2 反相输入端（－）的比较电压也逐渐减小。

当禽类养殖孵化室内的环境湿度不能达到设定的湿度时，电压比较器 IC2 的反相输入端（－）的比较电压再次低于正向输入端（＋）的基准电压，因此由其电压比较器 IC2 的输出端再次输出高电平，晶体管 VT 再次导通，继电器 K 线圈再次得电，相应触点动作。

图 20-22　禽类养殖孵化室湿度检测电路的供电过程

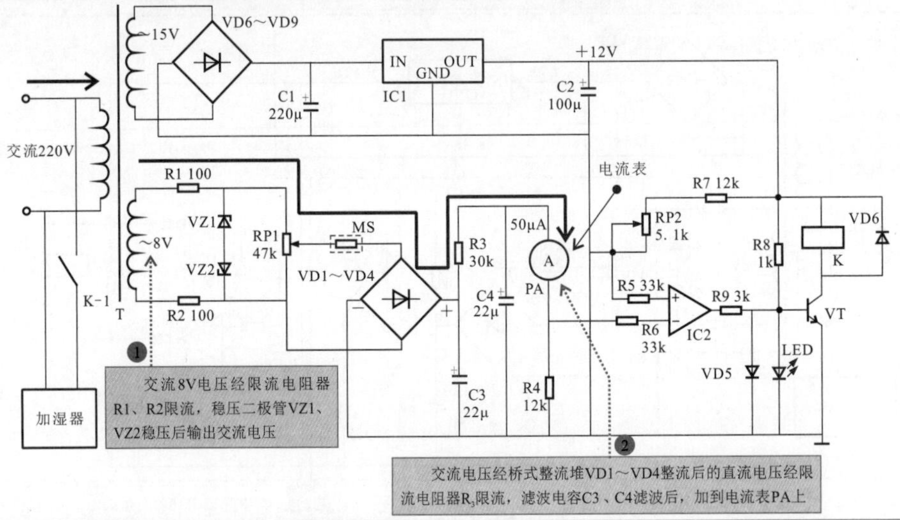
~15V
VD6～VD9
IN
OUT
GND
IC1
+12V
C1
220µ
C2
100µ
交流220V
电流表
R1 100
R7 12k
VZ1
RP1
47k
MS
RP2
5.1k
~8V
VZ2
VD1～VD4
R3
30k
50µA
A
PA
R8
1k
VD6
K
K-1
T
R2 100
C4
22µ
R5 33k
R9 3k
R6
33k
IC2
VT
LED
VD5
C3
22µ
R4
12k
加湿器
交流8V电压经限流电阻器R1、R2限流，稳压二极管VZ1、VZ2稳压后输出交流电压
交流电压经桥式整流堆VD1～VD4整流后的直流电压经限流电阻器R3限流，滤波电容C3、C4滤波后，加到电流表PA上

图 20-23　禽类养殖孵化室的加湿过程

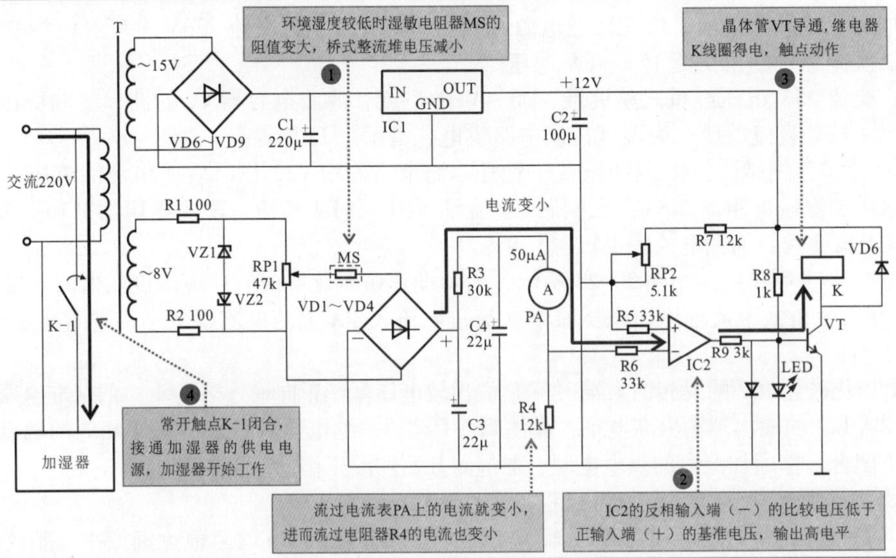
环境湿度较低时湿敏电阻器MS的阻值变大，桥式整流堆电压减小
晶体管VT导通，继电器K线圈得电，触点动作
T
~15V
IN
OUT
GND
IC1
+12V
C1
220µ
C2
100µ
VD6～VD9
交流220V
电流变小
R1 100
R7 12k
VZ1
RP1
47k
MS
RP2
5.1k
~8V
VZ2
VD1～VD4
R3
30k
50µA
A
PA
R8
1k
VD6
K
K-1
R2 100
C4
22µ
R5 33k
R9 3k
R6
33k
IC2
VT
LED
C3
22µ
R4
12k
加湿器
常开触点K-1闭合，接通加湿器的供电电源，加湿器开始工作
流过电流表PA上的电流就变小，进而流过电阻器R4的电流也变小
IC2的反相输入端（－）的比较电压低于正输入端（＋）的基准电压，输出高电平

图 20-24　禽类养殖孵化室的停止加湿过程

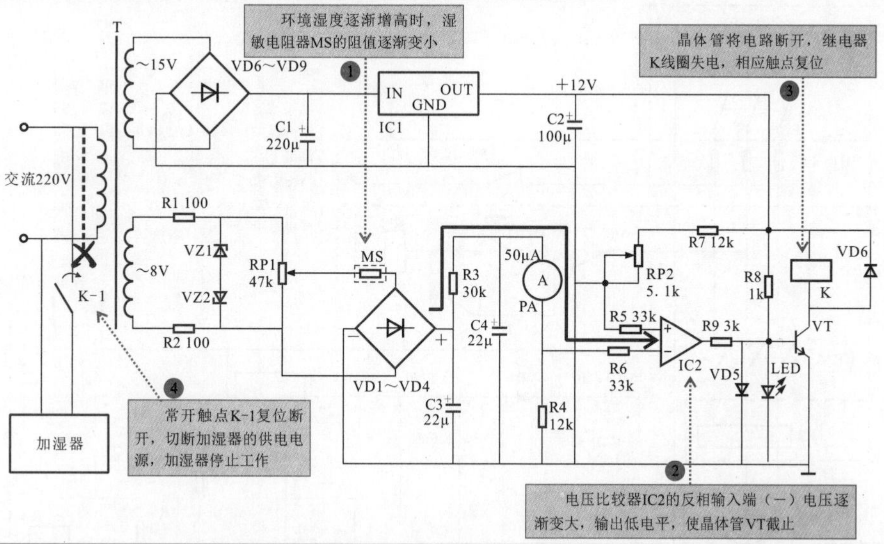
环境湿度逐渐增高时，湿敏电阻器MS的阻值逐渐变小
晶体管将电路断开，继电器K线圈失电，相应触点复位
常开触点K-1复位断开，切断加湿器的供电电源，加湿器停止工作
电压比较器IC2的反相输入端（－）电压逐渐变大，输出低电平，使晶体管VT截止
交流220V
加湿器
~15V
~8V
VD6~VD9
VD1~VD4
IC1
IC2
+12V
R1 100
R2 100
RP1 47k
RP2 5. 1k
R7 12k
R8 1k
R9 3k
R5 33k
R6 33k
R4 12k
R3 30k
C1 220μ
C2 100μ
C3 22μ
C4 22μ
50μA
PA
LED
VD5
VD6
VT
K
K-1
MS

图 20-25　禽类养殖孵化室的再次加湿过程

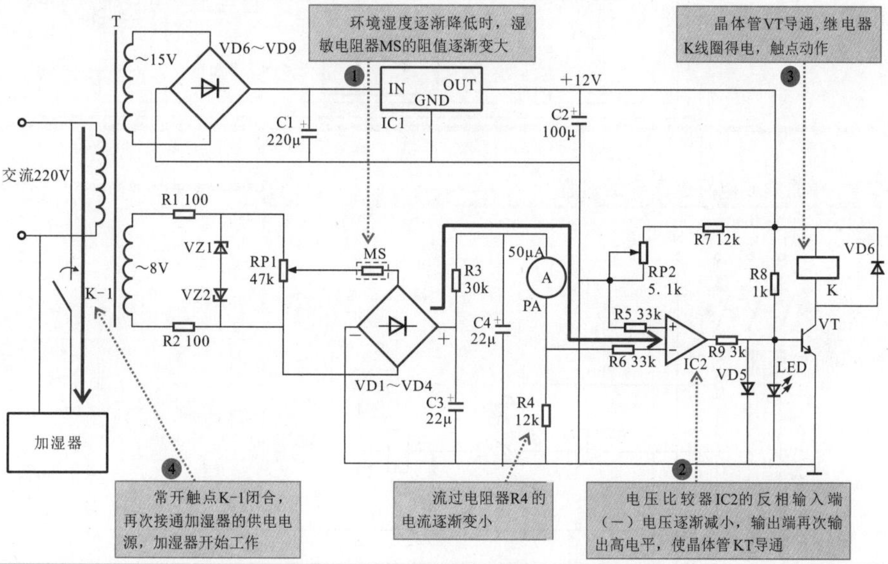
环境湿度逐渐降低时，湿敏电阻器MS的阻值逐渐变大
晶体管VT导通，继电器K线圈得电，触点动作
常开触点K-1闭合，再次接通加湿器的供电电源，加湿器开始工作
流过电阻器R4的电流逐渐变小
电压比较器IC2的反相输入端（－）电压逐渐减小，输出端再次输出高电平，使晶体管KT导通
交流220V
加湿器
~15V
~8V
VD6~VD9
VD1~VD4
IC1
IC2
+12V
R1 100
R2 100
RP1 47k
RP2 5. 1k
R7 12k
R8 1k
R9 3k
R5 33k
R6 33k
R4 12k
R3 30k
C1 220μ
C2 100μ
C3 22μ
C4 22μ
50μA
PA
LED
VD5
VD6
VT
K
K-1
MS

常开触点 K-1 闭合，再次接通加湿器的供电电源，加湿器开始加湿工作。

如此反复循环，来保证禽类养殖孵化室内的湿度保持在一定范围内。

3　排灌设备的自动化控制

排灌自动控制电路是指在进行农田灌溉时能够根据排灌渠中水位的高低自动控制排灌电动机的起动和停机，从而防止了排灌渠中无水而排灌电动机仍然工作的现象，进而起到保护排灌电动机的作用。

图 20-26 为典型农田排灌自动控制电路。该电路主要由供电电路、保护电路、检测电路、控制电路和三相交流电动机（排灌电动机）等构成。

（1）农田排灌电动机的起动过程

合上电源总开关 QS，接通三相电源，如图 20-27 所示，相线 L2 与零线 N 间的交流 220V 电压经电阻器 R1 和电容器 C1 降压，整流二极管 VD1、VD2 整流，稳压二极管 VZ 稳压，滤波电容器 C2 滤波后，输出 +9V 直流电压。

图 20-26　典型农田排灌自动控制电路

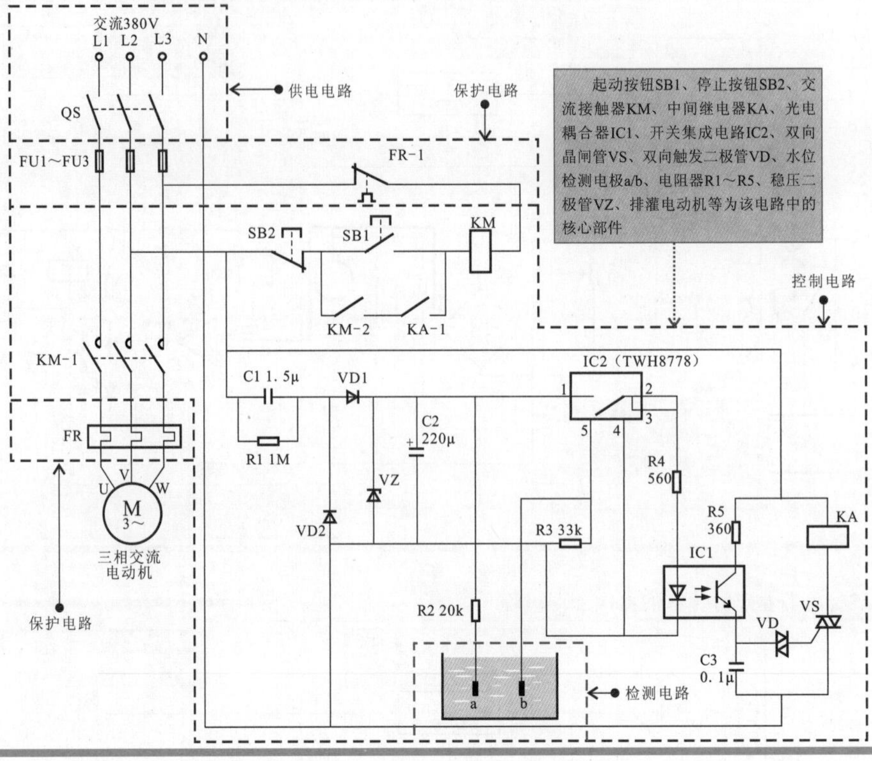
交流380V
L1 L2 L3 N
供电电路
保护电路
QS
FU1～FU3
FR-1
SB2
SB1
KM
KM-2
KA-1
KM-1
FR
U V W
M 3～
三相交流电动机
保护电路
控制电路
起动按钮SB1、停止按钮SB2、交流接触器KM、中间继电器KA、光电耦合器IC1、开关集成电路IC2、双向晶闸管VS、双向触发二极管VD、水位检测电极a/b、电阻器R1～R5、稳压二极管VZ、排灌电动机等为该电路中的核心部件
IC2（TWH8778）
C1 1. 5μ
VD1
R1 1M
C2 220μ
VZ
VD2
R4 560
R5 360
KA
R3 33k
IC1
R2 20k
VD
VS
C3 0. 1μ
a b
检测电路

图 20-27　开关集成电路 IC2 导通过程

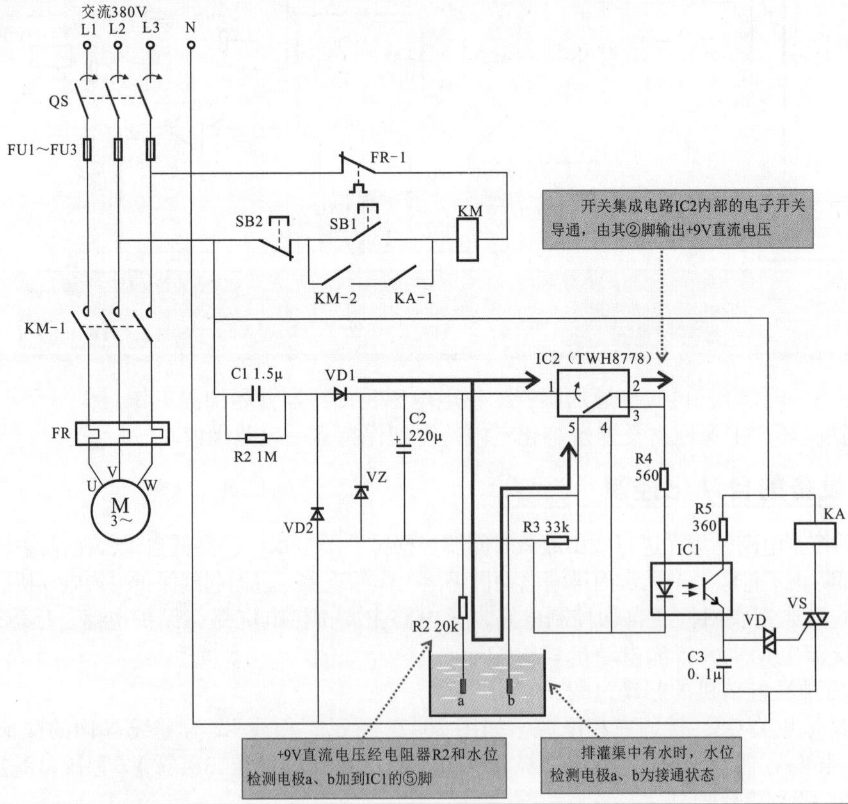
交流380V
L1 L2 L3 N
QS
FU1～FU3
FR-1
SB2
SB1
KM
KM-2
KA-1
KM-1
FR
U V W
M 3～
开关集成电路IC2内部的电子开关导通，由其②脚输出+9V直流电压
IC2（TWH8778）
C1 1.5μ
VD1
R2 1M
C2 220μ
VZ
VD2
R4 560
R5 360
KA
R3 33k
IC1
R2 20k
VD
VS
C3 0. 1μ
a b
+9V直流电压经电阻器R2和水位检测电极a、b加到IC1的⑤脚
排灌渠中有水时，水位检测电极a、b为接通状态

该电路中的供电电压准备好后，当排灌渠中有水时，+9V 直流电压一路直接加到开关集成电路 IC2 的①脚，另一路经电阻器 R2 和水位检测电极 a、b 加到 IC1 的⑤脚，此时开关集成电路 IC2 内部的电子开关导通，由其②脚输出 +9V 电压。

如图 20-28 所示，开关集成电路 IC2 的②脚输出的 +9V 电压经电阻器 R4 加到光电耦合器 IC1 的发光二极管上。

图 20-28 中间继电器 KA 线圈得电及触点动作过程

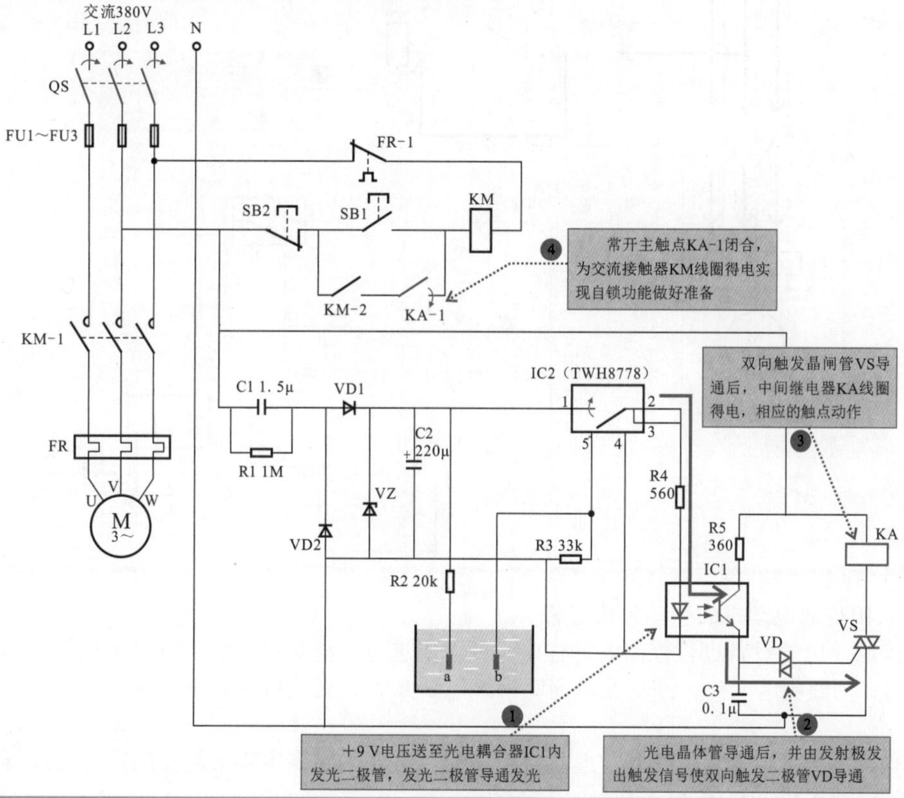
交流380V
L1 L2 L3 N
QS
FU1～FU3
FR-1
SB2
SB1
KM
KM-2
KA-1
常开主触点KA-1闭合，为交流接触器KM线圈得电实现自锁功能做好准备
KM-1
FR
U V W
M 3～
C1 1.5μ
VD1
R1 1M
C2 220μ
VZ
VD2
R2 20k
a b
IC2（TWH8778）
R3 33k
R4 560
R5 360
IC1
KA
VS
VD
C3 0.1μ
双向触发晶闸管VS导通后，中间继电器KA线圈得电，相应的触点动作
+9 V电压送至光电耦合器IC1内发光二极管，发光二极管导通发光
光电晶体管导通后，并由发射极发出触发信号使双向触发二极管VD导通

光电耦合器 IC1 的发光二极管导通发光后照射到光电晶体管上，光电晶体管导通，并由发射极发出触发信号触发双向触发二极管 VD 导通，进而触发双向晶闸管 VS 导通。

双向晶闸管 VS 导通后，中间继电器 KA 线圈得电，相应的触点动作。常开触点 KA-1 闭合，为交流接触器 KM 线圈得电实现自锁功能做好准备。

如图 20-29 所示，按下起动按钮 SB1 后，触点闭合，交流接触器 KM 线圈得电，相应触点动作。

常开辅助触点 KM-2 闭合，与中间继电器 KA 闭合的常开触点 KA-1 组合，实现自锁功能；常开主触点 KM-1 闭合，排灌电动机接通三相电源，起动运转。

排灌电动机运转后，带动排水泵进行抽水，来对农田进行灌溉作业。

（2）农田排灌电动机的自动停机过程

当排水泵抽出水进行农田灌溉后，排水渠中的水位逐渐降低，水位降至最低时，水位检测电极 a 与电极 b 由于无水而处于开路状态，断开电路，此时，开关集成电路 IC2 内部的电子开关复位断开。

光电耦合器 IC1、双向触发二极管 VD、双向晶闸管 VS 均截止，中间继电器 KA 线圈失电。

中间继电器 KA 线圈失电后，常开触点 KA-1 复位断开，切断交流接触器 KM 的自锁功能，交流接触器 KM 线圈失电，相应的触点复位。

常开辅助触点 KM-2 复位断开，解除自锁功能。常开主触点 KM-1 复位断开，切断排灌电动机的供电电源，排灌电动机停止运转。

图 20-29 农田排灌电动机的起动过程

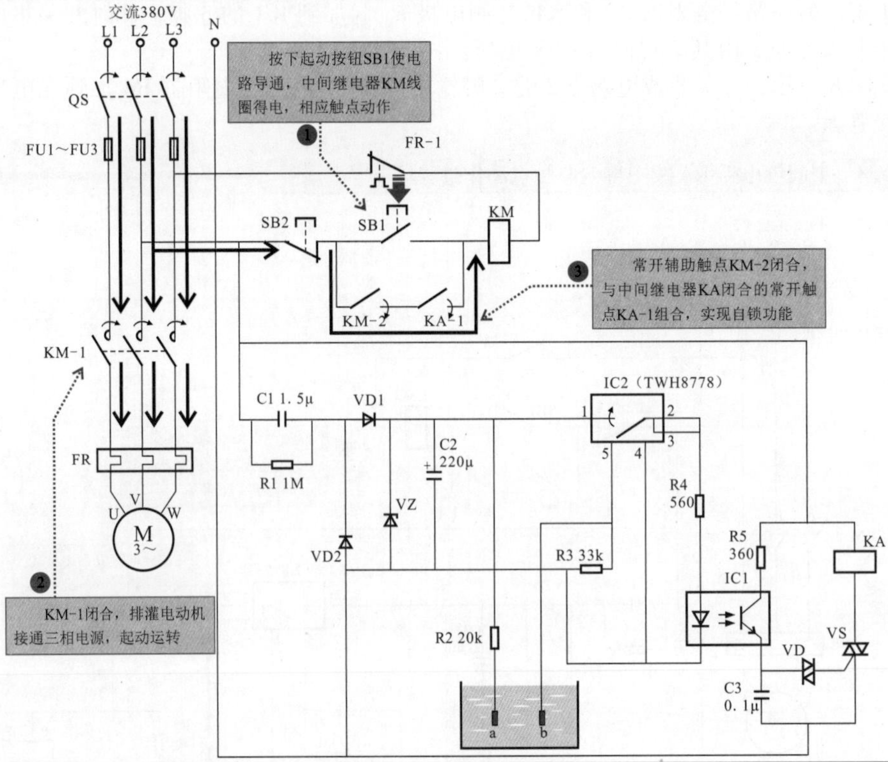
交流380V
L1 L2 L3
N
QS
FU1～FU3
按下起动按钮SB1使电路导通，中间继电器KM线圈得电，相应触点动作
FR-1
SB2
SB1
KM
常开辅助触点KM-2闭合，与中间继电器KA闭合的常开触点KA-1组合，实现自锁功能
KM-2
KA-1
KM-1
FR
U V W
M
3～
KM-1闭合，排灌电动机接通三相电源，起动运转
C1 1.5μ
VD1
R1 1M
C2
220μ
VZ
VD2
R2 20k
a
b
IC2（TWH8778）
R3 33k
R4
560
R5
360
KA
IC1
VD
VS
C3
0.1μ

（3）农田排灌电动机的手动停机过程

在对该家业电气设备进行控制的过程中，若需要进行手动对排灌电动机停止运转时，可按下停止按钮 SB2，切断供电电源，停止按钮 SB2 内触点断开后，交流接触器 KM 线圈失电，相应的触点均复位。

常开辅助触点 KM-2 复位断开，解除自锁功能。常开主触点 KM-1 复位断开，切断排灌电动机的供电电源，排灌电动机停止运转。